葉怡成　編著

測量學

第5版

21世紀觀點

東華書局

國家圖書館出版品預行編目資料

測量學:21世紀觀點/葉怡成編著.--5版.--臺
　北市:臺灣東華書局股份有限公司,2021.01

544 面;17x23 公分

ISBN 978-986-5522-30-8(平裝)

1. 測量學

440.9　　　　　　　　　　　　　109018786

測量學：21 世紀觀點

編 著 者	葉怡成
執行編輯	王者香
發 行 人	蔡彥卿
出 版 者	臺灣東華書局股份有限公司
地　　址	臺北市重慶南路一段一四七號四樓
電　　話	(02) 2311-4027
傳　　眞	(02) 2311-6615
劃撥帳號	00064813
網　　址	www.tunghua.com.tw
讀者服務	service@tunghua.com.tw
出版日期	2021 年 1 月 5 版 1 刷 2025 年 8 月 5 版 5 刷

ISBN　978-986-5522-30-8

版權所有 · 翻印必究

作者簡介

葉怡成 博士
　現職：淡江大學土木工程學系教授
　賜教處：淡江大學土木工程學系工程館 E721
　電話：(02)26215656-3181
　e-mail：140910@mail.tku.edu.tw

學經歷
1963 年出生於桃園
1978-1983 台北工專五年制土木工程科畢業
1983 土木工程科公務員高考及格
1983-1985 工兵排長
1985 土木技師及格
1985-1985 公務員 (土木工程)
1986-1986 中華工程工程師
1986-1988 成功大學土木工程研究所碩士班畢業
1987 結構技師及格
1988-1992 成功大學土木工程研究所博士班畢業
1992-1999 中華大學土木工程學系副教授
1999-2005 中華大學土木工程學系教授
2005-2011 中華大學資訊管理學系教授
2011- 淡江大學土木工程學系教授

五版序

　　本書自初版以來，光陰匆匆二十四載，這已經是第五版。本版修正了第四版的一些誤謬，其中一部分要感謝我的研究生祁暐盛，他為了考土木技師與公務員高考，精讀了此書，找出了一些作者未發現的誤謬，也順利通過這兩項考試。

　　然作者才疏學淺，內容如仍有疏漏誤謬之處，尚祈各界先進不吝賜教。

葉怡成　　西元 2020 年 11 月 12 日

四版序

　　為適應測量學的近期進展，本版進行了大幅修改，將本書分割成兩本書。一本延續原書名，其內容以能滿足大學部土木相關科系之教學需求為目標，而將較先進的測量技術另外集結為一新書「現代測量學」。本書也適合準備土木技師高考，及公務員高、普、特考考試，可涵蓋 90% 以上的考試範圍。

　　本書修改部分包括：

(1) 全面改寫並大幅擴充「衛星定位測量」內容，因篇幅超過 150 頁，且部分內容可做為選修教材，故分成三章，分別是本書的「第 7 章 衛星定位測量概論」與新書「現代測量學」的「衛星定位測量(一) 方法」與「衛星定位測量(二) 控制測量」兩章。

(2) 全面改寫並大幅擴充「測量基準與座標轉換」內容，因部分內容較適合做為選修教材，故分成二章，分別是本書的「第 8 章 測量基準與座標系統」與新書「現代測量學」的「座標轉換」。

(3) 將原來的第 9 章、第 10 章合併為「第 9 章 控制測量」。

(4) 將原來的「第 11 章 自由測站法」併入「第 6 章 座標測量(二) 全站儀」。

(5) 將原來的第 12 章、第 13 章合併為「第 10 章 細部測量與數值地形測量」。

(6) 此外，其它各章也有許多強化，例如：
 - 經緯儀儀器誤差公式之推導
 - 前方交會法公式之推導。
 - 導線平差準則之推導等。

　　本書內容也參考了近十年來土木技師高考，及公務員高、普、特考試題，並在每章習題中列出具代表性之歷屆試題及其解析。

　　另一本「現代測量學」則包含下列較為先進的內容：

第 1 章　座標轉換：詳述四種座標轉換，即
 - 空間直角座標與地理(橢球)座標之間的轉換
 - 平面直角座標與地理(橢球)座標之間的轉換
 - 平面直角座標之間的轉換
 - 空間直角座標之間的轉換

第 2 章　數值地形模型：詳述數值地形模型的數學原理與應用。

第 3 章　衛星定位測量方法：詳述 DGPS、RTK、RTN、靜態基線等各種方法。

第 4 章　衛星定位控制測量：詳述 GNSS 網之規劃、外業、內業(基線解算、檢核與平差、座標轉換)。

第 5 章　光達測量簡介：對這種極富潛力的新方法做了簡要的介紹。

第 6 章　攝影測量簡介：對這種歷史悠久，但在電腦普及後，因新一代的數字攝影測量興起而有所突破的方法做了詳細的介紹。全章內容包括大部分攝影測量的重要幾何公式的推導證明，以及豐富的數值例題。

第 7 章　地籍測量

第 8 章　工程監測

第 9 章　誤差理論：詳述誤差傳播定律的「矩陣法」與「誤差橢圓」。

第 10 章　平差理論：詳述直接平差法、間接平差法、條件平差法的原理與應用。

第 11 章　地理資訊系統 (GIS)

　　然作者才疏學淺，內容如仍有疏漏誤謬之處，尚祈各界先進不吝賜教。

葉怡成　　西元 2015 年 7 月 30 日

目錄

第一篇　平面測量篇

第1章　概論

1-1 本章提示	1-2
1-2 測量之定義	1-2
1-3 測量之歷史	1-2
1-4 測量之分類	1-2
1-5 測量之原理	1-8
1-6 測量之程序	1-10
1-7 測量之術語	1-13
1-8 測量之應用	1-19
1-9 測量之單位	1-20
1-10 測量之數字	1-21
1-11 測量之記錄	1-22
1-12 誤差之來源	1-24
1-13 誤差之種類	1-24
1-14 誤差之消除	1-26
1-15 誤差之意義	1-26
1-16 誤差之估計	1-26
1-17 精度與準確度	1-28
1-18 本書內容簡介	1-29
1-19 本章摘要	1-29
習題	1-31

第2章　高程測量

2-1 本章提示	2-1
2-2 高程系統	2-2
2-3 高程測量方法	2-5

第一部分：　直接水準測量

2-4 水準儀構造	2-6
2-5 水準儀種類	2-12
2-6 水準標尺	2-14
2-7 水準儀操作	2-14
2-8 水準儀測量原理	2-15
2-9 水準儀測量平差	2-20
2-10 水準儀測量誤差及其消除	2-23
2-11 水準儀校正	2-30

第二部分： 三角高程測量

2-12 三角高程測量方法 2-37
2-13 三角高程測量誤差 2-38
2-14 本章摘要 2-42
習題 2-44

第 3 章　角度測量

3-1 本章提示 3-1
3-2 經緯儀構造 3-3
3-3 經緯儀種類 3-4
3-4 經緯儀操作 3-6
3-5 水平角測量 3-11
3-6 垂直角測量 3-20
3-7 經緯儀誤差及其消除 3-24
3-8 經緯儀校正 3-32
3-9 本章摘要 3-38
習題 3-38

第 4 章　距離測量

4-1 本章提示 4-1
4-2 電子測距儀測量原理 4-2
4-3 電子測距儀測量方法 4-4
4-4 電子測距儀測量誤差 4-7
4-5 電子測距儀測量精度 4-15
4-6 本章摘要 4-17
習題 4-17

第 5 章　座標測量(一) 座標幾何

5-1 本章提示 5-1
5-2 直角座標與極座標之轉換 5-2
5-3 三角幾何換算與正弦定理及餘弦定理 5-4
5-4 直線方程式 5-8
5-5 導線法 5-10
5-6 偏角法 5-12
5-7 支距法 5-14
5-8 前方交會法 5-14
5-9 後方交會法 5-19
5-10 距離交會法 5-23
5-11 直線交會法 5-24
5-12 本章摘要 5-25
習題 5-28

第 6 章　座標測量(二) 全站儀

6-1 本章提示 6-1
6-2 全站儀構造 6-1
6-3 全站儀測量 6-6
6-4 自由測站法 6-9
6-5 遇障礙物測量法 6-14
6-6 懸高測量法 6-21
6-7 本章摘要 6-22
習題 6-22

第 7 章　衛星定位測量概論

7-1 本章提示 7-1
7-2 全球導航衛星系統 (GNSS) 架構 7-5
7-3 基本原理 7-8
7-4 座標系統 7-10
7-5 測距訊號 7-11
7-6 測距誤差來源 7-16
7-7 測距方程式(1)：電碼偽距測量 7-28
7-8 測距方程式(2)：載波相位測量 7-31
7-9 測量方法分類與精度 7-34
7-10 本章摘要 7-42
習題 7-42

第 8 章　測量基準與座標系統

8-1 本章提示 8-1
8-2 測量之基準 8-2
8-3 座標系統 (一)：地理(橢球)座標系統 8-9
8-4 座標系統 (二)：平面直角座標系統 UTM 投影 ...8-11
8-5 座標系統 (三)：空間直角座標系統 8-18
8-6 平面直角座標之間的轉換 8-18
8-7 本章摘要 8-25
習題 8-27

第 9 章 控制測量

9-1 本章提示 9-1

第一部分： 導線測量

9-2 導線測量之分類 9-2
9-3 導線測量之程序 9-4
9-4 導線測量之選點 9-5
9-5 測距與測角精度之配合 9-5
9-6 方位角之觀測 9-7

9-7 導線計算程序 9-8
9-8 導線測量計算 (一)：閉合導線 9-18
9-9 導線測量計算 (二)：附合導線 9-20
9-10 導線測量計算 (三)：展開導線 9-22
9-11 導線測量計算 (四)：導線網 9-23
9-12 導線計算之討論(一) 測角錯誤 9-23
9-13 導線計算之討論(二) 測距錯誤 9-24

第二部分： 三角測量

9-14 三角測量之分類 9-26
9-15 三角測量之程序 9-30
9-16 三角測量之選點 9-30
9-17 歸心計算 9-31
9-18 三角測量之計算程序 9-34
9-19 三角測量之平差原理 9-34
9-20 三角測量之平差 (一)：四邊形鎖 9-35
9-21 三角測量之平差 (二)：多邊形網 9-38
9-22 三邊測量法 9-41
9-23 本章摘要 9-41
習題 9-43

第二篇　工程測量篇

第 10 章　細部測量與數值地形測量

10-1 本章提示 10-1
10-2 地形模型 (一)：圖解地形模型 10-3
10-3 地形模型 (二)：數值地形模型 10-8
10-4 地形模型之比較 10-10
10-5 地形模型之比例與圖式 10-11
10-6 地形模型之檢核與精度 10-12
10-7 地形模型之應用 10-15
10-8 數值地形資料的取得方法 10-19
10-9 傳統地面數值細部測量之作業程序 10-23
10-10 傳統地面數值地物測法 10-24
10-11 傳統地面數值地形測法(一)：直接法 10-31
10-12 傳統地面數值地形測法(二)：地形要點法 10-31
10-13 傳統地面數值地形測法(三)：方格網法 10-37
10-14 數值地形模型的形式 10-38
10-15 本章摘要 10-43
習題 10-44

第 11 章　施工放樣

- 11-1　本章提示 11-1
- 11-2　高程放樣 11-3
- 11-3　角度放樣 11-4
- 11-4　距離放樣 11-5
- 11-5　座標放樣 11-6
- 11-6　鉛垂線放樣 11-11
- 11-7　定直線之延長線 11-13
- 11-8　定直線之節點 11-15
- 11-9　二直線之交點放樣 11-20
- 11-10　房屋建築放樣 11-21
- 11-11　隧道測量 11-23
- 11-12　河海測量 11-25
- 11-13　雷射裝置 11-26
- 11-14　本章摘要 11-27
- 習題 11-27

第 12 章　面積測量與體積測量

- 12-1　本章提示 12-1

第一部分：面積測量

- 12-2　三角形法 12-3
- 12-3　支距法 12-5
- 12-4　座標法 12-7
- 12-5　求積儀法 12-9
- 12-6　面積測量之精度 12-11

第二部分：體積測量

- 12-7　方格網法 12-13
- 12-8　三角網法 12-14
- 12-9　橫斷面法 12-15
- 12-10　等高線法 12-18
- 12-11　本章摘要 12-19
- 習題 12-21

第 13 章　路線測量

- 13-1　本章提示 13-1
- 13-2　路線測量之程序 13-2
- 13-3　道路曲線之分類 13-3

第一部分：平曲線

- 13-4　圓曲線表示法 13-4
- 13-5　圓曲線公式 13-6
- 13-6　圓曲線測設法(一)：偏角法 13-8
- 13-7　圓曲線測設法(二)：切線支距法 13-11

13-8 圓曲線測設法(三): 座標法	13-14
13-9 圓曲線遇障礙時之測設法	13-17
13-10 複曲線	13-19
13-11 緩和曲線	13-24
第二部分: 豎曲線	
13-12 豎曲線長度: 由最小視線長決定最小豎曲線長度	13-27
13-13 豎曲線公式: 拋物線公式	13-28
13-14 斷面測量	13-31
13-15 本章摘要	13-33
習題	13-35

第 14 章　誤差理論

14-1 本章提示	14-1
14-2 觀測值之機率	14-3
14-3 觀測值之統計: 觀測值之最或是值與最或是值標準差	14-7
14-4 誤差傳播定律: 函數之最或是值的期望值與標準差	14-10
14-5 誤差傳播定律: 應用特例	14-17
14-6 誤差傳播定律: 應用實例簡介	14-25
14-7 誤差傳播定律: 應用實例(一) 高程	14-25
14-8 誤差傳播定律: 應用實例(二) 角度	14-27
14-9 誤差傳播定律: 應用實例(三) 距離	14-30
14-10 誤差傳播定律: 應用實例(四) 座標	14-33
14-11 誤差傳播定律: 應用實例(五) 面積	14-39
14-12 本章摘要	14-42
習題	14-44

附錄 A 高普考測量學試題下載與統計	附 1
附錄 B 標準常態分佈累積機率表	附 2
附錄 C 微分公式	附 3
附錄 D 電腦輔助測量試算表簡介	附 4

授課內容建議

針對不同學分數的課程，建議授課內容如下

- 2 學分：第 1~9 章。
- 3 學分：第 1~12 章。
- 4 學分：全部 14 章。

準備考試建議

可參考附錄 A 的「高普考測量學試題下載與統計」擬定讀書計畫。

- 公務員普考：第 1~9 章這 9 章熟讀，第 10~14 章擇要熟讀。
- 公務員高考公務員、土木技師：全部 14 章都要熟讀。

第 1 章　概論

1-1 本章提示
1-2 測量之定義
1-3 測量之歷史
1-4 測量之分類
　　1-4-1 依測區之大小而分
　　1-4-2 依測量之性質而分
　　1-4-3 依測量之方法而分
1-5 測量之原理
1-6 測量之程序
1-7 測量之術語
1-8 測量之應用
1-9 測量之單位
1-10 測量之數字
　　1-10-1 有效數字
　　1-10-2 進位制
1-11 測量之記錄
　　1-11-1 手寫野簿
　　1-11-2 自動數據記錄器
1-12 誤差之來源
1-13 誤差之種類
1-14 誤差之消除
1-15 誤差之意義
1-16 誤差之估計
1-17 精度與準確度
1-18 本書內容簡介
1-19 本章摘要

1-1 本章提示

本章將說明二個主題：
1. 測量之定義、歷史、分類、原理、程序、術語、應用、單位、數字、記錄。
2. 誤差之來源、種類、消除、意義、估計。

1-2 測量之定義

　　為確定地球表面上及其附近各點之相關位置，而使用各種儀器與方法，以量度或觀測點與點間之水平距離及垂直距離，或其連線之方向及線與線間所夾之角度等之技術稱為測量 (Survey)；反之，若將已知各點及各線之距離及方向或角度，以各種儀器正確地標定於地上者稱為測設 (Setting out)。而凡研究實施測量技術所必須之理論及應用方法之學問，則稱為測量學 (Surveying)。測量作業主要在量度各點或線之水平距離、垂直距離、方向、角度，以及測定物之面積、體積。

　　測量學是一門歷史悠久的學科，促進測量學發展的因素很多，各種工程建設的需要無疑是測量學發展的重要因素。人們在修建城堡、整治土地、興修水利、開採礦藏…等工程建設中早就用上了各種測量方法。近幾十年來隨著科學技術的進步和生產力的發展，各國興建了許多規模大、內容複雜、精度要求高的工程。例如攔河大壩、跨越大江河的橋樑、長達幾十公里的隧道、城市地下鐵道網、數百米高的電視塔、精度要求特別高的自動化工業設備和科學實驗裝置等。在這些工程的促進下，測量學也得到了迅速的發展。

1-3 測量之歷史

　　近二十年來，測量儀器有了長足的進步，功能強大的全站儀已成工程界的主流，這使得某些測量方法變得落伍過時。測量學也有了飛躍的進步，包括數值地形模型 (DTM)、地理資訊系統 (GIS)、衛星測量 (GPS)、光達測量、數位攝影測量等。最主要的原動力無疑是電腦與衛星的發明，使測量進入了「電腦時代」與「太空時代」。「儀器自動化、數據座標化、計算電腦化、量測立體化」已是現代測量的大趨勢，以追求「品質更高、時間更短、成本更低、測區更廣」的現代化測量之目標。人類在測量學上的重要歷史進展如表 **1-1** 所示。

1-4 測量之分類

　　測量之類別，視其分類之方法而異：**(1)** 依測區之大小而分； **(2)** 依測量之性質而分； **(3)** 依測量之方法而分，分述如下：

表 1-1　人類在測量學上的重要歷史進展

時間	進展
西元前 1400	埃及尼羅河土地測量。
西元前 200	希臘人 Eratosthenes 利用太陽所造成的影子測得地球半徑約 6400 公里(圖 1-1)(現代測量得地球赤道半徑與極半徑各約 6378 與 6357 公里)。
西元前 120	希臘人 Heron 提出有系統的測量技術，是古代測量學之集大成者。
3 世紀	三國時代魏國數學家劉徽著《海島算經》是當時全世界最先進的測量學巨著(圖 1-2)。
3 世紀	西晉地圖學家裴秀提出了六項製圖原則，即「製圖六體」：分率、準望、道里、高下、方邪、迂直。前三個即今天的比例尺、方位和距離，後三個即比較和校正不同地形引起的距離偏差。
8 世紀	中國唐代學者現地實測一段子午線長度，推算緯度 1° 的子午弧長約等於現代的 129.22 km，以此推估地球半徑約 7400 公里。
13 世紀	中世紀時，科技大都以阿拉伯文保存，極少進步，當時稱測量學為「實用幾何學」。
16 世紀	文藝復興後，科技大幅進步，此時發明經緯儀，使得測量學得到第一次大突破。
1785	當時最精密的經緯儀已能讀至 1 秒。
18-19 世紀	「大地測量學」開始建立，突破平面測量學的限制，使得大範圍的測量也有良好的精度。
1859	首次氣球空中照相。
1909	首次飛機航空照相。
1920 年代	美加等國大規模利用航空照相進行測量，此時也誕生了「航測學」，航空測量大大降低了大面積測量的成本。
1929	發明電子測距儀，大幅提高了遠距距離測量的速度與精度。之後電子測距儀結合電子經緯儀與電子計算機產生了全站儀。
1964	第一個「地理資訊系統」(GIS) 誕生。
1970 年代	電腦普及化，進入「電腦輔助測量」時代，大幅提高了測量計算的速度與精度。
1972	美國發射地球資源科技衛星，進入「遙感探測」(RS) 時代。
1995	全球定位系統 (GPS) 宣佈完成營運佈署，人類正式進入「衛星測量」時代，測量技術出現了革命性的突破。
2012	中國的北斗衛星導航定位系統於 2012 年覆蓋亞太地區。

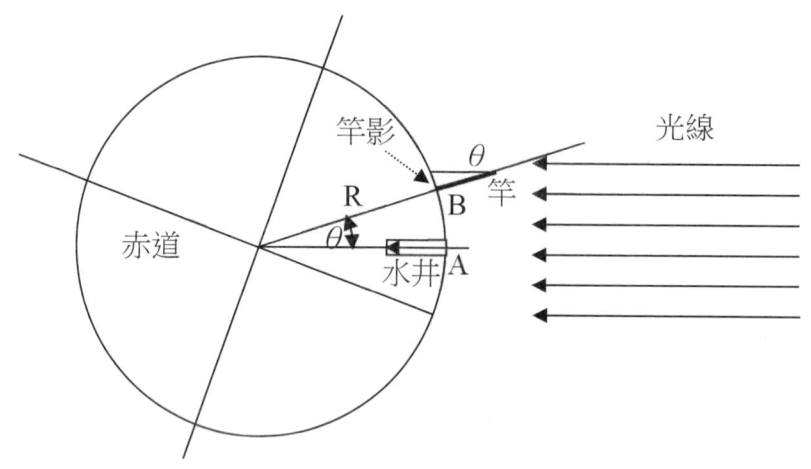

圖 1-1 希臘人利用太陽所造成的影子測得地球直徑 (步驟：(1) 量 AB 子午線長度 (2) 在 A 點觀測水井正午時刻日光直射入井的日子 (3) 同日在 B 點以長竿量影長與竿長，得 θ =影長/竿長 (4) 地球直徑 R=AB/θ，其中 θ 須以弧度為單位)

圖 1-2 《海島算經》(3 世紀)

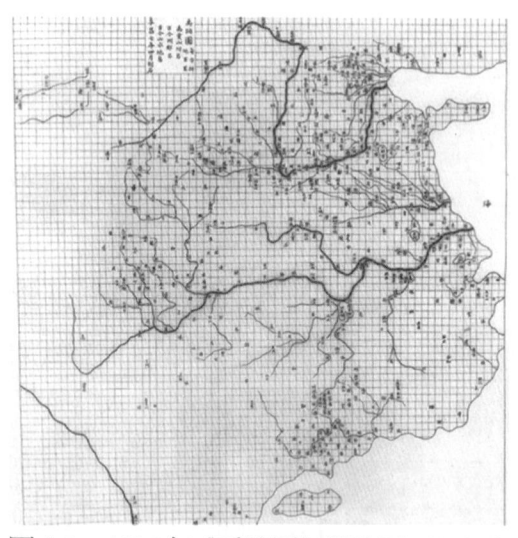

圖 1-3 1136 年《禹跡圖》墨線圖 (注意此圖具有方格，已有座標概念)

1-4-1 依測區之大小而分 (圖 1-4)

1.平面測量 (Plane surveying)

所測地區之大小與地球球體表面相較為甚小時，此種地面上之測量，不顧及地球表面曲率之因素而視為平面處理，是謂平面測量。通常施測範圍以 200 平方公里為限，即每邊約 20 公里之三角形為限。在平面測量中，水平距離與方向及水準線，均視為直線，所有水平角均為平面角。但若邊長在 500 公尺以上者，求測點之高程時，地球是橢球體之事實會造成約 2 公分以上的高程誤差，故仍須顧及地球之曲率，不能視為平面處理之。本書各章節所述以平面測量為主。

2.大地測量 (Geodetic surveying)

所測地區廣大，須顧及地球表面曲率之測量，則謂大地測量。在大地測量作業中，所用之儀器、測算之方法均較細密，精度要求甚高。由於所需精度之不同與施測範圍大小不等，而視地球為一圓球體或為實際之橢圓球體；通常全國性之大地測量均假設地球為一橢圓球體，而面積較小之省區測量，亦有視為圓球體者。一般測量雖以平面測量為多，但由大地測量所獲得之成果、點位，卻常為平面測量之依據。

(1) 在平面測量時，三角形之三內角和為 180°，但在大地測量時，視地球為球體，故其和大於 180°，此差值稱為球面角超。球面角超大小與三角形之面積有關，計算式為

$$E'' = \frac{A}{R^2} \cdot 206265'' \tag{1-1 式}$$

式中 A 為球面三角面積，以平方公里計，R 為地球半徑，以公里計，E″ 為球面角超之秒數。當正三角每邊達 20 公里時，球面角超小於 1″，對一般目的之工程測量而言可以忽略。

(2) 在平面測量時，水平距離被視為在平面上，但在大地測量時，水平距離被視為在球面上，兩者的差額與距離有關，計算式為

$$\Delta d = \frac{d^3}{24R^2} \tag{1-2 式}$$

當距離為 20 公里時，差額達 0.8 公分，只有約 0.4 ppm，即百萬分之 0.4，對一般目的之工程測量而言可以忽略。

(3) 在平面測量時，因地球是圓的，造成高程的誤差與距離有關，計算式為

$$\Delta h = \frac{D^2}{2R} \tag{1-3 式}$$

當距離為 20 公里時，誤差達 31 公尺，根本不能接受，即使距離只有 500 公尺，誤差都達 2 公分，這個誤差仍太大，必須改正。當距離只有 100 公尺，誤差約 0.08 公分，對一般目的之工程測量而言可以忽略。

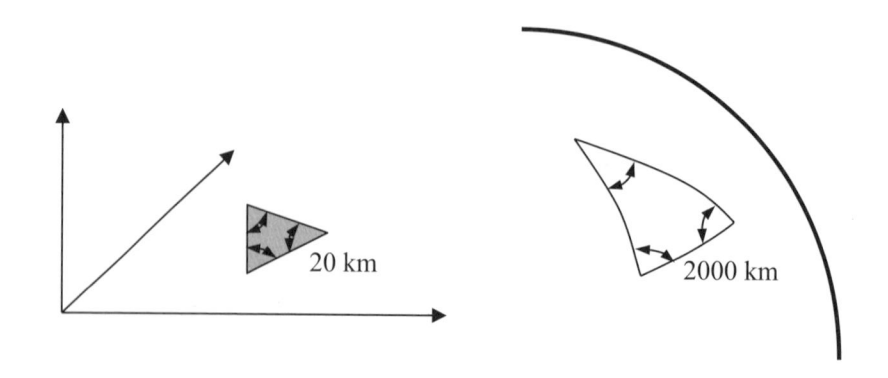

圖 1-4　測量之分類：依測區之大小而分：**(a)** 平面測量；**(b)** 大地測量

1-4-2　依測量之性質而分
一. 控制測量
1.平面控制 (圖 1-5)
(1) 導線測量 (Traverse surveying)
　　係於地面上佈置若干點，測量各點間之距離及各點連線間所成之水平角，以定各點之平面位置之測量稱之。小區域之控制測量以採導線測量為多。
(2) 三角測量 (Thiangulation)
　　係於實地上精密測定一基線之長，再由此基線擴展到一系列之三角形，並於三角形之每頂點上測定各邊所夾之水平角，由基線之長及水平角即可算得各頂點之平面座標，以為測製地形圖及工程測量之根據。大區域之控制測量以採三角測量為多。
(3) 三邊測量 (Trilateration)
　　三邊測量如同三角測量，於測區內佈置一系列之三角形，但不測量各點之水平角而係直接測量各三角形之邊長，據以計算各點之平面座標。三邊測量之量距工作多應用電子測距儀。
(4) 自由測站法
　　係以一測站為一座標系 (測站座標系)，不同之觀測站具有不同之測站座標系。各測站施測時可以用任意方向為北方，觀測得測站附近各點之測站座標系之座標值。最後以座標轉換將各測站座標系轉換至相同之座標系 (全區座標系)。自由測站法之測量品質具有甚高之可靠性，且其精度甚為均勻。當一測區需要較密集之圖根點與細部點時，在達相同精度要求之條件下，此法最具迅速、經濟及可靠性。
2.高程控制
　　高程測量 **(Height measurement)** 是利用水準儀直接測定或以經緯儀間接測算

地球表面上各點與基準表面之垂直距離之測量。高程測量測定各點之高程，以供繪製地形圖及工程設計實施之依據。

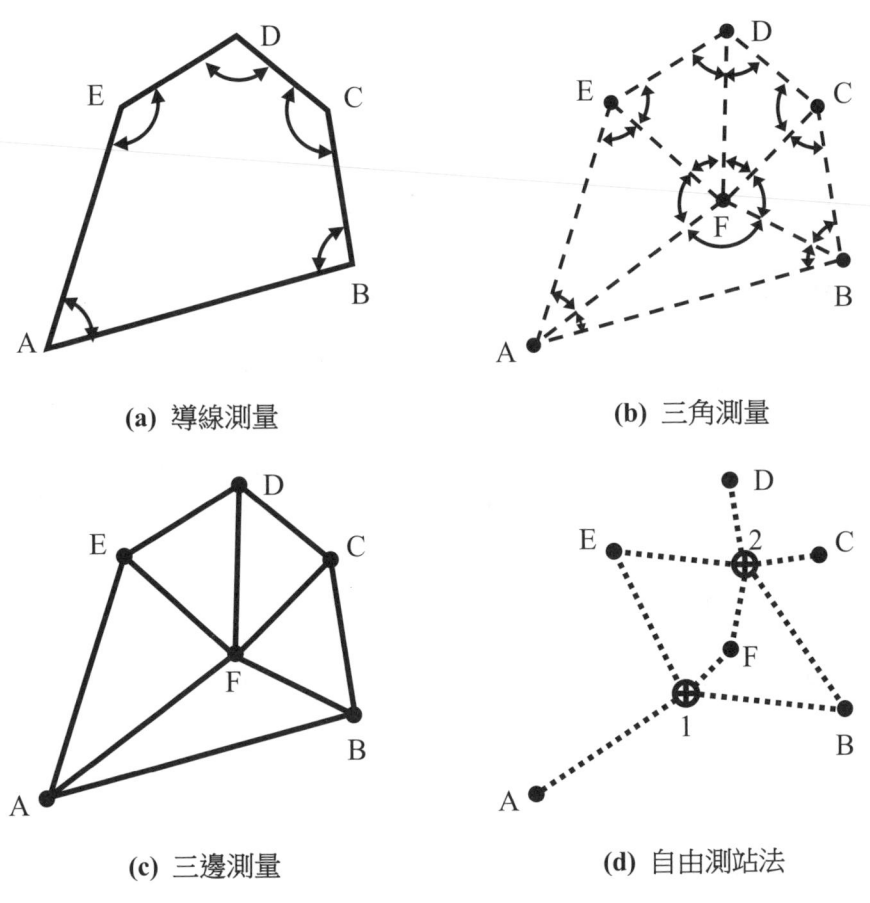

(a) 導線測量

(b) 三角測量

(c) 三邊測量

(d) 自由測站法

圖 1-5　平面控制測量之分類

二. 細部測量

　　細部測量又稱地形測量，係以控制測量之成果為依據，將地表面上之地貌、地物，運用各種測量方法，依比例相似測繪或以記號表示於圖上之作業稱謂之。凡地表面高低起伏之狀態，如山脈、平原、溪谷等稱為地貌 (Relief)。而各種天然或人為之物體，如河溝、房屋、道路、圍籬等稱為地物 (Features)。地形測量繪製而成之圖籍，如僅表示地物之位置者，稱為平面圖 (Planimetric map)，若表示地物與地貌者稱為地形圖 (Topographic map)。

1-4-3　依測量之方法而分

1. 地面測量

　　係於地面以水準儀、經緯儀、電子測距儀等儀器，進行高程、角度、距離等之測量。是最傳統的測量方法。

2. 衛星定位測量

　　係藉由地面接收儀接收衛星所發射的無線電訊號，以測定點位三度空間座標之測量。衛星測量與地面測量的基本分別在其施測儀器置於太空中的人造衛星上，故較不受地形複雜與交通險阻之限制，也不受天候影響，夜晚雨天也可測量。

3. 三維鐳射掃描

　　係利用鐳射測距的原理，通過高速鐳射掃描測量的方法，大面積、高解析、快速地獲取被測物件表面的三維座標、反射率和紋理等資訊。再利用軟體分析，可快速建立被測目標的三維模型及線、面、體等各種圖件資料，為快速建立物體的三維影像模型提供了一種全新的技術手段，是測繪領域繼 GNSS 技術之後的一次技術革命。三維鐳射掃描又稱「光達」，是「光探測和測距」(Light Detection And Ranging, LiDAR) 的簡稱。光達測量可分成空載光達與地面光達二大類。

4. 攝影測量

　　係利用拍攝物體之影像，來重建物體空間位置與三維形狀的技術。攝影測量的特點之一是在像片上進行量測與判釋，無需接觸被測目標物體的本身，而且影像訊息豐富、逼真，人們可以從中獲得目標物體的大量幾何訊息與物理訊息。攝影測量可分成航空攝影測量與近景攝影測量二大類。

1-5　測量之原理

　　測量之意義為測定地球表面上及其附近各點間之相關位置，故測量之基本原理在於應用各種方法以求得「點」之關係位置。通常皆由地面上已設立且經確定相關位置之點，此些點稱為基點 (Base station)，以測定出新點之位置，此等新點又可作為定出其他新點之基點。如此不僅可求得欲測各點之相關位置，且可標示於圖上，由圖上各點連成線、面，繪成所需之圖籍。茲將各種定出新點之方法歸納為七種，分述如下：

1. 導線法（圖 1-6(a)）

　　又稱光線法，若 A、B 二點為基點，求新點 C 之位置，可測量 ∠CAB 之角度及量 AC 之距離，定出 C 點。此法即為導線測量中所用之法。

圖 1-6 測量之原理： (a) 導線法，(b) 偏角法，(c) 支距法，(d) 前方交會法，(e) 後方交會法，(f) 距離交會法，(g) 直線交會法

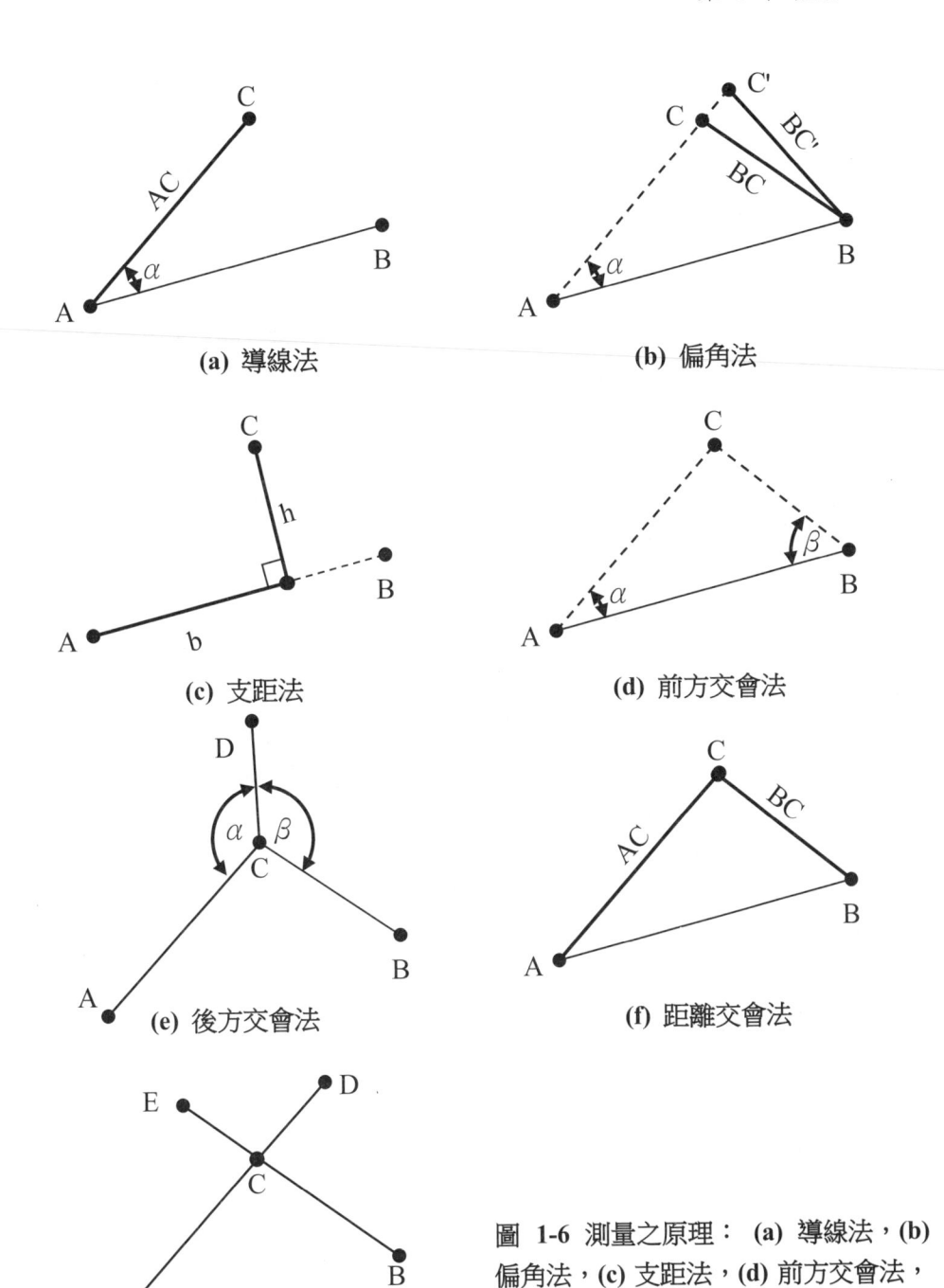

2.偏角法 (圖 1-6(b))

　　以 A、B 兩點為基點，C 為新點，惟 A、C 點間之距離無法量時，可測∠CAB 之角度，再量 BC 距離，亦可定出 C 點之位置。但此法可能產生 C 與 C' 兩種結果，應先判定何點代表真實點位，再選擇正確的一點。此法因有此顧慮，於測量上較少應用，僅見於細部測量及曲線測設之偏角法。

3.支距法 (圖 1-6(c))

　　以 A、B 二點為基點，欲求新點 C 之位置，可由 C 點作垂直於 AB 線之直線 CD，並量其距離，稱為支距 (Offset)，再量 AD 或 BD 之距離，即可定出 C 點之位置。此法常用於細部測量及小區域之工程測量。

4.前方交會法 (圖 1-6(d))

　　以 A、B 兩點為基點，C 為新點，亦可測量∠CAB、∠CBA 兩角度，而定得 C 點之位置。倘 B 點或 A 點不能架設儀器，則可測量∠CAB、∠ACB 或∠CBA、∠BCA 等組角度，求得 C 點位置。此法即為三角測量中所用之法。

5.後方交會法 (圖 1-6(e))

　　以 A、B、D 三點為基點，C 為新點，可測 α 及 β 兩角，即可定得 C 點。此法應用於三角測量及平板儀測量之後方交會點法。

6.距離交會法 (圖 1-6(f))

　　以 A、B 二點為基點，C 為新點，欲求 C 點與 A、B 二點於平面上之相關位置，可測量 AC 及 BC 兩段距離，求得 AC 與 BC 之交點，即為 C 點之位置。此法即為三邊測量中所用之法。

7.直線交會法 (圖 1-6(g))

　　以 A、B、E、D 四點為基點，欲求新點 C (即交點) 之位置，可以 AE 及 BF 線連結之，定出 C 點之位置。此法常用於定樁測量及工程測量之直線交點測設。

1-6　測量之程序

　　測量之程序可分為下列四個步驟：

1. 訂定測量之計畫。
2. 進行測量之準備。
3. 進行外業之工作。
4. 進行內業之工作。

1-6-1　測量之計畫

　　測量之計畫為測量工作之首要步驟。計畫之完善與否，直接影響到成果之精確

度,故訂定時,應極為慎重。通常於訂定計畫前,應先充分瞭解下列之事項:
1. 測量之目的與用途。
2. 測量區域之大小、地形是否複雜或簡單。
3. 所要求之精度。
4. 所需要之工作期限。
5. 所能應用之儀器、工具。
6. 測量組織之員額,係專職、兼職或臨時雇用。
7. 測量費用之多寡。
8. 如需製圖,其製圖之比例尺、繪製之方法。
9. 採用之測量方法。

　　為求對於測量區域之情況,能有充分瞭解,需於事先到區域內,進行一次全面性之踏勘,探究上列事項後,再進行測量計畫之擬定。至於測量計畫之內容,則至少應包括下列之項目:
1. 測量之名稱。
2. 測量之目的。
3. 測量區域之面積及地形情況。
4. 測量所需之精度及容許誤差 (Allowable error)。
5. 測量之程序及方法。
6. 預定之測量進度。
7. 所需之測量儀器、工具、材料。
8. 所需之測量人員,並說明以現編制人員或借調、約雇方式籌組測量隊。
9. 所需之測量經費。
10. 預定之辦公、駐宿處所及交通、通訊之概況。
11. 成果準確程度之檢核方法。

1-6-2　測量之準備

　　測量計畫既經訂定,即可著手辦理測量前之準備工作,其主要項目為測量人員之編組、測量器具之籌集及測量儀器之檢點與校正等。分別說明如下:

1. 測量人員之編組

　　根據測量計畫上之組織員額,依計畫之測量方法,各人之體力、專長,分編為外業及內業人員二大類,並視實際工作需要,區分若干工作組,如導線組、水準組、地形組、計算組、繪圖組等。

2. 測量器具之籌集

測量工作開始前，應依計畫上所需之測量儀器、工具、材料，分別開列清單；檢點現有之器具、材料是否足夠應用。測量所用器材，種類繁多；一般可分為下列四大類：

(1) 測量儀器：為測量之主要器具。如經緯儀、水準儀、全站儀、衛星定位接收儀等。
(2) 測量用具：用於輔助觀測、量度或測設之用。如標桿、水準尺等。
(3) 測量工具：用於清除視線或設置樁誌之用。如斧、鋸、木錘等。
(4) 測量材料：有木樁、道釘、鐵釘、油漆等。

3. 測量儀器之檢點與校正

測量儀器經使用若干時間後，或因各種螺旋結合處稍鬆；或因儀器部分發生磨損，不能保持原來之正常狀態，測量時就會產生誤差 (Error)；雖可藉適當之觀測方法，消除部分之誤差，但會影響測量進行之速度；若無法消除者，將會影響測量成果之精度。因此為求測量之準確及維持正常之速度起見，在準備作業中，須先做測量儀器之檢查與配件之清點，如有誤差或缺少，即予校正 (Adjustment) 或補充。

1-6-3 外業之工作

測量之準備工作完成後，即可進行實地之測量作業，此種野外之實地測量作業，稱為外業 (Field work)。外業之工作項目包括：
1. 設立各種測量標誌。
2. 進行控制測量。
3. 進行細部測量。

外業工作在測量上甚為重要，測量成績之優劣，須視外業之是否能獲得所需精度的數據；欲得良好之結果，有賴於熟練之技術、豐富之經驗。

外業進行中，應熟悉選用適合精度需要之儀器及方法，不必要求應用過高精度之儀器與方法，以免耗損大量時間及金錢；反之，將影響測量成果的品質。

1-6-4 內業之工作

外業完成後，將成果記載於記錄簿中，帶回由室內工作人員進行計算及繪圖工作，此二項工作均於室內進行，稱為內業 (Office work)。實際上，內業不必待外業全部完畢後才開始進行。內業之計算亦可隨外業同時進行，以提前獲得測量成果。

1. 計算

內業之計算工作包括：

(1) 計算距離、角度與高程差。
(2) 應用幾何原理，如正弦定理、餘弦定理，計算未測部分之距離與角度。
(3) 平差計算，並計算精度。
(4) 計算座標、高程。
(5) 計算面積、體積。

2.製圖

　　內業之製圖工作包括：
(1) 清繪：整理外業實測原圖。
(2) 註記：加註圖例及必要之說明。
(3) 產出：建置測量成果數據檔、編製電子地圖等。

　　每一測量工作之外業或內業，非完全依照上列之事項、程序實施。作業者應視測量之目的與用途，因時因地制宜，選擇全部或部分事項，以達成測量之任務即可。

1-7　測量之術語

　　測量上常用之名詞及其意義，說明如下：
1. 極軸 (Polar axis)：地球旋轉之軸謂之極軸，軸之兩端分別為北極、南極。
2. 地球原子 (Dimensions of the spheroid)：地球乃一繞極軸旋轉之橢圓球體，極軸較赤道軸稍短。如令赤道 (長) 半徑長度為 a，極 (短) 半徑長度為 b，則 (a-b)/a 稱為扁率 (Flattening)。地球之赤道半徑、極半徑及扁率三值稱為地球原子(圖 1-7(a))。
3. 子午線 (Meridian)：地球表面上通過觀測點與南北極之大圓，稱為子午線。普通於測量中所謂子午線，常係指通過地球南北極之真子午線而言，亦稱真北線。磁針所指之南北線為通過磁極者，稱為磁子午線。

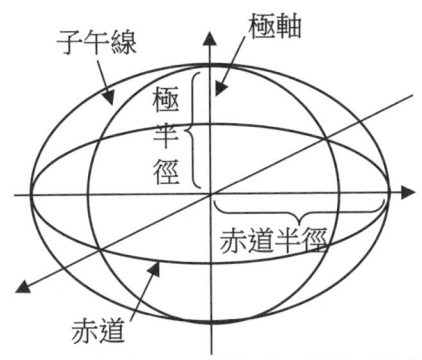

圖 1-7(a)　　地球原子：赤道(長)半徑、極(短)半徑

4. **經度 (Longitude)**：標準子午線 (經度 0 度的子午線) 與觀測點子午線所成赤道弧之圓心角，稱為該點之經度。
5. **緯度 (Latitude)**：赤道平面與觀測者之垂直線所成之圓心角，稱為該點之緯度。
6. **地圖投影 (Map projection)**：地圖之繪製，是將地表面上之地形、地物，投影到一理想之平面或曲面上，繪製成地圖，此種繪製地圖之方法稱為地圖投影。
7. **比例尺 (Scale)**：地圖之圖上長度與地上相對應之實際長度之比值，稱為比例尺，亦稱縮尺。一般而言，**1/100, 1/1000, 1/10000** 可分別視為典型的大、中、小比例尺。
8. **垂直線 (Vertical line)**：如圖 1-8，為地面上一點引向地心之直線，即是平行於重力方向之直線，即鉛垂線。
9. **水準面 (Level surface)**：為各點均垂直於垂直線之曲面，其形狀乃近似於地球橢圓球體之表面。靜止之湖面即為一水準面，但在較小之測區內，一般可視水準面為一平面。
10. **水準線 (Level line)**：如圖 **1-8**，水準面與經過地心之平面相交而成之曲線稱之。
11. **水平面 (Horizontal plane)**：切於水準面之平面，即為經過該點而與垂直線相垂直之平面。
12. **水平線 (Horizontal line)**：如圖 **1-8**，切於水準面之直線稱之。
13. **水準基面 (Datum level)**：如圖 **1-8**，為一預先測定之水準面，於此面上之高程為零，一般即以平均海水面為水準基面。亦稱為基準面 **(Datum)** 或基準表面 **(Datum plane)**。

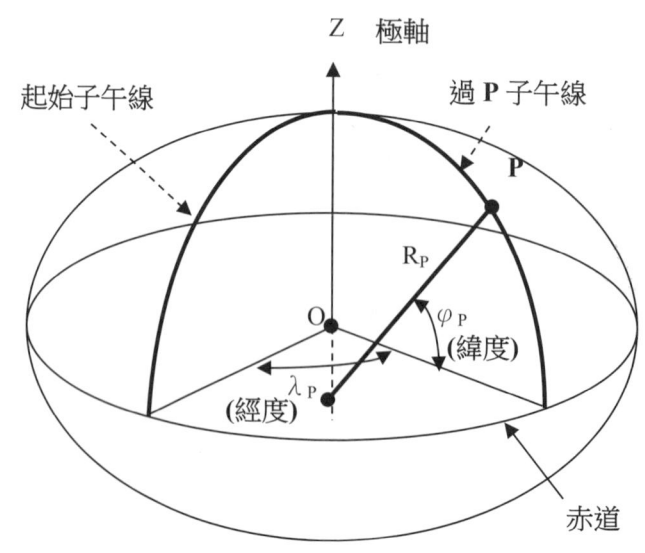

圖 **1-7(b)**　地球原子：經度與緯度

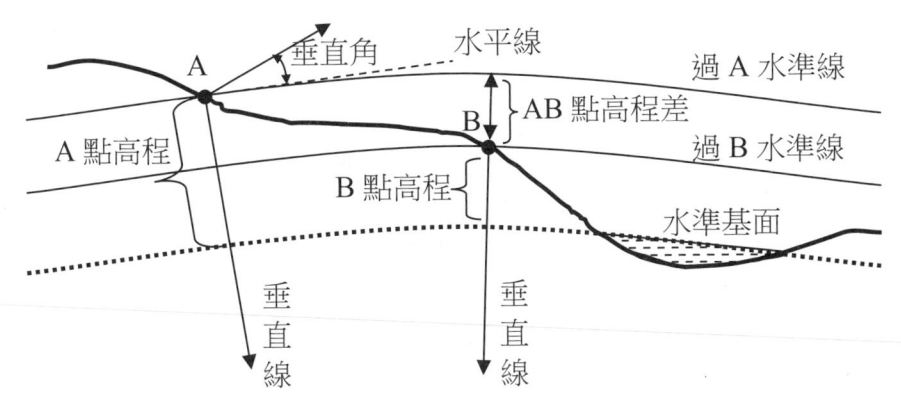

圖 1-8 水準線、水平線、高程、高程差、垂直線、垂直角之定義

14. **平均海水面 (Meam sea level)**：海水因受潮汐影響，常呈週期性之漲落，根據潮汐學研究結果，以十九年為一週期，其海水面每小時潮汐觀測之平均位置，作為假想之平均表面，稱之為平均海水面，簡稱 M.S.L.，亦稱中等海水面或中等潮位。
15. **高程 (Elevation)**：如圖 1-8，自水準基面至地面上某一點之垂直距離，稱之為該點之高程，或稱標高。一般均以平均海水面為水準基面。
16. **高程差 (Difference in elevation)**：如圖 1-8，地面上兩點間之垂直距離，稱為高程差。
17. **水平角 (Horizontal angle)**：水平面上兩線間所成之交角稱為水平角。
18. **垂直角 (Vertical angle)**：如圖 1-8，垂直面上兩線間之交角稱為垂直角。在測量上而言，其中一線為水平線，故垂直角之定義，乃為垂直面上過一點之直線與水平線間之交角。於測量中所測之角度即指水平角與垂直角。
19. **水平距離 (Horizontal distance)**：沿水準面所量之距離，稱為水平距離。於測量中所稱兩點間之距離即指水平距離。
20. **坡度 (Grade 或 Gradient)**：一線之坡度即為該線之斜率，為垂直距離與水平距離之比，通常以百分比表示之。
21. **方位角 (Azimuth)**：如圖 1-9，由子午線之一端 (我國規定由北端) 順時針方向旋轉至某測線之夾角，稱為該測線之方位角。方位角在 0~360 度之間。
22. **方向角 (Bearing)**：如圖 1-9，由子午線之二端順逆時針方向旋轉至某測線之夾角之較小者，稱為該測線之方向角。方向角在 0~90 度之間。
23. **測量基準**：為求得統一性之測量成果，規定有統一性之測量基準。包括 (1) 形狀基準；**(2)** 位置基準；**(3)** 高程基準。台灣地區之測量基準分成先前的 **TWD67** 與目前的 **TWD97** 二種不同系統，每個系統都有形狀基準、位置基準、高程基準等三大要素。

24. 誤差 **(Error)**：測量時由觀測所得之值與真值之差，稱為誤差。
25. 平差 **(Adjustment)**：將測量觀測值之誤差作合理分配之手續稱之。
26. 校正 **(Adjustment)**：測量儀器經相當時間之使用，各部分之位置常有變動，於測量時將生誤差，故應於測量前及在測量工作中，時時檢查儀器是否正確，如不正確，即須予改正，此項改正之工作稱為校正。
27. 全球導航衛星系統 **(Global Navigation Satellite System, GNSS)**：是所有以人造衛星進行全球範圍定位系統的總稱。所以 **GNSS** 不是單指某個系統。利用發射至太空中的一組人造衛星 (通常約二、三十個)，搭配地面的監控站，與用戶端的衛星訊號接收儀，三方搭配就能迅速確定用戶端在地球上所處的位置及海拔高度(圖 **1-10**)。**GNSS** 的第一個系統是由美國政府研發的全球定位系統**(Global Positioning System**，簡稱 **GPS)**。
28. 遙測 **(Remote Sensing)**：是指用間接的手段來獲取目標狀態信息的方法。但一般多指從人造衛星或飛機對地面觀測，通過電磁波 (包括光波) 的傳播與接收，感知目標的某些特性並加以進行分析的技術(圖 **1-11**)。
29. 數值地形模型 **(Digital Terrain Model, DTM)**：是以數字的形式來表示實際地面特徵 (如高程、植被) 的資料模型。

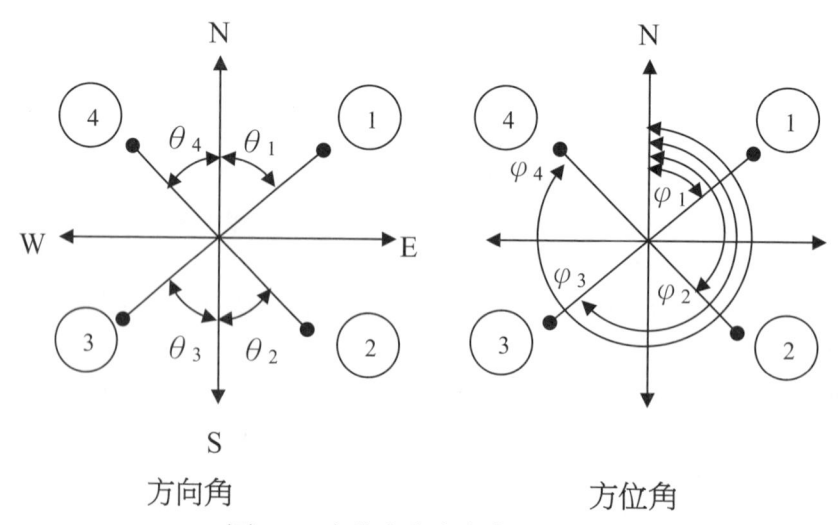

方向角　　　　　　　　　　方位角

圖 1-9 方位角與方向角之定義

圖 1-10　全球定位系統 (GPS)

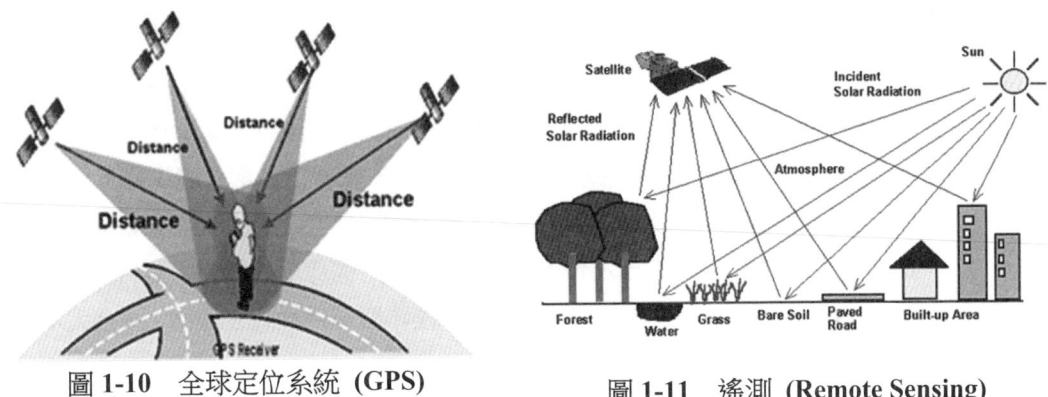

圖 1-11　遙測 (Remote Sensing)

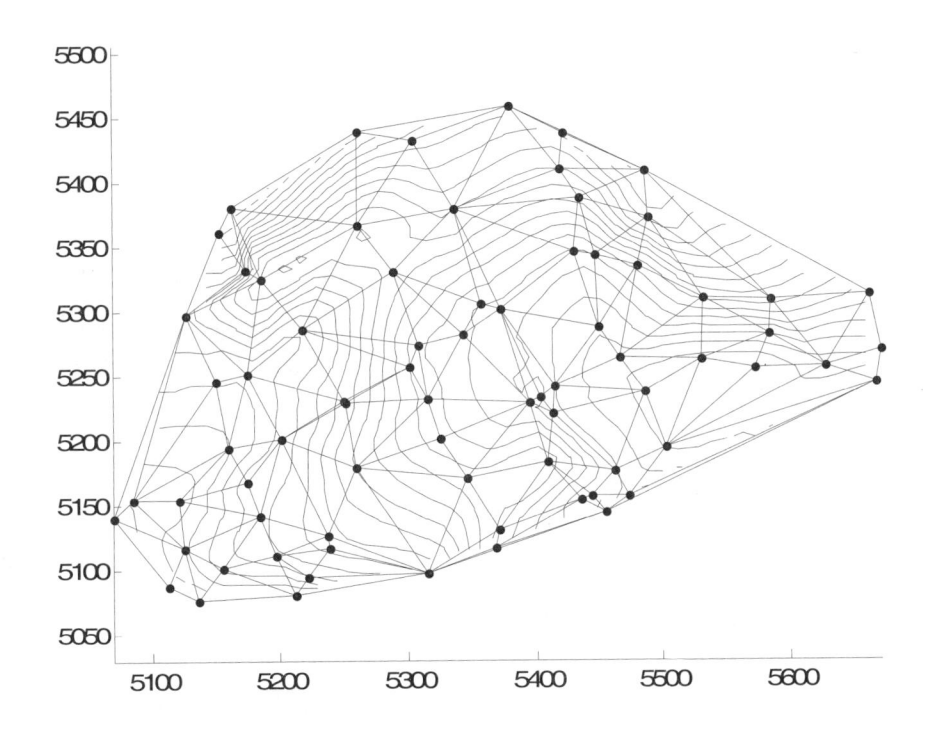

圖 1-12　數值高程模型 (以不規則三角網 TIN 來表達高程模型)

30. **數值高程模型 (Digital Elevation Model, DEM)**：是以數字的形式來表示實際地面高程的資料模型 (圖 1-12 與圖 1-13)。因此數值高程模型屬於數值地形模型的一個次類型。

31. **攝影測量 (Photogrammetry)**：是指利用拍攝物體之影像，來重建物體空間位置與三維形狀的技術。攝影測量的特點之一是在像片上進行量測與判釋，無需接觸被測目標物體的本身，而且影像訊息豐富、逼真，人們可以從中獲得目標物體的大量幾何訊息與物理訊息。攝影測量可分成航空攝影測量與近景攝影測量二大類。航空攝影測量係於飛機上以攝影設備，進行地表攝影之測量。航空測量與地面測量的基本分別在其施測方法不就物體本身測量，而係就所攝相片施行測量，故可與測量地區或物體完全隔離，較不受地形複雜與交通險阻之限制。適合大測區小比例之測量。

32. **三維鐳射掃描**：又稱「光達」，是「光探測和測距」**(Light Detection And Ranging, LiDAR)** 的簡稱。它是利用鐳射測距的原理，通過高速鐳射掃描測量的方法，大面積、高解析、快速地獲取被測物件表面的三維座標、反射率和紋理等資訊。再利用軟體分析，可快速建立被測目標的三維模型及線、面、體等各種圖件資料，為快速建立物體的三維影像模型提供了一種全新的技術手段，是測繪領域繼 GNSS 技術之後的一次技術革命。

33. **地理資訊系統 (Geographic Information System, GIS)**：一個可以針對地球上面的空間資料進行收集、儲存、檢查、處理、分析與顯示的系統。**GIS** 的技術整合了測量、電腦輔助設計、資料庫管理等三個領域的技術而成。在儲存地理資料時，為了管理與後續處理之需，地理資料按其「主題」**(theme)** 分門別類存放在各個不同的圖層之中。例如，地籍、地形、地質、道路、水系…等，都是不同的主題 (圖 1-14)。運用 GIS 工具進行查詢時，可以組合多重條件，進行複合查詢，例如環域 **(buffering)**、疊合 **(overlay)**、空間查詢、網路分析 **(network analysis)** 等。運用 GIS 工具進行決策分析時，可以做多種模擬分析，例如視域、擴散、尋徑等。地理資訊的應用範圍相當的廣泛，包括：區域規劃、土地利用、林業經營、國防佈署、資源開發、環境保育、公共管線管理、運輸網路設計、工程地形分析…等。例如某營造廠想找一塊可以用來棄土的空地，需求有**(1)** 必須靠近道路；**(2)** 必須位於緩坡區；**(3)** 必須遠離水體；**(4)** 必須可立即使用；**(5)** 必須容易購得。要找到這樣的空地可以用 GIS 的環域、疊合等功能來達成。

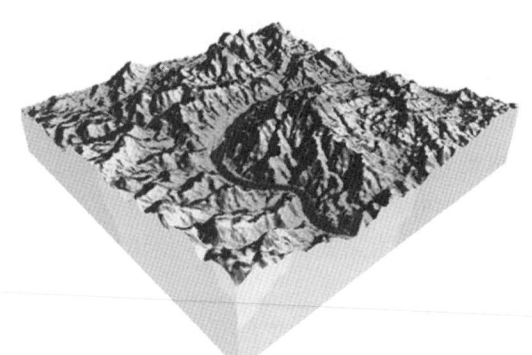

圖 1-13 數值高程模型 (DEM) 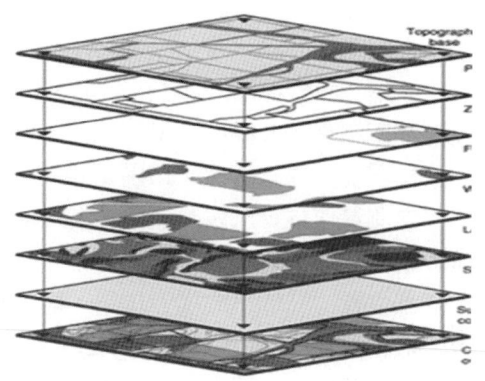　　圖 1-14 地理資訊系統（不同圖層構成，如地籍、地形、地質、道路、水系）

1-8　測量之應用

測量之應用包括：

1. **地形測量 (Topographic surveying)**：以控制測量之成果為依據，將地表面上之地貌、地物，運用各種測量方法，依比例相似測繪或以記號表示於圖上之作業，稱為地形測量。為工程、建築規劃設計之基礎。
2. **施工放樣 (Construction setting out)**：乃各種營建工程之測設作業稱之。包括房屋建築放樣測量、廠房場地整平測量、精密機械安裝測量、機場工程定位測量等。
3. **地籍測量 (Cadastral surveying)**：包括地籍圖之測製、土地界址之測定、土地面積之清丈與計算，以及土地分割、地界鑑定與整理等之測量，為地政機關地籍管理之依據。
4. **路線測量 (Route surveying)**：鐵路、公路之交通路線之興築，上下水道之開闢，油氣、水管路線之舖設，電信、輸電線路之架設等工程之新建或改善作業所需之各項測量，總稱為路線測量。
5. **工程微變測量 (Surveying of engineering infinitesimal deformation)**：係測定地層或結構物於工程施工前、施工中及施工後之變形與變位 (Deformation and Displacement)、沉陷 (Settlement)、應變 (Strain)、應力 (Stress) 及載重 (Load) 等之測量。其中變形、變位、沉陷屬於測量學的範圍。由於其量一般均甚小，因此測量精度的要求很高，且必須施行週期性之觀測，對觀測資料加以分析，方可瞭解變化趨勢，掌握地層或結構物狀況，以做為施工控制之依據，或提供往後工程規劃、工程設計之參考。

6. 都市計畫定樁測量 (Stake surveying of urban planning)：將都市計畫圖上各計畫道路中心點、公共設施用地、土地使用分區及計畫範圍等界線交點之位置，準確測設於地面，並埋樁固定之作業，稱為定樁測量。為都市建設開發之依據。
7. 都市測量 (Urban surveying)：包括市區及其鄰近地區之地形測量，都市土地使用現況界線之測定，市區街道及上下水道系統、電力、電信、油氣管線等工程之測量作業，以做為都市計畫 (Urban planning) 及都市建築管理之依據。
8. 橋樑測量 (Bridge surveying)：係提供橋樑設計所需資料之測量，及建築橋樑各部位置、高低之放樣等作業，稱為橋樑測量。
9. 隧道測量 (Tunnel surveying)：為提供隧道設計所需資料之測量，及工程設計之放樣等作業，稱為隧道測量。
10. 礦山測量 (Mine surveying)：為礦山開採時所必須之測量，其作業包括礦坑外測量、坑道內測量、坑內外連結測量、土方測量等。
11. 水道測量 (Hydrographic surveying)：係指任何對水域之測量。如為海洋或湖泊，其測量之內容包括岸線之決定、潮汐之觀測、水底地質及地形之觀測及浮標位置之測定。如為河道，除上述外，尚須測定其水流之速度及其流量等。若為水庫或水壩等之蓄水工程，須測其壩址及集水、排水區域之面積等。
12. 天文測量 (Astronomical surveying)：係使用各種儀器觀測天體 (Celestial body)，以定觀測地之經度、緯度及對於某一觀測點之真方位角等，可應用在小比例尺地形測量之平面控制測量。

1-9 測量之單位

測量學上常用的單位如下：

1. 長度

1 吋 = **2.54** 公分

1 呎 = 12 吋 = **0.3048** 公尺

1 公尺 = **3.3** 台尺 = **3.28084** 呎 = **1.09361** 碼

1 公里 = **0.62137** 哩 = **0.53996** 國際浬

2. 面積

1 公畝 = 100 平方公尺

1 公頃 = 10000 平方公尺

1 坪 = **3.30579** 平方公尺

1 台灣甲 = **9699.17** 平方公尺

3. 角度

(1) 360 度制：一圓周等於 360°
(2) 400 級制：一圓周等於 400 級
(3) 弳度制：一圓周等於 2π 弳，故 1 弳 =360°/2π= 57°17'45" = 206265"

例題 1-1　測量之單位
(1) 已知 1 m = 3.28084 ft，試求 100.00 m =? ft　(2) 已知 1 坪 = 3.30579 m^2，試求 100.00 m^2 =? 坪　[97 年公務員高考] [103 年公務員高考]
[解]
(1) (100.00)(3.28084)=328.08 ft
(2) 100.00/3.30579=30.250 坪

例題 1-2　測量之單位
已知 A=73°52'46"，試以下列單位表達? (1) 度 (2) 分 (3) 秒 (4) 400 級制 (5) 弳度制 [97 年公務員普考] [98 年公務員普考]
[解]
(1) 46"=46/3600=0.012778°
　　52'=52/60=0.866667°
　　故　73°52'46"=73°+0.866667°+0.012778°=73.8794°
(2) 73°52'46"=73.8794°=(73.8794°)(60'/1°)=4432.77'
(3) 73°52'46"=73.8794°=(73.8794°)(3600"/1°)=265966"
(4) 73°52'46"=73.8794°=(73.8794°)(400 級/360°)=82.0882 級
(5) 73°52'46"=73.8794°=(73.8794°)(2π弳/360°)=1.28944 弳

1-10　測量之數字
1-10-1　有效數字

有效數字位數反映測量的精度，以下是有效數字位數的舉例：

二位有效數字：35，3.5，0.35，0.0035，0.030
三位有效數字：356，35.6，3.56，0.356，0.0356，0.00356，0.0300
四位有效數字：3562，356.2，35.62，3.562，0.3562，0.003562，0.03000

實際測量時，其觀測值的有效數字位數必然是有限的，而其計算值的有效數字位數也應同樣是有限的，計算時有效數字位數取太少固然不可，取太多不僅無意義，也易引起誤解。有效數字之處理有二原則：

原則 1. 多個數字運算後之有效數字由有效數字最少的數字控制。
原則 2. 大量重複測量取平均值者，有效位數可增加。

例題 1-3　有效數字
(1) L=3.725 m + 4.31 m + 5.6 m = ?
(2) A=a•b=(118.68 m)(5.1 m)=?
(3) S=$(D^2+H^2)^{1/2}$=$(83.26^2+8.37^2)^{1/2}$=?
[解]
(1) L=3.725 m + 4.31 m + 5.6 m = 13.635，但應記為 13.6 m
(2) A=a•b=(118.68 m)(5.1 m)=605.268 m^2，但應記為 605 m^2
(3) S=$(D^2+H^2)^{1/2}$=$(83.26^2+8.37^2)^{1/2}$=83.6796...m，但應記為 83.68 m

---

例題 1-4　有效數字
已知有 10 個 AB 距離記錄如下：824.62，824.63，824.64，824.63，824.65，824.60，824.61，824.60，824.61，824.60，試求平均值？
[解]
AB= (824.62+824.63+824.64+824.63+824.65+824.60+824.61+824.60+824.61
　　+824.60)/10=824.619 m　（注意，不是 824.62）

1-10-2　進位制

　　數字之進位有三原則：

原則 1. 小於等於 4 者捨去。
原則 2. 等於 5 者，前一位為奇數者進位，偶數者捨去。
原則 3. 大於等於 6 者進位。

例題 1-5　進位制
試求下列各數進一位後之值? 2.35，2.45，2.46，2.54，2.55，2.65，2.56
[解]
2.35 進位後 2.4，2.45 進位後 2.4，2.46 進位後 2.5，2.54 進位後 2.5
2.55 進位後 2.6，2.65 進位後 2.6，2.56 進位後 2.6

1-11 測量之記錄

1-11-1 手寫野簿

對於測量之記錄 (俗稱手簿或野簿，Field book) (圖 1-15) 應依規定之格式，詳細記載，不可缺漏或塗擦，有時須附加草圖及填加附註，以便他人閱讀時能一目瞭然。由於手寫野簿容易於抄寫時產生錯誤，因此有自動數據記錄器的發明。

1-11-2 自動數據記錄器

現代之全站儀可將測得的數據自動存貯在電子手簿中。早期出廠的全站儀只能與專用的記錄裝置配合工作。現在多數全站儀具有按標準信號輸出數據的能力，能與電腦直接連接，把測得的數據直接傳予電腦。

目前多數電子手簿實際上是一台可攜式的小型計算機，配上了多種記錄軟體後當作電子手簿用。有的電子手簿仍保留了以通用 BASIC 語言編程計算的功能。我們也可以利用市場上銷售的可攜式小型計算機，編製或配上記錄軟體後當電子手簿用。

外業完成後，實測數據都記錄在內存或外存記憶體中，之後可以運用計算機之間的通信功能把採集到的數據傳輸到主要計算機中去，進一步的加工處理都在主機上進行。利用電子手簿記錄、暫存、傳輸實測數據，避免了手工記錄和手工鍵入兩步操作，不僅大幅減輕了人力負擔，更重要的是可避免手工操作時可能產生的錯誤。

實地測量時除設法獲取點的三維座標外，還須記錄點的編碼。編碼首先用於地物的分類，如區分房屋、道路、水系、地形等大類；還可細分何種房屋、何種道路、什麼樣的水面等細類。對於地形點宜區分山谷、山脊、山頂、鞍部、山腳以及斷裂線 (如懸崖的邊線) 等，還應盡可能用編碼來表明該點與其它點的關係。

觀測者：　　　記錄者：　　　日期：　　　儀器：

測站	鏡位	觀測點	讀數	水平角	平均值	備註
	正鏡	A	0°0'0"			
	正鏡	B	24°37'24"	24°37'24"		
	倒鏡	A	180°0'22"			
	倒鏡	B	204°37'38"	24°37'16"	24°37'20"	
	正鏡	A	0°0'0"			
	正鏡	B	24°37'24"	24°37'24"		
	倒鏡	A	180°0'22"			
	倒鏡	B	204°37'38"	24°37'16"	24°37'20"	

圖 1-15　測量之記錄(一)：手寫野簿

1-12 誤差之來源

誤差之來源有三：

1. 儀器誤差 (Instrumental error)

起因於儀器裝置及校正不完善所致，例如捲尺不合標準，或儀器裝置之螺絲鬆動等。故使用儀器前應先檢點與校正，使儀器誤差減至極小。

2. 人為誤差 (Personal error)

起因於人之視力與反應能力不同所致，如測量員判斷讀數不正確或錯報讀數，記錄者記錯數值或選用之測量方法不當所形成。此種誤差之大小因人而異，故觀測者應小心謹慎，使人為誤差減至極小。

3. 自然誤差 (Natural error)

起因於溫度、濕度、大氣壓力、大氣之折光、地球曲率與地磁偏角等自然現象之變化所致。如溫度之變化影響鋼捲尺之長度而生誤差。此種誤差有些需於施測後加以改正，有些需於施測時採用適當方法以減少其影響。

1-13 誤差之種類

誤差之種類可歸納為三大類：

1. 錯誤 (Mistakes)

錯誤之產生係由於人為之疏忽所引起。此種誤差發生時，其相差值通常相當大。例如將 157.23 m 誤記為 151.23 m，即有 6 m 之誤差。

2. 系統誤差 (Systematic errors)

系統誤差常係由於儀器因素或自然因素所引起，其值常可估計，並具累積性，即其誤差總值為測量次數累積數。因此可累積小誤差為大誤差。例如以一刻劃長為 50.00 m，但實長為 50.01 m 之捲尺量距，每量 50.00 m 即有較正確值短 0.01 m 之誤差，故量 157.26 m 時，即有 [(50.01 − 50.00)/50.00]×157.26=+0.031 m 之誤差，正確值應為 157.26 + (+0.031) = 157.291 m。又例如三角高程測量時，地球曲率會使高程差被低估，當水平距離分別為 100, 1000, 10000 公尺時，其誤差分別為 **0.000679, 0.0679, 6.79** 公尺。

3. 偶然誤差 (Accidental errors)

偶然誤差係由於儀器精密度之極限，人類感官敏銳度之極限，與自然環境之微小變化等所引起。偶然誤差的大小可用標準差來衡量。例如一段距離量五次分別得 157.23，157.22，157.24，157.25，157.23 m，則平均值 157.234 m，分別有 -0.004，-0.014，+0.006，+0.016，-0.004 m 之誤差，標準差 0.011 m，則 0.011 m 即反映出偶然誤差的大小。

偶然誤差常無法估計，不具累積性，但仍具有傳播性，即其誤差總值常與測量次數累積數的開根號成正比。例如以一 **50 m** 之捲尺量距，假設該捲尺的偶然誤差大小為 **0.003** 公尺，當測量 **450 m** 時，必須分成九段來量，則測量成果的偶然誤差為 **0.009** 公尺。

偶然誤差之出現為偶然，無法立即查出，並具有下列特性：
(1) 正負誤差出現的機率相當。
(2) 較小值出現的機率較大。
(3) 極端值出現的機率甚小。
(4) 常成常態分佈。

常態分佈的變數 X 如果減去平均值 μ，再除以標準差 σ，可以變成標準常態分佈的變數 x (圖 1-16)：

$$X = \frac{x - \mu}{\sigma} \qquad (1\text{-}4 \text{ 式})$$

常態分佈的變數較小值出現的機率較大，極端值出現的機率甚小。例如出現在 **1** 個以下，**1~2** 個，**2~3** 個，**3** 個以上標準差的機率分別佔 **68%**，**27%**，**4%**，**0.3%**。

綜觀上述誤差之來源及種類，可知每一測量工作均可能產生誤差。從事測量工作者，應熟悉誤差之來源與種類，儘量消除之；並應瞭解測量工作精度之需求，採用適當方法及合適之儀器施測，以期達到需求之精度。

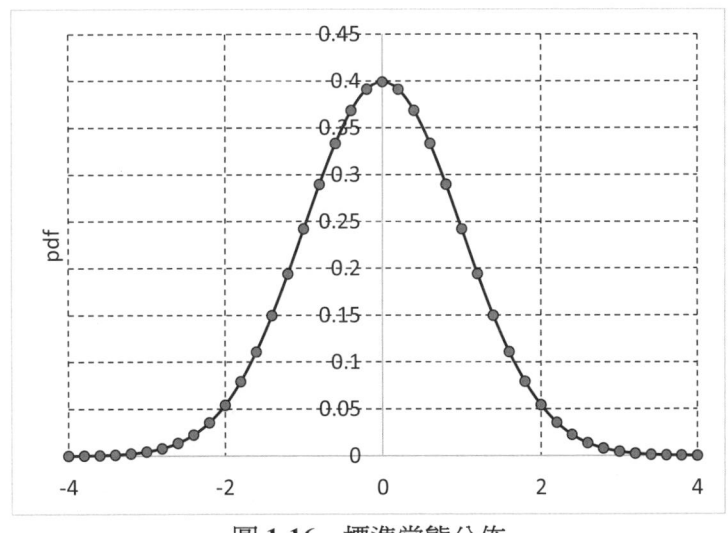

圖 **1-16** 標準常態分佈

1-14　誤差之消除

誤差消除之要領如下：

1. 錯誤之消除

此種誤差之值通常相當大，故只要比較多次觀測值是否有重大差異即可發現錯誤，並捨棄該觀測值即可。

2. 系統誤差之消除

此種誤差之值通常可估計，故可於施測後加以改正，或者使用特殊的觀測法將誤差抵銷 (例如水平角的正倒鏡讀數法)，即可消除此種誤差。

3. 偶然誤差之消除

此種誤差之值出現為偶然，雖無法立即查出，亦無法估計，但其值常甚小，正負號出現的機率相當，極端值出現的機率甚小，常成常態分佈。根據誤差傳播定律，一個具有偶然誤差的觀測量，採重複多次觀測，再取平均值，其平均值的偶然誤差與重複觀測次數的開根號成反比。例如一角度單次觀測具有 2" 的誤差，則重複四次觀測，再取平均值，其平均值的偶然誤差只有 1"。故偶然誤差可用重複觀測消減之。

1-15　誤差之意義

對同一量經二次觀測，此二次觀測之差，稱為較差 (Discrepancy)，較差甚小時，表示：

1. 觀測無重大錯誤
2. 偶然誤差甚小

但卻無法顯示出系統誤差之大小。例如以鋼捲尺測量距離二次，分別得 **157.260** 與 **157.261 m**，二次之較差為 **0.001 m**，但由於尺本身之長度不準，或許其系統誤差高達 **0.031 m**，如不作適當的改正，僅重複測量，並無法發現、消除此系統誤差。

1-16　誤差之估計

觀測免不了誤差，真值永遠不能測得，因此只能依平差方法求出近似真值之結果，稱之為最或是值。求算最或是值之方法稱之為平差法。平差法只能用於只有偶然誤差的情形，因此平差前應先剔除錯誤，並改正系統誤差。

當一變數觀測多次時，偶然誤差大小的表示法常用者有三種：

1.標準誤差

又稱中誤差，或均方誤差，為理論上最適宜於代表觀測之精度者。所謂標準誤差即「誤差自乘方之平均值經開方後所得之值」。其公式為：

$$\sigma = \pm\sqrt{\frac{(e_1^2 + e_2^2 + \ldots + e_n^2)}{n}} = \pm\sqrt{\frac{[ee]}{n}} \qquad \text{(1-5 式)}$$

其中 e 為真誤差 = 觀測值 − 真值，n 為觀測之次數。

2.平均誤差

平均誤差為誤差絕對值之平均值。其公式為：

$$\delta = \pm\frac{|e_1| + |e_2| + \ldots + |e_n|}{n} = \pm\frac{[|e|]}{n} \qquad \text{(1-6 式)}$$

根據理論，當誤差為常態分佈下，平均誤差與標準誤差的關係如下：
$\delta \approx 0.7979\sigma$

3.或是誤差 (probable error)

「或是誤差」的定義為觀測值大於與小於此誤差的機率相等。公式：

$$\int_{-r}^{r} \phi(\varepsilon)d\varepsilon = \frac{1}{2} \qquad \text{(1-7 式)}$$

根據理論，當誤差為常態分佈下，或是誤差與標準誤差的關係如下：
$r \approx 0.6745\sigma$

上述定義中假設各觀測值之精度相同，且觀測之次數必須為相當大之數目，始較可靠。惟真值既不能測得，真誤差仍屬不可知，故上式純屬理論。

實用上，通常以最或是值代替真值，當一變數觀測多次時，又常以平均值作為最或是值，故標準誤差與平均誤差可改為下式：

$$\text{標準誤差 } m = \pm\sqrt{\frac{(v_1^2 + v_2^2 + \ldots + v_n^2)}{n-1}} = \pm\sqrt{\frac{[vv]}{n-1}} \qquad \text{(1-8 式)}$$

$$\text{平均誤差 } \delta = \pm\frac{|v_1| + |v_2| + \ldots + |v_n|}{n} = \pm\frac{[|v|]}{n} \qquad \text{(1-9 式)}$$

其中 v 為觀測誤差 = 觀測值 − 最或是值。

例題 1-6　某段距離測得 123.50，123.52，123.57 公尺
(1) 試求最或是值? (2) 試問標準誤差多少? (3) 試問平均誤差多少?
[解]
(1) 最或是值 = 平均值 = 123.53

(2) $m = \pm\sqrt{\dfrac{(v_1^2 + v_2^2 + ... + v_n^2)}{n-1}} = \pm\sqrt{\dfrac{(-0.03)^2 + (-0.01)^2 + (0.04)^2}{3-1}} = \pm 0.036$

(3) $\delta = \pm\dfrac{|v_1| + |v_2| + ... + |v_n|}{n} = \pm 0.027$

1-17　準確度與精度

　　準確度 (Accuracy) 為觀測值之最或是值接近真值的程度，精度 (Precision) 為觀測值集中的程度，通常可用中誤差來表示。圖 1-17 為準確度與精度的四種組合：

1. **準確度高，精度高 (圖 1-17(a))**
   原因：可能系統誤差小、偶然誤差小。
2. **準確度低，精度高 (圖 1-17(b))**
   原因：可能系統誤差大、偶然誤差小。
3. **準確度高，精度低 (圖 1-17(c))**
   原因：可能系統誤差小、偶然誤差大。
4. **準確度低，精度低 (圖 1-17(d))**
   原因：可能系統誤差大、偶然誤差大。

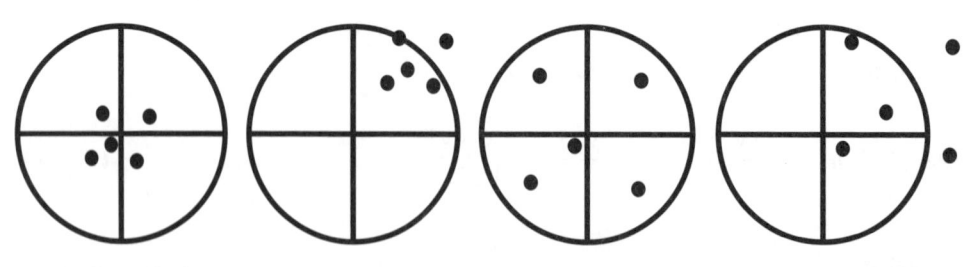

(a)準確又精確　(b)不準確但精確　(c)準確但不精確　(d)不準確又不精確

圖 1-17　準確度與精度

　　除了準確度與精度，解析度為測量的另一個重要概念。解析度為觀測值精細的

程度。例如兩根鋼捲尺最小刻度分別為 **0.5 mm** 與 **0.5 cm**，則前者的解析度較高。解析度高並不必然代表準確度與精度高。

例題 **1-7**　準確度與精度
假設 **AB** 之真值為 **157.23 m**，下列四組觀測值其準確度與精度各如何？
(1) 157.22，157.23，157.24
(2) 157.32，157.33，157.34
(3) 157.12，157.23，157.34
(4) 157.22，157.33，157.44
[解]
(1)平均值 157.23 m，真誤差 0.00 m，標準誤差 0.01 m
　=> 準確度高，精度高
(2)平均值 157.33 m，真誤差 0.10 m，標準誤差 0.01 m
　=> 準確度低，精度高
(3)平均值 157.23 m，真誤差 0.00 m，標準誤差 0.11 m
　=> 準確度高，精度低
(4)平均值 157.33 m，真誤差 0.10 m，標準誤差 0.11 m
　=> 準確度低，精度低

1-18　本書內容簡介

　　本書分二篇十四章，其內容以能滿足大學部土木相關科系之教學需求為目標，內容簡述如圖 **1-18**。本書內容也參考了近十年來土木技師高考，及公務員高、普、特考試題，並在每章習題中列出具代表性之歷屆試題及其解析。

　　由於測量學有許多複雜的計算公式與方法，例如傳統測量的前方交會法、平面座標轉換等。為了方便讀者，本書附有一套 Excel 試算表，內容包括本書所有重要例題的計算公式與方法，可讓讀者不必再面對複雜又無聊的計算，將學習聚焦在測量學的計算公式與方法之基本原理。

1-19　本章摘要

1. 儀器自動化、數據座標化、計算電腦化、量測立體化是現代測量的大趨勢。
2. 測量依測區之大小分：**(1)** 平面測量 **(2)** 大地測量。
3. 測量依測量之性質分：**(1)** 控制測量 **(2)** 細部測量。

```
                          測量學
                ┌───────────┴───────────┐
        第一篇  平面測量篇          第二篇  工程測量篇

  第1章   概論                第10章   細部測量

  第2章   高程測量            第11章   施工放樣

  第3章   角度測量            第12章   面積與體積

  第4章   距離測量            第13章   路線測量

  第5章   座標幾何            第14章   誤差理論

  第6章   全站儀

  第7章   衛星定位測量

  第8章   測量基準與座標

  第9章   控制測量
```

圖 1-18 本書結構

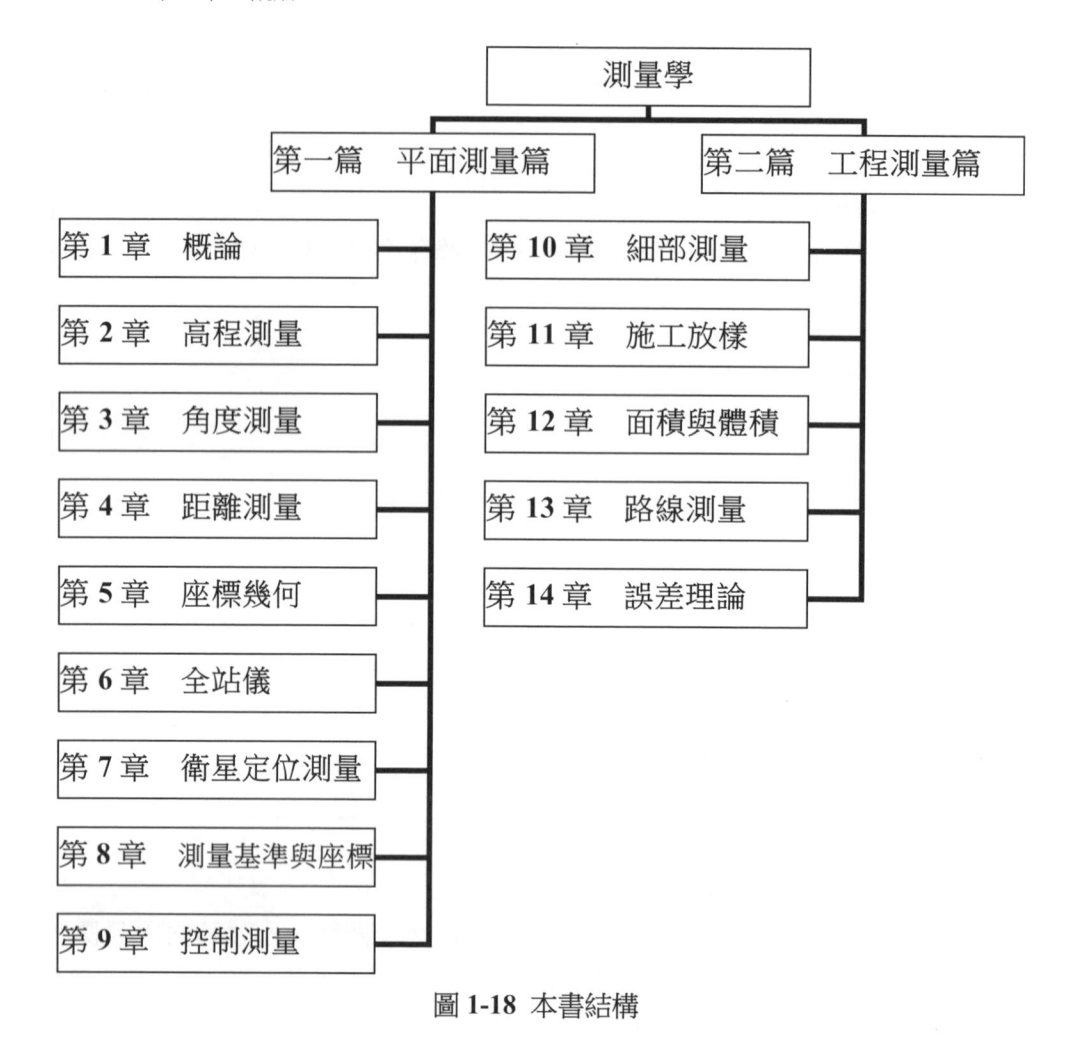

4. 測量依測量之方法分：**(1)** 地面測量 **(2)** 衛星定位測量 **(3)** 三維鐳射掃描 **(4)** 攝影測量。
5. 測量之原理：**(1)** 導線法 **(2)** 偏角法 **(3)** 支距法 **(4)** 前方交會法 **(5)** 後方交會法 **(6)** 距離交會法 **(7)** 直線交會法。
6. 測量之術語：參考第 1-7 節。
7. 測量之單位：注意角度之彊度表示法以及其換算。
8. 有效數字原則：**(1)** 多個數字運算後，有效數字的位數由有效數字最少的數字控制。
   (2) 大量重複測量取平均值者，有效位數可增加。
9. 進位制原則：**(1)** 小於等於 4 者捨去。**(2)** 等於 5 者，前一位為奇數者進位，偶數者捨去。**(3)** 大於等於 6 者進位。
10. 誤差之來源：**(1)** 儀器誤差 **(2)** 人為誤差 **(3)** 自然誤差。
11. 誤差之種類：**(1)** 錯誤 **(2)** 系統誤差 **(3)** 偶然誤差。
12. 誤差之消除：參考第 1-14 節。
13. 較差甚小時，可表示 **(1)** 觀測無重大錯誤 **(2)** 偶然誤差甚小，但無法顯示出系統誤差之大小。
14. 誤差大小的表示法：**(1)** 標準誤差 **(2)** 平均誤差 **(3)** 或是誤差。
15. 準確度 **(Accuracy)** 為觀測值之最或是值接近真值的程度，精度 **(Precision)** 為觀測值集中的程度。

習題

1-2 測量之定義 ~1-4 測量之分類

(1) 測量與測設之定義為何? [102 土木技師]
(2) 何謂平面測量? 大地測量?
(3) 何謂控制測量? 細部測量?
(4) 每邊 10000 公尺的方形工地可否用平面測量?
[解] (1) 見 1-2 節。(2) 見 1-4 節。(3) 見 1-4 節。(4) 可以，但以三角高程測量測高程時，仍須顧及地球之曲率，不能視為平面處理之。

下列測量如何考慮地球曲率：
(1) 小面積測量 (2) 2°TM 測量 (3) 高程測量 [85 土木技師]
[解] (1) 小面積測量不需要考慮。(2) 2°TM 測量如其測區面積>200 km2 需要考慮。(3) 三角高程測量如其水平距離>500m 需要考慮。

在小測區實際測量作業時，常將平面位置與高程分開計算處理，其原因何在？試說明之。[90 年公務員高考]
[解] 小測區屬「平面測量」，平面位置不需考慮地球是橢球的事實；但若邊長在 500 公尺以上者，求測點之高程時，地球是橢球體之事實會造成約 2 公分以上的高程誤差，故仍須顧及地球之曲率，不能視為平面處理之。

1-5 測量之原理 ~1-6 測量之程序

(1) 試述測量之基本原理?
(2) 測量之程序為何?

1-32　第 1 章　概論

(3) 測量計畫之擬定應先瞭解之事項為何？
[解] (1) 見 1-5 節。(2) 見 1-6 節。(3) 見 1-6 節。

1-7 測量之術語 ～ 1-8 測量之應用

(1) 解釋名詞：

精度	水準線	平差	準確度	水平面	系統誤差
大地測量	水平線	偶然誤差	平面測量	高程	較差
水準面	子午線	水平距離	垂直線	方位角	微變測量

[81 丙等基層特考][93 公務員普考]
(2) 測量有那些應用？
[解] (1) 見 1-7 節。 (2) 見 1-8 節。

1-9 測量之單位

測量之單位 [97 年公務員高考] [103 年公務員高考]
(1) 已知 1 哩=1.60935 km，試求 20.00 km =? 哩
(2) 已知 1 甲 = 9699.17 m^2，試求 100.0 m 乘 200.0 m 的長方形 =? 甲
[解] (1) 12.427 哩　(2) 2.0620 甲

測量之單位
同例題 1-2，但數據改成：A=43°12'56" [97 年公務員普考] [98 年公務員普考]
[解] (1) 43.2156° (2) 2592.93' (3) 155576" (4) 48.0173 級 (5) 0.75425 弳

1-10 測量之數字

有效數字
同例題 1-3，但數據改成：
(1) L=3.7 m + 4.31 m + 5.619 m = ?
(2) A=a•b=(118.7 m)(5.119 m)=?
(3) S=(D^2+H^2)$^{1/2}$=(83.263^2+8.372^2)$^{1/2}$=?
[解] (1) 13.6 m　 (2) 607.6 m^2　 (3) 83.683 m

有效數字
同例題 1-4，但數據改成：824.623，824.624，824.621，824.622，824.621，824.622，824.623，874.621，824.619，824.622 (注意數據中有一個為錯誤，應剔除)
[解] 應剔除 874.621，平均值=824.6219

進位制
同例題 1-5，但數據改成：**9.55，9.65，9.66，9.74，9.75，9.85，9.76**
[解] **9.6，9.6，9.7，9.7，9.8，9.8，9.8**

1-11 測量之記錄
自動數據記錄器有何優點？
[解] 見 1-11 節。

1-12 誤差之來源 ～ 1-17 精度與準確度
(1) 測量誤差來源有哪三類？
(2) 測量誤差種類有哪三類？偶然誤差特性為何？[80 二次土木技師檢覈] [97 年公務員高考]
(3) 測量誤差如何消除？
(4) 對同一量經二次觀測，此二次觀測之差，稱為較差 (Discrepancy)，較差甚小時，可表示什麼？[81 土木公務普考]
[解] (1) 見 1-12 節。(2) 見 1-13 節。(3) 見 1-14 節。(4) 見 1-15 節。

同例題 1-6，但數據改成：
824.623　824.624　824.621　824.622　824.621
824.622　824.623　874.621　824.619　824.622
(注意數據中有一個為錯誤，應剔除) [102 年公務員普考]
[解]
(1) **824.6219**　(注意數據中 **874.621** 為錯誤，應剔除)

(2) $m = \pm\sqrt{\dfrac{(v_1^2 + v_2^2 + \ldots + v_n^2)}{n-1}} = \pm 0.00145$

(3) $\delta = \pm\dfrac{|v_1| + |v_2| + \ldots + |v_n|}{n} = \pm 0.00103$

(1) 精度與準確度有何差異？
(2) 測量工作中，常藉由作業程序與圖形規劃等方式，以提升量測之「解析度」、「精度」、「可靠度」。例如，水平角測量時之「複測角法」可藉由累積角度達成提升解析度之效果。請以文字配合實例，分別說明「解析度」、「精度」、「可靠

度」之意涵，並舉例說明在測量工作中，還有哪些作為可分別提升上述三者？[103 年公務員高考]

[解] (1) 見 1-17 節。 (2) 可靠度為觀測值之最或是值接近真值的程度，精度為觀測值集中的程度，解析度為觀測值精細的程度。例如兩根鋼捲尺最小刻度分別為 **0.5 mm** 與 **0.5 cm**，則前者的解析度較高。

第 2 章　高程測量

2-1 本章提示
2-2 高程系統
2-3 高程測量方法

　　　　　　　第一部分：直接水準測量

2-4 水準儀構造
　　2-4-1 望遠鏡
　　2-4-2 水準器
　　2-4-3 支架
　　2-4-4 基座
2-5 水準儀種類
2-6 水準標尺
2-7 水準儀操作
2-8 水準儀測量原理
　　2-8-1 逐差水準測量
　　2-8-2 對向水準測量
2-9 水準儀測量平差
2-10 水準儀測量誤差及其消除
2-11 水準儀校正

　　　　　　　第二部分：三角高程測量

2-12 三角高程測量方法
2-13 三角高程測量誤差
2-14 本章摘要

2-1 本章提示

　　自水準基面至地面上某一點之垂直距離，稱之為該點之高程，或稱標高。一般均以平均海水面為水準基面。地面上兩點間之垂直距離，稱為高程差 (Difference in elevation)，如圖 2-1(a) 所示。高程測量之目的在於和已知高程點連測，以推算各點高程。

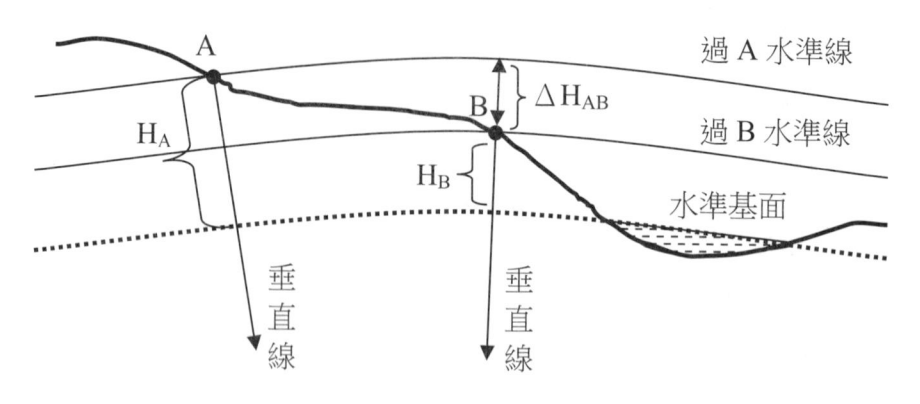

圖 2-1(a) 高程與高程差之定義

上述說法其實不夠精確，嚴格來說，以水準儀測得的高程只是正高的近似值，而正高也只是多種高程定義中的一種。因為地球實際重力場之等位面之間並不平行，因此傳統的水準儀測量會因路線不同而得到不同的高程差，無法唯一確定。例如圖 2-1(b)，以傳統的水準儀測量由 A 測到 B 的路線有兩條，路線 1 測得的高程差將大於路線 2。因此高等級的高程測量必須用重力測量，以得到正確的正高。

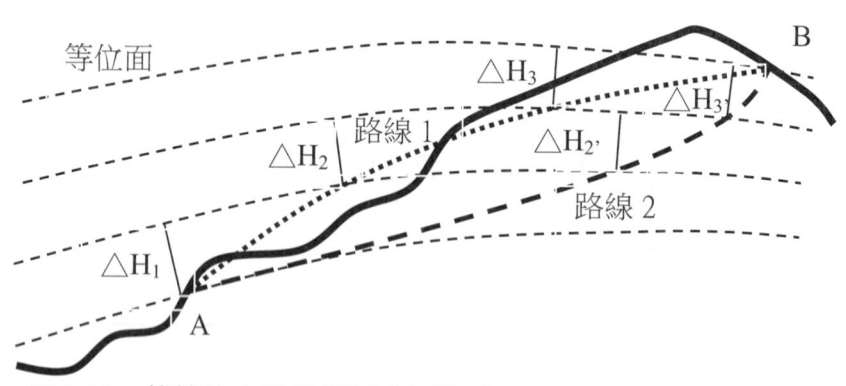

圖 2-1(b) 傳統的水準儀測量會因路線不同而得到不同的高程差

2-2 高程系統

高程是指某一點相對於基準面的高度，目前常用的高程系統共有正高、正常高、力高、橢球高 (又稱幾何高、大地高) 四種。

1. 正高與大地水準面

大地水準面 (Geoid) 是一個假想的由地球自由靜止的海水平面擴展延伸而形成的閉合曲面。通常被認為是地球真實輪廓。它所包圍的形體成為大地體。大地水準面為地球實際重力場之等位面，特點為

(1) 重力等位面，其表面處處與重力方向垂直。

(2) 有無窮多個，但各水準面之間是不平行的。

(3) 是不規則的閉合曲面

因為大地體的形狀和大小非常接近自然地球的形狀和大小，並且位置比較穩定，因此在大範圍的區域內，一般選取大地水準面做為高程測量之基準、傳統水準測量之起算面。

正高 (orthometric height) 是指地球表面某一點的沿鉛垂方向至大地水準面的距離。正高可由大地位數 (geopotential number) 加以定義而具有物理上的意義，即

$$C = W_0 - W = \int_0^H g dH$$

式中 C=大地位數，W=地面點之重力位，W_0=大地水準面之重力位，g=觀測之重力值，dH=各段之高差值。

正高(H)之定義為

$$H = \frac{C}{\bar{g}} = \frac{1}{\bar{g}} \int_0^H g dH$$

其中 $\bar{g}$ =大地水準面至地面點之間沿垂線 (plumb line) 上之重力平均值。

某點的正高與過該點的水準面和起始大地水準面之間的位能差有關，不因水準路線而異，可以唯一確定，所以可以表示某一點的高程。

2. 正常高與似大地水準面

因為地球內部的質量和密度不均勻，導致正高不能精確測得，故又引入正常高系統。正常高系統是為了解決正高系統中重力 g 不能精確測定而使用平均正常重力代替，而得到的一種系統的高程。與正高相比，正常高可以精確求得，數值不隨水準路線不同而不同。

正常高 (H) 之定義為

$$H = \frac{1}{\bar{\gamma}} \int_0^H g dH$$

其中 $\bar{\gamma}$=正常重力平均值。正常重力與高程有關

$$\gamma = \gamma_0 - 0.3086H$$

其中 H=高程(m)；γ 單位為 **mGal** (千分之一 Gal)，1 Gal=1 $cm/\sec^2$，γ_0=**980.665**。

似大地水準面也稱准大地水準面，是研究地球形狀時引入的一個虛擬的輔助面，似大地水準面是正常高的基準面，它與大地水準面之差等於正高與正常高之差。似大地水準面是由地面點沿正常重力線向下量取該點的正常高，其端點所構成的曲面。

3. 力高

由於不同地點的重力平均值或正常重力平均值不同，造成同一水準面的正高或正常高系統的測量值都會有微小的誤差，這會使一個大型湖泊的水利建設出現問題，因為各處的湖泊水面測出來的正高或正常高可能不相同，為了避免水利建設中出現問題，出現了「力高」的定義，力高的定義是指通過該點的水準面在緯度 **45°** 處的正常高。

4. 橢球高 (ellipsoidal height) 與參考橢球面

參考橢球面 (reference spheroid) 是一個假想的與大地水準面密合的完美橢球面。定義一個參考橢球面需要長半徑、短半徑、扁率…等參數。參考橢球面的點位的表示法是：大地經度 (L)，大地緯度 (B)，大地高 (h)，參考橢球面的要求有

(1) 參考橢球面包裹的總質量等於地球總質量。
(2) 參考橢球面中心與質心重合。
(3) 參考橢球面短軸與旋轉軸重合。
(4) 參考橢球面旋轉角速度與地球自轉速度相等。
(5) 參考橢球面與大地水準面擬合達最佳。

橢球高（幾何高、大地高）為由地形表面沿旋轉橢球體法線方向至旋轉橢球體之距離。衛星定位測量所得高程為橢球高。

正高的優點是它具有物理意義，水流在二個點之間會從正高較高處往較低處流動，因此在工程上具有實用價值。但它的缺點是大地水準面是一個平滑但不規則的曲面，因此二點之間的直線距離無法用其平面座標與高程來計算。

橢球高的優點是它具有數學意義，二點之間的直線距離可以用其三維直角座標

計算得到，而三維直角座標可由其經緯度與橢球高計算得到。但它的缺點是參考橢球面雖是一個平滑且規則的曲面，但不具有物理意義，水流在二個點之間不會從橢球高較高處往較低處流動，這在工程應用上是一個缺點。

水準儀測量所得之高程為以大地水準面為基準的正高 (H)，而 GPS 系統所求得之高程為以參考橢球體表面為基準的橢球高 (h)。兩者高程間之差異則稱為大地起伏，一般以 N 表示

大地起伏 (N) = 橢球高 (h) − 正高 (H)

大地起伏值隨地區不同而異，是一個平滑但不規則的變化過程。因此當兩點距離短時，其大地起伏值差異不大，但距離長時，差異頗大。若能得到精確之大地起伏值，則可進行橢球高與正高間之轉換。全球的大地起伏最大值約為 ±200 公尺。在台灣地區大地起伏為正值，範圍約 18~28 公尺，特別是山區變化較大。

2-3 高程測量方法

本章的高程測量是以大地水準面為基準，因此測得的成果為「正高」。但這種測量方法只能得到正高的近似值。

高程測量之方法有二類：

1. 直接高程測量 (Direct leveling)

又稱水準儀測量，為使用水準儀 (Level) 及水準尺 (Leveling rod)，直接測定水平視準線在二水準尺上讀數，求得該二水準尺地面高程差之測量。

2. 間接高程測量 (Indirect leveling)

間接高程測量因使用儀器及作業方法而異，可分為三種：

(1) 三角高程測量 (Trigonometric leveling)：多用於兩點間之距離及高程差均較大者。

(2) 視距高程測量 (Stadia leveling)：精度較低，僅於小地區之導線測量及細部測量應用。

(3) 氣壓計高程測量 (Barometric leveling)：精度最低，但因其作業簡單快速，故多用於踏勘之高程測量。

視距高程測量、氣壓計高程測量因已經淘汰，本書不予介紹。直接高程測量 (水準儀測量) 精度通常較三角高程測量高，但缺點是當兩點距離很遠時，必須分成許多段施測。因此水準儀測量適用於地面起伏不太大之地區，至於地面起伏較大之地區，宜採用間接高程測量。水準儀測量及三角高程測量，依所需之精度分為精密及

普通兩類,前者多應用於大地測量,後者則應用於平面測量。

本章分為二部分:**(1)** 水準儀測量之原理、儀器使用、觀測方法以及其應用,**(2)** 三角高程測量之原理及觀測作業。

第一部分:直接水準測量

2-4 水準儀構造

水準儀之三主要軸為視準軸、水準軸及直立軸,詳如圖 2-2 所示,說明如下:

1. 視準軸 (Collimation axis) 望遠鏡中心與十字絲中心的連線。
2. 水準軸 (Axis of level tube) 水準器呈水平時,切在氣泡中央表面之切線。
3. 直立軸 (Vertical axis) 望遠鏡水平方向之旋轉軸,測量時應與重力線合一。

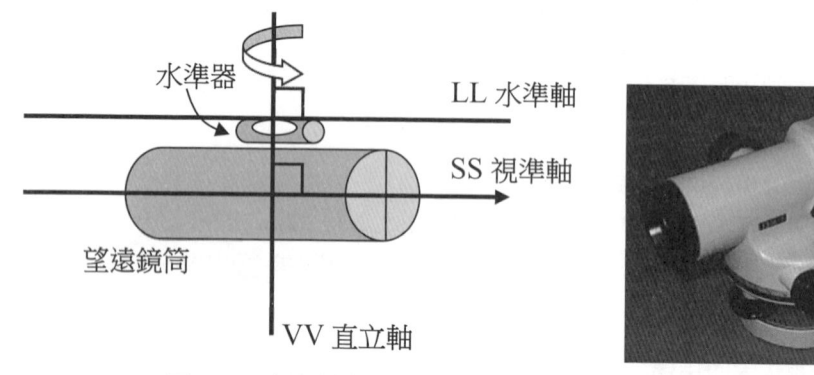

圖 2-2 水準儀各軸之關係 (視準軸、水準軸及直立軸)

水準儀之裝置原則為:

1. 視準軸必須平行水準軸。
2. 水準軸必須垂直直立軸。

如此,藉基座之腳螺旋,使水準軸水平,則無論望遠鏡旋轉至任何方向,視準軸亦必水平,藉此水平視線以比較兩點上垂直豎立之水準尺之讀數,即可推算該兩點之高程差,此乃水準儀之測量原理。若儀器有不符合此原則時,應即予校正後再行使用。

水準儀之構造可分為:**(1)** 望遠鏡,**(2)** 水準器,**(3)** 支架,**(4)** 基座等四部分。

分述如下。

2-4-1 望遠鏡

1.望遠鏡之構造

　　各種測量儀器所用之望遠鏡其構造大致相同，係由三主要部分所組成：**(1)** 物鏡 **(Objective lens)**，**(2)** 目鏡 **(Eyepiece)**，**(3)** 十字絲 **(Cross hairs)**，此三者皆裝置於鏡筒之內，分述如下：

(1)　物鏡
　　物鏡之作用在使甚遠之物體產生清晰縮小之實像於目鏡前之十字絲面上。

(2)　目鏡
　　目鏡的功用在放大十字絲面上的十字絲物像。

(3)　十字絲
　　在目鏡前焦面處置有十字絲，用以瞄準目標之依據，其構造如圖 2-3 所示。水平方向者稱水平絲或橫絲，垂直方向者稱垂直絲或縱絲。現代測量儀器望遠鏡中之十字絲，係刻於玻璃片上者，如此則縱、橫二線之相對位置不致變動。此外，在垂直絲上之二短線為視距絲，乃供視距測量之用。

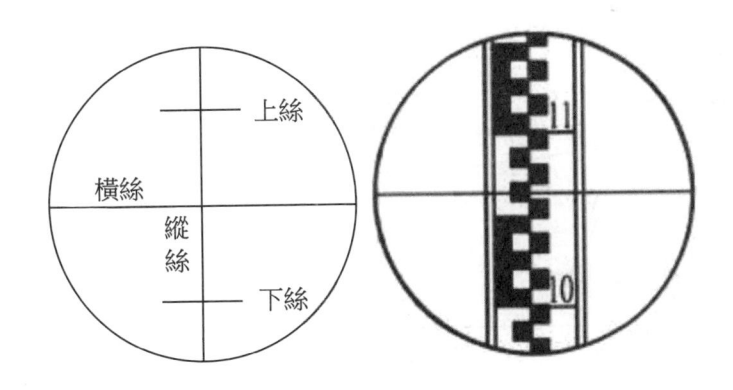

圖 2-3　十字絲 (右圖中可看到水準尺，十字絲的縱絲與水準尺中線疊合)

2.望遠鏡之性能

　　望遠鏡為一般測量儀器之主要部分，其功用在於精密照準目標，使遠方物體呈現明晰影像，使觀測者容易找到並瞄準，故望遠鏡性能之優劣可由放大倍率、清晰度、視界、亮度等因素而定。

(1) 放大倍率 (Magnification) 為物鏡與目鏡焦距之比，即

$$M = \frac{F}{F'} \tag{2-1 式}$$

式中 M 為放大倍率，F 為物鏡焦距，F′ 為目鏡焦距。一般測量儀器望遠鏡之放大倍率為 **20~40 倍**。

(2) 清晰度 (Definition) 乃望遠鏡成像清晰明銳之程度，與透鏡之色像差、球面像差及其他成像缺點之消除程度有關。清晰度以數學方式表示則為分解力 **(Resolving power)**，即明晰分離兩點之最小角距，以弧秒表之，則

$$R'' = \frac{141''}{D} \tag{2-2 式}$$

式中 D 為望遠鏡之有效孔徑，以 **mm** 為單位。

(3) 視界 (Field of view) 由望遠鏡所見最外二光線之夾角稱之，又稱視野。視界大則易找尋目標。一般測量儀器望遠鏡之視界為 **1°~2°**，而水準儀視界較小，約在 **1°** 左右，視界值可由下式計算(圖 2-4)：

$$V = \frac{A}{L} \frac{180°}{\pi} \tag{2-3 式}$$

式中 L 為望遠鏡至標尺距離，A 為望遠鏡切讀標尺上最大及最小極限值的差值。

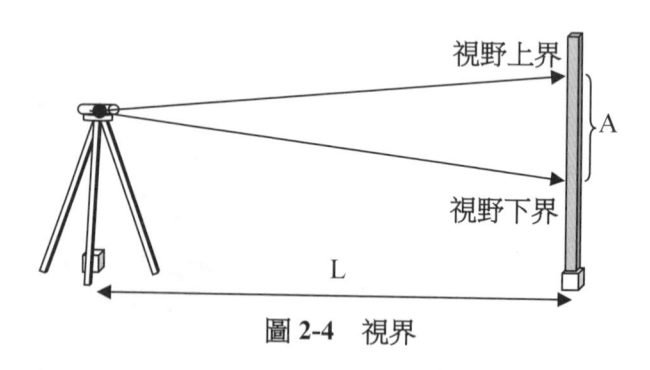

圖 2-4 視界

(4) 亮度 (Illumination) 望遠鏡之亮度由物鏡孔徑及焦距決定，物鏡孔徑大，亮度與清晰度即增大。倘望遠鏡放大倍率增大，即物鏡焦距增長，則會影響亮度與清晰。故透鏡品質與組合的優良與否，及透鏡的磨琢精細，對望遠鏡的成像亮度與清晰度均有密切關係。

3.望遠鏡之調焦

望遠鏡成像之原理，係根據光學公式：

$$\frac{1}{f_1} + \frac{1}{f_2} = \frac{1}{F} \qquad \text{(2-4 式)}$$

式中 f_1 為物鏡與物體之間的距離，f_2 為物鏡與像之間的距離，F 為該物鏡之焦距。

今 F 係一常數，而 f_1 因觀測物體目標遠近不定，所以欲保持任何情況下物像之清晰，必須使物鏡進出移動，以調節 f_2，使其符合 (2-4 式)，俾可得清晰之物像。此種動作，稱為調焦 (Focusing)。而望遠鏡之必須移動物鏡以調焦者，稱為外調焦望遠鏡。外調焦望遠鏡鏡筒活動而非定長，塵埃濕氣容易侵入，且調焦時每使儀器重量不能平衡，而影響觀測值之精度。

現代測量儀器所用之望遠鏡，均採用內調焦望遠鏡以補上弊，即在鏡筒內部添一可移動之調焦透鏡，而使物鏡固定，鏡筒為定長，藉齒輪使此透鏡前後移動，以調節物像恰生於十字絲面上。此種裝置之望遠鏡稱為內調焦望遠鏡。其惟一缺點為鏡筒內增一透鏡，稍使亮度減低，故須用大孔徑物鏡以改善之。

4.望遠鏡之用法

使用望遠鏡，必須依下述二步驟行之：

(1) 調整目鏡之焦點

其目的在使十字絲清晰明顯，其作法為將目鏡進出移動，使十字絲極為清晰為止。因個人視力不同，不同觀測者觀測時，均應重新調整。

(2) 調整物鏡之焦點

其目的在使物體清晰成像於十字絲平面上，其作法即轉動望遠鏡，對準目標物體，再旋轉望遠鏡之調焦螺旋，使物像極為清晰為止。

如觀測者之眼左右或上下移動時，物像與十字絲發生相對運動，則此種現象稱為視差 (Parallax)，此乃因像平面與十字絲面未能完全重合之故。欲消除此種現象，須將上述二步驟重行調整，至視差完全消除為止。

2-4-2 水準器

水準器係裝於儀器上，以判斷該部分是否真正水平。水準器有管狀與圓盒兩種：

1.管狀水準器

管狀水準器 (Spirit level tube) 為具有曲率的長形密封玻璃管，內裝酒精或醚，空留一部分成氣泡 (Bubble)，如圖 2-5(a) 與 2-5(b) 所示。玻璃管表面上有分劃，間隔通常為 2 mm。水準器之靈敏度 (Sensitiveness) 與裝入的液體表面張力、黏性及玻璃管曲率大小有關，普通以水準器氣泡移動一個分劃的曲率中心角表示：

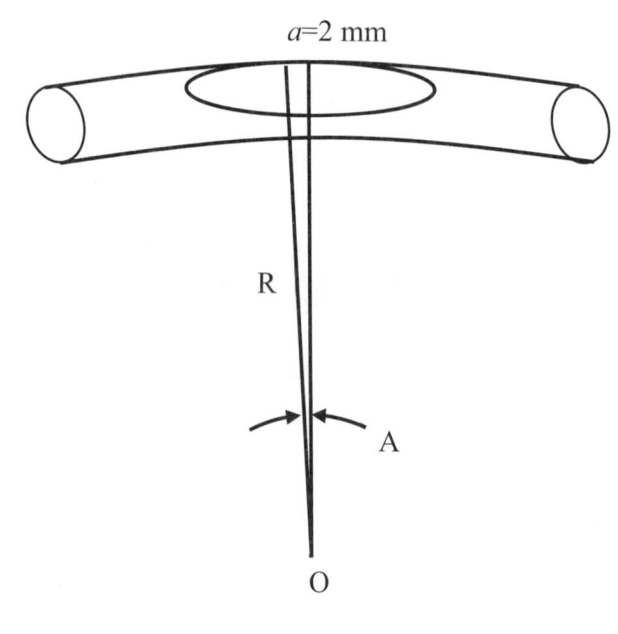

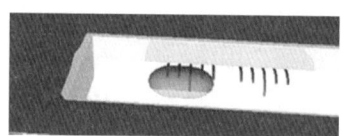

圖 2-5(a)　管狀水準器靈敏度之定義　　圖 2-5(b)　管狀水準器外觀

$$\alpha'' = \frac{a}{R} \rho'' \qquad (2\text{-}5 \text{ 式})$$

式中

α''：水準器靈敏度，值愈小，水準器靈敏度愈高。

R：**水準器曲率半徑，半徑愈長 α 愈小，水準器靈敏度愈高。**

a：水準器每一分割的間隔長度 (普通為 **2 mm**) 。

ρ''：206265" (即 **180°/π**)。

　　檢定水準儀的水準器靈敏度的步驟如下：

(1) 設置水準儀距水準尺約 **50** 公尺至 **100** 公尺。

(2) 記錄水準儀在水準尺上讀數 a_1，以及氣泡位置。

(3) 以腳螺旋微傾望遠鏡筒後，記錄水準儀在水準尺上讀數 a_2，以及氣泡位置。

(4) 比較氣泡位置可得到氣泡移動的分割格數 **n**。

(5) 靈敏度可按下式計算 (圖 **2-5(c)**)：

$$\alpha'' = \frac{a_1 - a_2}{nL}\rho'' \qquad \text{(2-6 式)}$$

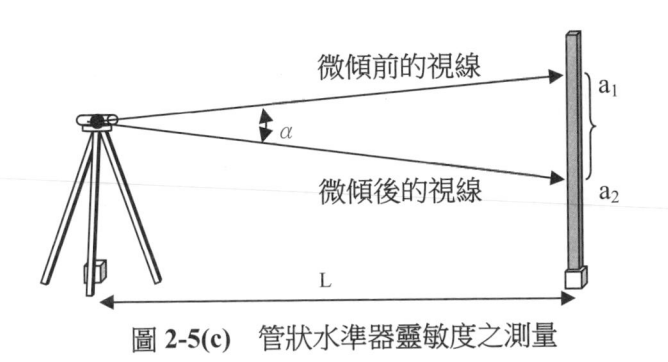

圖 2-5(c)　管狀水準器靈敏度之測量

2.圓盒水準器

　　圓盒水準器 (Circular bubble) 為頂端成球狀的玻璃容器，以金屬圓盒包裹之，如圖 2-6 所示。在玻璃頂端劃一圓圈；容器內裝入酒精或醚，稍留空位形成氣泡，當氣泡被調平移至圓圈中心時，即表示水準儀略呈水平。一般圓盒水準器的靈敏度為10'/2mm，遠不如管狀水準器靈敏，故圓盒水準器只能用來確定儀器是否近似水平。

圖 2-6　圓盒水準器

2-4-3　支架

　　水準儀之望遠鏡係裝置於支架上。現代之水準儀其支架在望遠鏡下方中央，藉直立軸直接套於基座之套筒內。直立軸上有制動螺旋 (Clamp screw) 與微動螺旋 (Tangent screw) 之裝置，以便利於精密瞄準目標之用。當制動螺旋旋緊，望遠鏡不能繞直立軸而迴轉，但可用微動螺旋使之徐徐轉動。惟應特別注意，必須在制動螺旋旋緊後，微動螺旋始能發生作用；而微動螺旋之使用，亦有一定限度，如在望遠鏡視界內未發現目標時，不可用微動螺旋作長距離之移動，而應鬆開制動螺旋，轉動望遠鏡重新概略對準目標。

2-4-4 基座

測量儀器之望遠鏡、水準器及支架等，均由基座 (Leveling base) 所承載，基座之定平則由三個或四個腳螺旋 (Foot screw) 操作之。

2-5 水準儀種類

現代水準儀常用者有 (圖 2-7、表 2-1)：

1.定鏡水準儀 (Dumpy Level)

水準儀望遠鏡與水準器固定於支架上。定鏡水準儀的優點是構造簡單、堅固耐用。

2.微傾水準儀 (Tilting Level)

水準儀附有一傾斜螺旋，旋轉傾斜螺旋可使視準軸上下傾斜，傾斜螺旋上可讀出其旋轉數。為增加水準測量之精度，儀器常加入下列改進：

(1) 望遠鏡放大倍率至少為 30 倍，分解力及明亮度應良好。
(2) 調整水平裝置方面，使用符合水準氣泡。
(3) 在物鏡前加「平行平面玻璃」，藉一小桿與測微螺旋相連，以增加讀數之精度。

3.自動水準儀 (Automatic Level)

水準儀上只有圓盒水準器，只要用圓盒水準器讓儀器概略定平，望遠鏡內裝設的擺動稜鏡或水準補正器將自動使視準軸精確水平。自動水準儀的優點是使用上方便迅速。

4.電子水準儀 (Electronic Digital Level)

電子水準儀採用條碼式刻劃之水準標尺，是水準儀的一大突破。與傳統水準儀比較有下述優點：

(1) 不需肉眼讀數，無疲勞之虞。
(2) 可直接顯示數值讀數，並選擇讀至 1 mm 或 0.1 mm。
(3) 可維持觀測之精度與可靠性。
(4) 可自動計算及記錄高程。
(5) 快速又經濟。

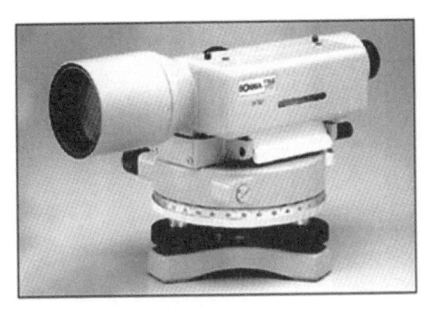

圖 2-7(a) 微傾水準儀

圖 2-7(c) 電子水準儀

1 物鏡
2 腳(踵定)螺旋
3 基版
4 望遠鏡焦距
5 水平角度轉盤
6 十字絲焦距
7 盒水準器
8 平微動螺旋
9 盒水準器反射鏡
10 目鏡
11 水準器調整螺旋

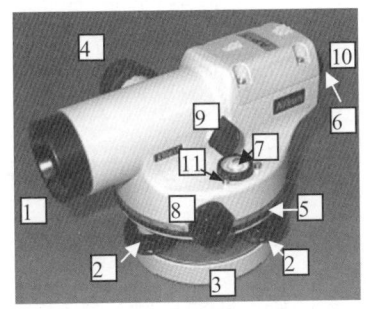

圖 2-7(b) 自動水準儀

表 2-1　水準儀：性能規格

微傾水準儀 (TOPCON，TS-E1)		自動水準儀 (ZEISS Ni-30/40/50)			
		規格	Ni30	Ni40	Ni50
精度	0.2mm/km	精度	1mm/km	2mm/km	3mm/km
放大倍率	42	放大倍率	32	25	20
視野	1°	視野	2.3m/100m	2.5m/100m	3.2m/100m
圓盒水準器靈敏度	4'/2mm	圓盒水準器靈敏度	15'/2mm	15'/2mm	15'/2mm
管狀水準器靈敏度	10"/2mm	自動補正精度	0.5"	0.5"	0.5"
傾斜範圍	±8'	自動補正範圍	15'	15'	15'

2-6 水準尺

水準尺為直接水準測量中與水準儀同時應用之儀器，通常為三公尺長，亦有長至五公尺者。工程測量上常用之水準尺有(圖 2-8)：

1. 抽升式：使用時可抽升之水準尺，亦稱箱尺。於一般水準測量時使用。
2. 固定式：於精密水準測量時使用。
3. 覘板式：於遠距離，例如對向水準測量時使用。
4. 條碼式：於配合電子水準儀測量時使用。

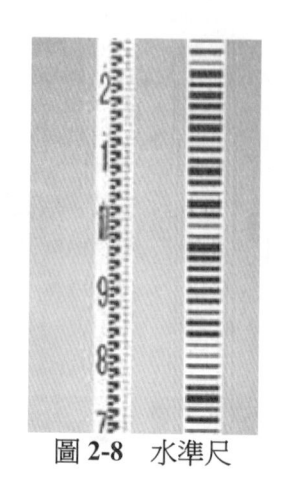

圖 2-8 水準尺

2-7 水準儀操作

水準儀及水準標尺使用法，分為水準儀之安置、水準儀之觀測與水準標尺之持立等三項，說明如下：

1.水準儀之安置

水準儀安置之目的，在使望遠鏡之視線在任何一方向均為水平，其步驟如下：

(1) 架設：水準儀應盡量架於與二水準尺等距處，架設三腳架時，三腳架尖展開成正三角形插入地面，三腳架高度與肩齊高，架首大致呈水平。如係在斜坡上測量，三腳架之架設，最好使二架腳向坡下，一架腳向坡上，如此易於安置水平，且較穩定。水準儀自箱中取出裝置在三腳架上，與腳架螺旋穩固連結。
(2) 概略定平：用伸縮腳架方式使儀器水準器概略定平。
(3) 精確定平：用旋轉腳螺旋方式使儀器水準器精確定平。其細節如下(圖 2-9)：
　　(a) 旋鬆儀器水平方向制動螺旋，旋轉望遠鏡使水準器與某二腳螺旋平行。
　　(b) 將該二腳螺旋同時等量向外或向內旋轉，調整水準器氣泡移至中央。
　　(c) 旋轉望遠鏡90°，再以另一腳螺旋向外或向內旋轉，使氣泡居中。
　　(d) 如此往返 90°，重複調平至望遠鏡在兩個互相垂直的方向上，水準氣泡均保持中央位置，則水準儀已安置完成。

2.水準儀之觀測

水準儀觀測之步驟如下：

(1) 調目鏡焦距：旋轉目鏡調焦螺旋環，可自目鏡中清晰見到十字絲線。
(2) 概略對準水準尺：以望遠鏡上之瞄準器對準水準標尺。

(3) 調物鏡焦距：旋轉物鏡調焦螺旋，直到清晰見到橫絲切讀標尺分劃處。
(4) 精確對準水準尺：以儀器之水平微動螺旋調整，使其精確對準。
(5) 讀數：讀標尺分劃數時，水準器氣泡應居中央位置。如未居中，應重新定平。但在進行一個回合的後視、前視讀數之間，不可重新定平，否則無法確保後視、前視的視線在同一個水平面上。因此如果讀完後視讀數後，必須重新定平，則應放棄後視讀數，重新讀取後視讀數。

(a) 先旋轉兩個腳螺旋使氣泡左右居中　　(b) 再旋轉第三腳螺旋使氣泡前後居中

圖 2-9　圓盒氣泡定平

3.水準標尺之持立

持尺者將標尺置於欲測之測點上或標尺臺上，保持穩定，並使標尺上圓形氣泡居中，藉以控制標尺垂直於地面。精密水準測量時，常用長桿左右支撐，使標尺垂直穩定。

2-8　水準儀測量原理

水準儀測量原理如下 (圖 2-10)：

1.已知點高程 + 後視讀數 = 視準高
2.視準高 − 前視讀數 = 未知點高程

由以上二點可以推得

未知點高程 = 已知點高程 +(後視讀數 − 前視讀數)　　　　　　　(2-7 式)

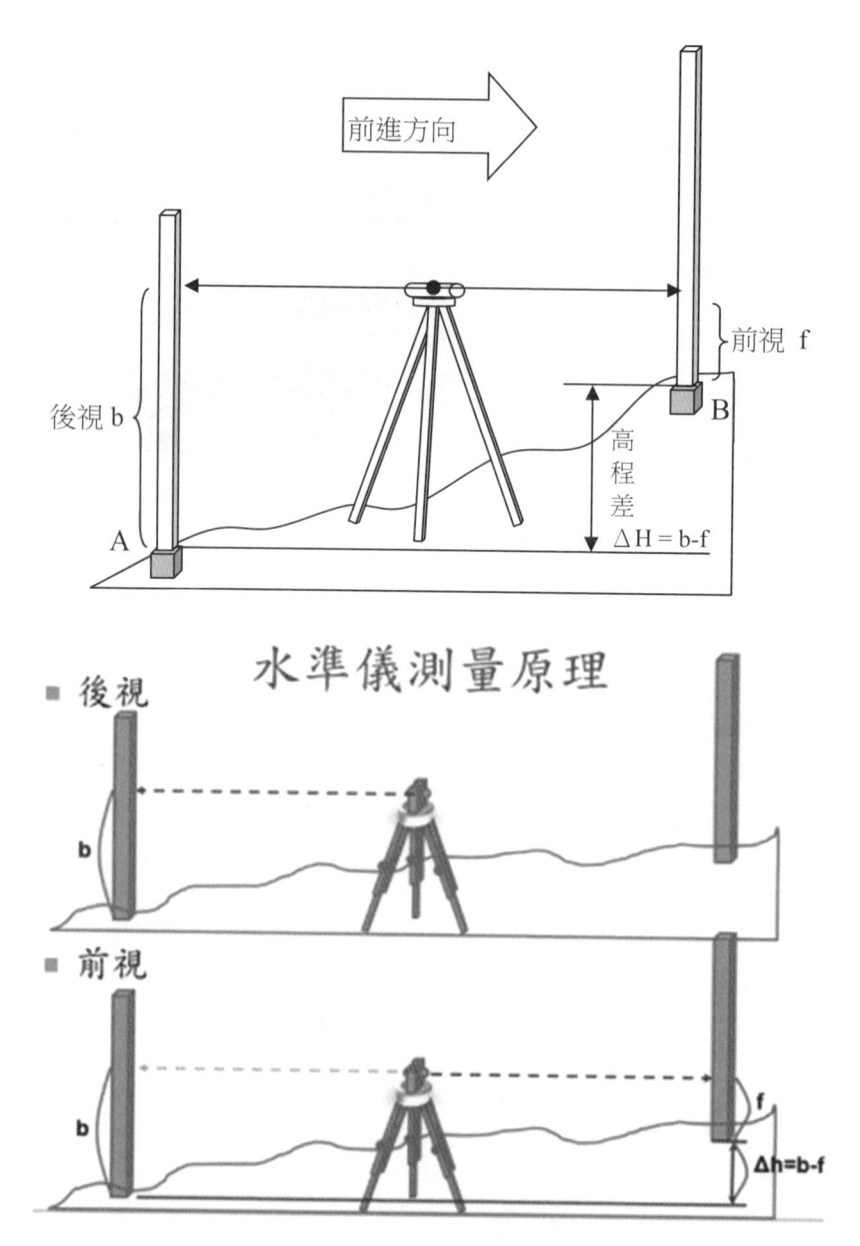

圖 2-10 水準儀測量原理

2-8-1　逐差水準測量

當已知點與未知點間甚遠，或高差甚大時，可分段測量，則公式改為 **(圖 2-11)**：

未知點高程 = 已知點高程 + $\Sigma\Delta H_i$
          = 已知點高程 + $\Sigma(b_i - f_i)$
          = 已知點高程 + $\Sigma b_i - \Sigma f_i$ **(2-8 式)**

其中 ΔH_i=第 i 段的高程差；b_i=第 i 段的後視讀數；f_i=第 i 段的前視讀數。

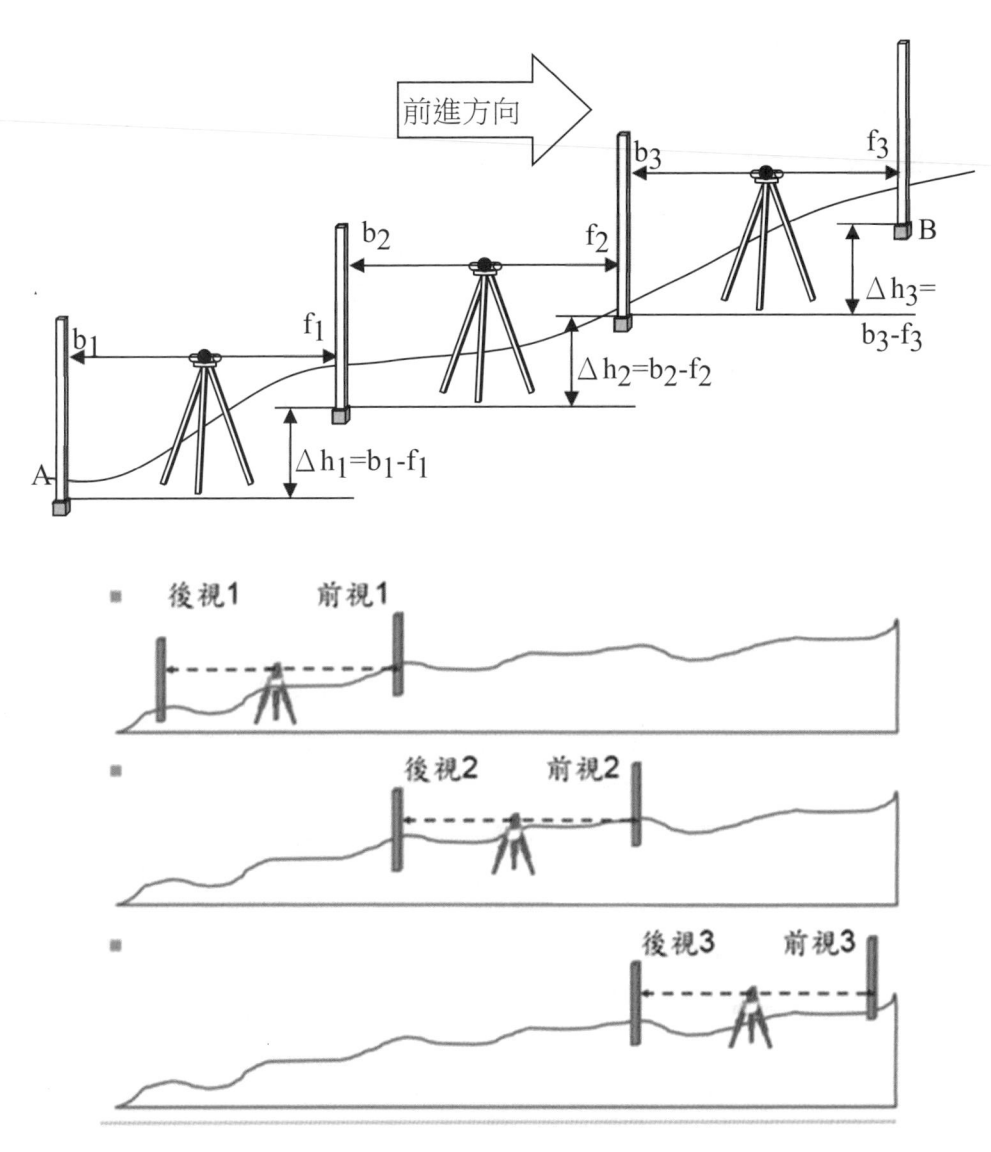

圖 2-11 逐差水準測量

例題 2-1　逐差水準測量

已知 $H_A=101.00$ m，逐差水準測量如下：

	後視讀數	前視讀數
A~B	2.10	1.08
B~C	1.55	0.57
C~D	1.02	2.04
D~E	2.03	2.99

試求 E 點高程=?

[解] H_F=已知點高程 $+\Sigma b_i - \Sigma f_i = 101.00+6.70-6.68=101.02$ m

	後視讀數	前視讀數	ΔH_i
A~B	2.10	1.08	1.02
B~C	1.55	0.57	0.98
C~D	1.02	2.04	-1.02
D~E	2.03	2.99	-0.96
Σ	6.70	6.68	0.02

2-8-2　對向水準測量

水準測量中如遇河流或山谷時，跨河谷一邊標尺與水準儀之距離較另一邊遠甚時，為消除 (1) 視準軸差、(2) 地球曲率差、(3) 大氣折光差，可採用對向水準測量 (Reciprocal leveling) 觀測法，亦即通稱之渡河水準測量。步驟如下 (圖 2-12)：

(1) 在左岸測站 1 讀定左岸水準標尺 A 讀數 b_1，右岸水準標尺 B 讀數 f_1。
(2) 在右岸測站 2 讀定左岸水準標尺 A 讀數 b_2，右岸水準標尺 B 讀數 f_2。
(3) 因為左岸測站 1 靠近左岸水準標尺 A，故其讀數 b_1 與視線水平下的讀數之間的誤差可忽略不計；同理，右岸測站 2 靠近右岸水準標尺 B，故其讀數 f_2 與視線水平下的讀數之間的誤差可忽略不計；此外，左岸測站 1 距右岸水準標尺 B 的距離近似於右岸測站 2 距左岸水準標尺 A 的距離，故其視準軸差、地球曲率差、大氣折光差相似，假設為 e，則

由左岸測站 1 測得的 A、B 點高程差為

$H_b - H_a = b_1 - (f_1 - e)$

由右岸測站 2 測得的 A、B 點高程差為

$H_b - H_a = (b_2 - e) - f_2$

以上兩式相加後除以 2 得正確高程差為

$$H_b - H_a = \frac{(b_1 - f_1) + (b_2 - f_2)}{2} = \text{兩次觀測高程差之平均值} \qquad \text{(2-9(a)式)}$$

以上兩式相減後除以 **2** 得視準軸差、地球曲率差、大氣折光差導致之誤差為

$$e = -\frac{(b_1 - f_1) - (b_2 - f_2)}{2} = \text{兩次觀測高程差之差值之半 (負號)} \qquad \text{(2-9(b)式)}$$

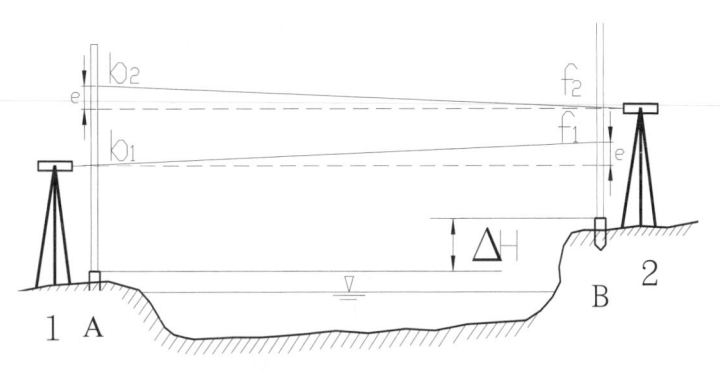

圖 **2-12** 對向水準測量

例題 2-2　對向水準測量

某一峽谷之對向水準測量中,測得下列之標尺讀數:

儀器靠近點 **A**:後視點 **A** 為 **1.873 m**,前視點 **B** 為 **2.773 m**。

儀器靠近點 **B**:後視點 **A** 為 **1.473 m**,前視點 **B** 為 **2.360 m**。

點 **A** 之高程為 **80.700** 公尺,點 **B** 在另一側。試計算測點 **B** 之高程,以及視準軸差、地球曲率差、大氣折光差導致之誤差。**[84 土木技師高考類似題]**

[解]

$$\Delta H = \frac{(b_1 - f_1) + (b_2 - f_2)}{2}$$

$$= \frac{(1.873 - 2.773) + (1.473 - 2.360)}{2} = \frac{(-0.900) + (-0.887)}{2} = -0.8935$$

$H_B = H_A + \Delta H = 80.700 + (-0.8935) = 79.8065$ m

視準軸差、地球曲率差、大氣折光差導致之誤差 $= -\frac{(b_1 - f_1) - (b_2 - f_2)}{2} =$ **0.0065 m**

2-9　水準儀測量平差

在水準測量過程中，因無法完全避免各種誤差，故必須檢視誤差是否小於一定的界限，如果小於界限，則可將誤差平差，否則應重行測量。茲就水準測量之誤差界限及平差計算，分別說明如下。

2-9-1　誤差界限

(1) 閉合水準測量（圖 2-13(a)）

在閉合水準測量中所得之高程差應等於零，當有誤差存在而不等於零時，其值即水準測量之閉合誤差：

$$w_a = \Sigma \Delta H_i = \Sigma(b_i - f_i) = \Sigma b_i - \Sigma f_i \tag{2-10 式}$$

(2) 附合水準測量（圖 2-13(b)）

在附合水準測量中所得之高程差，應等於終點 B 與起點 A 之高程相差值 $H_B - H_A$，當有誤差存在而不相等時，其差值即水準測量之閉合誤差：

$$w_b = (\Sigma \Delta H_i) - (H_B - H_A) = (\Sigma(b_i - f_i)) - (H_B - H_A) = (\Sigma b_i - \Sigma f_i) - (H_B - H_A) \tag{2-11 式}$$

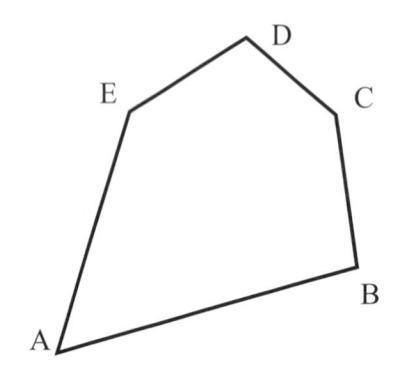

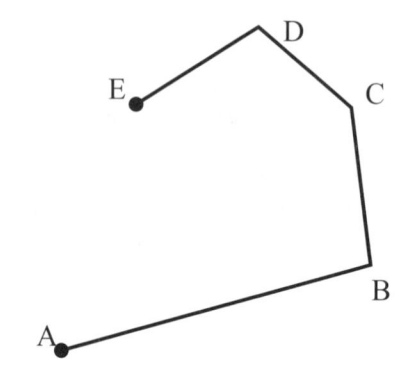

圖 2-13(a)　閉合水準平差　　　　圖 2-13(b)　附合水準平差

誤差大小與測量儀器之精密程度、儀器校正完善與否、儀器至標尺距離遠近、氣候、地形及測量技術純熟與否有密切關係。一般水準測量之誤差界限以下式表示：

$$C\sqrt{K} \tag{2-12 式}$$

式中　K：水準測量路線總長，以公里為單位。C：常數，以 mm 為單位，C 值大小，按水準測量精度等級而定。

水準測量誤差之界限，係按照適當之規定制定，如表 2-2。

表 2-2 以水準測量之精度規範 (資料來源：內政部，基本測量實施規則)

項目 \ 等級	基本控制測量 一等	基本控制測量 二等	加密控制測量
系統誤差改正前每測段往返最大閉合差 (mm)	$2.5\sqrt{K}$	$5.0\sqrt{K}$	$8.0\sqrt{K}$
系統誤差改正後水準環線最大閉合差 (mm)	$2.5\sqrt{F}$	$5.0\sqrt{F}$	$8.0\sqrt{F}$

備註：K—單一測段長度之公里數。F—水準環線長度之公里數。

2-9-2 平差計算

水準測量時，安置儀器觀測前後視一次，即會產生一次誤差。水準路線愈長，安置儀器及觀測次數愈多，因此測量誤差隨之增加。全線測量誤差倘未超過界限，可採用平差法來分配誤差，例如按距離或測站數比例分配。水準路線成網形者，則按網形平差法平差，茲分別說明如下：

(1) 閉合水準測量與附合水準測量平差法

先求得高程差改正值後，加於第 i 段之高程差得改正後高程差，再計算各點之高程值。高程差改正值常用的計算式如下

平均分配平差 $\quad v_i = -\dfrac{w}{n}$ (2-13 式)

按距離比例平差 $\quad v_i = -\dfrac{L_i}{\sum L_i}w$ (2-14 式)

按測站數比例平差 $\quad v_i = -\dfrac{N_i}{\sum N_i}w$ (2-15 式)

式中 v_i= 第 i 段之高程差改正值。w= 水準測量之誤差值。n= 總段數。L_i= 第 i 段之長度。N_i= 第 i 段之測站數。

例題 2-3　閉合水準平差

如圖 2-13(a)，已知 ΔH_{AB}=1.02 m，ΔH_{BE}=0.98 m，ΔH_{ED}=-1.02 m，ΔH_{DF}=-0.96 m，ΔH_{FA}=-0.01 m，H_A=101.00 m，試求 B, E, D, F 點高程=？假設依平均法平差。

[解]

$w_a = \Sigma b_i - \Sigma f_i = \Sigma(b_i - f_i) = \Sigma \Delta H_i = 0.01$

ΔH_{AB}=1.02+(-0.01/5)= +1.018 m　　　ΔH_{BE}=0.98 +(-0.01/5)= +0.978 m

ΔH_{ED}=-1.02+(-0.01/5)= -1.022 m　　ΔH_{DF}=-0.96+(-0.01/5)= -0.962 m

ΔH_{FA}=-0.01 +(-0.01/5)= -0.012 m
驗算：$\Sigma\Delta H_i$=0.000 (OK)
B 點高程=102.018 m　　E 點高程=102.996 m
D 點高程=101.974 m　　F 點高程=101.012 m

例題 2-4　附合水準平差

如圖 2-13(b)，已知 ΔH_{AB}=1.02 m，ΔH_{BE}=0.98 m，ΔH_{ED}=-1.02 m，ΔH_{DF}=-0.96 m，H_A=101.00 m，H_F=101.00 m，試求 B，E，D 點高程=? 假設依測站比例分配誤差，已知 AB，BE，ED，DF 之間各有 8，4，3，4 個測站。

[解]
$\Sigma\Delta H$=(1.02+0.98-1.02-0.96)-(101.00-101.00) = 0.02
總測站數 = 19
ΔH_{AB}= +1.02+(-0.02)(8/19) = +1.0116 m　　ΔH_{BE}= +0.98+(-0.02)(4/19) = +0.9758 m
ΔH_{ED}= -1.02+(-0.02)(3/19) = -1.0232 m　　ΔH_{DF}= -0.96+(-0.02)(4/19) = -0.9642 m
驗算：
$\Sigma\Delta H_i$-(H_F-H_A)=(1.0116+0.9758-1.0232-0.9642)-(101.00-101.00)=0 (OK)
B 點高程=102.0116 m　　E 點高程=102.9874 m　　D 點高程=101.9642 m

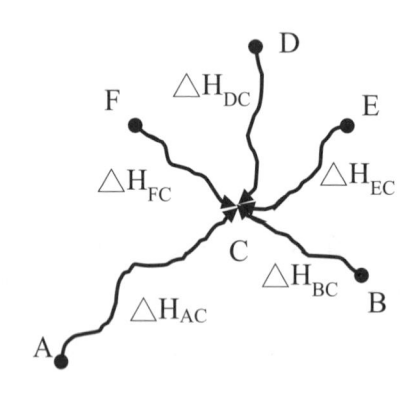

圖 2-13(c)　水準網平差

(2)水準網平差法

　　水準網有中心形 (如 X 形或 Y 形) 與非中心形二種，非中心形水準網平差計算較繁，讀者可參考相關書籍。中心形計算較簡單，例如有一中心形水準網，A、B、C、D 四點為水準點，P 點高程分別自此四水準點測定，則 P 點高程之平差計算式

$$H_P = \frac{W_A H_{PA} + W_B H_{PB} + W_C H_{PC} + W_D H_{PD}}{W_A + W_B + W_C + W_D}$$ (2-16 式)

式中 H_{PA}、H_{PB}、H_{PC}、H_{PD} 分別由 A、B、C、D 點高程加上各該點至 P 點之高程差求得。W_A、W_B、W_C、W_D 分別為 H_{PA}、H_{PB}、H_{PC}、H_{PD} 之權值,權值通常可用「距離的倒數」或「測站數的倒數」。

例題 2-5　水準網平差

如圖 2-13(c) 為一中心形水準網,A、B、E、D、F 五點為水準點,已知 $\Delta H_{AC}=$ 49.02 m,$\Delta H_{BC}=48.03$ m,$\Delta H_{EC}=46.97$ m,$\Delta H_{DC}=47.98$ m,$\Delta H_{FC}=49.03$ m,$H_A=101.00$ m,$H_B=102.00$ m,$H_E=103.00$ m,$H_D=102.00$ m,$H_F=101.00$ m,$L_{AC}=640$ m,$L_{BC}=360$ m,$L_{EC}=320$ m,$L_{DC}=400$ m,$L_{FC}=360$ m。假設權值和距離成反比,試求 C 點高程=? [101 年公務員高考]

[解]

從 A, B, E, D, F 所測之 H_C 權值分別為 1/640, 1/360, 1/320, 1/400, 1/360,權重統乘 10 後得權值分別為 1/64, 1/36, 1/32, 1/40, 1/36

H_C
$$= \frac{(1/64)150.02 + (1/36)150.03 + (1/32)149.97 + (1/40)149.98 + (1/36)150.03}{1/64 + 1/36 + 1/32 + 1/40 + 1/36}$$

=19.115125/0.127430555=150.00425,取 150.004 m

2-10 水準儀測量誤差及其消除

水準測量誤差產生原因有儀器、人為及自然等因素,各因素之影響及其防範方法如下:

1.儀器誤差

(1) 視準軸誤差

視準軸不平行於水準軸,則後視時在水準氣泡定平下,因視準軸不平行水準軸,有傾角 C,故視線並不水平,也有傾角 C;在視線旋轉 180 度對準前視水準標尺時,水準氣泡仍會居中定平,但視線仍有傾角 C。因此無論後視或前視都會因傾角而高估 (傾角為仰角) 或低估 (傾角為俯角),因此安置儀器在前後水準標尺距離相當處,可因後視與前視有相同誤差而使高程差沒有誤差。

防範視準軸誤差之方法為校正儀器視準軸與水準軸之正確幾何關係,或儀器對前後視水準標尺距離保持相當,利用後視與前視有相同誤差的原理,而使高程差沒有誤差，測得正確成果。如果已知後視距離、前視距離、視準軸不平行於水準軸之傾角 C，則可用下式改正：

$$-\frac{C''}{206265''} \cdot \left(\sum_i B_i - \sum_i F_i\right)$$
(2-17 式)

其中 B_i 與 F_i 為各段的後視距離、前視距離。傾角為仰角時，C 取正值。例如傾角 C=10"，後視距離總和、前視距離總和分別為 500 與 300 公尺，則改正值 = -0.0097 公尺。

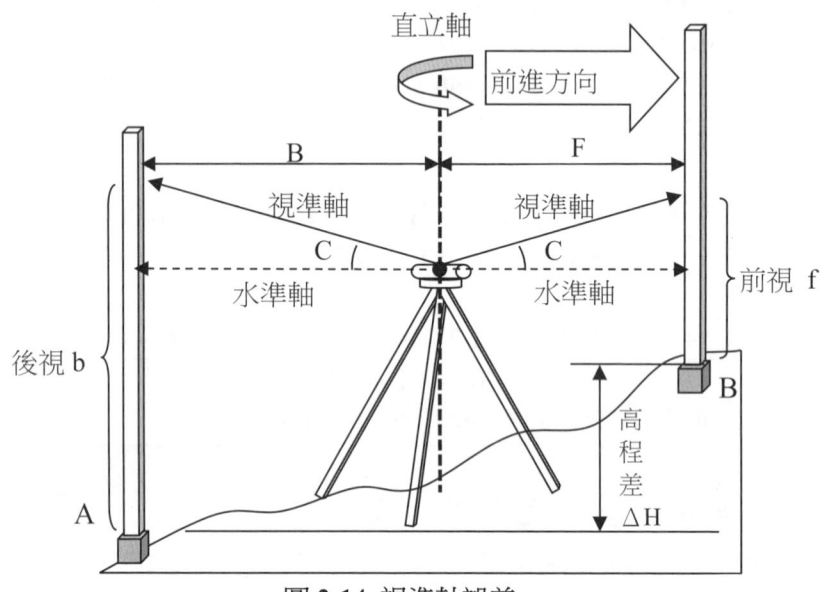

圖 2-14 視準軸誤差

(2) 水準軸誤差

　　水準軸不垂直於直立軸，則後視時在水準氣泡定平下，因視準軸平行水準軸，故視線也是水平，因此後視讀數為正確值；但因水準軸不垂直於直立軸，有傾角 α，在視線旋轉 180 度對準前視水準標尺時，水準氣泡將不再定平，而會產生 2α 的傾角，故視線也有 2α 的傾角，因此前視讀數不正確，後視減前視之高程差將有誤差。誤差之大小與儀器距水準標尺之遠近成正比，且安置儀器在前後水準標尺距離相當處也無法消除誤差。

　　防範水準軸誤差之方法為校正儀器直立軸與水準軸之正確幾何關係，並在測量時，儀器至標尺距離以 40 公尺至 60 公尺為原則，藉此減少此項誤差。如果已知前視距離、水準軸不垂直於直立軸之傾角 α，則可用下式改正：

$$\frac{2\alpha''}{206265''} \cdot F \qquad (2\text{-}17\ 式)$$

其中 F 為前視距離。當前視時視線為仰角時，傾角 α 取正值。例如傾角 α=10"，前視距離為 30 公尺，則改正值 = 0.0029 公尺。

由於當水準軸不垂直於直立軸，而有傾角 α 時，視線旋轉 180 度對準前視水準標尺時會產生 2α 的傾角，故傾角 α 可用前視時水準氣泡偏移之半來估計。例如水準氣泡的靈敏度為每一刻劃 20"，當偏移 1.5 格時，代表水準軸傾斜了 1.5×20" =30"，故水準軸不垂直於直立軸的傾角 α=30"/2 =15"。

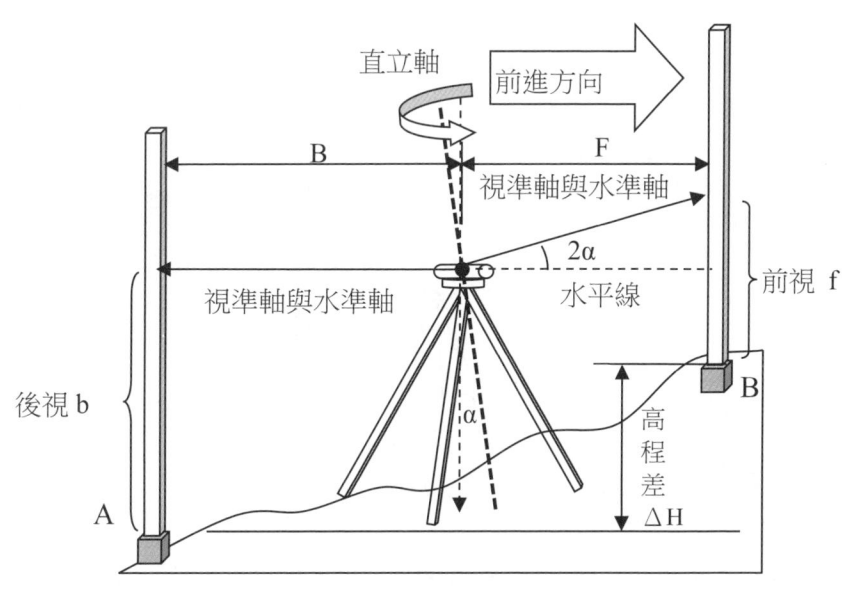

圖 2-15 水準軸誤差

(3) 水準尺之尺長誤差

水準尺之分割間隔不均勻，會產生誤差。實施測量時，應與標準尺比較，以防止之。

(4) 水準尺之磨損誤差 (圖 2-16)

水準尺之底部磨損，造成長度不準確，會產生誤差。實施測量時，可以採取偶數分段，水準尺交叉使用以抵消之。例如分三段，假設 1 號尺底部無磨損，2 號尺底部磨損為 δ，則

$$\Delta H = \Delta h_1 + \Delta h_2 + \Delta h_3 = (b_1 - (f_1 - \delta)) + ((b_2 - \delta) - f_2) + (b_3 - (f_3 - \delta))$$
$$= (b_1 + b_2 + b_3) - (f_1 + f_2 + f_3) + \delta \tag{2-18 式}$$

還留下一個底部磨損誤差 δ，但如分成四段則可以全部抵銷之：

$$\Delta H = \Delta h_1 + \Delta h_2 + \Delta h_3 + \Delta h_4$$
$$= (b_1 - (f_1 - \delta)) + ((b_2 - \delta) - f_2) + (b_3 - (f_3 - \delta)) + ((b_4 - \delta) - f_4)$$
$$= (b_1 + b_2 + b_3 + b_4) - (f_1 + f_2 + f_3 + f_4)$$

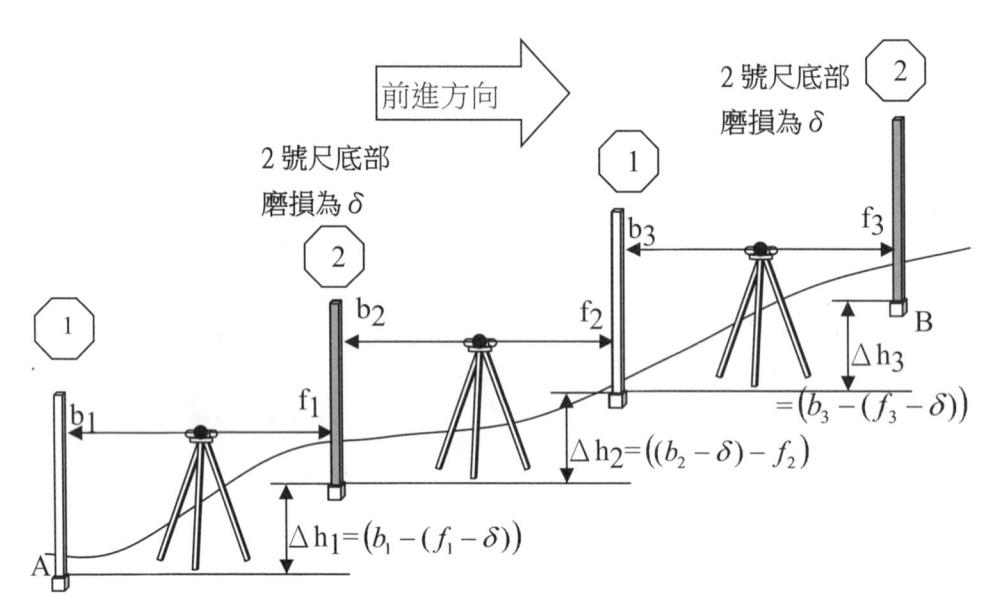

圖 2-16　水準尺之磨損誤差 (底部磨損誤差 δ 如分成三段無法全部抵消)

2. 人為誤差
(1) 水準尺之傾斜誤差
　　水準尺豎立稍有左右或前後傾斜 (如圖 2-17)，常致水準標尺讀數較垂直豎立時讀數為大。故須藉水準標尺上水準器氣泡居中之指示，垂直豎立標尺，以減少此項誤差。或依縱絲之指示左右扶正，並緩慢前後傾斜水準尺，取其最小讀數為正確讀數。

例題 2-6　水準尺傾斜誤差

已知

(1) 水準尺前傾 d= 10 cm，讀數觀測值 L=200.00 cm，試求誤差多少?
(2) 水準尺前傾 θ=3°，讀數觀測值 L=200.00 cm，試求誤差多少?

[解]

(1) $e = \sqrt{L^2 - d^2} - L$ = -0.25 cm
(2) $e = L\cos\theta - L$ = -0.27 cm

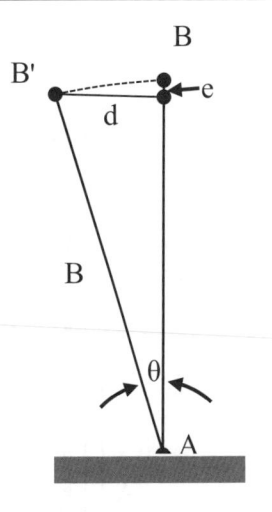

圖 2-17　水準尺傾斜之影響

(2) 定平誤差

當水準軸垂直於直立軸，但後視時水準氣泡未定平下，水準軸未水平，有傾角 α，因視準軸平行水準軸，故視線也不水平，有傾角 α，因此後視讀數可能低估 (或高估)；但因水準軸垂直於直立軸，在旋轉前視時，水準軸仍將與水平線保持相同的傾角 α，視線也有傾角 α，因此前視讀數可能高估 (或低估)；但後視與前視的視線的傾斜方向相反，如果後視為俯角時，前視將為仰角，故後視讀數低估、前視讀數高估；反之，後視讀數高估、前視讀數低估。因此後視減前視之高程差將有誤差。誤差之大小與儀器距水準標尺之遠近成正比，且安置儀器在前後水準標尺距離相當處也無法消除誤差。

防範水準軸誤差之方法為讀數前要確定水準氣泡定平，並在測量時，儀器至標尺距離以 **40** 公尺至 **60** 公尺為原則，藉此減少此項誤差。如果已知後視距離、前視距離、未定平造成的水準軸與屬平線有傾角 α，則可用下式改正：

$$\frac{\alpha''}{206265''} \cdot (B+F) \qquad \text{(2-17 式)}$$

其中 B、F 為後視距離、前視距離。當前視時視線為仰角時，傾角 α 取正值。例如傾角 α =10"，後視距離為 **50** 公尺、前視距離為 **30** 公尺，則改正值 = **0.0039** 公尺。

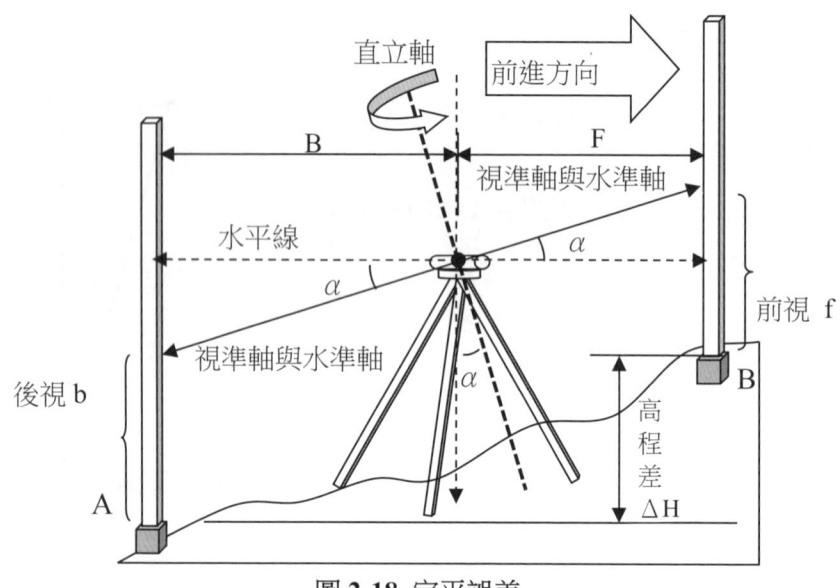

圖 2-18 定平誤差

(3) 碰觸誤差

　　手腳不慎觸動已安置之儀器，又未及時再予調平即讀水準標尺讀數時，會產生誤差。故施測時，應避免碰撞儀器，並於讀數前注意氣泡是否已偏移，不可隨意讀數。如未居中，應重新定平。但在進行一個回合的後視、前視讀數之間，不可重新定平。因此如果讀完後視讀數後，必須重新定平，則應放棄原後視讀數，重新讀取後視讀數。

(4) 視差誤差

　　當物像未能成像於十字絲面，或目鏡所見十字絲像不清晰，均會影響讀數。可轉動目鏡環使十字絲像清晰，並仔細調焦，使水準標尺影像清楚，消除視差，方可讀數。

(5) 讀數誤差

　　觀測者誤讀水準尺讀數將導致誤差，故讀數時應小心從事，當場校對。為了避免讀數誤差可用「三絲讀數法」，即同時讀上、中、下三絲，上下二絲的平均值應等於中絲讀數。例如上、下絲分別為 **2.400、2.000**，則中絲讀數應為**(2.400+2.000)/2 =2.200**，如果中絲讀數與此值相差超過合理的讀數誤差，則應重新讀上、中、下三絲。

(6) 記錄誤差

　　記錄者記載或計算錯誤，前後視讀數顛倒，均產生誤差。故記錄者應複誦讀數，以供讀數與記錄之校對,同時並應注意觀測者之觀測方向或點位,以判定是前視或後視。

3. 自然誤差

(1) 沉陷誤差(圖 2-19)

水準測量遇到鬆軟地面處,倘未注意三腳架及標尺台踏實,在觀側過程中有下陷可能,導致誤差。故觀測者及持尺者須注意踏實三腳架及標尺臺,及快速讀數。另一個方法是,後視讀兩次取平均,可以抵消沉陷誤差。原理是假設讀完第一次後視後,到讀前視之間,沉陷誤差為 Δ;讀完前視後,到讀第二次後視之間,沉陷誤差為 Δ,則後視讀兩次取平均,可以抵消沉陷誤差。

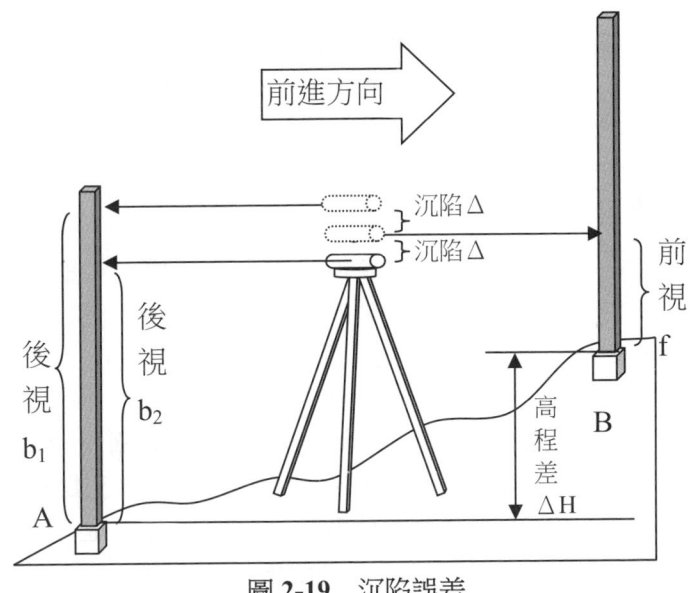

圖 2-19　沉陷誤差

(2) 地面折射誤差

地面不規則折射光,影響觀測精度甚大,須避免中午前後時間內觀測,及盡量避免觀測水準標尺離地面 30 公分以下之讀數。

(3) 強風誤差

強風易影響儀器及水準標尺豎立之穩定,致難以得到正確之讀數,故應暫停作業,以避免誤差產生。

(4) 溫度及濕度誤差

氣溫及濕度之驟變,易使標尺長度微變,精密水準測量須暫停進行作業。普通水準測量則不必考慮此因素。
(5) 地球曲率誤差與大氣折光誤差

地球曲率與大氣折光引起之誤差與距離的平方成正比，因水準儀測量的視線長很少超過一百公尺，故其影響甚小，但如能使其前後視距離相等，可使其相消。如果已知後視距離、前視距離，則可用下式改正：

$$-0.0000000679 \cdot \left(\sum_i B_i^2 - \sum_i F_i^2 \right) \tag{2-19 式}$$

其中 B_i 與 F_i 為各段的後視距離、前視距離。

總之，水準測量誤差因素很多，測量進行中須注意防範。水準測量路線較長時，每隔 8 至 10 個轉點處，擇一堅固地點作為檢測點，以便全線測量精度不足時，可擇段檢測，發現較大誤差所在，以免全線檢測，浪費人力時間。當日無法完成全線觀測時，亦應擇堅固地點為暫時終點，供次日繼續起測依據。

2-11 水準儀校正

水準測量實施前，儀器須先行檢點是否與裝置原則相符，如果不符，應即行校正，以免儀器誤差影響測量精度。校正前應詳閱儀器說明書，細心操作以免損傷儀器。水準儀之檢點與校正項目有：**(1)** 水準器，**(2)** 視準軸，**(3)** 十字絲等三項。

1.水準器之校正

水準器校正之目的在使水準軸與直立軸恢復正常之垂直關係。水準器之校正原理如圖 2-20 所示，水準軸與直立軸之間的夾角由水準器的校正螺旋決定，校正螺旋可以調整水準器的仰俯，藉此使水準軸與直立軸恢復正常之垂直關係。當水準器有仰角α時，用調整腳螺旋來定平可給予一個俯角 α 的補償，使水準器位於水平狀態。但當望遠鏡繞著直立軸水平旋轉 180 度後，水準器仍有仰角 α，但當初腳螺旋給予一個俯角 α 變成仰角 α，反而使水準器與水平線成 2α 之夾角，因此水準氣泡上顯示的傾角為直立軸與垂直線之間的傾角的二倍。故改正時，使用水準器之校正螺旋改正氣泡偏差之一半，再用基座之腳螺旋改正氣泡偏差之一半。因此此一校正方法被稱為半半改正法 (Half and half adjustment)。

半半改正法的實際作法為如下：
(1) 檢點 (圖 2-21)

將水準儀定平，使氣泡居中，然後將望遠鏡水平旋轉 180 度，如氣泡不復居中，即表示水準軸與直立軸不成垂直，設其氣泡較居中時偏移 **n** 格。

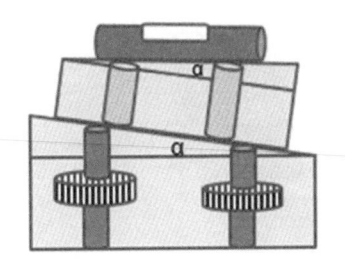

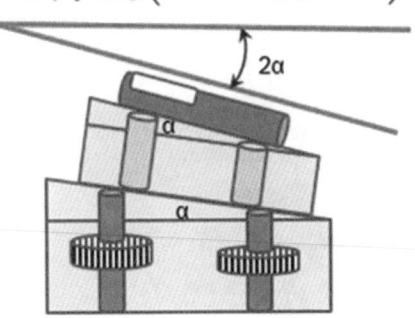

當水準器有仰角 α 時，用調整腳螺旋來定平可給予一個俯角 α 的補償，使水準器位於水平狀態。

當望遠鏡繞著直立軸水平旋轉 180 度後，反而使水準器與水平線成 2α 之夾角。

圖 2-20　半半校正法之原理

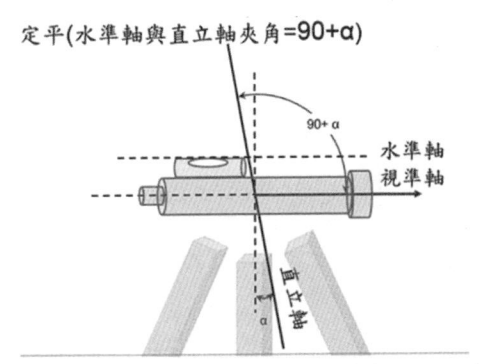

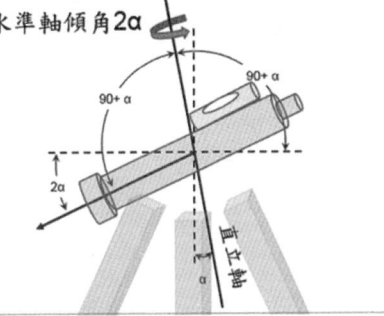

圖 2-21　半半校正法：檢點

(2) 校正(圖 2-22)

　　校正時，用校正針旋轉水準器承軸上之校正螺旋，使氣泡向中央移動 n/2 格，以消除水準軸與直立軸不垂直而有的一個 α 角的誤差。此時水準軸與直立軸已經恢復正常之垂直關係，但儀器尚未定平，即水準軸與水平線有的一個 α 角的傾斜，故需再旋轉腳螺旋使氣泡再向中央移動 n/2 格，以完成定平。此項校正須反覆施行至精確適合為止。

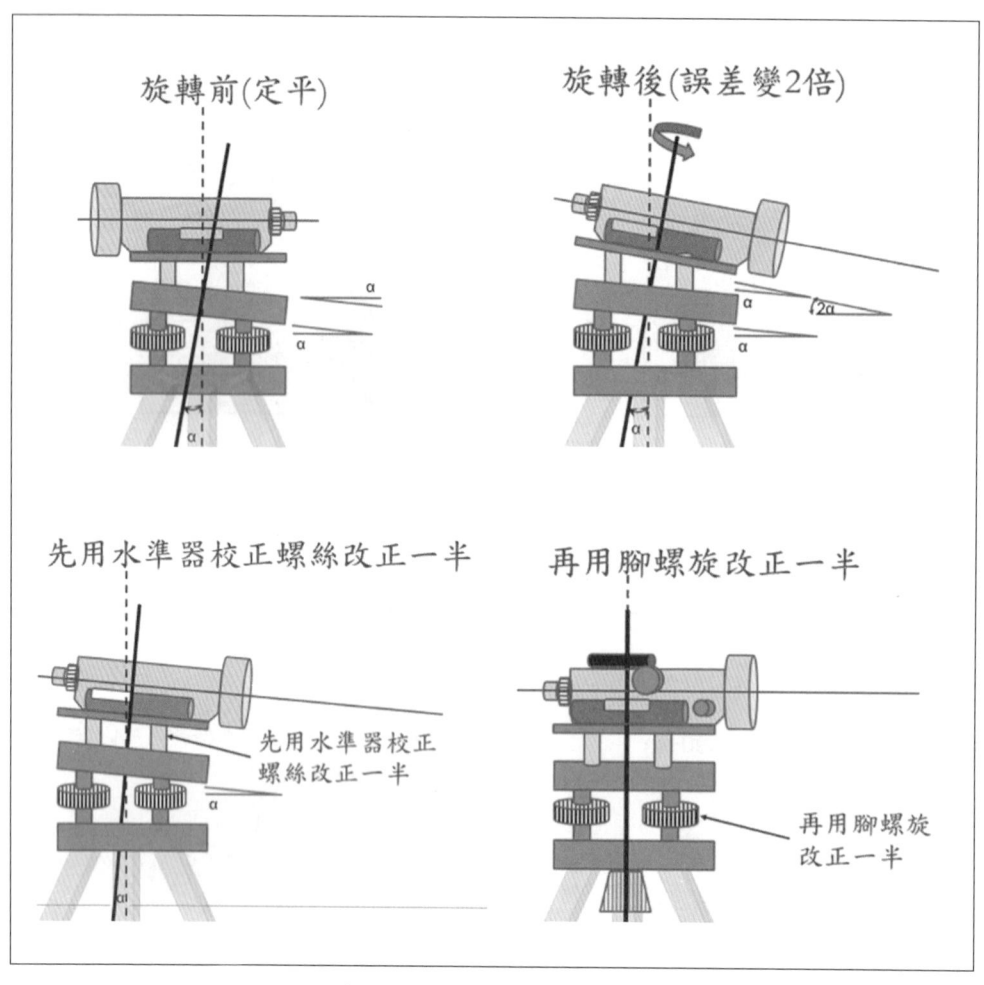

圖 2-22　半半校正法：校正

半半校正法的校正過程如圖 2-23 所示：

(1) 水準軸與直立軸不成垂直，夾角為 90+α。故當望遠鏡繞著直立軸水平旋轉 180 度後，水準軸與直立軸之間的夾角不會改變，仍為 90+α，因此水準軸水平旋轉前後夾角為 90+α+90+α=180+2α，故此時水準軸與水平線成 2α 之交角，因此水準氣泡上顯示的傾角為直立軸與垂直線之間的傾角的二倍。
(2) 改正時，使用水準器之校正螺旋改正氣泡偏差之一半，此時水準軸與直立軸已經恢復正常之垂直關係，但儀器尚未定平。
(3) 再用基座之腳螺旋改正氣泡偏差之一半，以完成定平。

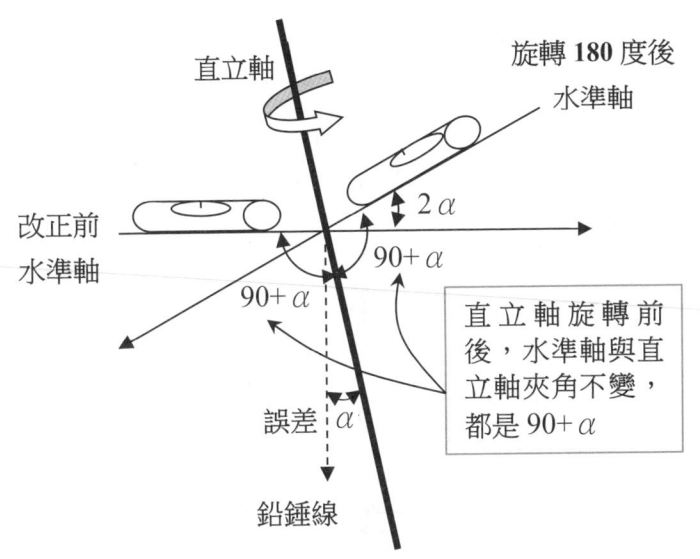

圖 2-23(a)　改正前，水準軸與直立軸不垂直。

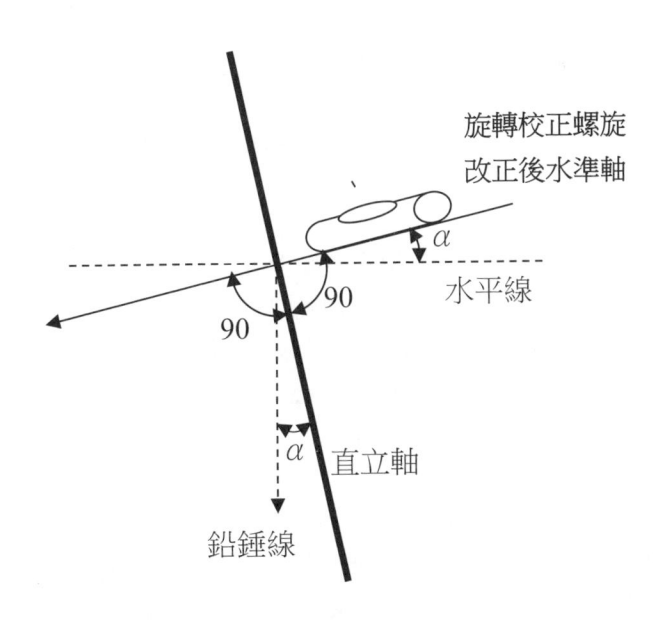

圖 2-23(b)　旋轉校正螺旋使氣泡向中央移動 n/2 格，水準軸與直立軸已經恢復垂直關係。

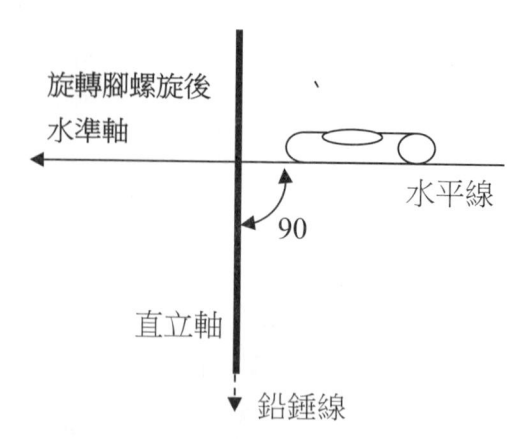

圖 2-23(c)　旋轉腳螺旋使氣泡向中央移動 n/2 格，完成定平。

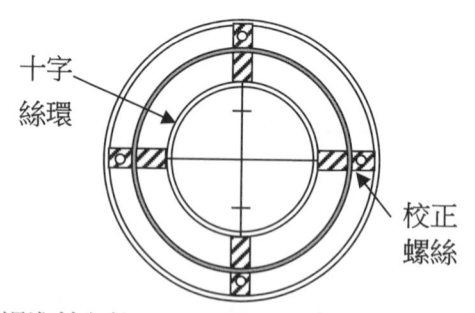

圖 2-23　視準軸之校正：校正時調整十字絲環上下校正螺絲

2.視準軸之校正

　　視準軸校正之目的在使視準軸與水準軸平行。視準軸之校正原理如圖 2-23 與圖 2-24 所示，視準軸是由十字絲中心與物鏡中心連線決定，十字絲環的上下校正螺旋可以調整十字絲中心的位置，藉此使視準軸與水準軸恢復平行關係。

　　視準軸之校正一般採用木樁校正法 (Peg-adjustment method，亦稱定樁法)。木樁校正法的實際檢點與校正的作法為如下：

(1) 檢點

　　(a) 在一較平坦之地，釘 A、B 二木樁，相距約 50 公尺。

　　(b) 安置水準儀於二樁之中點，如圖 2-25(a) 中之 C 點位置，對二樁頂之水準尺讀數。設所讀 A 樁讀數為 a_1，B 樁讀數為 b_1，則二者之差 $a_1 - b_1$ 即為二樁之真正高程差；這是因為前後視距離相等，視準軸與水準軸之間的傾角造成後視與前視的誤差大小相同，後視減去前視得到的高程差因誤差相消仍然是正確值，不受視準軸與水準軸不平行的影響。

(c) 接著移水準儀至距 A 標尺 1~2 公尺處，如圖 2-25(b)中之 D 點位置。儀器安置後，讀取 A、B 樁標尺讀為 a_2、b_2。因為前後視距離不相等，視準軸與水準軸之間的傾角造成後視與前視的誤差大小不同，後視減去前視得到的高程差不是正確值，含有視準軸與水準軸不平行造成的誤差。

(d) 倘 $a_1 - b_1 = a_2 - b_2$，則表示視準軸平行水準軸，無須校正；倘不相等，則需實施校正。

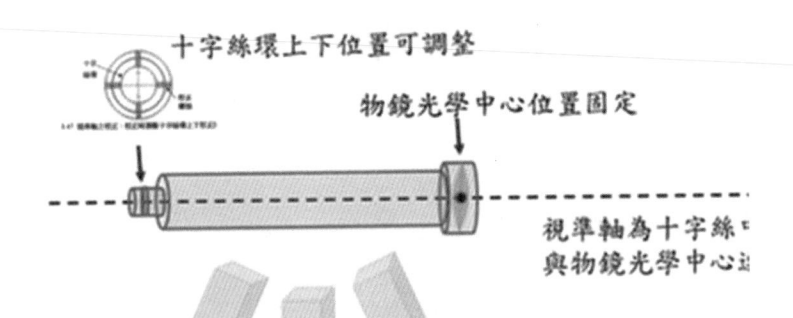

圖 2-24(a)　視準軸與水準軸平行

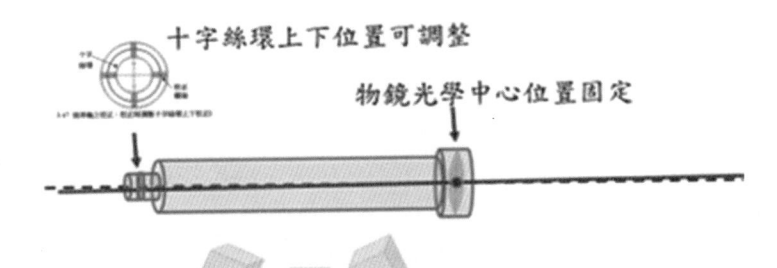

圖 2-24(b)　視準軸與水準軸不平行 (視線有仰角)

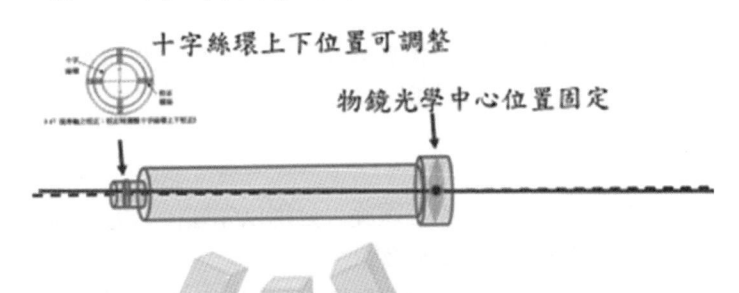

圖 2-24(c)　視準軸與水準軸不平行 (視線有俯角)

2-36　第 2 章　高程測量

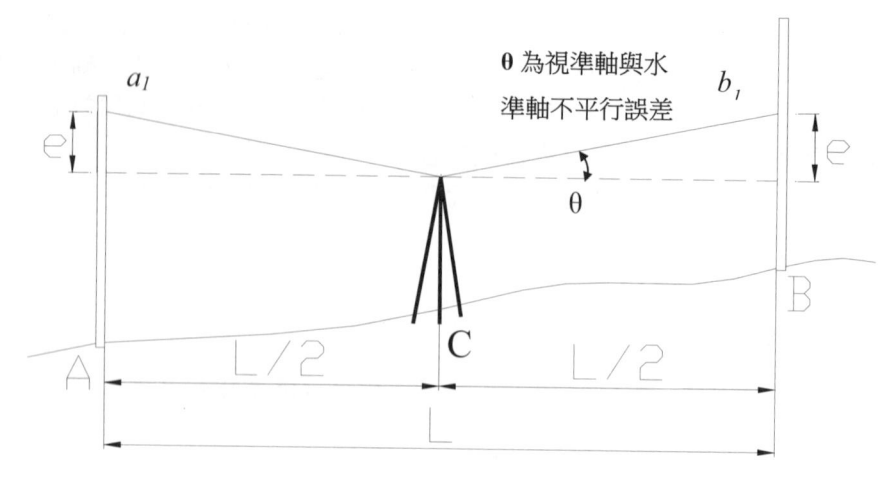

圖 2-25(a)　水準儀校正：木樁法檢點

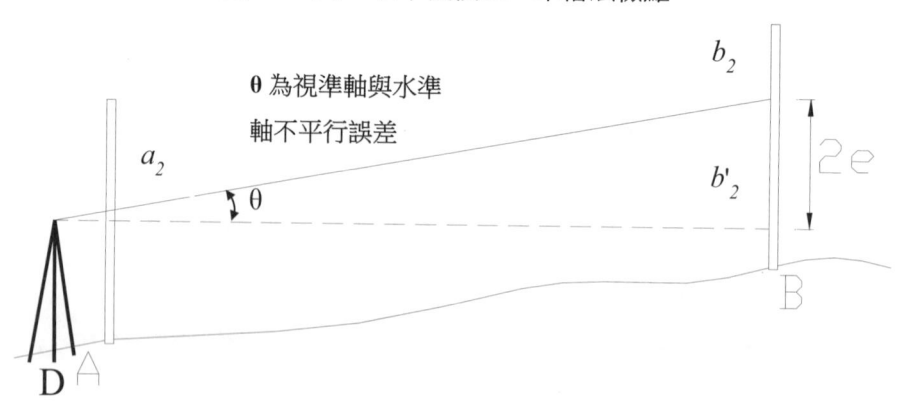

圖 2-25(b)　水準儀校正：木樁法檢點

(2) 校正

　　(a) 因水準儀於 D 點處，極為接近 A 樁標尺，此時讀數可視為不受視準軸誤差之影響，故瞄準 B 樁標尺之正確讀數應為 b_2'，而

$b_2' = a_2 - (a_1 - b_1)$　　　　　　　　　　　　　　　　　　　　　　　　　　　　(2-20 式)

　　(b) 校正時將十字絲環上下校正螺旋，分別以先鬆後緊方式推動十字絲面上或下，使橫絲在 B 標尺上讀數為 b2'時為止。

　　(c) 並須重複施行上述步驟，至使視準軸正確平行水準軸為止。

　　自動水平水準儀之視準軸係由補正器自動調整保持水平，其精確度甚高 (0.1" – 0.2")，除非補正器遭損壞，否則無須校正。

3.十字絲之校正

十字絲校正之目的在使儀器成水平位置時，十字絲之橫絲須真正水平。其作法為：

(1) 檢點

安置水準儀後，以望遠鏡之橫絲瞄準遠處牆上之 A 點，用微動螺旋使望遠鏡向右轉動，倘橫絲未能全部平移通過 A 點，如圖 2-26 所示，即表示橫絲未真正水平。

(2) 校正

用校正針鬆開十字絲環上四個校正螺旋，使橫絲趨向水平位置，再旋緊四校正螺旋。此項校正須重複施行至橫絲完全水平為止。

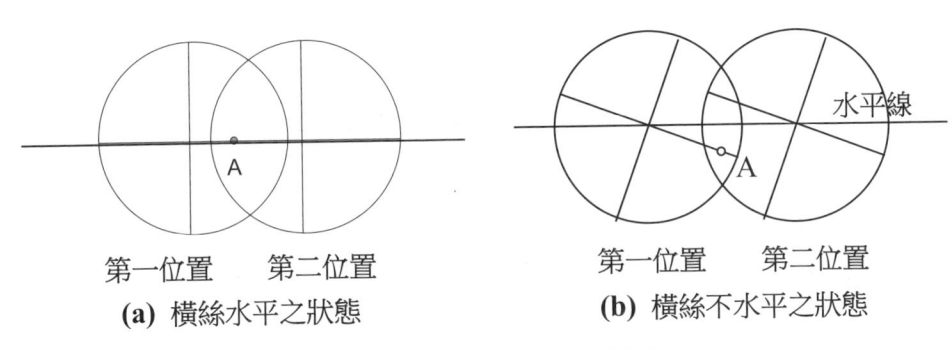

   第一位置 第二位置   第一位置 第二位置
  (a) 橫絲水平之狀態   **(b) 橫絲不水平之狀態**

圖 2-26 水準儀校正：橫絲改正

第二部分：三角高程測量

2-12 三角高程測量方法

三角高程測量為間接測定高程差之方法，乃根據距離與垂直角計算兩點間之高程差。一般應用於導線點及三角點高程之測量。如圖 2-27，A 點高程為 H_a，在 A 點安置經緯儀，自 A 點至經緯儀水平軸中心之垂直距離為儀器高 i，於 B 點 (高程未知) 豎立一水準標尺或垂直桿，瞄準高為 Z，若已知 AB 之水平距離為 D，且測得垂直角 α (仰角為正，俯角為負)，則 B 點之高程計算如下：

高差 $= V = D \tan \alpha$ (2-21 式)

高程差 $= \Delta h = V + i - Z$ (2-22 式)

B 點高程 $= H_b = H_a + \Delta h$ (2-23 式)

　　如用電子測距儀直接測得儀器至目標點之傾斜距離為 S，則 (2-21 式) 之高差可改列為

高差 $= V = S \sin \alpha$ (2-24 式)

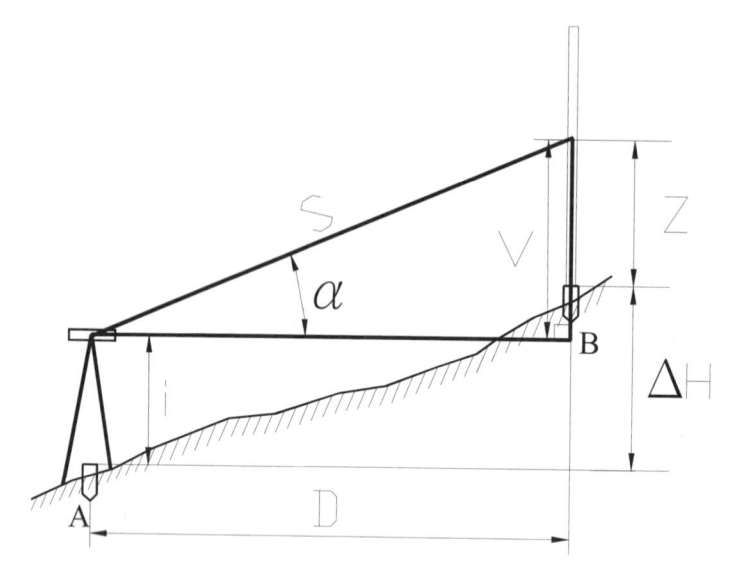

圖 2-27　三角高程測量原理

2-13　三角高程測量誤差

　　當距離在 500 公尺以內者，直接利用上述公式求 B 點高程，若距離超過 500 公尺者，由於地球曲率及大氣折光之影響，則所求之高程差應加以改正，或採對向觀測，分別先求高程差再取平均，做為正確之高程差值。

1. 地球曲率之改正值

為顧及地球曲率之改正值計算式推導如下(參照圖 2-28)：

(1) 圓心角　$\theta = \dfrac{D}{R}$

　　式中 R 為地球曲率半徑 (等於 6,370 公里)，D 為水平距離。

(2) 地球曲率之改正值　$h_C = D\dfrac{\theta}{2} = \dfrac{D^2}{2R}$

圖 2-28 中

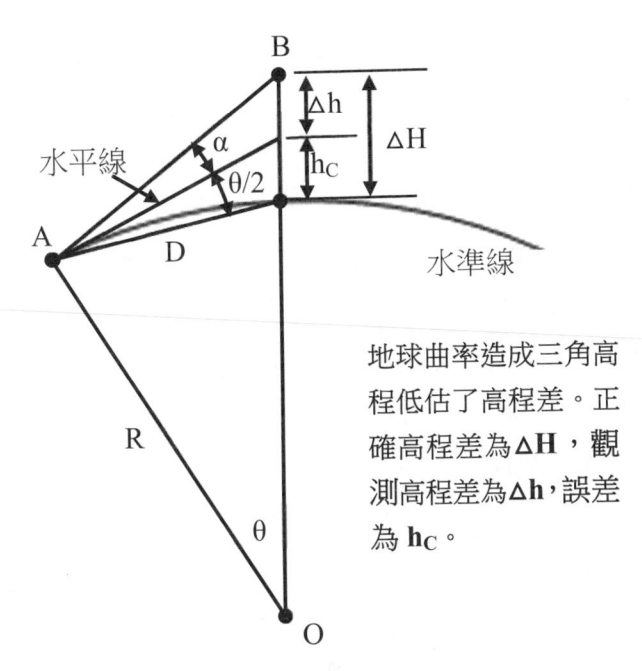

地球曲率造成三角高程低估了高程差。正確高程差為 ΔH，觀測高程差為 Δh，誤差為 h_C。

圖 2-28 地球曲率誤差

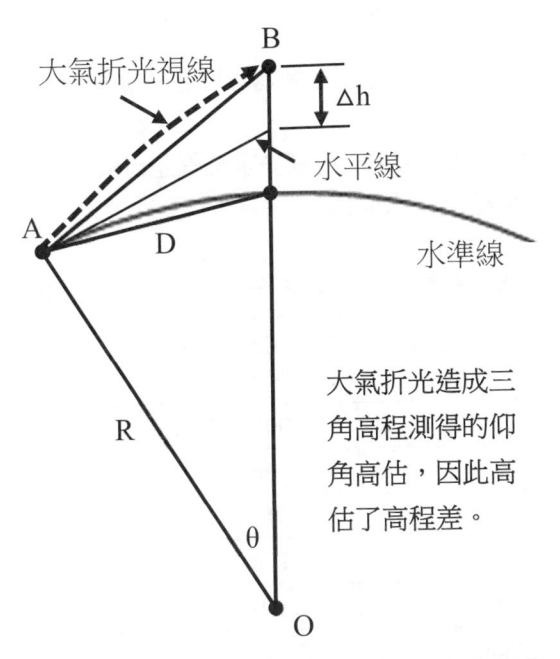

大氣折光造成三角高程測得的仰角高估，因此高估了高程差。

圖 2-29 地球曲率與大氣折光對高程之影響

2. 大氣折光之改正值

大氣折光會使視線向下彎曲 (參照圖 2-29)，故可抵消部分地球曲率誤差，其值為地球曲率誤差的某一比例：

大氣折光之改正值 $h_R = -\dfrac{kD^2}{2R}$

其中 k 為大氣折光常數，隨各地區之情況及氣候 (溫度、濕度、氣壓、風等) 而有所不同，一般約為 **0.13~0.14**。

3. 地球曲率之改正值與大氣折光之改正值合計

地球曲率及大氣折光二項合計之改正值為

$$h' = h_C + h_R = \dfrac{(1-k)D^2}{2R} \tag{2-25 式}$$

因此 **(2-22 式)** 應改寫為

$$高程差 = \Delta H = \Delta h + h' = V + i - Z + \dfrac{(1-k)D^2}{2R} \tag{2-26 式}$$

至於欲求該地區之正確 **k** 值之方法有二：

1. 以水準儀測得 A、B 兩點之高程差，做為正確之高程差值，再代入**(2-26 式)**，反求 k 值。
2. 以對向三角高程觀測 (圖 2-30)，分別先求高程差再取平均，做為正確之高程差值，再代入 **(2-26 式)**，反求 k 值。

表 **2-3**　不同水平距離下之地球曲率及大氣折光差之改正值

水平距離 D (m)	地球曲率及大氣折光差之改正值 (m)
10	0.00000679
100	0.000679
250	0.00424
500	0.0170
1000	0.0679
10000	6.79

正確仰角 (A➔B) = α + (θ/2)
正確俯角 (B➔A) = β − (θ/2)

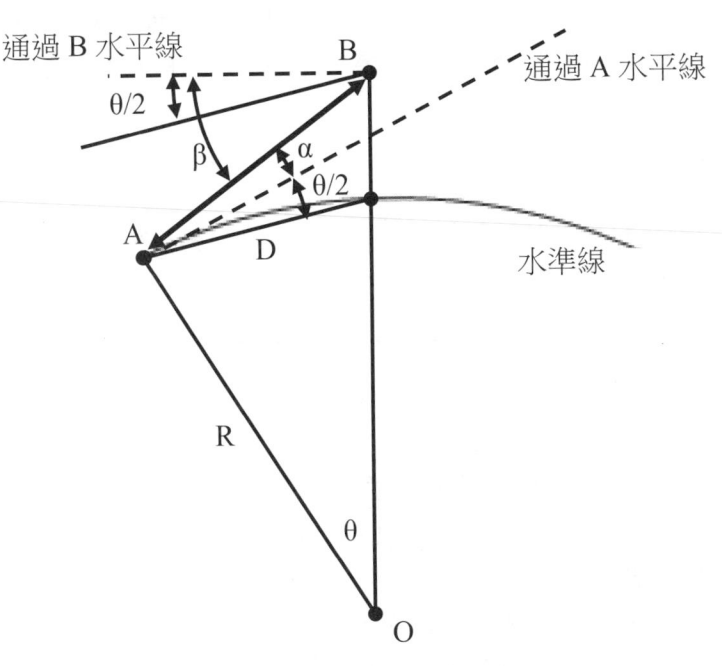

圖 2-30　對向三角高程觀測

　　地球曲率及大氣折光差之改正值之影響可舉例如下：

　　設地球曲率半徑 R = 6370000 m，大氣折光常數 k = 0.135，則地球曲率及大氣折光差之改正值之影響值

$$h' = \frac{(1-k)\cdot D^2}{2R} = 6.79 \cdot 10^{-8} D^2 \tag{2-28 式}$$

　　假設不同的水平距離 D，以上式計算地球曲率及大氣折光差之改正值，得表 2-3。由表可知

1. 水平距離達 100 m 時，地球曲率及大氣折光差之改正值僅達 0.000679 m，不及 1 mm，因此一般而言，水平距離 < 100 m 之三角高程測量不須考慮地球曲率及大氣折光差之改正值。

2. 水平距離達 500 m 時，地球曲率及大氣折光差之改正值已達 0.0170 m，將近 2 cm，因此一般而言，水平距離 > 500 m 之三角高程測量須考慮地球曲率及大氣

折光差之改正值。

例題 2-7　三角高程測量誤差

已知 H_A=101.00 m，儀器高 1.56 m，瞄準高 1.62 m，AC=640.31 m，垂直角=4°22'53"，大氣折光係數 0.135，地球半徑 6370 km，試求 C 點高程=?

[解]

高程差 $= \Delta H = V + i - Z + \dfrac{(1-k)D^2}{2R}$

$\quad$=(640.31)tan(4°22'53")+1.56-1.62+(1-0.135)(640.31)²/2(6370000)
$\quad$=49.06+1.56-1.62+0.028 =49.028 m

C 點高程= A 點高程 + 高程差 = 101.00 + 49.028 =150.028 m

2-14　本章摘要

第一部分：直接水準測量

1. 高程測量之方法有二：**(1)** 直接高程測量，**(2)** 間接高程測量 (三角高程測量、視距高程測量、氣壓計高程測量)。
2. 水準儀之三主要軸為：視準軸，水準軸，直立軸。
3. 水準儀之裝置原則為：**(1)** 視準軸必須平行水準軸，**(2)** 水準軸必須垂直直立軸。
4. 望遠鏡之性能因素：**(1)** 放大倍率，**(2)** 清晰度，**(3)** 視界，**(4)** 亮度。
5. 水準器靈敏度之定義：$\alpha'' = \dfrac{a}{R}\rho''$
6. 水準器靈敏度之測量：參考第 2-2 節。
7. 水準儀測量原理：

   未知點高程 = 已知點高程 +(後視讀數 − 前視讀數)

8. 逐差水準測量

   未知點高程 = 已知點高程 +(Σ後視讀數 −Σ前視讀數)

9. 對向水準測量

   高程差　$H_b - H_a = \dfrac{(b_1 - f_1) + (b_2 - f_2)}{2}$ =兩次觀測高程差之平均值

誤差　　$e = -\dfrac{(b_1 - f_1) - (b_2 - f_2)}{2}$ =兩次觀測高程差之差值之半 (負號)

10. 對向水準測量可消除：**(1)** 視準軸差，**(2)** 地球曲率差，**(3)** 大氣折光差。
11. 水準儀測量誤差：

    閉合水準測量：$w_a = \Sigma \Delta H_i = \Sigma(b_i - f_i) = \Sigma b_i - \Sigma f_i$

    附合水準測量：$w_b = \Sigma \Delta H_i - (H_B - H_A) = \Sigma(b_i - f_i) - (H_B - H_A) = (\Sigma b_i - \Sigma f_i) - (H_B - H_A)$

12. 水準測量之誤差界限：$C\sqrt{K}$
13. 閉合水準測量與附合水準測量平差法：**(a)** 平均分配平差 **(b)** 按距離比例平差 **(c)** 按測站數比例平差。
14. 水準網平差法：參考第 **2-7** 節。
15. 水準儀測量誤差：

    A. 儀器誤差：**(1)** 視準軸誤差，**(2)** 水準軸誤差，**(3)** 水準尺之尺長誤差，**(4)** 水準尺之磨損誤差。

    B. 人為誤差：**(1)** 水準尺之傾斜誤差，**(2)** 定平誤差，**(3)** 碰觸誤差，**(4)** 視差誤差，**(5)** 讀數誤差，**(6)** 記錄誤差。

    C. 自然誤差：**(1)** 沉陷誤差，**(2)** 地面折射誤差，**(3)** 強風誤差，**(4)** 溫度及濕度誤差，**(5)** 地球曲率誤差。

16. 水準儀之校正：

    (1) 水準器之校正：半半改正法。

    (2) 視準軸之校正：木樁校正法。

    (3) 十字絲之校正：參考第 **2-9** 節。

第二部分：三角高程測量

地球曲率及大氣折光二項合計之改正值　$h' = h_C + h_R = \dfrac{(1-k)D^2}{2R}$

高程差　$\Delta H = \Delta h + h' = V + i - Z + \dfrac{(1-k)D^2}{2R}$

習題

2-1 本章提示 ~ 2-3 高程測量方法

(1) 高程系統有哪些？定義為何？
(2) 高程測量方法有哪幾種？[102 土木技師]
(3) 三角高程測量與水準儀高程測量各適用於那些情形？其優缺點為何？
[解] (1) 見 2-2 節。(2)(3) 見 2-3 節。

2-4 水準儀構造

(1) 水準儀有哪幾條主要之軸線？各軸之定義為何？各軸間應維持何種關係？
[82 土木公務普考][96 年公務員高考]
(2) 試述視野之求法?
(3) 經緯儀與水準儀的照準部分通常會使用望遠鏡系統，包含內、外調焦。請繪圖並配合文字說明儀器照準部分之構造、各部元件及其功能、以及相關儀器規格項目。[103 土木公務普考]
(4) 何謂水準器靈敏度? 試述水準器靈敏度測量方法? [82 土木公務普考]
[解] (1)(2)(3)(4) 見 2-4 節。

2-5 水準儀種類

(1) 自動水準儀有何特性? [103 土木公務普考]
(2) 某自動水準儀圓盒水準器的靈敏度為 10'/2 mm，但儀器規格也說明每次設定水平時，都可以保持視線 0.5" 以下的水平精度。依照此水準器的規格，請說明為何在水準測量作業時，仍能保持視線足夠的水平精度？[102 土木公務普考]
(3)「電子化」與「自動化」是儀器發展的方向，「數值水準儀」日漸成為常用儀器。請說明「數值水準儀」的基本原理，並就「數值水準儀」與「光學水準儀」試述實務應用上的利弊得失。[103 土木公務高考]
[解] (1) 見 2-5 節。(2) 因為自動水準儀只需用圓盒水準器概略定平，內部補償機制會使視線精確定平。詳見 2-3 節。(3) 見 2-5 節。

2-8 水準儀測量原理

逐差水準測量
同例題 2-1，但數據改為：H_A=101.00 m，ΔH_{AB}=0.99 m，ΔH_{BE}=1.01 m，ΔH_{ED}=-1.01 m，ΔH_{DF}=-0.99 m，試求 F 點高程=? [97 公務員普考]

[解] 101.00 m

(1) 對向水準測量可消除哪些誤差？
(2) 對向水準測量：同例題 2-2，但數據改為：
儀器靠近點 A：後視 A 為 2.563 m，前視點 B 為 1.631 m。
儀器靠近點 B：後視 A 為 2.280 m，前視點 B 為 1.327 m。[84 土木技師高考]
[解] (1) 視準軸誤差、地球曲率、大氣折光差。 (2) 81.6425 m

2-9 水準儀測量平差

水準網測量結果閉合差為 10 mm，設測量誤差限制值為 $\pm 5 \text{ mm} \sqrt{L}$，L 以 km 為單位，假設閉合路線長約 5 km，試問測量誤差是否小於上述限制？
[80 土木技師高考]
[解] 測量誤差限制值為 $\pm 5 \text{ mm} \sqrt{5}$ =11.1 mm，閉合差 10 mm<11.1 mm，故合格。

閉合水準平差
同例題 2-3，但改依距離平差，假設 L_{AB}=800 m，L_{BE}=400 m，L_{ED}=300 m，L_{DF}=400 m，L_{FA}=600 m。[82 土木公務普考類似題][100 年土木技師類似題]
[解] ΔH_{AB}=1.017 m，ΔH_{BE}=0.978 m，ΔH_{ED}=-1.021 m，ΔH_{DF}=-0.962 m，ΔH_{FA}=-0.012 m

附合水準平差
同例題 2-4，但改依距離平差，假設 L_{AB}=800 m，L_{BE}=400 m，L_{ED}=300 m，L_{DF}=400 m。[85 土木技師] [99 土木技師]
[解] ΔH_{AB}=1.0116 m，ΔH_{BE}=0.9758 m，ΔH_{ED}=-1.0232 m，ΔH_{DF}=-0.9642 m

水準網平差
同例題 2-5，但權值為測站數之倒數，已知 AC, BC, EC, DC, FC 各有 10, 4, 4, 4, 8 個測站。[101 土木公務高考類似題]
[解] 150.001 m

2-10 水準儀測量誤差及其消除

(1) 高程測量的誤差來源為何? [83 土木技師]
(2) 逐差水準測量時，何以要求水準儀至後視 (B.S) 與前視 (F.S) 水準標尺之距離

應相等之理由。[86 普考][91 年公務員高考] [92 年公務員高考]
(3) 為何水準測量時，儀器距水準尺不可太遠? 普通水準測量不可超過多少公尺?
(4) 請說明三絲法水準測量（Three-Wire Leveling）之進行方式及記簿例。並說明此一方法之優點。[94 年公務員普考]
(5) 水準尺傾斜誤差：同例題 2-6，但部分數據改成水準尺前傾 d= 20 cm。
(6) 水準尺傾斜誤差：同例題 2-6，但部分數據改成水準尺前傾 θ=6°。
(7) 自動水準儀定平時，若視線仍有 1′ 的誤差，請問在 30 m 外的水準尺上，將會造成多大讀數誤差？[102 土木公務普考]

[解]
(1) 依照儀器、人為、自然三大類來說明，詳見 2-8 節。(2) 為消除視準軸誤差、地球曲率、大氣折光差。(3) 因為水準軸誤差、定平誤差之大小與儀器距水準標尺之遠近成正比，且安置儀器在前後水準標尺距離相當處也無法消除誤差。故水準測量時限制儀器距水準尺不可太遠，可控制上述兩種誤差大小。(4) 避免記錄錯誤。(5) -1.00 cm (6) -1.10 cm (7) (60/206265)×30= 0.0087 m。

設水準測量時儀器置二水準尺中央，相距各 50 公尺，水準器靈敏度 20″，施測時氣泡未居中，偏移一格，此時測得之高程誤差多少? (重要觀念題，常考題) [97 土木技師]

[解] 參考圖 2-18，$\dfrac{\alpha''}{206265''}\cdot(B+F) = (20''/206265'')(50+50) = 0.010\,\text{m}$

由已知點 A 出發，以直接水準測量得觀測數據如下：

測線號	方向	後視總長(m)	前視總長(m)	高程差(m)
		測線長		
1	A→B	400	600	+1.257
2	B→C	600	400	+1.302
3	C→D	500	500	-0.876
4	D→E	600	400	-1.157
5	E→A	400	600	-0.516

已知 A 點高程為 100.000 m，所使用之水準儀視準軸具仰角(+)5″ 之系統誤差。請完成觀測數據之系統誤差修正，並平差求各未知點之高程。
[解]

(1) 先改正系統誤差(視準軸誤差) $-\dfrac{C''}{206265''} \cdot \left(\sum_i B_i - \sum_i F_i\right)$

(2) 再以閉合水準網計算閉合差 $w_a = \Sigma \Delta H_i = \Sigma(b_i - f_i) = \Sigma b_i - \Sigma f_i$

(3) 按距離比例平差 $v_i = -\dfrac{L_i}{\sum L_i} w$

測線號	方向	後視總長(m)	前視總長(m)	高程差(m)	視準軸誤差	改正後高程差	總長	平差後高程差	高程
1	A→B	400	600	1.257	0.005	1.262	1000	1.260	100.000
2	B→C	600	400	1.302	-0.005	1.297	1000	1.295	101.260
3	C→D	500	500	-0.876	0.000	-0.876	1000	-0.878	102.555
4	D→E	600	400	-1.157	-0.005	-1.162	1000	-1.164	101.677
5	E→A	400	600	-0.516	0.005	-0.511	1000	-0.513	100.513
	總計	2500	2500	0.01	0.000	0.010	5000	0.000	

2-11 水準儀校正

(1) 試述半半改正法為何只改正誤差之半，試繪圖說明? [97 土木技師]
(2) 試述半半改正法目的、方法?
(3) 試述水準軸不垂直直立軸如何檢點、校正?
[解] (1)(2) 見 2-11 節。(3) 半半改正法，詳見 2-11 節。

調整一部經緯儀之腳螺旋使氣泡居中，經平轉 180° 後發現氣泡偏了 2 格（每格相應 20"），若調整腳螺旋使氣泡只偏一格（即修正一半），請繪圖標示：
(1) 此時水準管軸與水平線之夾角
(2) 直立軸與鉛垂線之夾角
(3) 直立軸與水平線的夾角
(4) 水準管軸與直立軸之夾角 [100 年土木技師]
[解]
　　本題屬於水準軸不垂直直立軸的校正的觀念問題。下圖是平轉 180° 後發現氣泡偏了 2 格（每格相應 20"），此 2 格對應水準管軸誤差 α 的 2 倍，2 格=2α，故 α=1 格=20"。

(a) 平轉 180°後

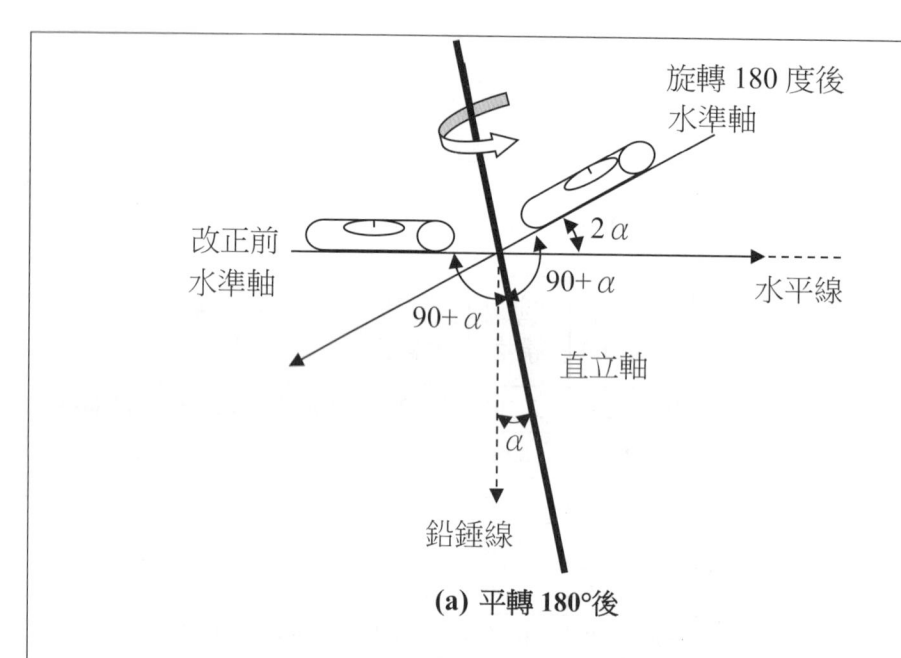

若調整腳螺旋使氣泡只偏一格（注意不是調整校正螺旋），此時水準軸與直立軸的關係不變，仍不垂直，而有 α 的誤差，但水準管軸與水平線之夾角會少一半。故
(1) 水準管軸與水平線之夾角：**α**
(2) 直立軸與鉛垂線之夾角：**0**
(3) 直立軸與水平線的夾角：**90**
(4) 水準管軸與直立軸之夾角：**90+α**

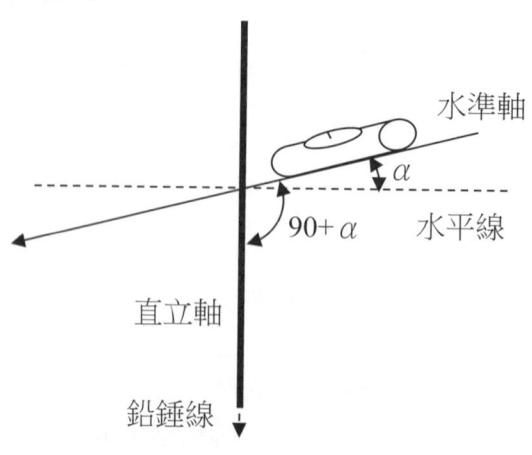

(b) 調整腳螺旋使氣泡只偏一格（即修正一半）

(1) 試述木樁法目的、方法?
(2) 試述視準軸不平行水準軸如何檢點、校正? [93 公務員高考] [97 土木技師][98 公務員普考] [101 年公務員普考] [103 土木技師]
(3) 木樁法中已知 a_1= 176.3 cm，b_1= 153.2 cm，a_2= 159.1 cm，b_2= 133.8 cm 試求應調整十字絲照準何處?

[解] (1)(2) 見 2-11 節。(3) 由 b_2'=a_2 - (a_1 - b_1)=159.1 - (176.3 - 153.2) = 136.0 cm

2-12 三角高程測量方法 ～ 2-13 三角高程測量誤差

(1) 試繪圖並說明三角高程測量之原理？ [103 土木技師]
(2) 配合電子測距儀測距時如何求得兩點間之高程差？（兩點相距 2 km 以內）
   [92 年公務員普考] [97 年公務員普考]

[解]
(1) 見 2-12 節。

(2) 高程差 $\Delta H = \Delta h + h' = V + i - Z + \dfrac{(1-k)D^2}{2R}$

其中　地球曲率及大氣折光二項合計之改正值 $h' = h_C + h_R = \dfrac{(1-k)D^2}{2R}$

電子測距儀測得為斜距 S，故 V=S×sinα

三角高程測量 (重點考題)
同例題 2-7，但部分數據改成：
儀器高 1.46 m，瞄準高 2.62 m，AC=1234.56 m，垂直角= 4°28'50"，大氣折光係數 0.14，試求 (1) 地球曲率差改正=? (2) 大氣折光差改正=? (3) C 點高程=?
[81 土木技師高考類似] [84 土木技師高考類似題] [93 公務員高考] [97 公務員普考] [98 公務員高考] [101 年公務員高考] [102 年公務員高考]
[解]

(1) 地球曲率差改正= $\dfrac{D^2}{2R}$ =0.120 m

(2) 大氣折光差改正= $-\dfrac{kD^2}{2R}$ =-0.017 m

(3) 高程差 = V+i-Z+$\frac{(1-k)D^2}{2R}$ = 96.740+1.46-2.62+(0.120-0.017)=95.68 m

　　C 點高程= A 點高程 + 高程差 = 101.00 + 95.68 =196.68 m

---

(1) 三角高程測量時地球曲率所造成的誤差公式為何？並推導之。(R=地球半徑，D=水平距離)
(2) 大氣折光對高程測量之影響如何？並說明其公式?
(3) 如何測得大氣折光係數？
(4) 三角高程測量時，採雙向測垂直角可消除哪些誤差？
[解] (1)(2)(3) 見 2-13 節。 (4) 地球曲率、大氣折光差

綜合題

解釋名詞：
(1) 直接水準測量 (2) 間接水準測量 (3) 氣壓計高程測量 (4) 三角高程測量 (5) 視野 (6) 視差 (7) 水準器靈敏度 (8) 對向水準測量
[解] 見本章各節。

第 3 章　角度測量

3-1　本章提示
3-2　經緯儀構造
3-3　經緯儀種類
　　3-3-1　按其儀器構造不同而分
　　3-3-2　按其讀數裝置不同而分
　　3-3-3　按其精密程度不同而分
3-4　經緯儀操作
　　3-4-1　經緯儀之測量作業術語
　　3-4-2　經緯儀之安置
　　3-4-3　經緯儀之觀測
　　3-4-4　經緯儀之搬移
　　3-4-5　經緯儀之使用注意事項
3-5　水平角測量
　　3-5-1　單角法
　　3-5-2　複測法
　　3-5-3　偏角法
　　3-5-4　方向組法
3-6　垂直角測量
3-7　經緯儀誤差及其消除
　　3-7-1　人為誤差
　　3-7-2　自然誤差
　　3-7-3　儀器誤差
3-8　經緯儀校正
3-9　本章摘要

3-1　本章提示

　　經緯儀 (Transit, Theodolite) 為一般測量作業中應用範圍較廣泛之儀器，其主要之用途在測量水平角、垂直角及定線,並可代替水準儀進行直接水準測量,亦可藉望遠鏡內附設之視距絲施測視距測量。普通經緯儀附有磁針設備者,尚可用以測量磁方位角。本章將說明經緯儀之構造、種類、操作、水平角測量、垂直角測量、誤差及其消除、校正。

測角的目的是要測量地面三點之夾角 (圖 3-1),故在測量之前,須將欲測之點的位置予以標示出來,此種欲測之點稱為測點。測點之標示,普通用木樁 (Stake) 打入地面內,並在樁頂上中心位置釘一小釘,此釘頭即表示測點之位置。如於柏油路或混凝土地上,改釘以道釘 (Stake tack)。木樁與道釘因易遭損毀、拔除遺失,只能作臨時測點之用。如欲永久保存作為測量之根據點,則以石樁或鋼筋混凝土樁為佳,此些樁頂面中心位置上刻有十字,其十字線之交點,即為測點之位置。因樁露出地面上的高度甚小,易為雜草所遮,難以觀測,故需在測點之位置豎立標桿或標旗,以便覘視。一般較小之距離下,多用標桿;較遠之距離下,則改以標旗,並用鐵線將標旗固定於地上,但標旗與測點必須在同一鉛垂線上方可;永久性之測點,亦有搭標架於其上,以便於觀測。測點可用已存在於地上之固定點表示之,如牆之交角、塔尖、窗角等,此等測點稱為天然測點。測線為連接二測點之直線,故測線之標示,可在測線兩端釘木樁或埋石樁、鋼筋混凝土樁,以表示該測線之位置以及方向。

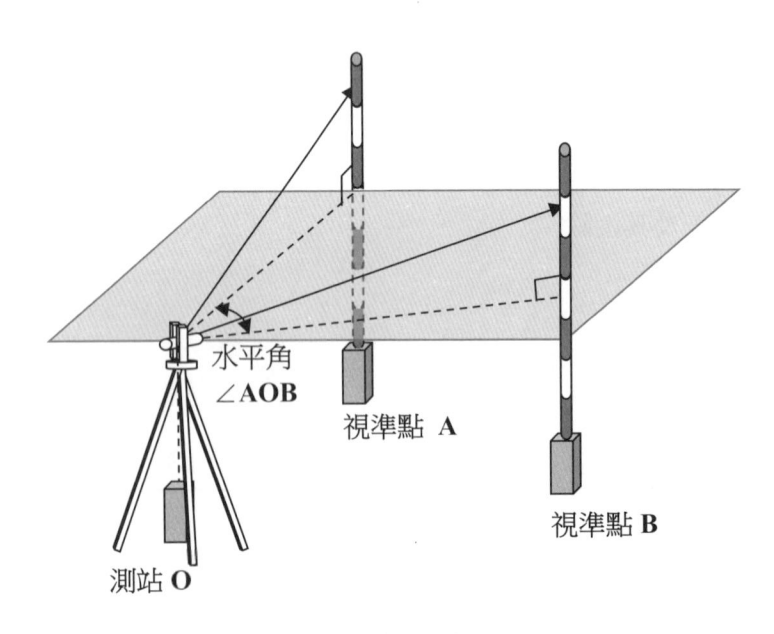

圖 3-1　經緯儀測水平角

3-2 經緯儀構造

經緯儀主要軸有直立軸 VV、水平軸 (又稱橫軸) HH、視準軸 SS、水準軸 LL，如圖 3-2，其相互間之基本幾何關係為：

1. 水準軸應垂直於直立軸 (LL⊥VV)。
2. 水平軸應垂直於直立軸 (HH⊥VV)。
3. 視準軸應垂直於水平軸 (SS⊥HH)。
4. 水平軸、視準軸、直立軸交於同一點。
5. 直立軸通過水平度盤中心。

以上之關係條件即為經緯儀之裝置原則。經緯儀使用之前，應先檢查各部分關係是否合乎此些條件，若否，應即予校正，使其恢復後方可使用。

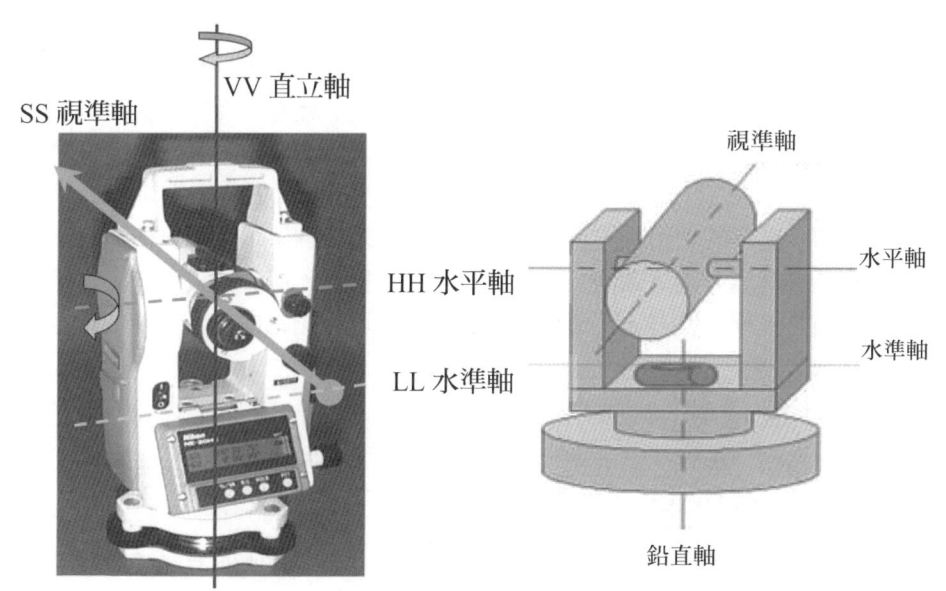

圖 3-2 經緯儀各軸關係 (直立軸 VV、水平軸 HH、視準軸 SS、水準軸 LL)

經緯儀之構造包含儀器上部、儀器下部及基座等三大部分：

1. **儀器上部**：包含上盤、內軸、垂直角度盤、望遠鏡等。內軸套入下盤之外軸內。儀器上部整體可繞直立軸在水平面內旋轉，為儀器觀測目標之主要部分，俗稱照準部 (Alidade)。
2. **儀器下部**：包含下盤、外軸、水平角度盤等。外軸套入基座上之承軸內，可繞基座中心旋轉。

3. 基座：用以固定儀器於三腳架上，並調整儀器水平。包含腳螺旋、中心固定螺旋、基座底鈑等。

　　茲就其主要部分，包括望遠鏡、度盤及讀數裝置、水準器、基座及腳架等，詳細說明如下：

1. **望遠鏡**：經緯儀望遠鏡之構造與水準儀相仿，乃由物鏡、十字絲面、目鏡及鏡筒組成。十字絲面上有縱橫正交十字絲，十字絲中心為對準目標的觀測基準。與橫絲上下等距且相互平行的二短橫絲稱為視距絲，可供間接量距。望遠鏡裝置在水平軸上，水平軸由上盤左右支架穩固支撐。望遠鏡可繞直立軸左右旋轉，由水平制動及微動螺旋控制，望遠鏡又可繞水平軸仰俯旋轉，由垂直制動及微動螺旋控制。
2. **度盤**：度盤分水平度盤 (Horizontal circle) 及垂直度盤 (Vertical circle) 兩種，分別測定目標間水平角 (Horizontal angle) 及目標與水平面間垂直角 (Vertical angle)。度盤刻劃分 360°制與 400 級制兩種，一般使用 360°制。
3. **水準器**：經緯儀在基座上有一圓盒水準器，在水平度盤護蓋上裝置一管狀水準器。圓盒水準器靈敏度較低，僅供概略定平之用。管狀水準器靈敏度較高，可供精確定平之用。
4. **基座及腳架**：基座的功用在支承經緯儀本體及連結三腳架，使儀器穩固於三腳架上。基座的腳螺旋可調平儀器，保持儀器直立軸垂直。基底底鈑下有掛鉤懸掛垂球或以設有之光學對點器，使儀器中心可投影於地面測站中心上，以便定心。

3-3　經緯儀種類

　　經緯儀之種類，依其分類方式不同而異，茲就各類型儀器分別說明如下：

3-3-1　按其儀器構造不同而分

　　經緯儀按其儀器構造及測法不同而分，可分為複測經緯儀與方向經緯儀二類：

1. **複測經緯儀 (Repeating theodolite)**：經緯儀之下盤可以固定於上盤而同時繞直立軸旋轉者，利用此相互關係，可以複測法測量水平角，故稱為複測經緯儀。因為此種經緯儀之水平旋轉軸為雙重套入者，故又稱雙軸經緯儀，一般普通經緯儀皆屬之。此種經緯儀操作較複雜，容易出錯，已不常使用。
2. **方向經緯儀 (Directing theodolite)**：經緯儀之下盤不能隨上盤同時旋轉者，此種經緯儀僅能以方向組法測量水平角，故稱為方向經緯儀，因為此種經緯儀之水平旋轉軸為單一套者，故又稱為單軸經緯儀。此種經緯儀之度盤分劃精細，故多為精密經緯儀。

3-3-2 按其讀數裝置不同而分

　　經緯儀按其儀器上讀數裝置不同而分，可分為游標經緯儀、光學經緯儀與電子經緯儀三種：

1. 游標經緯儀 (Vernier theodolite)：經緯儀度盤刻劃於金屬或玻璃盤面，藉上盤之游標裝置讀數者稱為游標經緯儀。舊式經緯儀多屬之，現在已很少使用。
2. 光學經緯儀 (Optical theodolite) (圖 3-3(a))：經緯儀度盤刻劃於玻璃盤面，藉一系列光學組合稜鏡以讀定讀數者，稱為光學經緯儀。此種經緯儀之水平及垂直度盤之讀數，均須於讀數目鏡 (Reading microscope) 內讀定之。近代之經緯儀大部分皆屬之。電子經緯儀興起後，已不常使用
3. 電子經緯儀 (Electronic theodolite) (圖 3-3(b))：經緯儀之度盤為玻璃，其上刻劃精細之反射線、記號以代替讀數分劃，讀數讀定係由度盤上之讀數光柵發射紅外線辨識反射線與記號，計數送入儀器內微電腦計算處理，而直接以數字於顯示幕上顯示望遠鏡瞄準方向之水平角與垂直角者，稱為電子經緯儀。典型的經緯儀各部分構造如圖 3-3(c) 所示。目前電子經緯儀不但體型輕巧，並且操作容易，且具有許多優點，已成為現代經緯儀發展之趨勢。

  (1) 因可直接讀出角度數值，故讀數迅速、簡單，不易讀錯度盤分劃。
  (2) 因可連接電子記錄器，可自動記錄儲存觀測數據，提供內業計算平差，取代測量手簿，又可避免人為記錄錯誤。
  (3) 因可裝電子傾斜感應器，一方面在縱角觀測時提供指標基準，另一方面在水平角觀測時可加直立軸傾斜改正。電子傾斜感應器之有效工作範圍為 2'-5'，精度可高於 1"，因此作業員只需粗略整平儀器，就可測角。

3-3-3 按其精密程度不同而分

　　經緯儀按其儀器精密度不同而分，可分為普通經緯儀與精密經緯儀二類：

1. 普通經緯儀：此類經緯儀之望遠鏡之放大倍率為 20~30 倍，其度盤讀數之最小單位為 10"、20"不等。因常應用於工程測量作業，故又稱為工程經緯儀 (Engineer's transit)。
2. 精密經緯儀：此類經緯儀之望遠鏡性能較高，放大倍率為 30 至 40 倍，水準器靈敏度大，度盤刻劃精細，且具有較細密之讀數裝置，讀數最小單位為 1"或 0.1"。因常應用於大地測量作業，故又稱為大地經緯儀 (Geodetic Theodolite)。

3-6　第 3 章　角度測量

圖 3-3(a)　光學經緯儀　　　　　圖 3-3(b)　電子經緯儀

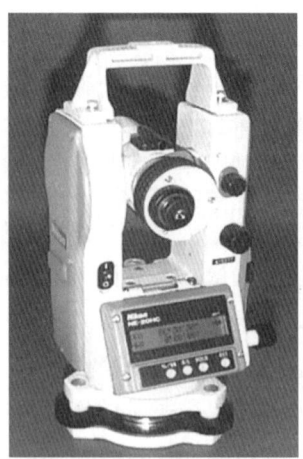

1	瞄準器	8	管式水準器
2	垂直制動螺旋	9	望遠鏡目鏡
3	垂直微動螺旋	10	望遠鏡目鏡焦距環
4	水平制動螺旋	11	望遠鏡物鏡焦距環
5	水平微動螺旋	12	望遠鏡物鏡
6	基鈑	13	圓盒水準器
7	踵定螺旋	14	儀表板

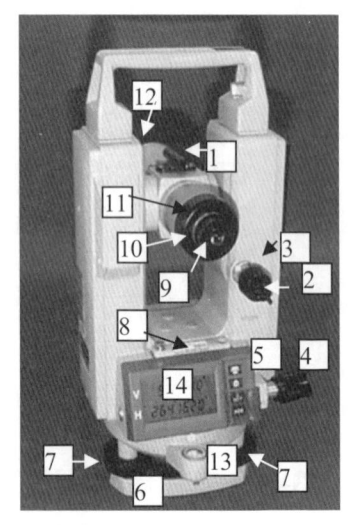

圖 3-3(c)　經緯儀各部分構造

3-4　經緯儀操作

3-4-1　經緯儀之測量作業術語

1. **正鏡 (Normal position)**　觀測時望遠鏡位於垂直度盤之右者謂之正鏡。
2. **倒鏡 (Inverted position)**　觀測時望遠鏡位於垂直度盤之左者謂之倒鏡。
3. **測回 (Set)**　觀測時依次將各方向正倒鏡各測一次，謂之一測回。無論水平角或垂直角觀測，均應以正倒鏡二讀數之平均數為準，因可藉此消去大部分之儀器誤差。

4. 平轉 (Horizontal rotation)　觀測時望遠鏡繞直立軸之旋轉，謂之平轉 (圖 3-4)。可藉平轉與水平度盤測出水平角度。

5. 縱轉 (Plunging the telescope)　將望遠鏡繞水平軸旋轉 180°，然後再繞直立軸旋轉，以照準原目標，謂之縱轉 (圖 3-4)。縱轉後，望遠鏡筒成為倒鏡狀態，可進行倒鏡觀測。

6. 水平動作 (Horizontal rotation)　將望遠鏡繞直立軸或水平面旋轉之動作，謂之水平動作，簡稱 H.M.。水平動作藉水平制動螺旋與微動螺旋控制之。有些舊式光學經緯儀的水平動作尚分成上盤動作 (Upper motion) 與下盤動作 (Lower motion)，但現代電子經緯儀不分上下盤，只有一種水平動作。

7. 垂直動作 (Vertical motion)　將望遠鏡上下仰俯之動作，謂之垂直動作，簡稱 V.M.。垂直動作藉垂直制動螺旋與微動螺旋控制之。

8. 測站 (Station)　安置儀器之測點稱為測站。

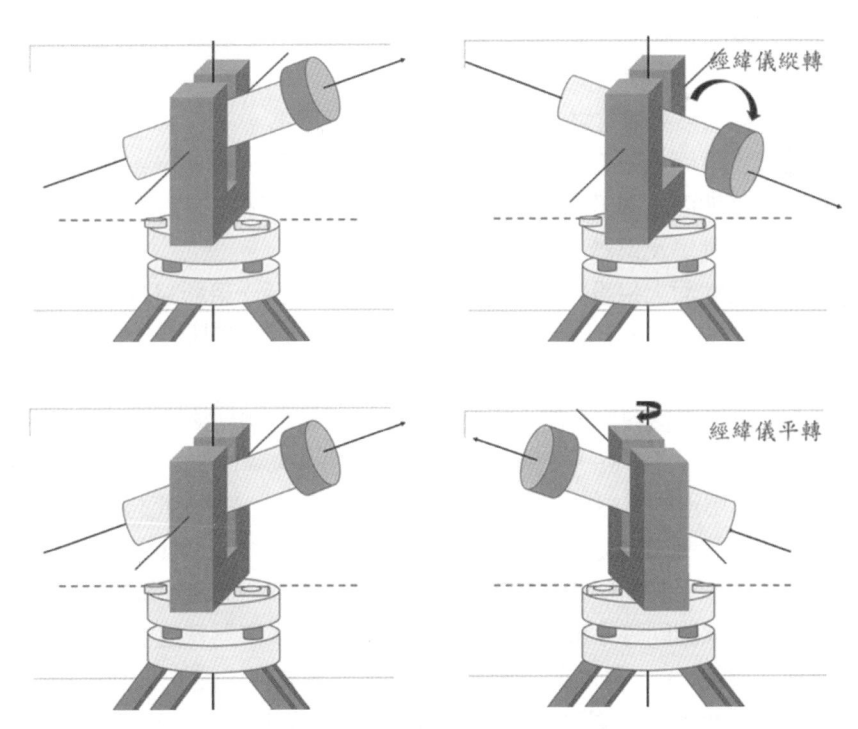

圖 3-4　經緯儀的平轉與縱轉

3-4-2 經緯儀之安置

經緯儀安置之目的，在於使儀器合乎下列二條件：

1. 定心

經緯儀之中心應與地上測點一致，即使二者在同一垂直線上，稱為定心。若儀器中心未能與測點一致，則所得之角度非以測點為頂點所成之角度。可用平移腳架及滑動儀器於基座上，使光學對點器中心點對準測點來達成。

2. 定平

使水平度盤盤面水平，亦即使直立軸鉛垂，稱為定平。若水平度盤未能水平，則所得之角度非水平角，而係傾斜角。可用伸縮架腳及調整腳螺旋，使盤面水準器氣泡居中來達成。

安置儀器時，若未能滿足此二條件，則所測之角度即不準確，故於經緯儀測量中，儀器之安置恰當與否，影響測角精度甚鉅。

經緯儀之安置程序為：

1. 三腳架之架設：一般經緯儀之三腳架均係伸縮式，架設前，抽出三腳架之架腳使與觀測者之肩部同高，旋緊架腳之固定螺旋，先以一支架腳頂住地面，再以左右手分開另二支架腳，使三支架腳形成一正三角形，架設於測點之上，架首中心近乎對準測點且水平，架首之高度與觀測者之胸部同高。
   - (1) 如於泥土地面上架設，應以腳踏緊三腳架之踏腳。
   - (2) 如於平滑地面上架設，應以繩索連結三架腳或釘一正三角形木框固定，以免三腳架滑動傷及儀器。
   - (3) 如於斜坡地面上架設，應以二架腳插於下坡，另一架腳縮短置於坡上。

   在測點上架設三腳架後，自儀器箱中取出經緯儀，置於三腳架之架首上並以連結螺旋連結固定之。
2. 概略定心：可用平移腳架，使光學對點器中心點對準測點來達成。
3. 概略定平：可用伸縮架腳，使圓盒水準器氣泡居中來達成。
4. 精確定心：可用滑動儀器於基座上，使光學對點器中心點對準測點來達成。
5. 精確定平：可用調整腳螺旋，使盤面水準器氣泡居中來達成。其細節如下(圖 3-5)：
   - (1) 旋鬆儀器水平制動螺旋，旋轉望遠鏡使管狀水準器與某二腳螺旋平行。
   - (2) 將該二腳螺旋同時等量向外或向內旋轉，調整水準器氣泡移至中央。
   - (3) 旋轉望遠鏡 90°，再以另一腳螺旋向外或向內旋轉，使氣泡居中。
   - (4) 如此往返 90° 重複調平至望遠鏡在兩個互相垂直的方向上，水準氣泡均保持中央位置為止。

任何方向，水準氣泡均保持中央位置，則水準儀已安置完成。

6. 重複 **4.-5.**，直到同時達到精確定心、精確定平。

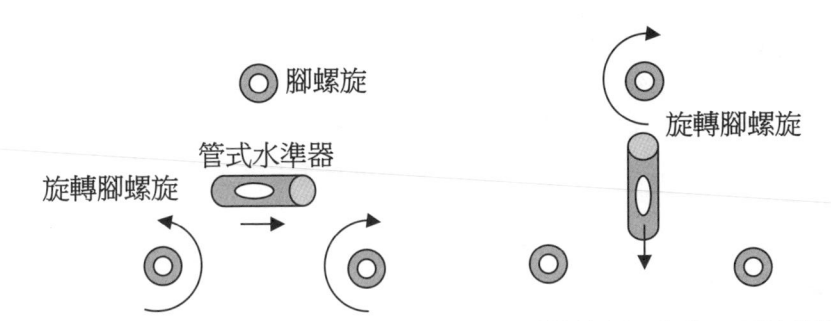

(a) 先旋轉兩個腳螺旋使氣泡左右居中　　**(b)** 平轉鏡頭 90°後，再旋轉第三腳螺旋使氣泡前後居中

圖 3-5　管式水準器：精確定平

表 3-1　經緯儀之安置程序

	評估方法	調整方法	調整目標
粗步定心	目測經緯儀本體中心在地面目標點正上方	移動三腳架	定心誤差 <20 mm
粗步定心	目測經緯儀本體大致水平	伸縮三腳架	定平誤差 <2 度
概略定心	光學對點器 (<鋼釘直徑)	移動三腳架	定心誤差 <5mm
概略定平	圓盒水準器 (1/2 入圓圈)	伸縮三腳架	定平誤差 <10'
精確定心	光學對點器 (<鋼釘半徑)	鬆開基座固定螺旋，或鬆開平移制動鈕移動經緯儀。	定心誤差 <2 mm
精確定平	管狀水準器 (<1/2 格)	旋轉腳螺旋	定平誤差 <10"

3-4-3　經緯儀之觀測

　　經緯儀之觀測程序因觀測法而異，於後面各節說明之，但其觀測動作，仍有共同之處：

1. **調目鏡焦距**：旋轉目鏡調焦螺旋環，直到可自目鏡中清晰見到十字絲線。
2. **概略對準目標**：目的是使目標出現在望遠鏡的視界內。鬆水平制動螺旋與垂直制動螺旋，旋轉經緯儀望遠鏡，以鏡筒上的準星對準目標。
3. **調物鏡焦距**：旋轉物鏡調焦螺旋，直到可自目鏡中清晰見到目標。
4. **精確對準目標**：旋緊水平制動螺旋與垂直制動螺旋，並分別轉動水平微動螺旋及垂直微動螺旋，使十字絲中心對準目標。
   (1) 若瞄準目標為標桿時，須將十字絲中心對準標桿下尖端；倘被遮住，先以其縱絲校核標桿豎立是否垂直，如是，可以縱絲雙線夾住標桿成像，或以縱絲平分標桿全部。
   (2) 若目標為懸掛垂球，應使十字絲中心對準垂球尖端，或以十字絲縱絲對準垂球線；
   (3) 若目標為反射稜鏡中心，則反射稜鏡應仔細定心定平，再以十字絲中心對準反射稜鏡中心。
5. **讀數**：由讀數裝置讀得正確之角度數值。
6. 依角度觀測法進行下一目標之瞄準工作。

3-4-4 經緯儀之搬移

　　經緯儀完成一測點之角度觀測後，移至下一測點觀測或結束作業，均須搬移經緯儀。

1. 如測點間距離近者，可將望遠鏡物鏡向下，旋緊各制動螺旋，使經緯儀固定，併合三腳架之架腳，雙手環抱腳架，並使儀器維持豎立狀態，以免直立軸變形，攜至下一測點安置。
2. 如測點距離較遠或需上下跋涉者，則需將儀器放回箱內，收取三腳架，到下一測點重新安置。

3-4-5 經緯儀之使用注意事項

　　經緯儀使用注意事項：

1. **螺旋**：使用前應熟知其構造及各部分之作用，切忌盲目旋轉各螺旋。經緯儀上所有螺旋，切勿過分旋緊，以防變形、鎖死，微動螺旋亦切勿旋至極限。
2. **鏡頭**：望遠鏡之物鏡或目鏡上如有塵埃，應以鏡頭專用拭紙輕擦，以免損傷鏡面。
3. **腳架**：觀測時，勿使手扶在三腳架上或跨三腳架之一腳而站立，以免碰撞儀器，破壞定心定平狀態。
4. **日曬**：在烈日下測量，須張傘將儀器遮住，以免日曬。

5. 雨淋：儀器若受潮，不可封閉於箱內，須放置通風良好之處晾乾，以免潮濕水氣進入儀器內部而發霉，嚴重時須即刻送交廠商保養。
6. 看守：儀器安置後，觀測者應負有保護儀器之職責，不可隨意離開儀器，以免儀器受損。
7. 放回：儀器放回箱內時，應注意原來裝置位置，平穩放下儀器，蓋下箱蓋，扣緊開關；如發現蓋子無法蓋好，則需重新檢查有無放錯或望遠鏡鏡位不對，並予更正，切不可強力壓下，以免損傷儀器。

3-5　水平角測量

　　水平角為水平面上二直線間之夾角。使用經緯儀觀測水平角時，必須定平，以使水平度盤呈水平狀態；必須定心，以使儀器中心與地面測站測點中心在同一鉛垂線上。同時必須精確瞄準遠處觀測點點位目標。水平角觀測法有單角法、複測法、偏角法及方向組法等四種。

3-5-1　單角法

　　單角法又稱右旋折角法 (angle to the right)，常用於導線測量及一般測角。其作業步驟，視儀器讀數裝置而略有不同，茲以電子經緯儀說明如下（圖 3-6）：

1. 整置
　　在測站 O 點安置經緯儀，完成定心、定平工作。
2. 正鏡照準起點
　　鬆開水平及垂直制動螺旋，概略瞄準觀測點 A 後再行固定。旋轉目鏡調焦螺旋環，使目鏡中清晰見到十字絲線。旋轉物鏡調焦螺旋，使清晰見到目標。用水平及垂直微動螺旋使十字絲中心精確對準 A 點，按下歸零鍵使讀數歸零。記錄度、分、秒值得 A_1（因為歸零，故應為 0 度 0 分 0 秒）。
3. 正鏡照準終點
　　鬆開水平及垂直制動螺旋，順時針旋轉，概略瞄準觀測點 B 後再行固定，調整焦距後，用水平及垂直微動螺旋使十字絲中心精確對準 B 點，記錄得 B_1。
4. 縱轉
　　鬆開垂直制動螺旋，縱轉望遠鏡。
5. 倒鏡照準起點
　　鬆開水平及垂直制動螺旋，順時針旋轉，概略瞄準觀測點 A 後再行固定，調整焦距後，用水平及垂直微動螺旋使十字絲中心精確對準 A 點，記錄得 A_2。

3-12　第 3 章　角度測量

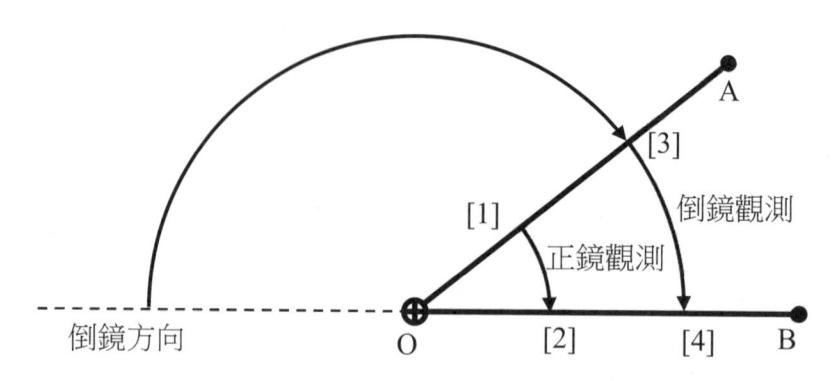

正鏡水平角=(B_1- A_1)=讀數 [2] − 讀數 [1]
倒鏡水平角=(B_2- A_2)=讀數 [4] − 讀數 [3]
水平角=$\frac{1}{2}$(正鏡水平角+倒鏡水平角)

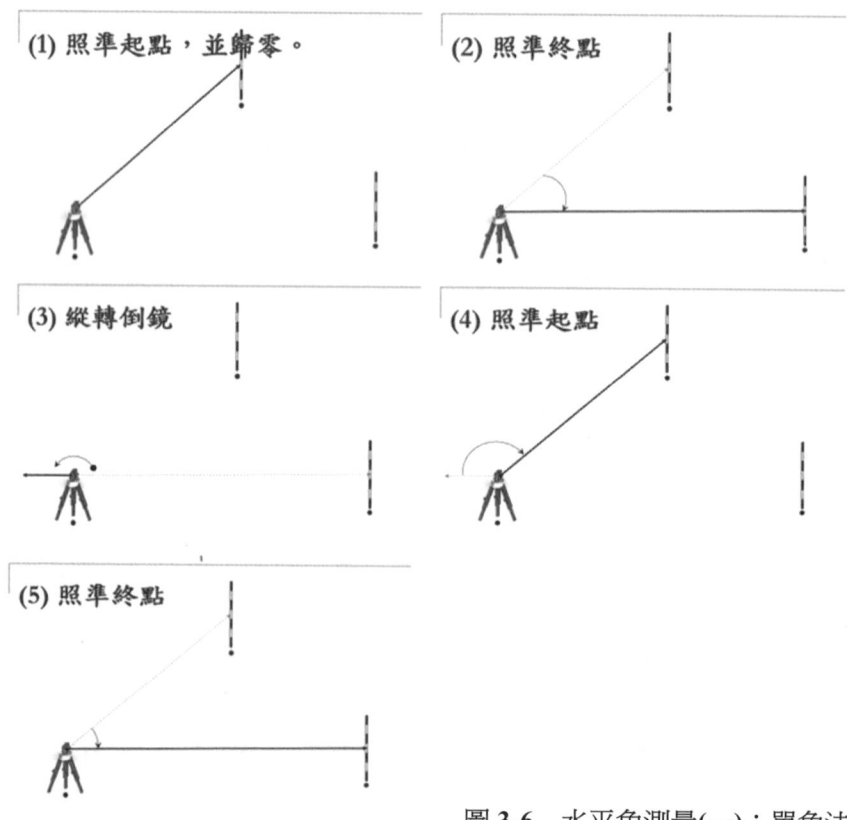

(1) 照準起點，並歸零。

(2) 照準終點

(3) 縱轉倒鏡

(4) 照準起點

(5) 照準終點

圖 3-6　水平角測量(一)：單角法

6. 倒鏡照準終點

鬆開水平及垂直制動螺旋，順時針旋轉，概略瞄準觀測點 B 後再行固定，調整焦距後，用水平及垂直微動螺旋使十字絲中心精確對準 B 點，記錄得 B_2。

7. 計算

正鏡水平角=($B_1 - A_1$) (3-1 式)

倒鏡水平角=($B_2 - A_2$) (3-2 式)

水平角=$\frac{1}{2}$(正鏡水平角+倒鏡水平角) (3-3 式)

試證： (正鏡水平角+倒鏡水平角)/2=正確水平角

假設：

(1) 正鏡時順時針轉，儀器誤差造成 Δ_1 的誤差。直立軸不垂直水平軸造成的誤差。
   倒鏡時順時針轉，儀器誤差造成 $-\Delta_1$ 的誤差。

(2) 正確水平角=θ。倒鏡時，順時針轉照準起點時夾角不是 $(180-\theta)$，而是 $(180-\theta+\Delta_2)$，Δ_2 是視準軸不垂直水平軸造成的誤差。

證明：

正鏡照準起點的讀數為 **0**

正鏡照準終點的讀數為 $\theta+\Delta_1$

倒鏡照準起點的讀數為 $\theta+\Delta_1+(180-\theta+\Delta_2)$=**180**+$\Delta_1+\Delta_2$

倒鏡照準終點的讀數為 $\theta+\Delta_1+(180-\theta+\Delta_2)+\theta-\Delta_1=\theta+180+\Delta_2$

故　正鏡水平角 ＝ 正鏡照準終點的讀數 － 正鏡照準起點的讀數
　　　　　　　＝ $(\theta+\Delta_1)$-0 ＝ $\theta+\Delta_1$

　　倒鏡水平角 ＝ 倒鏡照準終點的讀數 － 倒鏡照準起點的讀數
　　　　　　　＝ $(\theta+180+\Delta_2)$-$(180+\Delta_1+\Delta_2)$＝$\theta-\Delta_1$＝ $\theta-\Delta_1$

故　(正鏡水平角+倒鏡水平角)**/2**＝$(\theta+\Delta_1+\theta-\Delta_1)/2=\theta$　得證

例題 3-1　水平角測量

已知角度觀測值如下表，試求水平角=?

正鏡	C	0°0'0"
正鏡	B	24°37'24"
倒鏡	C	180°0'22"
倒鏡	B	204°37'38"

[解]

水平角 = $\frac{1}{2}$(正鏡水平角+倒鏡水平角)

= $\frac{1}{2}$ [(24°37'24"−0°0'0")+(204°37'38"−180°0'22")] = 24°37'20"

3-5-2 複測法

使用複測經緯儀對單角重複多次累加測量為 n 倍角，然後除以 n 得角度值之測角法稱為複測法 (Repetition method)。此法應用於讀數裝置及度盤分割較粗簡之儀器，如以一最小讀數 10" 經緯儀，經複測五次，即可得相當於 2" 讀數經緯儀之精度。例如

Case 1. 某角度正確值為 30°0'2"，因最小讀數 10"，故讀數得 30°0'0"；經複測五次，所測角度累加五倍達 150°0'10"，因最小讀數 10"，故讀數得 150°0'10"；將此數字除以五，可得角度為 30°0'2"，正好就是正確的角度。

Case 2. 某角度正確值為 30°0'1.5"，因最小讀數 10"，故讀數得 30°0'0"；經複測五次，所測角度累加五倍達 150°0'7.5"，因最小讀數 10"，故讀數得 150°0'10"；將此數字除以五，可得角度為 30°0'2"，與正確的角度有 0.5"的誤差。

因此即使無法整除，複測法也能提高讀數精度。複測次數愈多，精度即愈高，惟次數過多，反易纏誤，導致錯誤；一般以三至六次為準。

複測法有二種：

1. 複測 n 測回得 2n 倍角 (圖 3-7)：

以複測 3 測回為例，其步驟如下：

(1) 整置：同單角法。
(2) 歸零：同單角法。記錄度、分、秒值得 θ_0。
(3) 照準起點：鬆開下盤及垂直制動螺旋，瞄準觀測點 A 後再行固定，用下盤及垂直微動螺旋與調焦螺旋，使十字絲中心清晰正確對準 A 點。
(4) 照準終點：鬆開上盤及垂直制動螺旋，瞄準觀測點 B 後再行固定，用上盤及垂直微動螺旋與調焦螺旋，使十字絲中心清晰正確對準觀測點 B。記錄度、分、

秒值得 θ_1。
(5) 重複二次正鏡觀測：同步驟 (3) 與 (4) 完成望遠鏡對觀測點 A、B 之第二、三次正鏡觀測。記錄度、分、秒值得 θ_2 與 θ_3。
(6) 縱轉：鬆開垂直制動螺旋，縱轉望遠鏡。
(7) 重複三次倒鏡觀測：同步驟 (3) 與 (4) 完成望遠鏡對觀測點 A、B 之第一、二、三次倒鏡觀測。記錄度、分、秒值得 θ_4、θ_5 與 θ_6。
(8) 計算：最後得六倍角之角度值，則由下式可得：

$$水平角 = \theta = \frac{\theta_6 - \theta_0}{6} \qquad (3\text{-}4a\ 式)$$

2. 複測 n 測回得 n 倍角

以複測 3 測回為例，其步驟如下：
(1)-(6) 與上法相同。
(7) 重複三次倒鏡觀測

同步驟 (3) 與 (4) 完成望遠鏡對觀測點 A、B 之第一、二、三次倒鏡觀測，但改以下盤動作照準終點，再逆時針以上盤動作照準起點，故 θ_4、θ_5 與 θ_6 會逐次縮小至近乎零。記錄度、分、秒值得 θ_4、θ_5 與 θ_6。
(8) 計算

最後得三倍角之角度值，則由下式可得：

$$水平角 = \theta = \frac{1}{3} \frac{(\theta_3 - \theta_0) + (\theta_3 - \theta_6)}{2} \qquad (3\text{-}4b\ 式)$$

複測法之優點有：**(1)** 可測得較游標最小讀數為小之角度值，**(2)** 可消除視準軸與水平軸不垂直之誤差，**(3)** 減少度盤刻劃不均勻之誤差。其缺點為手續繁複，易於纏誤，且常含有系統誤差。由於經緯儀的讀數裝置愈來愈精密、便利，複測法已漸少使用。

3-5-3 偏角法

偏角法 (Deflection angle method) 係利用具有順逆時針方向刻劃度盤之經緯儀施測，以路線測量應用最多。如圖 3-8，在測站 O 安置經緯儀，將度盤游標 A 歸零，望遠鏡倒鏡對準 A 點，然後縱轉望遠鏡為正鏡，以上盤動作瞄準 B 點，讀得偏角。按測量前進方向為準，此角度若為右偏角，則以「＋」號或 **R** 表示，即寫為 **R51°12'25"** 或 **+51°12'25"**；此角度若為左偏角，則以「－」號或 **L** 表示，即寫為 **L51°12'25"** 或 **-51°12'25"**。再以同樣觀測法在 C、D…等測站測得偏角。

3-16　第 3 章　角度測量

倒鏡方向　　　　O [1] [2][3]　　　[4] [5] [6]　　B
　　　　　　　　　　正鏡觀測　　　倒鏡觀測

$$水平角 = \theta = \frac{\theta_6 - \theta_0}{6}$$

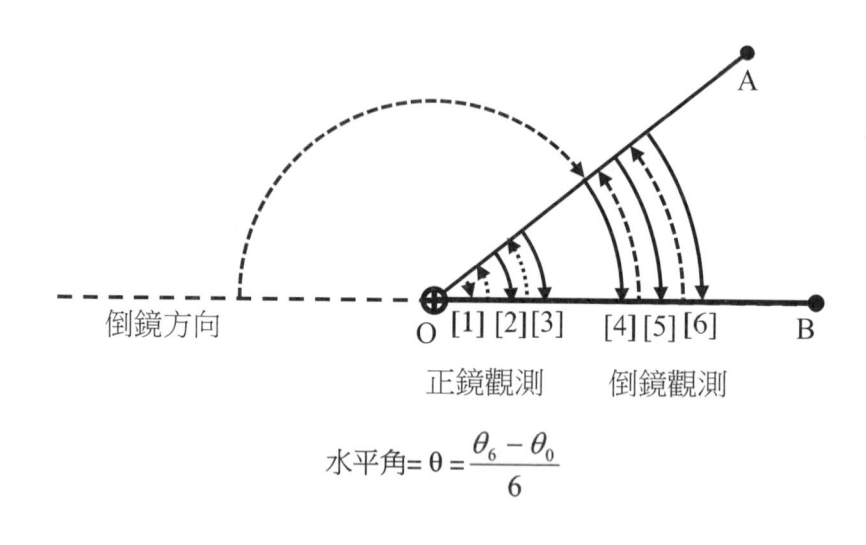

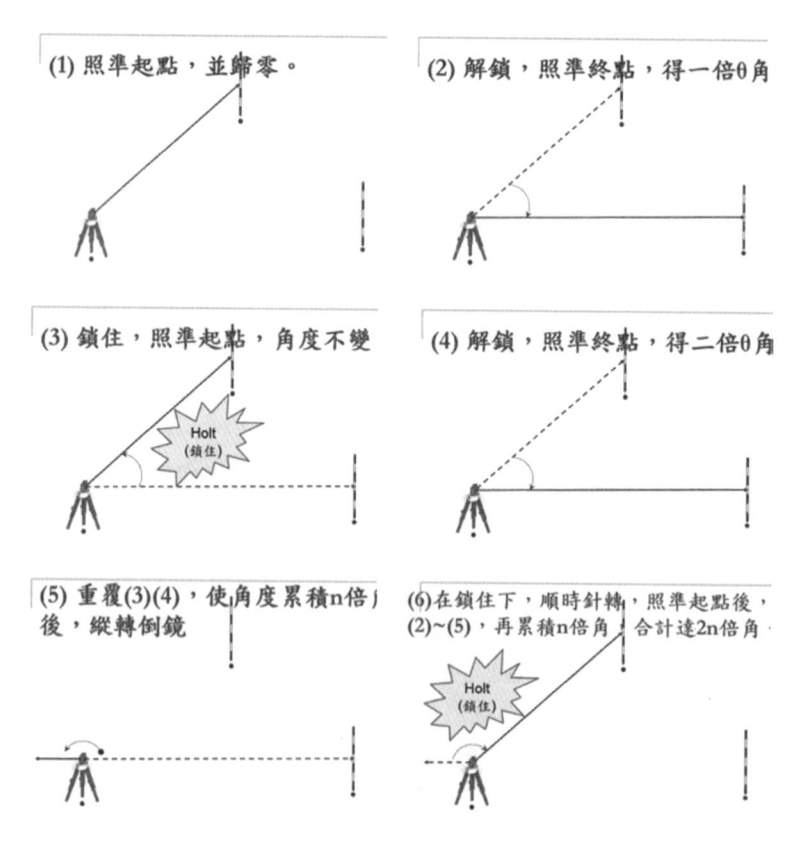

(1) 照準起點，並歸零。

(2) 解鎖，照準終點，得一倍 θ 角

(3) 鎖住，照準起點，角度不變
Holt(鎖住)

(4) 解鎖，照準終點，得二倍 θ 角

(5) 重覆(3)(4)，使角度累積 n 倍角後，縱轉倒鏡

(6) 在鎖住下，順時針轉，照準起點後，(2)~(5)，再累積 n 倍角，合計達 2n 倍角
Holt(鎖住)

圖 3-7　水平角測量(二)：複測法 (複測 n 測回得 2n 倍角)

偏角法的優點是觀測簡單迅速,缺點是儀器誤差無法消除,且讀數與記錄容易發生錯誤。

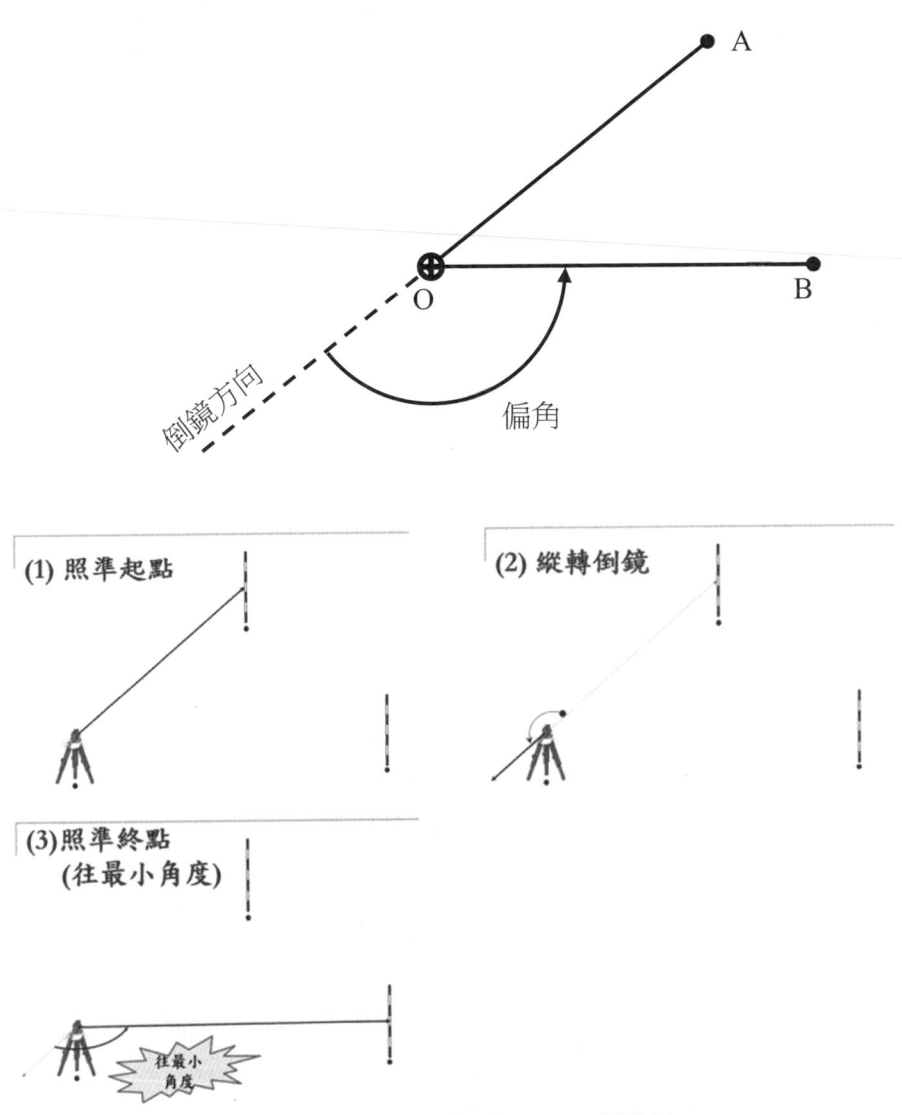

圖 3-8　水平角測量(三):偏角法

3-5-4　方向組法

自一測站上,順序觀測各目標,正鏡時順時針方向,倒鏡時逆時針方向,是為一方向組或一測回,此種測法稱方向組法 (Direction method)。在一測站上常觀測數個方向組，而求其平均值。每測完一方向組均將度盤讀數變動，使任一方向讀數平均分配於度盤上。每次水平度盤變動之角度，為方向組數 n 除全圓周 360° 之商。如圖 3-9，在測站 O 上觀測 A、B、C、D 四目標，施測 n=3 方向組，則每測完一測回，度盤位置移動約 360°/n=120°，即第一方向組後視 A 點為 0°，第二、三組後視 A 時分別移動至 120°、240°。

方向組法常應用於三角測量或導線測量。方向組法優點有：
(1) 因可同時觀測多個夾角，故觀測效率佳。
(2) 因可在每測完一方向組均將度盤讀數變動，使任一方向讀數平均分配於度盤上，故可減少度盤之分劃誤差。
(3) 因正倒鏡觀測，故可消除水平軸及視準軸等誤差。
(4) 因後半組逆時針方向觀測，故可減少直立軸及螺紋差等誤差，及因溫度變化所生之誤差。

例題 3-2　方向組法

已知方向組法數據如下，試求∠AOB、∠BOC、∠COD (O 為測站)?

	(正鏡)	(倒鏡)
A	(0) 0°0'10"	(7) 180° 0'10"
B	(1) 50°1'20"	(6) 230° 1'15"
C	(2) 90°1'10"	(5) 270° 1'10"
D	(3) 130°20'30"	(4) 310°21'15"

註：括號內數字為觀測序號

[解]

	(正鏡)	(倒鏡)	(正倒鏡平均)	(歸零改正後之值)
A	(0) 0°0'10"	(7) 180° 0'10"	0°0'10"	0°0'0"
B	(1) 50°1'20"	(6) 230° 1'15"	50°1'18"	50°1'8"
C	(2) 90°1'10"	(5) 270° 1'10"	90°1'10"	90°1'0"
D	(3) 130°20'30"	(4) 310°21'15"	130°20'53"	130°20'43"

∠AOB=B 改正後值 − A 改正後值 =50°1'8"−0°0'0"=50°1'8"

∠BOC=C 改正後值 − B 改正後值 =90°1'0"−50°1'8"=39°59'52"

∠COD=D 改正後值 − C 改正後值 =130°20'43"−90°1'0"=40°19'43"

第 3 章 角度測量　　3-19

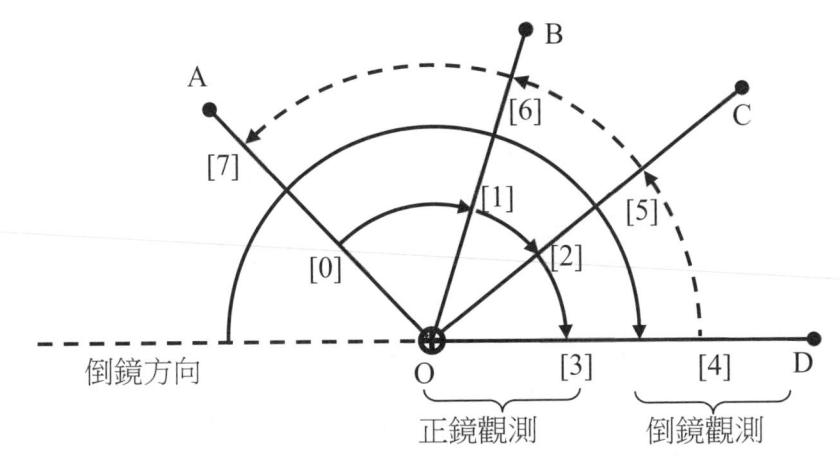

正鏡讀數[0], [1], [2], [3] 分別與倒鏡
讀數[7], [6], [5], [4] 相差 180°

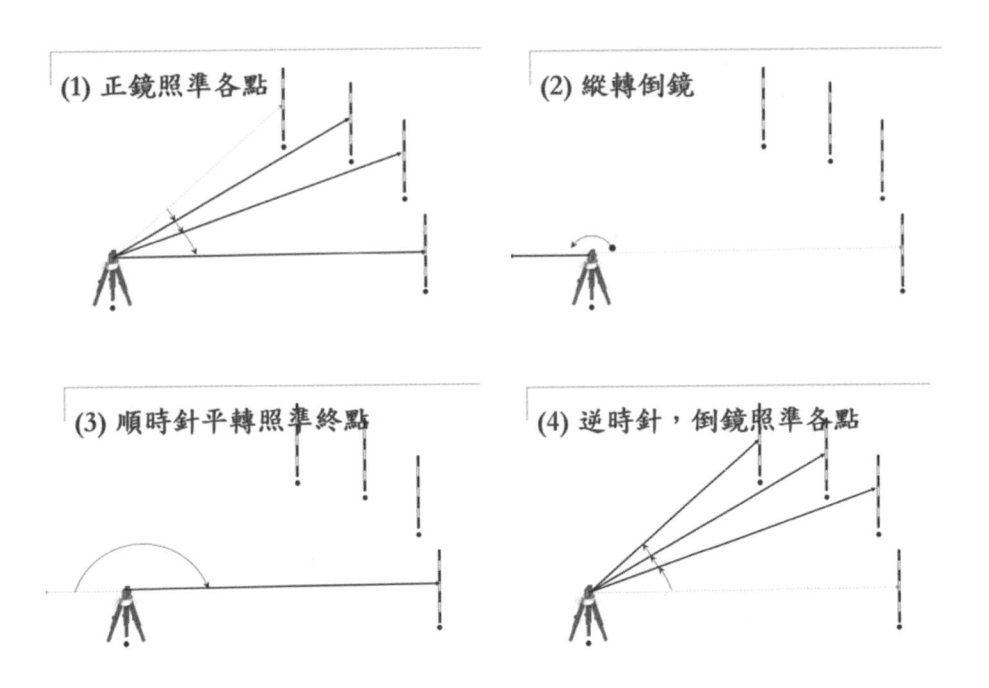

圖 3-9　水平角測量(四)：方向組法

3-6 垂直角測量

經緯儀視準線與水平線在垂直面上所夾的角度稱為垂直角，其用途主要為三角高程測量。視準線在水平線之上者稱為仰角 (Elevation angle)，通常在其讀數前加「+」號表示。視準線在水平線之下者稱為俯角 (Depresslon angle)，在其讀數前加「-」號表示。讀數完畢，應記載儀器高度及瞄準高，以便計算高程(圖 3-10)。垂直角讀數由於度盤刻度方式不同而異，包括 (圖 3-11)：**(1)** 具天頂式度盤者，**(2)** 具全圓式度盤者，**(3)** 具象限式度盤者，分述如下：

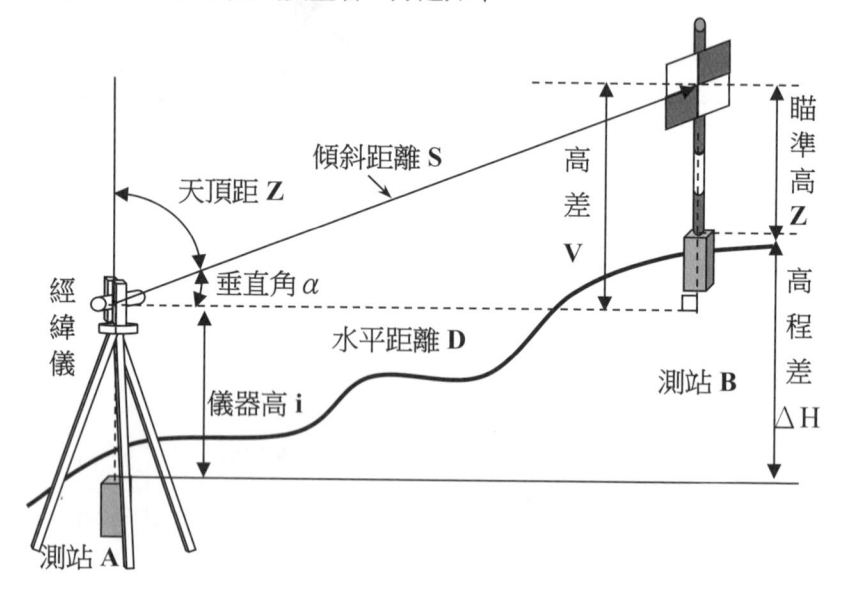

圖 3-10　垂直角(天頂距)測量

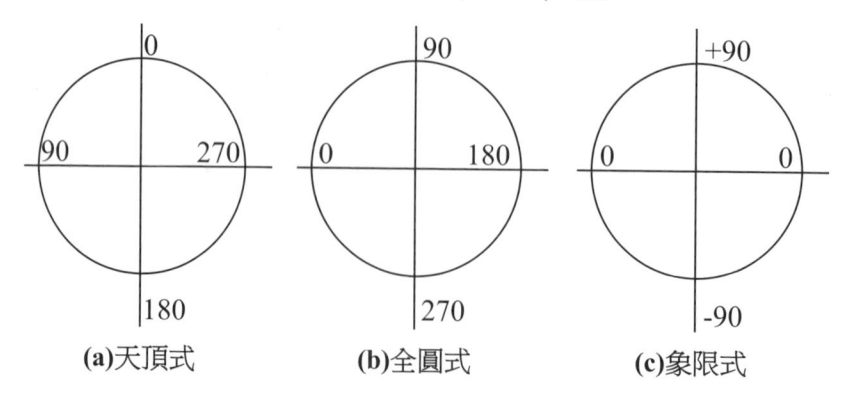

(a)天頂式　　(b)全圓式　　(c)象限式

圖 3-11　垂直度盤

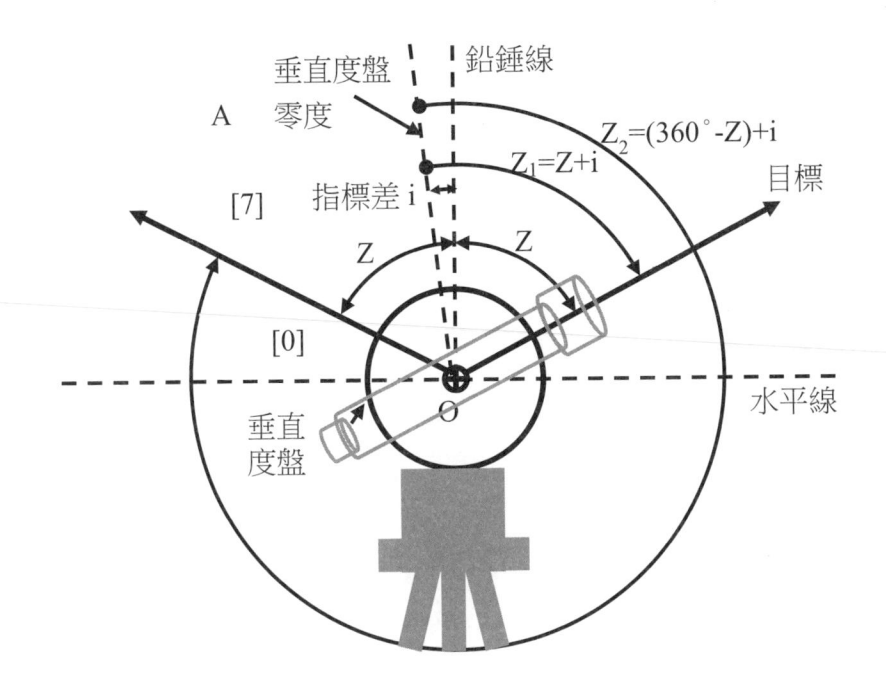

圖 3-12 垂直角計算：具天頂式度盤者

1.具天頂式度盤者

具天頂式度盤者，其垂直角度盤刻度方式如圖 3-12，度盤 0° 讀數在天頂，視準線與天頂間在垂直面上之夾角 Z 稱為天頂距 (Zenith distance)，望遠鏡瞄準目標之垂直角 α=90°-Z。望遠鏡水平時，天頂距讀數為 90°，否則即有指標差 i。如圖 3-12，望遠鏡正鏡觀測目標，其天頂距讀數為

$Z_1 = Z + i$ (3-5 式)

望遠鏡倒鏡呈水平時，天頂距讀數為 270°，此時天頂與水平視準線夾角為 90°，故水平視準線之天頂距應以 360° 減天頂距讀數。如圖 3-12，倒鏡對準同一目標之天頂距則為 360°-Z_2+i，即

$Z_2 = 360° + i - Z$ (3-6 式)

由 (3-5 式) 與 (3-6 式) 得

$$Z = \frac{Z_1 - Z_2}{2} + 180°$$ (3-7 式)

$$i = \frac{Z_1 + Z_2}{2} - 180°$$ (3-8 式)

又垂直角 α=90°-Z，將 (3-7 式) 代入可得

$$\alpha = \frac{Z_2 - Z_1}{2} - 90°$$ (3-9 式)

2.具全圓式度盤者
　仰角時：
　　　正鏡讀數 $\alpha_1 = \alpha - i$ (3-10 式)
　　　倒鏡讀數 $\alpha_2 = 180° - (\alpha + i)$ (3-11 式)

　　由 (3-10 式) 與 (3-11 式) 得

$$\alpha = 90° + \frac{\alpha_1 - \alpha_2}{2}$$ (3-12 式)

$$i = 90° - \frac{\alpha_1 + \alpha_2}{2}$$ (3-13 式)

　俯角時：
　　　正鏡讀數 $\beta_1 = 360° - (\beta + i)$ (3-14 式)
　　　倒鏡讀數 $\beta_2 = 180° + (\beta - i)$ (3-15 式)

　　由 (3-14 式) 與 (3-15 式) 得

$$\beta = 90° - \frac{\beta_1 - \beta_2}{2}$$ (3-16 式)

$$i = 270° - \frac{\beta_1 + \beta_2}{2}$$ (3-17 式)

3.具象限式度盤者
　　　正鏡讀數 $\alpha_1 = \alpha - i$ (3-18 式)
　　　倒鏡讀數 $\alpha_2 = \alpha + i$ (3-19 式)

　　由 (3-18 式) 與 (3-19 式) 得

$$\alpha = \frac{\alpha_1 + \alpha_2}{2}$$ (3-20 式)

$$i = \frac{\alpha_2 - \alpha_1}{2}$$ (3-21 式)

例題 3-3　垂直角測量

(1) 具天頂式度盤者

正鏡天頂距 94°37'25"，倒鏡天頂距 265°22'11"，試求垂直角=?指標差=?

(2) 具全圓式度盤者

正鏡讀數 355°22'35"，倒鏡讀數 184°37'49"，試求垂直角=?指標差=?

(3) 具象限式度盤者

正鏡垂直角 -4°37'25"，倒鏡垂直角 -4°37'49"，試求垂直角=?指標差=?

[解]

(1) 用 (3-9 式) 得垂直角 $\alpha = \dfrac{Z_2 - Z_1}{2} - 90° =$ **-4°37'37"**

用 (3-8 式) 得指標差 $i = \dfrac{Z_1 + Z_2}{2} - 180° =$ **-12"**

(2) 由正鏡讀數知其為俯角

用 (3-16 式) 得垂直角 $\beta = 90° - \dfrac{\beta_1 - \beta_2}{2} =$ **+4°37'37" (俯角)**

用 (3-17 式) 得指標差 $i = 270° - \dfrac{\beta_1 + \beta_2}{2} =$ **-12 "**

(3) 用 (3-20 式) 得垂直角 $\alpha = \dfrac{\alpha_1 + \alpha_2}{2} =$ **-4°37'37"**

用 (3-21 式) 得指標差 $i = \dfrac{\alpha_2 - \alpha_1}{2} =$ **-12"**

　　垂直角之觀測方法如下(圖 **3-13**)：

1. 整置：在測站 **O** 點安置經緯儀，完成定心、定平工作。
2. 正鏡照目標：鬆開上盤及垂直制動螺旋，瞄準觀測點後再行固定，用上盤及垂直微動螺旋與調焦螺旋，使十字絲中心清晰正確對準觀測點，得正鏡讀數。
3. 縱轉：鬆開垂直制動螺旋，縱轉望遠鏡。
4. 倒鏡照目標：鬆開上盤及垂直制動螺旋，瞄準觀測點後再行固定，用上盤及垂直微動螺旋與調焦螺旋，使十字絲中心清晰正確對準觀測點，得倒鏡讀數。
5. 計算：利用正倒鏡讀數計算垂直角。

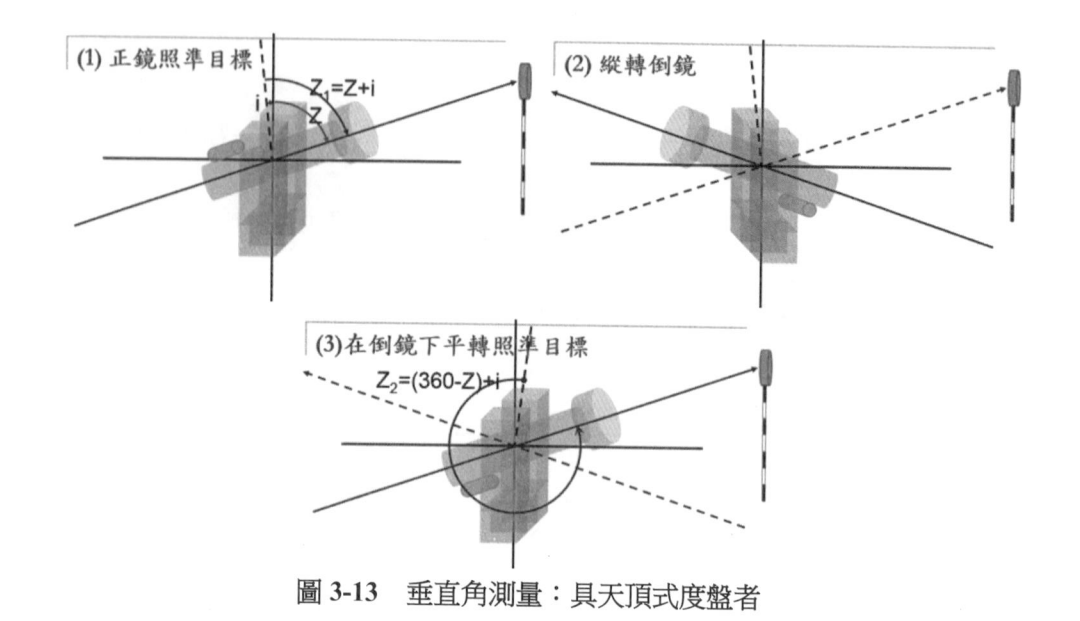

圖 3-13 垂直角測量：具天頂式度盤者

3-7 經緯儀誤差及其消除

經緯儀水平角誤差界限如表 3-2 所示。經緯儀誤差依其來源分述如下三節。

3-7-1 人為誤差

1. 定平誤差：定平不準確，即引起前述直立軸之誤差。應於觀測時將儀器確實定平。對於垂直角差異較大之觀測點，尤須特別注意。

表 3-2 經緯儀水平角誤差界限

導線等級	各觀測值與平均值之差不得超過
一等	4"
二等甲	5"
三等乙	5"
加密控制	5"

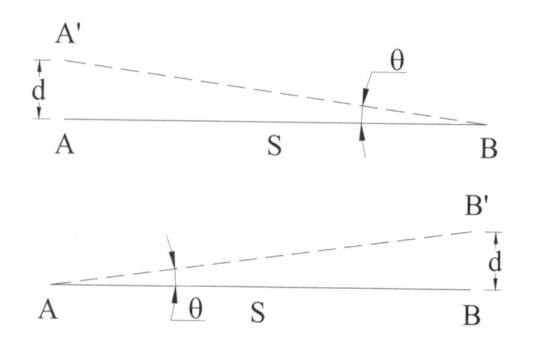

圖 3-14 定心誤差（上圖）與照準誤差（下圖）之影響

2. 定心誤差：定心誤差 d，視線長 S，則最大之測角誤差公式如下(圖 3-14)：

最大之測角誤差 $= \dfrac{d}{S} \cdot 206265''$ **(3-22 式)**

  故定心時偏差 1 公分，照準距離僅 100 公尺，角度誤差可達 21"，如照準距離僅 10 公尺，角度誤差可達 206"，故對於近距離之觀測，其定心應特別小心。

3. 照準誤差：為覘標不垂直，或照準目標不正確而生之誤差。照準誤差所產生之最大測角誤差公式與定心誤差相同，故對於近距離之觀測應特別注意。
4. 讀數誤差：應隨時注意比較正倒鏡讀數，如有不符，應即檢查改正之。

例題 3-4　定心與照準誤差
  設測站距照準點 150 公尺
(1) 定心偏差 0.5 cm，則最大之測角誤差為多少？
(2) 照準點偏差 1 cm，則最大之測角誤差為多少？
[94 年公務員普考]
[解]
(1) 誤差 = (0.005/150)206265" = 7 秒
(2) 誤差 = (0.01/150)206265" = 14 秒

3-7-2　自然誤差

1. 因溫度影響使儀器各部分脹縮不均之誤差。故應避免正午前後觀測，觀測時宜以傘遮蓋儀器，免受太陽直接曝晒。
2. 因風力影響使儀器搖動之誤差。故宜選擇晴朗無風之天氣觀測。
3. 儀器沉陷之誤差。故應在整置儀器時將架腳踏緊，以防下陷。

3-7-3　儀器誤差

  經緯儀之裝置原則，已如前面說明，即經緯儀之四主軸：直立軸、水平軸、視準軸與水準軸等，必須符合一定之基本幾何關係。倘儀器各軸間未能完全符合該等條件，即產生儀器誤差，則所測量之角度亦會有誤差。茲將儀器誤差種類、原因及其消除法，列如表 3-3。

  表 3-3 所列之誤差，除指標差已於 3-6 節闡明外，茲依幾何原理敘述各種誤差對角度之影響，說明如下：

1.視準軸誤差

視準軸誤差　　　　　　　　　水平軸誤差

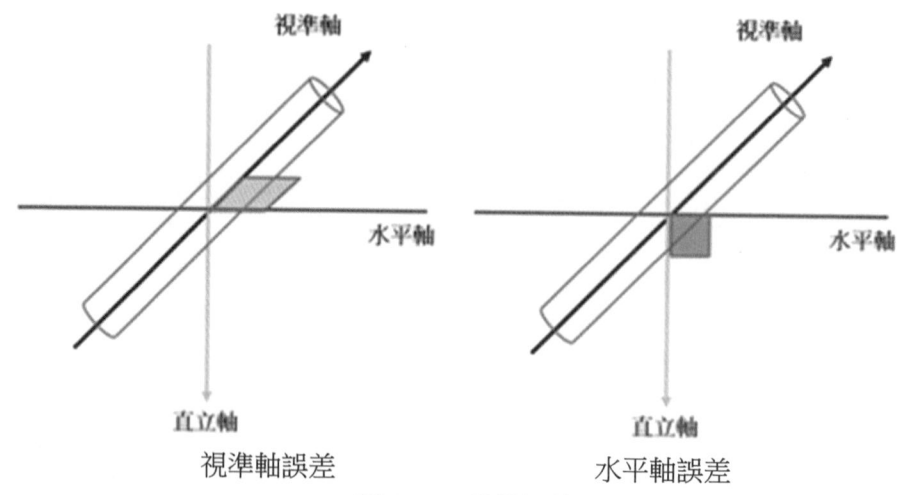

圖 3-15　儀器誤差

表 3-3　經緯儀儀器誤差比較表

種類	原因	觀測時消除方法
視準軸誤差	視準軸不垂直於水平軸	正倒鏡取平均
水平軸誤差	水平軸不垂直於直立軸	正倒鏡取平均
水準軸(直立軸)誤差	水準軸不垂直於直立軸	無法在觀測時消除
視準軸偏心誤差	水平軸、視準軸、直立軸不交於同一點	正倒鏡取平均
度盤偏心誤差	直立軸不通過水平度盤中心	游標經緯儀：二游標取平均；光學經緯儀：自動消除
度盤分劃誤差	度盤分劃不均勻	複測法或方向組法
十字絲偏斜誤差	十字絲環偏斜	正倒鏡取平均
指標差	垂直度盤指標偏差	正倒鏡取平均

視準軸不與水平軸垂直，則望遠鏡縱轉時，視線之傾斜角大者，其影響水平角之誤差亦大。設該經緯儀之水平軸已水平，直立軸已垂直，而僅有視準軸誤差，其與水平軸成 90°-C 角，此 C 角即為視準軸誤差，其對水平角之影響為

$$\Delta C = C(\sec(h) - \sec(h')) \tag{3-23 式}$$

其中 h 與 h' 為此水平角二邊視線之垂直角。

若 h'=h，則 $\Delta C = 0$，由此知當一水平角之兩測線等高時，視準軸之誤差對水平角並無影響；同時，若正倒鏡觀測取其平均值，即可消除視準軸誤差之影響。

視準軸誤差公式證明

如圖 **3-16**，假設 **AA'** 為鉛錘線，當儀器無誤差時，先照準 **A** 點，然後繞著水平軸旋轉應該掃瞄出一條鉛錘線，故應該看到 **A'** 點。當視準軸有誤差 C 時，照準的將不是 **A** 點，而是偏移了夾角 C，因此照準 **B** 點，然後繞著水平軸旋轉仍會掃瞄出一條鉛錘線，故應該看到 **B'** 點。因此

$A'B' = AB$　　(1)

(1) 由 **OAB** 三角形可知　$AB = OA \tan C$　　(2)
其中 C 為視準軸誤差。

(2) 由 **OA'B'** 三角形可知　$A'B' = OA' \tan \Delta C$
其中 ΔC 為由視準軸誤差引發的水平角誤差。

由 **OAA'** 三角形可知　$OA' = OA \cos(h)$

故　$A'B' = OA \cos(h) \tan \Delta C$　　(3)

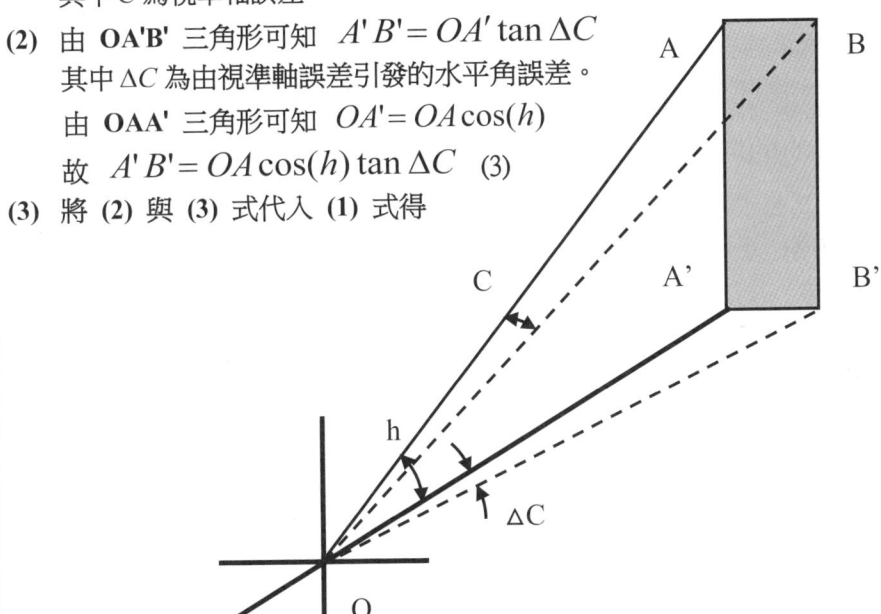

(3) 將 **(2)** 與 **(3)** 式代入 **(1)** 式得

圖 **3-16** 準軸誤差公式證明

$OA \cos(h) \tan \Delta C = OA \tan C$

$\tan \Delta C = \dfrac{\tan C}{\cos(h)} = \sec(h) \tan C$

因 $\theta \to 0$ 時 $\tan \theta \approx \theta$
由於 C 與 ΔC 都是很小的角度，故 $\Delta C = C \cdot \sec(h)$

> **簡易證明法**
>
> 視準軸誤差　$C \approx \tan C = \frac{AB}{OA}$　　(a)
>
> 由視準軸誤差引發的水平角誤差　$\Delta C \approx \tan \Delta C = \frac{A'B'}{OA'}$　　(b)
>
> 因為A'B'= AB，由(a)可知AB=OA×C，故A'B'=OA×C 代入(b)得
>
> 故 $\Delta C \approx \frac{1}{OA'} \times (OA \times C) = \frac{OA}{OA'} \times C = \sec(h) \times C$

2.水平軸誤差

　　水平軸未與直立軸垂直，即水平軸不水平，此時視準軸繞水平軸旋轉成一斜面，其影響水平角之誤差與視線高低而增減。如觀測點同高，則所受影響之誤差相同。設視準軸已與水平軸垂直，且直立軸亦處垂直位置，僅水平軸不水平，其與直立軸成 90° – I 角，此 I 角即為水平軸誤差，其對水平角之影響為

$$\Delta I = I\,(\tan(h)-\tan(h'))\tag{3-24 式}$$

其中 h 與 h' 為此水平角二邊視線之垂直角。

　若 h'=h，則 ΔI =0，由此知當一水平角之兩測線等高時，視準軸之誤差對水平角並無影響；同時，若正倒鏡觀測取其平均值，可消除視準軸誤差之影響。

> **水平軸誤差公式證明**
>
> 　　如圖3-17，假設AA' 為鉛錘線，當儀器無誤差時，先照準A點，然後繞著水平軸旋轉應該掃瞄出一條鉛錘線，故應該看到A' 點。當水平軸有誤差 I 時，例如圖中虛線，繞著水平軸旋轉掃瞄出的直線不再是鉛錘線，而是與鉛錘線有夾角 I 的斜線AB'，當掃瞄到水平面時，將看到B' 點。
>
> (1) 由 AA'B' 三角形可知　$A'B' = AA'\tan I$
>
> 　　其中 I 為水平軸誤差。
>
> 　　由OAA' 三角形可知　$AA' = OA\sin(h)$
>
> 　　故　$A'B' = OA\sin(h)\tan I$
>
> (2) 由 OA'B' 三角形可知　$A'B' = OA'\tan \Delta I$
>
> 　　其中 ΔI 為由水平軸誤差引發的水平角誤差。
>
> 　　由 OAA' 三角形可知　$OA' = OA\cos(h)$
>
> 　　故　$A'B' = OA\cos(h)\tan \Delta I$

(3) 由 **(1)** 與 **(2)** 之 $A'B'$ 公式合併得

$$OA\cos(h)\tan\Delta I = OA\sin(h)\tan I$$

故 $\tan\Delta I = \dfrac{\sin(h)\tan I}{\cos(h)} = \tan(h)\tan I$

因為 I 與 ΔI 都是很小的角度，故
$\Delta I = I \cdot \tan(h)$

圖 3-17 水平軸誤差公式證明

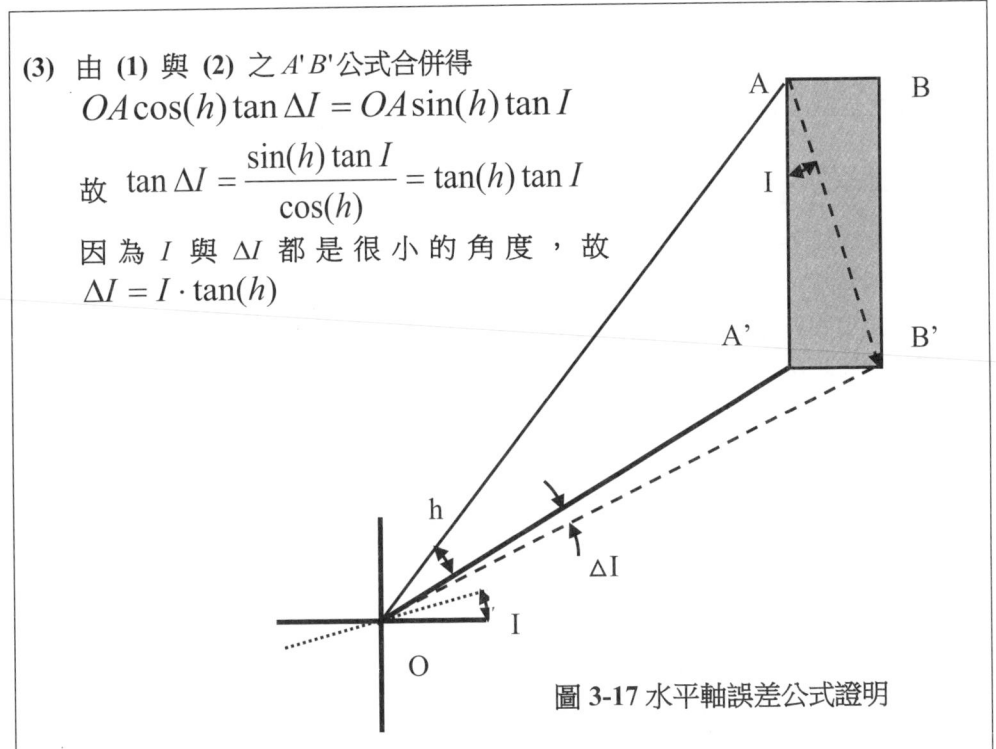

簡易證明法

水平軸誤差　　$I \approx \tan I = \dfrac{A'B'}{AA'}$ 　　**(a)**

由水平軸誤差引發的水平角誤差　　$\Delta I \approx \tan\Delta I = \dfrac{A'B'}{OA'}$ 　　**(b)**

由**(a)**可知 $A'B' = AA' \times I$ 代入**(b)**得

故 $\Delta I \approx \dfrac{1}{OA'} \times (AA' \times I) = \dfrac{AA'}{OA'} \times I = \boldsymbol{tan(h) \times I}$

3.直立軸誤差

　　直立軸未處於垂直位置，即盤面不水平，此時視準軸上下仰俯而成一斜面，由此所生誤差對於水平角之影響，不僅因視線之高低而不同，並隨觀測方向而變異。直立軸誤差 V 對水平角之影響ΔV 為

$$\Delta V = V(\sin u'\tan(h)' - \sin u\tan(h))$$

其中 h 與 h' 為此水平角二邊視線之垂直角。u 與 u' 為水平角二邊視線 (視準軸方向) 與直立軸傾斜方向的相對角度。直立軸誤差之影響，不能藉正倒鏡觀測平均

消除之，故觀測水平角時，須注意調整儀器水平，以減少誤差。現代的電子經緯儀因可裝電子傾斜感應器，一方面在縱角觀測時提供指標基準，另一方面在水平角觀測時可加直立軸傾斜改正。

直立軸誤差公式證明

(1) 當視線 (視準軸方向) 與直立軸傾斜方向為同方向或反方向時，則雖然直立軸有誤差 V，只會造成水平軸繞自己旋轉，因此對水平角無影響 (圖 3-18)。

(2) 但當視線與直立軸傾斜方向垂直時，則直立軸誤差會造成水平軸繞視準軸旋轉，因此產生水平軸與水平面有大小也是 V 的翹曲 (圖 3-19)。這對水平角造成的影響同水平軸誤差，故公式相似，即

$$\Delta V = V \tan(h)$$

(3) 顯然直立軸引起的水平軸誤差與視線 (視準軸方向) 與直立軸傾斜方向的相對關係有關，令 u 為視線與直立軸傾斜方向的相對角度，當視線與直立軸傾斜方向為同方向時，此角度為 **0** 度；當視線與直立軸傾斜方向為垂直時，此角度為 **90** 度。假設直立軸傾斜 **V**，則會造成水平度盤也傾斜 **V**，如圖 3-20。圖中 **OA** 為直立軸傾斜方向，**OC** 為視線 (視準軸方向)，**C** 點為視準軸方向的傾斜後的水平度盤邊緣點，**R** 為水平度盤半徑，**B** 為 **C** 在水平面上的投影點，視線與直立軸傾斜方向的相對角度 $\angle AOB = u$，則

由 **OBC** 三角形可知
$BC = OC \sin V' = R \sin V'$　　**(1)**

由 **ABC** 三角形可知　　$BC = AB \tan V$　　**(2)**

由 **OAC** 三角形可知　　$AB = OC \sin \angle AOC = R \sin \angle AOC$　　**(3)**

因為 V 很小，故　$\angle AOC \approx \angle AOB = u$　　**(4)**

將上式代入 **(3)** 得　　$AB = R \sin u$　　**(5)**

將上式代入 **(2)** 得　$BC = R \sin u \tan V$　　**(6)**

比較 **(1)** 與 **(6)** 式得　　$R \sin V' = R \sin u \tan V$　　**(7)**

故　$\sin V' = \sin u \tan V$　　**(8)**

因為 V 與 V' 都很小，故　$V' = V \sin u$　　**(9)**

因為水平度盤傾斜 V' 即水平軸之傾角，這對水平角造成的影響同水平軸誤差，故公式相似，即　$\Delta V = V' \tan(h)$　　**(10)**

將 **(9)** 式代入上式得　　$\Delta V = V \sin u \tan(h)$

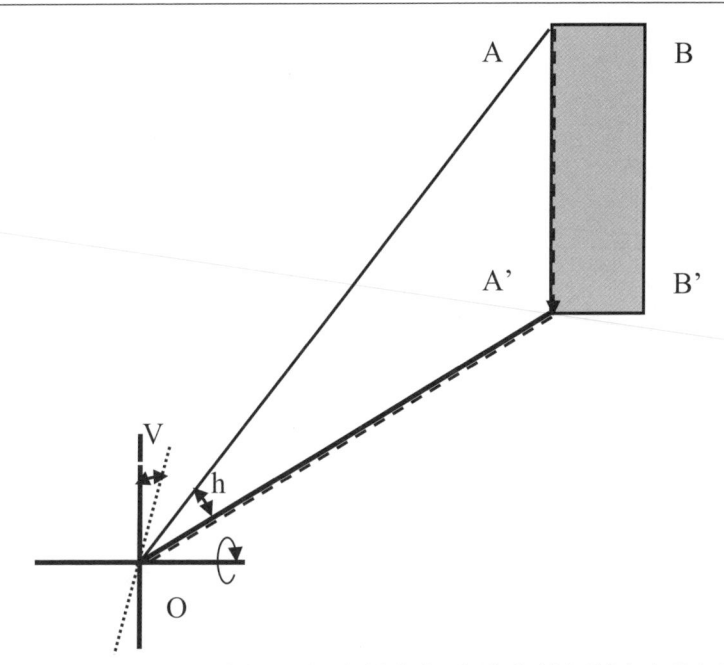

圖 3-18 直立軸誤差：當視線(視準軸方向)與直立軸傾斜方向為同方向時

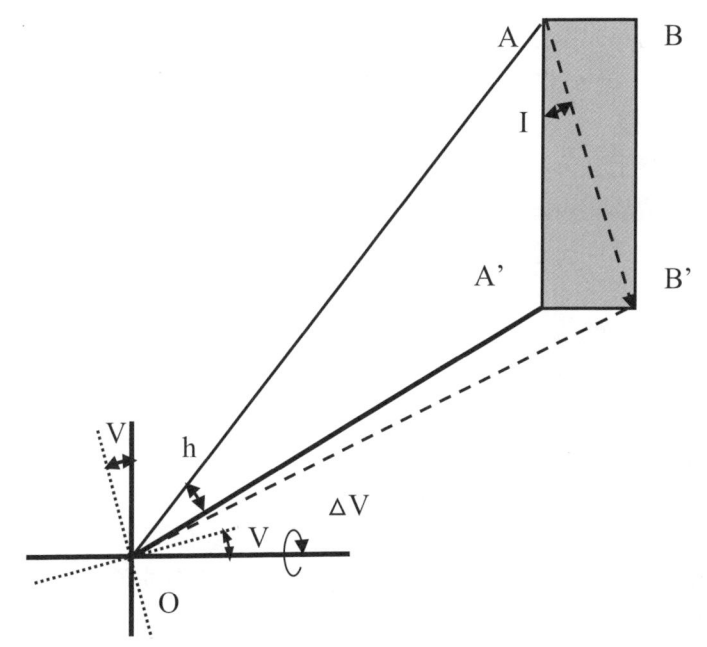

圖 3-19 直立軸誤差：當視線 (視準軸方向) 與直立軸傾斜方向為垂直方向時

圖 3-20　直立軸誤差：當視線 (視準軸方向) 與直立軸傾斜方向夾角為 u 時

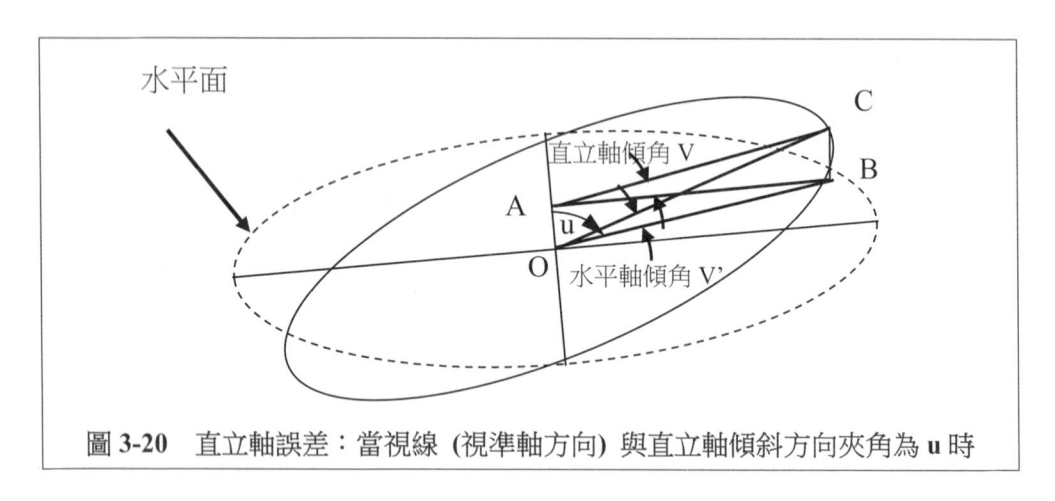

4.視準軸偏心之誤差

如前述，視準軸應與水平軸垂直，然若視準軸不在直立軸之中心延長線上時，視準軸乃有偏心之誤差。正倒鏡觀測取其平均值，即可消除此誤差。

5.上盤偏心之誤差

上盤之直立軸因製造上不夠精密或日久磨損，而其中心未與水平度盤之中心相符時，有偏心誤差讀數產生。若儀器設有二相對之游標可分別讀取平均值，以取消上盤偏心之誤差；若為光學符合讀數經緯儀，讀數前必須調整測微符合螺旋使相差 180° 刻劃線成像在一起，如此即可消除上盤偏心之影響。

6.水平度盤刻劃之誤差

經緯儀水平度盤上之分劃，不論其刻劃之機械如何精密，分劃之間隔無法完全均勻一致，此種刻度誤差可區分為週期誤差及偶然誤差兩種情形。因全圓周角之和為常數，一部分之正週期誤差必為其它部分之負週期誤差所抵消。惟偶然誤差並無一定之規律，無法完全消除。其對觀測之影響，可以方向組法或複測法藉變換度盤位置施測，而採取多次觀測之平均值，則此誤差可被減小。變換度盤之次數愈多，讀數結果受刻劃誤差之影響亦愈小。

3-8　經緯儀校正

經緯儀各主軸之間，必須符合一定之幾何條件，乃能使測量之結果正確無誤。儀器之是否符合各項幾何條件，須施以檢點，始能發現。若有誤差，應即加以校正。

1.視準軸之檢點與校正

其校正之目的在使視準軸垂直於水平軸，亦即當望遠鏡上下仰俯或正倒鏡時，視準線劃成一垂直平面。

(1) 檢點 (圖 3-21)

儀器架設於 O 點，正鏡瞄準遠方約與儀器等高之 A 點，讀取水平度盤讀數；倒鏡再瞄準 A 點並讀數。如視準軸垂直於水平軸，則正倒鏡讀數應相差 **180°**，否則其與 **180°** 之差數，即為誤差之二倍，應予校正。這是因為當視準軸不垂直於水平軸，夾角為 **90+**θ，則視準軸繞水平軸縱轉後，夾角仍為 **90+**θ，故倒鏡再瞄準 A 點時角度為 **90+**θ **+90+**θ **=180+2**θ，故此值與 180 之差數為誤差之二倍。

(2) 校正

- **(a)** 取正倒鏡讀數平均值。
- **(b)** 以水平微動螺旋使讀數恰為與平均值相同之數值。
- **(c)** 此時視準線不復照準 A 點，調整十字絲校正螺旋，使十字絲中心瞄準 A 點，然後上緊校正螺旋。
- **(d)** 再重複檢點與校正，直到完善為止。

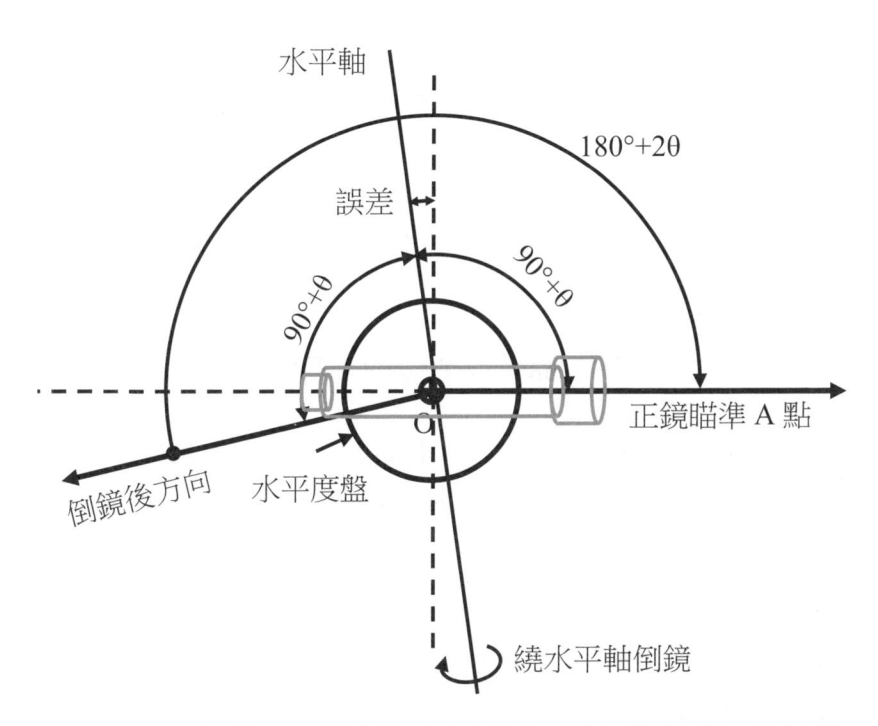

圖 3-21　經緯儀校正：視準軸不垂直於水平軸之檢點與校正之原理

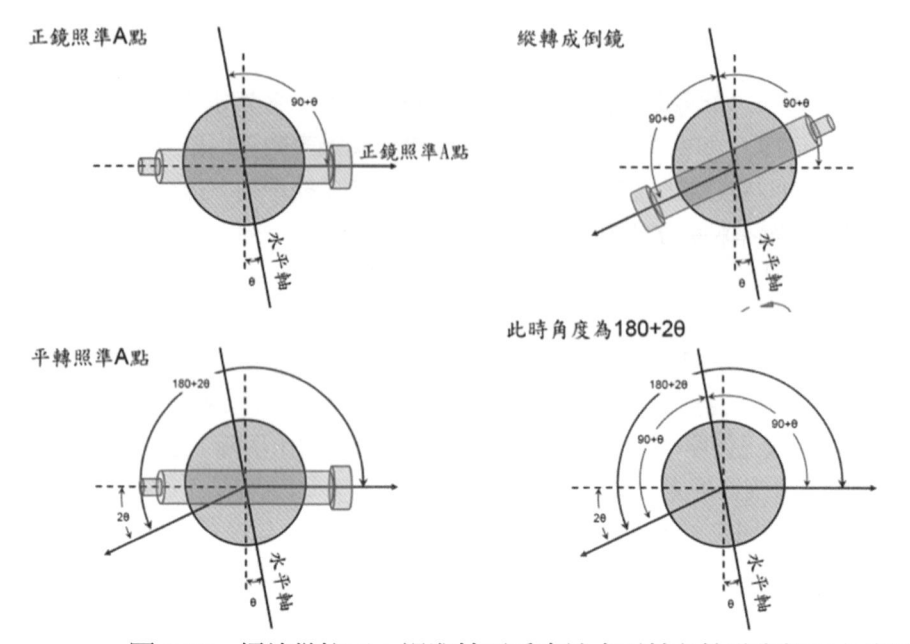

圖 3-22　經緯儀校正：視準軸不垂直於水平軸之檢點與校正之步驟

2.水平軸之檢點與校正

其目的在使水平軸垂直於直立軸。新式精密經緯儀之結構較嚴密者,並無水平軸校正螺旋之設置,故無須此項之校正,但可以跨立水準管定出水平軸誤差。其校正之方法為：

(1) 檢點 (圖 3-23 與 3-24)
　(a) 儀器安置水平後,瞄準高處一點 P,固定上下盤,使望遠鏡俯視低處,定出一點 D。
　(b) 縱轉望遠鏡後,再仰視瞄準 P 點,固定上下盤,將望遠鏡俯視。
　(c) 若仍瞄準到 D 點,則儀器水平軸與直立軸垂直。否則瞄準另定一點 F,即有誤差,需行校正。

(2) 校正
　(a) 量取 DF 之中點 E。
　(b) 調整水平軸一端與支架相連之校正螺旋,使水平軸升高或降低,直到視準軸仰俯時均通過 P 點及 E 點為止。

第 3 章 角度測量　　3-35

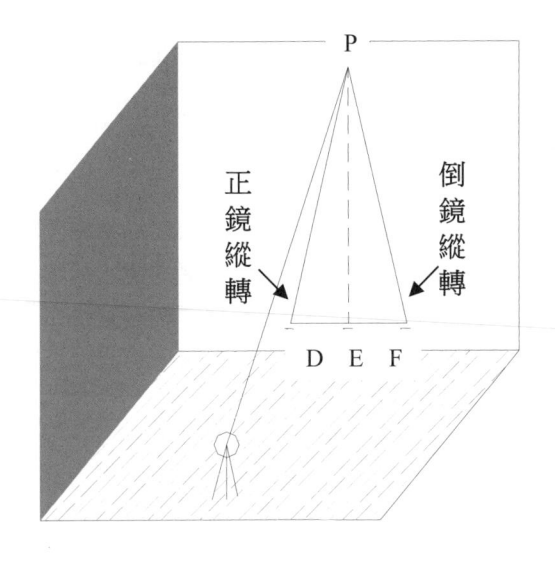

圖 3-23　經緯儀校正：水平軸不垂直於直立軸之檢點與校正之原理

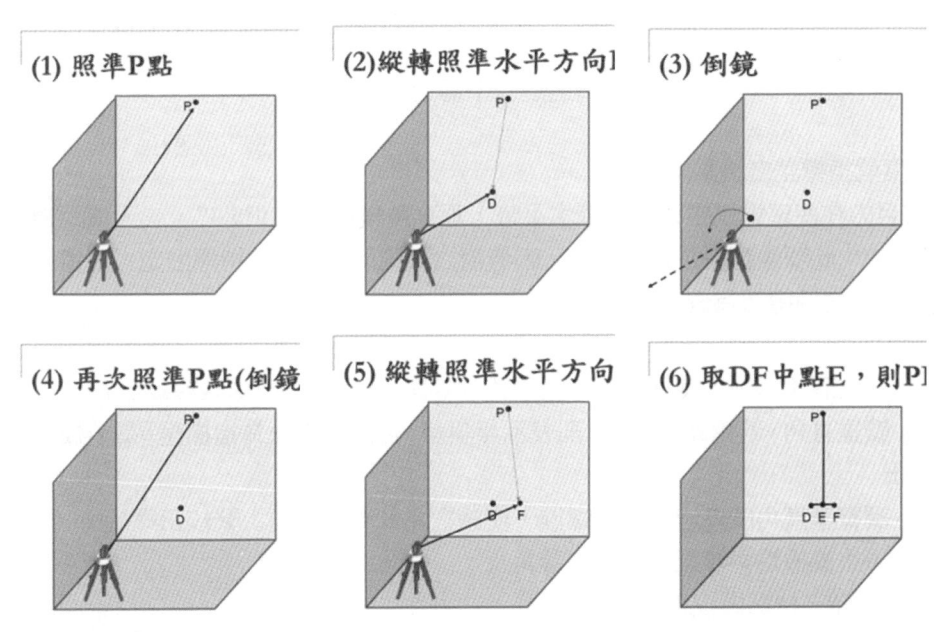

(1) 照準P點
(2) 縱轉照準水平方向
(3) 倒鏡
(4) 再次照準P點(倒鏡)
(5) 縱轉照準水平方向
(6) 取DF中點E，則P

圖 3-24　經緯儀校正：水平軸不垂直於直立軸之檢點與校正之步驟

3.水平度盤水準器之檢點與校正

　　校正之目的在於水平度盤之水準器其水準軸須與儀器之直立軸相垂直。

(1) 檢點：同水準儀之半半改正法。

(2) 校正：同水準儀之半半改正法。

4.望遠鏡水準器之檢點與校正

　　此項校正係使望遠鏡之視準軸與望遠鏡水準器之水準軸互相平行。望遠鏡水準器之功能是用來檢查垂直度盤是否有指標差，當望遠鏡水準器之氣泡居中時，如果視準軸與望遠鏡水準器之水準軸互相平行，則視準軸必定也水平，此時垂直角讀數不是 **0** 度就表示垂直度盤有指標差。

(1) 檢點：同水準儀之定樁法。

(2) 校正：同水準儀之定樁法。

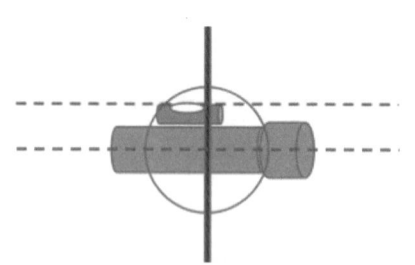

圖 3-25　望遠鏡水準器之檢點與校正

5.垂直度盤指標差之檢點與校正

　　其目的在使望遠鏡視準軸正確水平時，垂直角讀數適為 **0°0'0"**，或天頂距讀數為 **90°0'0"**。此項檢點與校正之方法，因儀器之不同而異。以「指標固定，望遠鏡附有水準器」之經緯儀為例：

(1) 檢點
　　(a) 儀器調整水平，旋轉垂直制動與微動螺旋，使望遠鏡水準器氣泡居中。
　　(b) 讀垂直角，若適為 **0°0'0"**，則表示無誤差，否則其讀數為指標差，須予校正。

(2) 校正
　　(a) 調整垂直角度盤游標校正螺旋，使讀數為 **0°0'0"**，再上緊校正螺旋。
　　(b) 再重複檢點與校正，直到完善為止。

6.光學對點器之檢點與校正

　　其目的在使光學對點器之視線與直立軸重合 (圖 **3-26** 與 **3-27**)：

(1) 檢點：

(a) 將儀器定平後,置一白色厚紙固定於儀器下方,用對點器指揮在紙上標誌一記號,使位於對點器視場圓圈中心,得 a。
(b) 固定下盤,轉動上盤,每轉 1/4 轉,同法在紙上標誌一記號,得 b, c, d。
(c) 旋準一圈後,如果紙上的四個記號點 a, b, c, d 重合或半徑極小,則不需改正,否則即須校正。

(2) 校正:
(a) 連 ac 及 bd 得交點 P。
(b) 調整光學對點器之四個校正螺旋,使對點器圓圈中心與 P 點重合。
(c) 再重複檢點與校正,直到完善為止。

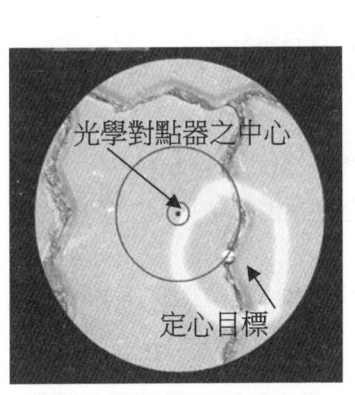

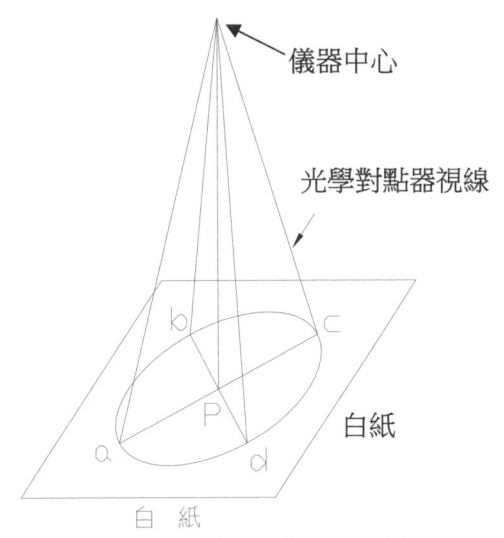

圖 3-26　經緯儀校正:光學對點器之檢點與校正之原理

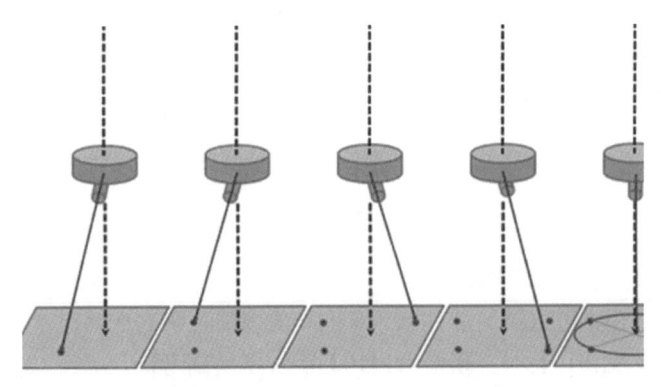

圖 3-27　經緯儀校正:光學對點器之檢點與校正之步驟

3-9 本章摘要

1. 經緯儀主要軸有：直立軸 VV、水平軸 HH、視準軸 SS、水準軸 LL。
2. 經緯儀基本幾何關係為：
   (1) 水準軸應垂直於直立軸 (LL⊥VV)。
   (2) 水平軸應垂直於直立軸 (HH⊥VV)。
   (3) 視準軸應垂直於水平軸 (SS⊥HH)。
   (4) 水平軸、視準軸、直立軸交於同一點。
   (5) 直立軸通過水平度盤中心。
3. 經緯儀測量作業名詞定義：參考第 3-4-1 節。
4. 經緯儀之安置：(1) 定心 (2) 定平。
5. 水平角測量：(1) 單角法 (2) 複測法 (3) 偏角法 (4) 方向組法。
6. 垂直角測量：(1) 具天頂式度盤者 (2) 具全圓式度盤者 (3) 具象限式度盤者。
7. 經緯儀誤差及其消除：
   A. 人為誤差：(1) 定平誤差 (2) 定心誤差 (3) 照準誤差 (4) 讀數誤差。
   B. 自然誤差：(1) 因溫度影響使儀器各部分脹縮不均之誤差 (2) 因風力影響使儀器搖動之誤差 (3) 儀器沉陷之誤差。
   C. 儀器誤差：(1) 視準軸誤差 (2) 水平軸誤差 (3) 水準軸 (直立軸) 誤差 (4) 視準軸偏心誤差 (5) 度盤偏心誤差 (6) 度盤分劃誤差 (7) 指標差。
8. 經緯儀校正：
   (1) 視準軸之檢點與校正；
   (2) 水平軸之檢點與校正；
   (3) 水平度盤水準器之檢點與校正；
   (4) 望遠鏡水準器之檢點與校正；
   (5) 垂直度盤指標差之檢點與校正；
   (6) 光學對點器之檢點與校正。

習題

3-2 經緯儀構造 ~ 3-4 經緯儀操作

(1) 經緯儀之四主軸間應滿足那些幾何條件?試繪圖說明之。[82 土木公務普考][81 丙等基層特考][81 土木公務普考] [103 年公務員高考]
(2) 試述經緯儀之分類?

(3) 何謂縱轉望遠鏡 (plunging the telescope)?
[解] (1) 見 3-2 節。**(2)** 見 3-3 節。**(3)** 見 3-4 節

3-5 水平角測量

水平角測量
同例題 3-1，但數據改成 [102 年公務員普考]

正鏡	C	0°0'10"
正鏡	B	224°37'24"
倒鏡	C	180°0'12"
倒鏡	B	44°37'18"

[解] 224°37'10"

何謂三倍角複測法? [82 土木技師]
[解] 見 3-5 節。即 3 測回得 3 倍角之複測法。

方向組法
同例題 3-2，但數據改成：

A	0°0'15"	180°0'10"
B	50°1'30"	230°1'25"
C	90°1'16"	270°1'18"
D	130°20'35"	310°21'25"

[解]

	(正鏡)	(倒鏡)	(正倒鏡平均)	(歸零改正後之值)
A	0°0'10"	180°0'10"	0°0'12.5"	0°0'0"
B	50°1'20"	230°1'15"	50°1'27.5"	50°1'15"
C	90°1'10"	270°1'10"	90°1'17"	90°1'4.5"
D	130°20'30"	310°21'15"	130°21'0"	130°20'47.5"

∠AOB=B 改正後值 − A 改正後值 =50°1'15"-0°0'0"=50°1'15"
∠BOC=C 改正後值 − B 改正後值 =90°1'4.5"-50°1'15"=39°59'49.5"
∠COD=D 改正後值 − C 改正後值 =130°20'47.5" − 90°1'4.5"=40°19'43"

觀測水平角之 (1) 單角法 (2) 複測法 (3) 偏角法 (4) 方向組法之測量步驟，以及優缺點？
[解] 見 3-5 節。

3-6 垂直角測量

垂直角測量
同例題 3-3，但數據改成：
(1) 具天頂式度盤者：正鏡天頂距 87°34'32"，倒鏡天頂距 272°25'2"
(2) 具全圓式度盤者：正鏡垂直角 2°25'28"，倒鏡垂直角 177°34'58"
(3) 具象限式度盤者：正鏡垂直角 2°25'28"，倒鏡垂直角 2°25'2"
[解]
(1) 垂直角= 2°25'15"，指標差= -13"
(2) 垂直角= 2°25'15"，指標差= -13"
(3) 垂直角= 2°25'15"，指標差= -13"

以經緯儀施測仰角，正鏡為 30°15'58"，倒鏡為 30°16'16"。
(1) 求其仰角為若干？ (2) 若施測時未使用倒鏡，並測得仰角為 42°5'20"，其誤差值為多少？ (3) 正確之仰角為多少？
[解]
由數據來看本儀器應屬具象限式度盤者，故
(1) 由(3-20 式)　仰角 = (倒鏡仰角 + 正鏡仰角)/2 = 30°16'7"
(2) 由(3-21 式)　指標差 = (倒鏡仰角 − 正鏡仰角)/2 = +9"
(3) 由(3-18 式)　正確之仰角= 正鏡仰角+指標差 = 42°5'29"

何謂指標差？ [解] 望遠鏡水平時，天頂距讀數為 90°，否則即有指標差。

3-7 經緯儀誤差及其消除

導線水平角測量常以規標為觀測目標，今如圖示導線施測完後，始發現用於後視之規標中心與對點中心偏離約 2 公分，假設導線點間之距離各約 100 m，試說明此導線可能產生之水平角誤差有多少？

[解] 最大之測角誤差 $= \dfrac{d}{S} \cdot 206265" $ =(0.02 m/100 m)206265"=41"

試述下列經緯儀儀器誤差之原因? 消除方法? 哪些可用正倒鏡法消除?
　　(a) 視準軸誤差　　(b) 水平軸誤差　　(c) 水準軸 (直立軸) 誤差
　　(d) 視準軸偏心誤差 (e) 度盤偏心誤差　(f) 度盤分劃誤差
　　(g) 指標差
[92 年公務員高考] [94 公務員高考] [97 土木技師] [103 年公務員高考]
[解] (1) 見 3-7 節。 (2) 見 3-7 節。 (3) (a)(b)(d)(g)

(1) 操作經緯儀進行水平角觀測時，吾人皆以正、倒鏡的方式測得水平角，此目的為何？[93 年公務員普考]
(2) 增加測回數獲得兩個以上的觀測水平角，再求其平均值，此目的又為何？[93 年公務員普考]
(3) 從偶然誤差、系統誤差及錯誤等三個因素說明為何使用經緯儀測量水平角時做正倒鏡觀測。[84 土木技師]
[解]
(1) 正倒鏡觀測可
　　(a) 消除許多系統誤差 (視準軸誤差、水平軸誤差、視準軸偏心誤差)
　　(b) 減少偶然誤差 (因為正倒鏡各得一個水平角)
　　(c) 發現錯誤 (因為正倒鏡各得一個水平角)
(2) 增加測回數可
　　(a) 減少偶然誤差
　　(b) 發現錯誤
(3) 同(1)

(1) 經緯儀之視準軸誤差為 C，二視線之垂直角為 h 與 h'，試問水平角誤差？
(2) 經緯儀之水平軸誤差為 I，二視線之垂直角為 h 與 h'，試問水平角誤差？
[解] (1) $\Delta C = C(\sec(h) - \sec(h'))$　(2) $\Delta I = I(\tan(h) - \tan(h'))$　(詳見 3-7 節)

經緯儀正倒鏡觀測可以消除數種誤差，請以文字說明並配合公式推導及舉例探討各項誤差與觀測方向之高度角（縱角）間關係。[101 土木技師]
[解]
經緯儀正倒鏡觀測可以消除以下誤差
(a) 視準軸誤差 $\Delta C = C(\sec(h) - \sec(h'))$ 因此高度角相等時，其誤差不影響水平角。

(b) 水平軸誤差 $\Delta I = I(\tan(h)-\tan(h'))$ 因此高度角相等時，其誤差不影響水平角。
(d) 視準軸偏心誤差
(g) 指標差

3-8 經緯儀校正

(1) 影響水平角觀測結果之經緯儀儀器誤差有哪些？
(2) 哪些經緯儀儀器誤差可實施校正？則其校正方法如何？
(3) 又哪些儀器誤差不能校正者，則說明使用何種觀測法，藉以消除之。
[解] (1)(2)(3)見 3-8 節。

(1) 試述如何檢定經緯儀之視準軸是否垂直於水平軸？又如何校正此項儀器誤差？**[80 土木技師高考]**
(2) 試說明半半改正法改正之目的在使儀器之何二軸關係正常，並請舉經緯儀為例，說明作業方法。**[97 土木技師]**
(3) 光學對點器如何檢點校正？
[解] (1)(2)(3)見 3-8 節。

第 4 章　距離測量

4-1　本章提示
4-2　電子測距儀測量原理
4-3　電子測距儀測量方法
　　4-3-1　電子測距儀之物理原理
　　4-3-2　電子測距儀之幾何原理
　　4-3-3　電子測距儀之操作方法
4-4　電子測距儀測量誤差
　　4-4-1　儀器誤差
　　4-4-2　人為誤差
　　4-4-3　自然誤差
4-5　電子測距儀測量精度
4-6　本章摘要

4-1　本章提示

測定兩點間的水平距離，稱為距離測量 (Distance measurement)。以其應用目的之不同，其要求之精度互異，如表 4-1 所示。

表 4-1　距離測量之要求精度

導線等級		邊長測量標準誤差
基本控制測量	一等	1/600,000
	二等甲	1/300,000
	二等乙	1/120,000
加密控制測量		1/60,000

一般量距之方法，可分為直接距離測量與間接距離測量兩種：

1.直接距離測量
(1) 電子測距儀測量 (Electromagnetic distance measurement, EDM)：利用電磁波

或光波於空間傳播之一定速度，應用不同之電子處理以測定兩點間距離之測量稱之。為現代距離測量的主要方法。

(2) 捲尺測量 (Tape surveying)：使用捲尺丈量距離之測量稱為捲尺測量。

2. 間接距離測量

係用儀器測量點與點間之相關角度或視距，以求算其距離。

捲尺測量與間接距離測量已經很少使用，本章主要論述電子測距儀測量。

4-2　電子測距儀測量原理

電磁波 (或光波) 在大氣中成直線進行，且其傳播速率固定。依此特性，根據電磁波在兩地間傳送所需之時間，以量度此二點間之距離之測量方法稱為電子距離測量。當其往返二測站，如能測定其傳播時間 ΔT，即可得兩測站間傾斜距離 (直線距離) S (圖 4-1)：

$$\text{傾斜距離}\quad S = \frac{1}{2}\frac{C}{n}\cdot \Delta T \qquad\qquad (4\text{-}1\ \text{式})$$

式中

$C = 299{,}792.5$ km/sec 為電磁波在真空中標準傳播速度。

$n =$ 大氣折射率，約 **1.0001-1.0005**，與大氣壓力及溫度有關，由觀測時氣象因素計算而得。

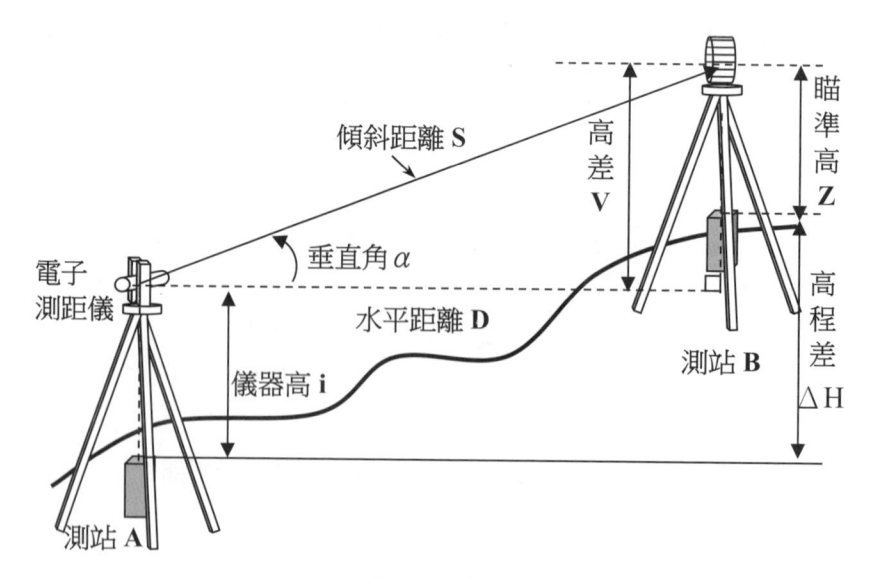

圖 4-1　電子測距儀測量原理

電子測距儀常用者有二類 (圖 4-2)：

1. 光電測距儀 (electro-optical instrument)

　　光電測距儀係應用可見光，如雷射、紅外線等極高頻率之電磁波為載波，儀器本身包含發射及接收系統，並於測線之他端設置反射稜鏡。光源發出之光線由發射器傳播至對方之反射稜鏡後，再反射回接收器，並利用相位比較之原理，以求其間之距離。光線由發射至接收所行經之距離為所測距離雙倍之行程。此類儀器常用於數公里以內之較短距離，因測距之精度極高，工程測量上常採用之。光電測距儀又可分成：

(1) 紅外線測距儀：此種測距儀採用紅外線波段，最大測程可達 **2 km**，觀測時測線須完全通視，儀器較為輕巧，自動化程度高，適於短程測距，運用最為普遍。

(2) 雷射測距儀：此種測距儀採用紅色可見光，最大測程可達 **10 km**，適於短中程測距。

2. 微波測距儀 (microwave instrument)

　　微波測距儀多用於長程測距，最大測程可達 **150 km**，日夜均可觀測，且視線不良仍可觀測，煙霧無阻。微波測距儀有主機 (Master) 與副機之分，惟其構造及外型完全相同，均具有收發電磁波之裝置。觀測時主副站各需一位操作，由主機以無線電話通知副機配合操作，測定二測站間距離。微波測距儀之優點為所量距離較光電測距儀為長，且遇有通視情形不佳，如雨、霧等惡劣氣候時，仍可進行測距。但因受沿線之溫度、濕度、氣壓等之影響甚大，須加以各種較繁複之改正。由於衛星定位測量興起，長距離的測量採用衛星定位測量更準確也更經濟，因此已不再使用。

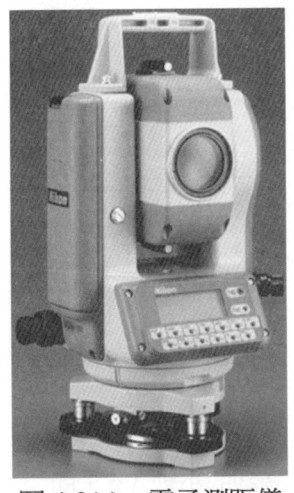

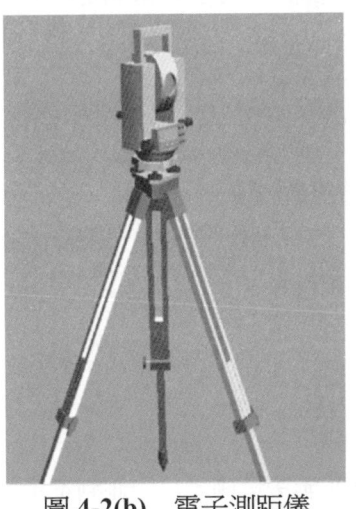

圖 4-2(a)　電子測距儀　　　圖 4-2(b)　電子測距儀　　　圖 4-2(c)　反射稜鏡

圖 4-2(d) 反射稜鏡　　　　　　　圖 4-2(e) 反射片

電子測距儀之反射稜鏡可分成 (圖 4-2(d)(e))：(1) 反射稜鏡 (2) 反射片 (Reflective Sheet) 二種。有些儀器可以在無反射稜鏡下測量，但通常精度較低、測程較短，但在細部測量，或不適合擺放反射稜鏡的危險區域，是一個重要的優點。

4-3 電子測距儀測量方法

4-3-1　電子測距儀之物理原理

電子測距儀的測量方法分成兩種：脈衝法與相位法。

1. 脈衝法：以脈衝做為測距訊號，測定脈衝往返的時間來測定距離。因此又稱飛行時間法 (Time-Of-Flight, TOF)。公式如下：

$$D = \frac{1}{2} C \cdot \Delta T \tag{4-2 式}$$

其中，C=在大氣中的光速，ΔT=光束在空中飛行時間。

2. 相位法：以測定電磁波訊號的相位變化來測定距離 (圖 4-3)。公式如下：

$$D = \frac{1}{2} N_T \lambda \tag{4-3 式}$$

其中，N_T=全部波長數 (含小於一的小數)；λ=波長。

因　$\lambda = \dfrac{C}{f}$　其中 f=電磁波頻率。

與　$N_T = \dfrac{\varphi}{2\pi}$　其中 φ=相位差。

代入上式得

$$D = \frac{1}{2} N\lambda = \frac{1}{2} \frac{\varphi}{2\pi} \frac{C}{f} = \frac{C\varphi}{4\pi f}$$

實際測量時，相位差 φ 並無法量測，只能測到不足一個週期的小數 $\Delta\varphi$，即

$$\varphi = 2\pi N + \Delta\varphi = 2\pi N + 2\pi\Delta N = 2\pi(N + \Delta N)$$

其中，N=整週數，ΔN 為小於一的小數。
將上式與 $C = \lambda \cdot f$ 代入上式得

$$D = \frac{C\varphi}{4\pi f} = \frac{\lambda f}{4\pi f} 2\pi(N + \Delta N) = D = \frac{\lambda}{2}(N + \Delta N) \quad \text{(4-4 式)}$$

比較 **(4-3)** 與 **(4-4)** 可知

$$N_T = N + \Delta N$$

　　採用相位法測量時，無法測到整週數 N，只能測到不足一個週期的小數 ΔN，ΔN 的測量精度約 1/10000。因此使用波長 1000 公尺的電磁波來測距相當於用一根長度 1000 公尺，最小刻度 1000/10000=0.1 公尺的直尺來測距 (因為 ΔN 的測量精度約 1/10000)；使用波長 10 公尺的電磁波來測距相當於用一根長度 10 公尺，最小刻度 10/10000=0.001 公尺的直尺來測距 (因為 ΔN 的測量精度約 1/10000)。前者雖可測長達 1000 公尺以下的距離，但精度低；後者雖然精度高，但只適用於 10 公尺以下的距離。由於實地測距時，距離的長短不一，使用單一波長不是尺長不足，就是精度不足。解決的方法是組合多個波長的來測量。例如測距儀使用二種波長分別為 **1000 m** 與 **10 m** 的電磁波來測距。當距離小於 1000 公尺時，長波長可以量到不足 **1000 公尺**的小數 **573.7** 公尺 (精度只達 0.1 公尺)，短波長可以量到不足 10 公尺的小數 **3.682** 公尺 (精度可達 0.001 公尺)，因此 10 公尺以上位數以波長 **1000 m** 的電磁波所測為準，即 **570m**，10 公尺以下位數以波長 **10 m** 的電磁波所測為準，即 **3.682 m**，故實際距離應為 **573.682** 公尺。

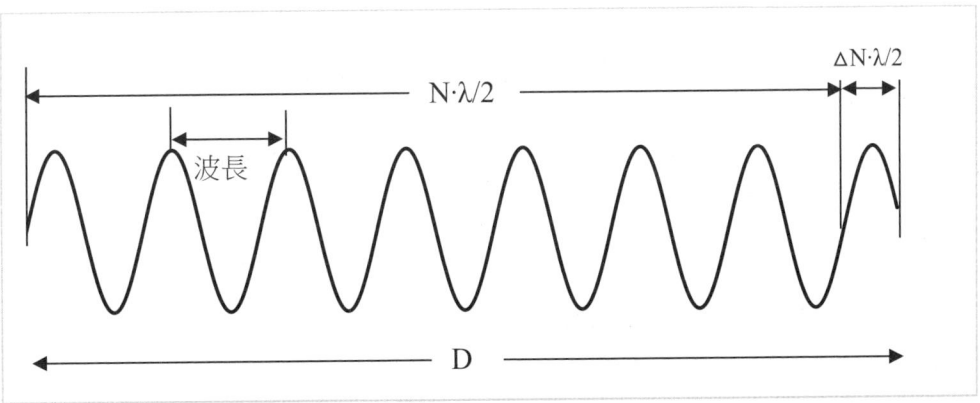

圖 4-3 電子測距儀測量方法：相位法

4-3-2 電子測距儀之幾何原理

電子測距儀通常結合電子經緯儀成為電子測距經緯儀，它具有同時測距及測角之功能，利用測得之斜距 S 與垂直角 α 可得水平距離 D 與高差 V (圖 4-1)：

水平距離 $D = S \cdot \cos\alpha$ (4-5-1 式)

高差 $V = S \cdot \sin\alpha$ (4-5-2 式)

高程差 $\Delta h = V + i - Z$ (4-5-3 式)

B 點高程 $H_b = H_a + \Delta h$ (4-5-4 式)

其中 i= 儀器高，Z=瞄準高，H_a = A 點高程。

例題 4-1 電子測距經緯儀

已知 H_a=101.00 m，S=826.51 m，α=3°52'46"，i=1.50 m，Z=1.10 m，試求
(1) D=? (2) V=? (3) Δh=? (4) H_B=?

[解]
(1) 水平距離 $D = S \cdot \cos\alpha$ =824.62 m
(2) 高差 $V = S \cdot \sin\alpha$ =55.92 m
(3) 高程差 $\Delta h = V + i - Z$ = 56.32 m
(4) B 點高程 $H_b = H_a + \Delta h$ = 157.32 m

4-3-3 電子測距儀之操作方法

電子測距儀以儀俵板進行操控，上面的功能鍵通常具有下列功能：

1. 傾斜距離測量 S：儀器中心與反射稜鏡中心之直線距離，又稱斜距。
2. 水平距離測量 D：儀器中心與反射稜鏡中心之水平距離。
3. 垂直距離測量 V：儀器中心與反射稜鏡中心之垂直距離，又稱高差。
4. 儀器高與瞄準高設定。
5. 稜鏡常數與大氣常數設定。
6. 量距模式設定
   (1) 精度選擇：1.精確 2.粗略 3.追蹤
   (2) 次數選擇：1.單次 2.反覆
7. 稜鏡照準確認

電子測距儀的使用方法如下：

1. 反射稜鏡準備：(1) 架設 (2) 定心 (3) 定平 (4) 旋轉反射稜鏡對準電子測距儀。
2. 電子測距儀操作
   (1) 整置：在測站點安置儀器，完成定心、定平工作。
   (2) (a) 裝電池，打開 on 鍵。
       (b) 繞直立軸平轉直到聽到嗶聲。
       (c) 繞水平軸縱轉直到聽到嗶聲。
   (3) 概略定心：用移動腳架達成概略定心。
   (4) 概略定平：用伸縮腳架達成概略定平。
   (5) 精確定心：鬆開基座固定螺旋輕輕水平移動儀器達成精確定心。
   (6) 精確定平：調整腳螺旋達成精確定平。
   (7) 概略對準反射稜鏡。
   (8) 調目鏡焦距使十字絲清晰可見。
   (9) 調物鏡焦距使反射稜鏡清晰可見。
   (10) 精確對準反射稜鏡中心 (圖 4-4)。
   (11) 讀數：依據所要量數據選擇功能鍵。

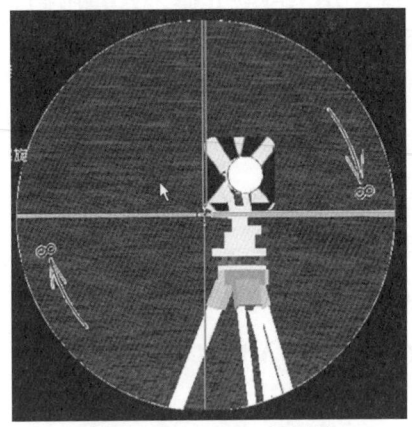

圖 4-4　精確對準射鏡

4-4　電子測距儀測量誤差

4-4-1　儀器誤差

儀器誤差有：

1. 零點誤差

又稱稜鏡常數誤差，或加常數誤差。電子測距時，無論儀器或反射稜鏡，在測量時均須對地面測點先行定心。但若用垂球、光學定心器、定心桿等所定之機械中心與信號發射或反射之起點 (電子中心) 不相吻合，則產生零點誤差。電子測距儀製造商對其專用之反射稜鏡均經精確之檢定，以決定二者配合測量時之加常數。並將此常數儲存在電子測距儀的記憶區，故實際測量時，已經自動改正。

但如測量時誤用其他廠牌之反射稜鏡，必致所測結果發生誤差。此種情形，可用以下二種方法補救之。

(1) 零點誤差檢定法 (圖 4-5(a))

此方法先檢定電子測距儀與反射稜鏡配合測量時之加常數，再修改電子測距儀內的加常數參數。例如原本的加常數參數為 30 mm，檢定後，發現加常數參數 -10 mm，則應該將電子測距儀內的加常數參數改為 30 mm + (-10 mm) = 20 mm。為測量零點誤差，可於平坦地上佈設一直線取 A、B、C 三點，以電子測距儀量 A、C 二點得 AC，量 A、B 二點得 AB，量 B、C 二點得 BC 等三個觀測值，設量距有零點誤差 K，則由圖知

正確之 AC 距離=AC+K   (a)

正確之 AC 距離=正確之 AB 距離+正確之 BC 距離

因為 正確之 AB 距離=AB+K；

   正確之 BC 距離=BC+K；

代入上式得

正確之 AC 距離=(AB+K)+(BC+K)   (b)

由(a)(b)知

AC+K=(AB+K)+(BC+K)

故得 K=AC−(AB+BC)   (4-6 式)

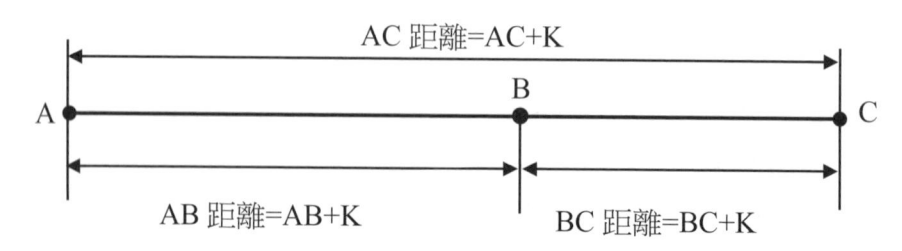

(a) 零點誤差檢定法

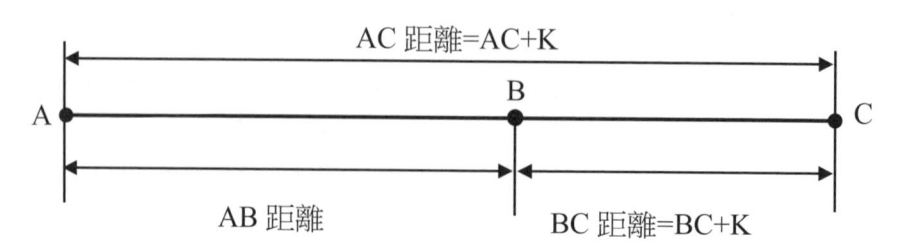

(b) 零點誤差消除法

圖 4-5   零點誤差

(2) 零點誤差消除法 (圖 4-5(b))

此方法不檢定電子測距儀與反射稜鏡配合測量時之加常數，而是利用測量技巧消除零點誤差對測距的影響。欲量之距離為 A、B 二點間距離，為消除零點誤差，可於 AB 延長線上佈設 C 點，以電子測距儀量 A、C 二點得 AC，量 B、C 二點得 BC 等二段距離，設量距有零點誤差 K，則由圖知

正確之 AB 距離 ＝ 正確之 AC 距離 － 正確之 BC 距離

因為　　正確之 AC 距離=AC+K；

　　　　正確之 BC 距離=BC+K；

代入上式得

正確之 AB 距離=(AC+K) － (BC+K)=AC-BC　　　　　　　　　　(4-7 式)

其中 AC=A、C 二點之觀測距離；BC=B、C 二點之觀測距離。
雖然 AC、BC 這二個測量成果都含有零點誤差，但其大小相等，因此透過相減過程，可以自動消除零點誤差對測距的影響。簡言之，只要以電子測距儀測量 AC 與 BC 等二段距離，利用 AC － BC 可以獲得不含零點誤差的 A、B 二點間距離。

例題 4-2　零點誤差檢定法，與零點誤差消除法
(1) AC=824.620 m，AB=582.090 m，BC=242.545 m，試求稜鏡常數 =?
(2) AC=824.620 m，BC=242.545 m，試求 AB =?
[解]
(1) K=AC － (AB+BC) = 824.620 － (582.090+242.545) = -0.015 m
(2) AB=AC － BC=582.075 m

2.乘常數與加常數誤差 (圖 4-6)

　　儀器除了加常數誤差 K，可能還有乘常數誤差 R，即正確值為

$$\overline{D} = D + K + R \cdot D$$

為了估計這兩個常數，可將一直線分成多段，如三段。取 1-2, 1-3, 1-4, 2-3, 2-4, 3-4 施測。並列出方程式如下

$$\overline{D}_i = (D_i + K + R \cdot D_i)$$

其中 i=1-2, 1-3, 1-4, 2-3, 2-4, 3-4。$\overline{D}_i$ 為第 i 段的已知距離。

將上式改寫成

$$K + R \cdot D_i = \overline{D}_i - D_i$$

則可視為 a + bX = Y 之迴歸方程式，即令 **K, R** 為迴歸係數 **a, b**，D_i 與 $\overline{D}_i - D_i$ 分別為 **X, Y**，可用迴歸分析解出最佳的 **K, R** 值。另一個方法是列出「觀測方程式」

$$\overline{D}_i - (D_i + K + R \cdot D_i) = v_i$$

其中 v_i 為改正數，再以最小二乘法求解最佳 **K, R** 值。最小二乘法請參見相關書籍。

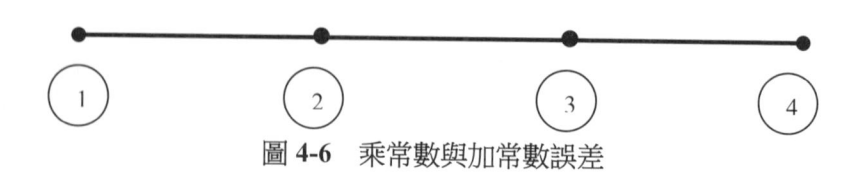

圖 4-6 乘常數與加常數誤差

3.調變頻率誤差

　　電子測距之調變頻率，如同測尺之刻度，若實際測量時之頻率與儀器所設計者不同，即相當於測尺之刻劃不正確，導致量距誤差。

4.週期誤差

　　電子測距儀用來測定參考信號與量距信號之相位差之電子機件如分解器等，常存有一定之機械誤差，此誤差之大小通常依信號之半波長而作週期性之變化，故稱週期誤差。精確之電子測距必須求出此項誤差予以改正。

4-4-2　人為誤差

　　電子測距儀之人為誤差與經緯儀相似，包括：**(1)** 定平誤差 **(2)** 定心誤差 **(3)** 照準誤差 **(4)** 讀數誤差。

4-4-3 自然誤差

　　自然誤差分為三類：**(1)** 干擾誤差 **(2)** 氣象誤差 **(3)** 幾何誤差。分述如下：

一. 干擾誤差

　　對光波信號有反射作用之物體之影響，例如車燈、反射稜鏡等。

二. 氣象誤差

1.大氣壓力：每 **25 mm-Hg**，約 **-10 ppm**。
2.溫度：每 **10°C**，約 **+10ppm**。
3.濕度：對光電式影響甚小，對微波式每 **1.5 °C** 的乾濕球濕度計溫度差，約 **10 ppm**。

三. 幾何誤差 (圖 4-7)

由於地表實為球面，因此在長距離電子測距時必須考慮其幾何誤差，包括：

1. 地球曲率與大氣折光誤差
2. 傾斜改正
3. 海平面歸化改正
4. 弦弧改正

分述如下：

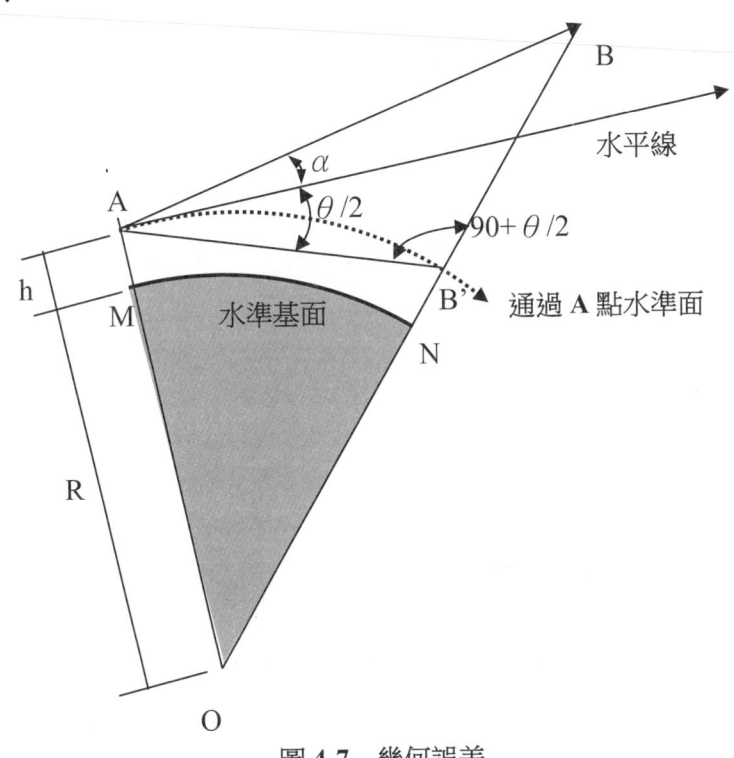

圖 4-7　幾何誤差

1. 地球曲率與大氣折光誤差
(1) 對向觀測

地球曲率與大氣折光改正可由對向觀測消除：

$$\angle BAB' = \frac{\alpha - \beta}{2} \qquad (4\text{-}8 \text{ 式})$$

式中 α、β 為對向觀測之垂直角。

(2) 單向觀測

地球曲率與大氣折光改正可由公式計算消除：

$$\angle BAB' = \alpha + (1-k)\frac{D}{2R} \tag{4-9 式}$$

式中　**R** 為地球曲率半徑，約等於 **6,370** 公里。
　　　D 為水平距離。
　　　k 為大氣折光常數，一般約為 **0.13~0.14**。

2.傾斜改正
(1) 簡化法
　　如果 **AB** 距離不長，可假設 **ΔABB'** 為直角三角形，可用簡化法求水平距離 **AB'**：

AB'=AB cos∠BAB' $\tag{4-10 式}$

(2) 精確法
　　如果 **AB** 距離甚長，不可假設 **ΔABB'** 為直角三角形，須用正弦定理求水平距離 **AB'**：

$$AB' = \frac{AB \sin \angle ABB'}{\sin \angle AB'B} \tag{4-11 式}$$

其中
∠AB'B=90°+θ/2，θ=D/R，
因 ∠ABB'+∠BAB'+∠AB'B=180°
故 ∠ABB'=180°-∠AB'B － ∠BAB' $\tag{4-12 式}$

3.海平面歸化改正 (Correction for reduction to sea level)
　　為了使當施測之距離位於不同的高程下，仍有一共同之標準，精密距離測量所量之距離，必須歸化至平均海水面上。如圖 **4-8**，假設在高地處量得之距離為 **L**，量距處與平均海水面間之平均高程差為 **h**，地球半徑為 **R**，改正數為 C_e：

因 $\dfrac{L}{h+R} = \dfrac{L+C_e}{R}$

故 $C_e = -\dfrac{Lh}{h+R}$ $\tag{4-13 式}$

由上式知，量距處如高於平均海水面，改正數為負號，反之為正號。在海拔 **100** 公尺處，誤差 **1/63700**，海拔 **1000** 公尺處，誤差 **1/6370**。

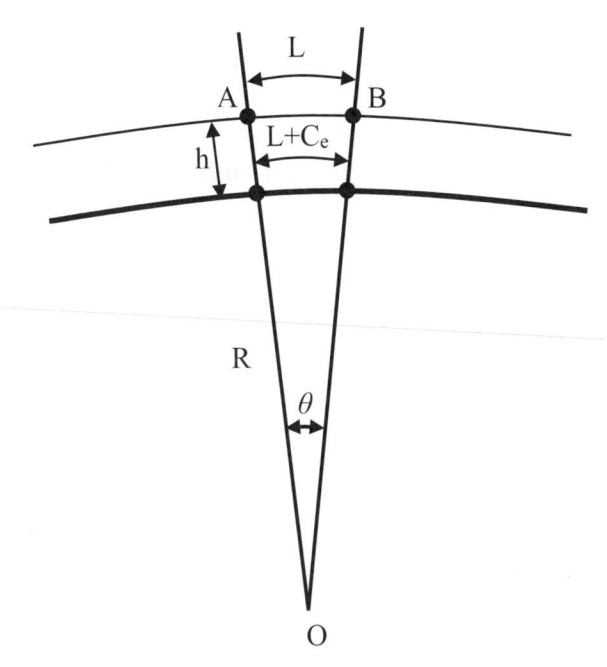

圖 4-8 海平面歸化改正

4.弦弧改正 (Correction for chord-to-arc)(圖 4-9)

距離量測值為一直線，但水平距離是指沿水準面所量之距離，因此有了弦弧改正：

$C_C =$ 弧長 $-$ 弦長

$= R \cdot \theta - 2R \cdot \sin\dfrac{\theta}{2}$

因 $\sin x \approx x - \dfrac{x^3}{6}$，故

$\sin\dfrac{\theta}{2} \approx \dfrac{\theta}{2} - \dfrac{\theta^3}{48}$，代入上式得

$C_C = R \cdot \theta - 2R \cdot \left(\dfrac{\theta}{2} - \dfrac{\theta^3}{48}\right) = \dfrac{R\theta^3}{24}$

(4-14 式)

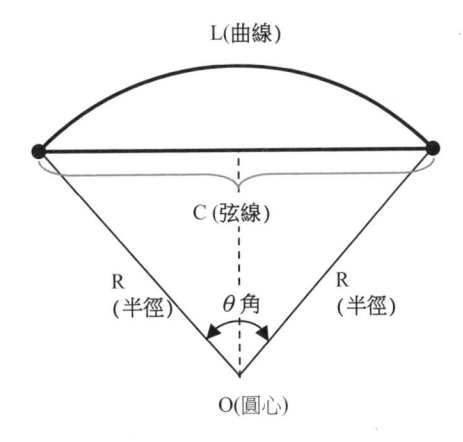

圖 4-9 弦弧改正

其中 θ＝ 該距離所對應之地心圓心角

$$\theta = \frac{D}{R}$$

例如在距離 30 km 時，弦弧改正約 2.8 cm，雖然不小，但考量距離長達 30 km，誤差只有 1 ppm。在距離 1 km 時，誤差只有 1/1000 ppm。因此弦弧改正在距離 ＜ 30 km 時可忽略，故一般很少需要改正。

例題 4-3　幾何誤差

AB=2000.00 m，α=3°0'0"，β=-3°0'56"，h=1000.00 m，試求幾何誤差=?

[解]

1.地球曲率與大氣折光誤差

(1) 對向觀測　$\angle BAB' = \dfrac{\alpha - \beta}{2}$ =3°0'28"

(2) 如只有單向觀測時，可用下式估計：

$$\angle BAB' = \alpha + (1-k)\frac{D}{2R}$$

　　k 可取 0.14，R=6370 km，

　　D 可取 ABcosα=2000.00cos 3°0'0"=1997.26 m

$$\angle BAB' = \alpha + (1-k)\frac{D}{2R}$$

$$= 3°0'0"+(1-0.14)\left(\frac{1997.26}{2 \times 6370000} \times 206265"\right) = 3°0'28"$$

2.傾斜改正

(1) 簡化法

如果假設 ΔABB' 為直角三角形，則可用簡化法：

$$AB' = AB\cos\angle BAB' = 2000.00\cos(3°0'28") = 1997.245 \text{ m}$$

(2) 精確法

因 AB 距離甚長，不可假設 ΔABB' 為直角三角形，須用精確法：

D=ABcos∠BAB' =2000.00cos 3°0'28"=1997.245 m

θ=D/R=(1997.24/6370000)206265"=65"

∠AB'B=90° + θ/2=90°0'32"

∠ABB'=90° － θ/2-∠BAB'=86°59'0"

用正弦定理：

$$AB' = \frac{AB \sin \angle ABB'}{\sin \angle AB'B} = 1997.228 \text{ m}$$

討論：二種方法誤差 = 0.017 m，相差約 8.5 ppm，即 1/120000。

3. 海平面歸化改正

$$C_e = -\frac{Lh}{h+R} = -\frac{AB' \cdot h}{h+R} = -\frac{1997.228 \cdot 1000.00}{1000 + 6370000} = -0.313 \text{ m}$$

MN 弦長 = $AB' + C_e$ = 1996.915 m

4. 弦弧改正

$$C_C = \frac{R\theta^3}{24} = \frac{R(D/R)^3}{24} = \frac{(6370000)(1996.92/6370000)^3}{24} = 0.000 \text{ m}$$

MN 弧長 = MN 弦長 + C_c = 1996.915 m

結論：
(1) 地球曲率與大氣折光誤差 = 28"
(2) 傾斜改正 = 2000 – 1997.23 = -2.772 m
(3) 海平面歸化改正 = -0.313 m
(4) 弦弧改正 = 0.000 m

4-5 電子測距儀測量精度

量距之精度常以誤差與距離之比表示之，如二點間距離為 500 公尺，其量距誤差若為 0.005 公尺時，則量距精度為 1/100000。

電子測距儀誤差可分成二部份：
(1) 常數部份約 3 mm
(2) 比例部份約 3 ppm

例題 4-4　量距精度
(1) 以電子測距儀測量 A、B 二點間之距離二次，第一次觀測值為 824.64 公尺，第二次觀測值為 824.60 公尺，試求其精度？
(2) 若上題又經第三次量距，得其觀測值為 824.63 公尺，試求其精度？
[解]
(1)
二次觀測值之較差為 824.64-824.60 = 0.04 (公尺)
二次觀測值之平均數為 (824.64+824.60)/2 = 824.62 (公尺)

故量距之精度= 0.04/824.62 = 1/20616
(2)
第一次與第二次觀測值之較差為 824.64 － 824.60=0.04 (公尺)
第二次與第三次觀測值之較差為 824.63 － 824.60=0.03 (公尺)
第一次與第三次觀測值之較差為 824.64 － 824.63=0.01 (公尺)
三次較差之平均值為 (0.04+0.03+0.01)/3=0.027 (公尺)
三次觀測值之之平均數為 (824.64+824.60+824.63)/3=824.623 (公尺)
故量距之精度=0.027/824.623 = 1/30542

例題 4-5　量距精度比較

假設
1.鋼捲尺量距誤差常數部份約 2 mm，比例部份約 100 ppm
2.電子測距儀量距誤差常數部份約 3 mm，比例部份約 3 ppm
試問下列測量的精度=?
(1) 1 m，(2) 10 m，(3) 100 m，(4) 1000 m，(5) 10000 m
[95 年公務員普考]
[解]
當距離為 1 m 時
　　鋼捲尺　誤差 = 2 mm+ (100/1000000) 1 m = 0.0021 m
　　　　　　精度 = 0.0021/1 ≅ 1/476
　　測距儀　誤差 = 3 mm+ (3/1000000) 1 m = 0.003003 m
　　　　　　精度 = 0.003003/1 ≅ 1/333
其餘同法計算，列於下表。可見 10 公尺以上電子測距儀精度較高。

距離	捲尺誤差	電子測距儀誤差	捲尺精度	電子測距儀精度
1	0.0021	0.003003	1/476	1/333
10	0.003	0.00303	1/3333	1/3300
100	0.012	0.0033	1/8333	1/30303
1000	0.102	0.006	1/9804	1/166667
10000	1.002	0.033	1/9980	1/303030

4-6　本章摘要

1.電子測距儀常用者有二類：(1) 光電測距儀 (2) 微波測距儀。
2.電子測距儀之幾何原理

水平距離 $D = S \cdot \cos\alpha$

高差 $V = S \cdot \sin\alpha$

4.電子測距儀測量誤差：
    A.儀器誤差：(1) 零點誤差(加常數誤差)；(2) 乘常數誤差；(3) 調變頻率之誤差；
       (4) 週期誤差；
    B.人為誤差：(1) 定心誤差；(2) 定平誤差；(3) 照準誤差；(4) 讀數誤差。
    C.自然誤差：(1) 干擾誤差；(2) 氣象誤差：大氣壓力、溫度、濕度；(3) 幾何誤
       差：地球曲率與大氣折光誤差、傾斜改正、海平面歸化改正、弦弧改正。

5. 電子測距儀精度可分成二部份：(1) 常數部份 (2) 比例部份。

習題

4-2 電子測距儀測量原理

(1) 試述電子測距原理？
(2) 試述電子測距儀儀器分類？
(3) 兩點間之距離有水平與傾斜之分，在測量中量度之距離係指何者而言？其理由為何？試述之。[81 丙等基層特考]
[解] (1) (2) 見 4-2 節 (3) 水平距離，見 4-2 節。

4-3 電子測距儀測量方法

以電子測距儀設經緯儀位置於 A 點，瞄準設置稜鏡之 B 點測得其傾斜距離為 384.654 m，垂直角為天頂距讀數，正鏡為 91°4'9"，倒鏡為 268°56'5"，儀器高度為 1.54 m，稜鏡高度為 1.54 m，則試求 A、B 之水平距離及高程差各為何？
[解]
天頂距 $Z = 91°04'02"$, 垂直角 $\alpha = 90° - Z = -1°04'02"$
水平距離 $D = 384.654\cos(-1°04'02") = 384.603$ m
高程差 $\Delta h = V + i - Z = 384.654\sin(-1°04'02") + 1.54 - 1.54 = -6.262$ m

4-4 電子測距儀測量誤差

零點誤差檢定法，與零點誤差消除法
(1) 同例題 4-2(1)，但數據改成：AC=524.620 m，AB=282.055 m，BC=242.545 m
(2) 同例題 4-2(2)，但數據改成：AC=524.620 m，BC=242.545 m
[92 年公務員普考]

[解]　(1) K=AC – (AB+BC) = 0.020 m　(2) 正確之 AB 距離=AC – BC = 282.075 m

---

幾何誤差
同例題 4-3，但數據改成：
(1)短距離（1 公里）：AB=1000.00 m，α=3°0'0"，β= -3°0'28"，h=1000.00 m
(2)長距離（10 公里）：AB=10000.00 m，α=3°0'0"，β= -3°4'40"，h=1000.00 m
[91 年公務員普考][99 年公務員普考]
[解] (1) 998.47 m (2) 9983.59 m

試說明以電子測距儀測量兩點間之水平距離時，其誤差來源有哪些？
[解]　見 4-4 節。

4-5　電子測距儀測量精度

量距精度
(1)　同例題 4-4 (1)，但數據改成：第一次觀測值為 632.465 公尺，第二次觀測值為 632.458 公尺。
(2)　同例題 4-4 (2)，但數據改成：第三次觀測值為 632.462 公尺。
[解] (1) 1/90352　(2) 1/135528

量距精度比較：
同例題 4-5，但數據改成：
1.鋼捲尺量距誤差常數部份約 2 mm，比例部份約 50 ppm
2.電子測距儀量距誤差常數部份約 5 mm，比例部份約 5 ppm
[解]　參考例題 4-5。

鋼捲尺與電子測距儀測量各適用於那些情形？其優缺點為何？
[解]
鋼捲尺適合平坦地的短距離(10 公尺以下)。
電子測距儀適合非平坦地、長距離(10 公尺以上)。

第 5 章　座標測量(一)　座標幾何

5-1 本章提示
5-2 直角座標與極座標之轉換
　　5-2-1 直角座標換成極座標
　　5-2-2 極座標換成直角座標
5-3 三角幾何換算與正弦定理及餘弦定理
　　5-3-1　1 邊 2 角：正弦定理應用
　　5-3-2　2 邊 1 角：餘弦定理應用
　　5-3-3　3 邊 0 角：餘弦定理應用
　　5-3-4　3 點座標：餘弦定理應用
5-4 直線方程式
5-5 導線法
5-6 偏角法
5-7 支距法
5-8 前方交會法
5-9 後方交會法
5-10 距離交會法
5-11 直線交會法
5-12 本章摘要

5-1　本章提示

　　要得到一個點位的座標可以透過座標幾何計算得到，即利用前面所述的角度與距離成果依幾何原理，計算一未知點距離已知點的縱距與橫距，再將縱距與橫距加上已知點的縱座標與橫座標，即可得未知點的縱座標與橫座標。雖然現代測量大多使用全站儀作直接座標測量 (參考下一章)，但在某些情況下仍需使用座標幾何計算得到未知點的座標。本章的間接座標測量是指不使用全站儀之座標測量功能，而用經緯儀量角度，電子測距儀或捲尺量距離，再經計算得未知點座標者。間接座標測量分成七種：
(1) 導線法 (又稱輻射法、光線法)

(2) 偏角法
(3) 支距法
(4) 前方交會法 (Forward intersection)
(5) 後方交會法 (Resection method)
(6) 距離交會法
(7) 直線交會法

5-2 直角座標與極座標之轉換
5-2-1 直角座標換成極座標
如圖 **5-1**，已知 **A**，**B** 座標，則

$$AB = \sqrt{(X_B - X_A)^2 + (Y_B - Y_A)^2} \tag{5-1 式}$$

$$AB\ 方向角\ \theta_{AB} = \tan^{-1} \frac{|X_B - X_A|}{|Y_B - Y_A|} \tag{5-2 式}$$

由 **AB** 象限及方向角 θ$_{AB}$ 計算方位角φ$_{AB}$：
當 **AB** 在第 **1** 象限 (X$_B$>X$_A$, Y$_B$>Y$_A$)：φ$_{AB}$ = θ$_{AB}$
當 **AB** 在第 **2** 象限 (X$_B$>X$_A$, Y$_B$<Y$_A$)：φ$_{AB}$ = 180°-θ$_{AB}$
當 **AB** 在第 **3** 象限 (X$_B$<X$_A$, Y$_B$<Y$_A$)：φ$_{AB}$ = 180°+θ$_{AB}$
當 **AB** 在第 **4** 象限 (X$_B$<X$_A$, Y$_B$>Y$_A$)：φ$_{AB}$ = 360°-θ$_{AB}$

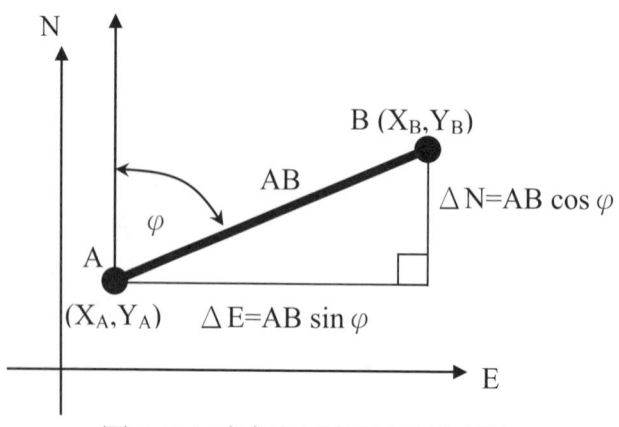

圖 5-1(a) 直角座標與極座標之轉換

方向角　　　　　　　　　　　方位角

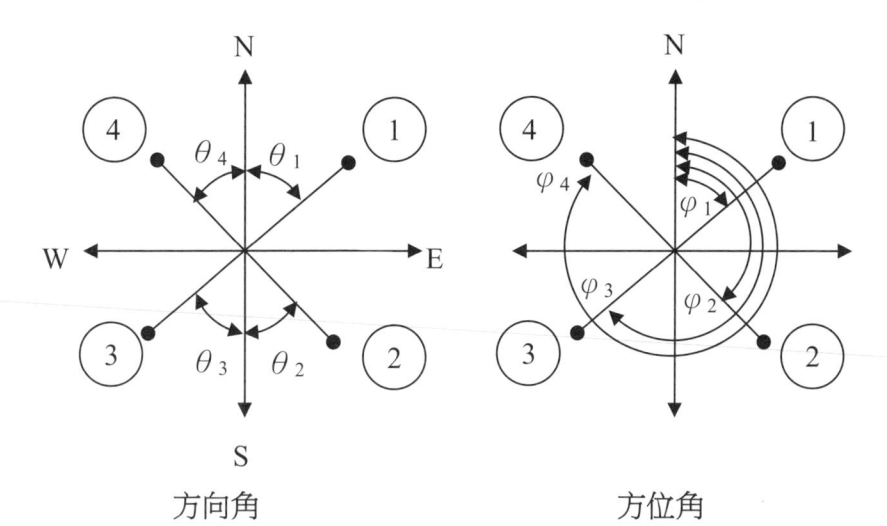

圖 5-1(b) 方位角與方向角之定義

例題 5-1 直角座標換成極座標

已知 A 座標 (X, Y)=(100.00, 100.00)，B 座標 (X, Y)=(900.00, 300.00)，P 座標 (X, Y)=(50.00, 400.00)，試求 (1) AB 距離，方向角，方位角 (2) AP 距離，方向角，方位角。

[解]

(1) $AB = \sqrt{(900-100)^2 + (300-100)^2} = 824.62$ m

AB 方向角 $= \tan^{-1}\left(\dfrac{|900.00-100.00|}{|300.00-100.00|}\right) =$ **75°57'50"**

由於 AB 在第一象限，故

AB 方位角 ϕ_{AB} = AB 方向角 = **75°57'50"**

(2) $AP = \sqrt{(50-100)^2 + (400-100)^2} = 304.14$ m

AP 方向角 $= \tan^{-1}\left(\dfrac{|50.00-100.00|}{|400.00-100.00|}\right) =$ **9°27'44"**

由於 AP 在第四象限，故

AP 方位角 ϕ_{AP} = 360° − AP 方向角 = **350°32'16"**

5-2-2 極座標換成直角座標

如圖 5-1，已知 AB 與 ϕ_{AB}

則　$X_B = X_A + 橫距$

　　$Y_B = Y_A + 縱距$

因　橫距 $= AB\sin\phi_{AB}$

　　縱距 $= AB\cos\phi_{AB}$

故　座標　$X_B = X_A + AB\sin\phi_{AB}$　　　　　　　　　　　　　　　　(5-3 式)

　　座標　$Y_B = Y_A + AB\cos\phi_{AB}$　　　　　　　　　　　　　　　　(5-4 式)

例題 5-2　極座標換成直角座標

已知 AB 距離 =824.62 m，AB 方位角 = 75°57'50"，

A 座標 (X, Y)=(100.00, 100.00)，試求 B 座標 (X, Y)=?

[解]

橫距 $= AB\sin\phi_{AB} = 824.62 \sin 75°57'50" = 800.00$

縱距 $= AB\cos\phi_{AB} = 824.62 \cos 75°57'50" = 200.00$

$X_B = X_A + 橫距 = 800.00 + 100.00 = 900.00$

$Y_B = Y_A + 縱距 = 200.00 + 100.00 = 300.00$

5-3　三角幾何換算與正弦定理及餘弦定理

在測量學中經常要作三角幾何換算的工作，包括：

1. 1 邊 2 角
2. 2 邊 1 角
3. 3 邊 0 角
4. 3 點座標

這些計算的基本原理為正弦定理與餘弦定理 (參考圖 5-2(a))：

1. 正弦定理

$$\frac{a}{\sin A} = \frac{b}{\sin B} = \frac{c}{\sin C}$$ 　(5-5 式)

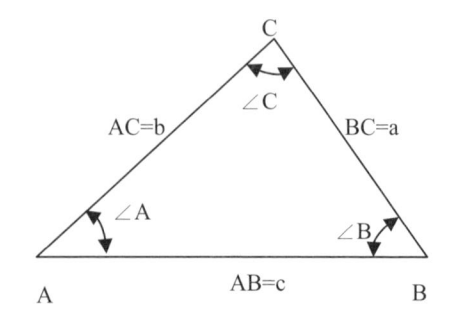

圖 5-2(a)　正弦定理及餘弦定理

> **正弦定理證明：**
> 如圖 5-2(b)
> $h = b \cdot \sin A$ (1)
> $h = a \cdot \sin B$ (2)
> 得
> $b \cdot \sin A = a \cdot \sin B$
> $\dfrac{a}{\sin A} = \dfrac{b}{\sin B}$ 得證

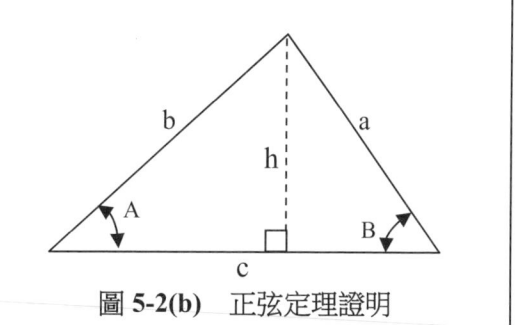

圖 5-2(b) 正弦定理證明

2. 餘弦定理

    有二種表示法：

(1) 已知 2 邊 1 角，求邊

$a = \sqrt{b^2 + c^2 - 2bc \cdot \cos A}$

$b = \sqrt{a^2 + c^2 - 2ac \cdot \cos B}$

$c = \sqrt{a^2 + b^2 - 2ab \cdot \cos C}$ **(5-6 式)**

(2) 已知 3 邊 0 角，求角

$\angle A = \cos^{-1}\left(\dfrac{b^2 + c^2 - a^2}{2bc}\right)$

$\angle B = \cos^{-1}\left(\dfrac{a^2 + c^2 - b^2}{2ac}\right)$

$\angle C = \cos^{-1}\left(\dfrac{a^2 + b^2 - c^2}{2ab}\right)$ **(5-7 式)**

> **餘弦定理證明：**
> 如圖 5-2(c)
> 由畢氏定理得 $h^2 + (b \cdot \cos A)^2 = b^2$ (1)
> 由畢氏定理得 $h^2 + (c - b \cdot \cos A)^2 = a^2$ (2)
> 由 (1) 得 $h^2 = b^2 - (b \cdot \cos A)^2$，代入 (2) 得
> $b^2 - (b \cdot \cos A)^2 + (c - b \cdot \cos A)^2 = a^2$

$b^2 - (b \cdot \cos A)^2 + (c^2 - 2bc \cdot \cos A + b^2 \cos^2 A) = a^2$

$b^2 + c^2 - 2bc \cdot \cos A = a^2$ 得證

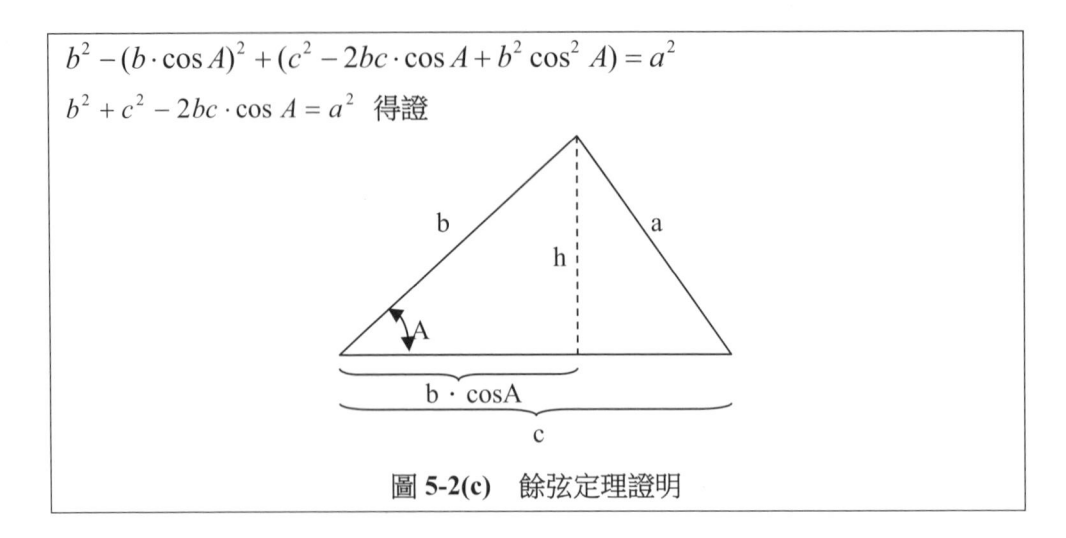

圖 **5-2(c)**　餘弦定理證明

5-3-1　1 邊 2 角：正弦定理應用

問題：已知 **1 邊 2 角**，試求其它邊與角 **(參考圖 5-3)**
原理：正弦定理

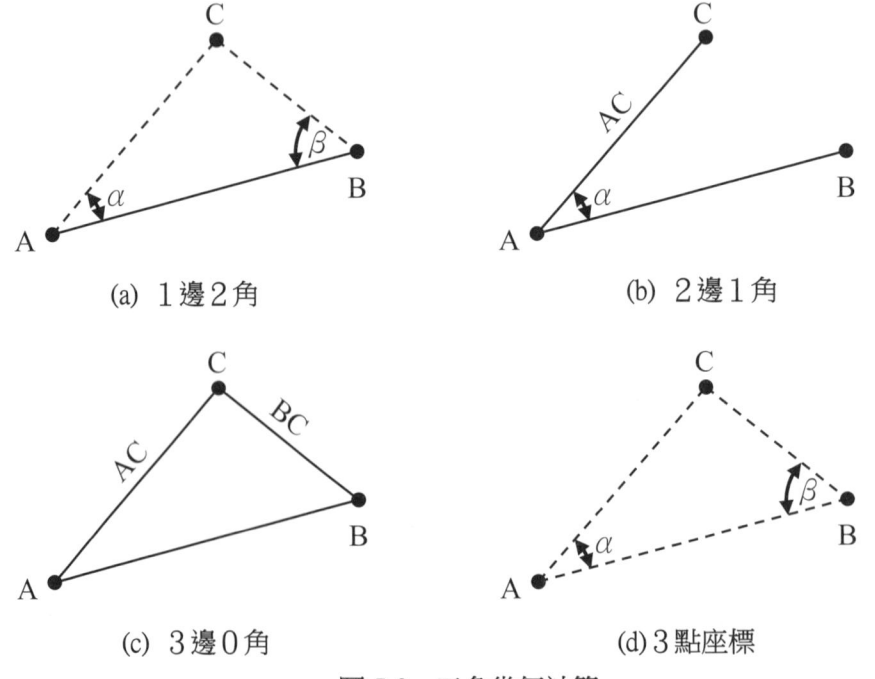

(a) 1邊2角

(b) 2邊1角

(c) 3邊0角

(d) 3點座標

圖 **5-3**　三角幾何計算

例題 5-3　1 邊 2 角三角幾何換算
已知　AB=824.62，∠A=24°37'25"，∠B=47°43'35"，試求　AC，BC，∠C。
[解]
∠C=180° − ∠A − ∠B=107°39'0"
由正弦定理知　$\dfrac{AB}{\sin C} = \dfrac{BC}{\sin A} = \dfrac{AC}{\sin B}$　=> AC=640.31，BC=360.56

5-3-2　2 邊 1 角：餘弦定理應用

問題：已知 2 邊 1 角，試求其它邊與角 (參考圖 5-3)。
原理：餘弦定理

例題 5-4　2 邊 1 角三角幾何換算
已知　AB=824.62，AC=640.31，∠A=24°37'25"，試求　BC，∠B，∠C。
[解]
$BC = \sqrt{AB^2 + AC^2 - 2AB \cdot AC \cdot \cos A} = 360.56$

$\angle B = \cos^{-1}\left(\dfrac{a^2 + c^2 - b^2}{2ac}\right) = 47°43'35"$　　$\angle C = \cos^{-1}\left(\dfrac{a^2 + b^2 - c^2}{2ab}\right) = 107°38'59"$

5-3-3　3 邊 0 角：餘弦定理應用

問題：已知 3 邊 0 角，試求其它邊與角 (參考圖 5-3)。
原理：餘弦定理

例題 5-5　3 邊 0 角三角幾何換算
已知　AB=824.62，AC=640.31，BC=360.56，試求　∠A，∠B，∠C。
[解]
$\angle A = \cos^{-1}\left(\dfrac{b^2 + c^2 - a^2}{2bc}\right) = 24°37'26"$　　$\angle B = \cos^{-1}\left(\dfrac{a^2 + c^2 - b^2}{2ac}\right) = 47°43'35"$

$\angle C = \cos^{-1}\left(\dfrac{a^2 + b^2 - c^2}{2ab}\right) = 107°38'59"$

5-3-4　3 點座標：餘弦定理應用

問題：已知 3 點座標，試求其它邊與角 (參考圖 5-3)。
原理：餘弦定理

例題 5-6　3 點座標三角幾何換算

已知 A 座標 (X, Y)=(100.00, 100.00)，B 座標 (X, Y)=(900.00, 300.00)，C 座標 (X, Y)=(600.00, 500.00)，試求 (1) AB，BC，AC　(2) ∠A，∠B，∠C

[解]
(1) 計算邊長

$$AB = \sqrt{(X_B - X_A)^2 + (Y_B - Y_A)^2} = 824.62$$
$$BC = \sqrt{(X_C - X_B)^2 + (Y_C - Y_B)^2} = 360.56$$
$$AC = \sqrt{(X_C - X_A)^2 + (Y_C - Y_A)^2} = 640.31$$

(2) 計算夾角

$$\angle A = \cos^{-1}\left(\frac{b^2 + c^2 - a^2}{2bc}\right) = 24°37'26''$$
$$\angle B = \cos^{-1}\left(\frac{a^2 + c^2 - b^2}{2ac}\right) = 47°43'35''$$
$$\angle C = \cos^{-1}\left(\frac{a^2 + b^2 - c^2}{2ab}\right) = 107°38'59''$$

5-4　直線方程式

　　直線可用下列三個公式表達，事實上這三個公式的意義完全相同，只是表達的方式不同 (參考圖 5-4)。

　　已知 A、B 為直線上之二已知點，P 點為直線上之未知點，ϕ 為直線之方位角，m 為直線之斜率，b 為直線之截距，則直線可用下列三個公式表達：

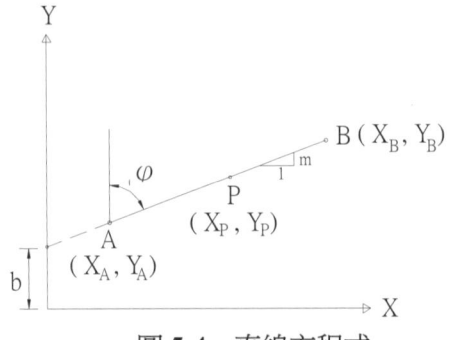

圖 5-4　直線方程式

公式一：$\dfrac{Y_P - Y_A}{X_P - X_A} = \dfrac{Y_B - Y_A}{X_B - X_A}$ (5-8 式)

公式二：$\dfrac{Y_P - Y_A}{X_P - X_A} = \cot\phi$ (5-9 式)

其中 ϕ 為 **AB** 方位角

公式三：$Y_P = mX_P + b$ (5-10 式)

其中 $m = \dfrac{Y_B - Y_A}{X_B - X_A}$ $b = Y_A - mX_A$

例題 5-7 直線方程式

已知 **A** 座標 **(X, Y)=(100.00, 100.00)**，**B** 座標 **(X, Y)=(900.00, 300.00)**，**C** 座標 **(X, Y)=(600.00, 500.00)**。

(1) 試求 **AB** 之直線方程式。
(2) 設 **G** 點位於 **AB** 間之直線上，**AG=237.17**，試求 **G** 點座標。
(3) 由 **C** 點對 **AB** 作垂直線，試求垂足 **H** 之座標?

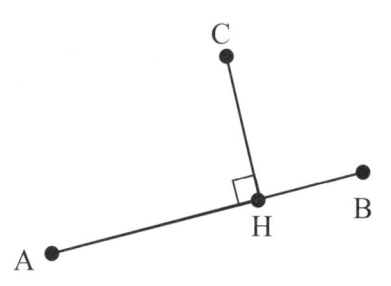

[解]
(1) 試求 **AB** 之直線方程式
由直線方程式 **(5-10 式)** 知
$Y_P = mX_P + b$
$m = \dfrac{Y_B - Y_A}{X_B - X_A} = 0.25$
$b = Y_A - mX_A = 100 - (0.25)(100) = 75$

(2) 試求 **G** 點座標

$\phi_{AG}=\phi_{AB}$

由 A、B 座標知 ϕ_{AB}=75°57'50"，

故ϕ_{AG}=ϕ_{AB}=75°57'50"

已知 AG 與 ϕ_{AG}，由極座標換成直角座標得

G 座標 (X, Y)=(330.09, 157.52)

(3) 試求垂足 H 之座標

因 CH 垂直 AB，故 ϕ_{CH}=ϕ_{AB}+90°

由 A、B 座標知 ϕ_{AB}=75°57'50"，故 ϕ_{CH}=ϕ_{AB}+90°=165°57'50"

由直線方程式 (5-9 式) 知

$$\frac{Y_H - Y_A}{X_H - X_A} = \cot\phi_{AB}$$

$$\frac{Y_H - 100}{X_H - 100} = \cot(75°57'50")$$

$0.25X_H - Y_H + 75 = 0$ ....(1)

$$\frac{Y_H - Y_C}{X_H - X_C} = \cot\phi_{CH}$$

$$\frac{Y_H - 500}{X_H - 600} = \cot(165°57'50")$$

$-4X_H - Y_H + 2900 = 0$ ....(2)

聯立 (1) (2) 解得垂足 H 座標 (X, Y)=(664.71, 241.18)

5-5　導線法

導線法又稱輻射法、光線法。

問題：如圖 5-5，當已知 ∠CAB，AC，A 座標，B 座標，試求 C 點座標=?

解法：

(1) 求 AB 方位角 ϕ_{AB}

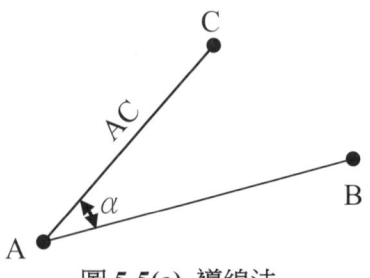

圖 5-5(a) 導線法

$$AB \text{ 方向角}\theta_{AB} = \tan^{-1}\frac{|X_B - X_A|}{|Y_B - Y_A|} \quad \text{(5-11 式)}$$

由 AB 象限及方向角 θ_{AB} 計算方位角 φ_{AB}：

當 AB 在第 1 象限 ($X_B>X_A$, $Y_B>Y_A$)：$\phi_{AB} = \theta_{AB}$

當 AB 在第 2 象限 ($X_B>X_A$, $Y_B<Y_A$)：$\phi_{AB} = 180° - \theta_{AB}$

當 AB 在第 3 象限 ($X_B<X_A$, $Y_B<Y_A$)：$\phi_{AB} = 180° + \theta_{AB}$

當 AB 在第 4 象限 ($X_B<X_A$, $Y_B>Y_A$)：$\phi_{AB} = 360° - \theta_{AB}$

(2) 求 AC 方位角 ϕ_{AC}

當 C 點在 AB 之左側 $\phi_{AC} = \phi_{AB} - \angle CAB$ (5-12 式)

當 C 點在 AB 之右側 $\phi_{AC} = \phi_{AB} + \angle CAB$ (5-13 式)

(3) C 點座標

將已得之 C 的極座標 (AC 及 ϕ_{AC}) 換成直角座標：

$X_C = X_A + AC\sin\phi_{AC}$

$Y_C = Y_A + AC\cos\phi_{AC}$

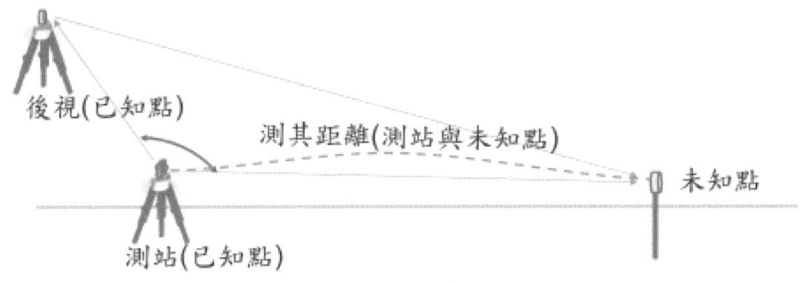

圖 5-5(b)　導線法

例題 5-8 導線法

已知 $\angle CAB = 24°37'25''$，AC=640.31 m，A 座標 (X, Y)=(100.00, 100.00)，B 座標 (X, Y)=(900.00, 300.00)，試求 C 點座標=? 假設 C 點在 AB 之左側。

[解]

(1) AB 方向角 $\theta_{AB} = \tan^{-1}\left(\dfrac{|900.00-100.00|}{|300.00-100.00|}\right) = 75°57'50''$

　由於 AB 在第一象限，故

　AB 方位角 ϕ_{AB} = AB 方向角 = 75°57'50''

(2) AC 方位角

　因 C 點在 AB 之左側，故由 (5-12 式) 得

　$\phi_{AC} = \phi_{AB} - \angle CAB = 75°57'50'' - 24°37'25'' = 51°20'25''$

(3) C 點座標

$X_C = X_A + AC\sin\phi_{AC} = 100 + 640.31\sin 51°20'25'' = 600.00$

$Y_C = Y_A + AC\cos\phi_{AC} = 100 + 640.31\cos 51°20'25'' = 500.00$

5-6 偏角法

問題：如圖 5-6，當已知 ∠CAB，BC，A 座標，B 座標，試求 C 點座標=?

解法：

(1) 求 AB

(2) 求角 C：由正弦定理知

$$\frac{AB}{\sin C} = \frac{BC}{\sin A}$$

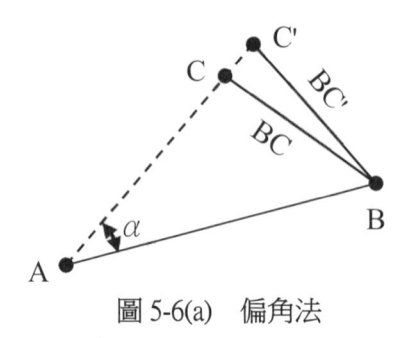

圖 5-6(a) 偏角法

$$\Rightarrow C = \sin^{-1}\left(\frac{AB\sin A}{BC}\right) \quad \text{(5-14 式)}$$

注意 C 會有二解。

(3) 求角 B： B=180° – A – C (5-15 式)

(4) 求 AC：由正弦定理知

$$\frac{AC}{\sin B} = \frac{BC}{\sin A} \Rightarrow AC = \frac{BC\sin B}{\sin A} \quad \text{(5-16 式)}$$

(5) 已得 AC 及角 A，可用前述之導線法得 C 點座標。

偏角法有二解，無法確定何者為正解，這是偏角法最大的缺點。

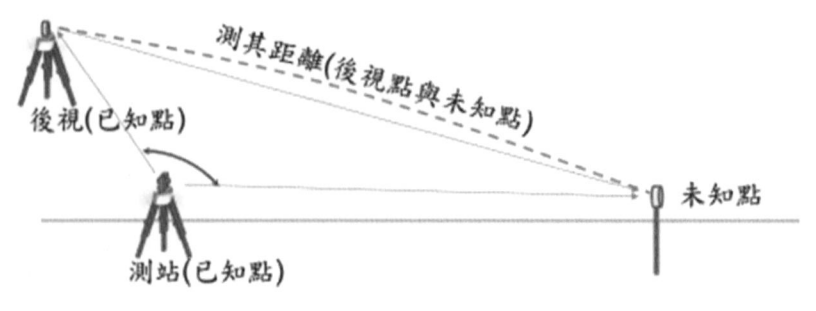

圖 5-6(b) 偏角法

例題 5-9　偏角法

已知 ∠CAB=24°37'25"，BC=360.56 m，A 座標 (X, Y)=(100.00, 100.00)，
B 座標 (X, Y)=(900.00, 300.00)，試求 C 點座標=?

[解]

(1) 求 AB

$$AB = \sqrt{(900-100)^2 + (300-100)^2} = 824.62 \text{m}$$

(2) 求角 C

由正弦定理知 $\dfrac{AB}{\sin C} = \dfrac{BC}{\sin A}$ => $C = \sin^{-1}\left(\dfrac{AB \sin A}{BC}\right)$

將 AB=824.62，BC=360.56，A=24°37'25" 代入得 C=72°20'51" 或 107°39'9"

[解一] 假設 C=107°39'9"

(3) 求角 B

　　B=180°-A-C=180°-24°37'25"-107°39'9"=47°43'26"

(4) 求 AC

由正弦定理知 $\dfrac{AC}{\sin B} = \dfrac{BC}{\sin A}$ => $AC = \dfrac{BC \sin B}{\sin A}$ = 640.30 m

(5) 已知 AC 及角 A，可用前述之導線法得 C 點座標

　　$X_C = X_A + AC \sin\phi_{AC}$ =100+640.30 sin51°20'25" = 599.99
　　$Y_C = Y_A + AC \cos\phi_{AC}$ =100+640.30 cos51°20'25" = 499.99

[解二] 假設 C=72°20'51"

(3') 求角 B

　　B=180° − A − C=180° − 24°37'25" − 72°20'51" = 83°1'44"

(4') 求 AC

由正弦定理知 $\dfrac{AC}{\sin B} = \dfrac{BC}{\sin A}$ => $AC = \dfrac{BC \sin B}{\sin A}$ = 858.97

(5') 已知 AC 及角 A，可用前述之導線法得 C 點座標

　　$X_C = X_A + AC \sin\phi_{AC}$ =100+858.97 sin51°20'25" = 770.74
　　$Y_C = Y_A + AC \cos\phi_{AC}$ =100+858.97 cos51°20'25" = 636.59

結論：C 點座標有二解：(1) X_C= 599.99，Y_C= 499.99；(2) X_C= 770.74，Y_C= 636.59

5-14　第 5 章　座標測量(一) 座標幾何

5-7　支距法

問題：如圖 5-7，G 點為垂足，當已知 AG，CG，A 座標，B 座標，試求 C 點座標=?

解法：

(1) 求角 A：$A = \tan^{-1}\left(\dfrac{h}{b}\right)$　(5-17 式)

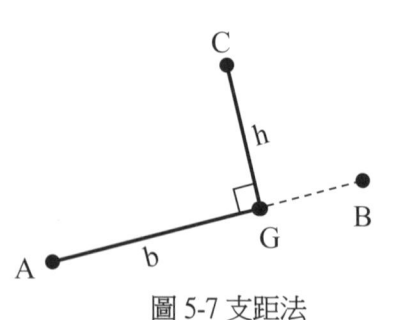

圖 5-7 支距法

(2) 求 AC：$AC = \sqrt{h^2 + b^2}$　(5-18 式)

(3) 已得 AC 及角 A，可用前述之導線法得 C 點座標。

例題 **5-10**　支距法

已知 **AG=582.08**，**CG=266.79**，A 座標 **(X, Y)=(100.00, 100.00)**，B 座標 **(X, Y)=(900.00, 300.00)**，試求 C 點座標=?

[解]

(1) 求角 A：$A = \tan^{-1}\left(\dfrac{h}{b}\right) = \tan^{-1}\left(\dfrac{266.79}{582.08}\right) =$ **24°37'26"**

(2) 求 AC：$AC = \sqrt{h^2+b^2} = \sqrt{582.08^2 + 266.79^2} =$ **640.31 m**

(3) 已知 AC 及角 A ，可用前述之導線法得 C 點座標

　　$X_C = X_A + AC\sin\varphi_{AC} = 100 + 640.31 \sin 51°20'24" =$ **600.00**

　　$Y_C = Y_A + AC\cos\varphi_{AC} = 100 + 640.31 \cos 51°20'24" =$ **500.00**

5-8　前方交會法（Forward intersection）

5-8-1　幾何法

問題：如圖 5-8，當已知 ∠CAB，∠CBA，A 座標，B 座標，試求 C 點座標=?

解法：

(1) 求 C：C=180° − A − B　　(5-19 式)

(2) 求 AB：

$AB = \sqrt{(X_B - X_A)^2 + (Y_B - Y_A)^2}$　(5-20 式)

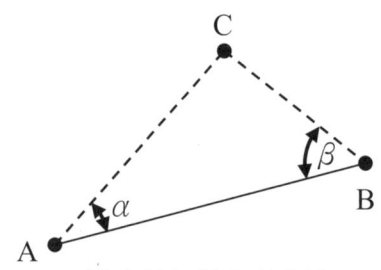

圖 5-8(a) 前方交會法

(3) 求 **AC**：由正弦定理知

$$\frac{AC}{\sin B} = \frac{AB}{\sin C} \Rightarrow AC = \frac{AB \sin B}{\sin C}$$ **(5-21 式)**

(4) 已得 **AC** 及角 **A**，可用前述之導線法得 **C** 點座標。

　　如果測量的角度中有一個是在未知點上，則稱為「側方交會法」。例如上圖中，測得角 **A** 與角 **C**，而 **C** 點是未知點。遇到這種情況，只要用三內角之和為 **180** 度，即可用測得的二角解出第三角，接下來的做法同「前方交會法」。例如在圖 **5-8(a)** 中，測得角 **A** 與角 **C** 可推算出 ∠**B**=180°－∠**A**－∠**C**。

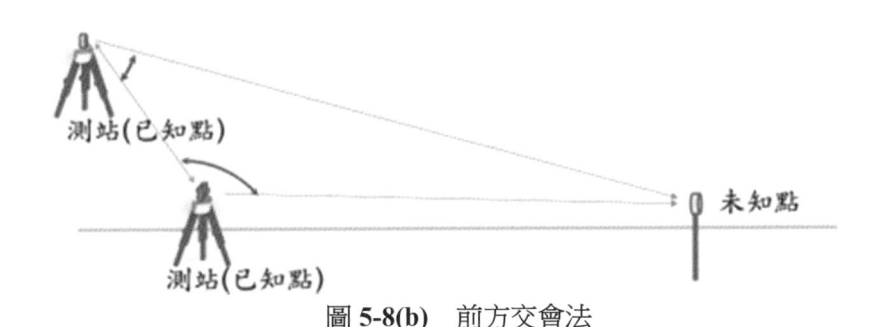

圖 5-8(b)　前方交會法

5-8-2　公式法

　　亦可推導出計算公式，以方便利用計算機程式直接求得交會點(**P** 點)之座標，公式推導過程如下：

由圖 **5-8(c)** 可知下列方程式成立

$$\tan \phi_{AP} = \frac{E_p - E_A}{N_p - N_A} \text{ 與 } \tan \phi_{BP} = \frac{E_p - E_B}{N_p - N_B}$$

由上面二式可推得

$$N_p = N_A + E_p \cot \phi_{AP} - E_A \cot \phi_{AP} \quad (1)$$

$$N_p = N_B + E_p \cot \phi_{BP} - E_B \cot \phi_{BP} \quad (2)$$

$$E_p = E_A + N_p \tan \phi_{AP} - N_A \tan \phi_{AP} \quad (3)$$

$$E_p = E_B + N_p \tan \phi_{BP} - N_B \tan \phi_{BP} \quad (4)$$

由(1)-(2) 得 $E_P = \dfrac{E_A \cot \varphi_{AP} - E_B \cot \varphi_{BP} - N_A + N_B}{\cot \varphi_{AP} - \cot \varphi_{BP}}$　　**(5-22-1 式)**

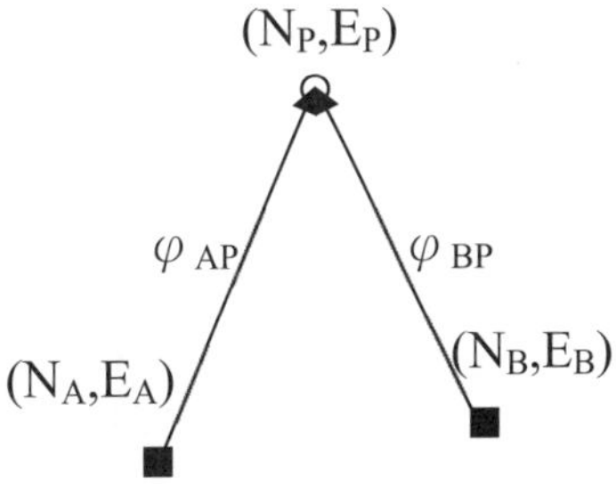

圖 5-8(c)　前方交會法

由(3)-(4) 得 $N_P = \dfrac{N_A \tan\varphi_{AP} - N_B \tan\varphi_{BP} - E_A + E_B}{\tan\varphi_{AP} - \tan\varphi_{BP}}$ (5-22-2 式)

上述公式法是以方位角為基礎，如果以圖 **5-8(a)** 的夾角為基礎，公式如下：

$$X_C = \dfrac{X_A \cot\beta + X_B \cot\alpha + (Y_A - Y_B)}{\cot\alpha + \cot\beta}$$ (5-23-1 式)

$$Y_C = \dfrac{Y_A \cot\beta + Y_B \cot\alpha + (X_B - X_A)}{\cot\alpha + \cot\beta}$$ (5-23-2 式)

前方交會法之瞄準目標除預為豎立之覘標外，亦可利用明確高聳之地物，如塔尖、避雷針、尖銳之建築物牆角、窗角等。尤以不易到達之目標，應用此法更為相宜。為了檢核，通常可由三已知點觀測同一交會點，分三組個別計算以檢核之。若精度在合理範圍，可以其平均值作為未知點之座標值。

例題 5-11 前方交會法
已知 ∠CAB=24°37'25"，∠CBA=47°43'35"，A 座標 (X, Y)=(100.00, 100.00)，B 座標 (X, Y)=(900.00, 300.00)，試求 C 點座標=?
[解]
1.幾何法
(1) 求 C：C=180° − A − B=180° − 24°37'25" − 47°43'35"=107°39'0"
(2) 求 AB：$AB = \sqrt{(900-100)^2 + (300-100)^2} = 824.62$ m
(3) 求 AC：由正弦定理知 $\dfrac{AC}{\sin B} = \dfrac{AB}{\sin C}$ => AC = ABsinB/sinC = 640.31
(4) 已知 AC 及角 A，可用前述之導線法得 C 點座標
 $X_C = X_A + AC\sin\phi_{AC} = 100 + 640.31 \sin 51°20'25" = 600.00$
 $Y_C = Y_A + AC\cos\phi_{AC} = 100 + 640.31 \cos 51°20'25" = 500.00$
2.公式法
$X_C = \dfrac{X_A \cot\beta + X_B \cot\alpha + (Y_A - Y_B)}{\cot\alpha + \cot\beta} = 600.00$

$Y_C = \dfrac{Y_A \cot\beta + Y_B \cot\alpha + (X_B - X_A)}{\cot\alpha + \cot\beta} = 500.00$

5-8-3 輔助點法

此外，設置測站之二已知點，也可不互相通視，但各須能與其他已知點聯測而推算方位角，再推算三角形之內角。

當前方交會法之兩已知點之間互不通視時，可用輔助點。例如在圖 5-8(d)，A、B 兩已知點之間互不通視，而 D 是一個與 A、B 通視的已知點，則可用下式得到∠CAB 與 ∠CBA：

∠CAB = AB方位角 − AD方位角 − ∠DAC
∠CBA = BD方位角 − BA方位角 + ∠DBC

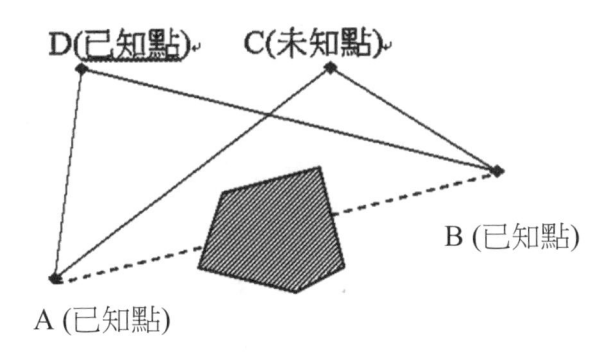

圖 5-8(d)　前方交會法之輔助點法

當無法找到一個與 A、B 同時通視的已知點，可用兩個已知點，利用與上面方法相似的觀念得到∠CAB 與 ∠CBA。

5-8-4 前方交會法之誤差傳播

前方交會法要注意交角的大小要適中，例如 60~90 度。如圖 5-8(e)，虛線是測量方位角的可能範圍，左右兩邊的方位角的可能範圍交會得到一個菱形，此菱形即誤差的估計範圍。由圖可以看出，交角過於銳角或鈍角，菱形都會較大，代表誤差均會較大。因此前方交會法要注意交角的大小要適中。

5-8-5 前方交會法與三角高程測量之結合

前方交會法可以測得未知點之平面座標，再利用前面提到的三角高程測量可以測得未知點之三維座標，其概念如圖 5-8(f)。

(1) 交角適中
   (誤差小)

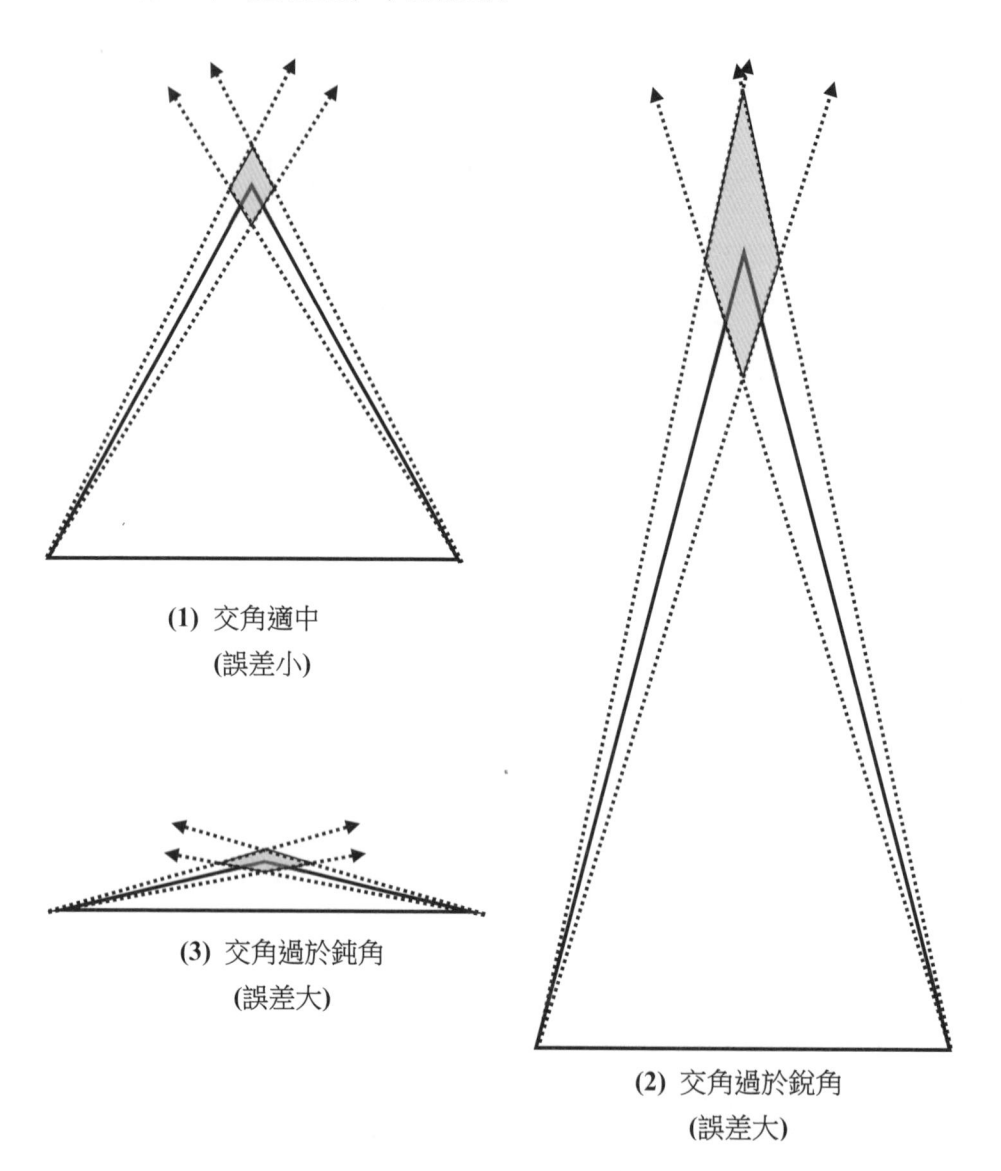

(3) 交角過於鈍角
   (誤差大)

(2) 交角過於銳角
   (誤差大)

圖 **5-8(e)**　前方交會法要注意交角的大小要適中

圖 5-8(f)　前方交會法與三角高程測量之結合

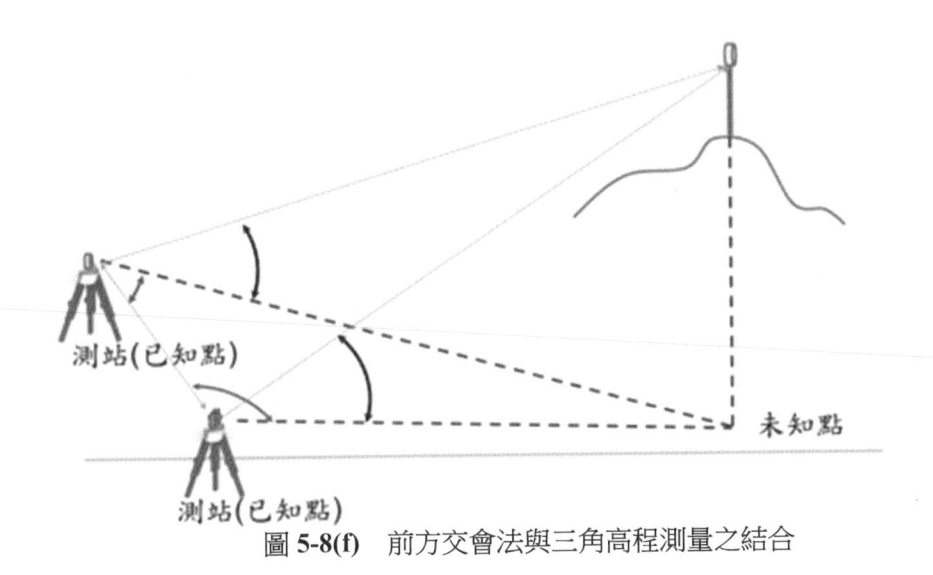

5-9　後方交會法（Resection method）

5-9-1　幾何法

　　後方交會法於未知點設站，對三已知點施行水平角觀測，以計算未知點之座標，故亦稱為三點法 (Three point problem)。此法由於測量作業較為方便，且設站較少，可節省外業時間，故為設定三角補點常用之方法。

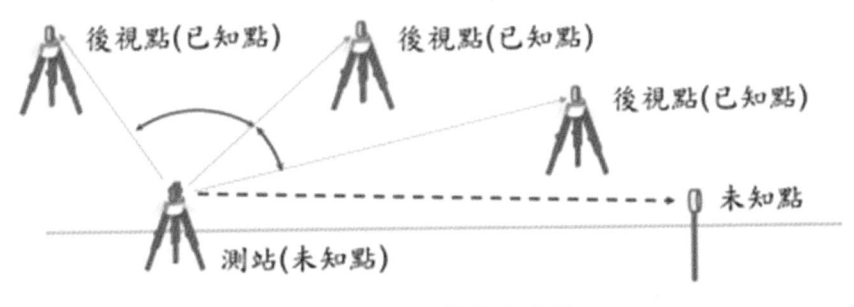

圖 5-9(a)　後方交會法

問題：如圖 5-9(b)，已知 ∠DCA，∠DCB，A，B，D 點座標，試求 C 點座標。
解法：
　　後方交會法有多種解法，在此介紹卜叔諾史奈林 (Pothonot-Sinellins) 公式法。
1.理論基礎：

如圖 5-9(b) 所示，令 AD=a，BD=b，∠DCA=α，∠DCB=β，∠ADB=γ，∠CAD=θ，∠CBD=ψ。

已知 θ+ψ+α+β+γ=360°

可推得　ψ=360°-(α+β+γ)-θ

定義 H=360° - (α+β+γ)　　(5-24 式)

則 ψ=H - θ　　(5-25 式)

由圖及正弦定理得

$$\frac{a}{\sin\alpha}=\frac{CD}{\sin\theta}\ \text{與}\ \frac{b}{\sin\beta}=\frac{CD}{\sin\psi}$$

二式相除得　$\dfrac{a\sin\beta}{b\sin\alpha}=\dfrac{\sin\psi}{\sin\theta}$

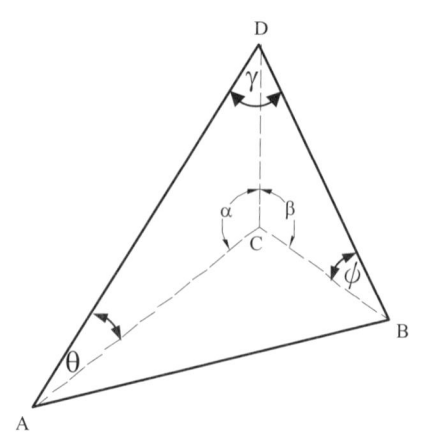

定義 $K\equiv\dfrac{a\sin\beta}{b\sin\alpha}$　　(5-26 式)

圖 5-9(b)　後方交會法

則 $K=\dfrac{\sin\psi}{\sin\theta}=\dfrac{\sin(H-\theta)}{\sin\theta}=\dfrac{\sin H\cos\theta-\cos H\sin\theta}{\sin\theta}=\sin H\cot\theta-\cos H$

$\therefore\cot\theta=\dfrac{K+\cos H}{\sin H}\ \Rightarrow\ \theta=\cot^{-1}\left(\dfrac{K+\cos H}{\sin H}\right)$　　(5-27 式)

2.解題步驟

利用上述理論，具體求解步驟如下：

(1) 求 AB，AD，BD 邊長：可由 A，B，D 三點座標求得。
(2) 求 γ：由餘弦定理得 γ
(3) 求 H：H=360 - (α+β+γ)
(4) 求 K：$K\equiv\dfrac{a\sin\beta}{b\sin\alpha}$
(5) 求 θ：$\theta=\cot^{-1}\left(\dfrac{K+\cos H}{\sin H}\right)$
(6) 求 ∠DAB：由餘弦定理得 ∠DAB
(7) 求 ∠CAB：∠CAB=∠DAB - ∠DAC=∠DAB - θ

(8) 求 **AC**：由正弦定理知 $\dfrac{AC}{\sin \angle ADC} = \dfrac{AD}{\sin \alpha}$ => $AC = \dfrac{AD \sin \angle ADC}{\sin \alpha}$

其中 ∠ADC=180° - ∠DCA - ∠DAC=180° - α - θ

(9) 已知 **AC** 及∠**CAB**，可用前述之導線法得 **C** 點座標。

5-9-2 公式法

後方交會法也可用下列公式求解 (參考圖 **5-9(c)**，注意 **P** 為未知點)

$$X_P = \dfrac{K_A X_A + K_B X_B + K_C X_C}{K_A + K_B + K_C} \qquad Y_P = \dfrac{K_A Y_A + K_B Y_B + K_C Y_C}{K_A + K_B + K_C}$$

其中 $K_A = \dfrac{1}{\cot A - \cot \alpha}$ $K_B = \dfrac{1}{\cot B - \cot \beta}$ $K_C = \dfrac{1}{\cot C - \cot \gamma}$

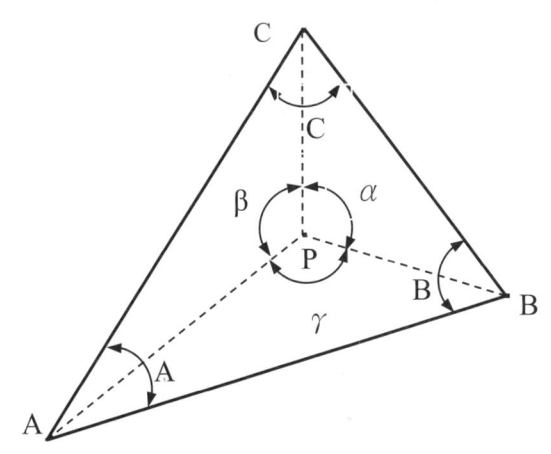

圖 **5-9(c)**　後方交會法 (公式法)

例題 **5-12**　後方交會法
已知 ∠DCA=128°39'41"，∠DCB=123°41'20"，**A** 座標 (X,Y)=(100.00,100.00)
B 座標 (X,Y)=(900.00,300.00)，**D** 座標 (X,Y)=(600.00,900.00)，試求 **C** 點座標=?
[解]
1.幾何法
(1) 求 **AB**，**AD**，**BD** 邊長
　由 **A**，**B**，**D** 三點座標得 **AB**=824.62，**AD**=943.40，**BD**=670.82

(2) 求 γ：γ=∠ADB = $\cos^{-1}\left(\dfrac{AD^2+BD^2-AB^2}{2\cdot AD\cdot BD}\right)$ = 58°34'13"

(3) 求 H：H=360-(α+β+γ)
  因 α=∠DCA=128°39'41"，β=∠DCB =123°41'20"，γ=∠ADB=58°34'13"
  故 H=360 － (α+β+γ)=49°4'46"

(4) 求 K：$K = \dfrac{a\sin\beta}{b\sin\alpha}$
  因 α=∠DCA=128°39'41"，β=∠DCB =123°41'20"，a=AD=943.40，
  b=BD=670.82，故 K=1.498570

(5) 求 θ：$\theta = \cot^{-1}\left(\dfrac{K+\cos H}{\sin H}\right)$ =2.85009，推得 θ=19°20'3"

(6) 求 ∠DAB：∠DAB = $\cos^{-1}\left(\dfrac{AD^2+AB^2-BD^2}{2\cdot AD\cdot AB}\right)$
  已知 AB=824.62，AD=943.40，BD=670.82，得 ∠DAB= 43°57'30"

(7) 求 ∠CAB：∠CAB=∠DAB － ∠DAC=∠DAB-θ
  已知 θ =19°20'3"，∠DAB= 43°57'30" 得∠CAB= 24°37'27"

(8) 求 AC：由正弦定理知 $AC = \dfrac{AD\sin\angle ADC}{\sin\alpha}$
  已知 AD=943.40，∠ADC=180-α-θ=32°0'16"，α =128°39'41"
  代入得 AC=640.31

(9) 已知 AC 及∠CAB，可用前述之導線法得 C 點座標
  $X_C=X_A+AC\sin\phi_{AC}$ =100+640.31 sin51°20'23" = 599.99
  $Y_C=Y_A+AC\cos\phi_{AC}$ =100+640.31 cos51°20'23" = 500.00

2.公式法

$K_A = \dfrac{1}{\cot A - \cot\alpha}$ =0.586967 $K_B = \dfrac{1}{\cot B - \cot\beta}$ =0.978218

$K_C = \dfrac{1}{\cot C - \cot\gamma}$ =1.076096

$X_P = \dfrac{K_A X_A + K_B X_B + K_C X_C}{K_A + K_B + K_C}$ =599.993 $Y_P = \dfrac{K_A Y_A + K_B Y_B + K_C Y_C}{K_A + K_B + K_C}$ =500.003

5-9-3 後方交會法之誤差傳播與危險圓

後方交會法選點時，如果三已知點及未知點同在一圓周上，則於圓周上任何一點對另三點所成之角度均相等。例如圖 5-9(c) 中的未知點 A、B 兩點均與三已知點 C、D、E 點同在一圓周上，故其對應的圓周的弧長均為 CD 弧與 DE 弧，故兩個夾角都是 α (對應 CD 弧)與 β (對應 DE 弧)，因此無法確定未知點是 A 或 B。事實上三已知點 C、D、E 點所構成的圓之圓周上的任一點，兩個夾角都是 α 與 β，故此圓特稱「危險圓」(Swing circle)。事實上只要三已知點及未知點近似同在一圓周上，即可能造成後方交會法計算時產生很大的誤差。因此在實施後方交會法時，要避免三已知點及未知點近似在一圓周上。

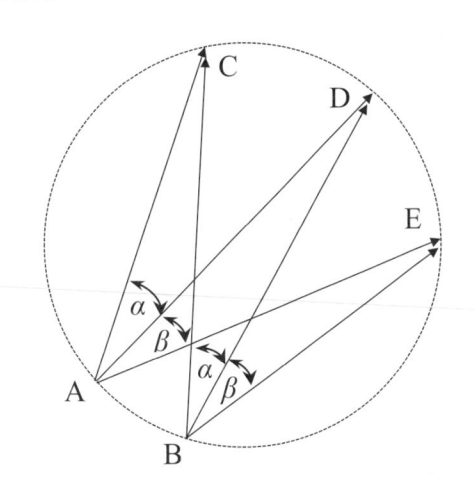

圖 5-9(d) 危險圓：圖中 $\angle CAD = \angle CBD$，$\angle DAE = \angle DBE$，故無法確定未知點 A、B 兩點

5-10 距離交會法

問題：如圖 5-10(a)，當已知 AC，BC，A 座標，B 座標，試求 C 點座標=?

解法：

(1) 求 AB：

$$AB = \sqrt{(X_B - X_A)^2 + (Y_B - Y_A)^2}$$

(2) 求角 A：利用餘弦定理求 $\angle CAB$ 或 $\angle CBA$

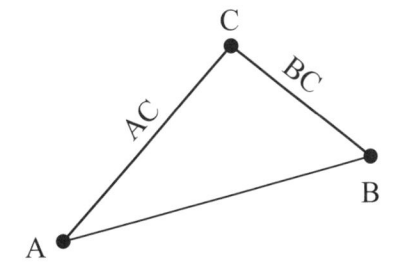

圖 5-10(a) 距離交會法

(3) 已得 AC 及 $\angle CAB$ (或 BC 及 $\angle CBA$)，可用前述之導線法得 C 點座標。

例題 5-13 距離交會法

已知 AC=640.31 m，BC=360.56 m，A 座標 (X, Y)=(100.00, 100.00)，B 座標 (X, Y)=(900.00, 300.00)，試求 C 點座標=?

[解]

(1) 求 AB：$AB = \sqrt{(900-100)^2 + (300-100)^2} = 824.62$ m

(2) 求角 A：由餘弦定理得 $\angle A = \cos^{-1}\left(\dfrac{AC^2 + AB^2 - BC^2}{2 \cdot AC \cdot AB}\right) = 24°37'26''$

(3) 已知 AC 及角 A，可用前述之導線法得 C 點座標

$X_C = X_A + AC\sin\phi_{AC} = 100 + 640.31 \sin51°20'24'' = 600.00$

$Y_C = Y_A + AC\cos\phi_{AC} = 100 + 640.31 \cos51°20'24'' = 500.00$

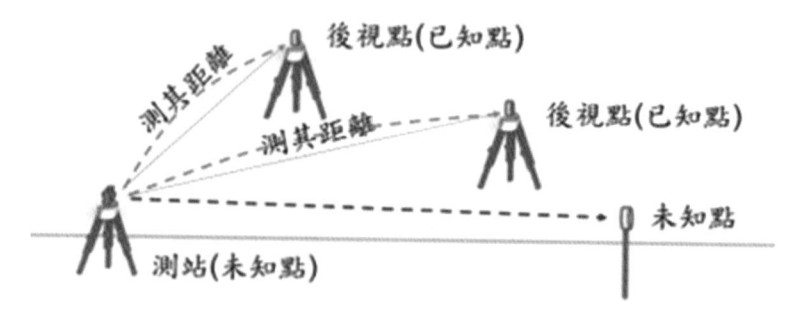

圖 5-10(b)　距離交會法

5-11　直線交會法

問題：如圖 5-11(a)，C 為 AE，BF 交點，已知 A，B，E，F 座標，試求 C 點座標。

解法：

由直線方程式可知

$$\dfrac{X_E - X_A}{Y_E - Y_A} = \dfrac{X_C - X_A}{Y_C - Y_A} \quad\quad (5\text{-}29\ \text{式})$$

$$\dfrac{X_B - X_F}{Y_B - Y_F} = \dfrac{X_C - X_F}{Y_C - Y_F} \quad\quad (5\text{-}30\ \text{式})$$

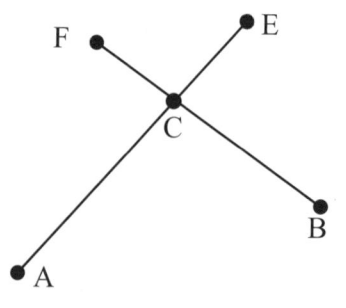

圖 5-11(a)　直線交會法

將 A，B，E，F 四點座標代入上二式，解此聯立方程式可得 C 點座標。

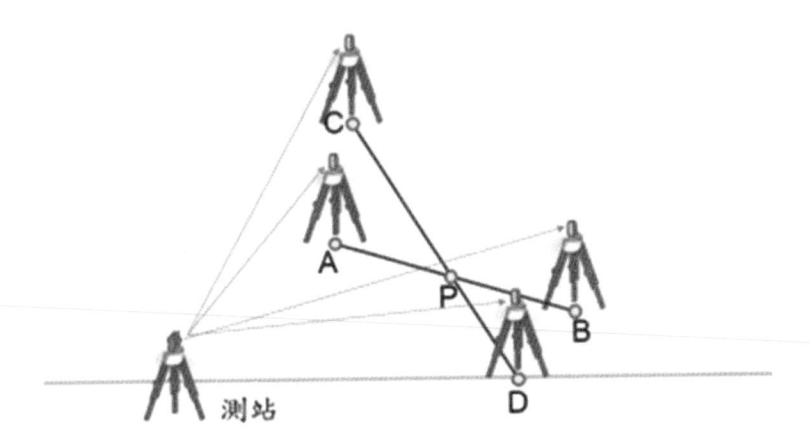

圖 5-11(b)　直線交會法

例題 5-14 直線交會法
已知 A 座標 (X, Y)=(100.00, 100.00)，B 座標 (X, Y)=(900.00, 300.00)，
E 座標 (X, Y)=(850.00，700.00)，F 座標 (X, Y)=(300.00, 700.00)，試求 C 點座標 =?
[解]

$$\frac{X_E - X_A}{Y_E - Y_A} = \frac{X_C - X_A}{Y_C - Y_A} => \frac{850-100}{700-100} = \frac{X_C - 100}{Y_C - 100} => X_C - 1.25Y_C + 25 = 0$$

$$\frac{X_B - X_F}{Y_B - Y_F} = \frac{X_C - X_F}{Y_C - Y_F} => \frac{900-300}{300-700} = \frac{X_C - 300}{Y_C - 700} => X_C + 1.5Y_C - 1350 = 0$$

聯立解得 X_C=600.00, Y_C=500.00

5-12 本章摘要

1. 直角座標與極座標之轉換

　(1) 直角座標換成極座標

$$AB = \sqrt{(X_B - X_A)^2 + (Y_B - Y_A)^2} \quad AB \text{ 方向角 } \theta_{AB} = \tan^{-1}\frac{|X_B - X_A|}{|Y_B - Y_A|}$$

　　由 AB 象限及方向角 θ_{AB} 計算方位角 φ_{AB}：
　　當 AB 在第 1 象限 ($X_B>X_A$, $Y_B>Y_A$)：$\varphi_{AB} = \theta_{AB}$

當 AB 在第 2 象限 ($X_B>X_A$, $Y_B<Y_A$)：$\varphi_{AB} = 180° - \theta_{AB}$

當 AB 在第 3 象限 ($X_B<X_A$, $Y_B<Y_A$)：$\varphi_{AB} = 180° + \theta_{AB}$

當 AB 在第 4 象限 ($X_B<X_A$, $Y_B>Y_A$)：$\varphi_{AB} = 360° - \theta_{AB}$

(2) 極座標換成直角座標

$X_B = X_A + AB\sin\varphi_{AB}$ $\qquad\qquad$ $Y_B = Y_A + AB\cos\varphi_{AB}$

2. 正弦定理

$$\frac{AB}{\sin C} = \frac{BC}{\sin A} = \frac{AC}{\sin B}$$

3. 餘弦定理有二種表示法：

(1) 已知 2 邊 1 角，求邊 $\qquad a = \sqrt{b^2 + c^2 - 2bc \cdot \cos A}$

(2) 已知 3 邊 0 角，求角 $\qquad \angle A = \cos^{-1}\left(\dfrac{b^2 + c^2 - a^2}{2bc}\right)$

4. 三角幾何計算：

(1) 1 邊 2 角：可用正弦定理求解。

(2) 2 邊 1 角：可用餘弦定理求解。

(3) 3 邊 0 角：可用餘弦定理求解。

(4) 3 點座標：可用餘弦定理求解。

5. 直線方程式

公式一：$\dfrac{Y_P - Y_A}{X_P - X_A} = \dfrac{Y_B - Y_A}{X_B - X_A}$

公式二：$\dfrac{Y_P - Y_A}{X_P - X_A} = \cot\phi \qquad$ 其中 AB 方位角 $\phi = \cot^{-1}\left(\dfrac{Y_B - Y_A}{X_B - X_A}\right)$

公式三：$Y_P = mX_P + b \qquad$ 其中 $m = \dfrac{Y_B - Y_A}{X_B - X_A} \qquad b = Y_A - mX_A$

6. 間接座標測量：除導線法外，有五個方法以導線法為核心，即都是先算出同一側的一邊一角，再以導線法(極座標轉直角座標)得到座標，圖解如圖 **5-12**。

7. 座標測量方法的選擇可參考圖 **5-13**。

第 5 章 座標測量(一)座標幾何

```
支距法        →  畢氏定理求一邊一角  ─────────────┐
                                                        │
偏角法        →  正弦定理求一角  ──────┐              │
                                          │              ↓
前方交會法    →  正弦定理求一邊  ──────┤         導線法：三角函數
                                          ├──→     $\Delta X = AB\sin\varphi_{AB}$
距離交會法    →  餘弦定理求一角  ──────┘         $\Delta Y = AB\cos\varphi_{AB}$
                                                         ↑
後方交會法    →  正弦定理、餘弦定理求一邊一角  ──────┘

直線交會法    →  解二個聯立直線方程式得 (X,Y)
```

圖 5-12(a)　計算座標方法的比較

導線法(1 角 1 距)　　支距法(2 支距)　　偏角法(1 角 1 距)

前方交會法(2 角)　　距離交會法(2 距)　　後方交會法(2 角)

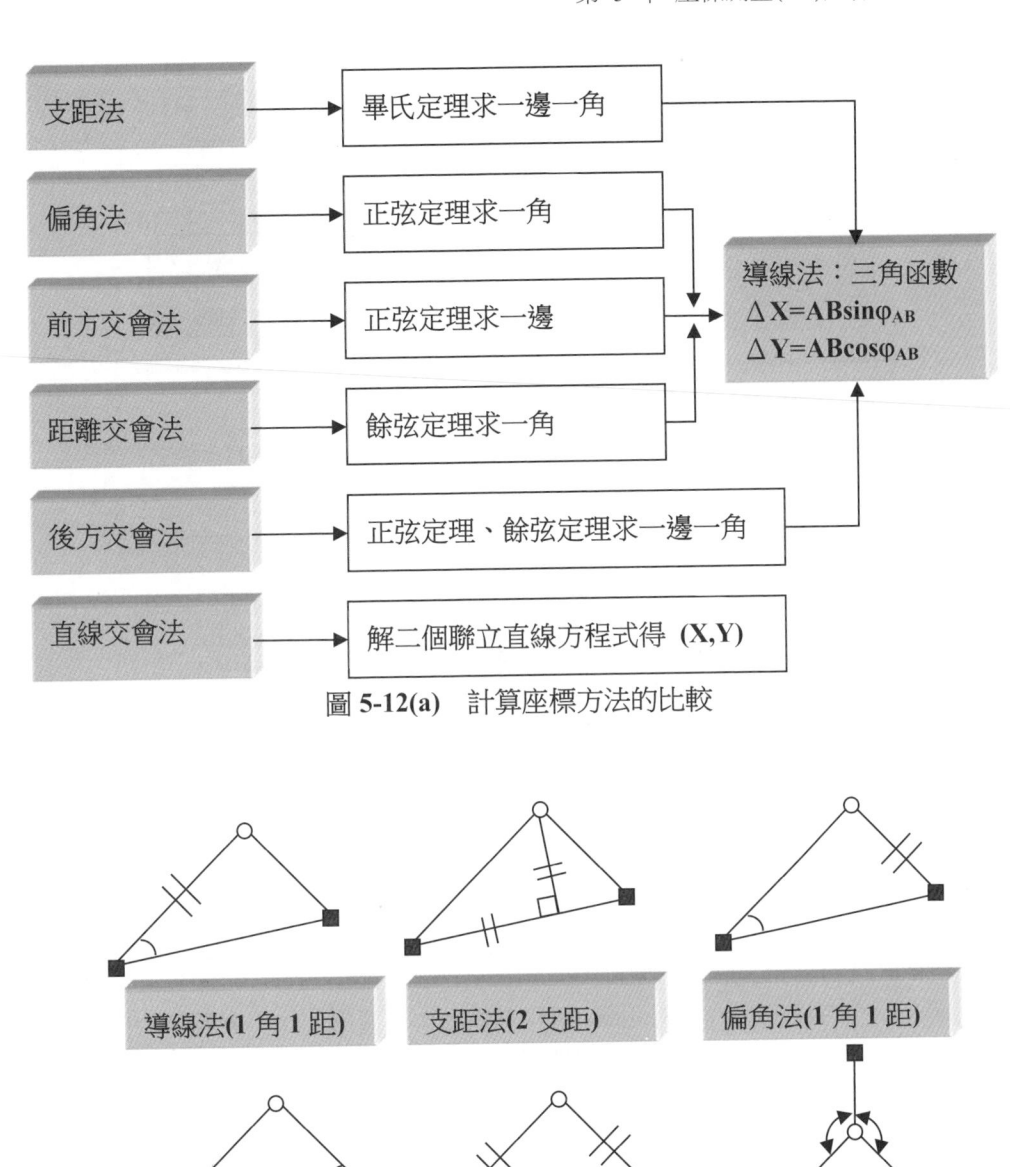

圖 5-12(b)　計算座標方法的比較

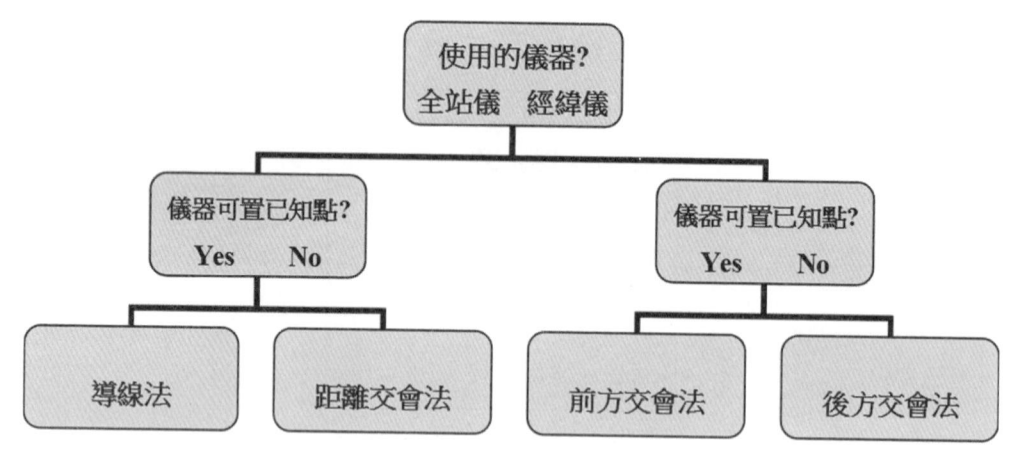

```
                    使用的儀器?
                    全站儀 經緯儀
                   /            \
        儀器可置已知點?        儀器可置已知點?
         Yes    No              Yes    No
         /       \               /       \
      導線法   距離交會法    前方交會法  後方交會法
```

圖 5-13　座標測量方法的選擇

習題

5-2 直角座標與極座標之轉換

直角座標換成極座標

同例題 5-1，但數據改成：A 座標 (X, Y)=(200.00, 300.00)，B 座標 (X, Y)=(800.00, 100.00)，P 座標 (X, Y)=(100.00, 100.00) [97 年公務員普考]
[解] (1) AB=632.456，ϕ_{AB} = 108°26'6"　(2) AP=223.607，ϕ_{AP} = 206°33'54"

極座標換成直角座標

同例題 5-2，但數據改成：AB 距離 =632.46 m，AB 方位角 = 108°26'6"，A 座標 (X, Y)=(200.00, 300.00) [103 年公務員普考]
[解] X_B=800.004，Y_B=99.998

某直線之磁方向角測得為 S43°30'E，其真北方向角為 S41°30'E，試問觀測地之磁偏角為若干？磁偏角之方向為何？[80 二級土木公務高考]
[解]偏東 2°

設已知隧道進出口中心樁 A、B 的座標值及高程分別為：X_A=3526.50 m，Y_A=12417.80 m；X_B=3184.20 m，Y_B=13133.40 m；H_A=81.65 m，H_B=69.38 m。
(1) 試計算 AB 中心線的水平距離、坡度、方位角 ϕ_{AB}、斜距值。

(2) 又在隧道進口 **A** 點上，可通視附近一已知點 **M**，試問如何能在 **A** 點精確標定得 **AB** 中心線方向，繪圖表示並詳加說明之。[80 土木技師高考]

[解]
(1) 應用「直角座標換成極座標」得：**AB** 中心線的水平距離=793.254 m，方位角 φ_{AB}=334°26'11"，坡度= -1.55%，斜距=793.349 m。

(2) (a) 計算 **AM** 中心線的方位角 ϕ_{AM}。 (b) ∠MAB=ϕ_{AB} − ϕ_{AM}。
(c) 利用 **AM** 邊測設 ∠MAB 即得 **AB** 中心線方向。

5-3 三角幾何換算與正弦定理及餘弦定理

1 邊 2 角三角幾何換算

已知 **AB**=632.46，∠A=45°0'0"，∠B=30°57'50"，試求 **AC**，**BC**，∠C。

[解]
(1) ∠C=180° − ∠A − ∠B=104°2'10"　(2) 由正弦定理知 **AC**=335.41，**BC**=460.98。

2 邊 1 角三角幾何換算

已知 **AB**=632.46，**AC**=335.41，∠A=45°0'0"，試求 **BC**，∠B，∠C。

[解]

$BC = \sqrt{AB^2 + AC^2 - 2AB \cdot AC \cdot \cos A} = 460.98$

$\angle B = \cos^{-1}\left(\dfrac{a^2 + c^2 - b^2}{2ac}\right) = 30°57'48"$　　$\angle C = \cos^{-1}\left(\dfrac{a^2 + b^2 - c^2}{2ab}\right) = 104°2'12"$

3 邊 0 角三角幾何換算

已知 **AB**=632.46，**AC**=335.41，**BC**=460.98，試求 ∠A，∠B，∠C。

[解]

$\angle A = \cos^{-1}\left(\dfrac{b^2 + c^2 - a^2}{2bc}\right) = 44°59'59"$　　$\angle B = \cos^{-1}\left(\dfrac{a^2 + c^2 - b^2}{2ac}\right) = 30°57'48"$

$\angle C = \cos^{-1}\left(\dfrac{a^2 + b^2 - c^2}{2ab}\right) = 104°2'12"$

3 點座標三角幾何換算

已知 A 座標 (X, Y)=(200.00, 300.00)，B 座標 (X, Y)=(800.00, 100.00)，C 座標 (X, Y)=(500.00, 450.00)，試求 (1) AB，BC，AC (2) ∠A，∠B，∠C。

[解]

$$AB = \sqrt{(X_B - X_A)^2 + (Y_B - Y_A)^2} = 632.46$$

$$BC = \sqrt{(X_C - X_B)^2 + (Y_C - Y_B)^2} = 460.98$$

$$AC = \sqrt{(X_C - X_A)^2 + (Y_C - Y_A)^2} = 335.41$$

$$\angle A = \cos^{-1}\left(\frac{b^2 + c^2 - a^2}{2bc}\right) = 45°0'0" \quad \angle B = \cos^{-1}\left(\frac{a^2 + c^2 - b^2}{2ac}\right) = 30°57'50"$$

$$\angle C = \cos^{-1}\left(\frac{a^2 + b^2 - c^2}{2ab}\right) = 104°2'10"$$

5-4 直線方程式

已知 A 座標 (X, Y)=(200.00, 300.00)，B 座標 (X, Y)=(800.00, 100.00)，C 座標 (X, Y)=(500.00, 450.00)，(1) 試求 AB 之直線方程式，(2) 設 G 點位於 AB 間之直線上，AG=237.17，試求 G 點座標，(3) 由 C 點對 AB 作垂直線，試求垂足之座標？ [81 土木技師高考類似題]

[解]

(1) 直線方程式 $Y_P = mX_P + b$

其中 $m = \dfrac{Y_B - Y_A}{X_B - X_A} = -\dfrac{1}{3}$ $\quad b = Y_A - mX_A = 366.67$

(2) G 座標 (X, Y)=(425.00，225.00) (3) X 座標 (X, Y)=(425.00，225.00)

5-5 導線法

同例題 5-8，但 C 點在 AB 之右側。[解] C 點座標 (X, Y)=(729.41，-17.65)

同例題 5-8，但數據改成：∠CAB=45°0'0"，AC=335.41 m，A 座標 (X, Y)= (200.00, 300.00)，B 座標 (X, Y)=(800.00, 100.00)
[解] C 點座標 (X, Y)=(500.00, 450.00)

5-6 偏角法

同例題 5-9，但 C 點在 AB 之右側。
[解] C 點座標 (X, Y)=(729.41，-17.65) 或 (944.35，-57.82)

同例題 5-9，但數據改成：∠CAB=45°0'0"，BC=460.98 m，A 座標 (X, Y)= (200.00, 300.00)，B 座標 (X, Y)=(800.00, 100.00)
[解] C 點座標 (X, Y)=(700.01，550.01) 或 (499.99，450.00)

5-7 支距法

同例題 5-10，但 C 點在 AB 之右側。
[解] C 點座標 (X, Y)=(729.41，-17.65)

同例題 5-10，但數據改成：AG=237.17，CG=237.17，A 座標 (X, Y)=(200.00, 300.00)，B 座標 (X, Y)=(800.00, 100.00)
[解] C 點座標 (X, Y)=(500.00, 450.00)

5-8 前方交會法

同例題 5-11，但 C 點在 AB 之右側。[解] C 點座標 (X, Y)=(729.41，-17.65)

同例題 5-11，但數據改成：∠CAB=45°0'0"，∠CBA=30°57'50"，A 座標 (X, Y)= (200.00, 300.00)，B 座標 (X, Y)=(800.00, 100.00)
[81-2 土技檢覈類似題] [81-1 土技檢覈類似題] [99 年公務員普考]
[解] C 點座標 (X, Y)=(500.00, 450.00)

5-9 後方交會法

同例題 5-12，但數據改成：∠DCA=129°5'35"，∠DCB=126°52'12"，A 座標(X, Y)= (200.00,300.00)，B 座標 (X,Y)=(800.00,100.00)，D 座標 (X,Y)=(600.00,900.00)
[解] C 點座標 (X, Y)=(500.00, 450.00)

何謂危險圓? 試繪圖說明。
[解] 參見 5-9 節。

如右圖，觀測 α 及 β 之後方交會中，已知點 T_1，T_2，T_3 與未知點 P 共圓。現擬增加觀測量以補強 P 點定位之精度。方案有下列三者：(1) 增測 $\angle T_1PT_3$，(2) 增測 PT_2 之距離，(3) 增測 PT_3 之距離。假設測角與測距精度相當，請比較三個方案何者最優，何者最劣。[100年土木技師]
[解]

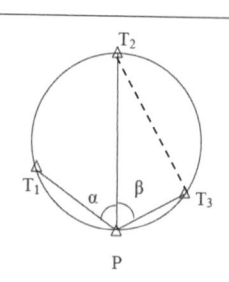

(1) 差。因為增測 $\angle T_1PT_3$ 只能改善 α 及 β 之測角精度，但仍然無法擺脫後方交會的危險圓問題。

(2) 佳。因為增測 PT_2 之距離能以正弦定理算出 $\angle T_2T_3P$：

$$\frac{T_2T_3}{\sin\beta} = \frac{PT_2}{\sin\angle T_2T_3P}$$ 再算出 $\angle PT_2T_3 = 180 - \beta - \angle T_2T_3P$

利用 $\angle PT_2T_3$ 與 PT_2 即可算出 P 點坐標(光線法)

(3) 佳。因為增測 PT_3 之距離能以正弦定理算出 $\angle PT_2T_3$：

$$\frac{T_2T_3}{\sin\beta} = \frac{PT_3}{\sin\angle PT_2T_3}$$ 再算出 $\angle T_2T_3P = 180 - \beta - \angle PT_2T_3$

利用 $\angle T_2T_3P$ 與 PT_3 即可算出 P 點坐標 (光線法)

比較 (2) (3) 兩法，(3) 的放樣距離較短，較為有利。

5-10 距離交會法

同例題 5-13，但 C 點在 AB 之右側。
[解] C 點座標 (X, Y)=(729.41，-17.65)

同例題 5-13，但數據改成：AC=335.41 m，BC=460.98 m，A 座標 (X, Y)= (200.00, 300.00)，B 座標 (X, Y)=(800.00, 100.00)
[解] C 點座標 (X, Y)=(500.00, 450.00)

5-11 直線交會法

同例題 5-14，但數據改成：A 座標 (X, Y)=(200.00, 300.00)，B 座標 (X, Y)= (800.00, 100.00)，E 座標 (X, Y)=(900.00,650.00)，F 座標 (X,Y)=(200.00,800.00)
[解] C 點座標 (X, Y)=(500.00, 450.00)

已知 A 點座標 (1250，1300)，B 點座標 (1320，1170)，今以比例 1/500 展點，圖框左下角座標 (1200，1250)，右上角座標 (1400，1400)，試求 AB 邊與圖框交點座標。

[解]

(1) 先解 AB 的直線方程式 $Y_P = mX_P + b$

其中 $m = \dfrac{Y_B - Y_A}{X_B - X_A} = -1.857$ $\quad b = Y_A - mX_A = 3621.429$

(2) 將 X=1200, 1400 代入得 Y=1392.857, 1021.429，因此交點在(1200, 1392.857)。

(3) 將 Y=1250, 1400 代入得 X=1276.923, 0.120495，因此交點在(1276.923, 1250)。

綜合題

(1) 分別說明以經緯儀施測前方交會法、側方交會法及後方交會法之意義。

(2) 請分別寫出此三種交會法中各個方法的已知量、觀測量及欲求量。

[90 年公務員普考]

[解] (1) 參考第 5-8 節 (前方交會法)、第 5-9 節 (後方交會法)。側方交會法是前方交會法之變形，當測量的角度中有一個是在未知點上時，稱為「側方交會法」。(2) 參考本章各節。

已知 A、B 兩點，其座標分別為 (X_A, Y_A, H_A)；(X_B, Y_B, H_B)，一全測站經緯儀整置於 A 點，照準 B 點後，水平度盤歸零，依順時鐘方向照準一未知點 P 之稜鏡，觀測得水平角 α_P、天頂距 Z_P 及斜距 S_{AP}，量得儀器高 i_A 及稜鏡高 z_B，請說明計算 P 點座標 (X_P, Y_P, H_P) 之程序並推演其計算公式。[90 年公務員普考]

[解] 先將斜距化為水平距離，平面座標用導線法 (第 5-5 節)、高程用三角高程測量 (第 2-10 節、2-11 節)。

在平坦寬闊的地面上，有一座寶塔。塔頂清晰可見，但不能攀登，今欲測量塔頂至地面高度，可使用儀器，僅有經緯儀、卷尺及標桿等繪圖並解釋下列問題。(1) 如何規劃測量，要做哪些觀測？(2) 如何由觀測結果計算塔頂高度，須列計算公式，但不限定公式，能解即可。

[解]

(1) 距離測量、水平角測量與三角高程測量。

(2) 設塔頂為 C 點，於地面佈 A，B 二點

   (a) 距離測量：用捲尺量 AB   (b) 水平角測量：∠A 與 ∠B

(c) ∠C=180°-(∠A+∠B)　　　　**(d)** 用正弦定理 $AC = \dfrac{AB \sin B}{\sin C}$

(e) 於 A 點對 C 點進行三角高程測量：水平距離 D=AC，測量垂直角α與儀器高 i (瞄準高 Z 為零，不必測量)

$$H_C = H_A + D\tan\alpha + i - Z + \dfrac{(1-k)D^2}{2R}$$

第 6 章   座標測量(二) 全站儀

6-1 本章提示
6-2 全站儀構造
6-3 全站儀測量
6-4 自由測站法
6-5 遇障礙物測量法
6-6 懸高測量法
6-7 本章摘要

6-1 本章提示

　　要得到一個點位的座標，除了透過座標幾何計算之外，現代測量大多使用全站儀作直接座標測量。以全站儀作直接座標測量的方法有四種：
(1)控制點法：需二已知點，在已知點設測站。
(2)後方交會法：需三已知點，可自由設測站，測二個夾角推算測站座標。
(3)距離交會法：需二已知點，可自由設測站，測二個距離推算測站座標。
(4)自由測站法：需二已知點，可自由設測站，可自由假設方向，測二個已知點座標，推算測站座標與其它觀測點座標。

6-2   全站儀構造
6-2-1 全站儀

　　全站儀 (Total Station)(圖 6-1)乃整合電子經緯儀、電子測距儀、電子計算機及電子記錄器成一體之儀器。全站儀可以看成是：「全站儀 = 電子測距儀 + 電子經緯儀 + 電子計算機 + 電子記錄器」。全站儀利用電子經緯儀測角、電子測距儀測距、電子計算機計算座標，其讀數除可以自動顯示外，也可傳輸給電子記錄器(電子手簿)。

　　電子記錄器實際上是一台帶接口的可在野外條件下工作的小型電子計算機。專用的程式可使該計算機完成自動數據記錄、簡單的數據處理、數據儲存等工作。簡單的數據處理功能包括把斜距、垂直角換算成水平距離和高差；對實測距離加多項改正數；控制點法、後方交會法、距離交會法、自由測站法等計算。儲存在計算機內的數據可以通過接口輸給功能較大的計算機，以便進一步計算，並能透過室內計算機的周邊設備輸出結果。全站型儀器測得的數據也可以直接傳給功能較大的計算機，這樣幾台儀器同時與一台計算機聯結，可以即時進行計算，例如可以即時算得交會點的三維座標。

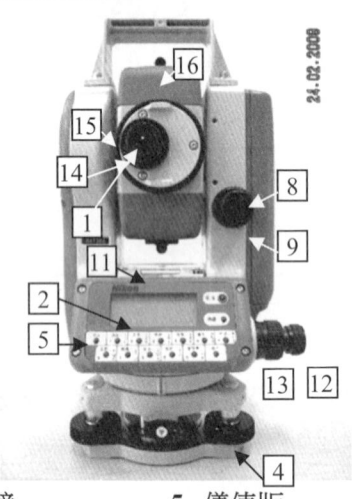

1. 目鏡
2. 儀俵螢幕
3. 圓盒水準器
4. 踵定螺旋
5. 儀俵版
6. 物鏡
7. 電池
8. 垂直制動螺旋
9. 垂直微動螺旋
10. 光學對點器
11. 管狀水準器
12. 水平制動螺旋
13. 水平微動螺旋
14. 目鏡焦距環
15. 物鏡焦距環
16. 瞄準器

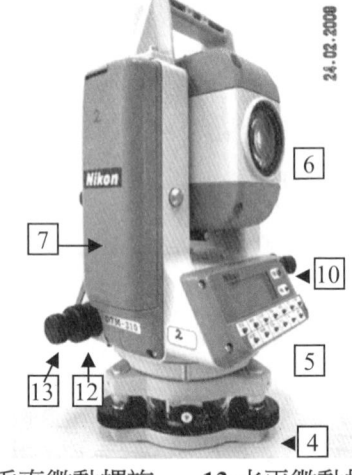

圖 6-1　全站儀

　　全站儀在觀測時，望遠鏡視準軸對準目標的工作仍由人完成，但一旦完成照準，只要按下功能鍵，即可進行測量。其功能鍵通常包括：
1.距離測量 (水平距離、斜距)
2.高程測量 (利用三角高程測量原理)
3.角度測量 (水平角測量、垂直角測量)
4.座標測量 (N：縱座標，E：橫座標，Z：高程)
5.座標測設

　　有的機型還提供一種便於放樣的特製反光稜鏡，當把它立於待放樣點附近時，架在已知點上的此種全站儀可測算其座標，然後把它與事先存在計算機內的座標作比較，求得立鏡點偏離待放樣點的值 (歸化值)，此全站儀的載波把此歸化值傳遞給反光稜鏡，該特製反光鏡上的接收器接收此信號後把歸化值顯示出來，持鏡者就可知道該怎樣修正以便找到待放樣的點位。

6-2-2 自動補償系統全站儀

當直立軸未處於垂直位置時，視準軸上下仰俯而成一斜面。由此所生誤差對於水平角、垂直角之影響，不僅因視線之高低而不同，並隨觀測方向而變異。此誤差無法透過正倒鏡觀測法消除。全站儀特有的雙軸（或單軸）傾斜自動補償系統，在傾角不大，例如小於 3° 下，可以監測直立軸的傾斜，並自動改正直立軸傾斜造成的測角誤差，讓度盤顯示正確的測量結果。自動補償系統可分成三種：
- 單軸補償：補償直立軸誤差對垂直角度盤讀數的影響。
- 雙軸補償：補償直立軸誤差對垂直角度盤和水平度盤讀數的影響。
- 三軸補償：實現包括視準軸在內的三軸自動補償。三軸自動補償系統全站儀的缺點是抵抗惡劣環境條件的能力較差，如在震源附近、風大等條件下，測角誤差較大，因此三軸補償系統全站儀適合在精度要求較高、環境條件較佳的情況下使用。

6-2-3 自動全站儀

近來更有在全站型儀器上裝置二個伺服馬達的全自動追蹤全站儀，簡稱自動全站儀，又稱為測量機器人。它能驅動望遠鏡平轉運動和縱轉運動，並能自動搜索稜鏡目標，在測量放樣工作上進一步節省技術人工，並提高了作業的效率。

自動全站儀 (圖 6-2) 具有步進馬達、**CCD (Charge Coupled Device**，感光耦合元件)、智能軟體、無線通信。其中 **CCD** 為數位相機中可記錄光線變化的半導體，通常以百萬像素(**megapixel**) 為單位。測量機器人是一個集合自動目標識別、照準、目標跟蹤、測量、記錄於一體的測量平臺，可代替測量人員操作全站儀照准、讀數，實現了監測自動化和一體化。

自動全站儀的測量方式分成兩種：
(1) 主動式：由持稜鏡測量人員以遙控方式指揮測量機器人自動目標識別、照準、目標跟蹤、測量、記錄，並以無線通信將結果傳給測量人員，因此無論測量或放樣都十分適用。
(2) 被動式：第一次先由測量人員操作一次測量，測量機器人具有學習能力，其後的重複性測量可由測量機器人完成,因此特別適合遠距離變位監測,例如滑坡、大壩。

6-2-4 超站儀

傳統的全站儀的兩大優點是：**(1)** 精度高，可達 mm 級。**(2)** 無需透空，可在都市街道中測量。缺點是需要儀器放在一個控制點，並以另一個控制點定向；或者儀器放在一個未知點上，用距離交會法測定未知點的座標。

機型	IS201	IS203
測角精度	1"	3"
角度顯示	0.5"/1"	1"/5"
角度顯示	0.5"/1"	
補償器	雙軸補償，±6'	
測距精度	稜鏡模式，±(2mm＋2ppm×D)mm	
測距範圍	單稜鏡--3000 公尺	
	免稜鏡--2000 公尺	
數位相機	CMOS，130 萬畫數	
3D 掃描	有，最快每秒 20 點	
處理器	IntelPXA255400MHz	
記憶體	128MB/RAM	
OS	WindowsCE.NET4.2	
保護等級	IP54 防塵防水型	
單人遙測	有(選配)	有(選配)
自動視準	有	有
自動追尾	有	有

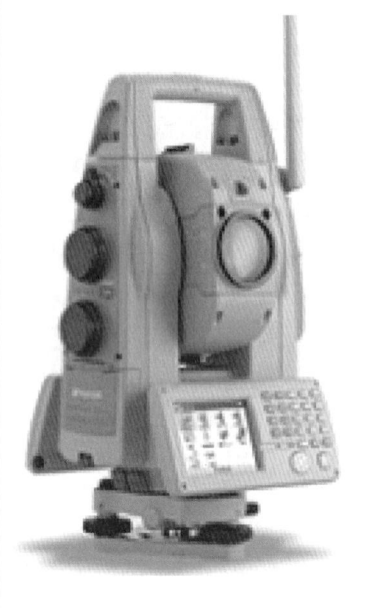

圖 6-2 自動全站儀(脈衝式免稜鏡自動追蹤影像全站儀(IS2)

衛星定位測量 GNSS 利用太空中的人造衛星來定位，因此具有不需控制點就可測量 (使用單點精密定位 PPP，或使用網路 RTK)，或者需要一個不需通視，相距約 10 公里以內的控制點 (使用傳統 RTK) 就能定位的優點。但它的缺點有兩個：(1) 精度無法達到 mm 級 (除非使用靜態基線測量，但這種方法需要長時間的觀測與複雜的後處理，無法立即得到結果)。(2) 在城市中對空遮蔽物多的情況下，無法收到四顆以上衛星訊號下無法使用。全站儀與衛星定位測量之優點、缺點比較見表 6-1。

超站儀 (圖 6-3) 是將全站儀與衛星定位測量 (GNSS) 有機整合在一起的新型測量設備，可以結合雙方的優點，即
(1) 當現場無控制點，無法使用全站儀時，以 GNSS 測量得到控制點座標，接著用全站儀做後續精密測量、放樣。
(2) 當對空遮蔽物多的區域，無法以 GNSS 測量時，以全站儀用導線法穿越此區域後，接著用 GNSS 測量。
超站儀的測量方式分成二種：

第 6 章 座標測量(二) 全站儀　6-5

表 6-1 全站儀與衛星定位測量之優點、缺點比較

	全站儀	衛星定位測量
優點	精度高，可達 mm 級。 無需透空	不需要可通視之控制點
缺點	需要可通視之控制點	精度不易達 mm 級。 需透空

GPS 部分	RTK 定位精度	平面 ±10mm＋$1\times10^{-6}\cdot D$ 高程 ±20mm＋$1\times10^{-6}\cdot D$ 
	靜態精度	平面 ±3mm＋$1\times10^{-6}\cdot D$ 高程 ±5mm＋$1\times10^{-6}\cdot D$
	碼差分定位精度	0.45 米
	單機定位精度	1.5 米
全站 儀部 分	物鏡有效孔徑	45mm
	鏡筒長	156mm
	視場	1°30′
	解析度	3″
	放大倍率	30X
	最短視距	1.5m
	最小讀數	1″/5″
	測角精度	2″

測程	500m/免稜鏡
	800m/反光片
	1200m/迷你稜鏡
	5000m/單稜鏡
精測(稜鏡)	±(2mm＋$2\times10^{-6}\cdot D$)
測距時間	1.2 秒（初次 3 秒）/ 精測模式 0.5 秒 / 跟蹤模式
補償範圍	±3′
補償類型	雙軸，液體電子傳感補償

圖 6-3 超站儀 (蘇一光 810 型超站儀)

(1) 現場有控制點時：超站儀通過使用單點精密定位(PPP)、網路 RTK，或現場臨時建立的基準站的信號，利用傳統 RTK 定位功能得到測站的座標，配合現場的控制點定向，然後進行碎部點測量或放樣。

(2) 現場無控制點時：在沒有任何控制點的情況下，在用 GNSS 得到測站(A 點)的座標後，可借助現場一個假定控制點(B 點)進行定向，然後就可以進行碎部點測量或放樣。當完成本站測量後可搬至剛才假定的控制點(B 點)用 GNSS 得到測站的座標，再用 A 點定向，這時程式會將上一站(A 點)以假定控制點(B 點)定向得到的臨時性測量結果進行糾正與更新，得到正確的座標成果。

　　由於超站儀集成了全站儀及 GNSS 的功能，可實現無控制點情況下的外業測量，這種作業模式可以大大改善傳統的作業方法，應用領域非常廣泛，比如對於偏遠山區、農村地區的礦山測量、線路測量、工程放樣、地形測圖等測量工作，能夠大大提高工作效率，節省人力物力資源。

6-3　全站儀測量

　　以全站儀作直接座標測量的設站方法有四種 (參考圖 6-4)：

1. 控制點法：需二已知點，在已知點設測站，以導線法原理(一邊一角)得到座標。
2. 後方交會法：需三已知點，可自由設測站，測二個夾角推算測站座標。
3. 距離交會法：需二已知點，可自由設測站，測二個距離推算測站座標。
4. 自由測站法：需二已知點，可自由設測站，可自由假設方向，測二個已知點座標，推算測站座標與其它觀測點座標。

1. 控制點法

　　控制點法需二個已知點，並在其中一個已知點設測站，其直接座標測量步驟如下 (圖 6-5)：

(1) 架設儀器於測站，進行定心、定平。
(2) 輸入儀器高，瞄準高，測站座標，後視座標。
(3) 照準後視稜鏡。
(4) 按一功能鍵即可輸入方位角 (由於已輸入測站座標、後視座標，儀器可自動依「直角座標換成極座標」方法計算方位角)。
(5) 照準未知點稜鏡，按一功能鍵即可得未知點座標 (因為全站儀在步驟 (4) 後已定向，即螢幕顯示之角度為方位角，且又可測得距離，故可自動依「極座標換成直角座標」方法計算座標)。

(a) 控制點法

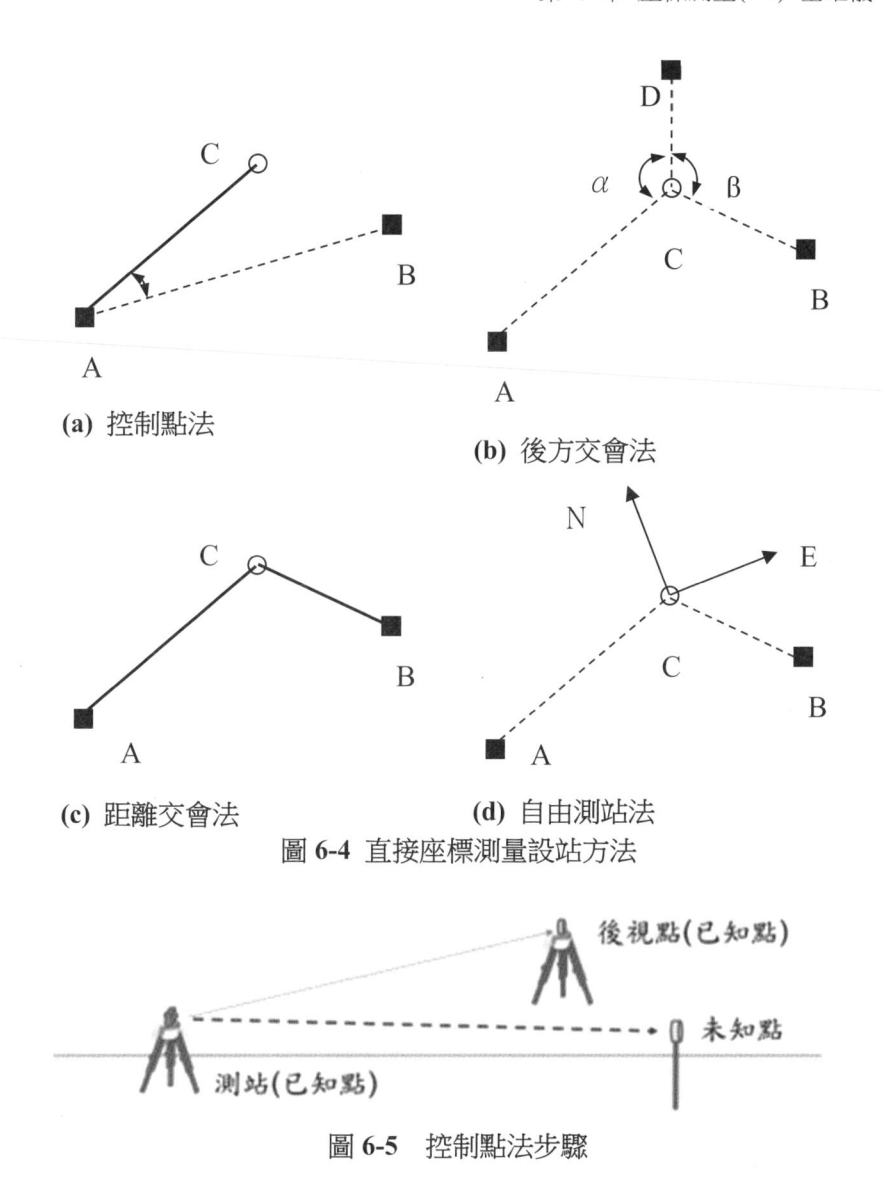

(b) 後方交會法

(c) 距離交會法

(d) 自由測站法

圖 6-4 直接座標測量設站方法

圖 6-5 控制點法步驟

2.後方交會法

後方交會法需三已知點，可自由設測站，測二個夾角推算測站座標，其直接座標測量步驟如下 (圖 6-6)：

(1) 於測站瞄準三已知點，測二個夾角，依後方交會法推算測站座標 (詳本章後方交會法一節)。
(2) 得知測站座標後可依控制點法進行直接座標測量。

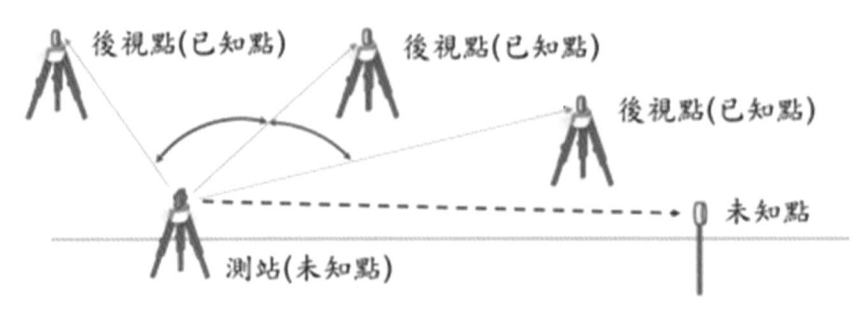

圖 6-6 後方交會法步驟

3.距離交會法

　　距離交會法需二已知點，可自由設測站，測二個距離推算測站座標，其直接座標測量步驟如下 (圖 6-7)：

(1) 於測站分別瞄準二已知點，測其距離，依距離交會法推算測站座標 (詳本章距離交會法一節)。

(2) 得知測站座標後可依控制點法進行直接座標測量。

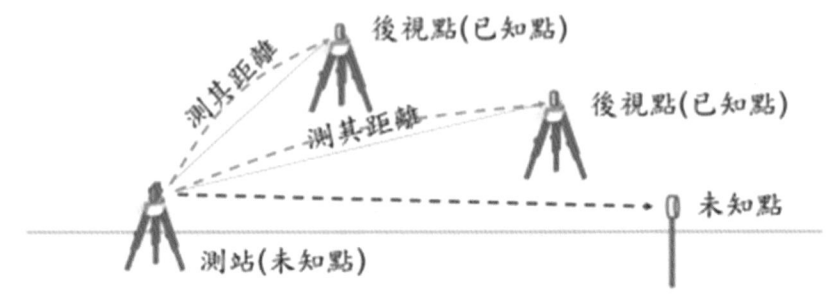

圖 6-7 距離交會法步驟

4.自由測站法

　　自由測站法需二已知點，可自由設測站，不必先推算測站座標，只要測二個已知點座標，即可推算測站座標與其它觀測點座標，其直接座標測量步驟(圖 6-8)：

(1) 同前述之控制點法進行測量，但注意
　　(a) 測站不需是已知點，可自由設測站，並假設其座標，如(X,Y,Z)=(0,0,0)。
　　(b) 可自由假設任一方向為北方，不需後視點。
　　(c) 觀測點中至少有二點是已知點。

(2) 依自由測站法推算測站座標與其它觀測點座標 (詳下一節)。

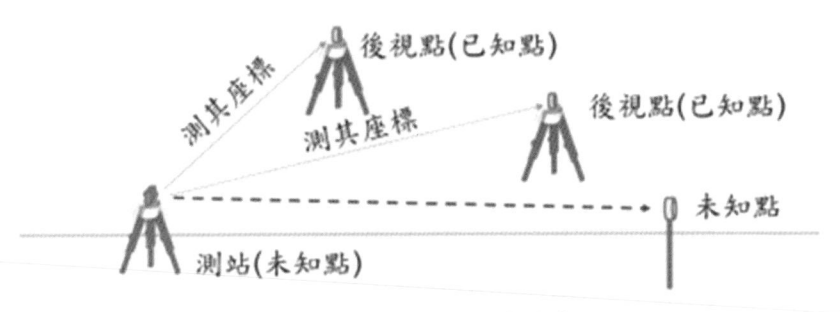

圖 6-8 自由測站法步驟

6-4 自由測站法

自由測站法乃是一種較新穎的測量法，它的發展全賴電腦的發明，因為它需要大量的計算。它具有許多優點，因此發展迅速。本節將說明自由測站法的原理、優點、程序、選點、計算。

6-4-1 自由測站法之原理

自由測站法乃是以一測站為一座標系 (以下簡稱測站座標系，或局部座標系)，不同之觀測站具有不同之測站座標系，最後以座標轉換將各測站座標系轉換至相同之座標系 (以下簡稱全區座標系，或全域座標系)，故施測時可以任意點為測站，任意方向為北方，觀測得測站附近各點之以測站座標系為基準之座標值。自由測站法中各種點的定義如下：

1. **測站點**：設置儀器之點。
2. **共同點**：為了使全區有統一之座標 (全區座標系)，故部分的點位需被兩個或多個測站所觀測，以求得各測站之轉換關係，此種被兩個以上之測站所觀測之點稱為共同點 (common point)。
3. **控制點**：已知全區座標之點稱為控制點 (control point)。若欲以已知座標系 (例如 TWD97 之座標系) 為全區座標系，則部分測站須觀測控制點。
4. **單點**：非控制點，且僅被某一測站所觀測，則稱為單點 (single point)。通常為地物或地形要點。

圖 6-9 中有 2 個測站，3 個控制點 (A, B, C)，1 個共同點 (F) 及 2 個單點 (D, E)，以自由測站法施測後可得二個不同之測站座標系，經座標轉換後可得全區座標系。

6-10　第 6 章　座標測量(二) 全站儀

圖 6-9 自由測站法之原理

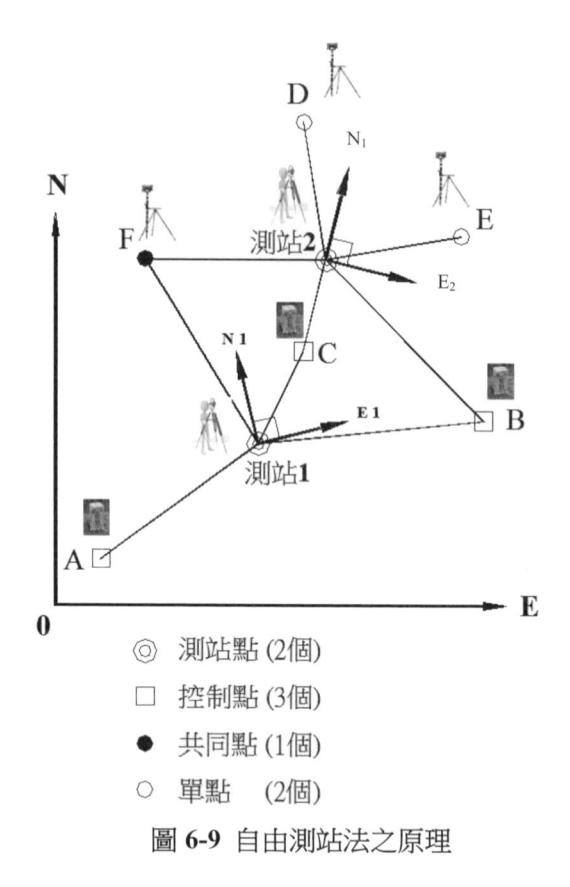

◎ 測站點 (2個)
□ 控制點 (3個)
● 共同點 (1個)
○ 單點　(2個)

在No.1自由測站

A, B, C已知點，F未知點

在No.2自由測站

B, C, F已知點，D, E未知點

圖 6-10 自由測站法之步驟

6-4-2 自由測站法之優點

自由測站法之優點如下：

1.施測時
(1) 可於任意點設測站，不需置於控制點，故可於欲測區域附近設測站，方便細部測量實施。
(2) 可以任意方向為北方，不需後視照準控制點已決定方位之操作，故測站附近不需有可通視之控制點配合，佈點十分自由。
(3) 控制測量與細部測量可同時施測。
(4) 控制點不需先行檢測。

2.平差時
(1) 全區平差解算，點位精度甚為均勻。
(2) 不需先行計算各點之近似座標。
(3) 不需計算投影改正。
(4) 觀測值即為平差程式之輸入值，不需尋找各測站或觀測量之關係，故觀測值不需再加整理。

總之，自由測站法具有施測方便，平差簡易，精度均勻之優點。當一測區需要較密集之圖根點與細部點時，在達相同精度要求之條件下，此法最具迅速、經濟及可靠性。

6-4-3 自由測站法之程序

自由測站法之作業程序說明如下：

1.作業計畫及準備：按測量之目的、區域之大小、地形之情況，並實地踏勘，以決定測點 (測站、共同點、控制點、單點) 分佈位置及密度，測量精度與測量器材，並擬定作業計畫及經費預算。
2.選點及埋設標誌。
3.測站座標系測量：在各測站依其測站座標系進行座標測量。
4.全區座標系轉換：依共同點關係將各測站轉換至全區座標系。
5.展繪測點。

6-4-4 自由測站法之選點

自由測站法之選點原則如下：

1. **測站**：能便於放置儀器，且可觀測二個以上之共同點或控制點 (如此才能求得轉換至全區座標系之轉換關係)，並能觀測大量單點者。
2. **共同點**：能被兩個以上之測站所觀測者。
3. **控制點**：能被一個以上之測站所觀測，且已知全區座標者。
4. **單點**：能被一個測站所觀測，且為地物或地形要點者。

6-4-5 自由測站法之計算

如果有 **2** 個以上點既具有全區座標 **(X, Y)**，又具有測站座標 **(A, B)**，則可利用「座標轉換」將所有測點的測站座標轉換成全區座標。座標轉換的計算方法可請參考第八章之平面直角座標之間的轉換一節。

例題 **6-1** 自由測站法

如圖 6-11，已知 A, B, C 三基準點之全區座標 (表 6-2)，於測站 1 觀測 A, B, C, F 點測站座標 (表 6-3)，於測站 2 觀測 B, C, F, D, E 點測站座標 (表 6-4)，試求 F, D, E 之全區座標？

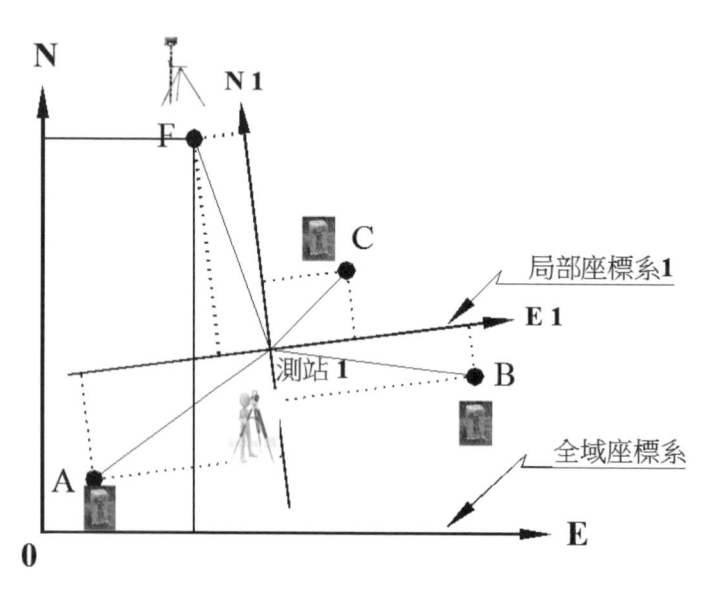

圖 6-11(a)　自由測站法之計算：測站 1 之計算

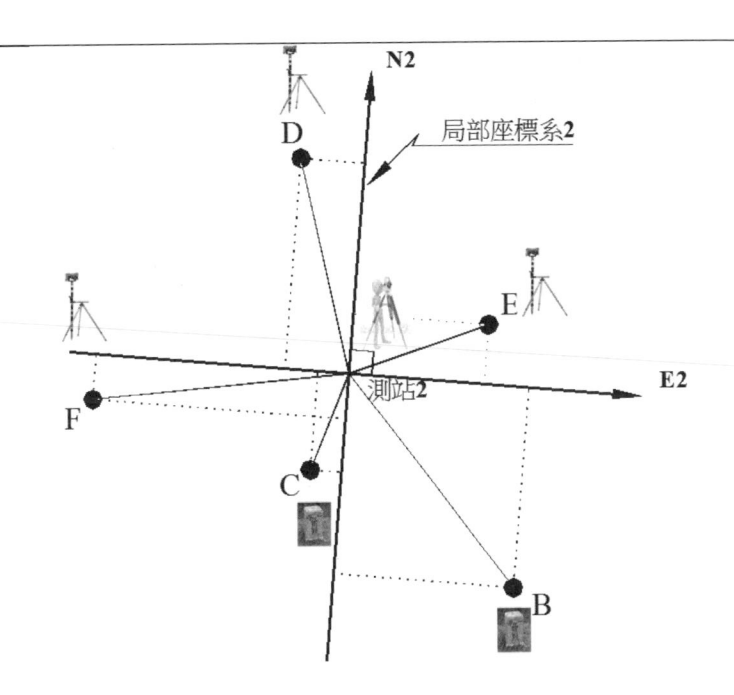

圖 6-11(b)　自由測站法之計算：測站 2 之計算

表 6-2　控制點數據（全區座標）

	X	Y
A	100.00	100.00
B	900.00	300.00
C	600.00	500.00

表 6-3　測站 1 觀測數據

	A	B	備註
A	90.00	10.00	控制點
B	847.00	337.00	控制點
C	518.60	485.80	控制點
F	190.12	634.47	共同點

表 6-4　測站 2 觀測數據

	A	B	備註
B	830.33	415.41	控制點
C	515.55	591.24	控制點
F	200.78	767.07	共同點
D	484.15	990.01	單點
E	749.08	810.25	單點

[解]

(1) 由測站 1 觀測數據，用座標換算將所有測點的測站座標轉換換成全區座標 (表 6-5)，得 F(X, Y)=(299.99, 699.96)。
(2) 由測站 2 觀測數據，用座標換算將所有測點的測站座標轉換換成全區座標 (表 6-6)，得 D(X, Y)=(599.98, 899.98)，E(X, Y)=(849.98, 700.00)。

表 6-5　測站 1 座標轉換結果 (灰底處)

	A	B	X	Y	備註
A	90.00	10.00	100.00	100.00	控制點
B	847.00	337.00	900.00	300.00	控制點
C	518.60	485.80	600.00	500.00	控制點
F	190.12	634.47	299.987	699.962	共同點

表 6-6　測站 2 座標轉換結果 (灰底處)

	A	B	X	Y	備註
B	830.33	415.41	900.00	300.00	控制點
C	515.55	591.24	600.00	500.00	控制點
F	200.78	767.07	299.987	699.962	共同點
D	484.15	990.01	599.974	899.987	單點
E	749.08	810.25	849.982	699.998	單點

6-5 遇障礙物測量法

有時測量的目標會被遮住，如圖 6-12，此時可用偏心法測量。偏心點設置方法與相應的計算目標點座標的幾何原理如下(圖 6-13)。

(1) 直線中點法 (圖 6-14)：在目標點上拉一直線，相等距離處設端點，此兩端點座標值的平均值即目標點的座標值。

$$X_P = \frac{X_A + X_B}{2} \tag{6-1a 式}$$

$$Y_P = \frac{Y_A + Y_B}{2} \tag{6-1b 式}$$

例題 6-2 直線中點法
已知左邊點 (X,Y)=(99.00,102.00)，右邊點 (X,Y)= (101.00, 98.00)。
[解]

$$X = \frac{X_1 + X_2}{2} = (99.00+101.00)/2 = 100.00 \qquad Y = \frac{Y_1 + Y_2}{2} = (102.00+98.00)/2 = 100.00$$

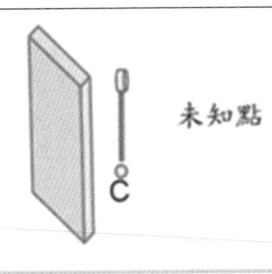

圖 6-12　遇障礙物時之測量問題

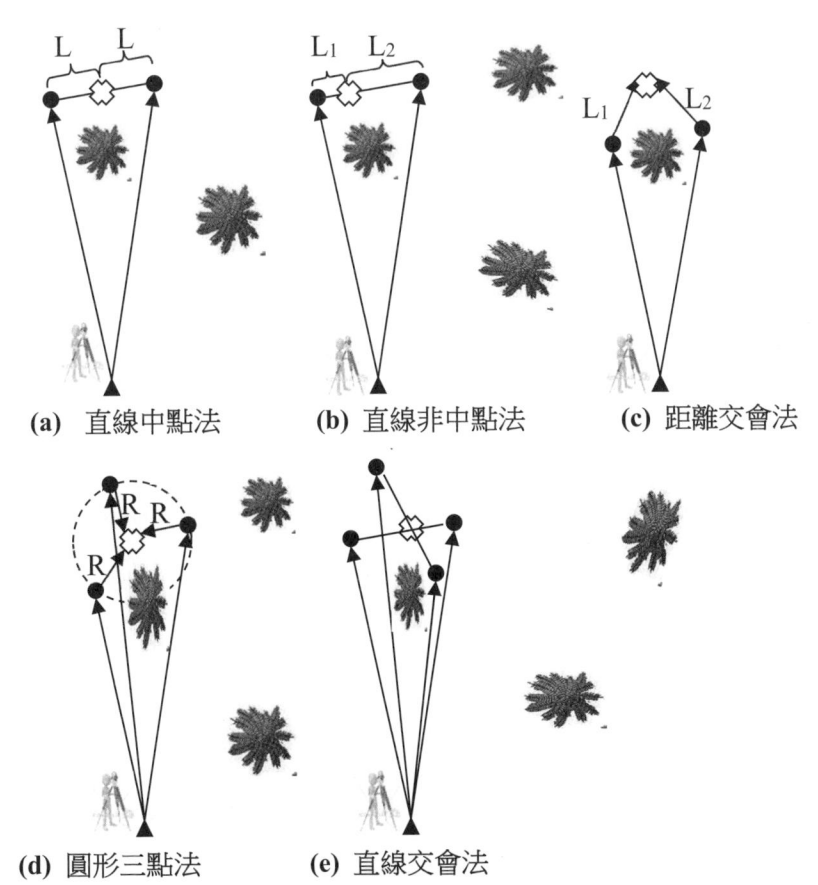

(a) 直線中點法　　**(b)** 直線非中點法　　**(c)** 距離交會法

(d) 圓形三點法　　**(e)** 直線交會法

圖 6-13　遇障礙物時之測量方法

6-16　第 6 章　座標測量(二)　全站儀

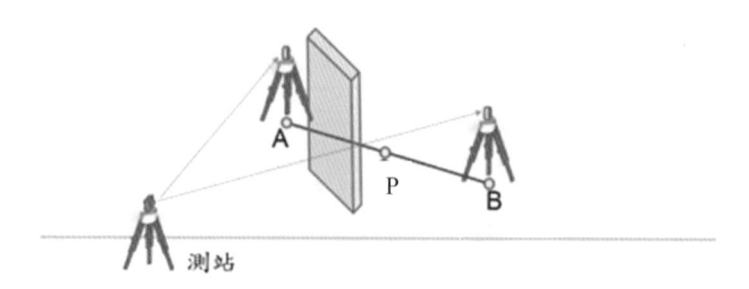

圖 6-14　遇障礙物時之測量方法：直線中點法

(2) 直線非中點法 (圖 6-15)：在目標點上拉一直線，不等距離處設端點，此兩端點座標值的加權平均值即目標點的座標值，權重為距離的倒數：

$$X_P = \frac{\dfrac{1}{L_{PA}}X_A + \dfrac{1}{L_{PB}}X_B}{\dfrac{1}{L_{PA}} + \dfrac{1}{L_{PB}}} = \frac{L_{PB}X_A + L_{PA}X_B}{L_{PA} + L_{PB}} \qquad \text{(6-2a 式)}$$

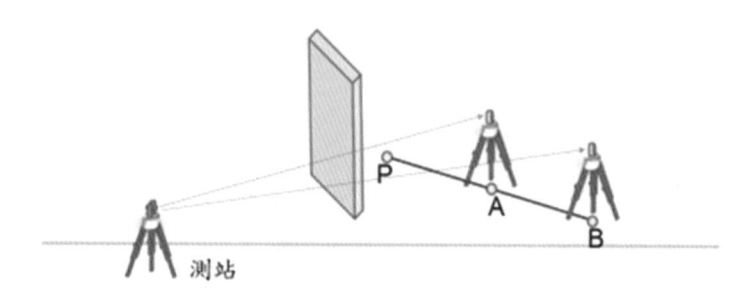

Case 1. P在AB之左　　Case 2. P在AB之中　　Case 3. P在AB之右

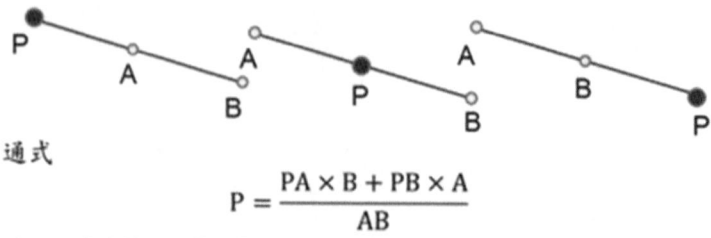

通式

$$P = \frac{PA \times B + PB \times A}{AB}$$

要訣：A在P左，B在P右，如果不是，距離改用負值

圖 6-15　遇障礙物時之測量方法：直線非中點法

$$Y_P = \frac{\frac{1}{L_{PA}}Y_A + \frac{1}{L_{PB}}Y_B}{\frac{1}{L_{PA}} + \frac{1}{L_{PB}}} = \frac{L_{PB}Y_A + L_{PA}Y_B}{L_{PA} + L_{PB}} \quad \text{(6-2b 式)}$$

其中 L_{PA}、L_{PB} 之正負號與 P、A、B 三點關係有關 (假設 A 一律在 B 之左)：

Case 1. P 在 A、B 之左：L_{PA} 取負值；L_{PB} 取正值

Case 2. P 在 A、B 之中：L_{PA} 取正值；L_{PB} 取正值

Case 3. P 在 A、B 之右：L_{PA} 取正值；L_{PB} 取負值

例題 6-3 直線非中點法

(1) P 在 A、B 之左，A 點(X,Y)=(101.00,99.00)，距離偏心點 **1.414 m**，B 點(X,Y)= (102.00, 98.00)，距離偏心點 **2.828 m**。

(2) P 在 A、B 之中，A 點(X,Y)=(99.00,101.00)，距離偏心點 **1.414 m**，B 點(X,Y)= (102.00, 98.00)，距離偏心點 **2.828 m**。

(3) P 在 A、B 之右，A 點(X,Y)=(99.00,101.00)，距離偏心點 **1.414 m**，B 點(X,Y)= (99.5, 100.5)，距離偏心點 **0.707 m**。

[解]

(1) P 在 A、B 之左：L_{PA} 取負值；L_{PB} 取正值

$$X_P = \frac{L_{PB}X_A + L_{PA}X_B}{L_{PA} + L_{PB}} = \frac{2.828(101) - 1.414(102)}{-1.414 + 2.828} = 100.00$$

$$Y_P = \frac{L_{PB}Y_A + L_{PA}Y_B}{L_{PA} + L_{PB}} = \frac{2.828(99) - 1.414(98)}{-1.414 + 2.828} = 100.00$$

(2) P 在 A、B 之中：L_{PA} 取正值；L_{PB} 取正值

$$X_P = \frac{L_{PB}X_A + L_{PA}X_B}{L_{PA} + L_{PB}} = \frac{2.828(99) + 1.414(102)}{1.414 + 2.828} = 100.00$$

$$Y_P = \frac{L_{PB}Y_A + L_{PA}Y_B}{L_{PA} + L_{PB}} = \frac{2.828(101) + 1.414(98)}{1.414 + 2.828} = 100.00$$

(3) P 在 A、B 之右：L_{PA} 取正值；L_{PB} 取負值

$$X_P = \frac{L_{PB}X_A + L_{PA}X_B}{L_{PA} + L_{PB}} = \frac{-0.707(99) + 1.414(99.5)}{1.414 - 0.707} = 100.00$$

$$Y_P = \frac{L_{PB}Y_A + L_{PA}Y_B}{L_{PA} + L_{PB}} = \frac{-0.707(101) + 1.414(100.5)}{1.414 - 0.707} = 100.00$$

(3) 距離交會法 (圖 6-16)：在目標點旁設兩點，以全站儀測得座標，以捲尺量此兩點距目標點距離，以此兩點為基站，用距離交會法計算得到目標點的座標值 (參考前章距離交會法)。

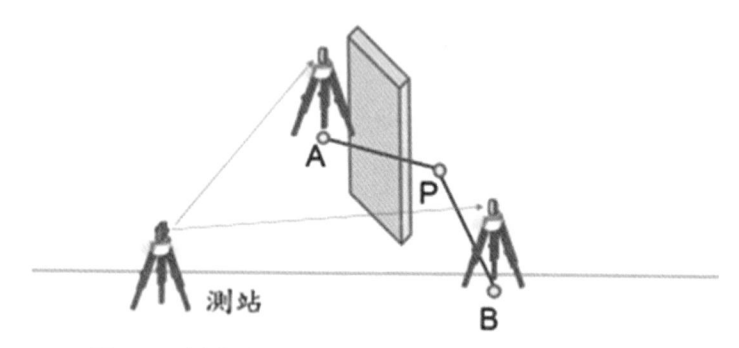

圖 6-16 遇障礙物時之測量方法：距離交會法

(4) 圓形三點法 (圖 6-17)：在目標點旁以一固定距離設三點 (此距離可不用量，只要固定距離即可)，以全站儀測得座標。以此三點為圓上三點，用圓的方程式解算圓的圓心，即得到目標點的座標值。圓的方程式

$$x^2 + y^2 + dx + ey + f = 0 \tag{6-3 式}$$

將三點座標代入

$$x_1^2 + y_1^2 + dx_1 + ey_1 + f = 0$$
$$x_2^2 + y_2^2 + dx_2 + ey_2 + f = 0$$
$$x_3^2 + y_3^2 + dx_3 + ey_3 + f = 0$$

令 $A = \begin{bmatrix} x_1 & y_1 & 1 \\ x_2 & y_2 & 1 \\ x_3 & y_3 & 1 \end{bmatrix}$ $X = \begin{Bmatrix} d \\ e \\ f \end{Bmatrix}$ $L = \begin{Bmatrix} -(x_1^2 + y_1^2) \\ -(x_2^2 + y_2^2) \\ -(x_3^2 + y_3^2) \end{Bmatrix}$

則上式可寫成 $AX = L$

故解得 $X = A^{-1}L$

因 **(6-3)** 式經配方得 $(x+\dfrac{d}{2})^2 + (y+\dfrac{e}{2})^2 = \dfrac{1}{4}(d^2+e^2-4f)$ **(6-4 式)**

可知圓心座標為 $(x_o, y_o) = \left(-\dfrac{d}{2}, -\dfrac{e}{2}\right)$ **(6-5 式)**

圓半徑為 $R = \dfrac{1}{2}\sqrt{d^2+e^2-4f}$

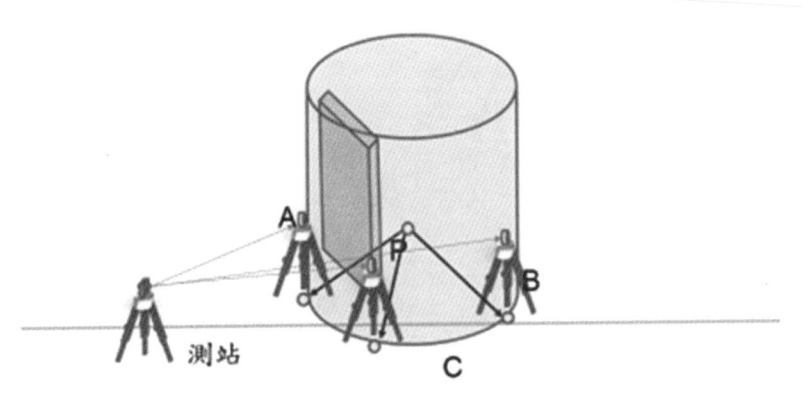

圖 6-17 遇障礙物時之測量方法：圓形三點法

例題 6-4 圓形三點法
　　在目標點旁以一固定距離設三點，測得 (X,Y)=(102.00,100.00), (101.414, 98.586), (98.586, 98.586)
[解]

$$A = \begin{bmatrix} x_1 & y_1 & 1 \\ x_2 & y_2 & 1 \\ x_3 & y_3 & 1 \end{bmatrix} = \begin{bmatrix} 102.000 & 100.000 & 1 \\ 101.414 & 98.586 & 1 \\ 98.586 & 98.586 & 1 \end{bmatrix} \quad L = \begin{Bmatrix} -(x_1^2+y_1^2) \\ -(x_2^2+y_2^2) \\ -(x_3^2+y_3^2) \end{Bmatrix} = \begin{Bmatrix} -20404 \\ -20004 \\ -19438.4 \end{Bmatrix}$$

$$X = \begin{Bmatrix} d \\ e \\ f \end{Bmatrix} = A^{-1}L = = \begin{Bmatrix} -200.000 \\ -200.000 \\ 19996.1 \end{Bmatrix}$$

可知圓心座標為 $(x_o, y_o) = \left(-\dfrac{d}{2}, -\dfrac{e}{2}\right) = (100.00, 100.00)$

圓半徑為　$R = \frac{1}{2}\sqrt{d^2 + e^2 - 4f}$ =**2.000**

(5) **直線交會法 (圖 6-18)**：在目標點上拉二直線設四端點，以全站儀測得座標，以此四點為基站，用直線方程式解算交點即得目標點座標值(參考前章直線交會法)。使用直線交會法時，二線之夾角不宜過小，例如圖 6-19。

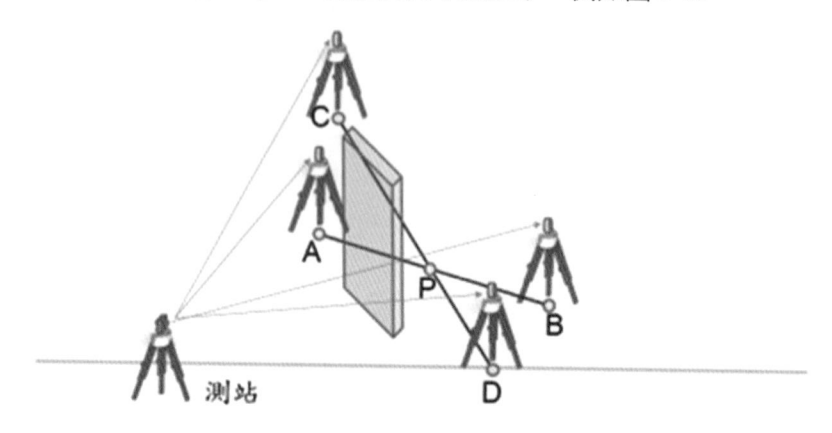

圖 6-18 遇障礙物時之測量方法：直線交會法

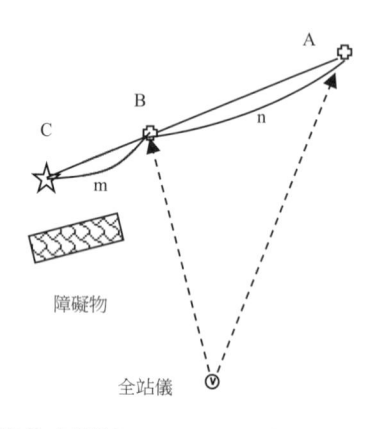

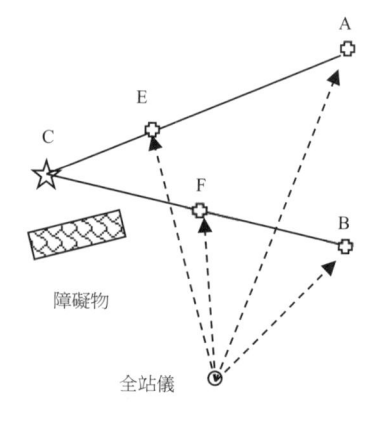

直線非中點法 **(A, B, C** 須在一直線上**)**　　直線交會法 **(**角 **C** 不可小於 **30** 度**)**

圖 6-19 遇障礙物時之測量方法：注意事項

6-6 懸高測量法

懸高測量是測定空中某點(如高壓線)距地面的高度。方法如下(圖 6-20)：

(1) 先照準空中目標點(如高壓線)，得到天頂距。
(2) 向下照準地面，指揮反射稜鏡左右移動，使其保持在視線上，並沿視線方向前後移動，直到反射稜鏡在空中目標點下方，並量天頂距與斜距。
(3) 依下式計算目標點至地面的高度。

$$h_2 = D\cot\theta_2 + D\tan\theta_1 = D \cdot (\cot\theta_2 + \tan\theta_1)$$
$$= (S \cdot \cos(\theta_1 - 90°)) \cdot (\cot\theta_2 + \tan\theta_1) = (S \cdot \sin\theta_1) \cdot (\cot\theta_2 + \tan\theta_1)$$
(6-6 式)

$$H = h_1 + h_2$$
(6-7 式)

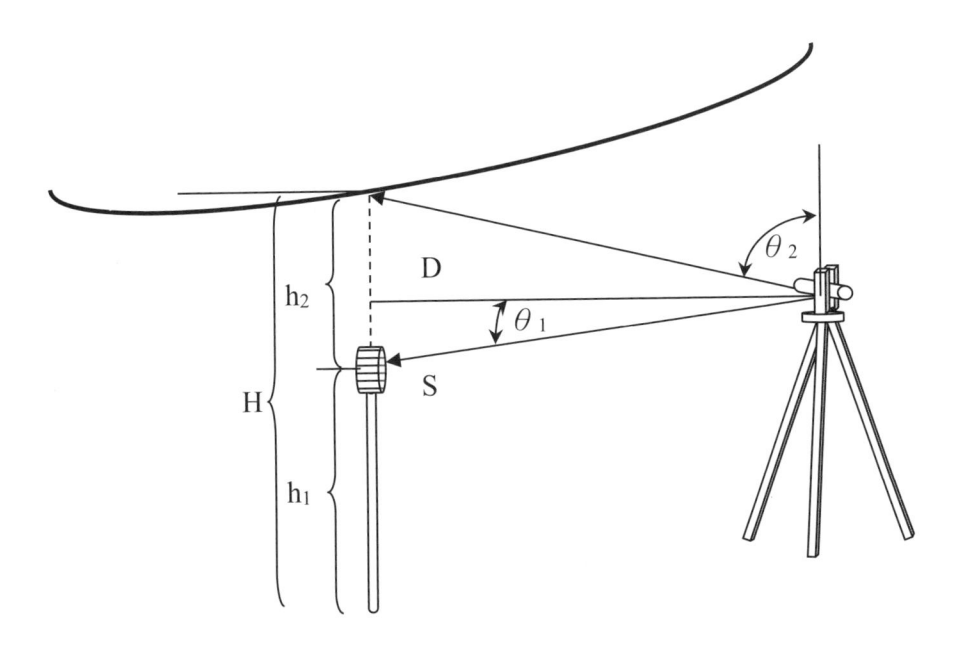

圖 6-20　懸高測量

例題 6-5 懸高測量

已知懸高測量時直線距離 S = 100.000 m，θ_1 = 1°30'30"，θ_2 = 4°49'50"，h_1 = 1.500 m，試求懸高 = ?

[解]

$$h_2 = S \cdot \cos \theta_1 \cdot (\cot \theta_2 + \cot \theta_1) = 11.080 \text{ m}$$
$$H = h_1 + h_2 = 1.500 + 11.080 = 12.580 \text{ m}$$

6-7 本章摘要

1. 全站儀座標測量設站方法：
(1) 控制點法：需二已知點，在已知點設測站；
(2) 後方交會法：需三已知點，可自由設測站，測二個夾角推算測站座標；
(3) 距離交會法：需二已知點，可自由設測站，測二個距離推算測站座標；
(4) 自由測站法：需二已知點，可自由設測站，可自由假設方向，測二個已知點座標，推算測站座標與其它觀測點座標。

2. 有時測量的目標會被遮住，此時可用偏心法測量：
(1) 直線中點法
(2) 直線非中點法
(3) 距離交會法
(4) 圓形三點法
(5) 直線交會法

3. 懸高測量是測定空中某點（如高壓線）距地面的高度。

習題

6-2 全站儀構造 ~ 6-3 全站儀測量

(1) 何謂全站儀？其功能有哪些？
(2) 以全站儀作直接座標測量的設站方法有哪些？
[解] (1) 見 6-2 節。 (2) 見 6-3 節。

6-4 自由測站法

(1) 自由測站法之原理為何？
(2) 自由測站法中各種點的定義如何？
(3) 自由測站法之優點為何？
(4) 自由測站法之程序為何？
(5) 自由測站法之選點原則為何？
[解] 見 6-4 節。

在自由測站上以測站位置為測站座標系原點，度盤零方向為測站座標系之縱軸方向，在此測站以光線法對地形點進行方向觀測與距離測量，測定其在測站獨立座標系之各測點平面座標(x_i, y_i)，i＝1, 2, ..., n。今若採用四參數的相似轉換欲將所測的測點平面座標轉至 TWD 97(N,E)座標系統中，(1) 該如何解算轉換參數並進行轉換？(2) 如何得知參數計算的結果是正確可用的？
[101 年鐵路特考]
[解]
(1) 至少要取兩個具有 TWD 97 座標的控制點施測，利用「座標轉換」將所有測點的測站座標轉換換成全區座標(TWD97)。
(2) 如何得知參數計算的結果是正確可用的？
(a) 當只有兩個控制點有 TWD97 座標時，因為有四個未知參數，四個方程式，故自由度為 4-4=0，控制點座標並無殘差。但四參數轉換後，如果兩個座標系採用相同的長度單位，則解算出的四個未知參數中，已知座標系的單位長度在未知座標系中的長度，即「尺度比」要接近 1.0000。
(b) 當有 n 個控制點有 TWD97 座標時，因為有四個未知參數，2n 個方程式，故自由度為 2n-4，當 n>2 時，控制點座標會有殘差。可由殘差大小估計參數計算的結果是否正確可用。

6-5　遇障礙物測量法
(1)　以全站儀作直接座標測量的偏心測量有哪些方法?
(2)　如何測一中心點無任何標記之圓形油槽之中心點座標?
[解] (1) 見 6-4 節。 (2) 參考遇障礙物測量法的「圓形三點法」。

直線中點法：已知左邊點 (X,Y)=(98.00,101.00), 右邊點 (X,Y)=(102.00,99.00)。
[解] (X,Y)=(100.00,100.00)

直線非中點法
(1) P 在 A、B 之左，A 點 (X,Y)=(101.00,99.00)，距離偏心點 1.414 m，B 點(X,Y)=(103.00, 97.00)，距離偏心點 4.242 m。
(2) P 在 A、B 之中，A 點 (X,Y)=(98.00,102.00)，距離偏心點 2.828 m，B 點(X,Y)=(101.00, 99.00)，距離偏心點 1.414 m。
(3) P 在 A、B 之右，A 點 (X,Y)=(98.00,102.00)，距離偏心點 2.828 m，B 點(X,Y)=(99, 101)，距離偏心點 1.414 m。

6-24　第 6 章　座標測量(二) 全站儀

[解] (1) (X,Y)=(100.00,100.00) (2) (X,Y)=(100.00,100.00) (3) (X,Y)=(100.00,100.00)

圓形三點法：在目標點旁以一固定距離設三點，測得 (X,Y)=(100.00,102.00), (101.414, 98.586), (98.586, 98.586)
[解] (X,Y)=(100.00,100.00)

第 7 章　衛星定位測量概論

7-1 本章提示
　　7-1-1 GNSS 簡介
　　7-1-2 GNSS 發展簡史
　　7-1-3 GNSS 優點與缺點
7-2 全球導航衛星系統(GNSS)架構
7-3 基本原理
7-4 座標系統
7-5 測距訊號
　　7-5-1 載波訊號
　　7-5-2 電碼訊號
　　7-5-3 電碼測距與載波測距
　　7-5-4 選擇性可用政策(SA)與反電子欺騙政策(AS)
7-6 測距誤差來源
　　7-6-1 衛星部分誤差
　　7-6-2 測站部分誤差
　　7-6-3 傳播過程誤差
　　7-6-4 降低測距誤差的方法
7-7 測距方程式(1)：電碼偽距測量
7-8 測距方程式(2)：載波相位測量
7-9 測量方法分類與精度
　　7-9-1 動態絕對定位概論
　　7-9-2 靜態絕對定位概概
　　7-9-3 動態相對定位概論
　　7-9-4 靜態相對定位概論
7-10 本章摘要

7-1 本章提示

7-1-1 GNSS 簡介

　　全球導航衛星系統 (Global Navigation Satellite System, GNSS) 是所有以人造衛星進行全球範圍定位系統的總稱。所以 GNSS 不是單指某個系統。利用發射至太空中的一組人造衛星(通常約二、三十個)，搭配地面的監控站，與用戶端的衛星訊號接收儀，三方搭配就能迅速確定用戶端在地球上所處的位置及海拔高度。GNSS 的第一個系統是由美國政府研發的全球定位系統 (Global Positioning System，簡稱

GPS)。

GNSS 的發明無疑是測量學的一大突破。它是利用衛星所發射的無線電訊號以測定點位的三度空間定位系統，為測量的一大新利器，目前已廣為應用於控制測量、地形測量及工程測量。基本上，GNSS 採用的定位方法是三維之距離交會法，已知點是天上的衛星，未知點 (交會點) 是接收點 (接收儀)。利用電波傳送的速度 (基本上，即為光速，3×10^8 公尺/秒)，以及電波傳送的時間，接收儀可以算出電波發射點 (衛星) 及電波接收點 (接收儀) 之間的距離。當精確得到對三顆衛星的距離，運用三維距離交會法，便可以求出接收儀所在的位置的三維座標，因此 GNSS 可以提供三度空間的定位能力。

GNSS 衛星於太空中運轉時，不斷向地面發射衛星訊號，地面使用者則使用衛星接收儀接收來自衛星之各種衛星訊號，並利用各種不同訊號特性，求得衛星與地面接收儀間之距離，再配合幾何原理求出接收儀所在地位置，可應用於需要 100 公尺級、10 公尺級或 1 公尺級精度的導航(navigation)，一直到需要公寸級、公分級甚至毫米級精度的測量(surveying)等種種用途。這些訊號有二類：

(1) 電碼訊號：可即時定位，主要應用在飛機、船隻等運動器具之導航上，其精度僅約 10 公尺級，惟近年來差分導航定位 (DGPS) 技術發展快速，其精度已可達 1 公尺以內。
(2) 載波訊號：原本載波訊號須後處理計算，主要應用在高精度點位測量上，其點位精度可達毫米級。近年來即時動態測量 (RTK) 的發展，無需後處理，可以即時動態地完成公分級精度的測量，大幅擴展了它的應用領域。

GNSS 是一種被動式的接收儀定位系統，換言之，衛星與接收儀之間，僅是一種單向的廣播關係，彼此無法雙向溝通。因此，要使用衛星的訊號並不需要事先申請或繳費，只要有接收儀即可使用，故沒有同時使用人數的限制。

7-1-2 GNSS 發展簡史

GPS 是世界上最早的 GNSS 系統，於 1973 年由美國國防部提出，第一顆衛星於 1978 年的 2 月試射成功，1989 年 2 月第一顆營運用的衛星發射進入軌道，1993 年 6 月成功地將 24 顆衛星全部發射完成，而於 1995 年的 7 月宣佈正式完成營運部署。在 GPS 獨領風騷十多年後，其它強國或集團也積極發展 GNSS 系統，目前已有俄國的 GLONASS、歐盟的伽利略 (Galileo)、中國的北斗共四組全球性的 GNSS 系統可利用，其建置狀況請參考表 7-1。各系統的原理大同小異，而 GPS 是最早也最成熟的系統，因此本章主要介紹 GPS 系統，並常以 GPS 這個名詞取代 GNSS 一詞。

　　截至2015年，只有美國的全球定位系統 (GPS)及前蘇聯的格洛納斯系統(GLONASS)是完全覆蓋全球的定位系統。中國的北斗衛星導航系統 (BDS) 則於2012年12月開始服務於亞太區，預計於約 2020 年覆蓋全球。歐洲聯盟的伽利略定位系統則為在初期部署階段的全球導航衛星系統，預定最早到2020年才能夠充分的運作。衛星定位系統的歷史如表7-2與表7-3所示。

表 7-1 全球性的 GNSS 系統

衛星系統	衛星數量	使用範圍
1.美國 GPS	24 顆	全球
2.俄國 Glonass	24 顆	全球
3.歐盟 Galileo	30 顆	全球
4.中國北斗 BDS	35 顆衛星組成，包括 5 顆靜止軌道衛星、27 顆中地球軌道衛星、3 顆傾斜同步軌道衛星。	全球

表 7-2　GNSS 簡史

時間	事件
1958	美國北極星潛艇導航研究
1973	美國國防部提出 GPS 計畫
1976	蘇聯開始組建 GLONASS 全球導航系統
1978	美國首顆 GPS 衛星發射
1993	美國 GPS 全部 24 顆發射完畢
1995	美國完成 GPS 營運部署
1999	歐盟正式推出「伽利略」計劃，部署新一代定位衛星
2012	俄羅斯 GLONASS 系統實現全球定位導航
2012	中國的北斗衛星導航定位系統覆蓋亞太地區
2020	中國的北斗衛星導航定位系統擴充為全球衛星導航系統 (預定)
2020	歐盟伽利略系統完成 (預定)

表 7-3　GNSS 技術發展簡史

時間	絕對定位	相對定位	
		電碼偽距	載波相位
第 1 代 1980-90	偽距單點定位	偽距單基站差分	載波相位靜態差分
第 2 代 1990-95		偽距廣域差分	載波相位實時差分
第 3 代 1996-	精密單點定位		載波相位網路差分

7-1-3　GNSS 優點與缺點

衛星測量與傳統測量之比較如表 7-4。衛星測量的優點有：

(1) 全球全天候定位：無地域限制，涵蓋全球。無天候限制，不受黑夜、雨天影響。GPS 衛星的數目較多，且分佈均勻，保證了地球上任何地方任何時間至少可以同時觀測到 4 顆 GPS 衛星，確保實現全球全天候連續的導航、定位服務(除打雷閃電不宜觀測外)。

(2) 測站間無需通視：無測站間需通視要求，選點容易。GPS 測量只要求測站上空開闊，不要求測站之間互相通視，因而使選點工作變得非常靈活，不受傳統的導線測量、三角測量測站間必須通視的限制，同時也不再需要建造覘標。這一優點既可大大減少測量工作的經費和時間(造標費用約占總經費 30%～50%)。

(3) 定位精度高：準確的三度空間定位能力。實際應用已經證明
   - 即時單點定位 (用於導航)：C/A 碼精度達 10 公尺級。
   - 即時單點定位 (用於導航)：P 碼精度達公尺級。
   - 即時偽距差分 (DGPS)：精度達公尺級。
   - 即時相位差分 (RTK)：精度達公分級。
   - 靜態相對定位：精度達 mm 級。50km 之內誤差為 3 mm+0.1 ppm。

(4) 觀測時間短：隨著 GPS 系統的不斷完善，軟體的不斷更新，20km 以內相對靜態定位，僅需 20 分鐘；快速靜態相對定位測量時，當每個移動站與基準站相距在 20 km 以內時，移動站觀測時間只需 2 分鐘；採取即時動態定位模式時，每站觀測僅需幾秒鐘。因而使用 GPS 技術建立控制網，可以大大提高作業效率。

(5) 儀器操作簡便：隨著 GPS 接收儀的不斷改進，GPS 測量的自動化程度愈來愈高，有的已趨於「傻瓜化」。在觀測中測量員只需安置儀器，連接電纜線，量取天線高，監視儀器的工作狀態，而其它觀測工作，如衛星訊號的捕獲、追蹤觀測和記錄等均由儀器自動完成。結束測量時，僅需關閉電源，收好接收儀，便完成了野外資料獲取任務。如果在一個測站上需作長時間的連續觀測，還可以通過資料通訊方式，將所採集的資料傳送到資料處理中心，實現全自動化的資料獲取與處理。另外，接收儀體積也愈來愈小，相應的重量也愈來愈輕，極

大地減輕了測量工作者的勞動強度。
(6) 三維定位能力：GPS 測量可同時精確測定測站平面位置和橢球高，具有三維定位能力。GPS 在高程方面，經過大地起伏改正，可滿足四等水準測量的精度。
(7) 座標系統統一：GPS 以全球統一的 WGS84 座標系統為基準，因此全球不同地點的測量成果可以相互通用。
(8) 應用範圍廣泛：不同價格的儀器、不同速度的測法下，GPS 方法可以達到不同的精度，無論是 10 公尺級到公尺級的導航應用，到公寸、公分、毫米的測量應用，都有很好的效益。採動態測量時，觀測時間短，具瞬間定位能力。

衛星定位測量的缺點有：
(1) 訊號穿透性差：GPS 衛星的訊號穿透性不好，即使幾公分厚的木頭亦可能將衛星訊號遮擋掉。因此人在操作接收儀時，身體可能會將衛星訊號遮蔽掉。此外，在大樹下的訊號接收情形亦可能不佳。
(2) 高程方向精確度差：由於衛星配置形態的關係，GPS 接收儀在高程方向的精確度要比平面方向來得差，高程方向的誤差約為平面方向的二倍。
(3) 無法直接得到正高：由於衛星定位測量只能得到橢球高，需要經過大地起伏改正，才可得到正高。

衛星定位測量與傳統測量之比較如表 7-4 所示。

表 7-4 衛星測量與傳統測量比較表

	傳統測量(地面測量)	衛星定位測量
(1) 通視要求	必須確保測站相互間通視。需現場勘查，或進行通視計算。	無需確保測站相互間通視，但需考慮透空度良好。
(2) 選點位置	必須優先選擇山頂以得良好通視。	可以優先選擇交通方便、接近測區之處。
(3) 網形設計	必須對誤差傳播及地形因素作網形最佳設計。	只需對所要進行的作業時程進行最佳設計。
(4) 天候條件	必須白天、晴天觀測。	無天候限制，全天候都可觀測。
(5) 觀測時間	必須持續較長久時間。	僅需短時間，可動態即時觀測。
(6) 儀器保護	必須撐傘或搭帳棚以防太陽直接照射。	無需特別保護。
(7) 操作人員	必須為熟練之測量人員。	無需熟練人員即可操作。
(8) 數據處理	必須由測量專業人員進行控制網平差計算。	可模組化自動計算，無需專業人員亦可進行。
(9) 所得數據	必須平面與高程分開測量。	三維(N,E,H)一次完成。

7-2 全球導航衛星系統(GNSS)架構

不同的 GNSS 系統的組成大致相同，本節以美國的全球定位系統(GPS)為例來介紹。GPS 主要由三大部分所組成 (圖 7-1)：

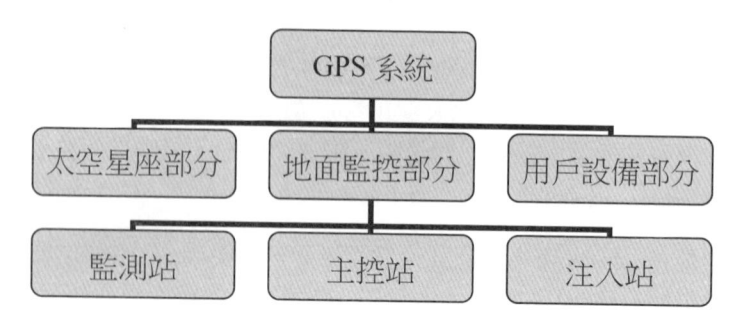

```
              GPS 系統
    ┌───────────┼───────────┐
太空星座部分   地面監控部分   用戶設備部分
            ┌──────┼──────┐
          監測站   主控站   注入站
```

圖 7-1 全球定位系統主要由三大部分所組成

1. 衛星部分 (圖 7-2)

如果要決定某一點的經度、緯度以及高度的話，接收儀至少要接收到四顆衛星的訊號。當然，接收得愈多，其計算出來的精確度也愈高。GPS 目前有 24 顆衛星 (Navigation System by Timing and Ranging, NAVSTAR)：

- 以 4 個一組分別在距地球 20200 公里的 6 個太空軌道中運行。
- 衛星繞行地球一周約 11 小時 58 分。
- 軌道平面和赤道平面的夾角為 55°，如此可確保在世界上任何時間任何地點皆可同時觀測到 4 至 7 顆衛星，以利導航及精確定位測量之應用。

衛星發射出的訊號內容包括：載波(Carrier wave)、測距碼(Ranging Code)和導航電文(Navigation Messages)三部分。導航電文提供衛星軌道位置、電離層資料、以及衛星的健康情形。載波、測距碼訊號用來計算距離：

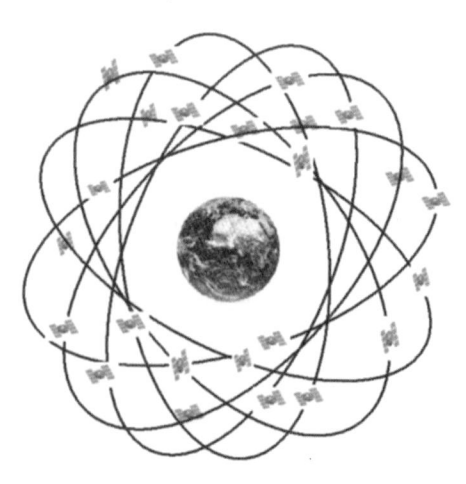

圖 7-2 GPS 衛星

- 測距碼測距原理：

距離 = 傳播時間 × 電磁波速度(光速)　　　　　　　　　　　(7-1-1 式)

- 載波測距原理

距離 = 傳播周波數 × 電磁波波長　　　　　　　　　　**(7-1-2 式)**

2. 地面控制部分

地面控制部分由 **1** 個主控站，**15** 個監測站和 **3** 個注入站組成。

(1) 監測站

地面上有 **15** 個監測站，均配裝有精密的銫原子鐘和能夠連續測量到所有可見衛星的接收儀。監測站將取得的衛星觀測資料，包括電離層和氣象資料，經過初步處理後，傳送到主控站。

(2) 主控站

主控站從各監測站收集追蹤資料，計算出衛星的軌道和時鐘參數，然後將結果送到 **3** 個注入站 (地面控制站)。

(3) 注入站

注入站在每顆衛星運行至上空時，把這些導航資料及主控站指令注入到衛星。這種注入對每顆 **GPS** 衛星每天一次，並在衛星離開注入站作用範圍之前進行最後的注入。如果某地面站發生故障，那麼在衛星中預存的導航資訊還可用一段時間，但導航精度會逐漸降低。

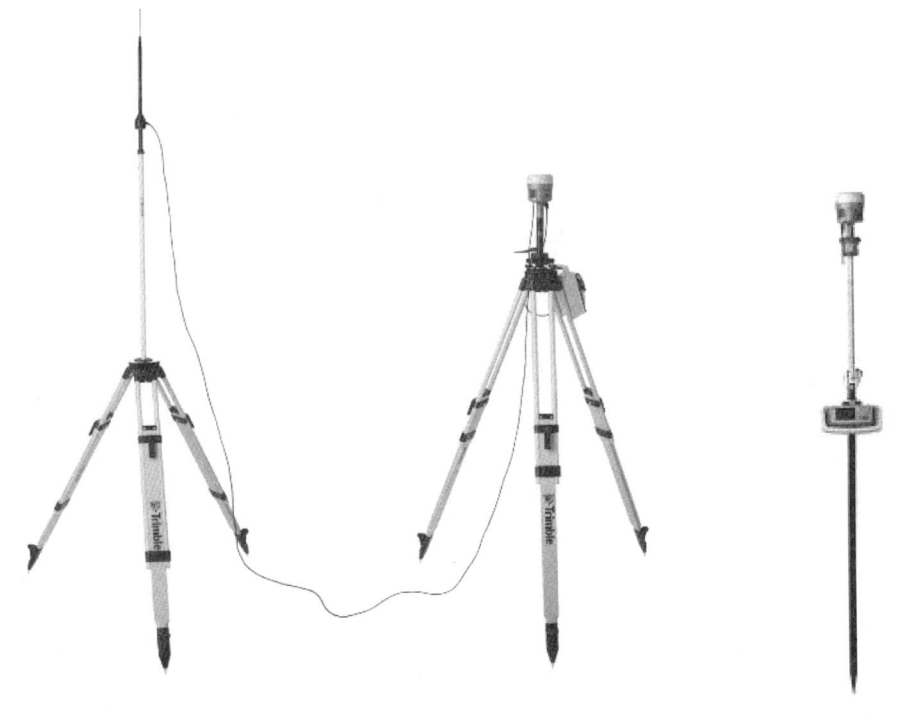

圖 7-3　固定站天線 (左)、接收儀 (右)　　　　圖 7-4　移動站接收儀

3.接收儀 (圖 7-3 與圖 7-4)

接收儀負責接收衛星的訊號，並從訊號中的資訊算出訊號由衛星發射至接收儀收到之間的傳播時間 (測距碼測距) 或傳播周波數 (載波測距)，然後算出衛星和接收儀間的距離。為了使衛星上的時鐘高度精確，衛星上使用了造價相當高昂的原子鐘。每個原子鐘造價約為 10 萬美金，而且每個衛星上都配備有 4 個這種原子鐘，以保運作正常。但是接收儀因成本考量無法使用精密的原子鐘，因此衛星上的原子鐘以及接收儀上的時鐘之間很難精確同步。所幸這種不同步所造成的接收儀鐘差可以用再接收額外的一顆衛星的訊號，便可以消除。即除了三維定位必要的三顆衛星外，再加上第四衛星訊號即可利用數學上的差分法抵消此一誤差。

接收儀的精確度主要是由它所能追蹤的星座數 (已經建設或建設中的全球星座有 GPS, GLONASS, Galileo, BeiDou 四組)、所能追蹤的訊號數、所能接收的訊號種類 (電碼訊號、單頻載波相位訊號、雙頻載波相位訊號)，以及對這些訊號所能做的處理 (後處理、即時差分運算) 而定。事實上，這些參數便決定了該接收儀的價位。例如 Trimble R10 GNSS 衛星定位儀的規格如表 7-5。

表 7-5　Trimble R10 GNSS 衛星定位儀的規格

項目		性能
追蹤訊號		能支持所有 GNSS 星座和差分訊號 在訊號中斷期間仍能夠進行 RTK 測量 ● GPS 星座：L1C/A, L1C, L2C, L2E, L5 ● GLONASS 星座：L1C/A, L1P, L2C/A, L2P, L3 ● Galileo 星座：GIOVE-A, GIOVE-B, E1, E5A, E5B ● BeiDou 星座：B1, B2, B3 ● SBAS 系統：L1C/A, L5 (QZSS, WASS, EGNOS, GAGAN) ● VBS 網路即時差分定位
接收頻道		提供 440 個 GNSS 頻道接收
精度	靜態	平面 3 mm+0.1 ppm RMS；　垂直 3.5 mm+0.4 ppm RMS
	動態	平面 8 mm+1 ppm RMS；　垂直 15 mm+1 ppm RMS

7-3　基本原理

GNSS 原理相當簡單，類似地面測量中的距離交會法。在二維平面上的距離交會法是利用

(1) 二個已知點的二維座標
(2) 未知點對此二已知點的平面距離
計算未知點的二維座標。此法理論上有二個解答，必須判釋何者正確。

在三維空間中的距離交會法則是利用：
(1) 三個已知點 (衛星) 的三維座標
(2) 未知點對此三已知點的空間距離
計算未知點的三維座標。雖然此法理論上有二個解答，但一般很容易判釋出正確者，因為正確的那個必在地表附近。

GNSS 定位原理是三維空間中的距離交會法，至少需要三顆衛星(圖 **7-5**)。為了解釋它的原理，首先定義下列符號：

ρ_A^i = 衛星 i 與地面測站 A 間的距離「正確值」

$\tilde{\rho}_A^i$ = 衛星 i 與地面測站 A 間的距離「觀測值」

(X^i, Y^i, Z^i) = 衛星 i 座標 (地心直角座標系)

(X_A, Y_A, Z_A) = 地面未知點測站 A 座標 (地心直角座標系)

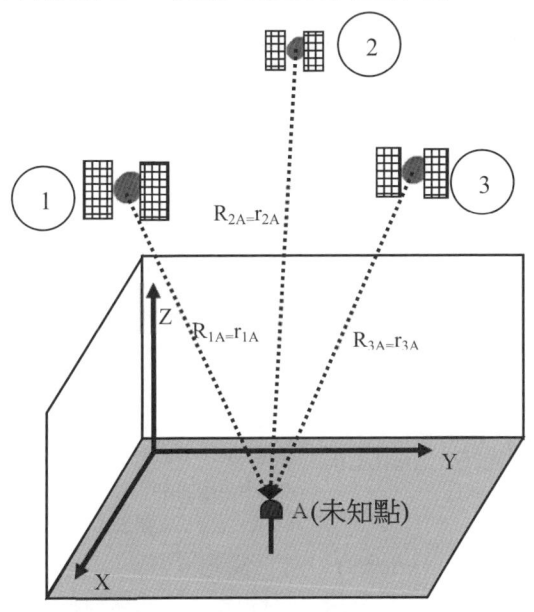

圖 **7-5**　GNSS 定位原理：三維空間中的距離交會法，至少需要三顆衛星

GNSS 定位問題可描述如下：
(1) 已知三顆衛星的座標 $(X^1, Y^1, Z^1), (X^2, Y^2, Z^2), (X^3, Y^3, Z^3)$

(2) GNSS 接收儀觀測得到接收儀與衛星之間的觀測距離 $\tilde{\rho}_A^1, \tilde{\rho}_A^2, \tilde{\rho}_A^3$

(3) 假設觀測距離無任何誤差存在，即 $\tilde{\rho}_A^i = \rho_A^i$

(4) 試求 (X_A, Y_A, Z_A)

求解：

由幾何學知

$$\rho_A^1 = \sqrt{(X^1 - X_A)^2 + (Y^1 - Y_A)^2 + (Z^1 - Z_A)^2} \qquad \text{(7-2-1 式)}$$

$$\rho_A^2 = \sqrt{(X^2 - X_A)^2 + (Y^2 - Y_A)^2 + (Z^2 - Z_A)^2} \qquad \text{(7-2-2 式)}$$

$$\rho_A^3 = \sqrt{(X^3 - X_A)^2 + (Y^3 - Y_A)^2 + (Z^3 - Z_A)^2} \qquad \text{(7-2-3 式)}$$

將假設之距離觀測值無任何誤差存在，即 $\tilde{\rho}_A^i = \rho_A^i$ 代入得

$$\tilde{\rho}_A^1 = \sqrt{(X^1 - X_A)^2 + (Y^1 - Y_A)^2 + (Z^1 - Z_A)^2} \qquad \text{(7-3-1 式)}$$

$$\tilde{\rho}_A^2 = \sqrt{(X^2 - X_A)^2 + (Y^2 - Y_A)^2 + (Z^2 - Z_A)^2} \qquad \text{(7-3-2 式)}$$

$$\tilde{\rho}_A^3 = \sqrt{(X^3 - X_A)^2 + (Y^3 - Y_A)^2 + (Z^3 - Z_A)^2} \qquad \text{(7-3-3 式)}$$

上述三個方程式左端的距離觀測值 $\tilde{\rho}_A^1, \tilde{\rho}_A^2, \tilde{\rho}_A^3$、右端的衛星座標 (X^1, Y^1, Z^1)，(X^2, Y^2, Z^2)，(X^3, Y^3, Z^3) 都是已知值，只有右端的測站 A 座標 (X_A, Y_A, Z_A) 為未知值，故聯立上述三個方程式可解 (X_A, Y_A, Z_A) 三個未知數。

　　GNSS 定位原理雖然簡單，但實際上由於各種誤差之影響，如衛星部分之衛星鐘差、衛星軌道誤差，測站部分之接收儀鐘差，傳播過程之電離層延遲誤差、對流層延遲誤差，都會造成距離量測誤差，因此有了不同的測量方法，以降低誤差。本章後面會進一步介紹這些方法。

7-4 座標系統

　　GPS 採用全球性地心座標系統，座標原點為地球質量中心，其形狀基準自 **1986** 年後即採用 **WGS84** 參考橢球。其三軸及原點規定如下 (如圖 7-6)：

原點：位於地球質心 (Geocenter)。

Z 軸：與慣用地形北極(Conventional Terrestrial Pole, CTP)方向相平行。

X 軸：原點與通過 Greenwich 天文子午圈在赤道交點之連線。

Y 軸：垂直於 XOZ 平面構成一右旋系統。右旋系統是指右手四指由 X 軸指向 Y 軸時，拇指方向指向 Z 軸。

由於傳統測量採用地理座標 (經度、緯度、橢球高) 或平面座標，與三維直角座標不同，因此需要先由三維直角座標轉換成地理座標，再由地理座標轉換成平面座標。座標轉換方法，可參考第八章。

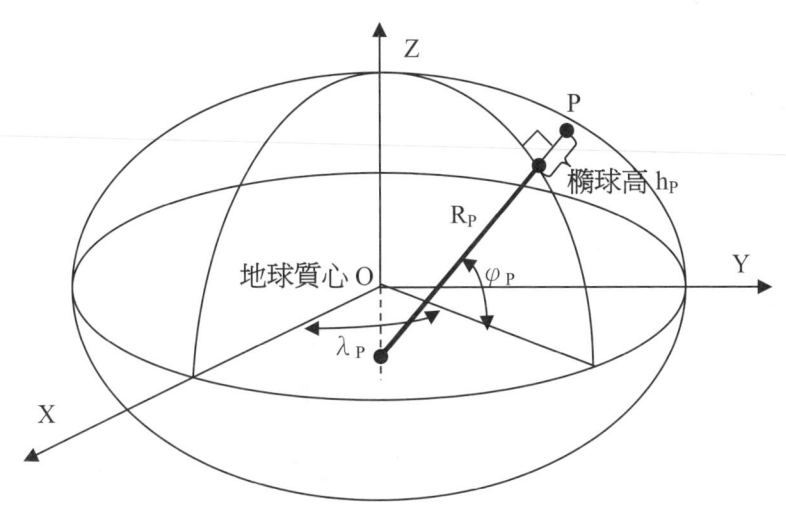

圖 7-6 GPS 座標系統

7-5 測距訊號

GPS 衛星發射的訊號主要分為電碼訊號、載波訊號和導航電文三部分(圖 7-7 與圖 7-8)。所有訊號是由 GPS 衛星上振盪器所產生的訊號，並且都由一個基本頻率 f_0=10.23 Mhz 的倍數組成。

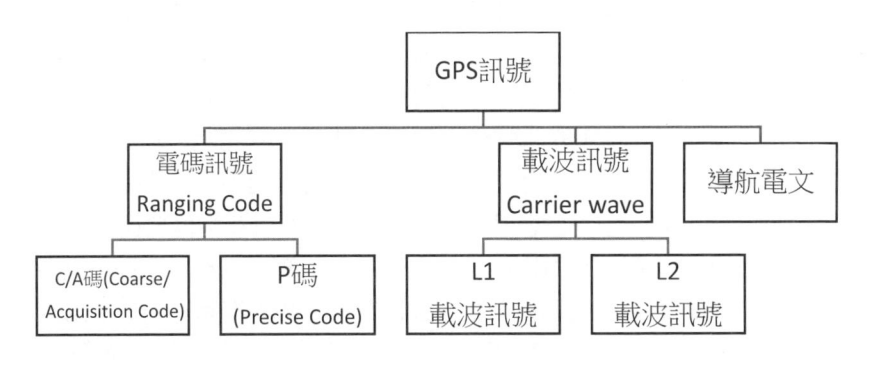

圖 7-7 GPS 訊號

(1) 電碼訊號：即測距碼(Ranging Code)，可即時定位，主要應用在飛機、船隻等運動器具之導航上,其精度僅約 10 公尺級。惟近年來,差分導航定位(DGPS)技術發展快速,即時定位已經可以達到公尺級精度。
(2) 載波訊號(Carrier wave):可在經過後處理計算後得到精確定位,主要應用在高精度點位測量上,其點位精度最高可達毫米級。惟近年來,即時動態定位(RTK)技術發展快速,即時定位已經可以達到公分級精度。
(3) 導航電文(Navigation Messages):提供包含了反應衛星在空間位置、衛星時鐘改正參數、電離層延遲改正參數等 GPS 定位所必要的資訊,因此導航電文也稱數據碼(Data Message,D 碼)。GPS 系統以具有一定格式的二進制碼將導航電文調製在測距碼前。

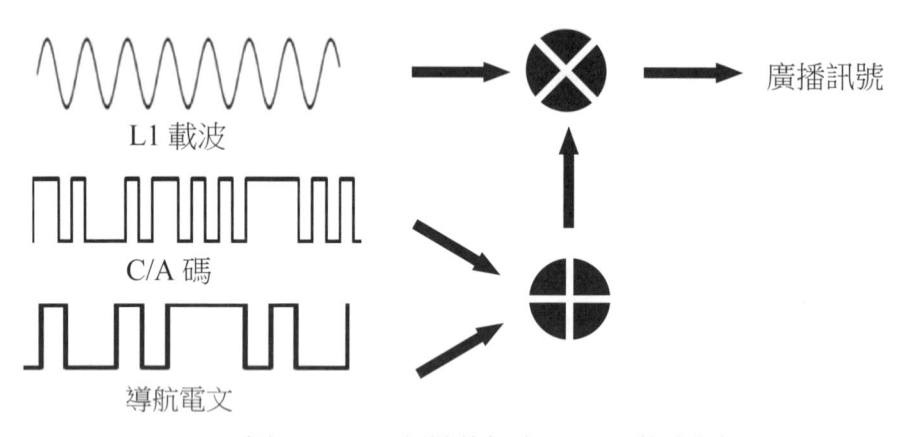

圖 7-8　GPS 訊號的組成 (以 L1 載波為例)

7-5-1 載波訊號

當衛星訊號通過電離層 (ionosphere) 時,光速 (衛星訊號速度) 會因而變慢,因此造成電離層延遲誤差,是 GNSS 定位測量的重要誤差來源。此一影響的大小與電磁波訊號的頻率大小的平方成反比。利用這個物理特性,可以發射兩種不同頻率的訊號,接收儀收到不同頻率的訊號後,可用二種頻率的測距方程式以線性組合來產生無電離層延遲誤差的測距方程式,以消除電離層延遲誤差的影響。因此,每顆 GPS 衛星均以兩種不同的頻率發射其載波訊號,這兩個載波均位於微波的 L 波段,分別稱為 L1 載波和 L2 載波。採用 L 波段的高頻率載波可以較為精確的測定都卜勒頻移和載波相位,提高測速和定位精度。它們的頻率為基本頻率 f_0 的整數倍:

(1) **L1 頻率**:頻率=$154f_0$=1575.42MHz,波長約 19 公分,可發射 C/A 碼與 P 碼。
公式為:
$L_1(t) = A_1 \cos(2\pi f_1 t + \phi_1)$

(2) L2 頻率：頻率=120f₀=1227.6 MHz，波長約 24 公分，可發射 P 碼。公式為：
$L_2(t) = A_2 \cos(2\pi f_2 t + \phi_2)$
其中 ϕ_1 和 ϕ_2 描述了相位噪聲。波形如圖 **7-9**。

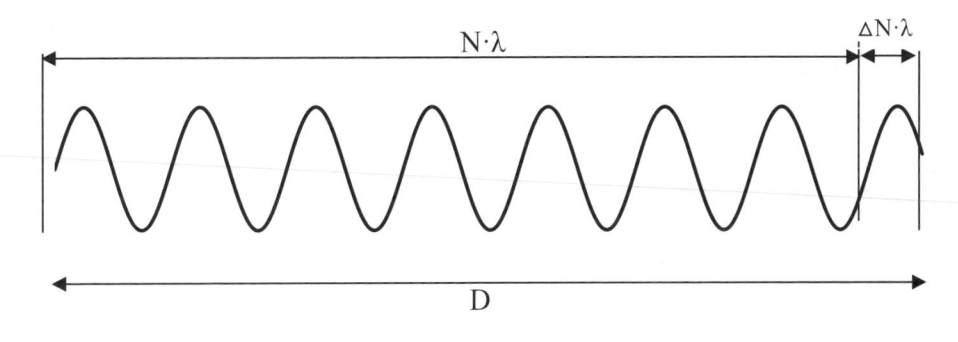

圖 7-9 載波訊號

由於解析度約一個週波的 **1/100**，因此波長 **19** 公分與 **24** 公分的 **L1** 與 **L2** 載波訊號測距的最高精度即 **2mm** 左右。由於各種誤差來源的誤差總合約 30 米，因此用載波訊號測距必須認真消除各種誤差，例如採用靜態相對定位測量，才能達到 **3mm+0.1ppm** 的精度。如果採用即時動態 **RTK** 測量，因為還有微小誤差無法消除，只能達到公分級精度。

採用雙頻接收儀的優點有：
(1) 減少觀測時間：所需的觀測時間較短。
(2) 消除電離層延遲誤差：可用二種頻率的測距方程式以線性組合來產生無電離層延遲誤差的測距方程式。
(3) 增加基線長度：因為電離層延遲誤差可以用雙頻接收儀消除，不需依靠差分法消除之，故基線長度不受差分法基線長度通常受到小於 **20km** 的限制。故當基線較長時，觀測成果比單頻精確。

7-5-2 電碼訊號

測距碼(Ranging Code)有兩種，都是偽隨機噪聲碼 (Pseudo Random Noise，簡稱 PRN)(圖 **7-10**)：
(1) **C/A 碼(Coarse/Acquisition Code)**

C/A 碼是用於進行粗略測距的粗碼 (Coarse Code)，和用來捕獲 P 碼，因此也稱捕獲碼 (Acquisition Code)。C/A 碼是一種公開的明碼，可供全球用戶免費使用，但 C/A 碼一般只調製在 L1 載波上，所以無法利用雙頻觀測值消除電離層延遲。C/A 碼週期為 1 毫秒 (千分之一秒)，一個週期含有碼元即碼長=$2^{10}-1$ =1023，故每個碼元持續的時間即碼元週期=1ms/1023=1 微秒 (百萬分之一秒)。因為光速每秒 3×10^8 公尺，因此相應的碼元寬度約 $(1 \times 10^{-6}) \times (3 \times 10^8)$=300 米。由於解析度約 1/100 的碼元寬度，因此 300 公尺的 1/100 約 3 米左右，因此 C/A 碼測距的最高精度即 3 米。因此當 C/A 碼測距只用來粗測時，並不會消除各種誤差來源，而這些誤差來源的誤差總合約 30 米，因此用 C/A 碼測距的精度一般只有 30 米。

(2) P 碼(Precise Code)

P 碼是用於進行精確測距的測距碼，因此也稱精碼。P 碼同時調製到 L1 載波和 L2 載波上，所以可以利用雙頻觀測值消除電離層延遲。P 碼週期約為一星期，一個週期含有碼元即碼長約 6×10^{12}，故每個碼元持續的時間即碼元週期=$(7 \times 24 \times 3600)/(6 \times 10^{12})= 1 \times 10^{-7}$秒=0.1 微秒 (1 微秒=百萬分之一秒)，因此相應的碼元寬度約 $(1 \times 10^{-7}) \times (3 \times 10^8)$=30 米。由於解析度約 1/100 的碼元寬度，因此 P 碼的最高精度即 0.3 米。因其巨大的軍事價值，P 碼被加密，故目前只有美國軍方以及少數美國政府授權的用戶才能夠解碼。

圖 7-10 電碼訊號

7-5-3 電碼測距與載波測距

GPS 的測距方式有兩類 (表 7-6)：

(1) 電碼測距

電碼測距的原理是距離 = 傳播時間 × 電磁波速度(光速)。由於含有接收儀鐘差、衛星鐘差、及穿越大氣層的傳播過程產生的電離層、對流層延遲誤差，故其所測距離稱為偽距。對 C/A 碼測得的偽距稱為 C/A 碼偽距，實際精度約為 30 米左右，對 P 碼測得的偽距稱為 P 碼偽距，實際精度約 3 米左右。

(2) 載波測距

GPS 接收儀對收到的衛星訊號是電碼訊號、載波訊號、導航電文的疊加訊號，因此必須進行解碼或採用其它技術，將調製在載波上的電碼訊號、導航電文去掉後，才可恢復載波訊號。一般在接收儀時鐘確定曆元的時刻起開始觀測，並保持對衛星訊號的追蹤，就可記錄下相位的變化值，但開始觀測時的接收儀和衛星振盪器之間的相位整數值是不知道的，此一未知數被稱為週波未定值，只能在資料處理中當成變數處理，再利用測距方程式求解。相位觀測值的精度理論上可達到 **2mm**，但前提是解出週波未定值。因此只有在相對定位、並有一段連續觀測值時才能使用相位觀測值。然而，即時動態 **RTK** 測量的發明已經大幅降低週波未定值求解所需的時間。由於 **C/A** 碼與 **P** 碼理論上的最高精度分別只有 **3 米**與 **0.3 米**，因此要達到公分級以上的精度只能採用載波相位觀測。簡單地說，載波測距成本高、速度慢、精度高，適合測量應用；電碼測距成本低、速度快、精度低，適合導航應用。

表 7-6 各種測距訊號的波長與精度

	頻率(f_0=10.23 MHz)	波長 (m)	精度 (波長 1/100)
C/A 碼電碼測距	$0.1 f_0$	300 m	3 m
P 碼電碼測距	$1 f_0$	30 m	0.3 m (30 cm)
L1 載波測距	$154 f_0$	0.190 m	0.0020 m (2.0 mm)
L2 載波測距	$120 f_0$	0.244 m	0.0024 m (2.4 mm)

7-5-4 選擇性可用政策 (SA) 與反電子欺騙政策 (AS)

美國政府在 GPS 的最初設計中，計畫向民間提供兩種服務：

(1) 標準定位服務 (SPS)

　　標準定位服務的主要物件是廣大的民間使用者，使用 C/A 碼與單頻接收儀無法利用雙頻技術消除電離層的影響，其單點即時定位的精度約為 100 米。

(2) 精密定位服務 (PPS)

　　精密定位服務的主要服務對象是政府部門或其它特許民用部門，使用 P 碼與雙頻接收儀，預期定位精度達到 10 米。

　　但是在 GPS 的實驗階段，由於提高了衛星時鐘的穩定性和改進了衛星軌道的測定精度，使得利用 C/A 碼定位的精度達到 15 米，利用 P 碼定位的精度達到 3 米，大大優於預期。美國政府出於自身安全的考慮，於 1991 年實施了 SA 和 AS 政策，其目的就是降低 GPS 的定位精度。SA 和 AS 技術是各自獨立實施的。

(1) 選擇性可用政策 (Selective Availability, SA)

　　選擇性可用政策 (SA) 包括兩項技術：第一項技術是將衛星星曆中軌道參數的精度降低到 200 米左右；第二項技術是在 GPS 衛星的基準頻率施加高抖動雜訊訊號，而且這種訊號是隨機的，從而導致測量出來的偽距誤差增大。通過這兩項技術，使民用 GPS 定位精度重新回到原先估計的誤差水準，即大約 100 米。GPS 系統管理人員可通過地面遙控開啟或關閉衛星的 SA 機制。由於 SA 是空間相關的，即二部相距不遠的接收儀的 SA 誤差是相近的，因此民間用戶可以通過差分 GPS (簡稱 DGPS) 的方法消除 SA，當然用戶會因此增加成本。

自 2000 年起，SA 政策被取消。美國放棄這一舉措，可能基於兩種考慮，一是希望保持 GPS 在 GNSS 市場的領先地位，使 GPS 成為國際標準之戰略性考量；二是美國已經具備新的阻斷敵方利用民用訊號對其發動攻擊的能力。雖然取消了 SA，但是戰時或必要時，美國仍可能恢復或採用類似的干擾技術。

(2) 反電子欺騙政策 (Anti-Spoofing, AS)

反電子欺騙政策將 P 碼與高度機密的 W 碼相加形成新的 Y 碼。其目的在於防止敵方利用 P 碼進行精密定位，也不能進行 P 碼和 C/A 碼相位測量的聯合求解。

7-6 誤差來源

利用 GPS 進行定位時，會受到各種各樣因素的影響，從而造成定位誤差。GPS 系統的主要誤差來源可分為以下三類：衛星、測站、傳播過程 (圖 7-11 與圖 7-12)。這三類誤差源主要影響接收儀與衛星之間精確距離和衛星精確位置的獲得。與傳統的測量相似，這些誤差有些可以透過特定的測量方法，例如相對定位法，抵消或削弱，有些可以透過利用各種物理模型，例如對流層延遲誤差模型，估算出誤差的大小，對觀測值進行改正，它們是 GPS 應用的前沿課題。

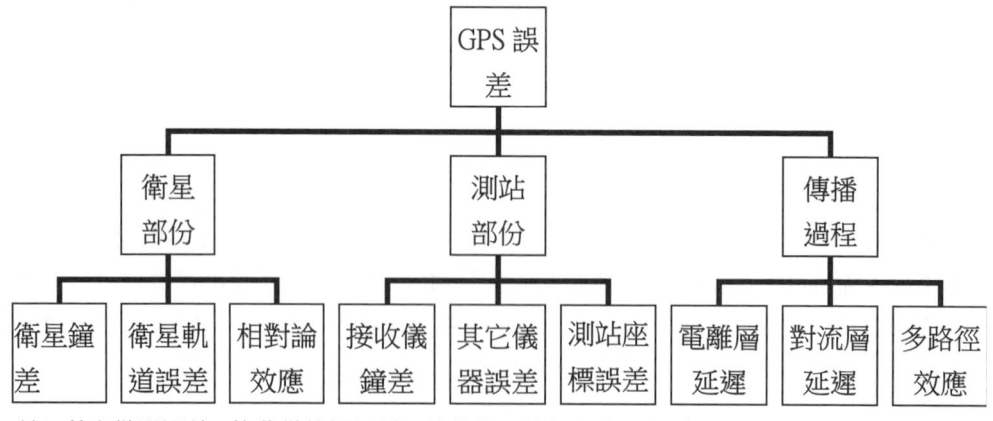

(註) 其它儀器誤差：接收儀雜訊誤差、接收儀天線相位中心偏差、接收儀定心誤差、接收儀定平誤差、接收儀天線高度誤差。

圖 7-11　GPS 誤差來源

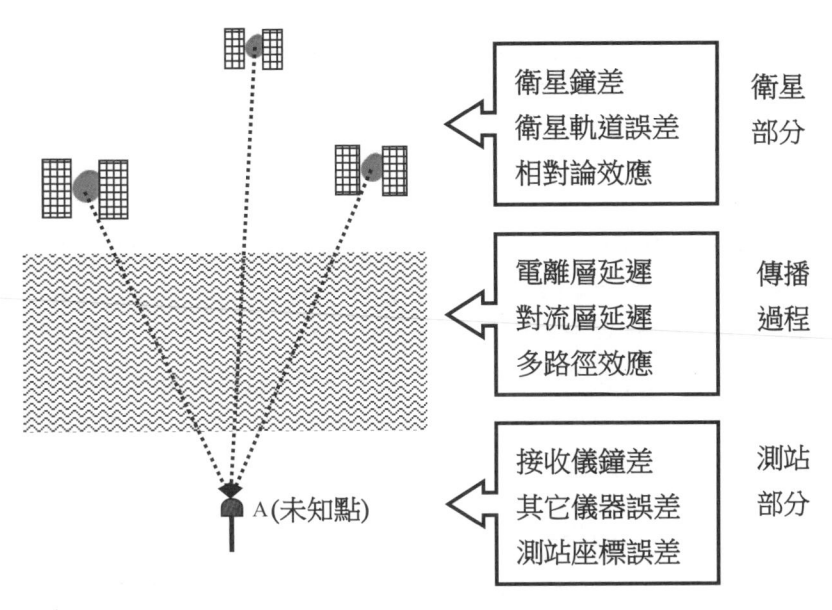

圖 7-12 GPS 誤差來源

7-6-1 衛星部分誤差

(1) 衛星鐘差

衛星時鐘與 GPS 標準時間不一致之誤差。為了保證時鐘的精度，GPS 衛星均採用高精度的原子鐘，但它們與 GPS 標準時之間仍有偏差。這是系統誤差，必須加於修正。當兩個不同位置上之接收儀在同一時間觀測同一個衛星時，它們所受到衛星鐘差是相同的，因此可以利用兩部接收儀同步觀測同一衛星，利用測站差分的方式消除衛星鐘差。

(2) 衛星軌道誤差

衛星實際位置與星曆所預測的位置不一致之誤差。衛星空間位置是由地面監控系統根據衛星測軌結果計算求得的。它是一種系統誤差，其大小取決於衛星追蹤站的數量及空間分佈、觀測值的數量及精度、軌道計算時所用的軌道模型及定軌軟體的完善程度等。

對絕對定位(absolute positioning)而言，衛星軌道誤差將會直接影響定位之誤差，兩種誤差的尺度級距大致相等。但是對相對定位(relative positioning)而言，為了削弱衛星軌道誤差，可採取「測站差分」來削弱衛星軌道誤差的影響。測站差分是指二測站對同一衛星作同步觀測，再將二段測站對衛星的距離相減，得到的距離差。如果基準站與移動站之間的距離不遠，則因時間與空間都相近，二測站與衛星之間的距離測量含有相似的衛星軌道誤差,將二段距離相減,得到的距離差中,衛星軌道誤差對定位座標之誤差的影響將因誤差相消而大幅降低。因此,在完成測站差分後,殘餘的定位誤差將遠小於衛星軌道誤差,兩種誤差之間有一個簡單的關係式:

$$\frac{\Delta S}{S} \approx \frac{\Delta B}{B} \tag{7-4}$$

其中 ΔS =衛星之軌道誤差,S = 衛星至接收儀之間的距離,ΔB = 測站差分後,殘餘的因衛星之軌道誤差產生之基線誤差,B = 基線之長度。

如果基線長=10 km,衛星距測站距離=20000 公里,在差分後,星曆誤差所造成的距離誤差約只有衛星軌道誤差的 1/2000。例如假設衛星軌道誤差 50 公尺,則基線誤差約 0.025 公尺。由於基線長愈長,星曆誤差所造成的距離誤差愈大,因此星曆誤差是長基線測量時的主要誤差。

測站差分可以大幅消除星曆誤差之證明

圖 7-13 中 ΔS=星曆誤差,它會造成測出的距離 (AS', BS') 與實際的距離 (AS, BS) 有誤差。

ΔS 造成的測站 A 距衛星的距離誤差為 $\quad AS' - AS \approx \Delta S \cos \gamma \qquad$ **(1)**

ΔS 造成的測站 B 距衛星的距離誤差為 $\quad BS' - BS \approx \Delta S \cos \delta \qquad$ **(2)**

測站差分時,二測站對同一衛星的距離作相減運算

正確距離的相減結果為 $BS - AS$

觀測距離的相減結果為 $BS' - AS'$

兩者的差距即測站差分後的殘餘誤差 ΔL

$$\Delta L = (BS' - AS') - (BS - AS) = (BS' - BS) - (AS' - AS) \tag{3}$$

將 (1) (2) 代入 (3) 得

$$\Delta L = \Delta S \cos \delta - \Delta S \cos \gamma = \Delta S (\cos \delta - \cos \gamma)$$

由三角函數的和化積公式可改寫上式為

$$\Delta L = \Delta S \cdot 2 \cdot \sin\left(\frac{\delta + \gamma}{2}\right) \cdot \sin\left(\frac{\delta - \gamma}{2}\right) \tag{4}$$

由於三角形 **SOA** 與 **S'OB** 有對頂角關係,故

$$\alpha + \omega = \beta + (\delta - \gamma) \quad 故 \quad \delta - \gamma = \alpha + \omega - \beta \qquad (5)$$

由正弦定理可知

$$\sin\alpha = \frac{\Delta S \sin\gamma}{AS} \quad 與 \quad \sin\beta = \frac{\Delta S \sin\delta}{BS} \qquad (6)$$

由於衛星廣播位置與衛星實際位置之距離 ΔS 只有數公尺，相對於 AS、BS 達數萬公里非常小，故 $\sin\alpha \approx 0$, $\sin\beta \approx 0$，故 $\alpha \approx 0$, $\beta \approx 0$

代入 (6) 得 $\delta - \gamma \approx \omega$ \qquad (7)

將 (7) 代入 (4) 得

$$\Delta L = \Delta S \cdot 2 \cdot \sin\left(\frac{\delta + \gamma}{2}\right) \sin\left(\frac{\omega}{2}\right) \qquad (8)$$

由夾角等於弧長除半徑得

$$\omega = \frac{弧長}{半徑} \approx \frac{AB \sin\angle ABS}{AS} \qquad (9)$$

假設 AB 距離小於 20 km，相對於 AS 達數萬公里很小，故 ω 很小，因此

$$\sin\left(\frac{\omega}{2}\right) \approx \frac{\omega}{2} \approx \frac{AB \sin\angle ABS}{2AS} \qquad (10)$$

將(10)代入(8)得

$$\Delta L \approx \Delta S \times \sin\left(\frac{\delta + \gamma}{2}\right) \frac{AB \sin\angle ABS}{AS} \qquad (11)$$

令基線長 AB=B，衛星距測站距離 SA=S，忽略 sin 函數最大為 1 的影響，得

$$\Delta L \approx \Delta S \times \frac{B}{S} \qquad (12)$$

圖 7-13 差分後星曆誤差影響

因為之基線誤差 ΔB 的尺度級距與測站差分後的殘餘誤差 ΔL 相同，故

$$\Delta B \approx \Delta L \approx \Delta S \times \frac{B}{S}$$

移項得 $\dfrac{\Delta S}{S} \approx \dfrac{\Delta B}{B}$ (得證)

例題7-1 衛星之軌道誤差

假設衛星之軌道誤差=**10 m**,衛星至接收儀之間的距離=**25000**公里,基線之長度=**1**公里、**10**公里、**100**公里、**1000**公里。試問測站差分之後,因衛星之軌道誤差產生之基線誤差大約多少?

[解]

$\dfrac{\Delta S}{S} \approx \dfrac{\Delta B}{B}$ 故 $\Delta B \approx \dfrac{B}{S} \times \Delta S = \dfrac{B}{25000} \times 10$

B=1、10、100、1000公里代入得 $\Delta B \approx$ **0.0004, 0.004, 0.04, 0.4** 公尺。

(3) 相對論效應的影響

由於太空中的衛星和地面上的接收儀所處的狀態(運動速度和重力)不同引起的衛星鐘和接收儀鐘之間的相對誤差。由於衛星鐘和接收儀鐘存在相對運動,相對於接收儀鐘,衛星鐘走得慢,這會影響電磁波傳播時間的測定。相對論效應的影響可忽略不計。

7-6-2 測站部分誤差

(1) 接收儀鐘差

接收儀計時器與衛星時鐘不一致之誤差。**GPS** 接收儀一般採用高精度的石英鐘,精度遠低於衛星上的原子鐘。接收儀鐘差可利用同時接收四顆衛星的訊號,得到四個距離方程式,再以聯立求解的方式得到兩個接收儀鐘差的差值,或以衛星差分的方式加以消除。

(2) 接收儀雜訊誤差

因接收儀雜訊引起的接收儀測量時間差的誤差。這些雜訊包括訊號處理、時鐘/訊號同步、接收儀的解析度和訊噪比。接收儀雜訊誤差無法以差分的方式消除。

(3) 接收儀天線相位中心偏差

在**GPS** 測量時,觀測值都是以接收儀天線的相位中心位置為基準,天線的實際相位中心與其標稱相位中心(幾何中心)在理論上應保持一致。但天線相位標稱中心通常只是由廠商標示的近似校準值，實際的相位中心可能偏離這些值。為了獲得精確的天線相位中心，每一個天線必須分別進行校準。此外，觀測時天線的相位中心隨著訊號輸入的強度和方向不同而有所變化，這種誤差統稱為接收儀天線相位中心偏差。

(4) 接收儀定心誤差

光學對點器中心與地面標記未重合，導致幾何中心與地面標記不在同一鉛錘線上的誤差。

(5) 接收儀定平誤差

接收儀未定平將導致定心時，即使光學對點器中心與地面標記重合，但實際上幾何中心與地面標記仍不在同一鉛錘線上。

(6) 接收儀天線高度 (Antenna Height) 誤差

觀測時接收儀幾何中心與地面標記的高度為儀器高，量測時常因人為因素導致錯誤或誤差。

(7) 測站座標誤差

使用相對定位法觀測時需要知道基準站之座標，基準站座標有誤差將導致以基準站座標為基準而得到的其它點的座標有誤差。

7-6-3 傳播過程誤差

(1) 電離層延遲誤差

在地球上空距地面 50～500 km 之間的電離層中，氣體分子受到太陽等天體各種射線輻射產生強烈電離，形成大量的自由電子和正離子。當 GPS 訊號通過電離層時，與其它電磁波一樣，訊號的路徑發生彎曲，傳播速度也會發生變化，從而使測量的距離發生偏差，這種影響稱為電離層延遲。電離層延遲誤差是 GPS 測量的主要誤差來源之一，在極端情況下，可能導致高達 50 米的 GPS 觀測誤差，使得有效的改正不可或缺。

由物理模型可知，電離層延遲造成的偽距誤差與載波頻率 f 的平方成反比：

- 對「電碼」訊號的偽距誤差為 $I_{f,p} = \dfrac{40.30}{f^2} \times TEC$ （單位：m）

- 對「載波相位」訊號的偽距誤差為 $I_{f,\lambda\Phi} = -\dfrac{40.30}{f^2} \times TEC$ （單位：m）

其中 f=載波頻率，TEC=總電子量 (Total Electron Content)。

注意電離層延遲對「電碼」訊號、「載波相位」訊號的偽距誤差正負號相反。
$I_{f,p} = -I_{f,\lambda\Phi}$

一般 TEC 約 $10^{16} \sim 10^{18}$，承載 C/A 電碼訊號的 L1 載波 f=1575×10^6，因此當 TEC 約10^{17}時

$$I_{f,p} = \frac{40.30}{(1575\times10^6)^2}\times10^{17} = 1.61 \text{ m}$$

因此當 TEC=$10^{16} \sim 10^{18}$，C/A 電碼訊號的電離層延遲誤差在 0.16~16 m 之間。

電離層延遲誤差、對流層延遲誤差之空間相依性之說明

令電離層延遲與對流層延遲對測站 A 與測站 B 對衛星 j 的距離所造成的誤差可用 $\rho_{ion,A}^j$、$\rho_{trop,A}^j$ 與 $\rho_{ion,B}^j$、$\rho_{trop,B}^j$ 表示。假設測站 A 與測站 B 距離不遠，例如距離<20km，相對於衛星距離地面二萬公里而言甚小，衛星對地表 A, B 二直線所夾的角度不過 0.06 度，接近平行線。故電磁波路徑通過的大氣層相近，因此大氣條件相似，故衛星對 A, B 二點之電離層延遲誤差與對流層延遲誤差相近 (圖 7-14)，因此 $\rho_{ion,A}^j \approx \rho_{ion,B}^j$，$\rho_{trop,A}^j \approx \rho_{trop,B}^j$

衛星 (距離地表數萬公里)

A 與 B 如距離小於 20 公里，電磁波路徑通過的大氣層相近，大氣條件相似。

A 與 C 如距離大於 100 公里，電磁波路徑通過的大氣層不相近，大氣條件不相似。

電離層(50～500 km)

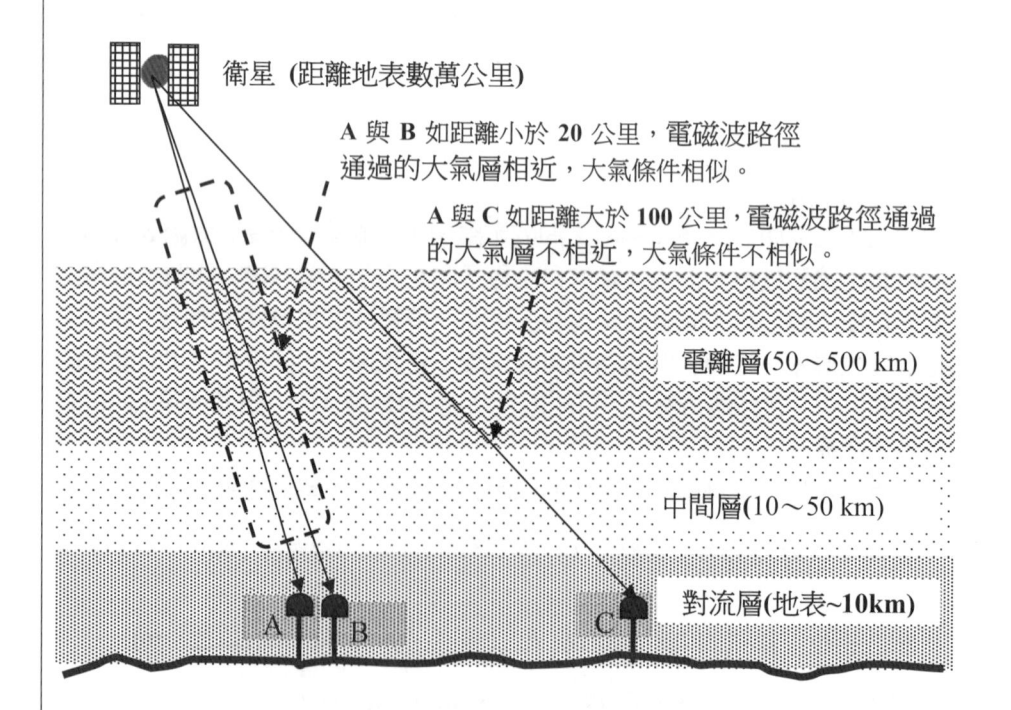

中間層(10～50 km)

對流層(地表~10km)

圖 7-14　當 A, B 二點同時施測且距離不遠時，A, B 二點的電離層延遲誤差與對流層延遲誤差相近。

二種載波頻率 f_1, f_2 下的電離層延遲誤差之比例也載波頻率 f 的平方成反比：

電碼訊號的偽距誤差比例 $\dfrac{I_{1,p}}{I_{2,p}} = \dfrac{\dfrac{40.30}{f_1^2} \times TEC}{\dfrac{40.30}{f_2^2} \times TEC} = \dfrac{f_2^2}{f_1^2}$ ；

載波相位訊號的偽距誤差比例 $\dfrac{I_{1,\lambda\Phi}}{I_{2,\lambda\Phi}} = \dfrac{-\dfrac{40.30}{f_1^2} \times TEC}{-\dfrac{40.30}{f_2^2} \times TEC} = \dfrac{f_2^2}{f_1^2}$ ；

　　電離層內電離度主要受獲得的太陽輻射量影響。因此電離層延遲誤差與時間與空間都有關係。在時間方面，太陽輻射量隨日夜 (白天多，夜晚少) 和季節 (冬季半球遠離太陽，太陽輻射量較少) 而變化。除了日夜和季節，約 **11** 年一個週期的太陽黑子活動也產生影響。一般來說太陽表面黑子愈多，太陽活動愈強烈，電離層影響愈大。此外，耀斑和太陽風中的帶電粒子可以與地球磁場相互作用，導致對電離層的擾亂。在空間方面，隨地球表面緯度的不同，當地受到的太陽輻射強度也不同，在低緯度，太陽輻射量較多，電離層影響較大。電離層延遲誤差可以用雙頻接收儀的二種頻率的測距方程式加以線性組合而消除。

(2) 對流層延遲誤差

　　在地球上空距地面 **0～10 km** 之間的對流層中，大氣密度比電離層大，大氣狀態也較複雜。當 **GPS** 訊號通過對流層時，因為溫度、壓力、濕度、海拔的關係，空氣密度不同，導致訊號的傳播路徑會發生彎曲，從而使距離測量產生偏差，這種現象稱為對流層延遲。由於對流層是地球大氣層的最下面的一層，且厚度遠比 **GPS** 衛星距地表的距離小 (約差**1000**倍)，因此與衛星的仰角有關，仰角愈小，穿越對流層的長度愈長，故對流層延遲誤差在水平方向 (仰角小) 遠比天頂方向 (仰角大) 來得大。此外，也與兩個測站之間的高程差有關，海拔愈高，穿越對流層的長度愈小，對流層延遲誤差愈小。

(3) 多路徑效應誤差

　　測站周圍的反射物所反射的衛星訊號 (反射波) 進入接收儀天線，對直接來自衛星的訊號 (直接波) 產生干涉，從而使觀測值偏離，稱作多路徑效應。尤其是在 **GPS** 天線附近的金屬表面最為關鍵 (圖**7-15(a)**)。多路徑效應誤差無法以差分的方式消除，也難以用模型來校正。

　　圖 **7-15(b)** 顯示，高仰角衛星的衛星訊號反射路徑不會射入接收儀。因此，多路徑效應誤差可以透過設定截止高度角 **(Elevation Mask Angle)** 來減少。截止高度

角是指觀測時,仰角低於此角度的衛星不接收其訊號。截止高度角與反射物的型態有關:

● 垂直面的反射物

圖 7-15(c) 顯示,假設距離接收儀距離 d 的地方,有一個比接收儀高 h 的反射物,衛星訊號反射路徑會射入接收儀,則

$$\beta = \tan^{-1}\frac{h}{d}$$

其中 h =反射物高於天線中心的高度;d =反射物距天線中心的距離。

● 水平面的反射物

圖 7-15(d) 顯示,假設距離接收儀距離 d 的地方,有一個比接收儀低 h 的反射物,衛星訊號反射路徑會射入接收儀,則

$$\beta = \tan^{-1}\frac{h}{d}$$

其中 h =反射物低於天線中心的高度;d =反射物距天線中心的距離。

衛星的仰角低於 β 角的衛星訊號反射路徑會射入接收儀。因此,如果截止高度角設為此角,也可避免多路徑效應。

由上面討論可知:

(1) 當垂直面的反射物高於天線中心的高度愈大,反射物距天線中心的水平距離愈小,則要設的截止高度角愈高。

(2) 當水平面的反射物低於天線中心的高度愈大,反射物距天線中心的水平距離愈小,則要設的截止高度角愈高。

例題7-2　多路徑效應誤差

假設接收儀之高度=1.5 m,截止高度角應設多少以上?

(1) 有一個大樓高於地面的高度=50 m,距離接收儀=200 m。

(2) 有一個水平光滑面低於地面的高度=3 m,距離接收儀=15 m。

[解]

(1) 垂直面的反射物　$\beta = \tan^{-1}\dfrac{h}{d} = \tan^{-1}\dfrac{50-1.5}{200} = 13.6$ 度

(3) 水平面的反射物　$\beta = \tan^{-1}\dfrac{i}{d} = \tan^{-1}\dfrac{3+1.5}{15} = 16.7$ 度

第 7 章　衛星定位測量概論 7-25

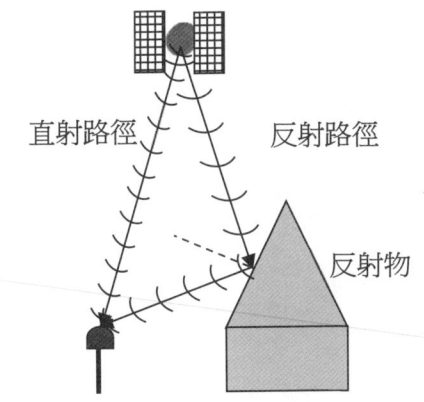

圖 7-15(a)　多路徑效應誤差：地表附近反射物所引起之誤差。

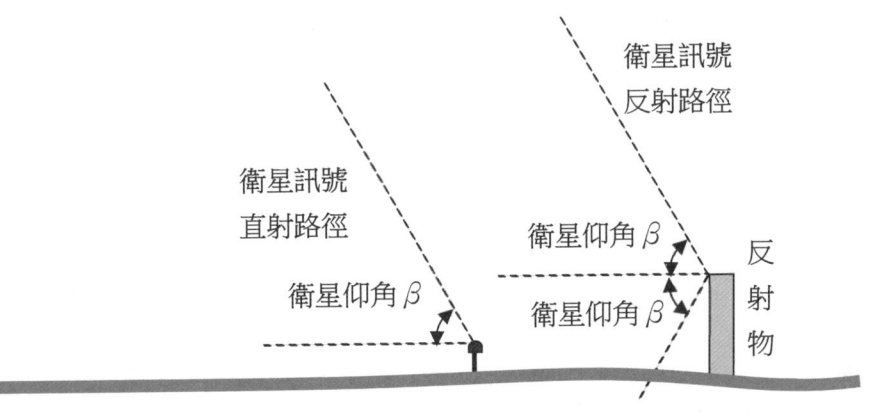

圖 7-15(b)　高仰角衛星的衛星訊號反射路徑不會射入接收儀

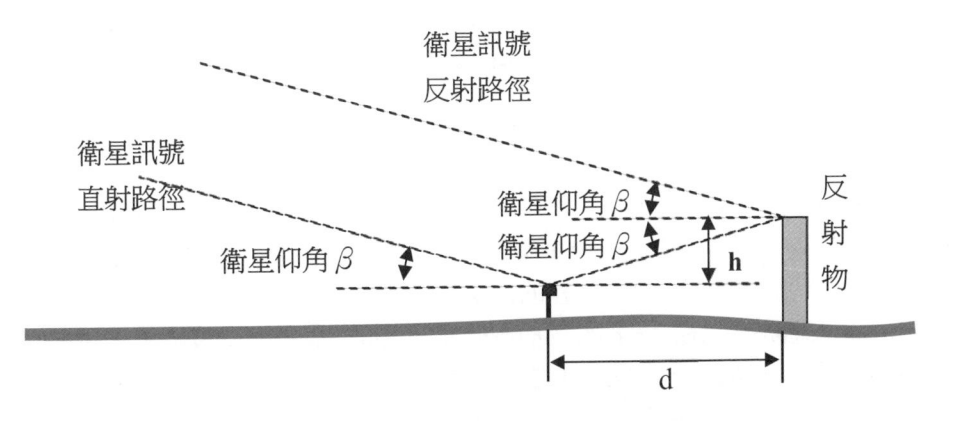

圖 7-15(c)　低仰角衛星的衛星訊號反射路徑會射入接收儀

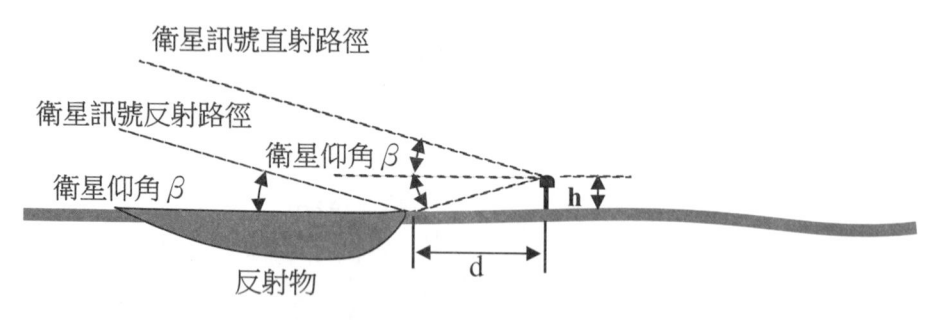

圖 7-15(d) 低仰角衛星的衛星訊號反射路徑會射入接收儀

7-6-4 降低測距誤差的方法

衛星軌道、電離層、對流層誤差的大小與空間及時間有關:

(1) 空間影響：衛星軌道、電離層誤差的大小與衛星的空間位置關係較密切，而對流層誤差的大小與接收儀的空間位置關係較密切。原因是對流層厚度大約數十公里，相對於衛星距離地表 2 萬多公里算是很小，因此衛星訊號穿越對流層的路徑與訊號傳到哪一個接收儀關係較密切，與訊號發自哪一個衛星關係較不密切。

(2) 時間影響：電離層誤差的變化快，衛星軌道、對流層誤差的變化慢。因此電離層誤差資訊的更新頻率必須要更高。

各種 GPS 誤差之尺度、差分後尺度、與基線長度關係如表 **7-7**。為了提高精度，可以同時使用另一部置於已知點的接收儀來觀測，這第二部接收儀一般稱為基準站 **(Base Station)**，此觀測法稱為相對定位法。相對定位法在兩個測站之間的距離 < 20 km 下，可消除或大幅削弱以下誤差:

- 衛星鐘差：全部抵消。
- 衛星軌道誤差：消除大部分，與兩個測站之間的距離有直接的比例關係。
- 電離層延遲誤差：消除大部分，與兩個測站之間的距離有間接關係(距離愈近，通常大氣狀態愈相似，消除誤差的效果愈佳)。
- 對流層延遲誤差：消除大部分，與兩個測站之間的距離有間接關係 (距離愈近，通常大氣狀態愈相似,消除誤差的效果愈佳)，也與兩個測站之間的高程差有關(海拔愈低，穿越對流層的長度愈長)，以及衛星的仰角有關 (仰角愈小，穿越對流層的長度愈長)。

第 7 章　衛星定位測量概論　7-27

表 7-7　GPS 誤差之尺度、差分後尺度、與基線長度關係

種類	誤差	尺度 (公尺)	差分後尺度(公尺)	與基線長度關係
衛星誤差	衛星鐘差	2.5	可忽略	無關
	衛星軌道誤差	2.5	可忽略	有關
測站誤差	接收儀鐘差	10	可忽略	無關
	接收儀雜訊誤差	1	1	無關
傳播過程誤差	電離層延遲誤差	4	可忽略	有關
	對流層延遲誤差	2	可忽略	有關
	多路徑效應誤差	1	1	無關

表 7-8　降低各種 GPS 誤差的對策

種類	誤差	對策
衛星誤差	衛星鐘差	採用相對定位法消除誤差。
	衛星軌道誤差	(1) 採用相對定位法消除誤差。 (2) 視為待定參數，平差時一併求解。 (3) 觀測後等精密星曆發佈後採用精密星曆的衛星座標計算距離。
測站誤差	接收儀鐘差	採用相對定位法消除誤差。
	天線相位中心誤差	(1) 採用相同型號的接收儀與天線。 (2) 天線安置時指向北方。
傳播過程誤差	電離層延遲誤差	(1) 採用相對定位法消除誤差。 (2) 視為待定參數，平差時一併求解。 (3) 以物理模型估計誤差，對觀測量進行改正。 (4) 以雙頻接收儀的二個觀測量加以線性組合，得到無電離層效應的觀測量。 (5) 在晚上觀測。
	對流層延遲誤差	(1) 採用相對定位法消除誤差。 (2) 視為待定參數，平差時一併求解。 (3) 以物理模型估計誤差，對觀測量進行改正。 (4) 取較大的截止角 (例如15度)。
	多路徑效應誤差	(1) 避免在有反射面干擾的環境觀測。 (2) 使用具有抗多路徑效應的天線。 (3) 加長觀測時間取平均值。 (4) 取較大的截止高度角 (例如 15 度)。

相對定位法約可使誤差降低一個數量級 (一個數量級為 10 倍)。但當基準站與未知點相距超過 20 公里時，相對定位法便無法有效消除與距離有關的誤差 (衛星軌道誤差、電離層延遲誤差、對流層延遲誤差)，因此無法有效提高精度。

截止高度角 (Elevation Mask Angle) 是指觀測時，仰角低於此角度的衛星不接收其訊號。設定較大的截止角，例如 15 度，是另一個削減許多傳播過程誤差的重要方法：

(1) 仰角低的衛星傳來訊號要穿越較長距離的電離層與對流層。
(2) 仰角低的衛星傳來訊號發生多路徑效應的機會較大。
(3) 仰角低的衛星傳來訊號被遮擋物(如建築物等)遮蔽而中斷的機會較大。

降低各種 GPS 誤差的對策彙整如表 7-8。

7-7 測距方程式(1)：電碼偽距測量

GPS 主要之測距方法有載波相位觀測及偽距觀測。本節先介紹電碼偽距測量。為了方便閱讀，本章使用的符號如下：

X_A, Y_A, Z_A = 接收儀 A 在地心座標系中的座標 (m);

X^j, Y^j, Z^j = 衛星 j 在地心座標系中的座標 (m);

ρ_A^j = 在接收儀 A 與衛星 j 之間真實的幾何距離 (m);

$\tilde{\rho}_A^j$ = 在接收儀 A 與衛星 j 之間量測的虛擬距離(偽距) (m);

C = 電磁波在大氣中的傳播速度，即光速 (m/s);

dt^j = 衛星 j 時鐘誤差 (s); dt_A = 接收儀 A 時鐘誤差 (s);

$d_{orb,A}^j$ = 在接收儀 A 與衛星 j 之間的衛星軌道誤差 (m);

$d_{trop,A}^j$ = 在接收儀 A 與衛星 j 之間的對流層延遲誤差 (m);

$d_{ion,A}^j$ = 在接收儀 A 與衛星 j 之間的電離層延遲誤差 (m);

在接收儀 A 與衛星 j 之間真實的幾何距離

$$\rho_A^j = \sqrt{(X^j - X_A)^2 + (Y^j - Y_A)^2 + (Z^j - Z_A)^2} \tag{7-5 式}$$

在接收儀 A 與衛星 j 之間量測的電碼偽距 $\tilde{\rho}_A^j$ 可用距離 = 傳播時間 × 電磁波速度 (光速) 得到

$$\tilde{\rho}_A^j = c \cdot \Delta t_A^j \tag{7-6 式}$$

式中 c = 電磁波在大氣中的傳播速度，即光速 (m/s)。

Δt_A^j = 在接收儀 A 與衛星 j 之間的傳播時間 (s)。

比對接收儀收到的衛星電碼訊號之 0/1 時間數列和接收儀自己同步複製的衛星電碼訊號之 0/1 時間數列，可以得到電碼訊號在太空中的傳播時間(圖 7-16)。其原理可用下例類比，假設有兩位歌手，在兩座山頭，約定在同一時間開始唱同一首歌，當歌手聽到對方歌聲時，發現與自己正在唱的歌差 6 拍，因為每拍 0.5 秒，故可推測歌聲在兩座山頭之間的傳播時間為 3 秒。量測衛星訊號傳播時間的具體方法是計算兩時間數列之間的自相關係數，此係數最大的時間差就是傳播時間。

如果測距沒有任何誤差，則

$$\tilde{\rho}_A^j = \rho_A^j \tag{7-7 式}$$

但在前一節，我們已經介紹許多誤差項，其中有一部分是重要的系統誤差，包括衛星和接收儀的時鐘均有誤差，衛星的座標有衛星軌道誤差，電磁波經過電離層和對流層時將產生傳播延遲，因此 Δt 乘上空中電磁波傳播的速度 c 得到的距離不等於接收儀到衛星的幾何距離，故這個距離被稱為偽距 (或稱虛擬距離)。要使偽距 $\tilde{\rho}$ 與幾何距離 ρ 相等就必須加上許多誤差項：

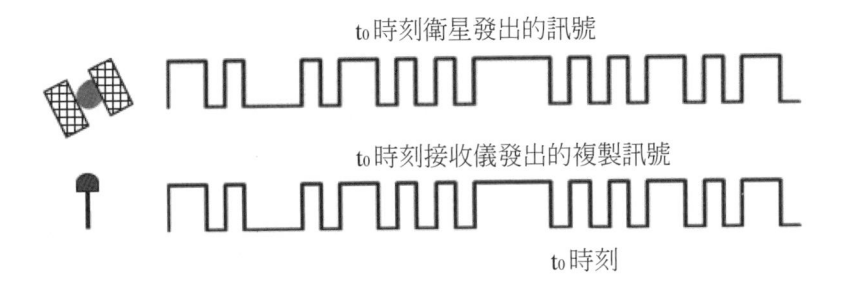

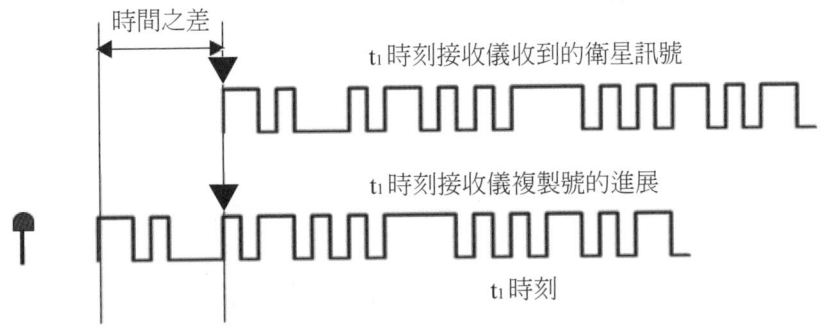

圖 7-16　電碼的時間與該訊號到達接收儀天線的時間之差

觀測距離 = 幾何距離 + 衛星時鐘誤差 + 接收儀時鐘誤差 + 衛星軌道誤差
        + 對流層延遲誤差 + 電離層延遲誤差   **(7-8 式)**

已符號表示為

$$\tilde{\rho}_A^j = \rho_A^j + c \cdot dt^j + c \cdot dt_A + d_{orb,A}^j + \rho_{trop,A}^j + \rho_{ion,A}^j \tag{7-9 式}$$

此即「電碼偽距測距方程式」。

　　電離層延遲誤差可以用雙頻接收儀的二種頻率的測距方程式加以線性組合而消除。無電離層誤差之電碼偽距測距方程式如下：

$$\tilde{\rho}_{L_1} - \frac{f_2^2}{f_1^2}\tilde{\rho}_{L_2} = \rho\left(1 - \frac{f_2^2}{f_1^2}\right)$$

證明如下：

　　假設電離層延遲誤差是唯一的誤差來源，則電碼偽距測距方程式如下：

觀測距離 $\tilde{\rho}$ = 幾何距離 ρ + 電離層延遲誤差 ρ_{ion}

因為電離層延遲誤差與電磁波頻率的平方成反比，故

$$\rho_{2,ion} = \frac{f_1^2}{f_2^2}\rho_{1,ion}$$

因此二種載波頻率 f_1, f_2 下的電碼偽距測距方程式如下：

載波頻率 f_1 下　　$\tilde{\rho}_{L_1} = \rho + \rho_{1,ion}$

載波頻率 f_2 下　　$\tilde{\rho}_{L_2} = \rho + \rho_{2,ion} = \rho + \frac{f_1^2}{f_2^2}\rho_{1,ion}$

將兩種頻率的方程式組合如下

$$\tilde{\rho}_{L_1} - \frac{f_2^2}{f_1^2}\tilde{\rho}_{L_2} = (\rho + \rho_{1,ion}) - \frac{f_2^2}{f_1^2}\left(\rho + \frac{f_1^2}{f_2^2}\rho_{1,ion}\right)$$

$$= \rho + \rho_{1,ion} - \frac{f_2^2}{f_1^2}\rho - \rho_{1,ion} = \rho - \frac{f_2^2}{f_1^2}\rho = \rho\left(1 - \frac{f_2^2}{f_1^2}\right)$$

此方程式已消除電離層延遲誤差，稱無電離層誤差之電碼偽距測距方程式。

7-8 測距方程式(2)：載波相位測量

載波相位測量的測距原理為距離 = 傳播周波數 × 電磁波波長。因此載波相位測距是以載波波長為單位進行量度的。載波 L1 和 L2 波長分別為 19.03 cm、24.42 cm。由於載波的波長比測距碼波長要短得多，不到 C/A 碼的 1/1000，P 碼的 1/100。因此採用載波進行相位測量可以得到較高的測量定位精度。若量測相位的精度達到百分之一，則載波 L1 和 L2 的測距解析度可分別達到 1.9 mm 和 2.4 mm。故利用載波相位定位時，若能求解正確的初始週波未定值，則定位的精確度將達到公分級，甚至 mm 級。

由於接收儀自鎖定衛星訊息後，無法觀測到鎖定前運行的整數週波值，因此整數週波值是一個未知數，稱之週波未定值 (Cycle Ambiguity)。接收儀只能測定載波相位周波數的小數值，以及接收儀內部之石英振盪器自訊號鎖定後記錄下來的整數值 (圖 7-17)。即

訊號傳播至天線中心運行的周波數
= 鎖定前運行的整數週波值(週波未定值) + 鎖定後記錄整數值 + 周波數小數
= $N + Int(\varphi) + \Delta\varphi$
= $N + \Phi$ (7-10 式)

其中 N=鎖定前運行的整數週波值=週波未定值；$Int(\varphi)$ = 鎖定後記錄的整數值；$\Delta\varphi$=周波數的小數；$\Phi = Int(\varphi) + \Delta\varphi$ = 載波相位變動觀測值。

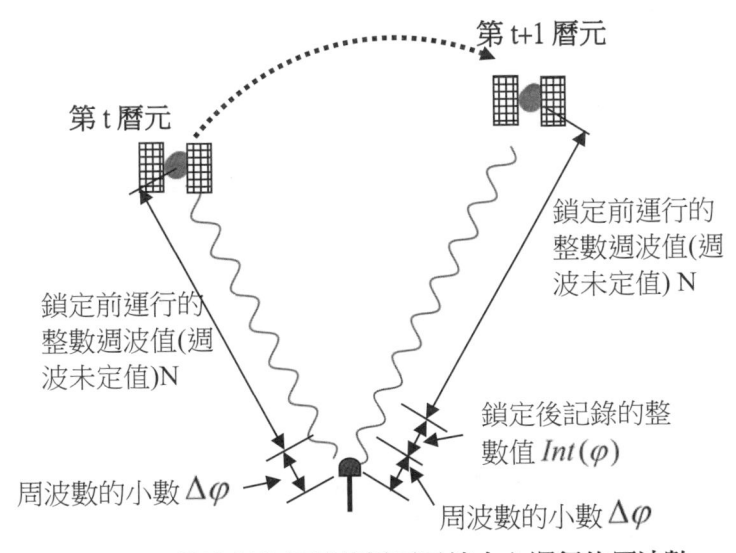

圖 7-17　載波相位訊號傳播至天線中心運行的周波數

例如運行的週波值=108123456.789，可能由週波未定值=108000000，鎖定後記錄的整數=123456，與周波數的小數 0.789 等三部分構成。由於觀測時，週波未定值無法直接觀測到，因此載波相位測量的解算比較複雜。在實際的應用中，求解初始週波未定值必須花費較長的時間，因此若欲應用於即時定位，必須輔助其它系統，以克服必須即時求解的困難。目前已經發展出許多可以確定週波未定值的方法，它是提高作業速度的關鍵所在。

在接收儀 A 與衛星 j 之間量測的相位偽距，可用周波數的整數值 N 加上載波相位變動觀測值 Φ，乘以電磁波的波長得到：

$$\tilde{\rho}_A^j = \lambda \cdot (N_A^j + \Phi_A^j) = \frac{c}{f} \cdot (N_A^j + \Phi_A^j) \qquad (7\text{-}11 \text{ 式})$$

其中 λ = 載波之波長 (m)；f = 載波之頻率 (Hz)；c=電磁波的速度(m/sec)；N_A^j = 在接收儀 A 與衛星 j 之間的載波相位之差的整數部分 (週波未定值)(cycle)；Φ_A^j = 在接收儀 A 與衛星 j 之間量測的載波相位變動觀測值 (cycle)。

要使這個距離與幾何距離 ρ 相等就必須加上許多誤差項。因此

$$\tilde{\rho}_A^j = \rho_A^j + c \cdot dt^j + c \cdot dt_A + d_{orb,A}^j + \rho_{trop,A}^j - \rho_{ion,A}^j \qquad (7\text{-}12 \text{ 式})$$

將上式代入得

$$\lambda \cdot (N_A^j + \Phi_A^j) = \rho_A^j + c \cdot dt^j + c \cdot dt_A + d_{orb,A}^j + \rho_{trop,A}^j - \rho_{ion,A}^j \qquad (7\text{-}13 \text{ 式})$$

將週波未定值產生的距離 $\lambda \cdot N_A^j$ 移項後得

$$\lambda \cdot \Phi_A^j = \rho_A^j + c \cdot dt^j + c \cdot dt_A + d_{orb,A}^j + \rho_{trop,A}^j - \rho_{ion,A}^j - \lambda \cdot N_A^j \qquad (7\text{-}14 \text{ 式})$$

此即「載波相位偽距測距方程式」。與前一節的電碼偽距測量的測距方程相較，兩者相差最後一項，即波長與週波未定值之乘積。

另一種表達法是以相位來表達，故兩端都除以波長 λ 得

$$\Phi_A^j = \frac{1}{\lambda}\left(\rho_A^j + c \cdot dt^j + c \cdot dt_A + d_{orb,A}^j + \rho_{trop,A}^j - \rho_{ion,A}^j\right) - N_A^j \qquad (7\text{-}15 \text{ 式})$$

此即「載波相位測距方程式」。

電離層延遲誤差可以用雙頻接收儀的二種頻率的測距方程式加以線性組合而消除。無電離層誤差之載波相位測距方程式如下：

$$\Phi_{L_1} - \frac{f_2}{f_1}\Phi_{L_2} = \left(\frac{1}{\lambda_{L_1}}\rho - N_{L_1}\right) - \frac{f_2}{f_1}\left(\frac{1}{\lambda_{L_2}}\rho - N_{L_2}\right)$$

證明如下：

> 假設電離層延遲誤差是唯一的誤差來源，則載波相位測距方程式如下：
>
> $$\lambda \cdot \Phi = \rho - \rho_{ion} - \lambda \cdot N$$
>
> 因為電離層延遲誤差與電磁波頻率的平方成反比，故
>
> $$\rho_{2,ion} = \frac{f_1^2}{f_2^2}\rho_{1,ion}$$
>
> 因此二種載波頻率 f_1, f_2 下的載波相位測距方程式如下：
>
> 載波頻率 f_1 下　　$\lambda_{L_1} \cdot \Phi_{L_1} = \rho - \rho_{1,ion} - \lambda_{L_1} \cdot N_{L_1}$
>
> 載波頻率 f_2 下　　$\lambda_{L_2} \cdot \Phi_{L_2} = \rho - \frac{f_1^2}{f_2^2}\rho_{1,ion} - \lambda_{L_2} \cdot N_{L_2}$
>
> 將兩端除以波長 $\lambda_{L_1}, \lambda_{L_2}$ 得
>
> $$\Phi_{L_1} = \frac{1}{\lambda_{L_1}}\rho - \frac{\rho_{1,ion}}{\lambda_{L_1}} - N_{L_1} \qquad \Phi_{L_2} = \frac{1}{\lambda_{L_2}}\rho - \frac{f_1^2}{f_2^2}\frac{\rho_{1,ion}}{\lambda_{L_2}} - N_{L_2}$$
>
> 因為電磁波的速度等於波長乘以頻率，且電磁波的速度(即光速)為常數，因此
>
> $$\lambda_{L_1}f_1 = \lambda_{L_2}f_2 = c$$
>
> 故得波長 $\lambda_{L_1} = \frac{c}{f_1}$ 與 $\lambda_{L_2} = \frac{c}{f_2}$，代入上式得
>
> $$\Phi_{L_1} = \frac{1}{\lambda_{L_1}}\rho - \frac{\rho_{1,ion}}{c/f_1} - N_{L_1} = \frac{1}{\lambda_{L_1}}\rho - \frac{f_1}{c}\rho_{1,ion} - N_{L_1}$$
>
> $$\Phi_{L_2} = \frac{1}{\lambda_{L_2}}\rho - \frac{f_1^2}{f_2^2}\frac{\rho_{1,ion}}{c/f_2} - N_{L_2} = \frac{1}{\lambda_{L_2}}\rho - \frac{f_1^2}{c \cdot f_2}\rho_{1,ion} - N_{L_2}$$
>
> 將兩種頻率的方程式組合如下

$$\Phi_{L_1} - \frac{f_2}{f_1}\Phi_{L_2} = \left(\frac{1}{\lambda_{L_1}}\rho - \frac{f_1}{c}\rho_{1,ion} - N_{L_1}\right) - \frac{f_2}{f_1}\left(\frac{1}{\lambda_{L_2}}\rho - \frac{f_1^2}{c \cdot f_2}\rho_{1,ion} - N_{L_2}\right)$$

$$= \frac{1}{\lambda_{L_1}}\rho - \frac{f_1}{c}\rho_{1,ion} - N_{L_1} - \frac{f_2}{\lambda_{L_2}f_1}\rho + \frac{f_1}{c}\rho_{1,ion} + \frac{f_2}{f_1} \cdot N_{L_2}$$

$$= \frac{1}{\lambda_{L_1}}\rho - N_{L_1} - \frac{f_2}{\lambda_{L_2}f_1}\rho + \frac{f_2}{f_1} \cdot N_{L_2}$$

$$= \left(\frac{1}{\lambda_{L_1}}\rho - N_{L_1}\right) - \frac{f_2}{f_1}\left(\frac{1}{\lambda_{L_2}}\rho - N_{L_2}\right)$$

此方程式已消除電離層延遲誤差，稱無電離層誤差之載波相位測距方程式。

7-9 測量方法分類與精度

衛星測量乃是利用接收衛星廣播的導航電文得知衛星的座標，並接收電碼或載波相位測距訊號計算接儀與衛星之間的距離，然後以空間距離交會法定出接收儀之座標的測量技術。因為是應用接收的衛星播送之電磁波訊號進行測量，因此只要接收天線的對空通視沒有遮蔽即可測量，測量作業不受天候影響，而且可以免除以往地面測量的測點與測點之間必須通視，以及精度受網形圖形強度控制的問題。

為了滿足不同的需求，衛星測量發展了不同的方法，分類如下：

一、按定位計算的原理分類

(1) 絕對定位 (單點定位)

單點定位是根據一台接收儀的觀測資料來確定接收儀位置的方法，因此得到的座標為絕對位置。

(2) 相對定位 (relative positioning) (差分定位)

相對定位是根據兩台以上接收儀的觀測資料來確定觀測點之間的相對位置的方法。相對定位需要一部接收儀安置在參考站 (reference)，其座標已知；其它接收儀安置在移動站上 (rover)，其座標待測。參考站與移動站之間的距離不可太遠，一般受限在 **10~20** 公里以下。參考站與移動站上的接收儀同時觀測四顆以上 GPS 衛星訊號。因為參考站與移動站的觀測值具有時間 (同步觀測) 與空間 (有限距離) 相近性，因此參考站與移動站的系統誤差相近或相同，可以透過差分的程式，將參考站與移動站之間的共同系統誤差削弱或抵消。例如：

- 測站差分：二測站對同一衛星作同步觀測，因此二測站與衛星之間的距離觀測值有相同的衛星時鐘誤差，可因差分而抵消。如果參考站與移動站之間的距離不遠，則因時間與空間都相近，二測站與衛星之間的距離觀測值有相似的衛星軌道誤差、對流層誤差、電離層誤差，可因差分而削弱。
- 衛星差分：同一測站對二顆衛星作同步觀測，測站與二衛星之間的距離觀測值有相同的接收儀時鐘誤差，可因差分而抵消。

因為削弱或抵消了許多系統誤差，相對定位的精度遠比絕對定位高。由於移動站的座標是相對於參考站，因此得到的座標為相對位置。

二、按定位目標的狀態分類

(1) 靜態測量

靜態測量是所有接收儀固定不動一段時間，例如數十分鐘，進行觀測。由於通常每隔數秒，例如 10 秒，採樣一次，因此可以得到大量的觀測數據，故觀測的精度較高。但因無法快速得到結果，因此效率較低。

(2) 動態測量

動態測量是部分接收儀處於運動狀態。運動狀態是相對觀念，可以是步行的速度，也可以是車速或飛機的速度。由於動態測量的觀測時間短，因此無法得到大量的觀測數據，故觀測的精度較低。但因可以快速得到結果，因此效率較高。動態測量在航空測量時的攝影機空間座標定位、河海測量時的聲納儀探測儀平面座標定位、營建施工機具的定位均十分有用。

三、按定位過程的時效分類

(1) 後處理定位

後處理定位需要在各站觀測完畢，採集數據後，進行計算，才可得到結果，因此時效性差，但各站之間無需通訊系統傳遞採集的數據。

(2) 即時定位

即時定位需要在各站觀測時，立即以通訊系統傳遞採集的數據，進行計算，即時得到結果，因此時效性佳。

四、按測距使用的訊號分類

(1) 電碼測距

電碼測距可以得到電碼偽距，其中 C/A 碼的最佳精度只有 3 公尺，P 碼的最佳精度只有 0.3 公尺。實際測量時，如採用絕對即時定位，C/A 碼的精度只有 30 公尺，P 碼的精度只有 3 公尺左右。電碼測距精度差，但所需的設備成本低，定位速度快，適用於導航應用。

(2) 載波測距

載波測距可以得到相位偽距，最佳精度可達 3 mm。載波測距精度高，但所需的設備成本高，定位速度慢，適用於大地測量或工程測量。載波測距可使用單頻(L1)或雙頻 (L1/L2) 接收儀。雙頻接收儀可以用二種頻率的測距方程式加以線性組合來產生無電離層延遲誤差的測距方程式。因此在精度要求高，但接收儀之間的基線距離較長，兩地大氣狀態有明顯差別，電離層誤差差異較大，差分法無法有效消除電離層誤差時，應選用雙頻接收儀。

依照上面的分類，理論上有 16 種組合，但實際上有些組合不具成本效益，例如不需要高精度的絕對定位通常使用電碼測距。需要高精度的靜態測量都使用相對定位並配合載波測距。因此衛星測量方法的實際分類如圖 7-18。各種方法的儀器、精度、特性、價位如表 7-9。

以下分四類簡介：**(1)** 動態絕對定位 **(2)** 靜態絕對定位 **(3)** 動態相對定位 **(4)** 靜態相對定位。

7-9-1 動態絕對定位概論

單點導航定位簡單地說就是使用最便宜、只能收到精度最低的 C/A 碼的 GPS 晶片為硬體，以單點定位法得到座標。例如常見的車用或手機用 GPS 定位系統。由於不使用相對定位方法消除各種系統誤差，因此雖然 C/A 碼的精度有 3 公尺，但單點導航定位精度約 30 公尺。單點導航定位最大優點是成本極低，不需參考站配合，能即時得到座標，因此非常適合用來導航；但缺點是精度很低，不適合測量應用。

7-9-2 靜態絕對定位概論

精密單點定位 (Precise Point Positioning, PPP) 不採用相對定位方法消除各種系統誤差，而是採取相對定位方法以外的方法消除系統誤差，例如利用高精度的 GPS 衛星星曆消除衛星鐘差、衛星軌道誤差，以雙頻載波相位觀測值消除電離層誤差等，達到公分級的定位。優點是不需參考站配合，並且可以得到絕對座標。缺點則是需要較昂貴的儀器，並且需等待高精度的 GPS 衛星星曆發佈，故無法即時得到座標。精密單點定位適合特殊目的的測量，例如海上鑽油平台定位這種沒有參考站可以配合進行相對定位，但需要高精度定位的場合。

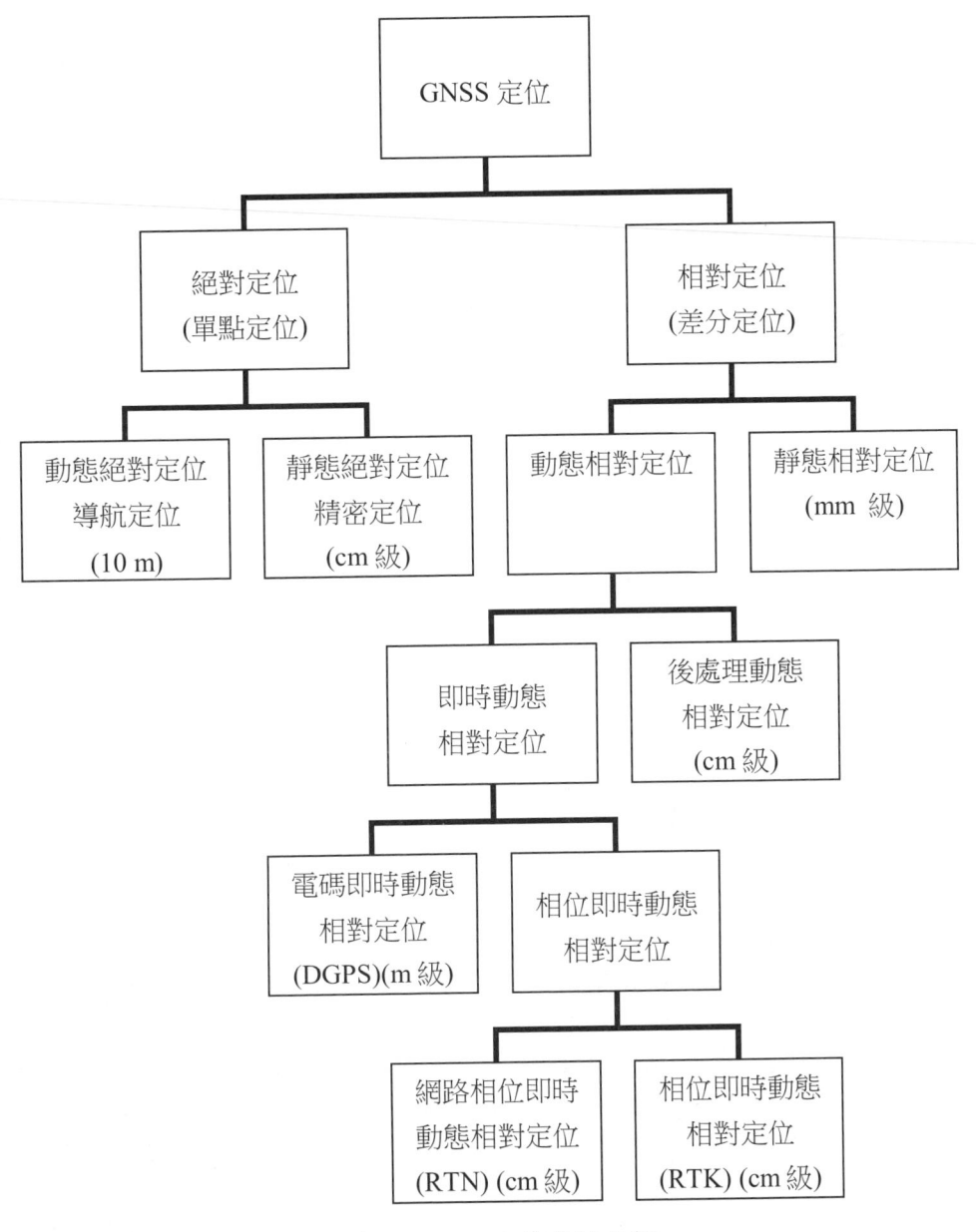

```
                        ┌──────────────┐
                        │  GNSS 定位   │
                        └──────┬───────┘
                    ┌──────────┴──────────┐
              ┌─────┴─────┐         ┌─────┴─────┐
              │  絕對定位  │         │  相對定位  │
              │ (單點定位) │         │ (差分定位) │
              └─────┬─────┘         └─────┬─────┘
              ┌────┴────┐           ┌─────┴─────┐
        ┌─────┴───┐ ┌───┴─────┐ ┌───┴─────┐ ┌───┴─────┐
        │動態絕對定位│ │靜態絕對定位│ │動態相對定位│ │靜態相對定位│
        │ 導航定位  │ │ 精密定位  │ │          │ │ (mm 級)  │
        │  (10 m)  │ │ (cm 級)  │ │          │ │          │
        └─────────┘ └─────────┘ └────┬────┘ └─────────┘
                                ┌────┴────┐
                          ┌─────┴───┐ ┌───┴─────┐
                          │即時動態  │ │後處理動態│
                          │相對定位  │ │相對定位  │
                          │          │ │ (cm 級) │
                          └────┬────┘ └─────────┘
                          ┌────┴────┐
                    ┌─────┴───┐ ┌───┴─────┐
                    │電碼即時動態│ │相位即時動態│
                    │相對定位  │ │相對定位  │
                    │(DGPS)(m級)│ │          │
                    └─────────┘ └────┬────┘
                                ┌────┴────┐
                          ┌─────┴───┐ ┌───┴─────┐
                          │網路相位即時│ │相位即時動態│
                          │動態相對定位│ │相對定位  │
                          │(RTN) cm 級│ │(RTK) cm 級│
                          └─────────┘ └─────────┘
```

圖 7-18　GPS 定位法分類

表 7-9 GPS 測量方法的儀器、精度、特性、價位

	儀器類型	精度	特性	價格(NT 元)
導航級	手機導航 GPS (即時動態絕對定位)	30 公尺	導航用	約 1 千元
	汽車導航 GPS (即時動態絕對定位)	20 公尺	導航用	約 1 千~1 萬元
	掌上型簡易 GPS (即時動態絕對定位)	10 公尺	導航用	約 1 萬~3 萬元
測量級	掌上型測量用 GPS (電碼即時動態相對定位) (DGPS)	(公寸級) 1~100 公分	內置天線,接收訊號能力較差,解算速度慢,一般精度為 25 cm。需選購外部天線、後處理解算才能提高精度。	約 10 萬
	相位即時動態相對定位（RTK）	(公分級) 10 mm+1ppm	無需網路,一套通常包含一部固定站接收儀、一部移動站接收儀。	L1/L2 雙頻 約 100 萬 (二部儀器)
	網路相位即時動態相對定位（VRS）	(公分級) 10 mm+1ppm	一定要能上網的地方才能使用,只需一部移動站接收儀與手機就可運作。	約 50 萬 (一部儀器)
	靜態相對定位	(毫米級) 3mm+0.1ppm	一套通常包含三部以上接收儀。	約 150 萬 (三部儀器)

※以上所標示精度均為平面精度,垂直誤差是平面誤差的 2 倍。

7-9-3 動態相對定位概論

動態相對定位可以分成兩大類： (1) 即時動態相對定位 (2) 後處理動態相對定位。簡述如下：

1. 即時動態相對定位

即時動態相對定位是在一個已知精確位置的參考站 (或稱基準站) 上安裝接收儀並連續追蹤所有可見衛星,以差分法計算改正值,並將改正值發送給用戶站。依差分訊號 (改正值) 不同可分為位置差分、偽距差分和相位差分。這三類差分方式的工作原理大致相同,都是由基準站發送改正值,由用戶站接收並對其測量結果進行改正,以獲得精確的定位結果。所不同的是,發送改正值的具體內容不一樣,其差分定位精度也不同。由於位置差分的精度較差,因此較少使用。因此即時動態相對定位可依差分訊號分成使用偽距差分訊號的 DGPS (Differential Global Positioning System) 與使用相位差分訊號的即時動態測量 (Real-Time Kinematic,

RTK) 與網路 RTK (Network RTK)。簡述如下：
(1) 差分 GPS (DGPS)
「差分 GPS」(DGPS) 技術是即時處理兩個測站偽距觀測量的差分方法。雖然偽距差分和載波相位差都是差分技術的應用，但「差分 GPS」一詞通常被用來指偽距差分 GPS。DGPS 的具體方法是：
(a) 在公共基準站上連續追蹤所有可見衛星，測得偽距。
(b) 根據基準站已知座標和各衛星的座標，求出每顆衛星到基準站的真實距離。
(c) 測得的偽距與真實距離比較，得到偽距改正值。
(d) 將改正值傳輸給用戶接收儀，以提高定位精度。

這種差分只能得到公尺級定位精度，但使用者只需要一部能接收 C/A 電碼的 GPS 接收儀就可工作。用於手機的 L1 單頻 GPS 晶片，每片只需美金 1 元，精度 30 m。用於精密導航的 L1/L2 雙頻 GPS 晶片，需美金 2000 元，精度約 1 m。因為成本低廉，一開機就能使用，是應用最廣的一種差分，應用範圍包括導航、為 GIS 系統收集資料、尋找測量的樁點。

(2) 即時動態測量(RTK)
即時動態測量 (Real-Time Kinematic, RTK) 是即時處理兩個測站載波相位觀測量的差分方法。RTK 的具體方法是：
(a) 在一個已知測站上架設 GPS 基準站接收儀和資料鏈，連續追蹤所有可見衛星，以載波相位測得距離。
(b) 根據基準站已知座標和各衛星的座標，求出每顆衛星到基準站的真實距離。
(c) 載波相位測得的距離與真實距離比較，得到相位改正值。
(d) 將改正值以無線電數據通訊設備傳送給用戶接收儀。
(e) 移動站接收儀通過移動站資料鏈接收基準站發射來的資料，並在移動站儀器上立即解算，以提高定位精度。

這種方法的精度一般為 2 公分左右。與其它 GPS 測量方法相較，具有精度高、施測快、不需後處理等優點。缺點是需要兩部接收儀，測量範圍受基準站的束縛。應用範圍包括空曠地區的地籍測量、道路測量、水道測量、工程測量與放樣。

(3) 網路 RTK
傳統的 RTK 的使用者需要兩部 GPS 接收儀，一部接收儀架設在基準站，連續追蹤所有可見衛星，並透過資料鏈向另一部當做移動站的接收儀發送差分訊號，因此需要兩部接收儀，且測量的範圍受基準站的束縛。網路 RTK 的使用者只需要一部 GPS 接收儀當做移動站，而由配備 GPS 接收儀的公共基準站透過資料鏈向移動站接收儀發送差分訊號。因此只需一部 GPS 接收儀就可工作，因此較為經濟。此外，雖然測量範圍仍受公共基準站覆蓋範圍限制，但公共基準站通常以多站組成網路，覆蓋範圍大。缺點是必須在公共基準站覆蓋範圍內，並且可上網的地方才可測量。

2. 後處理動態相對定位

　　後處理動態相對定位是在一個已知精確位置的參考站(或稱基準站)上安裝接收儀並連續追蹤所有可見衛星。移動站接收儀需要先用已知點法或其它方式進行初始化，然後依序到各測站停留約一分鐘，以觀測幾個曆元資料。需要注意的是這種方法要求在觀測時段內確保有 5 顆以上衛星可供觀測；移動站在搬站過程中不能失鎖；移動站與基準站相距應不超過 20 公里。這種方法又稱為半動態測量(Semi-Kinematic) 又稱為停停走走(Stop and Go)。半動態測量與即時動態測量(RTK)最大的不同是半動態測量不需資料鏈即時傳送資訊、紀錄的是原始數據，需要回到辦公室用後處理軟體計算；即時動態測量(RTK)需資料鏈即時傳送資訊、紀錄的是座標成果，不需要後處理。這種模式可用於空曠地區，點與點間距離在數百公尺以內，且點位密集之小規模測量，如加密控制測量、細部測量、地形測量、地籍測量、道路測量、工程測量與放樣等領域。

7-9-4 靜態相對定位概論

1. 靜態基線測量

　　靜態基線測量需要兩台以上接收儀分別安置在基線端點，並靜止不動，同步觀測四顆以上相同的衛星約一小時，以確定各點相對位置。靜態基線測量適用於邊長在 5 公里以上的控制測量。常用於全球性或國家級大地控制網、地殼運動監測網、長距離檢校基線之建立、島嶼與大陸之聯測、海上鑽井之定位等。這種模式一般可達到 mm 級精度，即 3mm+0.1~1ppm 相對定位精度，是所有方法中精度最高的方法。靜態基線測量所需的觀測時間與基線長度成正比，與接收的衛星數成反比。例如

基線長度=10 km, 衛星數=6, 約需 60 分鐘。
基線長度=10 km, 衛星數=8, 約需 45 分鐘。
基線長度=50 km, 衛星數=6, 約需 75 分鐘。

2. 快速靜態測量 (Rapid static)

　　快速靜態測量需要兩台以上接收儀，一台接收儀安置在一個已知測站上做為基準站，連續追蹤所有可見衛星。其餘接收儀做為移動站，依序到各測站停留約 10 分鐘，以確定各點相對位置。快速靜態測量適用於邊長在 5 公里以下的控制測量。常用於加密控制測量、地籍測量、工程測量等。需要注意的是這種方法要求在觀測時段內確保有 5 顆以上衛星可供觀測；移動站與基準點相距應不超過 20 公里。這種模式一般可達到公分級精度。

3. 虛擬動態測量 (Pseudo-Kinematic)

　　虛擬動態測量與快速靜態測量類似，但每次停留時間較短，約 5 分鐘，衛星訊號不需維持連續不斷，但它要求每一點要重複設站一次，往測與返測間隔需一小時

以上，以便衛星分佈有所不同。適用對象與快速靜態測量相似。

事實上，在 RTK 出現後，因為 RTK 的精度愈來愈高，快速靜態測量、虛擬動態測量、半動態測量已經不常使用，只剩下靜態基線測量仍在使用，原因是 RTK 只能達到 cm 級的精度，只有靜態基線測量可以達到 mm 級的精度。因此目前常用的 GPS 技術包括

- 動態絕對定位：導航單點定位 (標準定位服務 SPS 與精密定位服務 PPS)
- 靜態絕對定位：精密單點定位 (PPP)
- 動態相對定位(1)：電碼即時差分 (DGPS)
- 動態相對定位(2)：相位即時差分 (RTK)
- 動態相對定位(3)：網路即時差分 (RTN)
- 靜態相對定位：靜態基線測量

對測量專業人員而言，後面三種 (RTK, RTN, 靜態基線測量)是最常用的 GPS 技術。

表 7-10　GPS 相對定位方法之比較

測量方法		儀器	觀測時間	精度	使用時機
動態測量	即時 DGPS	單、雙頻均可	每個測站停留時間短於 5 秒鐘。	公尺級	收集 GIS 資料。
	RTK	雙頻 + 通訊設備	每個測站停留時間短於 5 秒鐘。	10mm+1ppm	空曠地區的地籍測量、道路測量、水道測量、工程測量與放樣。
	RTN	雙頻 + 通訊設備	每個測站停留時間短於 5 秒鐘。	10mm+1ppm	適用範圍與 RTK 類似，但必須在網路可通處。
	後處理 半動態	單、雙頻均可	每個測站停留時間約 1 分鐘。	10mm+1ppm	空曠地區，點與點間距離在數百公尺以內，且點位密集之小規模測量。如地形測量、地籍測量等。
靜態測量	靜態基線	單、雙頻均可	約需 60 分鐘。基線愈長，衛星愈少，所需觀測時間愈長。	3mm+0.1ppm	邊長在 5 公里以上的控制測量。如大區域之大地控制網等。
	快速靜態	雙頻	約需 10 分鐘。基線愈長，衛星愈少，所需觀測時間愈長。	10mm+1ppm	邊長在 5 公里以下的控制測量。如加密控制測量等。
	虛擬動態	單、雙頻均可	重複擺站兩次，間隔 1 小時，每次 5 分鐘。	10mm+1ppm	適用範圍與快速靜態測量類似。

由於測量需要的精度較高，因此都採用相對定位。相對定位法又可分成靜態測量及動態測量兩大類，動態測量還可以分成後處理、即時兩小類。各種相對定位方法的儀器、觀測時間、精度、使用時機歸納如表 7-10。

7-10 本章摘要

1. **GNSS 組成**：衛星部分、地面控制部分、接收儀部分。
2. **GNSS 原理**：三維空間中的距離交會法。
3. **座標系統**：GPS 採用全球性地心座標系統，座標原點為地球質量中心，其形狀基準自 1986 年後即採用 WGS84 參考橢球。
4. **測距訊號**：GPS 衛星發射的訊號分為電碼訊號、載波訊號和導航電文。
5. **電碼訊號**：C/A 碼 (粗碼) 波長約 300 公尺；P 碼 (精碼) 波長約 30 公尺。
6. **載波訊號**：L1 頻率載波波長約 19 公分，可發射 C/A 碼與 P 碼。L2 頻率載波波長約 24 公分，可發射 P 碼。
7. **誤差來源**：衛星、測站、傳播過程。
8. 電碼偽距測量的測距方程式

$$\tilde{\rho}_A^j = \rho_A^j + c \cdot dt^j + c \cdot dt_A + d_{orb,A}^j + \rho_{trop,A}^j + \rho_{ion,A}^j$$

9. 載波相位測量的測距方程式

$$\lambda \cdot \Phi_A^j = \rho_A^j + c \cdot dt^j + c \cdot dt_A + d_{orb,A}^j + \rho_{trop,A}^j - \rho_{ion,A}^j - \lambda N_A^j$$

10. GPS 衛星測量方法分類如下：
    (1) 按定位計算的原理分類：絕對定位 (單點定位)、相對定位(差分定位)。
    (2) 按定位目標的狀態分類：靜態測量、動態測量。
    (3) 按定位過程的時效分類：後處理定位、即時定位。
    (4) 按測距使用的訊號分類：電碼測距、載波測距。

習題

7-1 本章提示 ～ 7-2 全球導航衛星系統 (GNSS) 架構

(1) 試述全球定位系統 (GPS) 之內涵。
(2) 其與傳統測量有何不同？
(3) 其優缺點為何? [99 年公務員普考]

(4) 其架構包含哪些? [84 薦任升等考試]
[解]
(1)~(3)見 7-1 節 (4) 見 7-2 節。

7-3 基本原理

(1) GPS 之原理為何? [84 薦任升等考試] [92 公務員高考] [93 公務員普考] [95 土木技師]
(2) 試就衛星定位與地面角、距觀測對通視的要求，說明二者之互補關係。[92 公務員普考] [84 薦任升等考試] [83 測量技師]
[解]
(1) GNSS 定位原理是三維空間中的距離交會法，見 7-3 節。(2) 衛星定位的特點是不需通視控制點，但透空度要佳；地面觀測的特點是需通視控制點，但不需透空度。因此可結合這兩種技術：(a) 當現場無控制點，無法使用全站儀時，以 GNSS 測量得到控制點座標，接著用全站儀座後續精密測量、放樣。(b) 當對空遮蔽物多的區域，無法以 GNSS 測量時，以全站儀用導線法穿越此區域後，接著用 GNSS 測量。

7-4 座標系統

(1) GPS 的座標系統為何? [90 公務員高考]
(2) 在台灣使用 GPS 測量為何需座標轉換?
[解]
(1) GPS 採用全球性地心座標系統，座標原點為地球質量中心，其形狀基準採用 WGS84 參考橢球。見 7-4 節。(2) 早期台灣採用 TWD67，受到當時測量技術限制，只適用於台灣附近區域。目前仍有許多紙本地形圖採用 TWD67，若要結合 GPS 使用，需要轉換座標。如果未轉換座標，縱距誤差約 200 公尺，橫距誤差約 800 公尺，將造成嚴重的誤差。目前台灣採用 TWD97，是根據 1980 年國際地球原子參數 GRS80 定出來的大地基準座標。GRS80 與 GPS 採用的 WGS84 相近，僅差數公分，在一般 GPS 誤差值下，數公分的差異可以忽略不計，不需要轉換座標。

7-5 測距訊號

(1) GPS 的測距訊號有哪兩種？
(2) 何謂選擇性可用政策 (SA) 與反電子欺騙政策 (AS)
[解]
(1)(2)見 7-5 節。

7-6 測距誤差來源

(1) GPS 有哪些誤差來源？
(2) GPS 有哪些誤差可用差分法減少？
(3) GPS 有哪些誤差可用設定截止角減少？
(4) GPS 精度如何？如何提高？
[解]
(1)~(4) 見 7-6 節。

「定心」與「定平」，為經緯儀整置與全球定位系統(GPS)天線整置時必須進行之作業項目。請分別說明「定心」與「定平」兩項誤差因子與「水平角」及「GPS」觀測量誤差間之關係。[101土木技師]

[解]
定心對水平角：造成誤差約 206265"×(定心誤差/測點間的水平距離)
定平對水平角：未定平將造成直立軸未鉛垂，直立軸誤差 V 對水平角之影響 ΔV

$$\Delta V = V(\sin u' \tan(h)' - \sin u \tan(h))$$

定心對GPS：直接影響 GPS 的座標成果，GPS 平面定位誤差 = 定心誤差
定平對GPS：未定平將造成儀器中心偏移：
GPS 平面定位誤差 L = H×(sinΔV)
GPS 垂直定位誤差 = H×(1-cosΔV)
例如ΔV=1度，H=200 cm時，平面定位誤差 3.5 cm，垂直定位誤差 0.03 cm

7-7 測距方程式(1)：電碼偽距測量

GPS 的測距方法有哪兩種？ [100 地方特考]
[解]
見 7-7 節與 7-8 節。

7-8 測距方程式(2)：載波相位測量

為何電離層誤差可以用雙頻接收儀消除？[101 年公務員高考]
[解]
見 7-8 節之無電離層誤差之載波相位測距方程式之證明。

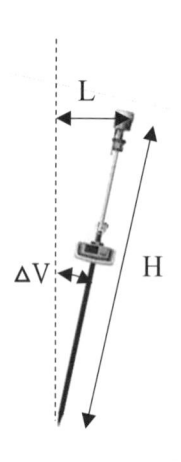

$$\Phi_{L_1} - \frac{f_2}{f_1}\Phi_{L_2} = \left(\frac{1}{\lambda_{L_1}}\rho - N_{L_1}\right) - \frac{f_2}{f_1}\left(\frac{1}{\lambda_{L_2}}\rho - N_{L_2}\right)$$

7-9 測量方法分類與精度

(1) GNSS 有哪些測法? [90 公務員高考] [91 年公務員高考] [92 公務員普考]
(2) GNSS 絕對定位、相對定位有何差異？
(3) GNSS 靜態測量、動態測量有何差異？
(4) GNSS 後處理定位、即時定位有何差異？
[解]
(1)~(4) 見 7-9 節。

第 8 章 測量基準與座標系統

8-1 本章提示
8-2 測量之基準
  8-2-1 形狀基準
  8-2-2 位置基準正
  8-2-3 高程基準
  8-2-4 TWD97 與 TWD67 之比較
8-3 座標系統 (一)：地理 (橢球) 座標系統
8-4 座標系統 (二)：平面直角座標系統 UTM 投影
  8-4-1 地圖投影
  8-4-2 高斯投影與 UTM 投影
  8-4-3 台灣地區的方格座標系統演進
  8-4-4 尺度比率
  8-4-5 真北、磁北、方格北
8-5 座標系統 (三)：空間直角座標系統
8-6 平面直角座標之間的轉換
  8-6-1 概論
  8-6-2 二個已知點之四參數轉換
  8-6-3 二個以上已知點之四參數轉換
8-7 本章摘要

8-1 本章提示

  測量上常用的座標系統有三種：

1. 地理 (橢球) 座標系統
2. 平面直角座標系統
3. 空間直角座標系統

  例如表 8-1 為新竹市某三等三角點之座標記錄表，它便包含了上述三種座標系統的座標值：

1. 地理(橢球)座標系統：採用 TWD67 (經度，緯度，高程)

2. 平面直角座標系統：採用 UTM (橫座標，縱座標) 與 2°TM (橫座標，縱座標)
3. 空間直角座標系統：採用 WGS84 (經度，緯度，幾何高) 與 (X，Y，Z)

表 8-1　三角點之座標記錄表

點名	點號			等級	三	標樁種類	鋼標
TWD67 經度	120°56'36.16312"	TWD67 緯度		24°45'39.43422"		高程	120.296 m (僅供參考)
WGS84 經度	120°57'05.68311"	WGS84 緯度		24°45'33.11008"		WGS84 幾何高	140.338 m
WGS84 X 座標	-2980633.687 m	WGS84 Y 座標		4970116.945 m		WGS84 Z 座標	2654934.779 m
平面座標 二度分帶	橫座標 244273.611 m		縱座標 2739311.472 m			中央經線東經 121° 尺度比：0.9999	

8-2　測量之基準

　　為求得通用性之測量成果，規定有統一性之測量基準。台灣地區之測量基準分成先前的 **TWD67** 與目前的 **TWD97** 二種不同系統，每個系統都有形狀基準、位置基準、高程基準等三大要素(圖 8-1)。

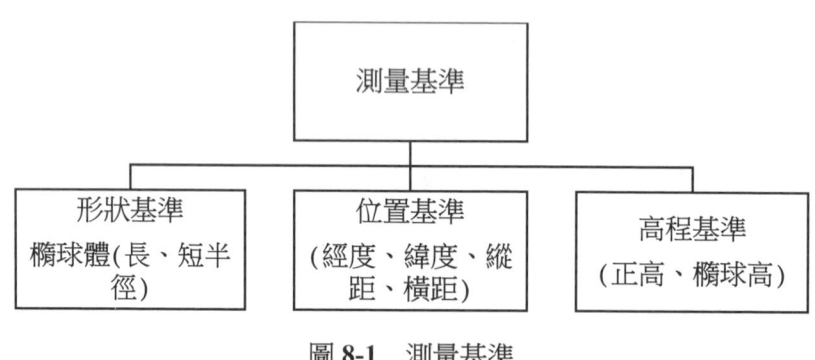

圖 8-1　測量基準

8-2-1　形狀基準

　　地球的物理表面可以分成三個表面(圖 8-2)：

1. 地球的物理表面：地球表面最高約海拔 **8000** 公尺(珠穆朗瑪峰)，最低約 **-11,000** 公尺(馬里亞納海溝)，相距約 **20** 公里，但相對於地球半徑約 **6370** 公里，不到 **1/300**，因此從外太空看地球仍然會覺得地球表面十分光滑。事實上，地球也非正圓球，而接近一個橢球體，長 (赤道) 半徑約 **6378** 公里，短 (極) 半徑約 **6357**

公里,相差大約也是 **1/300**,故從外太空看地球仍然會覺得地球幾乎是一個正圓球。由於地表的不規則性,必須取一個最貼近地球表面的平滑曲面,此曲面即大地水準面 (Geoid)。

2. **大地水準面 (Geoid) (圖 8-3)**:大地水準面是一個假想的由地球自由靜止的海水平面擴展延伸而形成的閉合曲面,通常被認為是地球真實輪廓。它所包圍的形體成為大地體。因為大地體的形狀和大小非常接近自然地球的形狀和大小,並且位置比較穩定,因此在大範圍的區域內,一般選取大地水準面作為外業測量成果的共同基準面。大地水準面是不規則的,不像數學上理想化的參考橢球那樣規則,但平滑度大大超過地球的物理表面。大地水準面的總變化是小於 **200 公尺(-106 至+85 公尺)**,相比之下是一個近完美的數學橢球。大地水準面可以作為高程測量的基準,由於大地水準面並不具備完美的規則性,必須取一個最貼近大地水準面的橢球面,作為大範圍測量時的位置基準,此即參考橢球面。

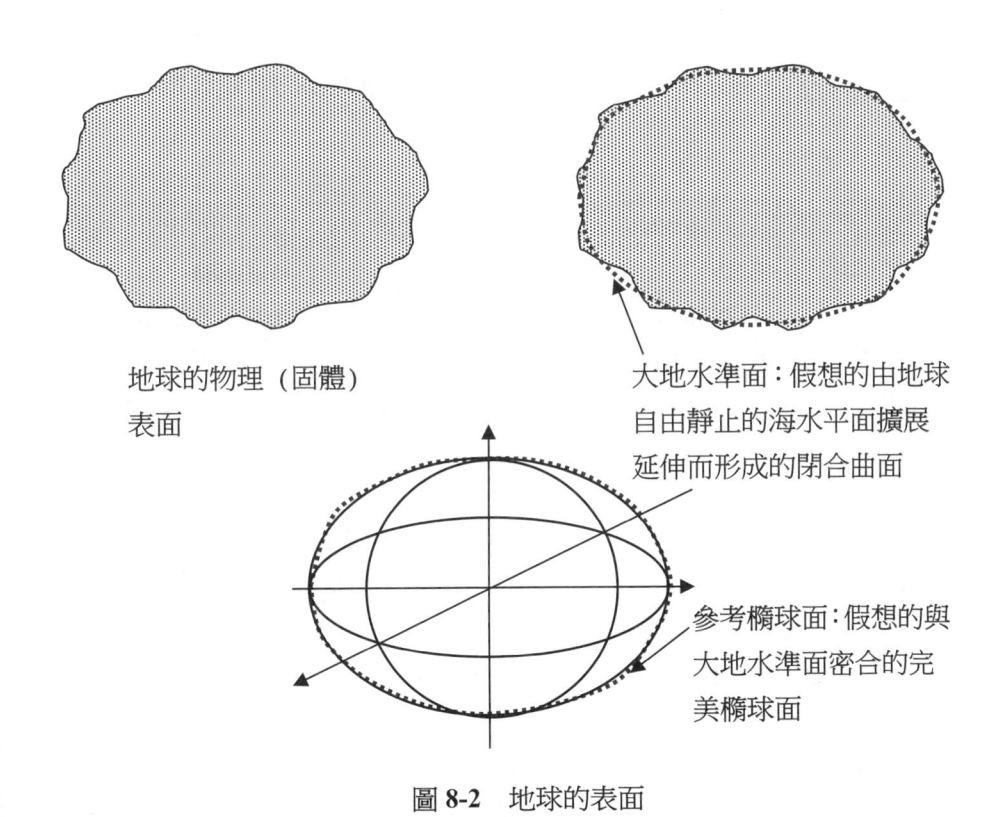

地球的物理(固體)表面

大地水準面:假想的由地球自由靜止的海水平面擴展延伸而形成的閉合曲面

參考橢球面:假想的與大地水準面密合的完美橢球面

圖 8-2　地球的表面

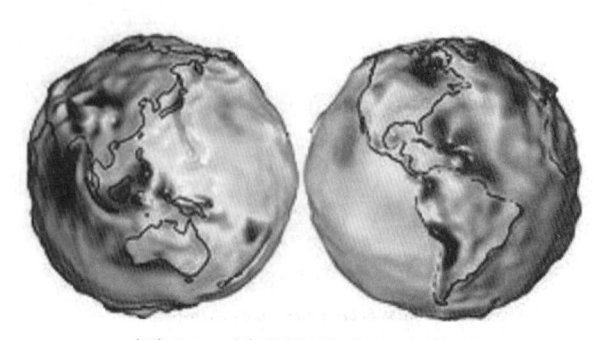

圖 8-3　誇張化的大地水準面

3. **參考橢球面 (reference Spheroid)**：參考橢球面是一個假想的與大地水準面密合的完美橢球面。定義一個參考橢球面需要長半徑、短半徑、扁率…等參數。扁率=(長半徑-短半徑)/長半徑。

我國之前的 TWD67 座標系統採用地球形狀為 1967 年大地測量及地球物理學會所決定的 GRS67 國際地球形狀基準值。目前的 TWD97 座標系統採用地球形狀為 GRS80 基準值。GPS 測量採取 WGS84 基準值。這三種基準的參數如表 8-2。

表 8-2　形狀基準與測量基準

測量基準		TWD67	TWD97	GPS
形狀基準	參考橢球	GRS67	GRS80	WGS84
	長半徑	6378160.000	6378137.000	6378137±2 m
	短半徑	6356774.7192	6356752.3141	6356752.3142 m
	扁率	1/298.25	1/298.257222101	1/298.257223563

8-2-2　位置基準

測量的座標系統的分類如圖 8-4。一般我們使用的地圖上常常同時兼具經緯度(地理座標系)、縱橫座標 (平面直角座標系)，而 GPS 的原理是基於空間距離交會法，故以空間直角座標系表達最為自然。

台灣地區先前的 TWD67 與目前的 TWD97 二種不同測量基準的位置基準簡述如下：

一、**TWD67 (1967 台灣大地基準)**

1. TWD67 是「區域性非地心大地座標基準」，大地基準點以南投埔里之虎子山起算。其經度 λ= **120°58′25.975″**，緯度 φ= **23°58′32.340″**，對頭拒山之方位角 α= **323°57′23.135″**。虎子山座標系統之四個基本假設：

(1) 假設虎子山座標系統之原點與平均地球座標系統之原點一致。
(2) 假設虎子山座標系統之軸與平均地球座標系統三軸平行。
(3) 假設虎子山原點之大地起伏值為零，即大地水準面與採用之橢球體參考面在該點相切。
(4) 假設虎子山原點之大地經緯度與天文經緯度一致，即天文方位角與大地方位角一致。

2. 參考橢球體：採用 1967 年新國際地球原子如下：
   長半徑 a =6378160 公尺，短半徑 b =6356774.7192 公尺，扁率 f =(a-b)/a=1/298.25。

3. 地圖投影：有關地籍測量及大比例尺測圖所應用之座標系統，係採用橫麥卡托投影 (Transverse Mercator Projection) 經差二度分帶，台灣本島之中央子午線為 121 度，座標原點為中央子午線與赤道交點，且橫座標西移 250,000 公尺，中央子午線之尺度比率為 **0.9999**。

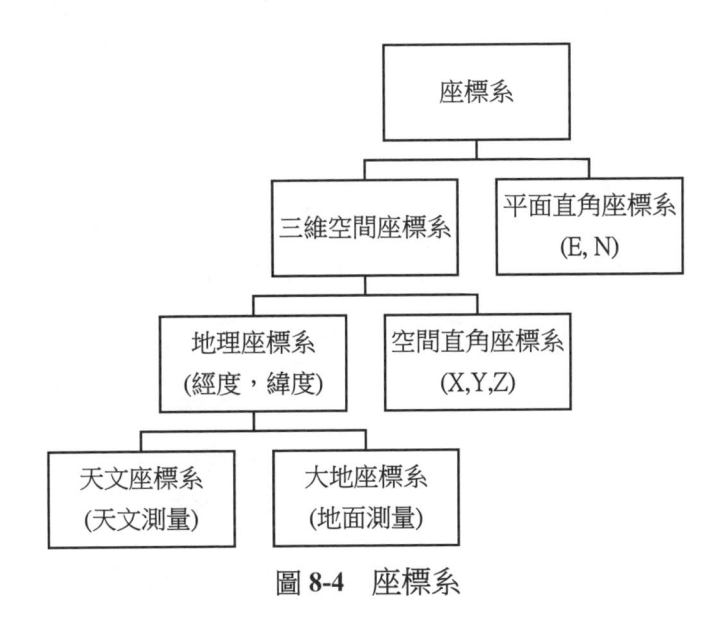

圖 8-4　座標系

二、TWD97 (1997 台灣大地基準，TAIWAN DATUM 97)

1997 年政府訂定新國家座標系統，名稱為 1997 台灣大地基準 (TWD97)。因應進入衛星測量時代，使用 GPS 共同觀測。

1. **TWD97** 是「全球性地心大地座標基準」，座標基準在台灣地區的內政部八個追蹤站的座標值。虎子山已不是原點，但仍為一等衛星控制點。**TWD97** 採用國際地球參考框架(International Terrestrial Reference Frame, ITRF)。**ITRF** 為利用全球測站網之觀測資料成果推算所得之「地心座標系統」，其方位採國際時間局 **(BIH)** 定義在 1984.0 時刻之方位。

2. 參考橢球體：採用 1980 年國際大地測量學與地球物理學協會 (IUGG) 公布之參考橢球體 (GRS80)，其橢球參數如下：
   長半徑 a=6378137 公尺，短半徑 b=6356752.3141，扁率 f=1/298.257222101

3. 地圖投影：與 TWD67 相似，台灣、琉球嶼、綠島、蘭嶼及龜山島等地區之投影方式採用橫麥卡托投影經差二度分帶，其中央子午線為東經 **121** 度，投影原點向西平移 **250,000** 公尺，中央子午線尺度比為 **0.9999**；另澎湖、金門及馬祖等地區之投影方式，亦採用橫麥卡托投影經差二度分帶，其中央子午線定於東經 **119** 度，投影原點向西平移 **250,000** 公尺，中央子午線尺度比為 **0.9999**。

　　TWD67 是「區域性非地心大地座標基準」，TWD97 是「全球性地心大地座標基準」，二者的差異可用圖 **8-5** 來說明。

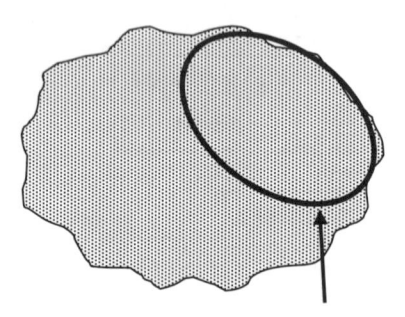

局部最適匹配大地水準面之橢球體　　　總體最適匹配大地水準面之橢球體

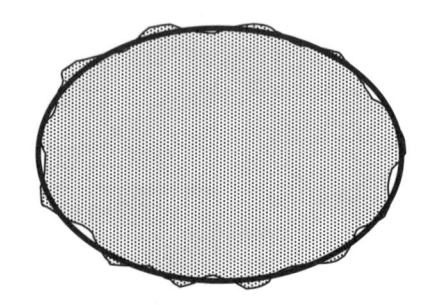

圖 8-5　總體最適匹配與局部最適匹配大地水準面之橢球體

8-2-3　高程基準

高程有兩種基準 (圖 8-6)：

1. **正高 (Orthometric Height)**：又稱高程 (Elevation)，係地球上某一點沿鉛垂線 (垂線) 至水準基面 (平均海水面，大地水準面) 之垂直距離。傳統水準測量所得之高程即正高。台灣本島以基隆平均海水面起算。澎湖以馬公平均海水面起算。
2. **幾何高 (Geometric Height, Geodetic Height)**：又稱橢球高、大地高，係地球上某一點沿垂線直線 (法線) 至參考橢球體面 (Ellipsoid) 之垂直距離。GPS 測量之結果為幾何高 h。亦即 GPS 觀測成果是由橢球面起算之幾何高 h，並不等於由大地水準面起算之正高。

　　大地水準面比參考橢球體面之間的差異稱為大地起伏。當大地水準面比參考橢球體面更凸出時，大地起伏為正值，例如圖 8-6 的示意點的大地起伏為正值。以大地水準面為基準的正高 (H)、以參考橢球體面為基準的幾何高 (h)、大地起伏 (N) 三者之間存在著以下關係：

h=H+N　　　　　　　　　　　　　　　　　　　　　　　　(8-1 式)

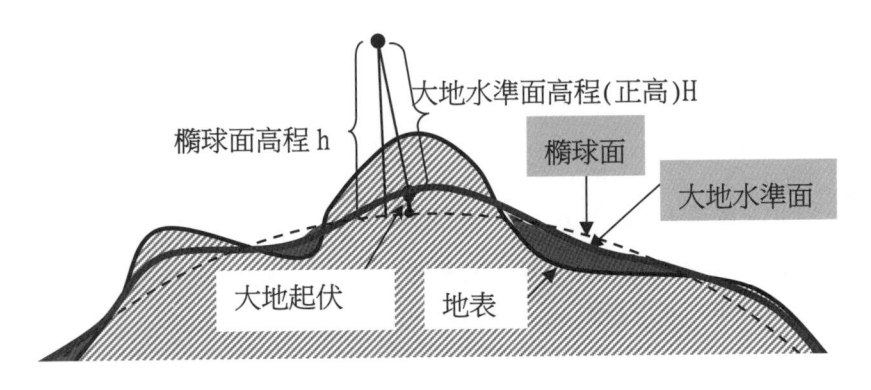

圖 8-6　橢球高、正高、大地起伏

　　大地起伏可藉重力測量等方法測定。整體而言，台灣大地起伏值約介於正 18 至正 28 公尺之間，隨地區不同而異。平地大約 20 公尺，山地大約 25 公尺，中央山脈的大地起伏較高，最高可達 28 公尺 (圖 8-7)。每一公里可能差距 0.1 公尺以上，大地起伏的變化量相當大。任一點之大地起伏 N 可依據已測得大地起伏的網形點以數學模式內插計算，因此大地起伏 N 之精度受已測得大地起伏的網形點之精度、點數、分布密度、計算方法等因素影響。內插大地起伏 N 值時，距已知大地起伏值之點位愈遠，所內插出的大地起伏精度將愈低，誤差愈大。

　　GPS 衛星測量所得高程為橢球高，因此若要用 GPS 求得 A、B 兩點點位之正高差，應先視 A、B 是否在平坦地區：

(1) 若 A、B 屬於地形起伏變化大的地方，且二處之大地起伏 N 之間差異大時，便必須將 A 與 B 處的大地起伏值解算出來。其中，大地起伏的計算方法有最小二乘配置法等。藉由 GPS 觀測所得的幾何高與 A、B 兩處計算出來的大地起伏可得

$H_A = h_A - N_A$

$H_B = h_B - N_B$

最終可得到 A、B 兩者的正高差

$\Delta H = H_A - H_B$

(2) 若是在平坦的地區，則大地起伏的影響相對就小很多，A、B 兩點的大地起伏相近，故為求得正高差，可以直接利用 GPS 衛星測量的橢球高相減得

$\Delta H = H_A - H_B$
$= (h_A - N_A) - (h_B - N_B)$
$= (h_A - h_B) - (N_A - N_B)$

假設 A、B 兩點的大地起伏 N_A、N_B 相近，故 $N_A - N_B = 0$，則正高差

$\Delta H = h_A - h_B$

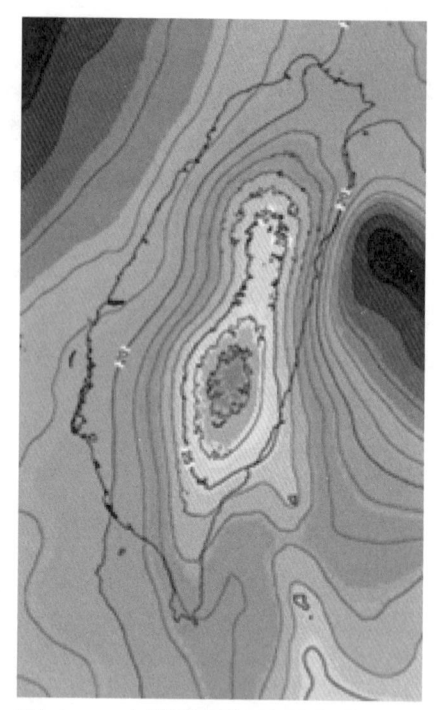

圖 8-7 台灣地區的大地起伏

台灣地區先前的 TWD67 與目前的 TWD97 二種不同測量基準的高程基準簡述如下：

1. TWD67 (1967 台灣大地基準)

TWD67 的高程定義是從「大地水準面」起算的「正高」(Orthometric Height)。台灣本島以基隆平均海水面起算，澎湖以馬公平均海水面起算。

2. TWD97 (1997 台灣大地基準，TAIWAN DATUM 97)

TWD97 的高程定義是以「雙軸橢球體面」起算的「橢球高」(Geometric Height)。內政部已完成台灣一等水準網，計 2065 個一等水準點測量工作，並於基隆設置水準原點及副點，高程系統以基隆港平均海水面為高程基準面，據此訂定 2001 年臺灣高程基準 (簡稱 TWVD2001)，做為台灣高程測量控制系統之基準。

8-2-4　TWD97 與 TWD67 之比較

TWD67 及 TWD97 測量基準有幾點不同：

1. 橢球體參數不同：TWD67 是 GRS67，而 TWD97 則是 GRS80。TWD67 與 GPS 採用的 WGS84 的橢球體差異很大，而 TWD97 與 WGS84 的橢球體差異極小。
2. 大地座標基準不同：TWD67 是「區域性非地心大地座標基準」，座標基準在埔里虎子山，而 TWD97 則是「全球性地心大地座標基準」，座標基準在台灣地區的內政部八個追蹤站的座標值。因此，TWD67 與 WGS84 的座標相差近 1 公里，而 TWD97 與 WGS84 的座標相差只有幾公分到數十公分，差異很小。這個誤差量對需要公尺級精度的導航目的而言可以忽略，但對需要公分級精度，甚至是 mm 級精度的測量目的而言，仍不能忽略。
3. 高程基準不同：TWD67 分為「平面座標」及「高程座標」兩個子系統，而 TWD97 後者則為統一的三度空間座標系統。TWD67 的高程定義是從「大地水準面」起算的「正高」(Orthometric Height)，而 TWD97 卻是以「雙軸橢球體面」起算的「橢球高」(Geometric Height)。

因此，兩系統的資料如要互相轉換，所牽涉到的不僅是單純的幾何問題，也要考慮到大地起伏量等物理量，轉換計算必須透過繁雜的運算處理，而因分區及計算模式不同，計算結果，也難求其百分之百一致。

TWD67 與 TWD97 之間約有八百多公尺的差異，兩者之間並沒有簡單的公式可供轉換。如果要精確轉換，可以在當地取兩個以上同時有 TWD67 與 TWD97 座標的共同點，求出座標轉換參數，進行其它點的轉換，座標轉換方法見「平面直角座標之間的轉換」一節。如果只是概算，可用下式 (誤差約在 5 公尺以內)：

TWD67 橫座標 ≒ TWD97 橫座標 – 828 公尺	(8-2 式)
TWD67 縱座標 ≒ TWD97 縱座標 + 207 公尺	(8-3 式)
TWD67 (正高) ≒ TWD97 (幾何高) – 20 公尺　(平地)	(8-4a 式)
TWD67 (正高) ≒ TWD97 (幾何高) – 25 公尺　(山區)	(8-4b 式)

註：幾何高與正高之差值為大地起伏，台灣大地起伏值約介於 18 至 28 公尺之間。

8-3　座標系統 (一)：地理(橢球)座標系統

地理座標系統係以劃分地球之經緯度來表示地點位置，故以度 (°) 分 (') 秒 (") 表示之 (圖 8-8)。此座標通常標示於地圖圖廓四隅。緯度以赤道為準，向南北極各為 90°，經度以英國格林威治天文台子午線為準，向東西各為 180°。

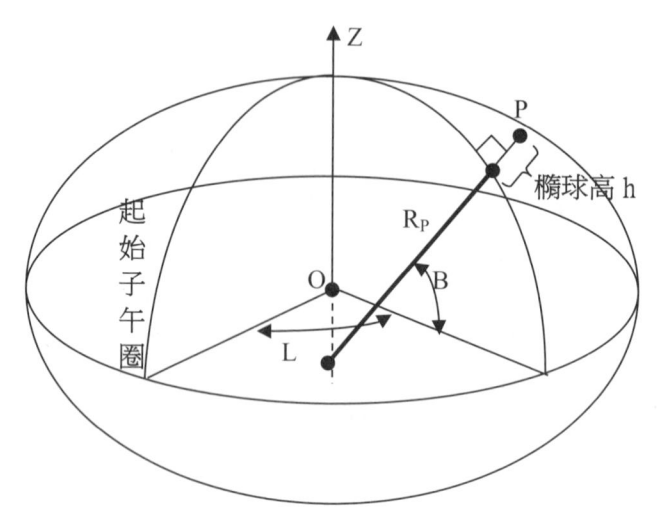

圖 8-8　大地座標系統 (大地經度，大地緯度，橢球高)

經緯度分成三種，主要的差異是緯度與高程的表達方式 (圖 8-9)：

(1) **大地經緯度 (Geodetic longitude and latitude)** 是大地經度與大地緯度的合稱。橢球體面法線與赤道面夾角為緯度，一般的地理座標系統是指大地座標系統，其座標可用 (大地經度，大地緯度，橢球高)。地球表面是不規則面，為了能用數學方法表示，把它設想成一個大小和扁率與地球最為接近的旋轉橢球體，稱為地球橢球體。通過地球橢球體中心，並同其旋轉軸垂直的平面，稱為橢球體赤道面，它與地球表面相交的線，稱為赤道；通過地面 A 點和地球橢球體旋轉軸的平面，稱 A 點的大地子午面。A 點的大地子午面與起始大地子午面間的夾角 L，稱為大地經度。通過 A 點的地球橢球體的「法線」與赤道平面的夾角 B，稱為大地緯度。

(2) **天文經緯度 (Astronomic longitude and latitude)**：是天文經度與天文緯度的合稱。大地水準面鉛錘線與赤道面夾角為緯度，其座標可用 (天文經度，天文緯度，水準高程)。包含地面某點 A 的鉛垂線和地球自轉軸的平面稱 A 點的天文子午面，此子午面與本初子午面間的夾角 λ 稱 A 點的天文經度，A 點的「鉛垂線」與地球赤道平面的夾角 φ 稱 A 點的天文緯度。

(3) **地心經緯度 (Geocentric longitude and latitude)**：地心經緯度是地心經度和地心緯度的合稱。與地心連線與赤道面夾角為緯度。包含地面某點地心之間連線和地球自轉軸的平面，稱為地心子午面。A 點的地心子午面與本初子午面之間的夾角，稱地心經度；A 點同地心之連線與地球赤道面所成的夾角，稱地心緯度。

大地經緯度 (橢球體面法線)　　　　天文經緯度(大地水準面鉛錘線)

地心經緯度 (地心連線)

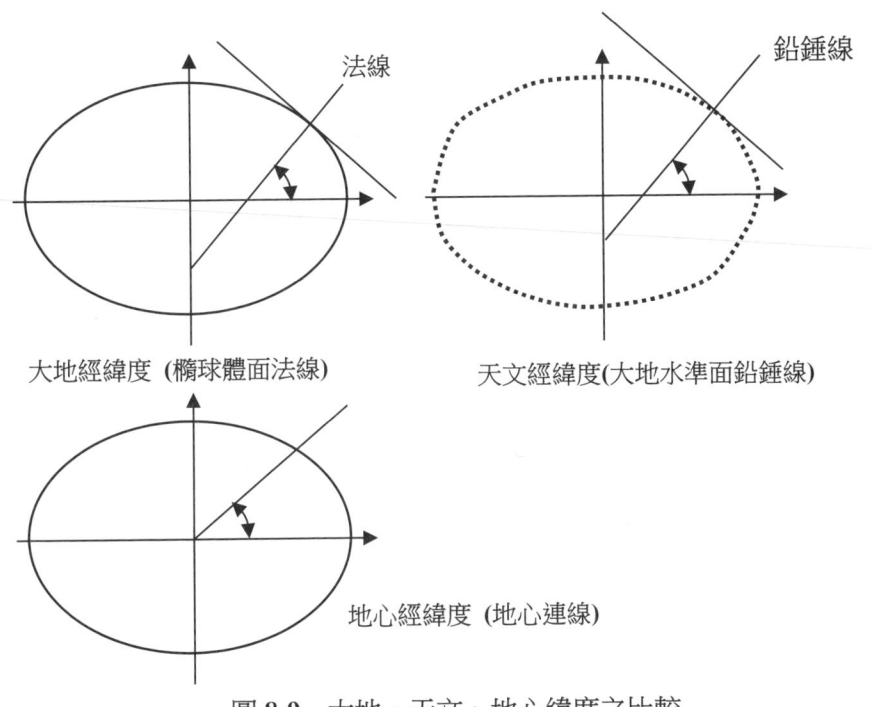

圖 8-9　大地、天文、地心緯度之比較

8-4　座標系統 (二)：平面直角座標系統

8-4-1 地圖投影

　　大地座標系統視地球為橢球，對於大範圍的測量甚為有用。然因為視地表為橢球面，計算甚為複雜。一般工程設施的範圍邊長通常不到 **10 km**，球面角超不到 **1"**，因此可視為平面。以平面座標來計算角度、長度將大為簡化運算過程。故需要一個將橢球面上數據轉換到平面的方法，即投影方法。

$X = F_1(\lambda, \phi)$ 　　　　　　　　　　　　　　　　　　　**(8-5 式)**

$Y = F_2(\lambda, \phi)$ 　　　　　　　　　　　　　　　　　　　**(8-6 式)**

其中 λ, ϕ 為大地經度與大地緯度；**X, Y** 為平面座標之橫座標與縱座標。

在使用投影時，可以在平面與球面之間建立相對應函數關係，但是經過投影的平面並不能保持球面上的長度、角度和面積的原形。所以經過投影的地圖只能在長度、角度和面積之中的一項不變形，而其它幾種變形，只能是變形值相對較小。到目前為止，還沒有一個對地圖投影分類的統一標準。實際上，通常是按照構成方法或構成性質把地圖投影分類：

(1) 構成方法 (圖 8-10)

可以分成幾何投影和非幾何投影。幾何投影源於幾何透視原理。以幾何特徵為依據，將地球上的經緯網投影到可以展開的平面，例如圓錐、圓柱等上，可以構成方位投影、圓柱投影 (麥卡托投影法) 和圓錐投影。非幾何投影不藉助輔助投影面，用數學解析法求出公式來確立地面與地圖上點的函數關係。

(2) 構成性質

可以分為等角投影(正形投影)、等積投影以及任意投影。

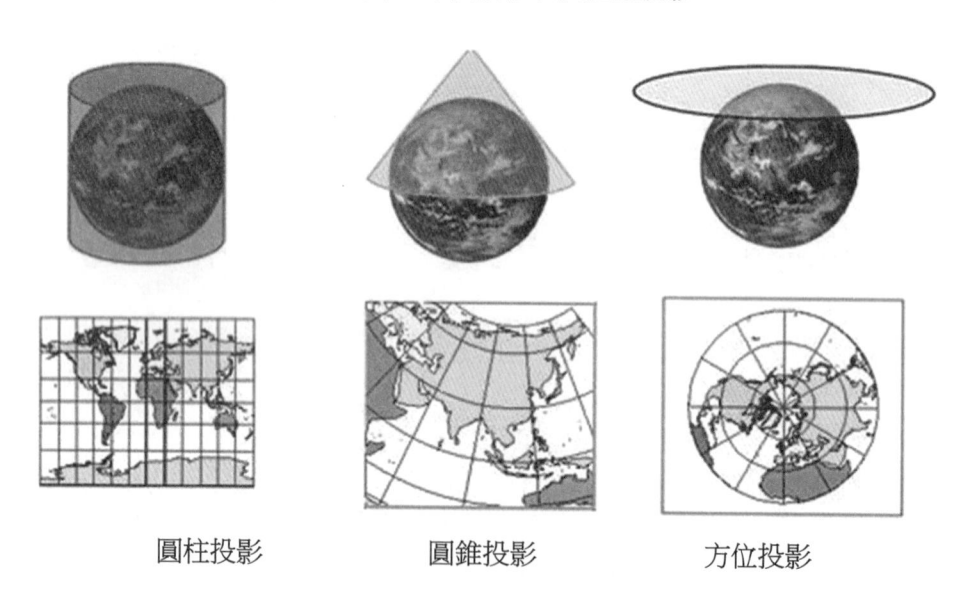

圓柱投影　　　　圓錐投影　　　　方位投影

圖 8-10　地圖投影：以構成方法分類

8-4-2 高斯投影與 UTM 投影

目前實際所用的投影方法，大多是用數學的方法來維持地球上重要幾何關係的方法。其中最重要者為高斯投影。它是一種等角橫軸割圓柱投影，具有下列特性：

(1) 橢球面上的角度投影到平面後維持不變。

(2) 中央子午線無變形，長度比為 **1.0000**。

(3) 離中央子午線愈遠，變形愈大。

目前全世界普遍採用的世界橫墨卡脫投影 (Universal Transverse Mercator Projection Grid System)，簡稱 UTM 座標系統，即高斯投影的變形，它是一個適合平面測量 (小區域) 使用的直角方格座標系統。此投影系統是美國編製世界各地軍用地圖和地球資源衛星像片所採用的投影系統。高斯投影的缺點是離中央子午線愈遠，變形愈大。為了改善這個缺點，UTM 座標系統將橢球面上的中央子午線投影到平面後長度比為 0.9996，這樣做的好處是使得在中央子午線兩側 180 公里處會有一條長度比為 1.0000 的無變形的子午線，使得全區的變形較小 (圖 8-11)。因此以高斯投影算出來的平面座標乘以 0.9996 即得 UTM 平面座標。UTM 投影分帶方法與高斯-克呂格投影相似，將北緯 84 度至南緯 80 度之間按經度分為 60 個帶，每帶 6 度，從西經 180 度起算。

UTM 具有下列特徵：
(1) 橢球面上的角度投影到平面後維持不變。
(2) 橢球面上的中央子午線投影到平面後長度比為 0.9996。
(3) 中央子午線兩側各有一條長度比為 1.0000 的無變形的子午線，離此子午線愈遠，變形愈大。

UTM 座標系統之切割方式如下 (圖 8-12 與圖 8-13)：
1. 採用方格座標，使用 X，Y 座標，而不用經緯度之度、分、秒。
2. 左下角為原點，X，Y 座標值均為正值，X 值向右 (向東) 為增加，Y 值向上 (向北) 為增加。
3. X，Y 值的讀法為東距 (easting)、北距 (northing) 。
4. 水平涵蓋範圍：自西經 180° 起，沿赤道向東每隔 6° 分隔成一個「帶」(zone)，至東經 180° 止，共分成 60 個帶，編號自西向東為 1 至 60。
5. 垂直涵蓋範圍：自南緯 80° 起，向北每隔 8° 分隔成一個「區」，直至北緯 84° 止 (北緯 72° 至 84° 為一區，此為唯一間隔 12° 的區)，共分成 20 區。這些區，由南至北分別編號為 C 至 X (英文字母 A、B、I、O、Y、Z 暫不用)。
6. 水平及垂直分隔後，便得到 UTM 座標系統。例如，台灣地區大約在東經 120~122°，北緯 22~25°30'左右，因此台灣所在的地區編號便是 51Q (東經 120°~126°，北緯 16°~24°)。
7. 各「帶」再以中央經線與赤道之交點為原點，定該點的座標為 (500,000 公尺，0 公尺) (北半球) 或 (公尺，10,000,000 公尺) (南半球)，而將一個帶劃分為十萬公尺之方格。如此便得到十萬公尺方格之 UTM 系統。

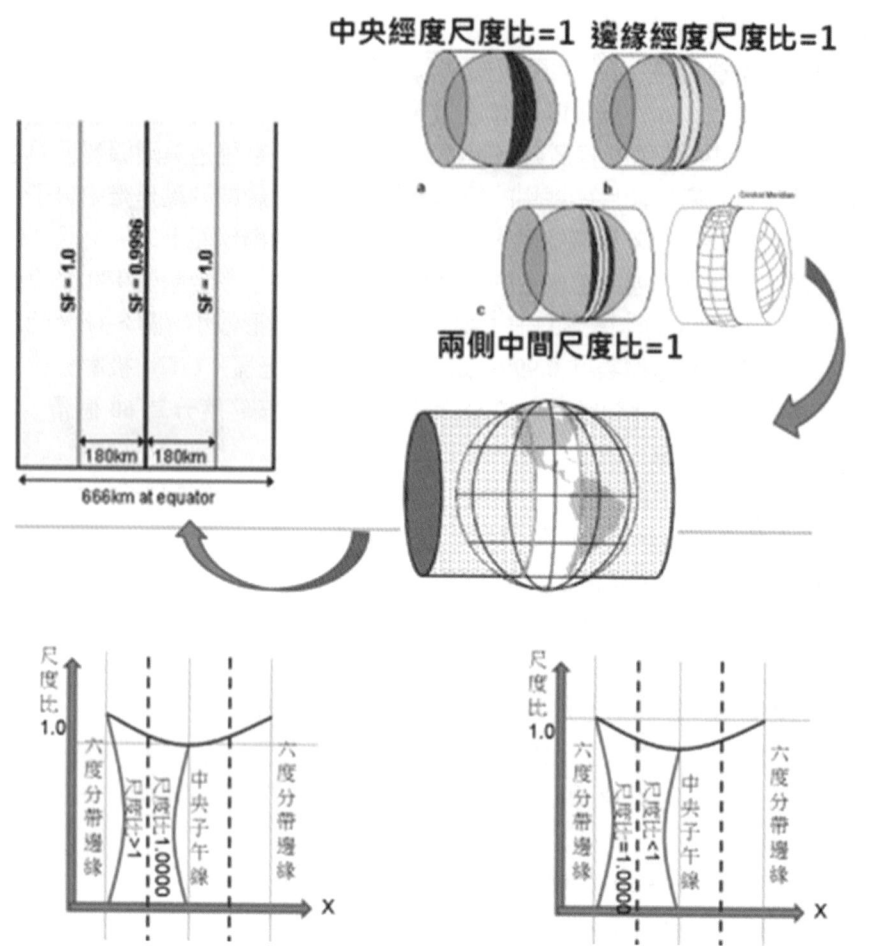

8-14　第 8 章 測量基準與座標系統

中央經度尺度比=1 時,邊緣經度尺度比 >1

邊緣經度尺度比=1 時,中央經度尺度比 <1

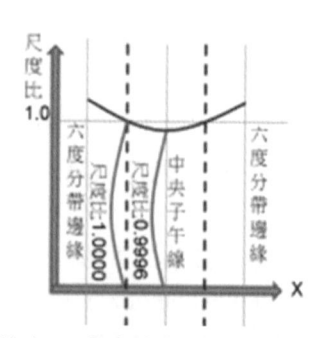

為了使尺度比均勻,令中央經度兩側中間的尺度比=1

圖 8-11 橢球面上的中央子午線投影到 UTM 平面後長度比為 **0.9996**

如果地球是正圓球，那麼將地球上的一點投影到平面的公式並不複雜，但地球是一個橢球是一個事實，雖然地球的扁率約 1/300，即長半徑 a 與短半徑 b 相差約 1/300，但將地球視為正圓球仍將引起無法接受的誤差。將橢球面上的大地座標之經度與緯度換算成平面座標之橫座標與縱座標的計算過程相當繁複，一般使用軟體來計算，其公式可參考相關書籍。

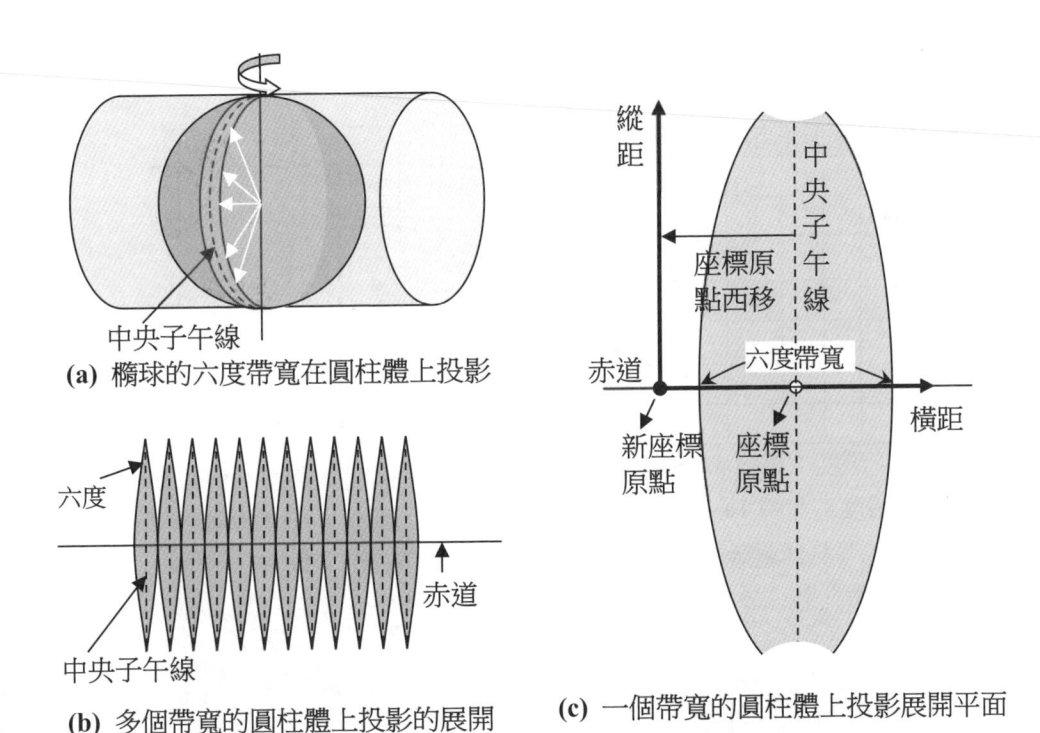

(a) 橢球的六度帶寬在圓柱體上投影

(b) 多個帶寬的圓柱體上投影的展開

(c) 一個帶寬的圓柱體上投影展開平面

圖 8-12　UTM 座標系統 (左圖：投影方式，橢球每旋轉六度投影其表面在圓柱體上。將圓柱體沿縱向剪開，展開即得平面圖。右圖：展開平面放大)

8-4-3 台灣地區的方格座標系統演進

台灣地區的方格座標系統演進如下：

1. 1949 年，採用國際橫墨卡脫投影座標系統，如此台灣地區係屬於 50、51 帶之邊緣。
2. 1969 年，台灣地區進行一萬分之一地圖測繪時，鑑於 UTM 座標系統所測地圖上之尺度比例精度不敷所需，乃改用以經度 121° 為中央子午線，三度分帶之 3°TM。

3. 1974 年，為配合五千分之一基本圖測繪及地籍測量上之座標應用，決定採用二度分帶之 2°TM。

上述分為三種座標系統之原因，為使適合某種比例尺測圖之精度，不致因理論上之誤差，而損及所測地圖之精度。這三種座標系統的比較如表 **8-3** 所示。

51Q：經度：東經 120~126°
緯度：北緯 16~24°

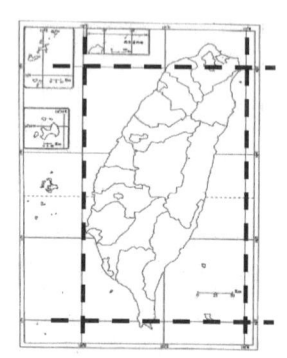

經度：東經 120~122°
緯度：北緯 22~25°

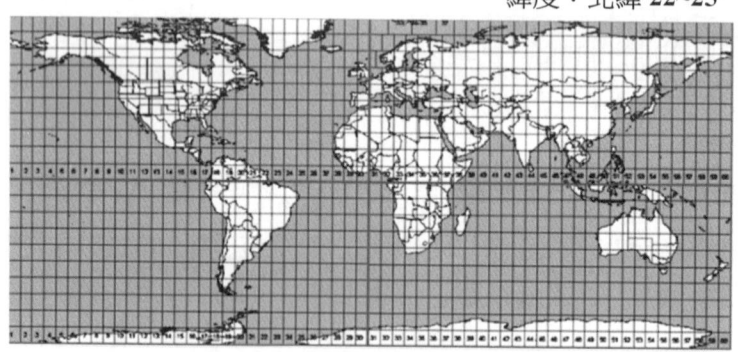

圖 **8-13** 方格座標系統 UTM

表 8-3　2°TM、3°TM、6°TM 比較

座標系統	適用比例尺	中央經線	原點橫座標西移	尺度比率
6°TM	小於等於 1/25000	123°	500,000 公尺	0.9996
3°TM	1/25000~1/5000	121°	350,000 公尺	1.00037
2°TM	大於等於 1/5000	121°	250,000 公尺	0.9999

8-4-4 尺度比率

當我們把地球表面繪成地圖時，即是將一個球面轉成一個平面，因此，不同的球面位置，便會產生不同的伸縮效果。換言之，圖面上所註明的比例尺實際上只有在其一點，或是沿某一線 (即是前面所謂的標準線) 才是正確的，其它地區將會有所放大或縮小。所謂尺度比率即是實際的比例尺和圖面所註之比例尺 (主比例尺) 之比率，即

尺度比率=實際的比例尺/主比例尺　　　　　　　　　　　　　　　(8-7 式)

8-4-5 真北、磁北、方格北

由於將地球的球形表面投影到平面會造成平面上的縱軸不是真北方向，稱之為方格北。真北與磁北都有物理定義，而方格北由數學來定義。以下分述三種北方的概念：

(1) 真子午線方向(真北)

通過地面某點及地極南北極的方向線。地球旋轉之軸謂之極軸，軸之兩端分別為北極、南極。

(2) 磁子午線方向(磁北)

通過地面某點及地磁南北極的方向線，即磁針自由靜止時的軸線方向。因地極與磁極不一致，故過地面某點的真子午線方向與磁子午線方向不一致，兩者的夾角為磁偏角。某點的磁子午線在真子午線以東稱東偏，磁偏角取正號；西偏時取負號。磁偏角與空間、時間都有關係。在地球的南北極附近，磁偏角極大。中低緯度地區約 10 度以下。在同一個地方，地磁偏角隨著時間的推移也在不斷變化。發生磁暴時和在磁力異常地區,如磁鐵礦和高壓線附近,地磁偏角將會產生急劇變化。

(3) 座標縱軸方向 (方格北)

平行於高斯投影帶的中央子午線方向，即一般地圖上的方格的縱軸方向。中央子午線高斯投影後為直線，其餘子午線投影後均為曲線，曲線上各點處的切線與縱軸方向的夾角稱為該點的子午線收斂角。在中央子午線的東方處，方格北在真北偏東之方向，反之，在偏西之方向。子午線收斂角的近似計算公式 (將地球視為正圓形)如下

$\gamma = \Delta L \times \sin B$

其中 ΔL 為距中央子午線的經度差，**B** 為緯度。例如距中央子午線的經度差 **1** 度，北緯 **25** 度，平面子午線收斂角約 **0.4** 度。

8-5　座標系統（三）：空間直角座標系

空間直角座標系以 (X,Y,Z) 座標表達空間中的一點，它的定義是 (圖 8-14)：
原點 O：位於橢球體中心。
Z 軸：與慣用地形北極(Conventional Terrestrial Pole, CTP)方向相平行。
X 軸：原點與通過 Greenwich 天文子午圈在赤道交點之連線。
Y 軸：垂直於 XOZ 平面構成一右旋系統。

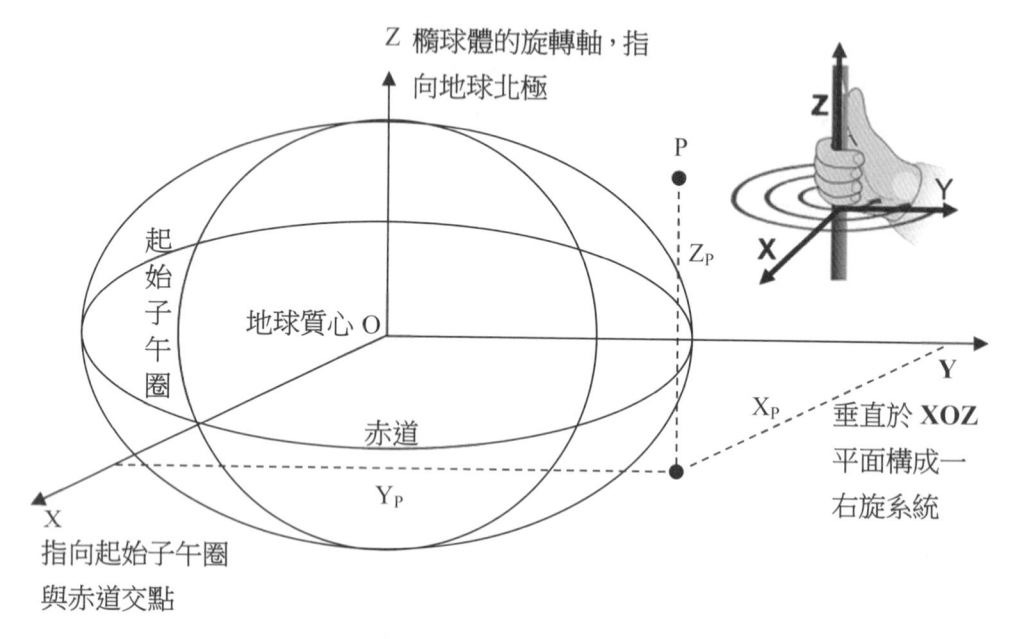

圖 8-14　空間直角座標系

8-6 平面直角座標之間的轉換
8-6-1 概論

由於整理測量成果時可能必須整合來自不同座標系統的資料，因此必須將這些資料整理到一個統一的座標系統。一般而言，整合可以分成兩種做法：

(1) 相對位置校正：以一張圖為準，另一張依照它來校正。
(2) 絕對位置校正：二張圖均依一絕對座標系統 (如三角點) 來校正。
但二者的步驟相似，均在二張圖上選數個共同的控制點，求得轉換參數，進行座標轉換 (圖 8-15)。

座標轉換根據所處理的轉換步驟之複雜度，而有多種方法 (圖 8-16)：

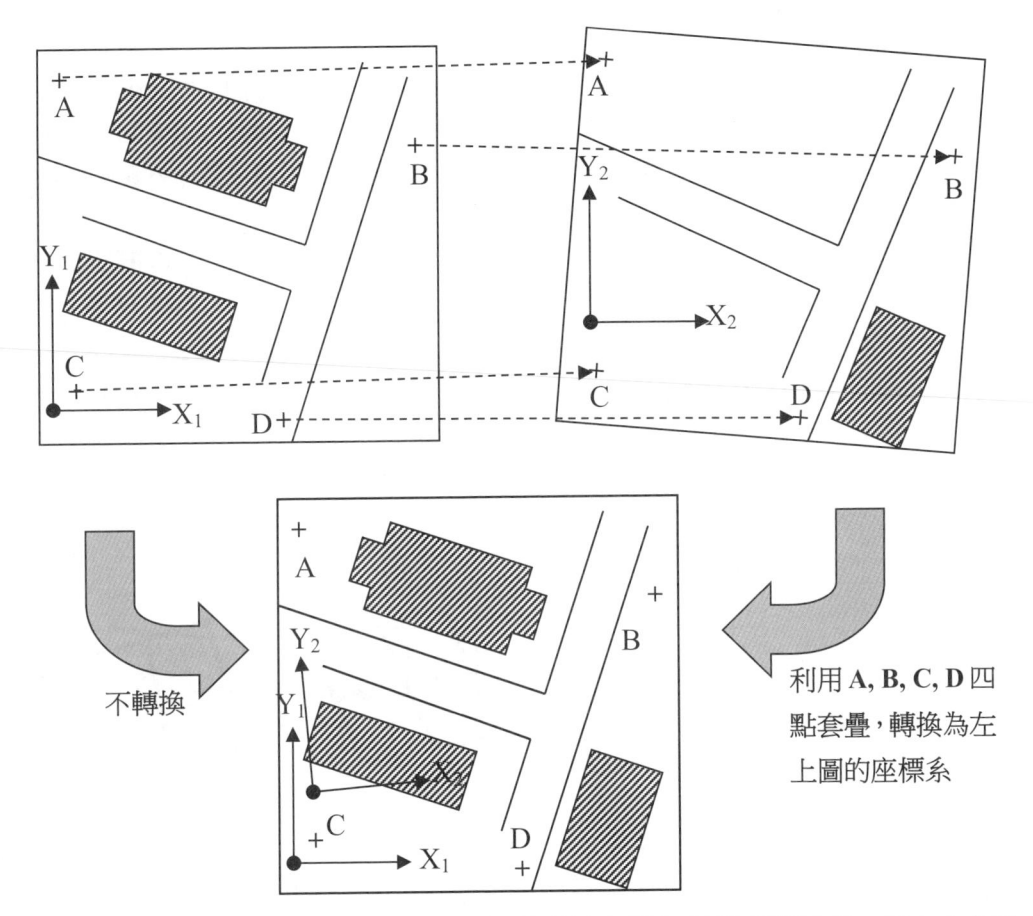

圖 8-15　座標轉換 (左上與右上測量成果圖使用兩個不同的座標系統，以左上方圖為準，將右上方圖數據進行座標轉換。圖中有四個共同控制點，利用這些點求得轉換參數，進行座標轉換。)

(1) 四參數轉換

又稱為線性相似性 (linear conformal)、Helmert 轉換。這種轉換要求轉換前和轉換後的座標系統之 X-Y 軸都是正交的，而且兩個座標系統間長度的縮放比例在整個座標系統內是固定的，不因座標位置之不同，而有所不同。四參數轉換有四個未知參數，故至少需要有兩個共同的控制點，但如有更多的控制點可收平差之效。四參數轉換公式：

X' = AX − BY + C　　　　　　　　　　　　　　　　　　　(8-8 式)

Y' = BX + AY + D　　　　　　　　　　　　　　　　　　　(8-9 式)

(2) 六參數轉換

當原有的座標系統 X-Y 軸並非正交，X 軸和 Y 軸的縮放比例不同，但可以各自維持一致不變時，可以用六參數轉換來進行轉換。六參數轉換有六個未知參數，故至少需要有三個共同的控制點，但如有更多的控制點可收平差之效。六參數轉換公式：

X' = AX + BY + C　　　　　　　　　　　　　　　　　　　　　(8-10 式)
Y' = DX + EY + F　　　　　　　　　　　　　　　　　　　　　(8-11 式)

(3) 八參數轉換

當原有的座標系統 X-Y 軸並非正交，X 軸和 Y 軸的縮放比例不同，且不能各自維持一致不變時，可以用八參數轉換來進行轉換。

$$X' = \frac{A_1 X + B_1 Y + C_1}{A_3 X + B_3 Y + 1} \quad Y' = \frac{A_2 X + B_2 Y + C_2}{A_3 X + B_3 Y + 1} \quad (8\text{-}12\ 式)$$

轉換方法	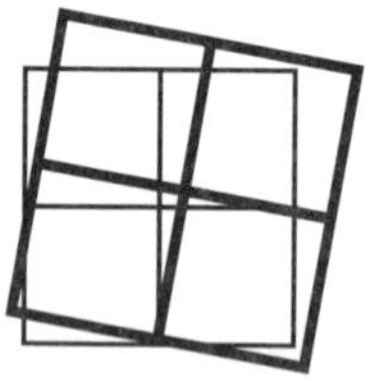 四參數轉換	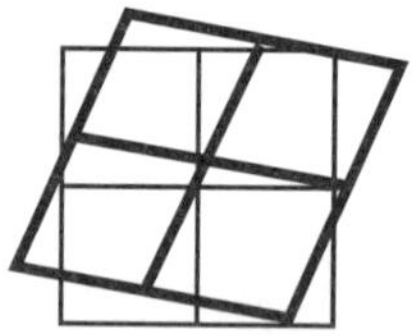 六參數轉換	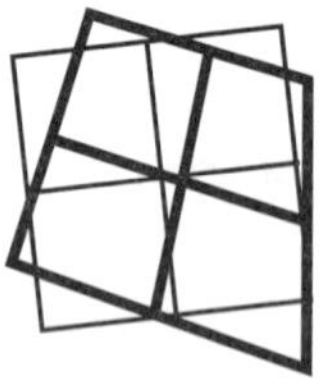 八參數轉換
X 軸和 Y 軸的正交關係	正交	非正交	非正交
X 軸和 Y 軸的長度縮放比例	相同且固定	不同但固定	不同且不固定

圖 8-16 平面直角座標之間的轉換

8-6-2 二個已知點之四參數轉換

在測量中經常會遇到座標換算的工作。設未知座標系為 (X, Y) 直角座標系，已知座標系為 (A, B) 直角座標系，如圖 8-18。則由一點的 (A, B) 值化算為 (X, Y) 值的計算公式為

$$\begin{bmatrix} Y \\ X \end{bmatrix} = \begin{bmatrix} y_0 \\ x_0 \end{bmatrix} + k \begin{bmatrix} \cos\alpha & -\sin\alpha \\ \sin\alpha & \cos\alpha \end{bmatrix} \begin{bmatrix} B \\ A \end{bmatrix} \quad (8\text{-}13\ 式)$$

其中　(x_0, y_0) 為已知座標系的原點在未知座標系中的座標；
　　　α 為已知座標系的主軸在未知座標系中的方位角；
　　　k 為已知座標系的單位長度在未知座標系中的長度，稱「尺度比」。

如果已知兩點 P_1、P_2，它們在兩個座標系中的座標分別為 (A_1, B_1)、(A_2, B_2) 和 (X_1, Y_1)、(X_2, Y_2)，則可用這些座標代入 (8-13 式)，得

$$\begin{bmatrix} Y_1 \\ X_1 \end{bmatrix} = \begin{bmatrix} y_0 \\ x_0 \end{bmatrix} + k \begin{bmatrix} \cos\alpha & -\sin\alpha \\ \sin\alpha & \cos\alpha \end{bmatrix} \begin{bmatrix} B_1 \\ A_1 \end{bmatrix}$$

$$\begin{bmatrix} Y_2 \\ X_2 \end{bmatrix} = \begin{bmatrix} y_0 \\ x_0 \end{bmatrix} + k \begin{bmatrix} \cos\alpha & -\sin\alpha \\ \sin\alpha & \cos\alpha \end{bmatrix} \begin{bmatrix} B_2 \\ A_2 \end{bmatrix}$$

聯立上述四個方程式，可求得 (8-13 式) 中的四個參數：

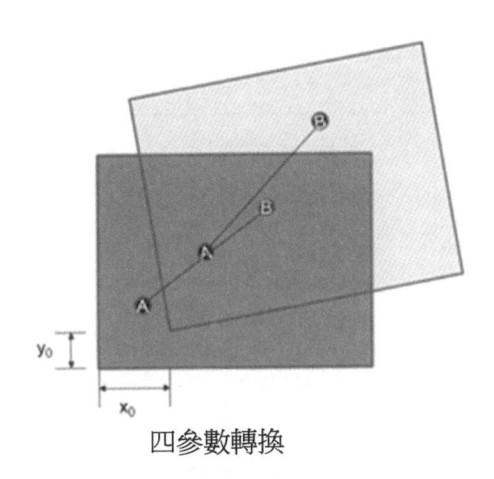

四參數轉換　　　　　　　　　(1) 平移 (x_0, y_0) 後的結果

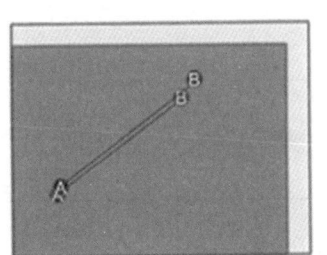

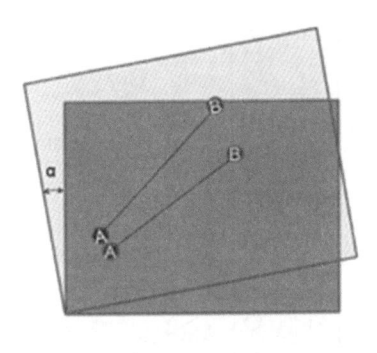

(2) 旋轉 α 後的結果　　　(3) 伸縮 k 後的結果

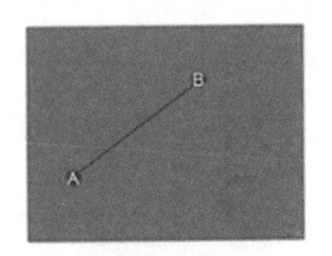

圖 8-17　四參數轉換

8-22　第 8 章 測量基準與座標系統

$$k = \frac{L(X,Y)}{L(A,B)} = \frac{\sqrt{(X_2-X_1)^2+(Y_2-Y_1)^2}}{\sqrt{(A_2-A_1)^2+(B_2-B_1)^2}} \tag{8-14 式}$$

$$\alpha = \phi(X,Y) - \phi(A,B) \tag{8-15 式}$$

$$\begin{bmatrix} y_0 \\ x_0 \end{bmatrix} = \begin{bmatrix} Y_1 \\ X_1 \end{bmatrix} - k \begin{bmatrix} \cos\alpha & -\sin\alpha \\ \sin\alpha & \cos\alpha \end{bmatrix} \begin{bmatrix} B_1 \\ A_1 \end{bmatrix} \tag{8-16 式}$$

其中　$L(X,Y)$與$L(A,B)$為 **P₁P₂** 在 **(X, Y)** 與 **(A, B)** 座標系之距離。$\phi(X,Y)$與 $\phi(A,B)$為 **P₁P₂** 在 **(X, Y)** 與 **(A, B)** 座標系之方位角。

當二個座標系統採用相同的長度單位時，**k** 應該等於 **1**，但是受到高斯投影改正以及海平面歸化改正的影響常不為 **1**，但是 **k** 應接近 **1**，這可作為計算的校核，如果 **k** 偏離 **1** 太大，例如超過 **1/10000**，就要仔細檢查原因。

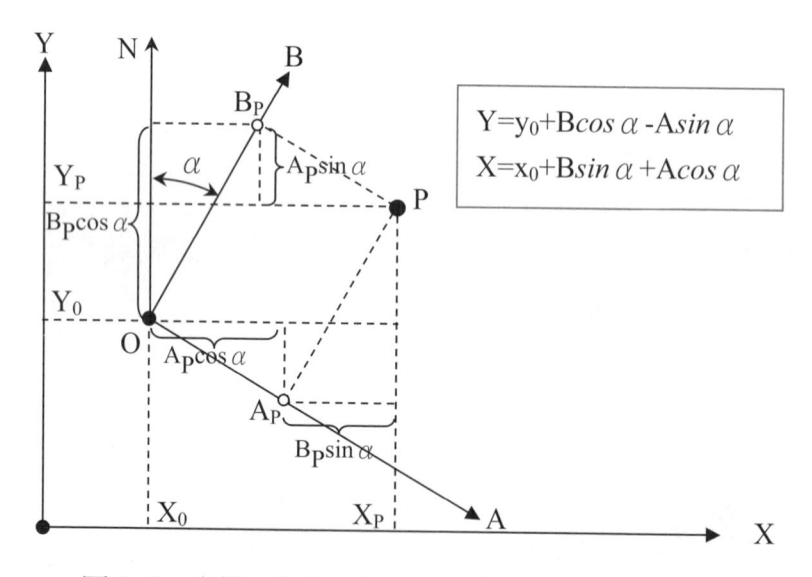

圖 8-18　座標之換算：將 **(A,B)** 座標轉為 **(X,Y)** 座標

例題 **8-1**　座標之換算 (一)：二個已知點
已知 **A, B** 基準點之總體座標，以及 **A, B, C, D, E, F** 點之區域座標，如表 **8-4** 所示，試求 **C, D, E, F** 之總體座標？
[解]

由(8-14 式)、(8-15 式)、(8-16 式) 得

$$k = \frac{L(X,Y)}{L(A,B)} = \frac{\sqrt{(X_2-X_1)^2+(Y_2-Y_1)^2}}{\sqrt{(A_2-A_1)^2+(B_2-B_1)^2}} = \frac{\sqrt{(900-100)^2+(300-100)^2}}{\sqrt{(847-90)^2+(337-10)^2}}$$

$$= \frac{824.621125}{824.607785} = 1.00002$$

$$\alpha = \phi(X,Y) - \phi(A,B) = 75.96375653 - 66.63718637 = 9°19'36''$$

$$\begin{bmatrix} y_0 \\ x_0 \end{bmatrix} = \begin{bmatrix} Y_1 \\ X_1 \end{bmatrix} - k \begin{bmatrix} \cos\alpha & -\sin\alpha \\ \sin\alpha & \cos\alpha \end{bmatrix} \begin{bmatrix} B_1 \\ A_1 \end{bmatrix}$$

$$= \begin{bmatrix} 100 \\ 100 \end{bmatrix} - k \begin{bmatrix} \cos\alpha & -\sin\alpha \\ \sin\alpha & \cos\alpha \end{bmatrix} \begin{bmatrix} 10 \\ 90 \end{bmatrix} = \begin{bmatrix} 104.718 \\ 9.568 \end{bmatrix}$$

用 (8-13 式) 可得各點座標如表 8-4 灰底處數據。

表 8-4 計算結果

	A	B	X	Y	備註
A	90.00	10.00	100.000	100.000	基準點
B	847.00	337.00	900.000	300.000	基準點
C	518.56	485.73	600.000	499.995	未知點
D	453.74	880.44	600.004	899.998	未知點
E	732.84	723.60	850.001	699.997	未知點
F	190.12	634.47	300.002	699.999	未知點

8-6-3 二個以上已知點之四參數轉換

如果有 n (n>2) 個點既具有未知座標 (X, Y)，又具有已知座標 (A, B)，則可利用最小二乘法求得精確的座標換算公式如下：

$$\begin{aligned} \overline{X} &= \sum X_i / n \\ \overline{Y} &= \sum Y_i / n \end{aligned} \qquad i=1, 2, ..., n \qquad (8\text{-}17 \text{ 式})$$

$$\begin{aligned} \overline{A} &= \sum A_i / n \\ \overline{B} &= \sum B_i / n \end{aligned} \qquad i=1, 2, ..., n \qquad (8\text{-}18 \text{ 式})$$

8-24 第 8 章 測量基準與座標系統

$$A'_i = A_i - \overline{A}$$
$$B'_i = B_i - \overline{B} \qquad i=1, 2, ..., n \qquad \text{(8-19 式)}$$

$$a = \sum(A'_i X_i + B'_i Y_i) / \sum(A'^2_i + B'^2_i) \qquad i=1, 2, ..., n \qquad \text{(8-20 式)}$$

$$b = \sum(B'_i X_i - A'_i Y_i) / \sum(A'^2_i + B'^2_i) \qquad i=1, 2, ..., n \qquad \text{(8-21 式)}$$

$$\begin{bmatrix} Y \\ X \end{bmatrix} = \begin{bmatrix} \overline{Y} \\ \overline{X} \end{bmatrix} + \begin{bmatrix} a & -b \\ b & a \end{bmatrix} \begin{bmatrix} B - \overline{B} \\ A - \overline{A} \end{bmatrix} \qquad \text{(8-22 式)}$$

上述 a, b 與前一節的已知座標系的主軸在未知座標系中的方位角 α，以及已知座標系的單位長度在未知座標系中的長度 尺度比) k 之關係如下：

$$\begin{cases} a = k \cdot \cos\alpha \\ b = k \cdot \sin\alpha \end{cases} \qquad \text{(8-23 式)}$$

也可以用下式表示：

$$\begin{cases} k = \sqrt{a^2 + b^2} \\ \alpha = \tan^{-1}\left(\dfrac{b}{a}\right) \end{cases} \qquad \text{(8-24 式)}$$

例題 8-2　座標之換算 (二)：二個以上之已知點

已知 A，B，C 基準點之總體座標，以及 A, B, C, D, E, F 點之區域座標，如表 8-5 所示，試求 D, E, F 之總體座標?

表 8-5　已知數據

	A	B	X	Y	備註
A	90.00	10.00	100.000	100.000	基準點
B	847.00	337.00	900.000	300.000	基準點
C	518.56	485.73	600.000	500.000	基準點
D	453.74	880.44			未知點
E	732.84	723.60			未知點
F	190.12	634.47			未知點

[解]

$$\overline{X} = \sum X_i / n = 533.33 \qquad \overline{A} = \sum A_i / n = 485.19$$

$$\overline{Y} = \sum Y_i / n = 300.00 \qquad \overline{B} = \sum B_i / n = 277.58$$

a 與 b 之詳細計算過程見表 8-6。

表 8-6 計算過程

	A'	B'	A'^{2}	B'^{2}	A'X	B'Y	B'X	A'Y
A	-395.19	-267.58	156175.14	71599.06	-39519.00	-26758.00	-26758.00	-39519.00
B	361.81	59.42	130906.48	3530.74	325629.00	17826.00	53478.00	108543.00
C	33.37	208.15	1113.56	43326.42	20022.00	104075.00	124890.00	16685.00
總和			288195.17	118456.22	306132.00	95143.00	151610.00	85709.00

$$a = \sum (A'_i X_i + B'_i Y_i) / \sum (A'^2_i + B'^2_i)$$

=(306132.00+95143.00)/(288195.17+118456.22)=401275.00/406651.38=0.98678

$$b = \sum (B'_i X_i - A'_i Y_i) / \sum (A'^2_i + B'^2_i)$$

=(151610.00-85709.00)/(288195.17+118456.22)=65901.00/406651.38=0.16206

故得轉換公式

$$\begin{bmatrix} Y \\ X \end{bmatrix} = \begin{bmatrix} \overline{Y} \\ \overline{X} \end{bmatrix} + \begin{bmatrix} a & -b \\ b & a \end{bmatrix} \begin{bmatrix} B - \overline{B} \\ A - \overline{A} \end{bmatrix} = \begin{bmatrix} 300.00 \\ 533.33 \end{bmatrix} + \begin{bmatrix} 0.98680 & -0.16206 \\ 0.16206 & 0.98680 \end{bmatrix} \begin{bmatrix} B - 277.58 \\ A - 485.19 \end{bmatrix}$$

用上式可得各點座標如表 8-7 所示。

表 8-7 計算結果

	X	Y	備註
D	600.004	900.002	未知點
E	850.002	700.000	未知點
F	300.001	700.002	未知點

8-7 本章摘要

1. 測量之基準包括：**(1)** 形狀基準 **(2)** 位置基準 **(3)** 高程基準
2. 形狀基準：我國之前的 **TWD67** 座標系統採用地球形狀為 **1967** 年大地測量及地球物理學會所決定的 **GRS67** 國際地球形狀基準值。目前的 **TWD97** 座標系統採用地球形狀為 **GRS80** 基準值。**GPS** 測量採取 **WGS84** 基準值。這三種基準的參數如表 **8-2**。

表 8-8　測量上常用的座標系統

	說明	圖示
地理座標系統	地理座標係以劃分地球之經緯度來表示地點位置，故以度分秒表示之。一般的地理座標系統是指大地座標系統，其座標可用 (大地經度 λ_P，大地緯度 φ_P，橢球高 h_P)。	
平面直角座標系統	一般工程設施的範圍邊長通常不到 10 km，球面角超不到 1″，因此可視為平面。以平面座標 (橫座標 X，縱座標 Y) 來計算角度、長度將大為簡化運算過程。目前台灣使用中的橫墨卡脫投影有 2°、3°、6° 分帶三種。	(a) 橢球的 6 度帶寬在圓柱體上投影　(b) 多個帶寬的圓柱體上投影的展開　(c) 一個帶寬的圓柱體上投影展開平面
空間直角座標系統	以 (X,Y,Z) 座標表達空間中的一點，座標系的定義為： 原點 O：位於橢球體中心 Z 軸：與慣用地形北極方向相平行。 X 軸：原點與通過起始天文子午圈在赤道交點之連線。 Y 軸：垂直於 XOZ 平面構成一右旋系統。	

3. 位置基準：台灣地區之位置基準，分成 TWD67 與 TWD97 二種不同系統。
4. 高程基準：TWD67 的高程定義是從「大地水準面」起算的「正高」。台灣本島以基隆平均海水面起算，澎湖以馬公平均海水面起算。TWD97 的高程定義是以「雙軸橢球體面」起算的「橢球高」。高程系統以基隆港平均海水面為高程基準面，據此訂定 2001 年臺灣高程基準 (簡稱 TWVD2001)。
5. 大地起伏的定義：大地水準面距橢球面的垂直距離。大地起伏可用於大地水準

面高程 (正高) 與橢球面高程 (橢球高) 之間的轉換：

大地水準面高程(正高) (H) = 橢球面高程(橢球高) (h) – 大地起伏 (N)

6. TWD67 與 TWD97 兩種測量基準有幾點不同：
(1) 橢球體參數不同：TWD67 是 GRS67，而 TWD97 則是 GRS80。
(2) 大地座標基準不同：TWD67 是「區域性非地心大地座標基準」，座標基準在埔里虎子山，而 TWD97 則是「全球性地心大地座標基準」。
(3) 高程基準不同：TWD67 的高程定義是從「大地水準面」起算的「正高」，而 TWD97 卻是以「雙軸橢球體面」起算的「橢球高」或「幾何高」(Geometric Height)。

7. 測量上常用的座標系統有三種：(1) 地理座標系統 (2) 平面直角座標系統 (3) 空間直角座標系統 (表 8-8)。

8. 平面直角座標之間的轉換：參考第 8-6 節。

$$X = (S\cos\theta)x - (S\sin\theta)y + T_X$$
$$Y = (S\sin\theta)x + (S\cos\theta)y + T_Y$$

即

$$X = ax - by + c$$
$$Y = bx + ay + d$$

習題

8-2 測量之基準

(1) 座標系統有哪幾種？分別詳述之。[102 土木技師]
(2) 國際間規定有統一性的「測量基準」是哪幾項？並分別詳述之。[81 土木技師高考] [85 土木技師]
(3) 何謂TWD 67與TWD 97？[101年公務員高考]

[解]
(1) 地理(橢球)座標、平面直角座標、空間直角座標 (2) 形狀基準、位置基準、高程基準。(3) 見 8-2-2 節

---

(1) 試繪圖說明地球的物理表面、大地水準面 (Geoid)、參考橢球面 (Reference Spheroid) [98 年公務員高考]
(2) 請繪圖並以文字說明旋轉橢球體長半徑(Semiaxis, a)、短半徑 (Semiaxis, b)、扁率(Flatterning, f)、第一離心率 (The first eccentricity, e) [94 年公務員高考]

[解] (1)(2) 見 8-2-1 節。

(1) 我國現行的測量及製圖座標系統 (TWD97及TWVD2001) 定義為何?請分別依平面座標系統及高程座標系統簡要說明之。[99年公務員高考]

(2) 假設某鄉鎮擬測製地形圖,成圖座標系統必須符合現行的製圖座標系統,應如何達到此目標?[99年公務員高考]

[解]

(1) TWD97 平面座標系統見 8-2-2 節,TWVD2001 高程系統見 8-2-3 節。

(2)

方案 A. 全部實測

　　由於鄉鎮的範圍不大,平面控制測量可採用導線測量,以全站儀從具有 TWD97 平面座標的高等級控制點引測形成導線網。以地形圖上每五公分有一控制點為原則。例如測製 1/5000 地形圖,約每 250 公尺間隔佈設一控制點。高程控制測量可採用直接水準測量,以水準儀從具有 TWVD2001 高程的高等級水準點引測形成水準網。

方案 B. 部分實測

　　如果測區內有可靠的 TWD67 控制點可用,可以用全站儀從具有 TWD97 平面座標的高等級控制點引測,得到至少四個以上的 TWD67 控制點的 TWD97 座標。再以座標轉換法求得座標轉換參數,將所有 TWD67 控制點的座標轉換成 TWD97 座標。同理,如果測區內有可靠的 TWD67 水準點可用,可以用水準儀從具有 TWVD2001 高程的高等級控制點引測,得到至少四個以上的 TWD67 水準點的 TWVD2001 高程。建立二種高程系統的轉換模型

V=aX+bY+c

其中 V=二種高程系統的共同水準點的高程差,(X, Y) =共同水準點的 TWD67 平面座標。然後將所有 TWD67 水準點的高程轉換成 TWVD2001 高程。

馬祖的東莒島與西莒島岸線間之最短距離約 3-4 公里,假設該兩個島並未建立高程系統,惟兩島間之大地起伏差值為已知。今若欲在該兩個離島之間佈設一條海底電纜,而需要繪製包含兩島陸上地形及海域水深之地形圖,請繪圖及說明如何建立該張地形圖之高程系統。[101年高員三級鐵路人員考試]

[解]

藉由 GPS 觀測所得的幾何高 h_A, h_B 與 A、B 兩處內插計算出來的大地起伏 N_A, N_B 可得 $H_A=h_A - N_A$ 與 $H_B=h_B - N_B$,最終可得到 A、B 兩者的正高差 $\Delta H=H_A-H_B$,詳見 8-2-3 節。

在嘉義市區某一水準點上施測 **GPS**，該點之橢球高減去正高之值為 **G**，另在玉山山區某一水準點上施測 **GPS**，該點之橢球高減去正高之值為 **H**，試回答下列問題，並繪圖輔助說明：
(1) G 為正值或負值？其原因為何？
(2) H 為正值或負值？其原因為何？
(3) G 減去 H 為正值或負值？其原因為何？
(4) 如何進行橢球高與正高間之轉換？ [100 年公務員普考]
[解]
(1) 正值，因為台灣全島的大地起伏約 +18~+28 公尺。
(2) 正值，因為台灣全島的大地起伏約 +18~+28 公尺。
(3) 負值，因為台灣全島的大地起伏平地約+20 公尺，山區約+25 公尺。
(4) 正高 ＝ 橢球高 － 大地起伏

控制測量除平面位置外，尚需有高程方面之測量作業。而若使用全球定位系統進行控制測量，可同步獲取高程相關資訊。**(1)** 請問由全球定位系統所得之高程與製圖所需之高程是否相同或有何不同？**(2)** 並請敘述以逐差水準測量(直接水準測量)進行高程控制測量之方式，包含儀器、測量原理、測量方式、觀測量、概要作業規範及選點時需考量之條件等。並與全球定位系統作業方式進行比較。[95 年公務員高考]
[解]
(1) 全球定位系統所得之高程為「橢球高」，製圖所需之高程為「正高」。
(2) 逐差水準測量與全球定位系統比較

	逐差水準測量	全球定位系統
儀器	水準儀	接收儀
測量原理	水準軸平行水準面 視準軸平行水準軸 直立軸垂直水準軸	距離=光速×時間差 三維距離交會
測量方式	逐差水準測量 對向水準測量	靜態基線測量 **RTK/RTN** 動態測量
觀測量	水準尺後視讀數、前視讀數	電碼偽距或載波相位
作業規範	水準儀定平 水準儀盡可能與水準尺等距 水準儀與水準尺距離<50 m	接收儀定心、定平 載波相位測量不可週波脫落 觀測時要有足夠衛星數
選點條件	儀器與點之間要通視	測站要有透空度

如何用 GPS 求 A、B 兩點點位之正高差 (A、B 相距 200 km) [98 年公務員普考]
[解]
由於 A、B 相距 200 km,甚遠,故兩點的大地起伏差異很大。藉由 GPS 觀測所得的幾何高 h_A, h_B 與 A、B 兩處內插計算出來的大地起伏 N_A, N_B 可得
$H_A = h_A - N_A$ 與 $H_B = h_B - N_B$
最終可得到 A、B 兩者的正高差 $\Delta H = H_A - H_B$ (詳見 8-2-3 節)。

8-3 座標系統 (一):地理座標系統

何謂地理座標系統?
[解] 大地經緯度、天文經緯度、地心經緯度。見 8-3 節。

8-4 座標系統 (二):平面直角座標系統

(1) 國際橫麥卡托投影 (Universal Transverse Mercator) 為一個應用於北緯 84 度至南緯 80 度間之國際格網系統 (Universal Grid System),其所採用之地圖投影方式為橫麥卡托投影,並將所應用之區域依照經緯度分區 (Zone),賦予固定編號。請說明此一分區方式與編號方式。[101 土木技師]
(2) 說明臺灣的國際橫麥卡托投影圖幅分區編號。[101 土木技師]
(3) 何謂 3 度分帶、2 度分帶? 其座標原點在何處? 橫座標西移多少?
[解] (1) 見 8-4-2 節 (2)51Q (3) 見 8-4-3 節,表 8-3。

試解釋下列名詞:真方位角、磁方位角、方格北、子午線收斂角
[101 年公務員普考]
[解] 見 8-4-5 節。

8-5 座標系統 (三):空間直角座標系統

(1) 何謂地心座標系統?
(2) 試說明大地水準面高程,橢球面高程,大地水準面距橢球面高程 (大地起伏) 間之關係? [86 測量高考]
(3) 試繪圖說明 WGS84 之地心座標系統三軸之定義,並說明其 Z 座標值與水準測量中之高程是否相同? [96 年公務員普考]
[解] (1) 見 8-5 節。 (2) 正高 = 橢球高 − 大地起伏 (3) 完全不同,見 8-5 節。

8-6 平面直角座標之間的轉換

同例題 **8-1**，但數據改成下表。

	A	B	X	Y	備註
A	60.00	500.00	200.00	300.00	基準點
B	550.02	100.03	800.00	100.00	基準點
C	392.17	541.02	495.95	456.22	未知點
D	640.11	926.12	591.07	904.19	未知點
E	832.50	592.00	889.48	660.13	未知點
F	232.10	969.12	194.41	799.60	未知點

[解]

$$k = \frac{\sqrt{(x_2 - x_1)^2 + (y_2 - y_1)^2}}{\sqrt{(A_2 - A_1)^2 + (B_2 - B_1)^2}} = 0.99988$$

α= -20°47'15"

$$\begin{bmatrix} y_0 \\ x_0 \end{bmatrix} = \begin{bmatrix} y_1 \\ x_1 \end{bmatrix} - k \begin{bmatrix} \cos\alpha & -\sin\alpha \\ \sin\alpha & \cos\alpha \end{bmatrix} \begin{bmatrix} B_1 \\ A_1 \end{bmatrix} = \begin{bmatrix} -188.687 \\ 321.343 \end{bmatrix}$$

同例題 **8-2**，但數據改成下表。

	A	B	X	Y	備註
A	60.00	500.00	200.00	300.00	基準點
B	550.02	100.03	800.00	100.00	基準點
C	392.17	541.02	495.95	456.22	基準點
D	640.11	926.12	591.07	904.19	未知點
E	832.50	592.00	889.48	660.13	未知點
F	232.10	969.12	194.41	799.60	未知點

[解]

如上表灰底處數據。

假設平面施工圖和地籍圖間沒有橫、縱方向的平移偏差，亦無任何尺度變化、甚至扭曲，僅存在不等於零的平面旋轉角 θ。將圖上某點座標(X, Y)轉換到另一張地籍圖上同名點坐標(E, N)，試列出坐標換算式子。**[103 土木技師]**

[解]
即證明四參數平面直角座標之間的轉換公式，但無平移、尺度參數。證明方法應先繪出圖 8-18 的圖，可寫出以下方程式：
$$\begin{bmatrix} Y \\ X \end{bmatrix} = \begin{bmatrix} \cos\alpha & -\sin\alpha \\ \sin\alpha & \cos\alpha \end{bmatrix} \begin{bmatrix} B \\ A \end{bmatrix}$$

平面座標轉換中，最常使用四參數及六參數二種座標轉換方式：
(1) 分別寫出其轉換公式及其參數意義。
(2) 比較二種座標轉換之特性(優缺點)及所需之最少控制點數量。
[解]
(1) 見 **8-6-1** 節。
(2) 四參數需二個以上共同的控制點；六參數需三個以上共同的控制點。

如右圖，某一道路施工，在兩個工程標案之銜接區附近擬測設中心樁 (圓黑點)。平面控制系統有兩類，即 Δ (系統 A) 及圓白點 (系統 B)。此二控制系統間有微量之系統誤差。假設任何兩點間通視無慮，請設計一個測設程序，使兩個標案銜接時有最佳的一致性。[97 年土木技師]

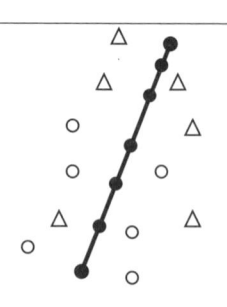

[解]
(1) 以平面控制系統 A 為準，測量所有平面控制系統 B 點之座標。
(2) 以平面控制系統 B 為準，測量所有平面控制系統 A 點之座標。
(3) 使用所有系統 A、系統 B 的點用「平面直角座標之間的轉換 (二)：二個以上之已知點」解算系統 A 對系統 B 轉換參數
(4) 用此一轉換參數將所有系統 A 座標都換算成系統 B 座標。此一新座標有最佳的一致性。

設在社區內有二圖根點 A, B 互不通視，且其中圖根點 B 座標查不到，但可測到相同之界址點 C, D，試問如何可將所測得之各界址點座標互相統一？
[解]
(1) 由已知點 A 以正確座標系觀測界址點 C, D。
(2) 由未知點 B 以假設座標系觀測界址點 C, D。

(3) 利用界址點 **C, D** 同時具有正確座標系、假設座標系兩種座標,應用 **8-6** 節四參數座標轉換法求得從假設座標系到正確座標系的座標轉換參數。

(4) 利用座標轉換參數將 **B** 點假設座標系座標轉換成正確座標系座標。

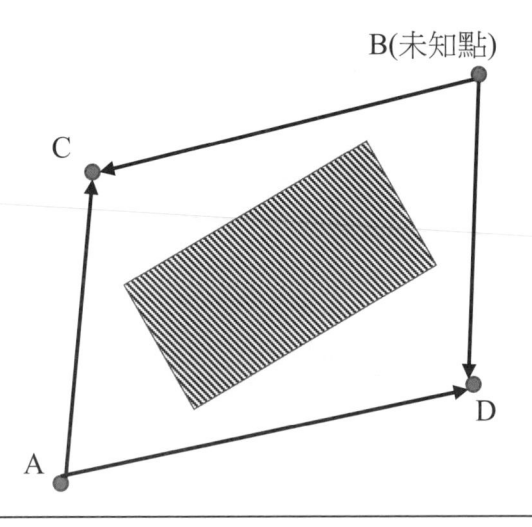

第 9 章　控制測量

9-1 本章提示
第一部分：導線測量法
9-2 導線測量之分類
9-3 導線測量之程序
9-4 導線測量之選點
9-5 測距與測角精度之配合
9-6 方位角之觀測
9-7 導線計算程序
9-8 導線測量計算（一）：閉合導線
9-9 導線測量計算（二）：附合導線
9-10 導線測量計算（三）：展開導線
9-11 導線測量計算（四）：導線網
9-12 導線計算之討論(一) 測角錯誤
9-13 導線計算之討論(二) 測距錯誤
第二部分：三角測量法
9-14 三角測量之分類
9-15 三角測量之程序
9-16 三角測量之選點
9-17 歸心計算
9-18 三角測量之計算程序
9-19 三角測量之平差原理
9-20 三角測量之平差（一）：四邊形鎖
9-21 三角測量之平差（二）：多邊形網
9-22 三邊測量法
9-23 本章摘要

9-1　本章提示

　　在測量作業中，應用於測定控制點之方法有三角測量、三邊測量及導線測量等三種。前二者為面之佈設；若於形狀狹長、展望不良、地勢隱蔽之地區；導線測量較三角測量或三邊測量作業簡易、省時、方便，更可節省建造高標費用，且若使用精密經緯儀與電子測距儀測角量距，測量精度並不遜於其他二者。故工程建設、都市規劃測量大多樂於採用導線測量測定其控制點。但導線測量因係分段逐次測量、計算，易生累積誤差，為其缺點。然現代電子計算機之強大計算功能，可將往昔需分段逐次計算之導線連結一體平差計算，已可消除此缺點。

第一部分：導線測量法

9-2 導線測量之分類

於地面上佈置若干點，測量各點間之距離及各點連線間所成之水平角，以確定各點平面位置，具控制作用者之測量方法稱為導線測量 (Traverse surveying)(圖 9-1)，其所佈置之點稱為導線點 (Traverse point)。導線點常為測繪平面圖、地形圖、地籍圖及其他各種工程圖籍之圖根點或控制點 (Control point)。

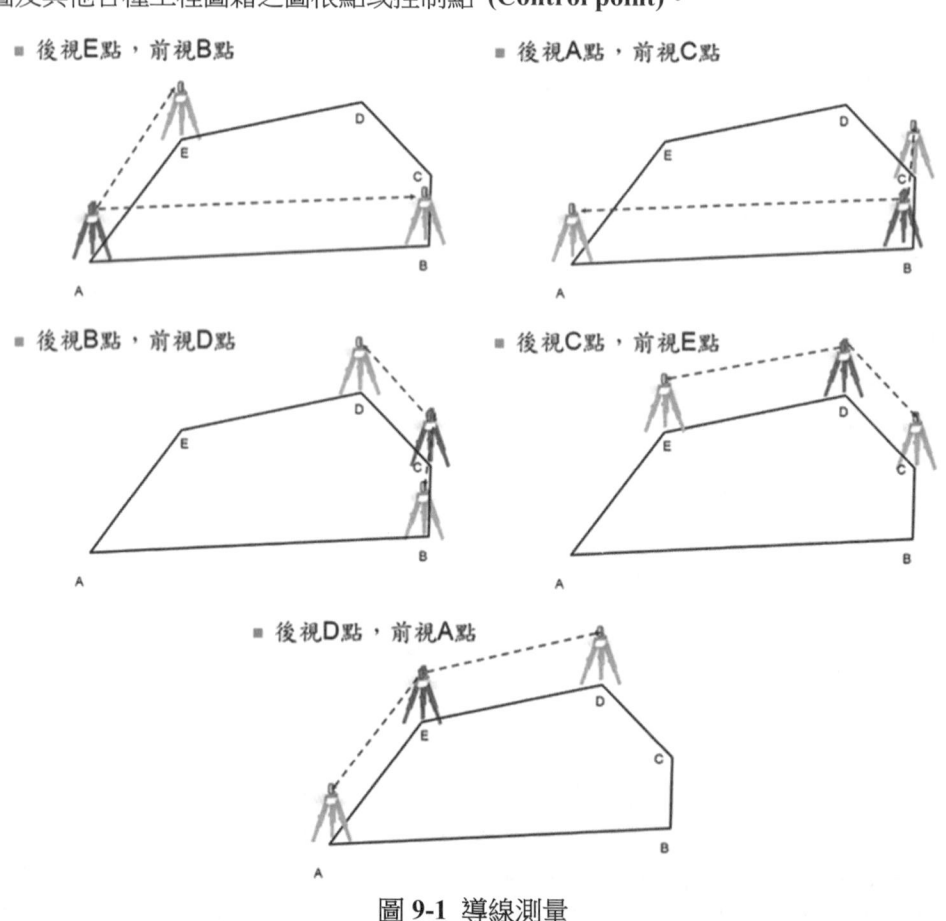

圖 9-1 導線測量

(a) 閉合導線 (b) 附合導線

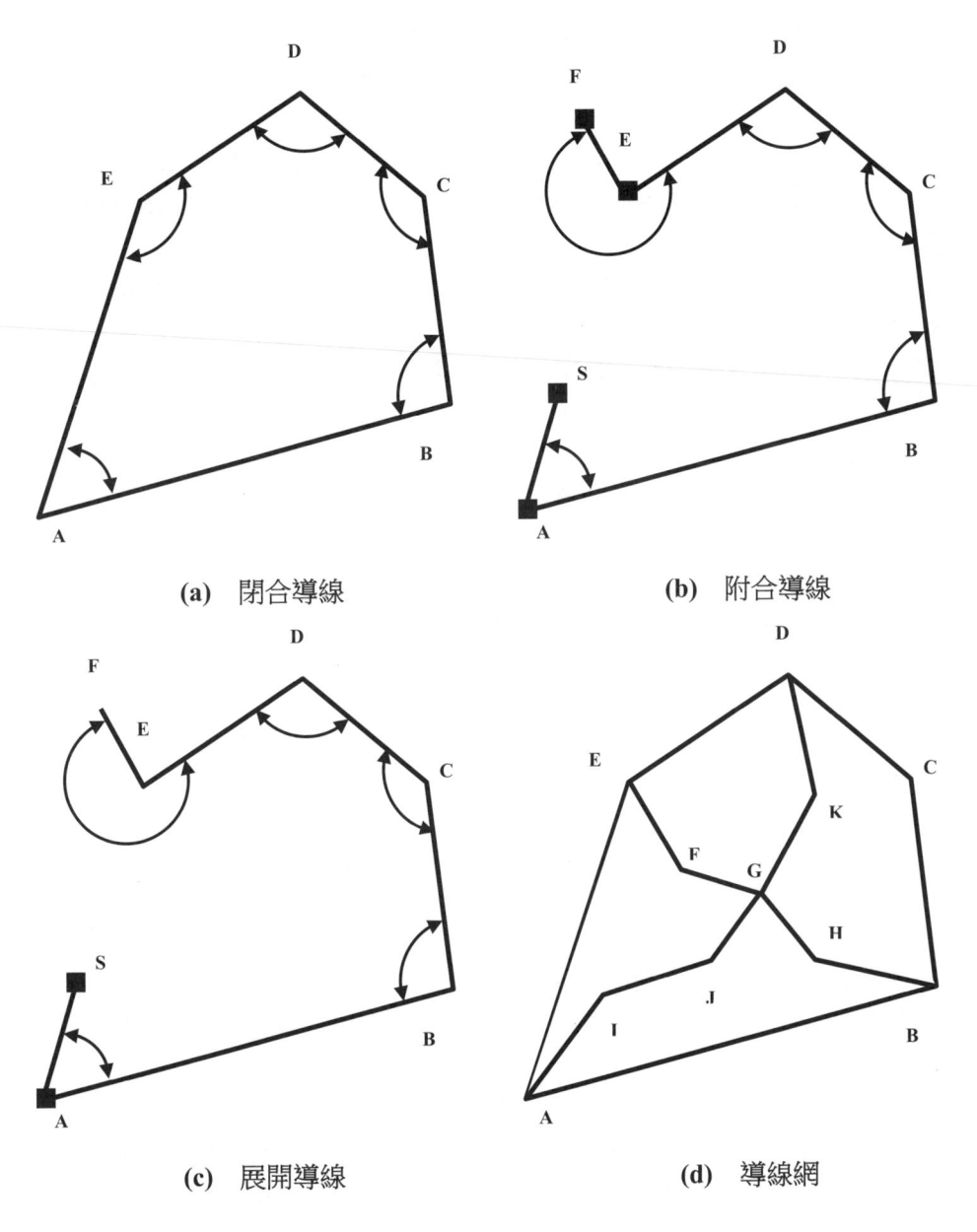

(c) 展開導線 (d) 導線網

圖 9-2 依導線之形狀之導線分類

導線之分類方式如下：

1. 依導線之形狀分為 (圖 9-2)：

(1) 閉合導線 (Closed traverse)：導線之起點與終點合一，形成一多邊形者稱之。其角度閉合差可以多邊形之幾何條件改正之。閉合導線適用於城市地區及施測範圍集中之處。

(2) 附合導線 (Connection traverse)：起點終點連於已知點 (三角點或導線點) 者稱之。其角度閉合差可以終端之已知方位角改正之。附合導線適用於道路測量及施測範圍成帶狀之處。

(3) 展開導線 (Open traverse)：由起始點自由伸展者稱之。此種導線無法得知成果之精度，一般用於路線之初測。

(4) 導線網 (Traverse network)：多個閉合導線、附合導線連結成網狀者。此種導線平差條件複雜，一般用於精密導線測量。

2.依導線之精度分為：

(1) 基本控制測量一等導線：閉合比應小於 1/100,000。
(2) 基本控制測量二等甲導線：閉合比應小於 1/50,000。
(3) 基本控制測量二等乙導線：閉合比應小於 1/20,000。
(4) 加密控制測量導線：閉合比應小於 1/10,000。

3.依導線之測法分為：

(1) 計算導線：以量角量距經計算得到之導線。
(2) 圖解導線：以平板儀圖解測量得到之導線。

9-3　導線測量之作業程序

導線測量之作業程序，說明如下：

1.作業計畫及準備

按測量之目的、用途、範圍與區域之大小、地形之情況，實地踏勘，以決定導線分佈位置及密度，導線測量精度與測量儀器材具，並擬定作業計畫及經費預算、著手準備工作。

2.選點及埋設標誌

依原訂計畫與實地情況選定導線點位置，釘以木樁、道釘或塗以油漆標誌，標示導線點點位所在，賦予編號，繪製導線略圖。如欲永久保存者，應埋設標石或混凝土樁，並繪製點位略圖。

3.方位角測定

倘導線測量的起終點不通視已知點時，則應觀測天體，測定起始邊與終止邊之真方位角，或用羅盤儀測定磁方位角，以推算導線各邊之方位角。若導線點數較多，亦有於其中間之邊加測方位角。倘導線測量之起、終點位於已知點，而其前、後視亦可通視其他已知點者，本步驟亦可省略，而直接由已知點後視另一已知點之方位角來推算其他各邊之方位角。

4. 觀測 (距離、角度及高程測量)

　　測量導線之各邊長與相鄰邊之折角，並以水準儀測量或三角高程測量測定導線點高程。若僅測繪平面圖時，導線點可免測高程。

5. 計算 (導線點座標及高程)

　　依據測得之導線長及各導線點之角度觀測值，施行平差，使其符合應有之幾何條件，並計算各點間之長度、方向，進而計算各導線點之座標。

6. 製作成果圖表

　　導線點座標計算完竣後，應調製成果表及繪製導線測量網圖。導線測量成果表係記載各導線點之等級、名稱、號數、所在之土地座落、觀測方向及其高程、縱橫座標與觀測方向間之邊長；而導線測量網圖除記載點名號數外，應將觀測方向間連以直線。

9-4　導線測量之選點

　　導線點選擇適當與否直接影響導線之控制功能，及導線測量之進度與精度。選點應注意：

1. 先根據現有地圖或勘察測區，依其大小、形狀及導線之用途，擬定導線之大略形狀及行經路線。
2. 導線點應擇於視野廣闊處，發揮其控制功能，使測得較多之地形地物，如此可減少導線點，提高導線精度。
3. 相鄰導線點間應相互通視，且視線不宜穿越停車位空格，或靠近樹木附近，以免未來無法通視。
4. 導線邊長宜均勻。邊長太短時，測角誤差較大，影響導線精度，應避免之。邊長太長時，可能無法發揮測量地物、地形之功能，需補測大量圖根點，也不適宜。
5. 為避免導線點遺失，應儘量利用不易變動之地物做為導線點，每一點位應繪成草圖詳加註記。

9-5　測距與測角精度之配合

　　導線測量乃由測角與測距以決定導線點之平面位置，故其誤差亦由此二者而產生。導線測角所生之誤差可使導線點發生與導線邊垂直方向之位移，測距誤差則發生在導線邊線方向上之位移。因此欲使測量精度一致，則測角之精度應與相對之測距精度相等。總之，即應使一點之點位誤差起因於測角者與起因於測距者相近，否則單只要求測角或測距之精度,其所得點位之精度仍屬不佳。

如圖 9-3 所示,導線點 C 對於導線點 A、B 之正確位置應為 C,但因測距誤差 e_d 及測角誤差 e_θ 所引起 C 點之位移為 e_a,使 C 點移至 C′之位置。由圖可知,如欲使測角誤差與測距誤差相當,即應使 e_a 與 e_d 近似相等。

設 D 為導線邊 AC 之邊長,測距誤差 e_d,測角誤差 e_θ (以秒為單位)

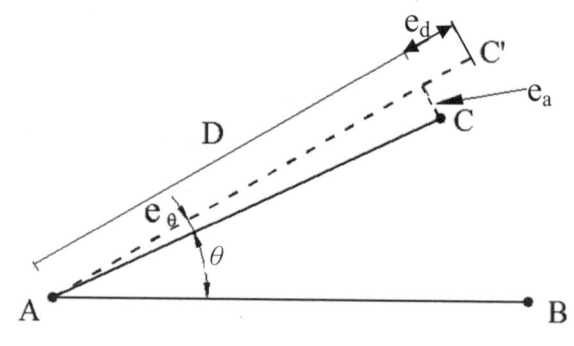

圖 9-3　導線測距與測角精度之配合

測角造成的位移誤差　　$e_a = D \cdot \dfrac{e_\theta}{\rho}$　　　　(ρ=206265″)　　　　(9-1 式)

因測距造成的位移誤差 e_d 必須近似於測角造成的位移誤差 e_a,故

$$e_d \approx D \cdot \frac{e_\theta}{\rho}$$

移項推得測角誤差

$$e_\theta \approx \frac{e_d}{D} \cdot \rho \qquad\qquad \text{(9-2 式)}$$

上式中 e_d/D 為測距精度。例如對於 100 公尺距離之測距誤差為 1 公分,則其測距精度為 1/10000 時,對應之測角約為誤差 20.6″。欲使測角誤差與測距誤差完全相等,既不可能,也不需要,只求相近即可滿足。測量之實施,常於事先籌劃,決定測角與測距之方法,使二者之精度近於一致,並慎選儀器應用。但若其中一方面之儀器本身精度較高,在不多費時間與精神之條件下,亦不必故意降低其精度以與精度較低者配合。

例題 9-1　導線測距與測角精度之配合
(1) 已知捲尺精度 1/3000,試求測角精度多少為宜?
(2) 已知電子測距儀精度 5 ppm,試求測角精度多少為宜?
(3) 已知經緯儀精度 20″,試求測距精度多少為宜?

[解]
(1) 測角精度 $e_\theta \approx \dfrac{e_d}{D} \cdot \rho = \dfrac{1}{3000} \cdot 206265" = 69"$

(2) 測角精度 $e_\theta \approx \dfrac{e_d}{D} \cdot \rho = \dfrac{5}{1000000} \cdot 206265" = 1"$

(3) 測距精度 $\dfrac{e_a}{D} \approx \dfrac{e_\theta}{\rho} = \dfrac{20}{206265} = \dfrac{1}{10300}$

9-6　方位角之觀測

　　導線測量之起終點如連接於已知三角或導線點者，其第一邊之方位角可由已知點座標反算其方位角，以為計算各邊方位角之依據。但若未連接於已知點或欲在導線中間段之邊檢核其方位角者，必須施行方位角觀測。由於方位角依子午線之異而有真方位角與磁方位角之分 (圖 9-4)，故常依導線之等級與用途，而選擇不同之觀測法，分別敘述如下：

1. 觀測真方位角

　　真方位角觀測，可用

(1) 陀螺經緯儀 (Gyrotheodolite)

　　螺經緯儀是帶有陀螺儀裝置、用於測定直線真方位角的經緯儀。其關鍵裝置之一是陀螺儀，簡稱陀螺，又稱回轉儀。其原理是在受重力作用和地球自轉角速度影響下，陀螺軸將產生「進動」，逐漸向真子午面靠攏，最終達到以真子午面為對稱中心，達成指北的目的。陀螺經緯儀指向真北的精度可達 15 秒。

(2) 天文觀測法

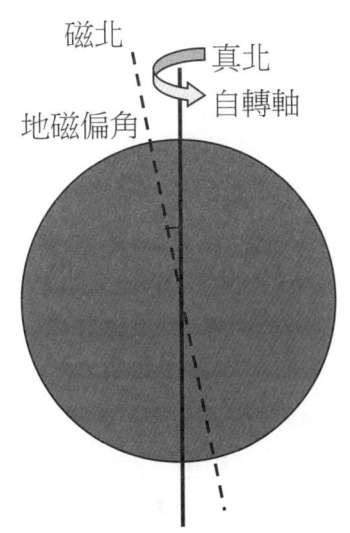

圖 9-4　真北與磁北

　　夜間應用北極星任意時角法，日間應用太陽高度法；前法精度較高，故一、二、三等導線須用前法求之，四等導線可任選一法為之。無論何法均應選定天氣良好之日實施觀測，至於觀測方法與計算，讀者請參閱大地測量學或天文測量學等書。

2. 觀測磁方位角

普通導線或局部地區測量之導線，可以觀測磁方位角以定其導線始邊之方位角。觀測作業應用羅盤儀或附有羅盤或磁針設備之經緯儀測定。磁方位角與真方位角的差值稱磁偏角。

上列兩種觀測法中，真方位角法其測量成果易與鄰接地區方位角相符合，精度較高，作業較費時，為四等以上導線所採用；磁方位角法作業雖簡便，精度卻較低，且因磁子午線與真子午線之方向有磁偏差，而磁偏差又隨時隨地改變，故難與測區鄰近地區測量成果相銜接，故僅限於普通導線或局部地區測圖控制測量導線應用。

9-7 導線計算程序

導線之計算係依導線起點已知座標推算各導線點座標，其作業程序為：
1. 測量記錄之檢核
2. 導線略圖之標示
3. 角度閉合差之計算
4. 角度閉合差之改正
5. 方位角之計算
6. 縱橫距之計算
7. 縱橫距閉合差之計算
8. 導線閉合差與閉合比之計算
9. 縱橫距閉合差之改正
10. 導線點座標之計算

各項之作業分述如下。

9-7-1 測量記錄之檢核

測量導線之各邊長與相鄰邊之折角完後，應即對於各觀測值，依記錄格式逐項仔細檢查計算；同一邊長或角度兩組以上之觀測值，若其較差在許可誤差界限內，取其平均值為測量結果，作為導線計算之數據。若有觀測值超過其容許誤差界限，而由記錄無法查出原因者，應即剔除，另行重測。倘使用電子測距經緯儀行自動記錄者，此工作可直接將記錄器連接電腦計算比較。以精密導線測量方法實施控制測量之精度規範如表 9-1。基本控制測量之一等、二等甲、二等乙、加密控制測量之精度分別為 10 萬、5 萬、2 萬、1 萬分之一。

表 9-1 以精密導線測量方法實施控制測量之精度規範
(資料來源：內政部，基本測量實施規則)

項目		等級	基本控制測量			加密控制測量
			一等	二等甲	二等乙	
水平角	使用儀器(單位：秒)		0.2	0.2 / 1	0.2 / 1	1
	測回數		16	8 / 12	6 / 8	4
	各觀測值與平均值之差(單位：秒)不得超過		4	4 / 5	4 / 5	5
邊　長　測　量　標　準　誤　差			1/600,000	1/300,000	1/120,000	1/60,000
天頂距對向觀測	測回數		3	3	2	2
	觀測值之差(單位：秒)不得超過		10	10	10	10
天文方位角	已知高程點間之圖形數		4-6	6-8	8-10	10-15
	方位角檢核相距之測站數		5-6	10-12	15-20	20-25
	各夜觀測之測回數		16	16	12	8
	觀測夜數		2	2	1	1
	標準誤差(單位：秒)		0.45	0.45	1.5	3.0
	方位角閉合差(單位：秒)(右列式中 N 為測站數)		每測站 1.0 或 $2.0\sqrt{N}$	每測站 1.5 或 $3.0\sqrt{N}$	每測站 2.0 或 $6.0\sqrt{N}$	每測站 3.0 或 $10.0\sqrt{N}$
精度	經方位角平差後位置閉合差(單位：公尺)或閉合比數不得超過(K 為導線長度之公里數)		$0.04\sqrt{K}$ 或 1/100,000	$0.08\sqrt{K}$ 或 1/50,000	$0.2\sqrt{K}$ 或 1/20,000	$0.4\sqrt{K}$ 或 1/10,000

9-7-2　導線略圖之標示

　　導線測角與測距之觀測值，經檢核無誤後可標示於選點所繪之導線略圖，以為導線計算之準備。用於標示之導線略圖，草繪於白紙上即可，不必拘於一定之比例尺，惟其形狀應與實際導線相似，以免用圖者不易辨識，減低其功用。

　　將觀測值標示於導線略圖上有下列之功用：

1. 便於填寫導線計算表或輸入電腦作業。
2. 容易發現測量邊角位置與記錄之觀測值不符合現象。尤其內外角位置弄錯，可隨時發覺。
3. 如有圖形條件，即可計算檢核。
4. 若有缺漏觀測之邊角，可速發現，利於補測。

9-7-3 角度閉合差之計算

角度閉合差之改正依其導線之形狀不同，其計算方法有所差別：

1. 閉合導線

如圖 9-5(a)，於閉合導線中，觀測之角度無論內角、外角或偏角，其各角之總和均應符合一定之幾何條件，設 n 表導線之點數或導線邊數，則其內角 α、外角 β 或偏角 γ 所符合之幾何條件為：

(1) n 多邊形內角總和等於 (n-2)×180°，故內角閉合差 $f_w = [α] - (n-2) \times 180°$　　(9-3 式)

(2) n 多邊形外角總和等於 (n+2)×180°，故外角閉合差 $f_w = [β] - (n+2) \times 180°$　　(9-4 式)

(3) n 多邊形偏角總和等於 360°，故偏角閉合差 $f_w = [γ] - 360°$　　(9-5 式)

上述三組公式實質相同，可擇一應用。

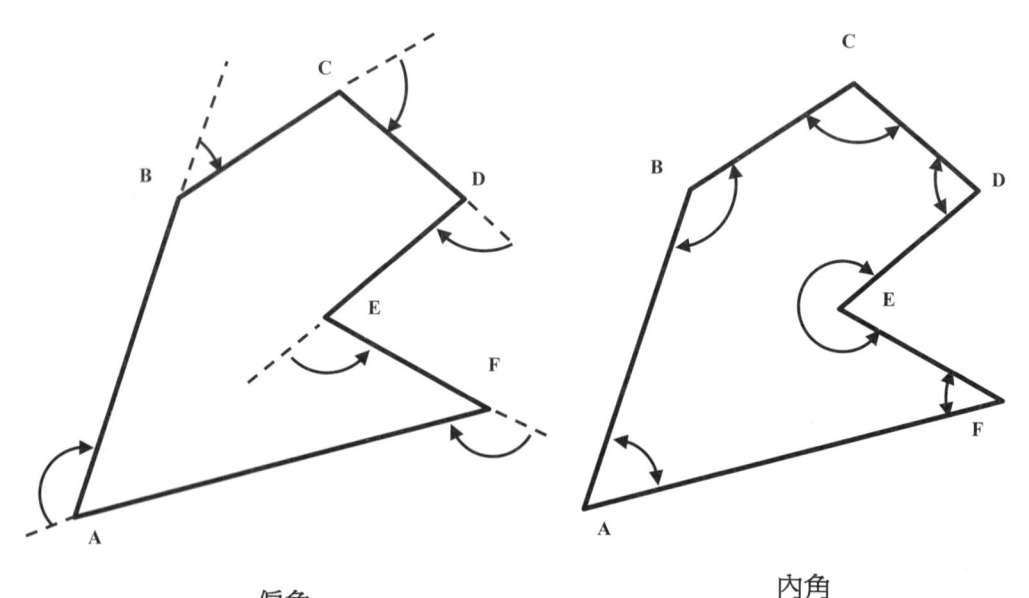

偏角　　　　　　　　　　　　　　　內角

圖 9-5(a)　角度閉合差之計算：閉合導線

外角

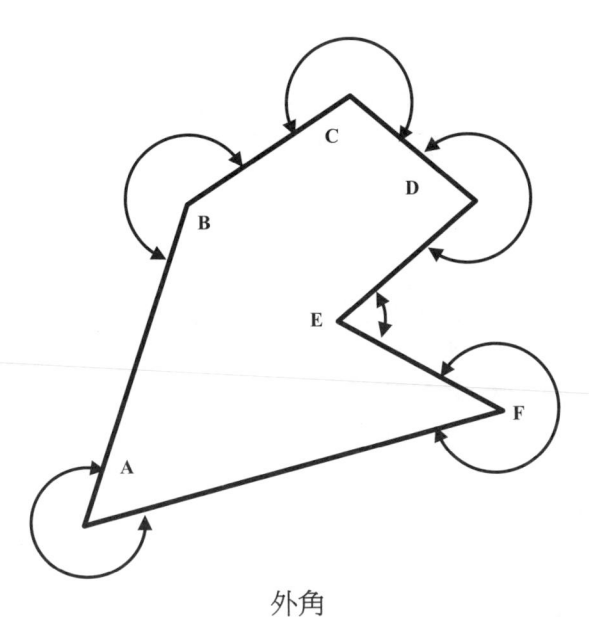

圖 **9-5(a)**　角度閉合差之計算：閉合導線

2.附合導線

如圖 **9-5(b)**，於附合導線中，觀測之角度為右旋折角 α，並從一已知方位角附合於另一已知方位角，故其推算出之末端方位角應等於已知之末端方位角，因此推算出

末端方位角 = 已知之起點方位角 + [α] – n．180°

故閉合差 f_w 可寫為：

f_w = (已知之起點方位角 + [α] － n．180°) – (已知之末端方位角)　　　**(9-6 式)**

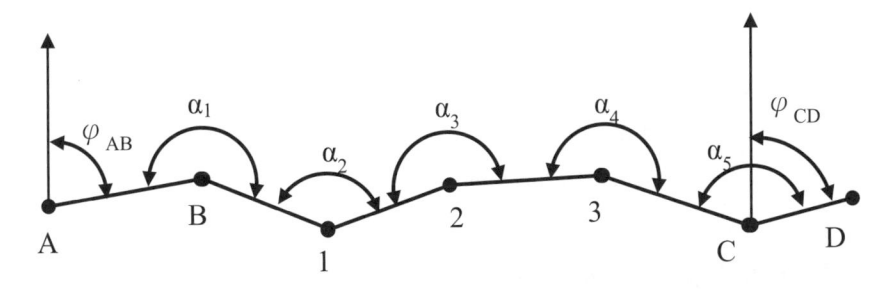

圖 **9-5(b)**　角度閉合差之計算：附合導線

9-7-4 角度閉合差之改正

設同一導線各角度係於相同情況下以相同儀器觀測,因而各角度所生誤差之大小可視為相等,故閉合差在容許誤差界限以內者,可將閉合差平均配予各角,設以 v 表各角之改正值,則

$$v = -\frac{f_w}{n} \qquad \text{(9-7 式)}$$

由 (9-7 式) 觀之,改正值 v 之符號應與閉合差 f_w 之符號相反,即閉合差為正時,改正值為負;反之,閉合差為負,改正值為正。倘角度觀測採用偏角法時,因右偏角前既冠以「+」號,故以正值表示,而左偏角前冠以「-」號,故以負值表示,則利用 (9-5 式) 計算閉合差,應注意該偏角之正負值。

9-7-5 方位角之計算

導線角度經平差改正後,即可依導線起始邊之實測方位角或由已知座標之三角或導線點之方位角計算其餘各邊之方位角。實測之方位角觀測法已於前節敘述,故本小節先述及導線起始邊之方位角應如何由已知點座標求算,而後再說明各邊方位角之推算。

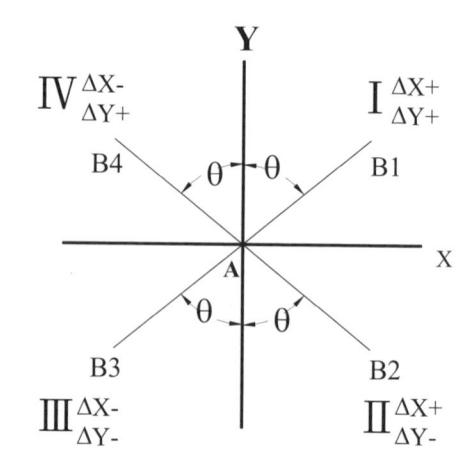

1. 由二已知點座標計算方位角 (圖 9-6(a))

$$\text{AB 方向角} \; \theta_{AB} = \tan^{-1} \frac{|X_B - X_A|}{|Y_B - Y_A|}$$

圖 9-6(a)　導線方位角之計算:由二已知點座標計算方位角

(9-8 式)

當 $X_B > X_A$, $Y_B > Y_A$: $\phi_{AB} = \theta_{AB}$
當 $X_B > X_A$, $Y_B < Y_A$: $\phi_{AB} = 180° - \theta_{AB}$
當 $X_B < X_A$, $Y_B < Y_A$: $\phi_{AB} = 180° + \theta_{AB}$
當 $X_B < X_A$, $Y_B > Y_A$: $\phi_{AB} = 360° - \theta_{AB}$ 　　　　　(9-9 式)

2. 各邊方位角之計算 (圖 9-6(b))

$\phi_{BC} = \phi_{AB} + \gamma_B$, $\phi_{CD} = \phi_{BC} + \gamma_C$, ⋯　　　　　(9-10 式)

其餘依此類推。

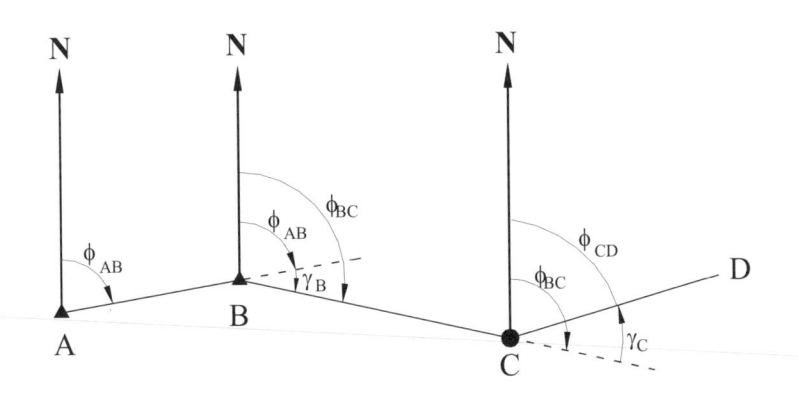

圖 9-6(b)　導線方位角之計算：各邊方位角之計算

設導線之邊數為 n，可將上列各式整理成為通式如下：

後一邊的方位角 = 前一邊的方位角 + 二邊之間的偏角　　　　　　　(9-11 式)

計算 φ 時，若其結果超過 360° 者，應減 360°，但如為負值者，應加 360°，方為所求之方位角。

如測角為外角 β 或內角 α，則可先將其換算為偏角，再依偏角計算方位角：

γ=β-180°　　　　　　　　　　　　　　　　　　　　　　　　　(9-12 式)

γ=180°-α　　　　　　　　　　　　　　　　　　　　　　　　　(9-13 式)

9-7-6　縱橫距之計算

一測線 AB 邊長為 L_{ab}，其對 X 軸之正投影稱為該測線之橫距 (Departure)，或稱經距，以 ΔX 表之；其對 Y 軸之正投影，稱為該測線之縱距 (Latitude) 或稱緯距，以 ΔY 表之。

如圖 9-7 所示，倘測線 AB 之邊長 L_{ab} 及方位角 ϕ_{AB} 已知，則橫距 ΔX 與縱距 ΔY 之值，可依下列二式求得

ΔX=L_{ab}・sinϕ_{AB}　　　　(9-14 式)

ΔY=L_{ab}・cosϕ_{AB}　　　　(9-15 式)

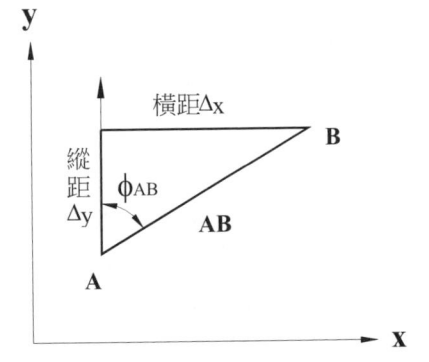

圖 9-7　縱距與橫距之計算

橫距與縱距亦有正負符號之分，自測線之起點，橫距向東者為正，向西者為負；縱距向北者為正，向南者為負。

9-7-7 縱橫距閉合差之計算

縱橫距閉合差之改正依其導線之形狀不同，其計算方法有所差別：

1.閉合導線

於閉合導線中，因起點與終點重合於一點，故正橫距之和應等於負橫距之和，正縱距之和應等於負縱距之和，亦即橫距之代數和及縱距之代數和均應為零。但實際上閉合導線折角誤差雖按幾何條件改正，導線邊長尚有量距誤差未經消除，以致橫距代數和 [ΔX] 及縱距代數和 [ΔY] 均不為 0，分別產生橫距閉合差 (Error of departure) W_x 及縱距閉合差 (Error of latitude) W_y，即

$W_x = [\Delta X]$ (9-16 式)

$W_y = [\Delta Y]$ (9-17 式)

2.附合導線

於附合導線中，從一已知點附合於另一已知點，故橫距之代數和應為二已知點之橫座標差額，縱距之代數和應為二已知點之縱座標差額，否則即有閉合差：

$W_x = [\Delta X] - (X_F - X_A)$ (9-18 式)

$W_y = [\Delta Y] - (Y_F - Y_A)$ (9-19 式)

9-7-8 導線閉合差與閉合比之計算

如圖 9-8，將 W_x、W_y 合併，即可得導線閉合差 (Error of closure) W_L：

$W_L = \sqrt{W_X^2 + W_Y^2}$ (9-20 式)

換言之，一閉合導線自 A 點為起點，順次進行而回歸於 A 點，但由於誤差之影響，即由橫距與縱距計算之結果，不回歸於 A 點，而至 A' 點，此 AA' 乃為導線之閉合差。若以各導線之邊長總和除導線閉合差之比，稱為閉合比 (Ratio of closure)：

$P = \dfrac{W_L}{[L]}$ (9-21 式)

但閉合比 **P** 值，常以分數表示，且令分子為 **1**，故 **(9-21 式)** 可改寫成為

$$P = \frac{W_L}{[L]} = \frac{1}{[L]/W_L} \qquad \text{(9-22 式)}$$

閉合比係用以表示導線測量之精度，由上式可知，閉合比之值愈小，其精度愈高；反之，閉合比之值愈大，其精度愈低，故稱閉合比為導線精度。

導線測量之精度常依測量之目的而定，應於測量實施之前決定所需之精度，使測量作業者有所遵循。倘導線測量計算之結果，低於所需之精度，而經檢核觀測數值與計算作業均無誤時，則需再行重測。

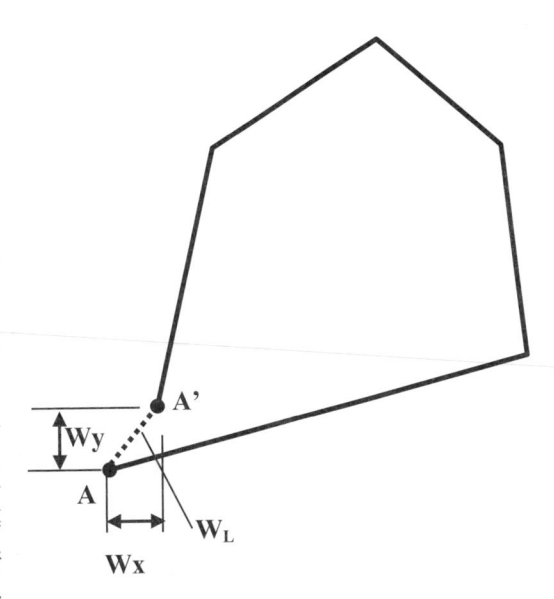

圖 9-8　導線閉合差之計算

9-7-9　縱橫距閉合差之改正

導線閉合比如在容許界限以內，可將橫距閉合差與縱距閉合差分別配予各邊之橫距與縱距，使其滿足閉合差為 **0** 之條件，此即導線閉合差之改正。其改正之方法有羅盤儀法則 **(Compass rule)** 與經緯儀法則 **(Transit rule)** 兩種，分別敘述如下：

1. 羅盤儀法則 (圖 9-9)

羅盤儀法則亦稱鮑迪 **(Bowditch)** 法，為鮑迪氏所創。此法係假定導線測量之測距及測角之精度相同，因此無論測角或測距都有相同的誤差，此誤差為常態分佈的隨機變數，故其端點的分佈呈現圓形。因此橫距改正值與縱距改正值與該段導線的方位角無關，只和邊長成正比，故可將橫距閉合差及縱距閉合差依各邊邊長之比例而分配之，設任一邊 **i** 之橫距改正值為 V_{xi}，縱距改正值 V_{yi}，則

$$V_{xi} = -\frac{L_i}{[L]} \cdot W_x \qquad \text{(9-23 式)}$$

$$V_{yi} = -\frac{L_i}{[L]} \cdot W_y \qquad \text{(9-24 式)}$$

式中　L_i=任一邊之邊長；[L]=總邊長。

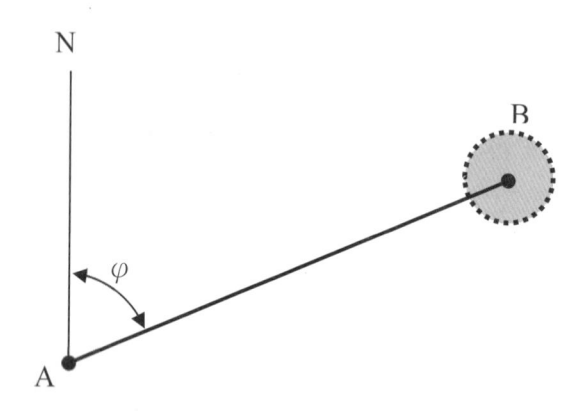

圖 9-9 羅盤儀法則之原理：端點的分佈呈現圓形

2.經緯儀法則 (圖 9-10)

　　此法係假定導線測量之測距精度遠遜於測角精度，因此可假設測角無誤差，所有的誤差來自測距，此誤差為常態分佈的隨機變數，其端點的分佈呈現沿著邊長的方向。因此橫距改正值與縱距改正值與該段導線的方位角、邊長均有關，例如方位角 0 度的邊不會有橫距誤差，而方位角 90 度的邊不會有縱距誤差，即橫距誤差不只與邊長成正比，也與方位角的 sin 函數成正比，而邊長乘以方位角的 sin 函數為橫距，因此橫距誤差與該邊的橫距成正比；同理，縱距誤差與該邊的縱距成正比，故可將橫距閉合差及縱距閉合差依各邊橫距及縱距之比例而分配之，即

$$V_{xi} = -\frac{|\Delta X_i|}{[|\Delta X|]} \cdot W_x \qquad \text{(9-25 式)}$$

$$V_{yi} = -\frac{|\Delta Y_i|}{[|\Delta Y|]} \cdot W_y \qquad \text{(9-26 式)}$$

式中　$|\Delta X_i|$=任一邊之橫距絕對值；$|\Delta Y_i|$=任一邊之縱距絕對值；
　　　[|ΔX|]=導線各邊橫距絕對值總和；[|ΔY|]=導線各邊縱距絕對值總和。

　　早期在電子測距儀的發明前，捲尺測距的精度與羅盤儀之測角精度相當，但遠低於經緯儀之測角精度，因此當導線採用羅盤儀測角時，使用羅盤儀法則平差；採用經緯儀測角時，使用經緯儀法則平差。

　　電子測距儀的發明已使得測距精度大幅提高，其精度與經緯儀之測角精度相當，因此當導線採用電子測距儀測距，經緯儀測角時，應使用羅盤儀法則平差。

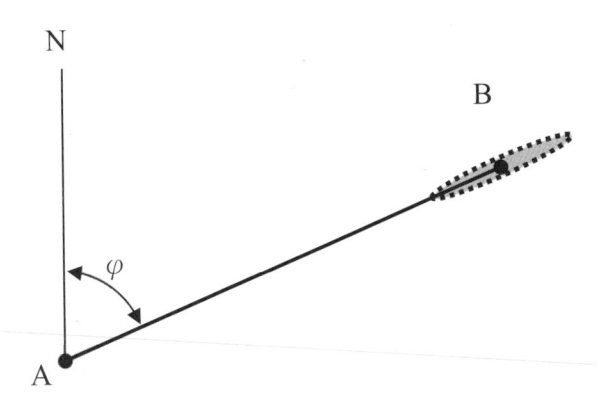

圖 9-10 經緯儀法則之原理：端點的分佈呈現沿著邊長的方向

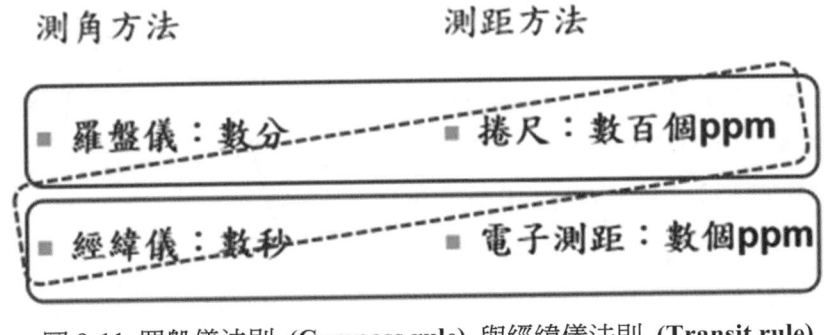

圖 9-11 羅盤儀法則 (Compass rule) 與經緯儀法則 (Transit rule)

9-7-10 導線點座標之計算

　　閉合導線起點若為已知值，各導線點座標可自起點座標值加上改正後的橫距、縱距，逐點推算而得。倘為小地區之測繪地形圖控制應用，其閉合導線離已知三角點甚遠時，亦有以假設座標代替。欲選定該導線起點之假設座標應顧及該地區之導線點分佈，盡量避免使導線點之座標出現負值，故通常將假設座標之原點定於測區內極南點以南及極西點以西之處。

　　若起點 A 之座標 (X_a, Y_a) 為已知值，則 B 點之座標值可計算如下：

$X_b = X_a + \Delta X_{ab}$ 　　　　　　　　　　　　　　　　　　　　　　(9-27 式)

$Y_b = Y_a + \Delta Y_{ab}$ 　　　　　　　　　　　　　　　　　　　　　　(9-28 式)

其餘各點可依此類推。

9-8　導線測量計算(一)：閉合導線

前節為導線計算程序之說明，本節將其應用在閉合導線，其計算程序如下：
1. 計算角度閉合差
2. 計算改正後各角度值
3. 計算各邊方位角
4. 計算各邊橫距與縱距
5. 計算橫距閉合差、縱距閉合差
6. 計算導線閉合差、閉合比
7. 計算改正後橫距及縱距值
8. 計算各點座標

例題 9-2　閉合導線

如右圖為一閉合導線 **AFDEBA** 之略圖，各內角為 A=57°31'43"，B=96°54'43"，E=135°47'4"，D=107°38'53"，F=142°7'20"，各邊長 AB=824.72，BE=403.01，ED=320.26，DF=360.46，FA=632.56，AF 方位角 =18°26'6"，A 點座標 (X, Y)=(100.00, 100.00)

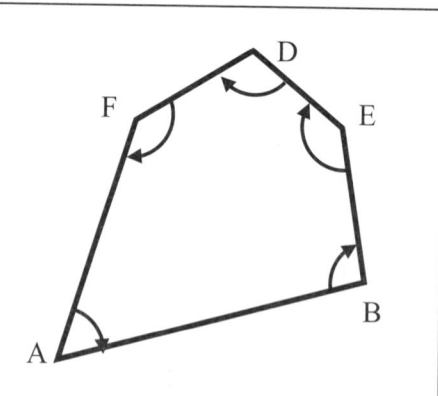

[解]
(1) 先將所有內角 α 轉換成偏角 γ：γ=180° − α
　　偏角閉合差：f_w=[γ]-360°=360.0048 − 360.0000=0.0048°
(2) 各角之改正值 v = -f_w/n = -0.0048°/5 = -0.0009° 餘 -0.0003°
　　改正結果如表 9-2 所示。
(3) 由公式「後一邊的方位角 = 前一邊的方位角 + 二邊之間的偏角」計算方位角，結果如表 9-2 所示。
(4) 橫距 ΔX 與縱距 ΔY 之值，可依下列二式求得：
　　ΔX=L_{ab}・$\sin\phi_{AB}$
　　ΔY=L_{ab}・$\cos\phi_{AB}$
　　結果如表 9-2 所示。
(5) 橫距閉合差 W_x=[ΔX]= -0.096 m

縱距閉合差 $W_y=[\Delta Y]= +0.045$ m

(6) $W_L = \sqrt{W_X^2 + W_Y^2} = \sqrt{(-0.096)^2 + (0.045)^2} = 0.106$ m，

　　閉合比 $P=W_L/[L] = 0.106/2541.010 = 1/24034$

(7) 橫距改正量與縱距改正量可依羅盤儀法則：

　　$V_{xi} = -(L_i/[L]) \cdot W_x$

　　$V_{yi} = -(L_i/[L]) \cdot W_y$

得改正量後可加入原橫距與縱距，結果如表 9-2 所示。

(8) 橫座標 $X_n=X_{n-1}+\Delta X_n$，縱座標 $Y_n=Y_{n-1}+\Delta Y_n$，結果如表 9-2 所示。

表 9-2　導線測量計算：閉合導線

導線邊	偏角	改正值	改正後偏角	方位角φ	距離 L
AF	122.4714	-0.0010	122.4704	18.4350	632.560
FD	37.8778	-0.0010	37.8768	56.3118	360.460
DE	72.3519	-0.0010	72.3509	128.6627	320.260
EB	44.2156	-0.0009	44.2147	172.8774	403.010
BA	83.0881	-0.0009	83.0872	255.9646	824.720
總和	360.0048	-0.0048	360.0000		2541.010

導線邊	橫距ΔX =Lsinφ	縱距ΔY =Lcosφ	橫距改正量	縱距改正量	改正後橫距	改正後縱距	橫座標	縱座標
AF	200.034	600.099	0.024	-0.011	200.057	600.088	100.000	100.000
FD	299.927	199.938	0.014	-0.006	299.940	199.932	300.057	700.088
DE	250.071	-200.078	0.012	-0.006	250.083	-200.083	599.998	900.019
EB	49.972	-399.900	0.015	-0.007	49.987	-399.907	850.081	699.936
BA	-800.098	-200.014	0.031	-0.015	-800.067	-200.029	900.067	300.029
總和	-0.096	0.045	0.096	-0.045	0.000	0.000		

9-9 導線測量計算(二)：附合導線

附合導線之計算與閉合導線十分相似，不同之處為

1. 角度閉合差計算公式不同。
2. 橫距及縱距閉合差計算公式不同。

例題 9-3 附合導線

如右圖為一附合導線之略圖 PABEDFQ，各角為 A=85°25'34"，B=96°54'43"，E=135°47'4"，D=107°38'53"，F=270°0'0"，各邊長 AB=824.62，BE=403.01，ED=320.26，DF=360.46，PA 方位角=170°32'15"，FQ 方位角=326°18'35"，A 點座標 (X, Y)=(100.00, 100.00)，F 點座標 (X, Y)=(300.00, 700.00)
[解]

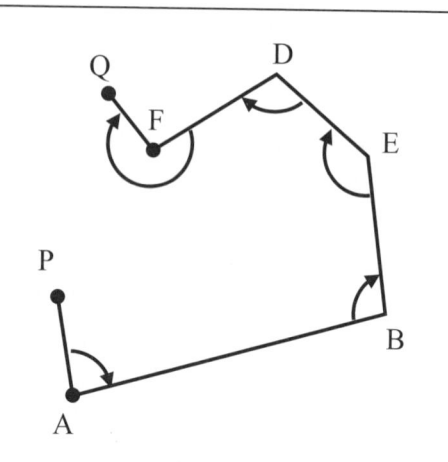

(1) 計算末端 FQ 方位角 = PA 方位角 + Σ右旋折角 − n (180°)
   = 866°18'29" − 5(180°) = −33°41'31" = 326°18'29"

故角度閉合差 = 計算末端 FQ 方位角 − 已知末端 FQ 方位角
   = 326°18'29" − 326°18'35" = −6"

(2) 各角之改正值 $v = -f_w/n = -(-6")/5 = 1"$ 餘 1"，故
   ∠A=85°25'34"+1"= 85°25'35"，
   ∠B=96°54'43"+1"= 96°54'44"，
   ∠E=135°47'4"+1"= 135°47'5"，
   ∠D=107°38'53"+1"= 107°38'54"，
   ∠F=270°0'0"+2"= 270°0'2"

(4) 由公式「後一邊方位角 = 前一邊方位角 + 二邊之間的偏角」計算方位角
   ϕ_{AB}=170°32'15" + (85°25'35" − 180°) = 75°57'50"
   ϕ_{BE} =75°57'50" + (96°54'44" − 180°) = 352°52'34"
   ϕ_{ED} =352°52'34" + (135°47'5" − 180°) = 308°39'39"
   ϕ_{DF} =308°39'39" + (107°38'54" − 180°) = 236°18'33"
   ϕ_{FQ} =236°18'33" + (270°0'2" − 180°) = 326°18'35" (驗算 OK)

(4) 橫距 ΔX 與縱距 ΔY 之值，可依下列二式求得：

$\Delta X = L_{ab} \cdot \sin\phi_{AB}$

$\Delta Y = L_{ab} \cdot \cos\phi_{AB}$

結果如表 9-3 所示。

(5) 橫距閉合差 $W_x = [\Delta X] - (X_F - X_A) = 200.024 - (300 - 100) = +0.024$ m

縱距閉合差 $W_y = [\Delta Y] - (Y_F - Y_A) = 600.015 - (700 - 100) = +0.015$ m

(6) $W_L = \sqrt{W_X^2 + W_Y^2} = \sqrt{(0.024)^2 + (0.015)^2} = 0.028$ m，

閉合比 $P = W_L / [L] = 0.028 / 1908.35 = 1/68000$

(7) 橫距改正量與縱距改正量可依羅盤儀法則：

$V_{xi} = -(L_i / [L]) \cdot W_x$

$V_{yi} = -(L_i / [L]) \cdot W_y$

得改正量後可加入原橫距與縱距，結果如表 9-3 所示。

(8) 橫座標 $X_n = X_{n-1} + \Delta X_n$，縱座標 $Y_n = Y_{n-1} + \Delta Y_n$，結果如表 9-3 所示。

表 9-3　導線測量計算：附合導線

導線邊	方位角φ	距離 L
AB	75.96389	824.62
BE	352.8761	403.01
ED	308.6608	320.26
DF	236.3092	360.46
總和		1908.35

導線邊	橫距ΔX =Lsinφ	縱距ΔY =Lcosφ	橫距改正量	縱距改正量	改正後橫距	改正後縱距	橫座標	縱座標
AB	799.999	199.998	-0.010	-0.006	799.989	199.991	899.99	299.99
BE	-49.979	399.899	-0.005	-0.003	-49.984	399.896	850.00	699.89
ED	-250.078	200.069	-0.004	-0.002	-250.082	200.067	599.92	899.95
DF	-299.918	-199.951	-0.005	-0.003	-299.923	-199.954	300.00	700.00
總和	200.024	600.015	-0.024	-0.015	200.000	600.000		

9-10　導線測量計算(三)：展開導線

展開導線之計算與附合導線十分相似，不同之處為：**(1)** 無角度閉合差改正 **(2)** 無橫距及縱距改正，故其程序為：

1. 計算各邊之方位角。
2. 計算各邊之橫距與縱距。
3. 計算各點之座標。

例題 9-4　展開導線
如右圖為一展開導線之略圖 PABEDF，各角為 A=85°25'34"，B=96°54'43"，E=135°47'4"，D=107°38'53"，各邊長 AB=824.72，BE=403.01，ED=320.26，DF=360.46，PA 方位角=170°32'15"，A 點座標 (X, Y)=(100.00, 100.00)
[解]

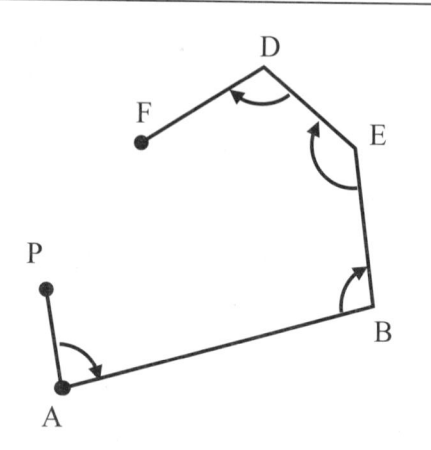

(1) 由「後一邊的方位角 = 前一邊的方位角 + 二邊之間的偏角」計算方位角
ϕ_{AB}=170°32'15"+ (85°25'34" − 180°)= 75°57'49"
ϕ_{BE} =75°57'49"+ (96°54'43" − 180°)= 352°52'32"
ϕ_{ED} =352°52'32"+ (135°47'4" − 180°)= 308°39'36"
ϕ_{DF} =308°39'36"+ (107°38'53" − 180°)= 236°18'29"

(2) 橫距 ΔX 與縱距 ΔY 之值，可依 $\Delta X = L_{ab} \cdot \sin\phi_{AB}$ 與 $\Delta Y = L_{ab} \cdot \cos\phi_{AB}$ 求得。

(3) 橫座標 $X_n = X_{n-1} + \Delta X_n$，縱座標 $Y_n = Y_{n-1} + \Delta Y_n$，結果如表 9-4 所示。

表 9-4　導線測量計算：展開導線

導線邊	方位角φ	距離 L	橫距ΔX =Lsinφ	縱距ΔY =Lcosφ	橫座標 X_n =X_{n-1}+ΔX_n	縱座標 Y_n =Y_{n-1}+ΔY_n
AB	75°57'49"	824.72	800.095	200.026	900.095	300.026
BE	352°52'32"	403.01	-49.979	399.899	850.112	699.924
ED	308°39'36"	320.26	-250.078	200.069	600.032	899.990
DF	236°18'29"	360.46	-299.918	-199.951	300.117	700.033

9-11　導線測量計算(四)：導線網

導線網之平差計算有二種方法：

1. 整體一次平差法

係以整個測區內各導線點座標為平差之對象。其法先依據量測之角度、距離概算各點座標，後依據最小二乘法算出各座標之改正數，加以改正後得各導線點之座標。可參考相關書籍的「平差理論」專章。

2. 分組逐次平差法

又稱戴爾法 (Dell's Method)，係以距離之比例分組多次循環改正閉合差。

9-12　導線計算之討論(一)　測角錯誤

導線測量計算結果如有不符，應首先檢查記錄及計算，並請他人協助檢查，以免外出重新測量，耽誤時間。如果仍檢查不出原因，則可分別就測角錯誤與量距錯誤檢討。本節檢討測角錯誤。

如折角不符值太大，測角有錯誤時，則以測得之折角從不同方向，分別計算導線點座標，分別比較各點之二組座標，其差值最小者必為測角錯誤之測站，應於此處重測 (圖 9-12)。惟有兩個以上測站測角發生錯誤時此法無效。

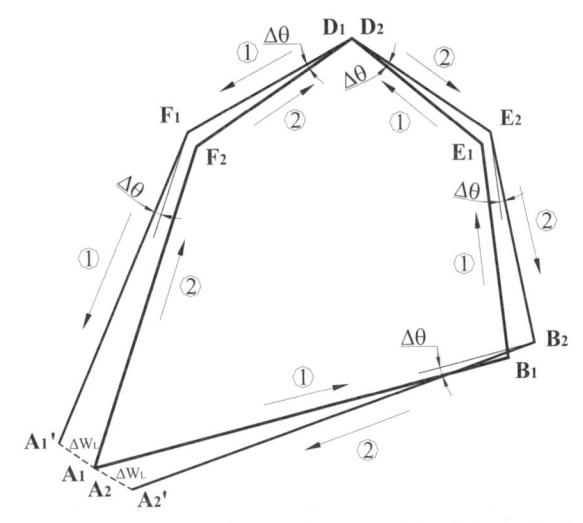

圖 9-12　導線計算之討論(一)：錯誤角度之偵出

例如在圖 9-12 中，順時針計算得 $AF_1D_1E_1B_1A_1'$，逆時針計算得 $AF_2D_2E_2B_2A_2'$，其中 D 點座標差值最小，其測角可能有錯誤，應於此處重測。

其原理可用一實例說明。例如在圖 9-13(a) 中，ABCD 為一個 100×100 m 的閉合導線，但導線測量時，C 點內角被誤測為 120 度。則以測得之折角從順時針與逆時針方向分別計算導線點座標結果如圖 9-13(b) 與 (c)。將兩組座標重疊如圖 9-13(d)，可以發現 C 點之二組座標差值最小，而它正是測角錯誤之測站。

圖 9-13(a)　ABCD 為一個 100×100 m 的閉合導線

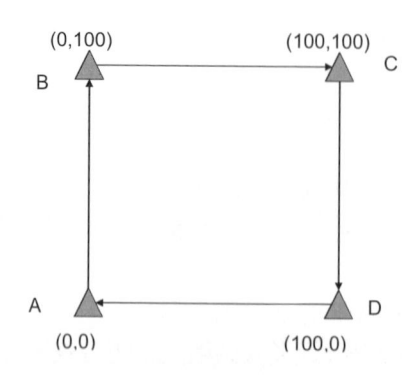

圖 9-13(b)　從順時針方向計算導線點座標結果

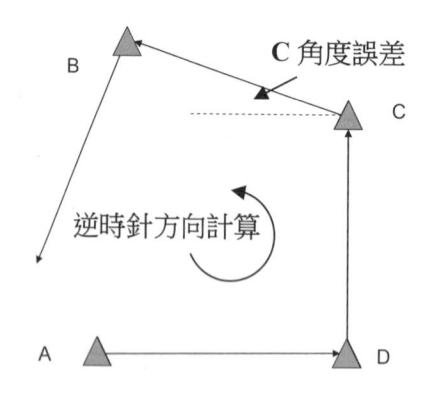

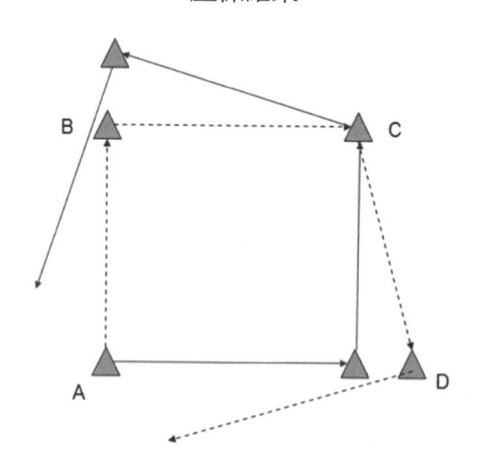

圖 9-13(c)　從逆時針方向計算導線點座標結果

圖 9-13(d)　將兩組座標重疊可發現 C 點座標差值最小，必為測角錯誤測站。

9-13 導線計算之討論(二) 測距錯誤

　　如測折角不符值小，而 W_X、W_Y 甚大時，應先檢核各縱橫距正負號，經確定無誤後，則可能為量距錯誤。由於測距誤差會發生在導線邊線上之位移，因此可由 W_X 與 W_Y 得閉合差 W_L 之方位角，導線邊之方位角近似此方位角及相差 180 度者應先檢測其邊長。惟有不同方位角之邊兩邊以上量距錯誤時，此法亦不適用。

　　例如在圖 9-14 中，W_L 之方位角與 DE 邊之方位角近似，應先檢測其邊長。其原理可用一實例說明。例如在圖 9-15 中，上述 ABCD 閉合導線 BC 距離被誤測為 120 m。則閉合差 W_L 之方位角為 90 度，故導線邊之方位角近似此方位角 (即 90 度) 及相差 180 度 (即 270 度) 者應先檢測其邊長，即 BC 邊 (方位角 90 度) 與 DA 邊 (方位角 270 度) 應先檢測其邊長。事實上，二邊之一的 BC 邊正是測距錯誤之邊長。

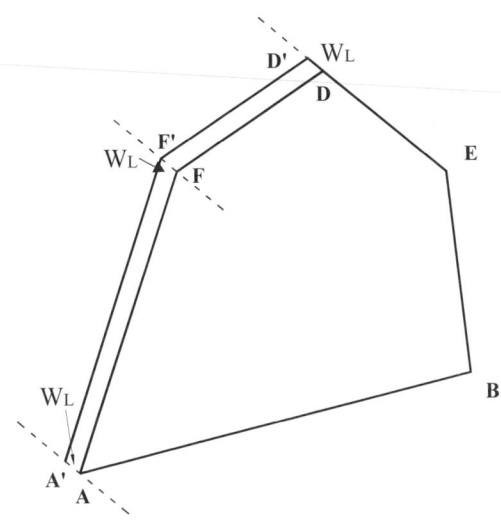

圖 9-14 導線計算之討論 (二)：錯誤距離之偵出

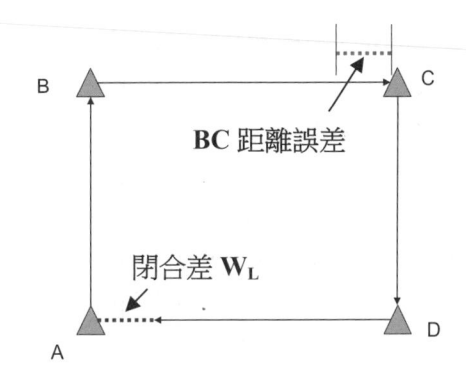

圖 9-15 ABCD 閉合導線 BC 距離被誤測為 120 m，則閉合差 W_L 之方位角為 90 度。

例題 9-5　導線距離錯誤偵出

一閉合導線橫距閉合差 = -3.21 公尺，縱距閉合差 = -2.81 公尺，試問方位角多少之邊之測距最可疑？

[解]

閉合差之方向角 $\theta = \tan^{-1}\left(\dfrac{|W_X|}{|W_Y|}\right) = 48°48'5''$

因為在第三象限，閉合差之方位角 $\phi = 180° + \theta = 228°48'5''$

其反方位角 = $228°48'5'' + 180° = 408°48'5''$，取 $408°48'5'' - 360° = 48°48'5''$

故方位角接近 $228°48'5''$ 或 $48°48'5''$ 之邊之測距最可疑。

第二部分：三角測量法

9-14　三角測量之分類

三角系測量分為二種 (圖 9-16)：

1.三角測量

係應用三角學之原理，所作大區域之控制測量。其原理為於實地上精密測定一基線之長，再由此基線擴展到一系列之三角形，並於三角形之每頂點上測定各邊所夾之水平角，由基線之長及水平角計算即可算得各頂點之平面座標。三角形之各頂點稱為三角點 (Triangulation station)，亦為控制點之一種。

2.三邊測量

若於所佈設之三角形，不直接測量各點之水平角，而改為測量各三角形之邊長，再換算得各點之水平角，據以計算各點之水平座標者，則稱為三邊測量。三邊測量之量距工作都應用電子測距儀。

三角測量及三邊測量之實施，宜用於展望良好之區域，倘地形過於隱蔽或障礙太多，四周通視困難之處，則宜以導線測量方法施測控制點。

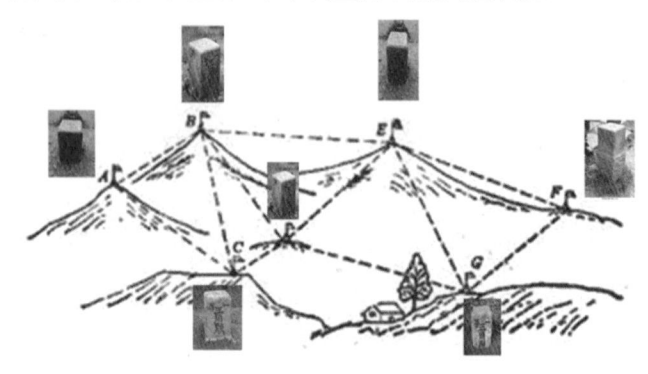

圖 9-16　三角測量：概念

三角測量的分類方式如下：

1.按形狀的不同

三角測量按三角網形狀的不同分為 (圖 9-17)：

(1) 四邊形鎖
(2) 多邊形網

(3) 三角鎖

2.按測區的大小

三角測量按三角點分佈區域的大小分為：

(1) 大地三角測量 (Geodetic triangulation)

控制區域較大，各點間之距離較遠時，須顧及地球之曲率問題，各點所連成之三角形，為弧面上之球面三角形 (Spherical triangle)，其三內角之和非僅 **180°**，隨面積之增大而增加，各點之座標以經緯度表示或需經地圖投影之原理換算為平面座標。

(2) 平面三角測量 (Plane triangulation)

控制區域較小，各點間之距離較近時，可以不必顧及地球之曲率，各點所連成之三角形可視為平面三角形，且其座標亦以平面直角座標表示之。

大地三角測量為大區域之基本控制網作業；平面三角測量為一般性控制之控制網測量，聯繫於基本控制網之各點間，是測繪地形圖、地籍圖的骨幹及工程建設上定向定位的依據，亦為導線測量起終位置及方位的控制。本章以平面三角測量為主。

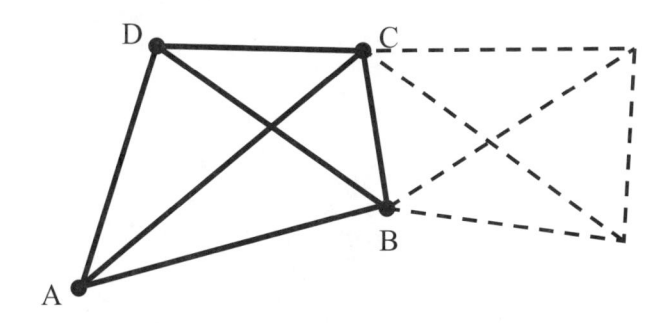

圖 **9-17(a)** 四邊形鎖

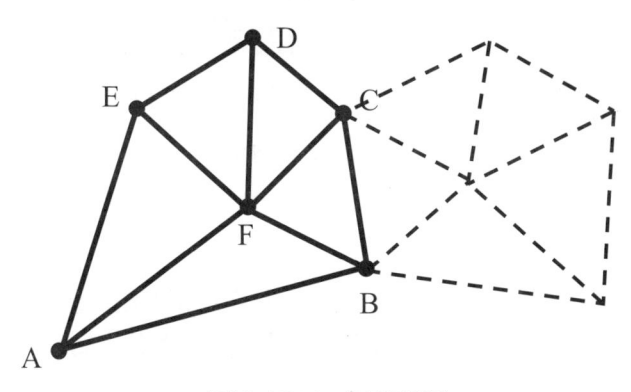

圖 **9-17(b)** 多邊形網

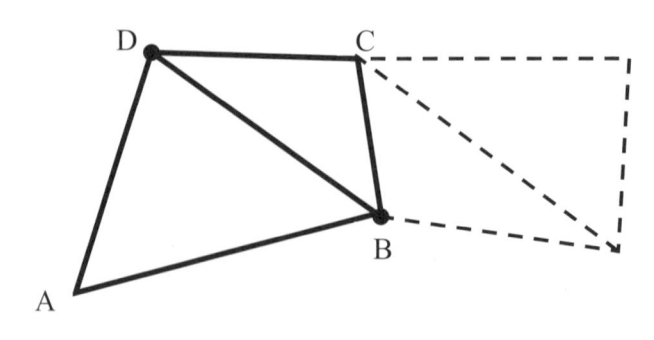

圖 9-17(c) 三角鎖

圖 9-17(e) 現代荷蘭的多邊形網 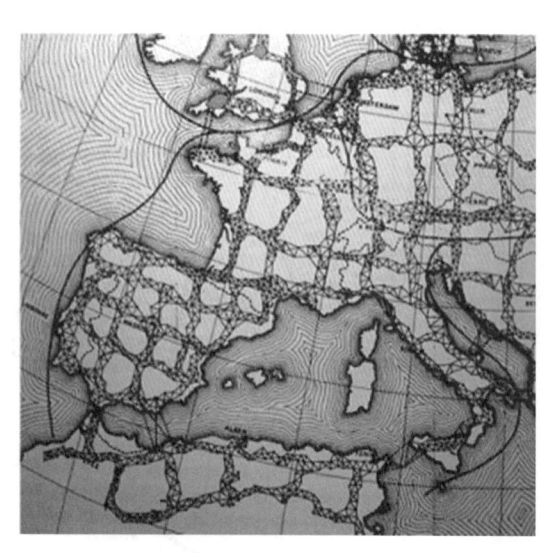　　圖 9-17(f) 早期歐洲北非的三角鎖

圖 9-17　三角測量

3.按精度的高低

　　三角測量依精度之高低分為基本控制測量與加密控制測量，如表 9-5。基本控制測量之一等、二等甲、二等乙、加密控制測量之精度分別為 10 萬、5 萬、2 萬、1 萬分之一。

表 9-5 以三角測量方法實施控制測量之精度規範
(資料來源：內政部，基本測量實施規則)

			基本控制測量 一等	基本控制測量 二等甲	基本控制測量 二等乙	加密控制測量
圖形強度	兩基線間最小圖形強度之和	理想限制值	20	60	80	100
		最大限制值	25	80	120	130
	每一圖形 理想限制	最小圖形強度	5	10	15	25
		次小圖形強度	10	30	75	80
	最大限制	最小圖形強度	10	25	25	40
		次小圖形強度	15	60	100	120
邊長測量		測回數	4	4	4	3
		標準誤差	1/1,000,000	1/900,000	1/800,000	1/500,000
水平角	使用儀器(單位：秒)		0.2	0.2	0.2 / 1	1
	測回數		16	16	8 / 12	4
	各觀測值與平均值之差(單位：秒)不得超過		4	4	5 / 5	5
閉合差	平均值(單位：秒)不得超過		1.0	1.2	2.0	3.0
	單三角閉合差(單位：秒)不得超過		3.0	3.0	5.0	5.0
邊方程式之檢核其方向之平均改正數(單位：秒)不得超過			0.3	0.4	0.6	0.8
天文方位角	觀測相隔之圖形數		6-8	6-10	8-10	10-12
	每夜觀測之測回數		16	16	16	8
	觀測夜數		2	2	1	1
	標準誤差(單位：秒)		0.45	0.45	0.6	0.8
	方位角閉合差(單位：秒)(右列式中 N 為圖形數)		每圖形 1.0 或 $2.0\sqrt{N}$	每圖形 1.5 或 $3.0\sqrt{N}$	每圖形 2.0 或 $6.0\sqrt{N}$	每圖形 3.0 或 $10.0\sqrt{N}$
天頂距	測回數		3	3	2	2
	觀測值之誤差(單位：秒)不得超過		10	10	10	10
	二已知高程點間之圖形數		4-6	6-8	8-10	10-15
精度	滿足幾何條件後位置閉合比數不得超過		1/100,000	1/50,000	1/20,000	1/10,000

9-15 三角測量之程序

三角測量之作業程序，說明如下：

1. 作業計畫及準備

按三角測量之目的用途、工作期限、精度要求、區域大小、地形情況，並至實地踏勘，以決定新增三角點佈設位置與密度，擬定作業計畫及經費預算；著手準備工作，編定人員組織，添購儀器材料。

2. 選點及造標埋石

三角測量於施測前，應先依三角測量等級之需要，考慮三角網之形狀、圖形強度 (Strength of figure) 及通視問題等因素，於適當地點選定三角點及基線點之位置，繪製點位略圖。於選定之三角點及基線點之位置，埋設標石，以為點位之永久標誌；且於點位之上建造覘標或高架標，以供本站及其他相鄰各站觀測瞄準應用。

3. 基線測量

於選定之基線點間，以電子測距儀或鋼銦基線尺，精確測量其基線長度，並將量得之距離做適當之改正，以消除測量時之各種誤差。

4. 觀測

在基線點及各三角點上觀測相鄰各點間之水平角；如需以三角高程測量方法測定各點之高程，則應同時觀測各測線之垂直角或天頂距；倘為一、二等三角測量，需觀測緯度及真方位角，則應增加天文觀測。

5. 計算

依據測得之基線長及各三角點之角度觀測值，施行平差，使其符合應有之幾何條件，並計算各點間之長度、方向，進而計算各三角點之座標。

6. 調製成果圖表

三角點座標計算完竣後，應調製成果表及繪製三角測量網圖。三角測量成果表係記載各三角點之等級、名稱、號數、所在之土地座落、觀測方向及其高程、縱橫座標與觀測方向間之邊長，一、二等三角點尚需記載大地位置；而三角測量網圖除記載點名號數外，應將觀測方向間連以直線。

9-16 三角測量之選點

選定三角點應注意下列事項：

1. 三角點間須能互相通視，以便於觀測。
2. 應考慮圖形強度 (Strength of Figure)，內角以在 30°-120° 為原則。
3. 交通方便。

9-17 歸心計算

三角點之水平角觀測，若因環境之影響，無法使經緯儀中心或覘標中心與標石中心一致時，則需由觀測所得之水平角化算為相當於原測站之水平角，稱為歸心計算 (Redyction to center)。歸心計算可分為 (1) 測站歸心計算 (2) 視準點歸心計算，分述如下。

9-17-1 測站歸心計算

三角測量有時利用明顯之建築物，如高塔尖、煙囪及避雷針等作為三角點，但此等三角點不能設站整置經緯儀以施行觀測時，故在該點附近近距離內，另覓一點，設置經緯儀，此時經緯儀中心無法與三角點標石一致，稱為測站偏心，而另設置經緯儀之站稱為偏心站 (Eccentric station)。於是由偏心站觀測所得之水平角，歸化為原測站之水平角，即為測站歸心計算，亦稱為觀測點歸心計算。

於偏心站觀測時，除同樣觀測四周三角點方向外，尚需觀測原測站方向，加測如圖 **9-18** 所示之 γ 角及偏心距 (Eccentric distance) e，一般稱 γ 及 e 為歸心元素 (**Element of reducing to center**)。

如圖 **9-18** 所示，設 **A** 為標石中心點 (即原測站)，**E** 為儀器中心 (即偏心站)，**B**、**C** 為觀測之兩三角點。則由 **E** 觀測 **B**、**C** 兩點所得之水平角為 ∠**BEC**=β，但在 **A** 點觀測所得之水平角應為 ∠**BAC**=α，故需將 β 化算為 α。由圖可知，因對頂角相等原理得

α+ x_1=β+x_2

故

α=β+x_2-x_1 (9-29 式)

由正弦定理知

在 △ABE 中，$\dfrac{\sin x_1}{e}=\dfrac{\sin \beta_1}{S_1}$，故 $\sin x_1 = \dfrac{e \cdot \sin \beta_1}{S_1}$ (9-30 式)

在 △ACE 中，$\dfrac{\sin x_2}{e}=\dfrac{\sin \beta_2}{S_2}$，故 $\sin x_2 = \dfrac{e \cdot \sin \beta_2}{S_2}$ (9-31 式)

β_1=360-γ (9-32 式)

β_2=β_1+β (9-33 式)

邊長 **AB** (S_1) 與 **AC** (S_2) 近似於 **EB**(S_1') 與 **EC**(S_2')，可用 S_1' 與 S_2' 替代 S_1 與 S_2。而 β、γ、e 為實地量得。

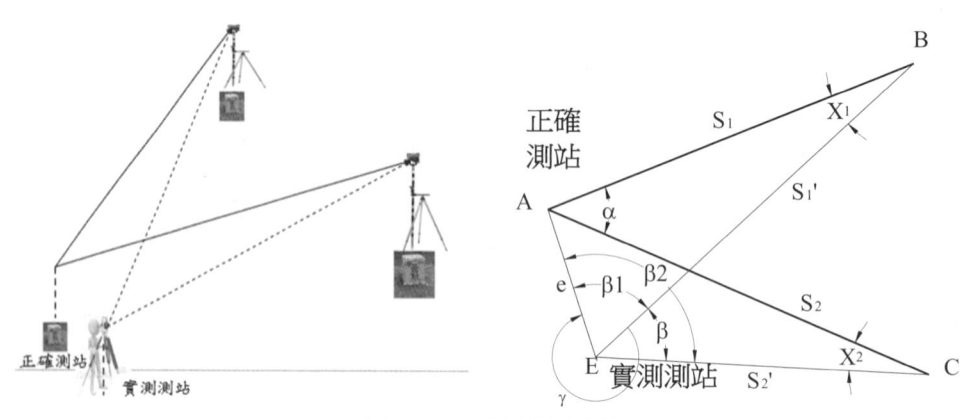

圖 9-18 測站歸心計算

測站歸心計算步驟：
(1) 用 (9-32 式) 與 (9-33 式) 計算出 β_1 與 β_2。
(2) 用 (9-30 式) 與 (9-31 式) 計算出 x_1 與 x_2。
(3) 用 (9-29 式) 計算出 α 值。

例題 9-6　測站歸心計算
如圖 9-18 所示，偏心距 e 實地量得為 0.786 m，S_1、S_2 分別近似求得為 966 m、855 m，而觀測水平角 $\beta=39°37'40"$，$\gamma=293°4'20"$，試求 α 角。
[解]
(1) 用 (9-32 式) 與 (9-33 式) 計算出 β_1 與 β_2：
　　$\beta_1=360° - \gamma=360° - 293°4'20"=66°55'40"$
　　$\beta_2=\beta_1 + \beta=66°55'40" + 39°37'40"=106°33'20"$
(2) 用 (9-30 式) 與 (9-31 式) 計算出 x_1 與 x_2：
　　將 e=0.786 m，S_1=966 m，S_2=855 m 分別代入得
$$x_1 = \sin^{-1}\left(\frac{e \cdot \sin\beta_1}{S_1}\right)=0°2'34" \qquad x_2 = \sin^{-1}\left(\frac{e \cdot \sin\beta_2}{S_2}\right)=0°3'2"$$
(3) 用 (9-29 式) 計算出 α 值：
　　$\alpha=\beta + x_2 - x_1 = 39°37'40" + 0°3'2" - 0°2'34" = 39°38'8"$

註：S_1 的精確值可用餘弦定理得到 $S_1 = \sqrt{e^2 + S_1'^2 - 2e \cdot S_1' \cdot \cos\beta_1}$ =965.692≒966

9-17-2 視準點歸心計算

觀測水平角時，視準點應在標石中心同一垂直線上。惟若覘標中心柱未處於該三角點標石中心之垂直線上時，則發生視準點之偏心，必須經過歸心計算，改正各站對該點之觀測方向，方能作為計算三角點座標之用。

視準點偏心之原因一般因覘板為木製，受太陽曝曬、雨淋、風吹、空氣濕度及溫度之變化因而漲縮或扭轉及基柱下陷等原因，致使覘儀中心柱未能保持在標石中心之垂直線上。欲求其偏心距可於覘標附近置經緯儀，觀測覘標中心柱而垂直仰俯望遠鏡，在地面上得一直線段，然後在此直線近似垂直方向適當位置設置經緯儀，又以同法求得另一直線段，此二線之交點，即為覘標中心在地面之投影位置。

如圖 9-19，測點 C 之覘標有偏心產生，而其覘標中心在地面之投影為 D，其 C、D 之距離即為偏心距 e，在測站 A 觀測之水平角為 θ′，因偏心距產生之角度誤差為 x，由圖知

$$\theta = \theta' - x \qquad (9\text{-}34\ 式)$$

由正弦定理知在 △ACD 中

$$\frac{\sin x}{e} = \frac{\sin \phi}{S} \qquad (9\text{-}35\ 式)$$

故

$$\sin x = \frac{e \cdot \sin \phi}{S} \qquad (9\text{-}36\ 式)$$

式中 e=偏心距。S=AD 邊長，近似於 AC 邊長，可用 AC 邊長替代之。φ=以 CD 為起始方向觀測之角度。

視準點歸心計算步驟：**(1)** 用 (9-36 式) 計算出 **x**。**(2)** 用 (9-34 式) 計算出 θ 值。

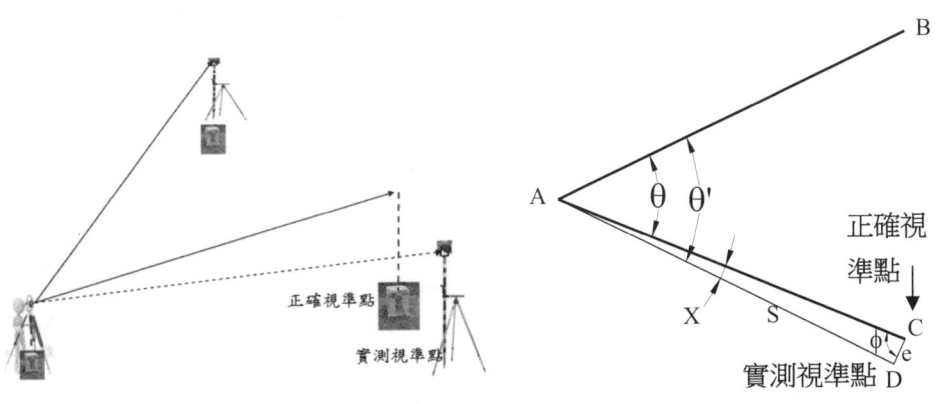

圖 9-19　視準點歸心計算

> **例題 9-7　視準點歸心計算**
> 如圖 9-19 所示，已知視準點偏心距 e=0.45 m，S=1203.45 m，θ´ =73°32'45"，儀器設於 C 站，測得 ϕ 角=90°15'20"，試求正確之 θ 角。
> [解]
> 將 e=0.45 m，S=1203.45 m，ϕ=90°15'20"代入 (9-36 式) 得
> $$x = \sin^{-1}\left(\frac{e \cdot \sin\phi}{S}\right) = 1'17"$$
> 再代入 (9-34 式) 得 θ = θ´ − x = 73°32'45" −1'17" =73°31'28"

9-18 三角測量之計算程序

　　平面三角測量之計算，係按平面三角測量原理，由觀測值經平差計算後，計算各三角點之平面位置。其計算之程序為

1. 野外觀測成果之整理。
2. 基線長度之計算成果改正。
3. 三角形邊長概算。
4. 歸心計算、觀測成果之再整理。
5. 三角系平差計算。
6. 三角形各內角經平差後，作三角系各邊長之精算。
7. 方位角之推算。
8. 三角點座標計算。

　　上述程序中，三角邊長概算之目的在於計算三角形邊長之概略值，以供歸心計算應用；由歸心計算所得之水平角再併入觀測成果，以便實施三角系之平差計算。有關三角測量計算之作業程序說明除前數節已有述及者外，其餘將分列於以下各節。

9-19 三角測量之平差原理

　　三角測量水平角之觀測，無論如何精密，亦無可避免誤差之產生，常不能滿足圖形中之幾何條件，而有閉合差出現；故須於完成水平角觀測後，計算邊長之前，施行平差，以改正各觀測值，使符合圖形中之幾何條件。

　　三角測量之平差計算可分為測站平差及圖形平差兩項，分述如下：

1. 測站平差(Station adjustment)

係指在一測站觀測周圍各方向諸角值之總和，應等於某一已知之定值。例如一測站周圍各角之和，應等於 360°；或如∠AOB 已經由先成立之結果確定其角度值為 T，而不能再行更改，則分成三部分觀測，而所得∠1、∠2、∠3 三角之和，必須符合∠AOB 之角度值；否則觀測值之總和與已知定值之差即為測站角度閉合差。此閉合差若在容許誤差界限內，可依平差方法改正各角觀測值。

2.圖形平差 (Figural adjustment)
　　係使滿足圖形之幾何條件。分成二種：
(1) 角條件：例如多邊形之內角和，應等於 **(n-2)・180°**，n 為多邊形之邊數，稱為角條件。
(2) 邊條件：從一已知邊開始，依正弦定理順次計算諸邊長以閉合於另一已知邊或原已知邊時，長度應相等，稱為邊條件。

　　三角測量平差計算，係將各角之觀測值，施以適切之調整改正，使能符合上述各種條件，從而獲得各角之最或是值，以便計算邊長，進而計算三角點之座標。在一、二、三等三角測量，為求較高精度，需採嚴密平差，應將圖形中所有角、邊及測站條件，列出方程式同時解答之，故較為繁雜費時；因此在四等三角測量中，其測量範圍較小，且其成果係供地形、地籍及工程測量之控制應用，故採用較簡易之近似平差，將測站、角及邊條件分三次單獨平差計算，雖其精度較低，但仍符合經濟實用之原則。本章僅介紹近似平差法，至於嚴密之三角測量平差計算，請參閱專門書籍。圖形平差之做法隨其三角系圖形之不同而有差異，將分別討論之。

9-20　三角測量之平差（一）：四邊形鎖

　　如圖 9-20 所示，**ABCD** 為一四邊形，∠1、∠2、∠3、∠4、∠5、∠6、∠7、∠8 分別為各角之觀測值，則其平差程序為：

1.四邊形角條件平差
　　即四邊形各內角觀測值之總和應等於360°，否則其差值即為四邊形角度閉合差，以 w_1 表示，即

(∠1+∠2+∠3+∠4+∠5+∠6+∠7+∠8)-360°= w_1 　　　　　　　(9-37 式)

　　設各角度為同精度之觀測，故其改正值均設為相等，現以 v_1 表各角之改正值，則得

$$v_1 = -\frac{w_1}{8}$$ 　　　　　　　(9-38 式)

上式中，v_1 之符號與閉合差 w_1 相反，即 w_1 為正，v_1 為負，則將各角值減此改正值，反之，w_1 為負，則將各角值加此改正值，是為第一次改正。其改正後之各角值分別以(1)、(2)、(3)、(4)、(5)、(6)、(7)、(8) 表之。

2.對頂角角條件平差

如圖所示，四邊形二對角線所成四個三角形中，其相對二角之和應相等，若不相等，其差值分別以 w_2、w_2' 表之，得

〔(1)+(2)〕-〔(5)+(6)〕 = w_2　(9-39 式)

〔(3)+(4)〕-〔(7)+(8)〕 = w_2'　(9-40 式)

設各角之改正值相等，現以 v_2、v_2' 表各角之改正值，則得

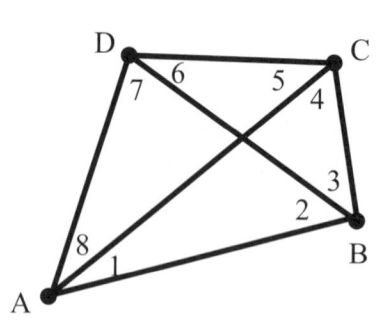

$$v_2 = -\frac{w_2}{4} \quad \text{(9-41 式)}$$

$$v_2' = -\frac{w_2'}{4} \quad \text{(9-42 式)}$$

圖 9-20 四邊形鎖之近似平差

上二式中，即以(1)、(2)角值各加上 v_2，(5)、(6)角值各減去 v_2，以(3)、(4)角值各加上 v_2'，(7)、(8)角值各減去 v_2'，是為第二次改正；而改正後之各角值分別以(1)′、(2)′、(3)′、(4)′、(5)′、(6)′、(7)′、(8)′ 表之。

3.邊條件平差

如圖所示，設 **AB** 邊為已知邊長，按正弦定律得知

△**ABC** 中　$\dfrac{\sin(1)'}{\sin(4)'} = \dfrac{BC}{AB}$　(9-43 式)

△**BCD** 中　$\dfrac{\sin(3)'}{\sin(6)'} = \dfrac{CD}{BC}$　(9-44 式)

△**CDA** 中　$\dfrac{\sin(5)'}{\sin(8)'} = \dfrac{DA}{CD}$　(9-45 式)

△**DAB** 中　$\dfrac{\sin(7)'}{\sin(2)'} = \dfrac{AB}{DA}$　(9-46 式)

上列四式等號左右兩側分別以連乘計算得：

$$\frac{\sin(1)'}{\sin(4)'} \times \frac{\sin(3)'}{\sin(6)'} \times \frac{\sin(5)'}{\sin(8)'} \times \frac{\sin(7)'}{\sin(2)'} = \frac{BC}{AB} \times \frac{CD}{BC} \times \frac{DA}{CD} \times \frac{AB}{DA}$$

重排得邊條件方程式

$$\frac{\sin(1)'\sin(3)'\sin(5)'\sin(7)'}{\sin(2)'\sin(4)'\sin(6)'\sin(8)'} = \frac{(BC)(CD)(DA)(AB)}{(AB)(BC)(CD)(DA)} = 1 \qquad (9\text{-}47 \text{ 式})$$

倘上式不等於 1，有邊長誤差 w_3 存在，即

$$\frac{\sin(1)' \cdot \sin(3)' \cdot \sin(5)' \cdot \sin(7)'}{\sin(2)' \cdot \sin(4)' \cdot \sin(6)' \cdot \sin(8)'} - 1 = w_3 \qquad (9\text{-}48 \text{ 式})$$

令單數角應施之改正值為 v_3，偶數角應施之改正值為 $-v_3$，則

$$v_3 = -\frac{\rho \cdot w_3}{\cot(1)' + \cot(2)' + \ldots + \cot(8)'} \qquad (9\text{-}49 \text{ 式})$$

上式中，(1)′，(2)′，...,(8)′= 對頂角角條件平差後之角度；ρ=206265"。
此項改正是為第三次改正。

例題 9-8　四邊形鎖之平差

如圖 9-20 所示，一四邊形 ABCD 之各內角觀測值如下所列，試以近似平差法改正之。

　　∠1=24°37'21"　　∠2=47°43'35"　　∠3=49°11'2"　　∠4=58°27'58"
　　∠5=38°39'39"　　∠6=33°41'24"　　∠7=74°44'41"　　∠8=32°54'28"

[解]
(1) 四邊形角條件平差
　　w_1=(∠1+∠2+∠3+∠4+∠5+∠6+∠7+∠8) － 360°= 8"
　　v_1 = －w_1/8 = -1"
　　∠1=24°37'20"　　∠2=47°43'34"　　∠3=49°11'1"　　∠4=58°27'57"
　　∠5=38°39'38"　　∠6=33°41'23"　　∠7=74°44'40"　　∠8=32°54'27"

(2) 對頂角角條件平差
　　w_2 = 〔(1)+(2)〕-〔(5)+(6)〕= -7"
　　w_2′= 〔(3)+(4)〕-〔(7)+(8)〕= -9"
　　v_2 = －w_2/4=1" 餘 3"　　(故∠1, ∠2, ∠5 分配 2", ∠6 分配 1")

$v_2' = -w_2/4 = 2''$ 餘 $1''$ (故∠3, ∠4, ∠7 分配 2", ∠8 分配 3")

∠1=∠1+2"=24°37'22"　　　∠2=∠2+2"=47°43'36"

∠3=∠3+2"=49°11'3"　　　∠4=∠4+2"=58°27'59"

∠5=∠5-2"=38°39'36"　　　∠6=∠6-1"=33°41'22"

∠7=∠7-2"=74°44'38"　　　∠8=∠8-3"=32°54'24"

(3) 邊條件平差

$$w_3 = \frac{\sin(1)' \cdot \sin(3)' \cdot \sin(5)' \cdot \sin(7)'}{\sin(2)' \cdot \sin(4)' \cdot \sin(6)' \cdot \sin(8)'} - 1 = -0.0000822$$

$$v_3 = -\frac{\rho \cdot w_3}{\cot(1)' + \cot(2)' + \ldots + \cot(8)'} = -(206265)(-0.0000822)/9.2 = 1.8'' \text{ (取 2")}$$

故奇數角+2"，偶數角-2"

∠1=∠1+2"=24°37'24"　　　∠2=∠2-2"=47°43'34"

∠3=∠3+2"=49°11'5"　　　∠4=∠4-2"=58°27'57"

∠5=∠5+2"=38°39'38"　　　∠6=∠6-2"=33°41'20"

∠7=∠7+2"=74°44'40"　　　∠8=∠8-2"=32°54'22"

9-21 三角測量之平差（二）：多邊形網

如圖 **9-21** 所示，**ABCDE** 為一多邊形，其平差程序為：

1.三角形角條件平差

即三角形各內角觀測值之總和應等於 **180°**，否則其差值即為三角形角度閉合差，以 w_1 表示，即

$(A_1+B_1+C_1)-180° = w_1$ 　　　　　　　　　　　　　　　　　　　**(9-50 式)**

設各角度為同精度之觀測，故其改正值均設為相等，現以 v_1 表各角之改正值，則得

$$v_1 = -\frac{w_1}{3}$$ 　　　　　　　　　　　　　　　　　　　**(9-51 式)**

上式中，v_1 之符號與閉合差 w_1 相反，即 w_1 為正，v_1 為負，則將各角值減此改正值；反之，w_1 為負，則將各角值加此改正值，是為第一次改正。

2.中心站條件平差

如圖所示，中心站之角度和應等於 360°，若不相等，其差值以 w_2 表之，得

$C_1+C_2+C_3+C_4+C_5 - 360° = w_2$ (9-52 式)

設各角之改正值相等，現以 v_2 表各角之改正值，則得配每一 C 角改正

$$v_2 = -\frac{w_2}{n}$$ (9-53 式)

為維持三角形各內角觀測值之總和
應等於 180°，每一 A、B 角改正

$$v_2 = +\frac{w_2}{2n}$$ (9-54 式)

是為第二次改正。

3.邊條件平差

與四邊形鎖相似，依正弦定律推得

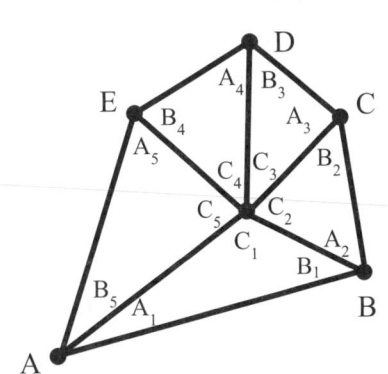

圖 9-21 多邊形網之近似平差

$$\frac{\sin A_1 \cdot \sin A_2 \cdot \ldots \cdot \sin A_N}{\sin B_1 \cdot \sin B_2 \cdot \ldots \cdot \sin B_N} = 1$$ (9-55 式)

倘上式不等於 1，有邊長誤差 w_3 存在，即

$$\frac{\sin A_1 \cdot \sin A_2 \cdot \ldots \cdot \sin A_N}{\sin B_1 \cdot \sin B_2 \cdot \ldots \cdot \sin B_N} - 1 = w_3$$ (9-56 式)

令角 A 應施之改正值為 v_3，角 B 應施之改正值為 $-v_3$，則

$$v_3 = -\frac{\rho \cdot w_3}{\sum_i \cot A_i + \sum_i \cot B_i}$$ (9-57 式)

上式中 ρ=206265"。此項改正是為第三次改正。

例題 9-9　多邊形網之平差

如圖 9-21 所示，一多邊形 ABCDE 之各內角觀測值如下所列，試以近似平差法改正之。

    ∠A_1=24°37'21"　　∠B_1=47°43'35"　　∠C_1=107°38'59"

    ∠A_2=49°11'2"　　　∠B_2=58°27'58"　　∠C_2=72°20'53"

    ∠A_3=77°19'8"　　　∠B_3=51°20'25"　　∠C_3=51°20'27"

∠A₄=56°18'38"　　∠B₄=67°22'44"　　∠C₄=56°18'38"
∠A₅=74°44'41"　　∠B₅=32°54'28"　　∠C₅=72°21'24"

[解]
(1) 三角形角條件平差

ΔABC 之 w₁=179°59'55" － 180°= -5"，故 v₁ = － w₁/3=1" 餘 2"
　　∠A₁=24°37'23"　　∠B₁=47°43'37"　　∠C₁=107°39'0"

ΔBEC 之 w₁=179°59'53" － 180°= -7"，故 v₁ = － w₁/3=2" 餘 1"
　　∠A₂=49°11'4"　　∠B₂=58°28'0"　　∠C₂=72°20'56"

ΔEDC 之 w₁=180°0'0" － 180°= 0"，故 v₁ = － w₁/3=0
　　∠A₃=77°19'8"　　∠B₃=51°20'25"　　∠C₃=51°20'27"

ΔDFC 之 w₁=180°0'0" － 180°= 0"，故 v₁ = － w₁/3=0
　　∠A₄=56°18'38"　　∠B₄=67°22'44"　　∠C₄=56°18'38"

ΔFAC 之 w₁=180°0'33" － 180°= +33"，故 v₁ = － w₁/3=-11"
　　∠A₅=74°44'30"　　∠B₅=32°54'17"　　∠C₅=72°21'13"

(2) 中心站條件平差

$w_2=C_1+C_2+C_3+C_4+C_5$ － 360° = 14"

v_2=-14"/5 = -3"，故∠A 要+2"，∠B 要+1"，∠C 要 -3"

∠A₁=24°37'25"　　∠B₁=47°43'38"　　∠C₁=107°38'57"
∠A₂=49°11'6"　　∠B₂=58°28'1"　　∠C₂=72°20'53"
∠A₃=77°19'10"　　∠B₃=51°20'26"　　∠C₃=51°20'24"
∠A₄=56°18'40"　　∠B₄=67°22'45"　　∠C₄=56°18'35"
∠A₅=74°44'32"　　∠B₅=32°54'18"　　∠C₅=72°21'10"

(3) 邊條件平差

$$w_3 = \frac{\sin A_1 \cdot \sin A_2 \cdot \ldots \cdot \sin A_N}{\sin B_1 \cdot \sin B_2 \cdot \ldots \cdot \sin B_N} - 1 = -0.0000211$$

角 A 應施之改正值為 v_3，角 B 應施之改正值為 $-v_3$，則

$$v_3 = -\frac{\rho \cdot w_3}{\sum_i \cot A_i + \sum_i \cot B_i} = +4.4"/8.5 = 0.52"$$

因每個角改正值不足 1"，故要五個角一起考量：

∠A 共要改正 (0.52")(5)=2.6"，取 3"，五個角中前三個各 +1"
∠B 共要改正 (-0.52")(5)= -2.6"，取 -3"，五個角中前三個各 -1"

∠A₁=24°37'26"　　∠B₁=47°43'37"　　∠C₁=107°38'57"

∠A₂=49°11'7"	∠B₂=58°28'0"	∠C₂=72°20'53"
∠A₃=77°19'11"	∠B₃=51°20'25"	∠C₃=51°20'24"
∠A₄=56°18'40"	∠B₄=67°22'45"	∠C₄=56°18'35"
∠A₅=74°44'32"	∠B₅=32°54'18"	∠C₅=72°21'10"

9-22 三邊測量法

　　若於所佈設之三角形，不直接測量各點之水平角而改為測量各三角形之邊長，再用餘弦定理換算得各點之水平角，據以計算各點之水平座標者，則稱為三邊測量。三邊測量之量距工作都應用電子測距儀。

9-23 本章摘要

第一部分：導線測量法

1. 導線依形狀分為：(1) 閉合導線 (2) 附合導線 (3) 展開導線 (4) 導線網。
2. 導線測量之作業程序：(1)作業計畫及準備 (2)選點及埋設標誌 (3)方位角測定 (4) 觀測 (距離、角度及高程測量) (5)計算 (導線點座標及高程) (6) 製作成果圖表
3. 導線測距與測角精度之配合：$e_\theta \approx \dfrac{e_d}{D} \cdot \rho$
4. 方位角之觀測：(1) 觀測真方位角 (2) 觀測磁方位角法。
5. 導線測量計算：(1) 測量記錄之檢核 (2) 導線略圖之標示 (3) 角度閉合差之計算 (4) 角度閉合差之改正 (5) 方位角之計算 (6) 縱橫距之計算 (7) 縱橫距閉合差之計算 (8) 導線閉合差與閉合比之計算 (9) 縱橫距閉合差之改正 (10) 導線點座標之計算。
6. 角度閉合差之計算
    (1) 閉合導線：(a) 內角閉合差：$f_W = [\alpha] - (n-2) \cdot 180°$
    　　　　　　　(b) 外角閉合差：$f_W = [\beta] - (n+2) \cdot 180°$
    　　　　　　　(c) 偏角閉合差：$f_W = [\gamma] - 360°$
    (2) 附合導線：$f_W = (已知之起點方位角 + [\alpha] - n \cdot 180°) - (已知之末端方位角)$
7. 角度閉合差之改正：$v = -\dfrac{f_w}{n}$
8. 方位角之推算：
    (1) 由二已知點座標計算方位角

先計算方向角 $\theta_{AB} = \tan^{-1} \dfrac{|X_B - X_A|}{|Y_B - Y_A|}$

當 $X_B > X_A$, $Y_B > Y_A$: $\phi_{AB} = \theta_{AB}$
當 $X_B > X_A$, $Y_B < Y_A$: $\phi_{AB} = 180° - \theta_{AB}$
當 $X_B < X_A$, $Y_B < Y_A$: $\phi_{AB} = 180° + \theta_{AB}$
當 $X_B < X_A$, $Y_B > Y_A$: $\phi_{AB} = 360° - \theta_{AB}$

(2) 各邊方位角之計算：
後一邊的方位角 = 前一邊的方位角 + 二邊之間的偏角
其中偏角 γ=外角β – 180° 或 γ=180° – 內角α

9.縱橫距計算： $\Delta X = L_{ab} \cdot \sin\phi_{A \cdot B}$　　$\Delta Y = L_{ab} \cdot \cos\phi_{A \cdot B}$

10.縱橫距閉合差之計算：
(1) 閉合導線：$W_x = [\Delta X]$　　　　$W_y = [\Delta Y]$
(2) 附合導線：$W_x = [\Delta X] - (X_F - X_A)$　　$W_y = [\Delta X] - (Y_F - Y_A)$

11.導線閉合差與閉合比之計算：
(1) 導線閉合差 $W_L = \sqrt{W_X^2 + W_Y^2}$　(2) 閉合比 $P = \dfrac{W_L}{[L]} = \dfrac{1}{[L]/W_L}$

12.縱橫距閉合差之改正：
(1) 羅盤儀法則：$V_{xi} = -\dfrac{L_i}{[L]} \cdot W_x$, $V_{yi} = -\dfrac{L_i}{[L]} \cdot W_y$

(2) 經緯儀法則：$V_{xi} = -\dfrac{|\Delta X_i|}{[|\Delta X|]} \cdot W_x$, $V_{yi} = -\dfrac{|\Delta Y_i|}{[|\Delta Y|]} \cdot W_y$

13.導線點座標計算： $X_b = X_a + \Delta X_{ab}$　　　$Y_b = Y_a + \Delta Y_{ab}$

14.導線測量計算實例：
(1) 閉合導線之計算 **(參考例題 9-2)**
(2) 附合導線之計算 **(參考例題 9-3)**
(3) 展開導線之計算 **(參考例題 9-4)**

15.導線網之計算：**(1)** 整體一次平差法 **(2)** 分組逐次平差法。

16.導線計算之討論：**(1)** 角度錯誤偵出 **(2)** 距離錯誤偵出。

第二部分：三角測量法

1.三角測量形狀的不同分為：**(1)** 四邊形鎖 **(2)** 多邊形網 **(3)** 三角鎖。

2.三角測量之作業程序：**(1)** 作業計畫及準備 **(2)** 選點及造標埋石 **(3)** 基線測量 **(4)**

觀測 (5) 計算 (6) 製作成果圖表。
3. 歸心計算：(1) 測站歸心計算 (2) 視準點歸心計算。
4. 三角測量之計算程序：(1) 野外觀測成果之整理 (2) 基線長度之計算成果改正 (3) 三角形邊長概算 (4) 歸心計算、觀測成果之再整理 (5) 三角系平差計算 (6) 三角形各內角經平差後，作三角系各邊長之精算 (7) 方位角之推算 (8) 三角點座標計算。
5. 三角測量之近似平差
    (1) 測站平差(Station adjustment)
    (2) 圖形平差 (Figural adjustment)：(a) 角條件 (b) 邊條件。
6. 四邊形鎖之近似平差
    (1) 四邊形角條件平差 (2) 對頂角角條件平差 (3) 邊條件平差。
7. 多邊形網之近似平差
    (1) 三角形角條件平差 (2) 中心站條件平差 (3) 邊條件平差。
8. 三邊測量法
    用餘弦定理換算得各點之水平角，據以計算各點之水平座標者。

習 題

9-1 本章提示 ～ 9-4 導線測量之選點

(1) 測量控制點的方法有哪些？適用情形？
(2) 試述導線測量之分類？ [81 丙等基層特考]
(3) 為何不宜使用自由展開導線？ [82 土木技師]
(4) 導線測量程序為何？ [84 土木技師]
(5) 試述導線選點原則？
[解] (1) 見 9-1 節。(2) (3) 見 9-2 節。(4) 見 9-3 節。(5) 見 9-4 節。

9-5 測距與測角精度之配合

導線測距與測角精度之配合
(1) 已知捲尺精度 1/5000，試求測角精度多少為宜？
(2) 已知電子測距儀精度 1/10000，試求測角精度多少為宜？
(3) 已知經緯儀精度 1"，試求測距精度多少為宜？
[80 二級土木公務高考類似題][91 年公務員普考][96 年公務員高考]
[解] (1) 41" (2) 21" (3) 1/206265≈1/200000

9-6 方位角之觀測

方位角之觀測方法有哪些?

[解] 見 9-6 節。真方位角與磁方位角。

9-7 導線測量計算

(1) 導線計算程序為何?
(2) 試述二等導線要求?
(3) 試述導線角度閉合差計算公式?
(4) 試述導線角度閉合差改正公式?
(5) 導線起始邊方位角有哪些方法可求得? 其它各邊方位角計算公式? [95 年公務員普考] [97 年公務員高考]
(6) 試述縱距、橫距計算公式?
(7) 試述縱距閉合差、橫距閉合差計算公式?
(8) 試述導線閉合差、精度計算公式?
(9) 導線縱橫距閉合差如何改正?
(10) 導線縱橫座標如何計算?
(11) 試述羅盤儀法則與經緯儀法則?

[解] (1) 見 9-7 節。(2) 見表 9-1。(3) 見 9-7-3 節。(4) 見 9-7-4 節。(5) 見 9-7-5 節。(6) 見 9-7-6 節。(7) 見 9-7-7 節。(8) 見 9-7-8 節。(9) 羅盤儀法則與經緯儀法則，見 9-7-9 節。(10) 見 9-7-10 節。(11) 見 9-7-9 節。

試針對以下三種導線型態計算其多餘觀測數及可供閉合(檢核)條件？[101 年高員三級鐵路人員考試]

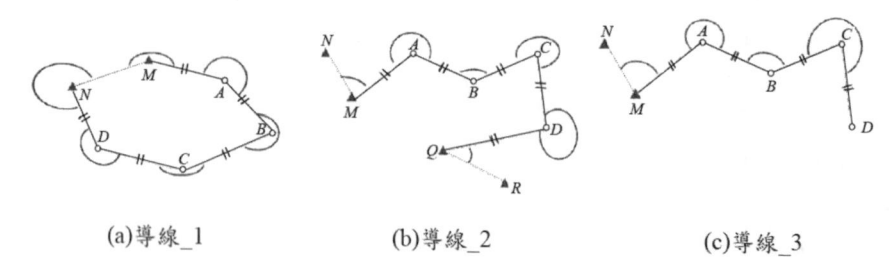

(a)導線_1   (b)導線_2   (c)導線_3

⌒：角度觀測； ||：距離觀測   ▲：已知點； ○：未知點

[解]
(a) 未知數的數目=8 (A,B,C,D 點的縱、橫坐標)
    測量數據數目=11 (6 個角度，5 個邊長)

多餘觀測數(自由度)=測量數據數目 – 未知數的數目 =3
可供閉合(檢核)條件 = 多邊形外角和、閉合點的縱、橫坐標 (共 3 個)
(b) 未知數的數目=8 (A,B,C,D 點的縱、橫坐標)
測量數據數目=11 (6 個角度，5 個邊長)
多餘觀測數(自由度)=測量數據數目 – 未知數的數目 =3
可供閉合(檢核)條件 = 末端方位角、閉合點的縱、橫坐標 (共 3 個)
(c) 未知數的數目=8 (A,B,C,D 點的縱、橫坐標)
測量數據數目=8 (4 個角度，4 個邊長)
多餘觀測數(自由度)=測量數據數目 -未知數的數目 =0
可供閉合(檢核)條件 = 無

試述各種導線測量可能產生之誤差及誤差處理方式：
(1) 閉合導線 (2) 附合導線 (3) 展開導線
[解] (1) (2) 角度閉合差、縱距與橫距閉合差 (3) 無。

9-8　導線測量計算 (一)：閉合導線

同例題 9-2，但數據改成：A=108°26'18"，B=81°52'0"，E=119°30'0"，D=126°9'38"，F=104°2'1"，AB=632.48，BE=559.04，ED=390.53，DF=412.32，FA=500.01，AF 方位角=0°0'0"，A 點座標 (X, Y)=(200.00, 300.00)
[90 年公務員普考] [94 年公務員普考] [98 公務員普考]
[解]
(1) 偏角閉合差= 0°0'3" (2) A=108°26'19"，F=104°2'2"，D=126°9'39"，E=119°30'1"，B=81°52'1" (3) AF= 0°0'0"，FD=75°57'58"，DE=129°48'20"，EB=190°18'19"，BA=288°26'19" (4) 略 (5) 橫距閉合差 W_x=[ΔX]= 0.008 m，縱距閉合差 W_y=[ΔY]= 0.007 m (6) W_L=0.011 m，閉合比 P=W_L/[L] = 1/235000 (7) 略 (8) A(200.000，300.000)，F(199.998，800.009)，D(600.011，899.992)，E(900.023，649.980)，B(800.013，99.957)

9-9　導線測量計算 (二)：附合導線

同例題 9-3，但數據改成：A=261°52'14"，B=81°52'0"，E=119°30'0"，D=126°9'38"，F=239°2'11"，AB=632.48，BE=559.04，ED=390.53，DF=412.32，PA 方位角=26°33'54"，FQ 方位角=315°0'0"，A 點座標 (X, Y)=(200.00, 300.00)，F 點座標 (X, Y)=(200.00, 800.00)[81 土木公務高考][99 年公務員高考]

[解]
(1) 角度閉合差= -3" (2) ∠A=261°52'15"，∠B=81°52'1"，∠E119°30'1"，∠D= 126°2'12"，∠F= 239°2'12" (3) ϕ_{AB}=108°26'9"，ϕ_{BE}=10°18'9"，ϕ_{ED}=309°48'10"，ϕ_{DF} =255°57'48" (4) 略 (5) 橫距閉合差 W_x=[ΔX] － (X_F － X_A) = -0.032 m，縱距閉合差 W_y=[ΔY] － (Y_F － Y_A)= +0.003 m (6) $W_L = \sqrt{W_X^2 + W_Y^2}$ = 0.032 m，閉合比 P=W_L/[L] =1/62400 (7) 略 (8) A(200.000，300.000)，B(800.031，99.983)，E(900.022，650.009)，D(600.002，900.005)，F(200.000，800.000)

9-10 導線測量計算 (三)：展開導線

同例題 9-4，但數據改成：A=261°52'14"，B=81°52'0"，E=119°30'0"，D=126°9'38"，F=239°2'11"，AB=632.48，BE=559.04，ED=390.53，DF=412.32
PA 方位角=26°33'54"，A 點座標 (X, Y)=(200.00, 300.00)
[解]
(1) ϕ_{AB}=108°26'8"， ϕ_{BE} =10°18'8"， ϕ_{ED} =309°48'8"， ϕ_{DF} =255°57'46" (2) 略 (3) B(800.021，99.986)，E(900.000，650.013)，D(599.972，900.007)，F(199.965，799.998)

9-11 導線測量計算 (四)：導線網

(1) 導線網如何作平差計算？
(2) 傳統之導線測量常採用單一導線，現今之導線測量則常形成導線網觀測，試討論單一導線及導線網導線測量之優缺點。[101 土木公務普考]
[解] (1)見 9-12 節。(2)見 9-2 節。

9-12 導線計算之討論(一) 測角錯誤 ～ 9-13 導線計算之討論(二) 測距錯誤

(1) 試述導線測量可能發生錯誤之原因？若有錯誤應如何檢覈？[81-1 土技檢覈]
(2) 導線角度閉合差太大，如何找出最可疑的測角錯誤之點，又此法有何限制？[93 公務員高考]
(3) 導線縱橫距閉合差太大，如何找出最可疑的測距錯誤之邊，又此法有何限制？
[解] (1) 見 9-12 節、9-13 節。(2) 見 9-12 節。(3) 見 9-13 節。

導線距離錯誤偵出

一閉合導線橫距閉合差 = +3.21 公尺，縱距閉合差 = -2.81 公尺，試問方位角多少之邊之測距最可疑?
[解] (1) 閉合差之方向角 θ=tan^{-1}(|W_X|/|W_Y|)=48°48'5" (2) 閉合差之方位角

φ=180°-θ=131°11'55"   (3) 其反方位角=131°11'55"+180°=311°11'55"   (4) 故方位角接近 131°11'55" 或 311°11'55"之邊之測距最可疑。

9-14 三角測量之分類 ~ 9-16 三角測量之選點

(1) 試述三角測量之分類?
(2) 試述三角測量之程序?
(3) 試述三角測量之選點原則?
(4) 何謂圖形強度? [82 土木技師]

[解] (1) 見 9-14 節。(2) 見 9-15 節。(3) 見 9-16 節。(4) 三角測量使用正弦定理推算各邊長，如內角小於 30° 或大於 120° 時，將造成 sin 函數誤差變大，導致邊長誤差變大，因此三角測量選點時，內角以在 30-120 度為原則，此種三角網稱具有較高的圖形強度。

9-17 歸心計算

(1) 何謂歸心計算?
(2) 歸心計算可分幾種?
(3) 歸心計算的歸心元素有幾種?
(4) 試述測站偏心、視準點偏心之原因?

[解] (1)~(4)見 9-17 節。

(1) 測站歸心計算：同例題 9-6，但數據改成： e=1.286 m, s_1=656 m, s_2=955 m, β=45°17'20", γ=283°04'20"   [95 土木技師]
(2) 視準點歸心計算：同例題 9-7，但數據改成： e=0.35 m, s=703.45 m, θ'=63°32'45", φ=80°25'20"

[解] (1) 45°14'41" (2) 63°31'4"

9-18 三角測量之計算程序 ~ 9-19 三角測量之平差原理

(1) 試述三角測量之程序?
(2) 試述三角測量平差計算有那二項，並詳述之?
(3) 何謂圖形平差？ [80 二級土木公務高考]

[解] (1) 見 9-18 節。(2) 測站平差與圖形平差，見 9-19 節。(2) 角條件平差與邊條件平差，見 9-19 節。

9-20 三角測量之平差 (一)：四邊形鎖

四邊形鎖之平差
同例題 **9-8**，但數據改成：[81 土木公務高考類似題]
∠1=45°0'20"　　∠2=30°57'45"　　∠3=50°54'22"　　∠4=53°7'38"
∠5=38°39'49"　　∠6=37°18'14"　　∠7=40°36'31"　　∠8=63°26'38"
[解]
∠1=45°0'3"　　　∠2=30°57'42"　　∠3=50°54'23"　　∠4=53°7'52"
∠5=38°39'33"　　∠6=37°17'12"　　∠7=40°35'57"　　∠8=63°26'18"

9-21 三角測量之平差 (二)：多邊形網

多邊形網之平差
同例題 **9-9**，但數據改成：
∠A_1=45°0'20"　　∠B_1=30°57'45"　　∠C_1=104°2'39"
∠A_2=50°54'22"　　∠B_2=53°7'38"　　∠C_2=75°57'33"
∠A_3=66°22'38"　　∠B_3=62°43'25"　　∠C_3=50°54'27"
∠A_4=63°26'38"　　∠B_4=63°26'44"　　∠C_4=53°7'38"
∠A_5=40°36'31"　　∠B_5=63°26'38"　　∠C_5=75°57'24"
[解]
∠A_1=44°59'51"　　∠B_1=30°57'31"　　∠C_1=104°2'37"
∠A_2=50°54'17"　　∠B_2=53°7'48"　　∠C_2=75°57'55"
∠A_3=66°22'14"　　∠B_3=62°43'16"　　∠C_3=50°54'30"
∠A_4=63°26'4"　　　∠B_4=63°26'25"　　∠C_4=53°7'31"
∠A_5=40°36'6"　　　∠B_5=63°26'28"　　∠C_5=75°57'26"

9-22 三邊測量法

試述三角測量與三邊測量之區別為何？ [80 二級土木公務高考]
[解] 見 **9-22** 節。

綜合題

若經決定將就某行政區域，進行大比例尺地形圖，如五百分之一之建置作業，並先行進行控制測量。其進行方案之一為以測角測距方式，進行三角三邊網、導線之施測。請說明採用此一控制測量方法之相關資訊，包含儀器、測量原理、測量方式、觀測量、概要作業規範及選點時需考量之條件等。[95 年公務員高考]

[解]
1/500 屬大比例尺地形圖，一般而言不宜採用三角三邊網，宜採用導線測量。比較如下表：

方法 項目	三角三邊網	導線
儀器	電子測距經緯儀(全站儀)	電子測距經緯儀(全站儀)
測量原理	三角測量：正弦定理 三邊測量：餘弦定理	極座標轉直角座標
測量方式	三角測量：所有三角形水平夾角 三邊測量：所有三角形水平距離	先後視已知點，再測角度與距離。
觀測量	三角測量：水平夾角 三邊測量：水平距離	每一邊都測一個角度、一個距離
作業規範	佈設三角點要考慮圖形強度	佈設導線點要考慮距離不可太短、太長
選點條件	每一個三角點要與相鄰三角點通視	每一個導線點要與前後相鄰導線點通視

第 10 章 細部測量與數值地形測量

10-1 本章提示
10-2 地形模型 (一)：圖解地形模型
10-3 地形模型 (二)：數值地形模型
10-4 地形模型之比較
10-5 地形模型之比例與圖式
10-6 地形模型之檢核與精度
10-7 地形模型之應用
10-8 數值地形資料的取得方法
10-9 傳統地面數值細部測量之作業程序
10-10 傳統地面數值地物測法
10-11 傳統地面數值地形測法(一)：直接法
10-12 傳統地面數值地形測法(二)：地形要點法
10-13 傳統地面數值地形測法(三)：方格網法
10-14 數值地形模型的形式
10-15 本章摘要

10-1 本章提示

　　地形測量係以控制測量之成果為依據，將地表面上之地貌、地物，運用各種測量方法，依比例相似測繪或以記號表示於圖上之作業稱之。相關術語如下：

1. 地貌：凡地表面高低起伏之狀態，如山脈、平原、溪谷等稱為地貌 (Relief)。
2. 地物：各種天然或人為之物體，如河溝、房屋、道路等稱為地物 (Features)。
3. 平面圖：地形測量繪製而成之圖籍，如僅表示地物之位置者，稱為平面圖 (Planimetric map)(圖 10-1(a))。
4. 地形圖：若表示地物與地貌者，稱為地形圖 (Topographic map)(圖 10-1(b))。

　　地形測量無論測繪平面圖或地形圖，均應先於測區實施控制測量以其測定之控制點位置，作為測繪地貌、地物之依據。此等專為測圖而設置之控制點稱為圖根點。控制點可為使用前述之座標測量、導線測量、三角測量、自由測站法測量。控制點之多寡，應視測區之情況、測圖比例尺等而定，但需以能控制整個測區為原則。倘測繪地形圖，尚需測定控制點之高程或另測定高程控制點，以為測定地貌之用。控制點之高程以採用直接水準測量為原則，但亦可採用三角高程測量或視距高程測量，視測量之需要與測量之環境而選擇。

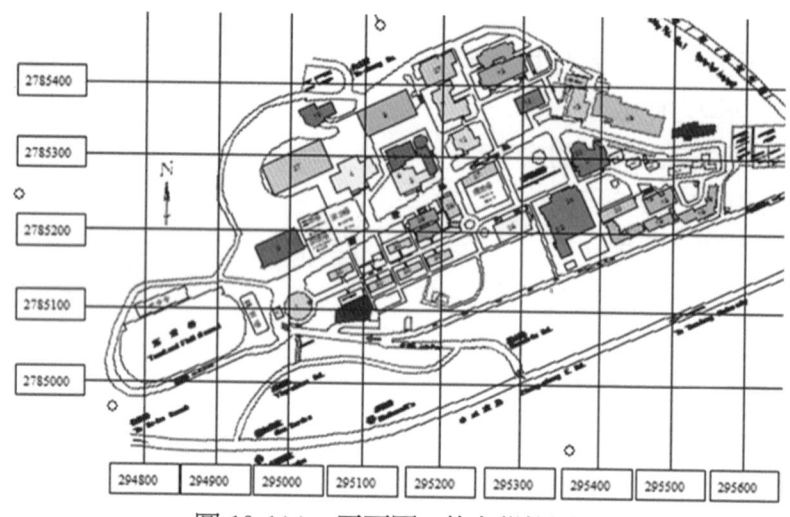

圖 10-1(a)　平面圖 (某大學校園)

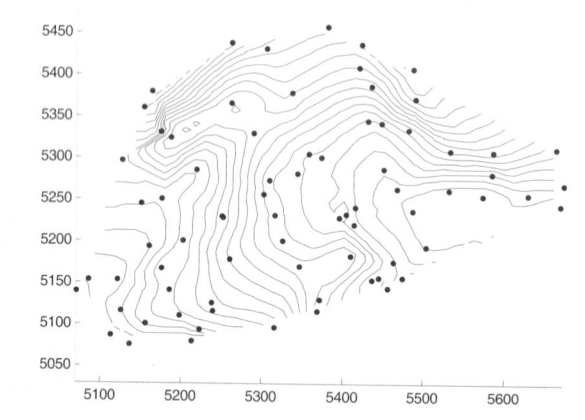

圖 10-1(b) 地形圖 (某大學校園) 以等高線表達

地形模型分為二大類：

1. 圖解地形模型：以圖形表達的地形模型。
2. 數值地形模型：以數值表達的地形模型。

　　過去地形模型之測量常以採用平板儀施測圖解地形模型為主，但近年來由於全站儀的普及化，以及電腦軟硬體的大幅躍進，數值地形模型已成為主流。

10-2 地形模型（一）：圖解地形模型

1. 等高線之定義

　　圖解地形模型之地貌表示法以等高線法為主。等高線 (Contour line) 係假設由地面上高程相同各點所連成之曲線，而投影於平面上者稱之，藉以表示地貌起伏之狀態 (圖 10-2(a)(b))。

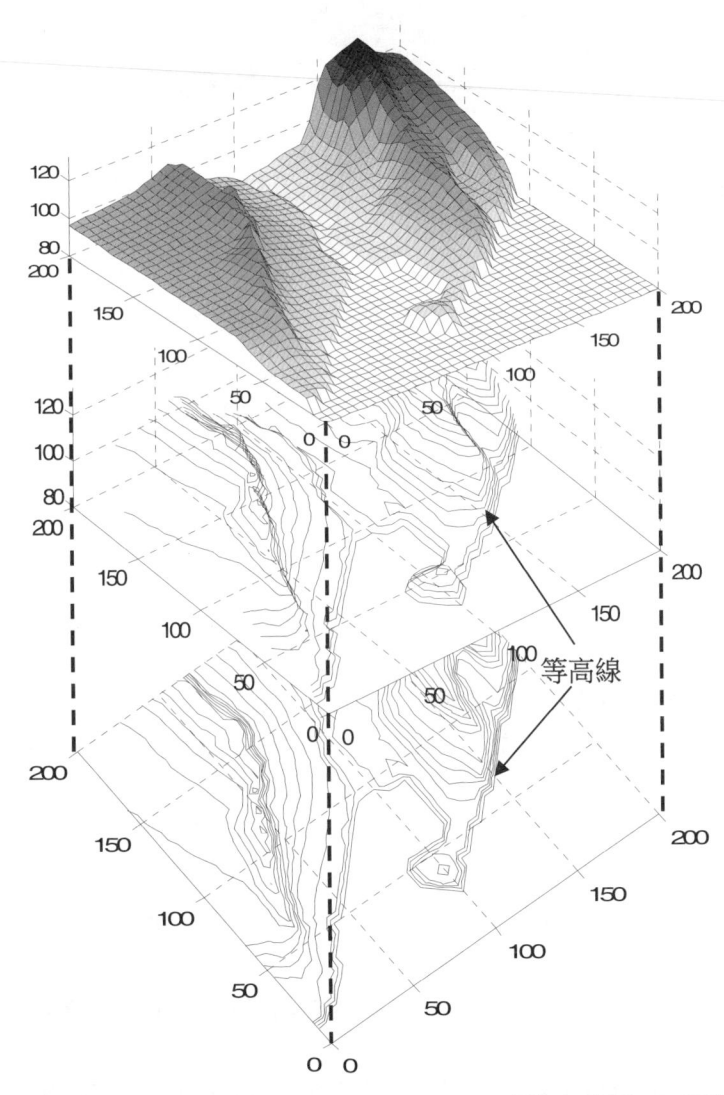

圖 10-2(a) 等高線定義(上圖為 **3D** 模型，中圖為立體等高線圖，下圖為等高線圖)

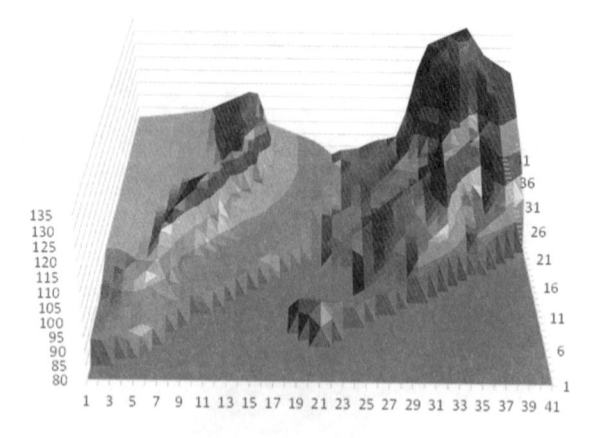

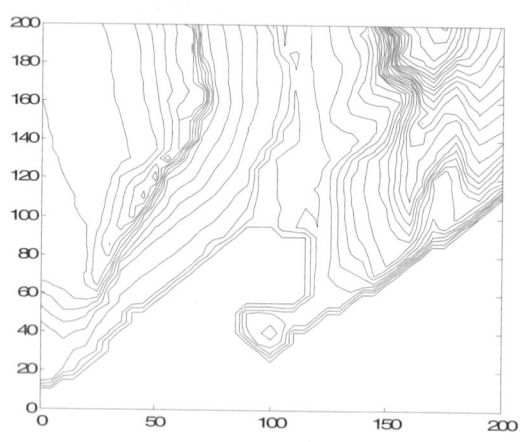

圖 10-2(b)　等高線定義 (上圖為地表 3D 展示，下圖為等高線圖)

　　等高線不但可顯示地面傾斜之緩急、山脊、山谷等之走向，且由等高線圖可知任一點之高程及兩點間之高程差，由比例尺可知兩點間之水平距離，因此可求得二點間坡度之大小。故等高線具有精密表達地形的能力，適合各種工程應用 **(圖 10-3)**。但因等高線無立體之感覺，對於未曾學習此項知識或未經識圖訓練者，難以瞭解，而不易使用，是其缺點。為了改善此一缺點，可以在等高線圖上加上陰影以增加其立體感 **(圖 10-4(a))**。或者在立體模型上加上等高線以增加其精密性 **(圖 10-4(b))**。

2. 等高線之種類

　　等高線隨地形變換而呈不規則曲線，為便於判讀地形高低及其變化，等高線分成以下四種：

(1) 首曲線 (Primary contour)：用以表示地貌之基本等高線稱為首曲線，亦稱為主曲線，一般以 **0.2 mm** 實線表示之。

(2) 計曲線 (Index contour)：為便於閱讀計算等高線，每逢五倍數之首曲線，繪以較粗之實線，稱為計曲線，計曲線一般多註記其高程。
(3) 間區線 (Intermediate contour)：於地勢變化較平緩，但仍有起伏，首曲線不足以表示實際之地貌時，可於首曲線間等高距一半之高程處，加繪一虛線，稱為間曲線，一般以 **0.2 mm** 虛線表示之。
(4) 助曲線 (Supplementary contour)：若地勢過於平坦，間曲線尚不足以表示實際之地貌時，可於首曲線與間曲線等高間距一半之高程處，再加繪細短之虛線，稱為助曲線，一般以 **0.1 mm** 虛線表示之。

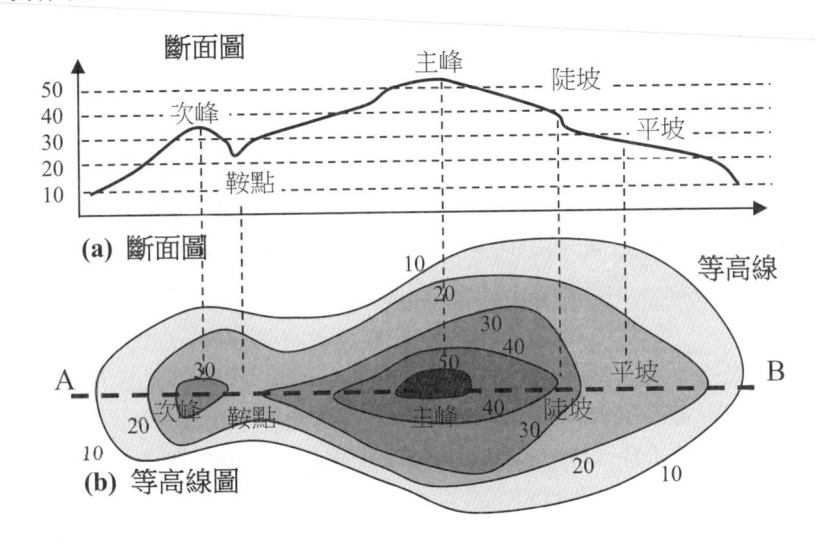

圖 10-3　等高線的地形表達能力 (上圖為斷面圖，下圖為等高線圖)

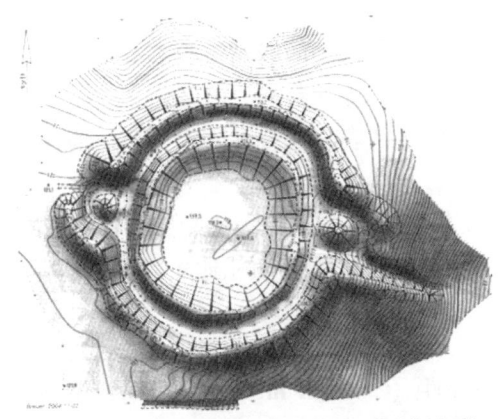

圖 10-4(a)　等高線圖上加上陰(古蹟地形) 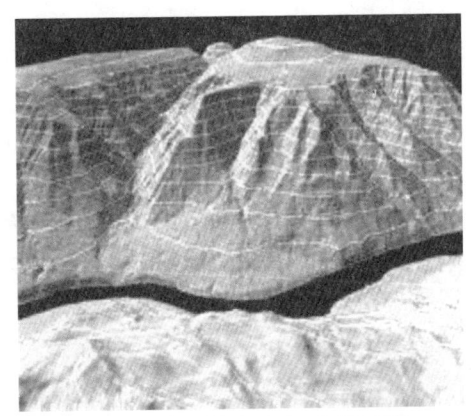　　圖 10-4(b)　立體模型上加上等高線

3. 等高線之特性

等高線之特性，說明如下：

(1) 等高性：一條等高線上之各點，其高程均相等。
(2) 封閉性：一條等高線必閉合成封閉曲線。若不在圖幅內閉合，則於圖幅外閉合。
(3) 分隔性：一條等高線不能分為二條，二條等高線亦不能相交或合併為一條。等高線之間永遠保持不相交，但在懸崖峭壁之處例外。
(4) 反比性：等高線間之水平距離與地面坡度成反比。

4. 等高線之解讀

(1) 山頂與窪地：在等高線內，另有若干較高之閉合等高線者，則其處為一山頂；如有較低之閉合等高線者，即為一窪地。測繪時應於頂端或底端註記高程，或於窪地另繪箭頭，以茲辨別 (圖 10-5 中上、中下)。
(2) 山脊與山谷：等高線不能直接橫過山脊線 (Ridge line) 或山谷線 (Valley line)，必先平行山脊線或山谷線方向一段距離，再直角相交後，並折回，沿反方向平行山脊線或山谷線方向一段距離。因此一串這種等高線出現經常代表它是一個山脊線或山谷線，這些等高線最彎曲處的連線就是山脊線或山谷線 (圖 10-5 左)。
(3) 河谷：等高線不能直接橫過河谷而到彼岸，必先沿河岸向上游方向，溯至河底等高處折回，漸向下游前進，直到橫過河谷而到彼岸，成一開口向下游之「U」字型。因此一串「U」字型的等高線經常代表它是一個河谷，且「U」字型開口為下游方向 (圖 10-5 左)。
(4) 緩坡與陡坡：當一處其等高線平行且距離很小，代表該處坡度很大，為一處陡坡。反之，等高線平行且距離很大，代表該處坡度很小，為一處緩坡 (圖 10-5 右下)。
(5) 懸崖：當一處其等高線距離由大而小，甚至重疊相切而成密集等高線，代表該處坡度陡直，為一處懸崖峭壁 (圖 10-5 中央)。
(6) 斜面：當一處其等高線相互平行，距離相等，代表該處坡度固定，為一處傾斜地面 (圖 10-5 右下)。
(7) 平台：當一處其附近無等高線，代表該處坡度很小，為平台地形 (圖 10-5 右)。
(8) 鞍點：當一點在某依剖面上式最低點，但在大略垂直方向的剖面上是最高點，稱為鞍點 (圖 10-5 右上)。

5. 等高線之等高距

地形圖上兩相鄰等高線之高程差稱為等高距 (Contour interval)，又稱為等高線間隔。等高距需適度，過大則不足以表示地貌之形態；過小則過於擁擠甚至無法容納，且妨礙地物之描繪。等高線之等高距大小，通常視下列因素而定：
(1) 地形圖之比例尺：比例尺大者，等高距小。
(2) 地形圖之精度要求：精度要求高者，等高距小。
(3) 測區之地形狀況：測區高程差小者，等高距小。

但通常以比例尺為主，決定其等高距：
1：5000：等高距 5 m；
1：2000：等高距 2 m；
1：1000：等高距 1 m；

倘若測區地形起伏過大，有高山也有平地，測繪地形時，亦有配合實際情況，應用二種不同等高距，使高山與平地分別得以合理之等高線距離，便於表現出逼真之地貌形態與高程測量精度。

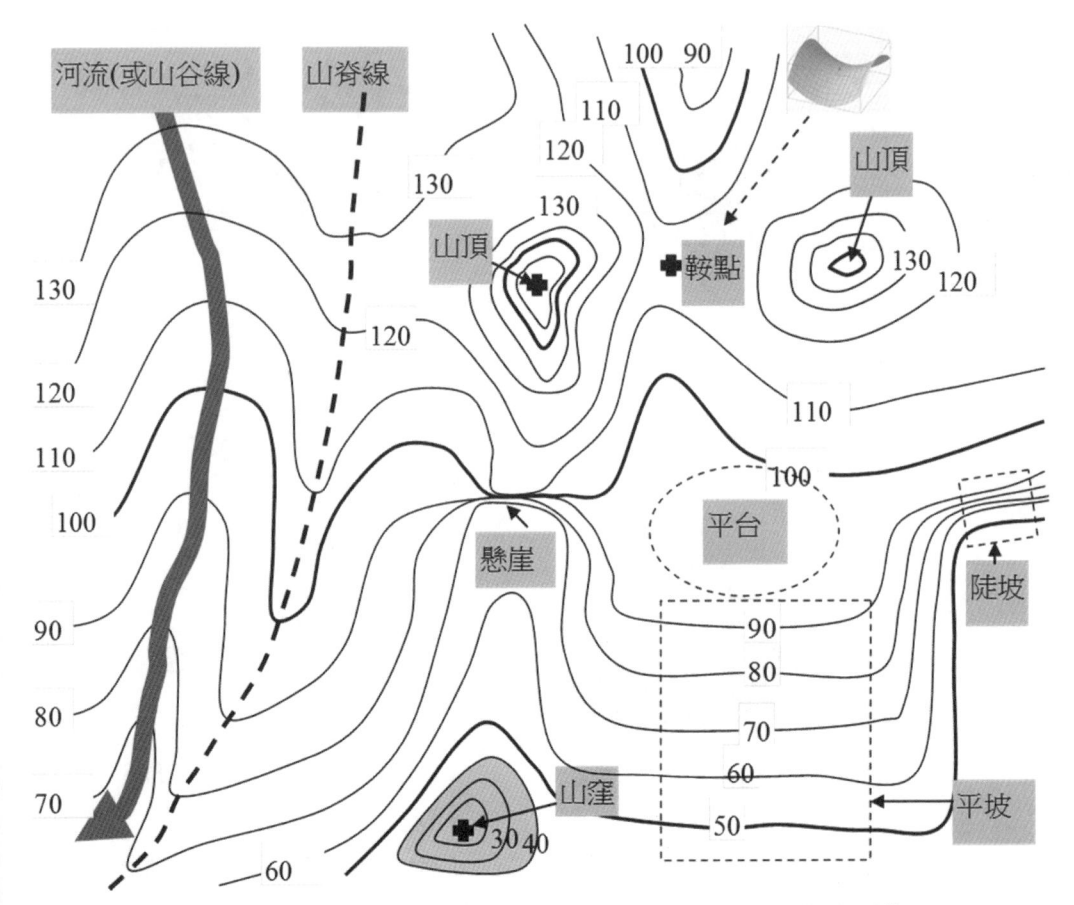

圖 10-5　等高線之解讀 (注意圖上的等高線特性與地形特徵的關係)

10-3 地形模型（二）：數值地形模型

早期測量人員記錄地形地物，多以點、線、圖例直接記錄成圖，此即圖解法。而今可改以自動化的測量儀器，例如地面測量之全站儀 (電子測距經緯儀)、航空測量之立體製圖儀及衛星測量之接收儀，量取地表點位之座標 (X, Y, Z) 來記錄地形，此即數值法。這種以數值表達的地形模型稱為數值地形模型 (Digital Terrain Model, DTM)。有了 DTM 後，欲求任一點的高程時，可利用電腦迅速內插求得。因此在後續之應用時，例如繪製等高線、剖面圖、同坡度線，或計算匯水面積、水庫容積、土方體積，均可用電腦自動化處理，不需大量人工，甚為快速、經濟。且由於測得之數據以數值表示，可直接以數值方式處理，精度不會因圖與數值間的轉換而大幅降低，成果較為精準。

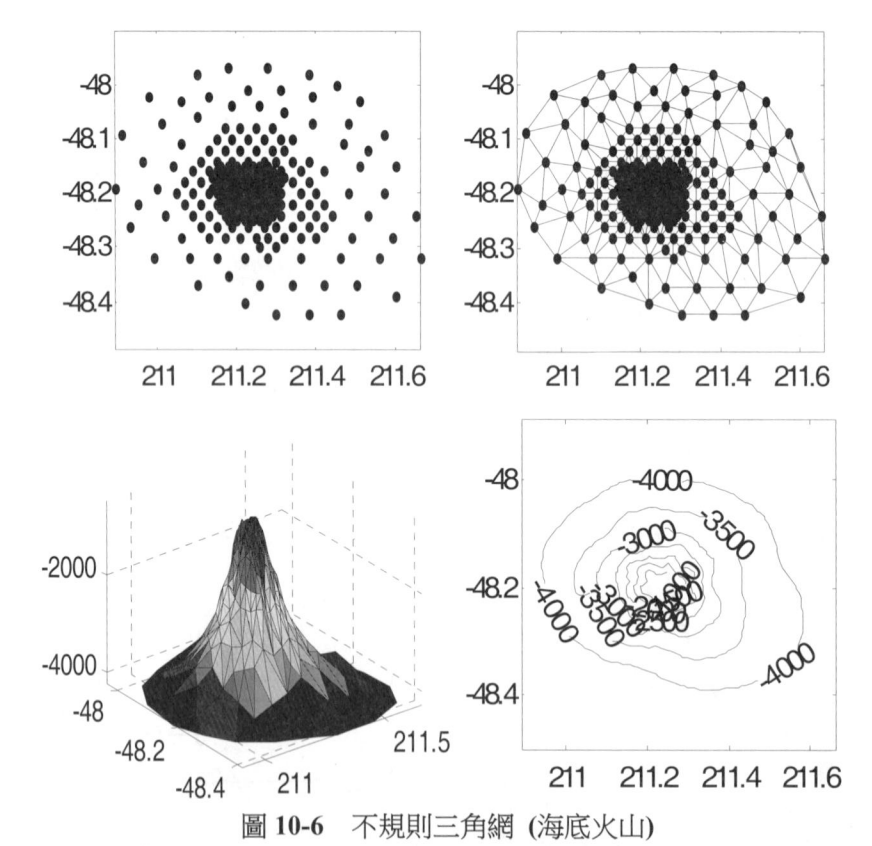

圖 10-6　不規則三角網 (海底火山)
(左上：地形點，右上：TIN 網，左下：3D 建模，右下：等高線圖)

數值地形是國家空間資訊基礎建設之核心圖資，數值地形模型 (Digital Terrain

Modeling, DTM) 為一個泛稱之概念名詞，泛指任何以數值化 (digital) 的方式來展現 3D 空間地形起伏變化的狀況。數值地形模型一般而言可分為 (圖 10-7)：

- 數值高程模型 (Digital Elevation Modeling, DEM)：純粹的地表高程，去除所有地面上的建築物與樹木，也就是地表原本的樣子。
- 數值建物模型 (Digital Building Model, DBM)：記錄地表高度，再加上建築物的高度。
- 數值表面模型 (Digital Surface Modeling, DSM)：記錄地表高度，再加上建築物與樹木等地上物的高度。

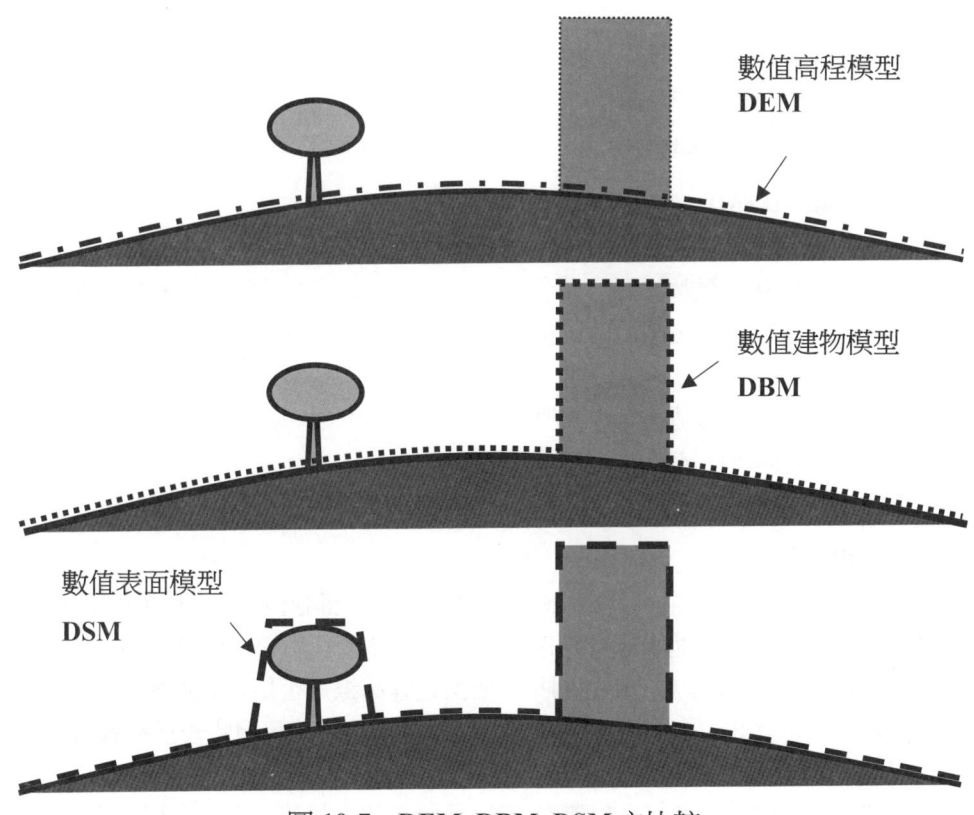

圖 10-7　DEM, DBM, DSM 之比較

　　DEM 係指除去植物覆蓋及人工建物後，由地球表面礦物質最上層所形成的天然表面。但是以土石構築之人工構造物，如堤、塹、壩、溝渠、道路等土方結構物，雖非地表天然表面，但若其尺寸大過 DEM 解析力所能明確表達者，則其上層表面

亦屬於 DEM。DSM 代表地球上固定物體最上層表面，包含人工永久性建物及植物覆蓋。受解析力之限制，最上層表面之長、寬皆大於網格間距二倍，且高度亦大於 DSM 規範精度三倍者，始視為覆蓋面之一部分，此面僅以網格離散點近似圓滑表示。

DSM 和 DEM 通常都是規則網點的資料格式，目前最流行通用的 40×40m 網格大小的 DTM 通常就是以二維矩陣儲存之 DEM，因為其格式演算法容易設計且最容易與遙測影像資料結合。雖然量測點數量愈多、精度愈高，愈能表示出地表面較細緻的起伏，但成本也愈高。製作 5 公尺網格間格的 DEM 所能達到的地形精度當然比 50 公尺間隔者要高得多，但需要多出 100 倍的量測點。

10-4 地形模型之比較

數值地形模型與圖解地形模型，其優缺點比較如下(圖 10-8)：

1. 數值地形模型 (DTM)

優點：

(1) 數值地形模型為一種數值型態表示法，欲求任一點的高程時，可利用電腦迅速內插求得，故在後續之應用時，例如繪製等高線、計算匯水面積，都可用電腦自動化處理，不需大量人工處理，甚為快速、經濟。

(2) 由於測得之數據以數值表示，可直接以數值方式處理，精度不會因圖與數值間的轉換而大幅降低，成果較為精準。

缺點：較易發生漏測。

2. 圖解地形模型

優點：在傳統的地面測量中，等高線的繪製都是以平板測量方法來測繪，由測繪人員於現場測取高程點並標記於平板上的圖紙，然後利用線性內插的方式繪出等高線，再與實際地形比較，可立即知道所繪之等高線是否足以確實表示該地形，若不足，則可立即決定何處需增補高程點以修正等高線，因此較不易漏測。

缺點：

(1) 類比式等高線僅為一種圖形型態表示法，於等高線上的每一點的高程值均相同，在後續之應用時，例如繪製等高線、計算匯水面積，都需大量人工處理，甚為費時、費力。

(2) 由於測得之數據以圖形表示，故在數值處理 (例如面積計算) 時，須先將圖形資料轉為數值資料。在轉換過程中受到圖紙的伸縮，人眼解析力的極限限制，精度會大幅降低，成果較不精準。

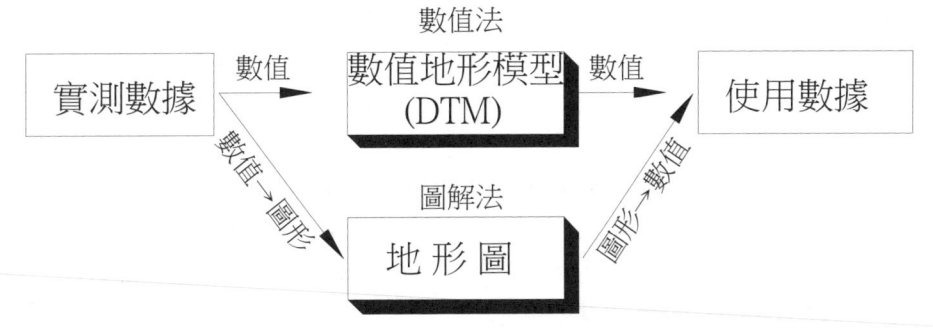

```
                          數值法
            數值    ┌──────────────┐   數值
 ┌────────┐────────▶│ 數值地形模型  │────────▶┌────────┐
 │ 實測數據 │         │   (DTM)     │          │ 使用數據 │
 └────────┘         └──────────────┘          └────────┘
      \  數值→圖形         圖解法          圖形→數值  ↗
       \              ┌──────────┐              /
        ─────────────▶│  地形圖   │─────────────
                      └──────────┘
```

圖 10-8　地形模型原理之比較（圖解地形模型與數值地形模型）

10-5 地形圖之比例與圖式

地形圖比例尺之大小，因用圖之目的不同而異。通常工程設計施工方面應用者，比例尺較大；規劃調查統計方面應用者，比例尺較小；例如

1：5000：適用於規劃設計；
1：2000：適用於初步設計；
1：1000：適用於施工設計。

地形圖測繪時，地物與地貌之取捨與比例尺有關，在大比例尺測圖必須顯示之地物或地貌，在另一較小比例尺測圖可能可以省略之。

地形圖之圖幅 (Map sheet)，其大小並無統一標準。近年來為顧及圖廓 (Map border) 線與座標系之公里線密切吻合，便於編定圖號，採用正方形，其大小為 50 cm×50 cm。若一幅圖不足以涵蓋全測區時，則可分幅實施之，而後併合成一幅完整之地形圖。

地形圖之製圖方法有二：

1. **人工繪圖**：應用圖解法測量成果，經人工內插、清繪、整飾等程序之製圖法。
2. **電腦繪圖**：應用數值法測量成果，經電腦內插、編輯、整理等程序之製圖法。

用電腦繪製地形圖，快速而精確，突破傳統圖解法需經人工內插、清繪、整飾等程序，且改圖 (例如改變比例尺) 費時費力之瓶頸，使得地形圖測繪趨向自動化。

為便於使用者對圖之瞭解，增加使用效果，常需在圖廓內外添加各種必要之註記，稱為整飾。

(1) 圖廓內註記：即加註地名如市鎮、村落、道路、河川、山岳、行政區域等之名稱於圖內。註記之字體，工程用圖多為仿宋體，正規地圖則常採用宋體。

(2) 圖廓外註記：即加註下列項目於圖廓外

- 圖名與圖號
- 測圖年月日
- 測圖者姓名
- 指北方向線
- 比例尺
- 高程起算點
- 等高線間隔
- 經緯度或圖隅座標

地形圖上對於地物地貌之表示法,係以各種符號為之,此種符號,稱為圖式 **(Conventional signs)**。面積較大之地物,係按比例尺縮小後繪其真形;形體過小不足以真大表示者,則以記號標示於其位置。各工程機構均有其自定之圖式,又因比例尺之大小而有不同,如圖 10-9 所示。

捷運鐵路線	 ┼┼┼┼┼	濕地	
鐵路車站		草生地	
鐵路相關設施		裸露地	
國道		灌木荒地	
省道	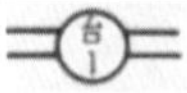	醫療院所	
縣道	 167	慈善福利院	
三角點	△	寺廟	 卍
精密導線點	◎	教堂	

圖 10-9　地圖之圖式

10-6　地形模型之檢核與精度

10-6-1　地形模型之檢核方法

地形模型之檢核方法如下(圖 10-10):

1. **要點檢核法**:以較佳之儀器及方法,選測數個較為重要之點與已測之地形圖比較。
2. **斷面檢核法**:以較佳之儀器及方法,選測數個較為重要之斷面與已測之地形圖比較。
3. **面積檢核法**:以較佳之儀器及方法,選測數個較為重要之區域與已測之地形圖比較。

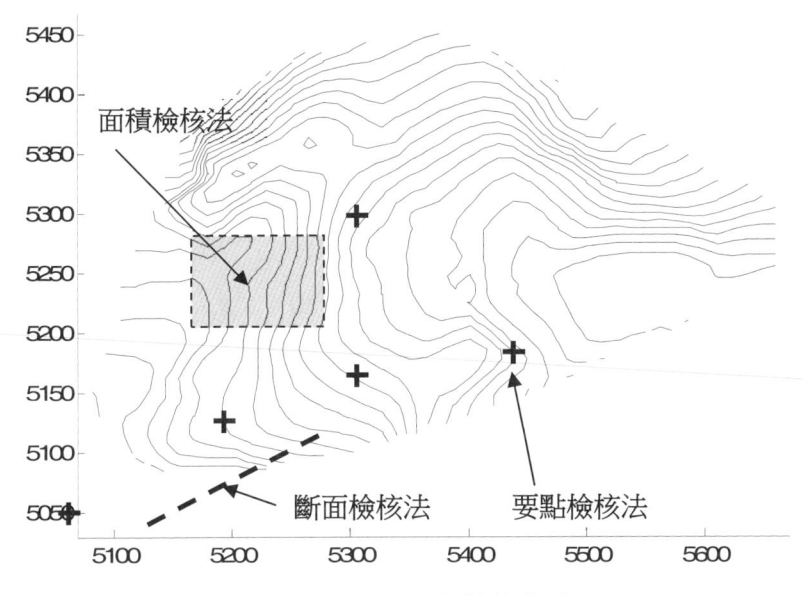

圖 10-10　地形圖之檢核方法
(十字點：要點檢核法；虛粗線：斷面檢核法；方框：面積檢核法)

根據「通用版電子地圖品質檢核作業規範」：

1. 幾何精度檢核採抽樣檢驗，其方式有二：凡規範中訂定以精度（中誤差）做為幾何精度標準者，則以檢核其中誤差為原則；凡規範中以個別最大誤差為標準並訂有合格率者，則依合格率計算方式，實施抽樣檢核計畫。
2. 全面性檢核者，為全數檢查，若規範中未另外明訂合格率，則需達 **95%** 以上的正確率，方為合格，建置單位應將錯誤全數修正，並重送監審單位針對錯誤部分檢查；若為抽驗性查核者，則檢核數量至少為送交檢核圖幅總數之 **5%**，並需達 **90%** 以上的正確率，方為合格。若第一次檢查正確率不達 **90%**，則另行抽樣檢查相同數量（雙次抽樣檢查）；累積兩次檢查總數量，正確率超過 **90%**，則檢核合格。若累積兩次檢查總數量，正確率未達 **90%**，則檢核不通過，建置單位應重新檢查修正，再送請複查。
3. 內業檢核：內業檢核之各項檢核方式得以全面性查核與抽驗性查核兩種方式進行。
4. 外業檢核：外業檢核為抽驗性質之檢核方式，外業查核的圖層包括道路、建物、區塊、重要地標及控制用影像區塊。此外，抽驗合格與否，涉及幾何精度標準者，則以檢核其中誤差為原則，而不可明確量化之檢核項目，如屬性檢核，則依合格率計算方式。母體數為送驗批內該項目內所有總數，凡規範未特別明訂者，則以隨機抽取 5% 為樣本數進行外業檢核為原則。

10-6-2 地形模型之精度要求

地形模型之精度要求視測圖目的而定，以下舉例說明。

一、數值地形

1. 平面位置誤差

依據內政部頒布「地籍測量成果檢查規範」規定，數值法戶地地面測量之誤差規定如下：

A. 圖根點至界址點之位置誤差，不得超過以下限制：

項目	誤差標準	最大誤差
市地	2 公分	6 公分
農地	7 公分	20 公分
山地	15 公分	40 公分

B. 界址點間坐標計算邊長與實測邊長之差，不得超過以下限制：

市地：	2 公分 + 0.3 公分 $\sqrt{S}$
農地：	4 公分 + 1 公分 $\sqrt{S}$
山地：	8 公分 + 2 公分 $\sqrt{S}$ ##

數值法戶地地面測量之誤差大小，不受比例尺影響，只受地區 (市地、農地、山地) 影響。由於數值法地籍測量以地段為施測單位，可視為同一個地段之地籍圖，誤差大小相同。

2. 高程誤差

數值地形精度應同一千分之一地形圖高程精度，相對空中三角點或航測控制點的數值地形精度為（$20+50\tan\alpha$）公分，α 為地面坡度。各檢測點應位於開闊無植物覆蓋之地區。

二、圖解地形

1. 平面位置誤差

(1) 平面控制點之圖上移位誤差，應小於 0.2 mm。
(2) 地物點之圖上移位誤差，應小於 0.3 mm。
2. 高程誤差
(1) 高程控制點之高程誤差，應小於等高距之 1/10。
(2) 等高線位置偏差，應小於等高距之 1/2。

10-7 地形模型之應用

地形圖之應用，至為廣泛，如都市之規劃、交通之建設、路線之敷設、農林之開發以及礦山之開採等一切建設，均需以地形圖為張本。就工程應用範圍，擇其重要者述於下：

1. 斷面圖之繪製

欲瞭解一斷面之高低情況，可繪製斷面圖。其繪製方法如下：

(1) 圖解法

如圖 10-11(a) 之等高線圖，欲繪製圖上 AB 直線之斷面圖，可於 AB 線之下，作若干平行於 AB 之平行線，各平行線間之間距應相當於等高線之等間距。則各平行線之高程，即相應於圖上等高線之高程。於是自 AB 線與等高線之各交點作垂直投影線，至與相應高程之平行線相交，依次連結平行線上各交點，即得斷面圖。

(2) 數值法

如圖 10-11(b) 之數值地形模型，欲繪製斷面圖，可於斷面線上以內插法得到一系列等間隔點的高程，即得斷面圖。

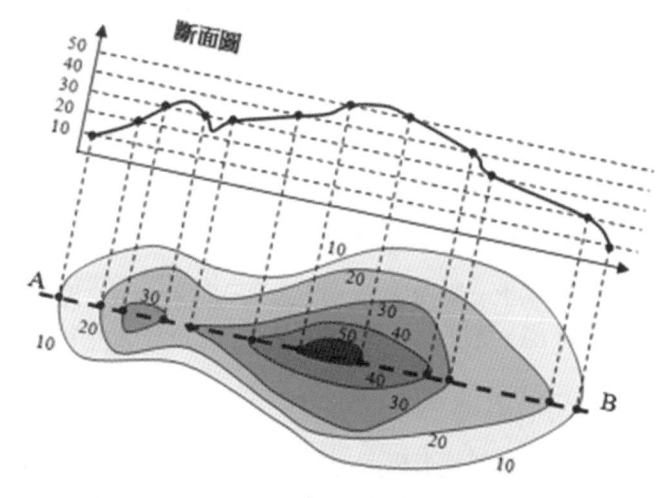

圖 10-11(a)　斷面圖之繪製(一)：圖解法

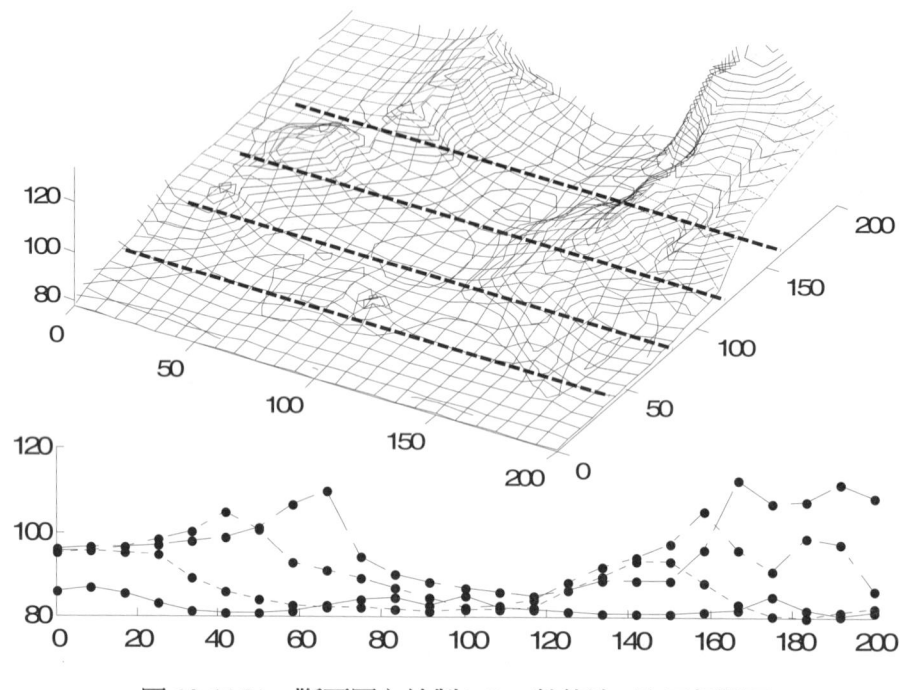

圖 10-11(b)　斷面圖之繪製(二)：數值法 (取四個斷面)

2. 同坡度線之繪製

於路線測量中，常於地形圖上依照規定之坡度，繪製同坡度線，作為定線之參考。在同坡度線上建造路基，其挖填土方幾可為零 (如圖 10-12(a))。其繪製方法如下：

(1) 圖解法

令 s=規定之坡度（％）；h=相鄰兩等高線之等高距；L=在規定坡度條件下，相對 h 之路線長

因 s：100= h：L　故　$L = \dfrac{h \times 100}{s}$ 　　　　　　　　　(10-1 式)

於是在圖上以等高線上一點為圓心，按比例尺取等於 L 之圖上長度為半徑，作弧交於次一等高線之 1 處，更以 1 為圓心，作弧得 2，以此類推，並以虛線連接之(如圖 10-12(b))。

(2) 數值法

欲得同坡度線，可於數值地形模型上的起始點計算一個特定半徑上(例 1 公尺)坡度等於預定值的點，通常會有兩個點滿足要求，取最接近預定終止點的一點，再

重複上述步驟，直到靠近終止點，即得同坡度線。

例題 10-1　同坡度線之繪製

設地形圖上等高線之等高距為 5 公尺，規定坡度為 3%，欲得同坡度線，則於二等高線間之水平距離應為何？

[解]

水平距離　$L = \dfrac{h \times 100}{s} = \dfrac{5 \times 100}{3} = 166.7$ m

(a) 同坡度線實例：北宜公路　　**(b)** 繪製同坡度線：圖解法

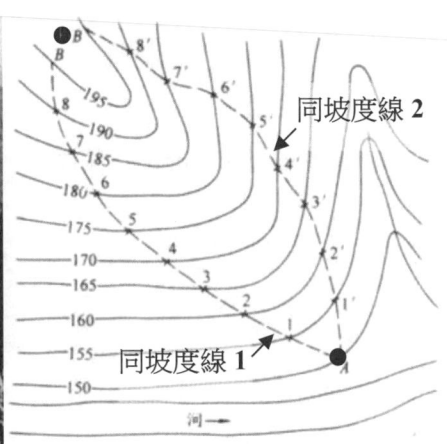

圖 10-12　同坡度線

3. 匯水面積之計算

雨水降落於地，順勢匯流於溝渠，再注入溪河。各溝渠所匯聚之雨水，其降落之範圍面積，稱為該溝渠之匯水面積 (Watershed area) (圖 10-13(a))。無論鐵、公路線通過溝渠之地，均須安置水管或涵洞，以利排水，而其管徑之大小，則視匯水面積之大小而定。其繪製方法如下：

(1) 圖解法

在山嶺區因山脊線及山谷線明顯易辨，雨水降於山脊之左，必歸入其左面之山谷中，反之歸入其右之山谷。故欲測量溝渠之匯水面積，可就地形圖上沿山脊線求出其所涵蓋之面積。

(2) 數值法

欲得匯水面積，可於數值地形模型上計算網格點上的坡度，坡度正負號變換處的點之連線為山脊線，山脊線包圍面積即匯水面積。

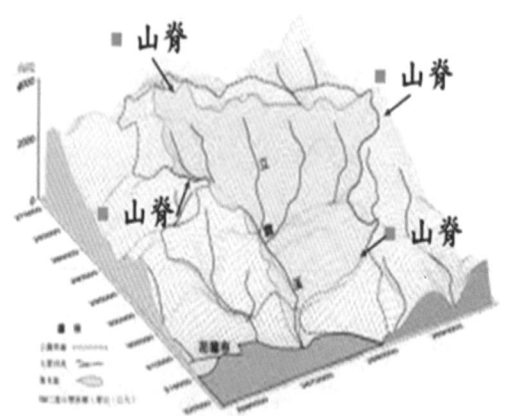

10-18　第 10 章 細部測量與數值地形測量

(a) 匯水面積：山脊線包圍面積

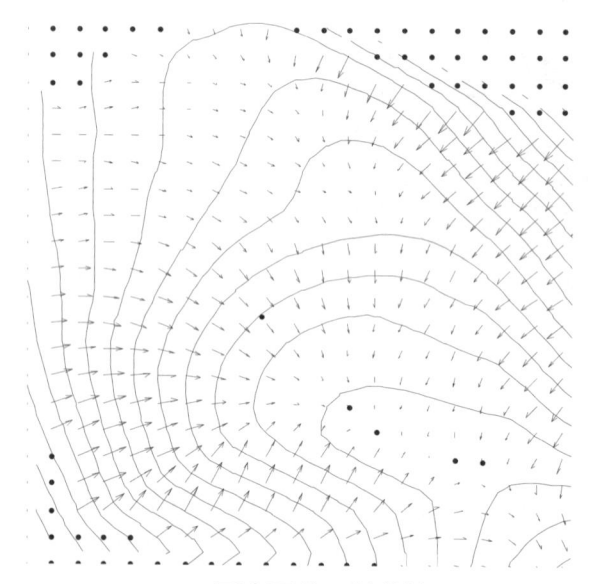

(b) 匯水面積：圖解法

(c) 匯水面積：數值法

圖 10-13　匯水面積之計算

4. 體積容積之計算

(1) 圖解法

　　如已知各等高線所含之面積以及等高距，即可計算土方之數量，其精度取決於等高線之精度與等高距大小。此法一般應用於山坡地開發工程之大面積求土方及路線工程取材區之體積計算。其作法請參考「體積測量」一章。同理，於地形圖上決定水庫壩址，並確定貯水水位後，可依等高線計算水庫之容積，其方法可參照土方體積之計算方法。

(2) 數值法

欲得體積容積，可於數值地形模型上用 TIN 法或規則網格法計算每一個小單元的體積，累加後即得體積。

5. 其它 DEM 應用

(1) 淹水區分析：依據選定的水文模式，可以在 DEM 內模擬計算各種不同講與模式，或潰堤時淹沒的區域變化狀況。

(2) 輸電線路選定：高壓電塔位置選擇時，必須注意兩塔之間的懸垂電線與地面之間的淨空，利用 DEM 可在電腦輕易地分析找出最佳路線位置。

(3) 工程設計模擬：在工程設計階段，就可以將設計的數據融合到當前 DEM，在還沒有實際施工之前，就做出未來依據此設計施工完成後的虛擬模型，據此分析工程設計對環境的影像。

(4) 四維飛行模擬：在飛行模擬器內使用 DEM 搭配真實地表影像，可以塑造出與真實環境相似之即時動態 3D 視覺效果，作為模擬飛行訓量之用。

(5) 無人飛行器導航：由於山區地形起伏各有其特徵，如果將 DEM 儲存在無人飛行器的電腦內，在飛行時利用微波或雷射對地面掃描得到飛越地表的起伏狀況，將之與儲存地形資料互相比對，即可確認飛行器所在位置以作為導航之用。

10-8 數值地形資料的取得方法

數值地形模型數據之採集方法分成二類：(1) 實地測量 (2) 紙圖數位化。

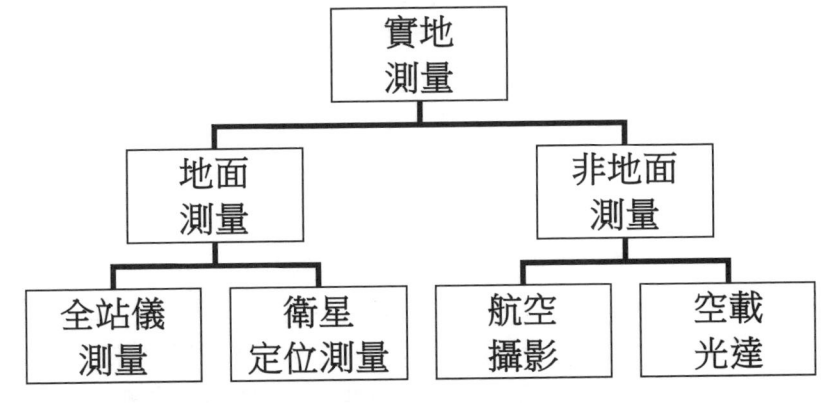

圖 10-14　數值地形模型數據之採集方法：實地測量

1. 實地測量 (圖 10-14)
(1) 地面測量

　　使用全站儀(電子測距經緯儀)測量各地形點位，計算其三維坐標，並由自動連線編碼方式，經電腦處理後，利用自動繪圖儀繪製地形圖。實地測量時除設法獲取點的三維座標外，還需記錄點的編碼。編碼首先用於地物的分類，如區分房屋、道路、水系、地形等大類；還可細分何種房屋、何種道路、什麼樣的水面等細類。對於地形點，宜區分山谷、山脊、山頂、山窪、鞍部以及地形斷線 (如懸崖的邊線) 等。此外，盡可能用編碼來表明該點與其它點的關係。在數值測量中，等高線大多是先測取高程點後，再經程式內插而求得等高線。所獲得的成果受高程點取樣之代表性，即點數的多寡及點位的分佈之不同而有所差異。

(2) 衛星定位測量

　　衛星定位測量係藉由地面接收儀接收衛星所發射的無線電訊號，以測定點位三度空間座標之測量。衛星定位測量與地面測量都是以「點」為單位的測量方法，二者的基本分別在於衛星定位測量的施測儀器置於太空，故較不受地形複雜與交通險阻之限制，也不受天候影響，夜晚雨天也可測量。為目前最具潛力的測量方法。

(3) 航空攝影測量

　　航空測量之基本原理乃事先將欲選定為控制點處 (含已知點及實測點) 佈設航測標，以使其在相片上能確定其位置為原則。後將航空攝影機裝置於飛機上，飛臨測區上空，按照航線計畫，將全區以重疊方式攝影，攝影測量儀器可以測量相片上像點的相片座標系座標。由於相片上部分像點 (控制點) 之大地座標系座標為已知，應用座標轉換，其它像點可以從其自己的相片座標系座標，配合其在重疊相片上的共同點的相片座標系座標，計算得其大地座標系座標。因此可以用人工或影像自動匹配的方式，在立體模型內量測出地表上足夠密度的離散高程點，及用以描述地表特殊起伏形狀的地形特徵線(地形結構線、地形斷線)、特徵點 (局部最高或最低點)，然後以適當的運演算法則將這些量測的數據，過濾量測誤差後，內插計算出等間距的 **DEM** 網格。由於航空攝影測量可以用內業而非外業的方式產生 **DEM**，因此對大範圍測量而言，是建構 **DEM** 最經濟的方法。

(4) 空載光達測量

　　近年來由於空載光達的發明使 **DEM** 的測製又多一種方法。「光達」 **(Lidar, Light Detection and Ranging)** 有別於「雷達」**(radar)** 使用微波，光達是使用「光波(雷射)」去掃描地面來進行距離量測之系統，也可稱為「雷射掃描儀」，藉由雷射掃描地面並解讀其回傳訊號得到地面點的三維座標。雖然光達測量是以「點」為單位的測量方法，但其點的數量極為巨大，可達百萬點，形成「點雲」，因此可以達到以「面」為單位的效果。其 DEM 之精度受到兩個因素之影像：**(a)** 所量測到地表點的密度及量測的精度。**(b)** 所量測的地形特徵線及特徵點的數量是否充分掌握地表起伏。

表 10-1 各種測量方式之比較

方法\項目	傳統地面測量	衛星定位測量	航空攝影測量
天氣	下雨即無法進行測量。	不論晴雨，全天 24 小時皆可進行。	受雲遮蔽部分無法施測。
控制點間通視	需通視	不需通視	不需通視
控制點透空性	不需透空性	需要良好透空性	需要良好透空性
設備成本	每組需一台全站儀搭配一組稜鏡即可進行施測，因此每一組儀器成本約 20~30 萬。	每一組靜態測量至少需三部接收儀同步觀測；RTK 至少需基準站、移動站各一部接收儀；RTN 至少需一部移動站接收儀。每一部接收儀成本 40~50 萬。	每一個專案都需辦理一趟昂貴的飛行任務，若不成功，則需再辦理一趟飛行，因此成本高。
人力使用	每組至少需測站一人及前、後視各一人。	每一部接收儀至少需一位測量員。	專案開始的外業(控制測量)使用人力較多，後續內業人力較少。
施測時間	視附近有無圖根點存在，無圖根點時需從附近控制點引測。	靜態測量每一個測點約需一個小時；RTK、RTN 每一點約 10 秒。RTN 無需架設基準站。	外業 (控制測量)完成後，幾乎全由內業辦理，外業施測時間短。
測量範圍	小區域測量	大小區域皆可	大區域測量
人員訓練	無需花費太多時間訓練	無需花費太多時間訓練	技術性高，需花費較多時間訓練

地形測量是將地表面上之地貌、地物，運用各種測量方法獲得相關點位空間資訊，再將前開資訊依所需比例尺繪製，或以註記符號表示於電子版或紙版媒介之作

業。通常可用全站儀地面測量方式（小面積、大比例尺、平坦地）或利用航空攝影測量方式（大面積、小比例尺、丘陵地）來產製數值地形圖的服務。近年來由於航空攝影測量之發展迅速，就速度而言，遠較地面測量為優。但航空攝影測量儀器設備昂貴，測量費用若以單位面積比較，其測區愈小，費用相對愈高，且陰蔽之處還需地面補測。因此大地區小比例之地圖測繪，以航空攝影測量為宜；小地區大比例之地圖測繪，則以地面測量為宜。各種測量方式之比較如表 10-1。

2. 紙圖數位化

要利用電腦輔助設計 (Computer-Aided Design, CAD) 進行工程設計，例如公路設計中的挖填方計算，需要有 DTM 數據。一個 DTM 中應包含 (1) 按某種規則存放的已知點三維座標，(2) 相應的插值程式。但有時測量單位尚不能提供實測的 DTM 數據，只能提供以等高線組成之傳統圖解地形圖。為了滿足 CAD 的需要，可利用現有紙版地形圖數化成能為 CAD 所用的電子版 DTM。其方法有：

(1) 紙圖手動數位化

利用數化儀可以方便地把圖紙上的地形信息輸入電腦。只要把數化儀的指示器 (游標) 對準面板上某一點並擊鍵，這一點的面板座標值 (X, Y) 就可輸入電腦。如果把圖紙固定在面板上，把指示器依次對準圖上一些特徵點並擊鍵，則圖上特徵點的座標值 (X, Y) 就可進入電腦，如果紙圖上有等高線，可估計高程，手動輸入 Z 值，即產生一特徵點的三維座標。等高線也可進行數化，方法是指示器對準圖上一等高線並擊鍵，並輸入其高程，接著沿著等高線每隔一段距離就擊鍵一次，特別是在等高線轉彎處更需密集擊鍵選點。有了這些數位化數據，就可以內插法建構 DTM 模型，使 CAD 軟體能進行分析與設計。

(2) 掃描手動數位化

先掃描現有紙版地形圖到電腦成影像檔，然後把它展示在螢幕當作底圖，在螢幕上如同上述紙圖手動數位化一樣，把需要的特徵點擊鍵輸入，因此這種做法也稱為螢幕上數位化 (on-screen digitizing)。

(3) 掃描自動數位化

先掃描現有紙版地形圖到電腦成影像檔，然後再用電腦系統自動辨識影像檔中的特徵點、圖形、文字，產生電子版地形圖。

(4) 掃描半自動數位化

先掃描現有紙版地形圖到電腦成影像檔，然後電腦系統在使用者介入導引下，一個圖徵一個圖徵地進行向量化萃取，當有疑問發生時，也是由使用者加以排除。因此是一種屬於半自動線段追蹤 (line tracing) 的做法。

10-9 傳統地面數值細部測量之作業程序

等高線之測繪常與地物測量同時進行。傳統地面數值細部測量之作業程序如下：

1.踏勘與籌劃

踏勘係地形測量之首要工作，其作業良否不僅影響測量之精度，且對測量經費與時間影響亦大，故應由經驗豐富、技術熟練之人員負責。踏勘時應先查明施測範圍、瞭解測區之地形，然後依據測量目的、所需精度、比例尺與測區大小，擬定控制點佈設方式，進而決定測量之方法，編定測量之計畫，準備各種儀器材料。

2.設置控制點

依據控制點佈設方式及地形現況，選定各控制點之位置，釘以木樁或道釘為標誌，如需永久保存，應改埋以石樁或鋼筋混凝土樁，並繪以點位記錄。控制點之密度則視地區之大小、地圖之比例尺、地物之多寡、地貌之形勢而定，通常以圖上每隔 5 公分有一點為原則，並依實際測圖需要而酌予增減。例如要測 1/1000 比例的地形圖，通常每隔 50 公尺需要一控制點。

3.控制測量

測量之工作分為下列二項：

(1) 平面控制測量：測定各控制點相互間之平面位置，以供細部測量之依據。測量控制點之方法有座標測量、導線測量、三角測量、自由測站法測量等，可依需要擇一採用或混合應用。

(2) 高程控制測量：測定各控制點之高程，以為測區高程之依據，通常以直接水準測量為之，但山嶺丘陵地區則以三角高程測量實施。

4.細部測量

以控制點為依據，視測量地物、地形需要，測量圖根點，再應用圖根點測量地物特徵點、地形要點座標。

5.製圖整飾

細部測量完成之點位數據輸入電腦，經電腦輔助處理可以編輯地物，並用內插法建構 DTM 模型，得到完整之平面圖與地形圖。

傳統地面數值地形測法可分為：

1.直接測定法

直接測定法亦稱為追蹤等高線法 (Trace-contour method)，係測定地面上特定高程的等高線的等高點之位置，而以曲線連接之，即得該高程之等高線。在地形過於平坦處追蹤等高點不容易，在地形變化過於劇烈處等高線可能錯失重要地形要點，影響精度，因此這種方法適合地勢起伏中等的地形。
2.間接測定法
(1) 地形要點法
　　係於測區內，選定地面上地形要點，測定其位置及高程，而後應用內插法建構 DTM 模型，再利用此模型產生等高線。此種方法如選點適當可減少測點以節省時間，並得到相當之精度。這種方法適合地勢起伏劇烈，地形要點明確的地形。
(2) 方格法
　　係於測區內，移動稜鏡標竿到方格點上，測量其高程，而後應用內插法建構 DTM 模型，再利用此模型產生等高線。此種方法適合地勢平坦，地形要點不明確，但易於移動稜鏡標竿到方格點的地形。

10-10　傳統地面數值地物測法

10-10-1　地物的測量方法

　　數值法之平面圖測法可分為：
1.直接座標測量（全站儀）
　　以全站儀進行直接座標測量，可以自動讀數、記錄，並可連接電腦作計算、繪圖。本法作業迅速，且不必讀數、記錄、鍵入，可減少錯誤。
2.間接座標測量（經緯儀與電子測距儀）
　　以經緯儀與電子測距儀進行間接座標測量，以人工讀數、記錄，再鍵入電腦作計算、繪圖。本法作業較慢，且讀數、記錄、鍵入易產生錯誤，故須仔細工作。間接座標測量中以導線法最為簡便，只要在一測站測定一邊長一夾角即可計算座標。
　　地物測量取點原則
(1) 依照重要性來決定是否測量，而非依照易測性來決定是否測量。
(2) 原則上取建物滴水線為建築的外緣線(圖 10-15)。
(3) 取點要考慮比例尺，在小比例尺測圖可忽略的地物特徵點，在大比例尺測圖中可能不可忽略。
(4) 對無法直接測量，但具有重要性的地物點，測量人員應該充分靈活應用幾何學知識，以間接測量與計算方法獲得這些點的座標。

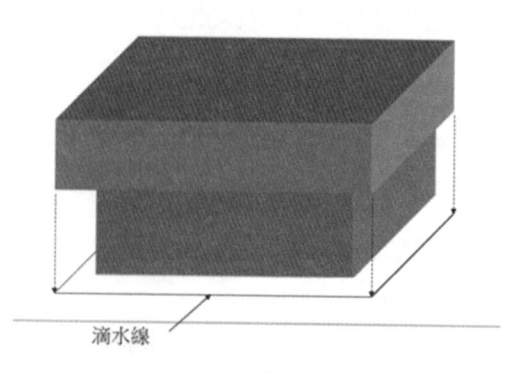

圖 10-15 建物要以滴水線為準

10-10-2 地物的概略化

平面圖測量的要訣是地物點的選取，選取愈多雖可愈精密地表達地物，但成本愈高；反之，選取愈少雖成本愈低，但愈無法精密地表達地物。因此地物要適度地簡化。例如現地 30 cm 大小的地物 (如樹幹) 在 1/1000 比例尺的圖上只有 0.3 mm，因此可以考慮忽略；但在 1/100 比例尺的圖上有 3 mm，不可忽略。又例如曲線道路上，如果現地每 30 cm 取一點，則在 1/1000 比例尺的圖上每 0.3mm 就有一點，過於密集。如果希望圖上每 3 mm 有一點，可以考慮每 3 公尺取一點即可。圖 10-16 是道路與建物的取點實例。圖 10-17~圖 10-19 分別是建物、道路、水池的兩種不同程度的概略化實例。圖 10-20 是平面圖實例。

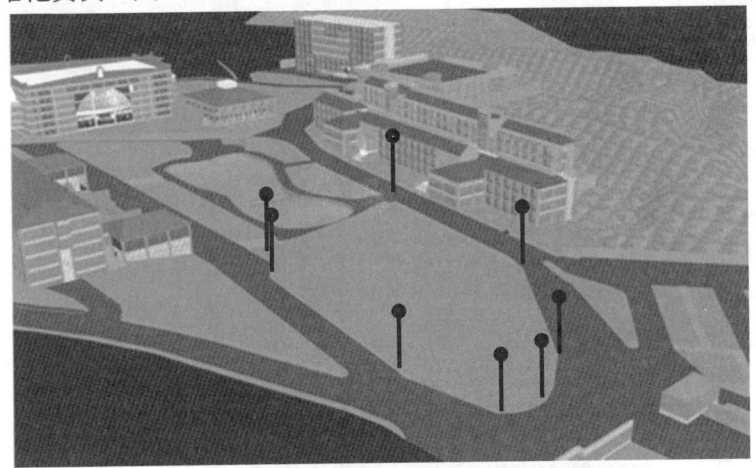

圖 10-16(a)　平面圖測法：道路邊緣選點實例

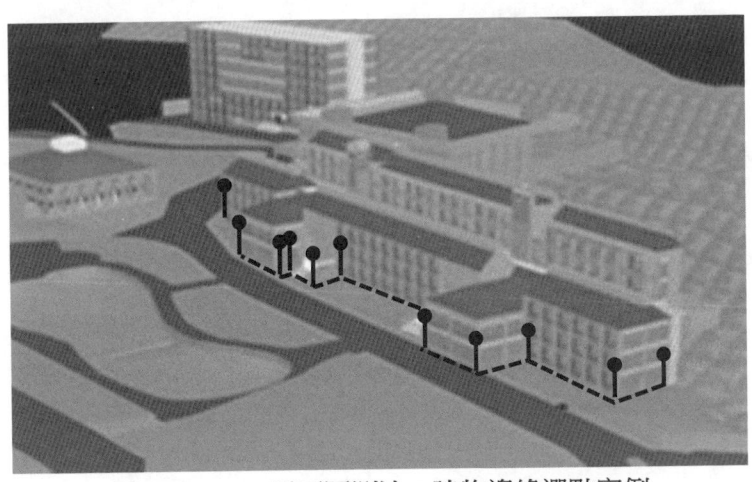

圖 10-16(b)　平面圖測法：建物邊緣選點實例

10-26 第 10 章 細部測量與數值地形測量

較精緻的平面圖　　　　　　較簡化的平面圖

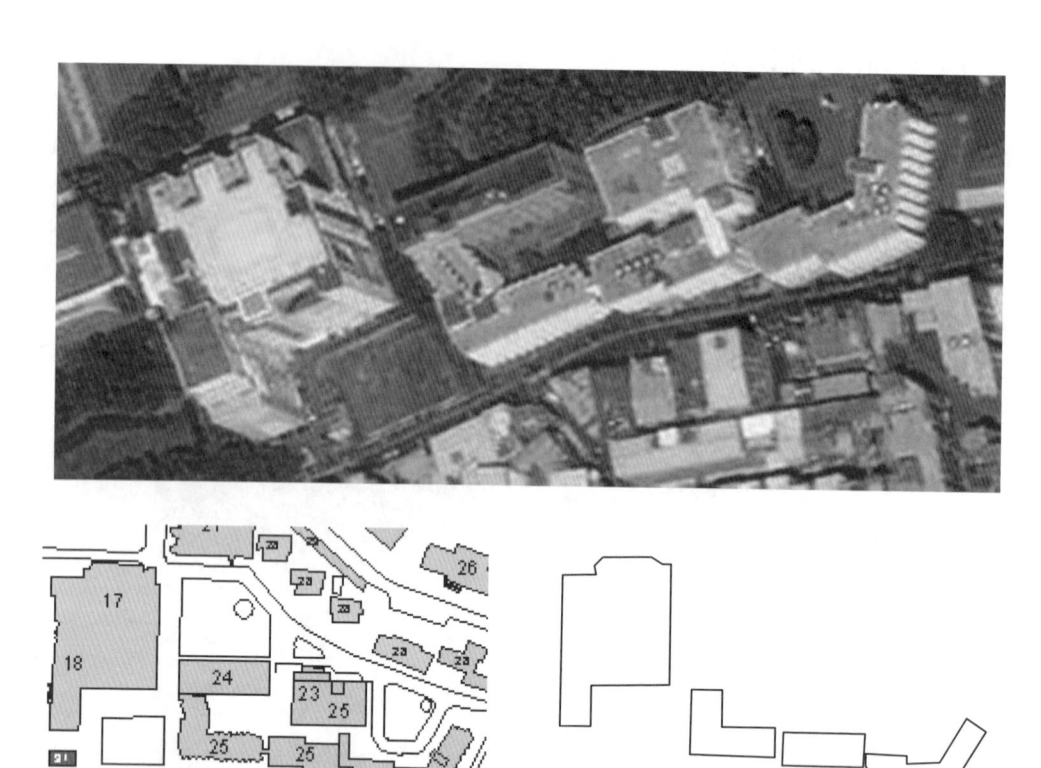

圖 10-17　地物的概略化實例：建物

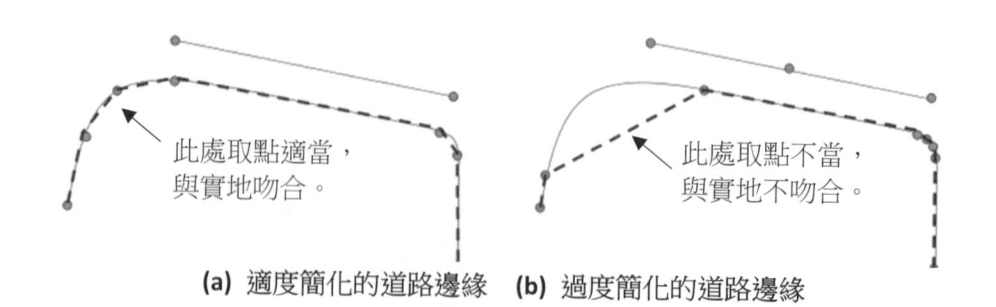

(a) 適度簡化的道路邊緣　　(b) 過度簡化的道路邊緣

此處取點適當，與實地吻合。

此處取點不當，與實地不吻合。

圖 10-18　地物的概略化實例：道路

實地水池形狀

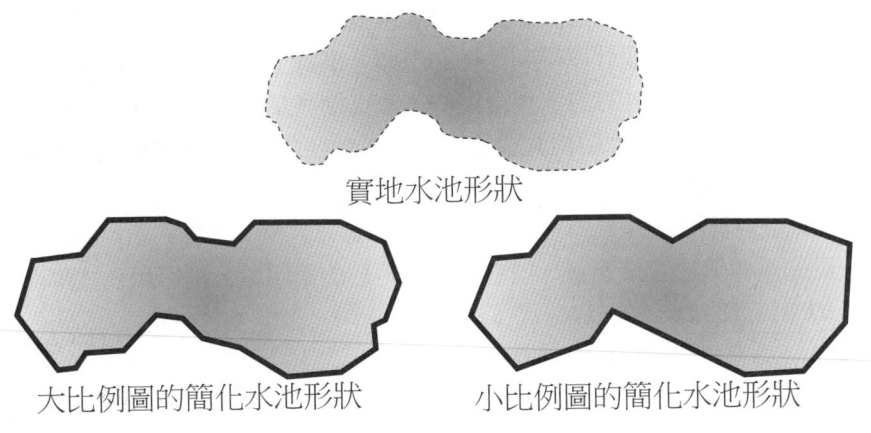

大比例圖的簡化水池形狀　　　小比例圖的簡化水池形狀

圖 10-19　地物的概略化實例：水池

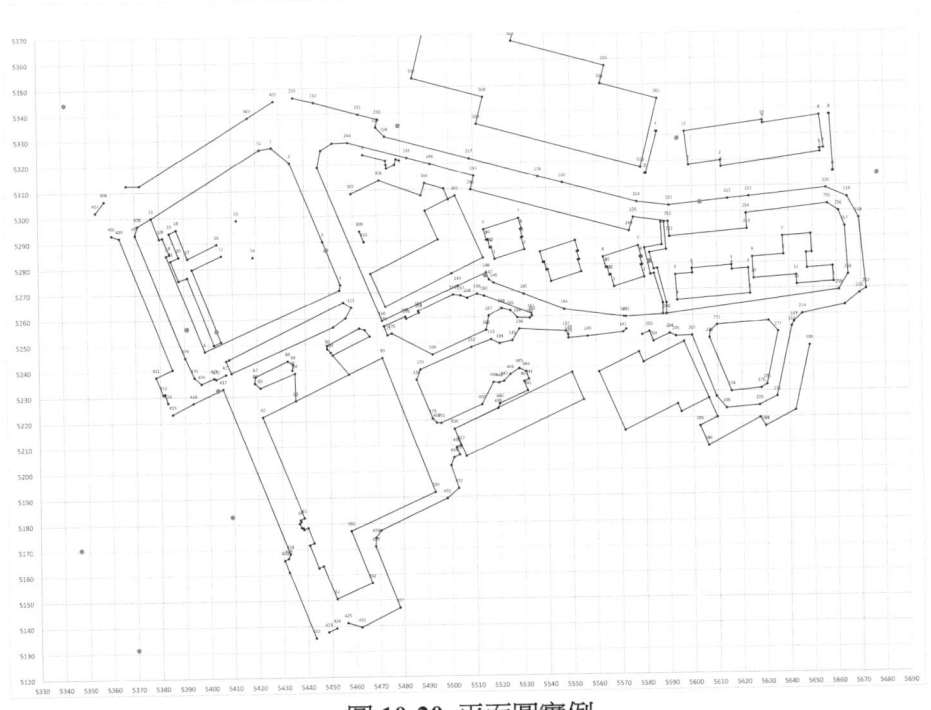

圖 10-20　平面圖實例

10-10-3　地物的計算定位法

　　在現實世界中，許多地物因地形障礙、視線遮蔽等因素無法測量。所幸地物經常是人類創造的物體，具有一定的規律，例如很多建築物都是由許多矩形構成，許多建物轉角都是直角，許多線之間都是平行線或垂直線等。當地物滿足這些幾何規律時，可以用幾何學的定理計算得到地物的座標。事實上，測量人員應該充分靈活應用幾何學知識，以間接計算方法獲得這些無法直接測量，但具有重要性的地物點座標。例如在第六章的「遇障礙物測量法」一節中介紹的「直線非中點法」等方法。以下介紹二個在地物測量上十分有用的方法。

方法 1. 矩形地物補點

當一點的座標無法直接測量，但它是一個矩形的第四點，則可用公式解

$$X_4 = \frac{(X_1 dX + Y_1 dY)dX - (Y_3 dX - X_3 dY)dY}{dX^2 + dY^2}$$ (10-2 式)

$$Y_4 = \frac{(Y_3 dX - X_3 dY)dX + (X_1 dX + Y_1 dY)dY}{dX^2 + dY^2}$$ (10-3 式)

其中 $dX = X_2 - X_1$, $dY = Y_2 - Y_1$

例題 10-2 矩形地物補點

P4 點的座標無法直接測量，但它是一個矩形的第四點，其它三點座標如下：

	X	Y
P1	75.000	143.301
P2	100.000	100.000
P3	186.603	150.000

[解]

P4 點的座標可用公式

$dX = X_2 - X_1 = 25.000$

$dY = Y_2 - Y_1 = -43.301$

$$X_4 = \frac{(X_1 dX + Y_1 dY)dX - (Y_3 dX - X_3 dY)dY}{dX^2 + dY^2} = 161.603$$

$$Y_4 = \frac{(Y_3 dX - X_3 dY)dX + (X_1 dX + Y_1 dY)dY}{dX^2 + dY^2} = 193.301$$

方法 2. 座標轉換法

當一點的座標無法直接測量，但它是一個由許多矩形構成的建物上的一點，則可用座標轉換法：

(1) 取建物的左下角 (西南方)為原點 O，以一邊為 A 軸，另一個垂直邊為 B 軸，組成建築座標系。由於假設建物的轉角都為直角，因此可用捲尺量出各點間的長

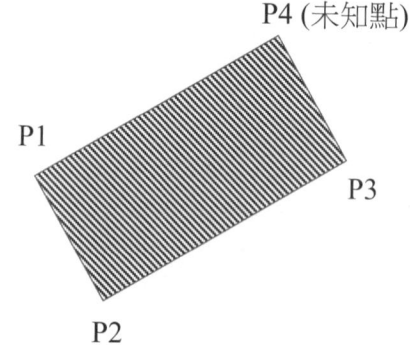

度，決定其建築座標系座標(A,B)。
(2) 用傳統方法測出上述中的任兩點 P₁ 與 P₂ 的真實座標系座標(X,Y)。
(3) 計算 P₁P₂ 在真實座標系的長度與在建築座標系中的長度比例，稱「尺度比」k。

$$k = \frac{L(X,Y)}{L(A,B)} = \frac{\sqrt{(X_2-X_1)^2+(Y_2-Y_1)^2}}{\sqrt{(A_2-A_1)^2+(B_2-B_1)^2}}$$ (10-4 式)

如果 k 接近 1.0，誤差在容許範圍，例如 1/10000，則可進行下一步，否則重測。
(4) 計算 P₁P₂ 在真實座標系與在建築座標系中的方位角差距，此差距即建築座標系主軸在真實座標系中的方位角

$$\alpha = \phi(X,Y) - \phi(A,B)$$ (10-5 式)

$\phi(X,Y)$ 與 $\phi(A,B)$ 為 P₁P₂ 在真實座標系 (X, Y) 與建築座標系 (A, B) 座標系之方位角。
(5) 計算建築座標系的原點在真實座標系中的座標

$$x_0 = X_1 - A_1\cos\alpha - B_1\sin\alpha \qquad y_0 = Y_1 + A_1\sin\alpha - B_1\cos\alpha$$
(10-6 式)

(6) 利用未知點在建築座標系座標計算真實座標系的座標

$$X = x_0 + A\cos\alpha + B\sin\alpha \qquad Y = y_0 - A\sin\alpha + B\cos\alpha$$
(10-7 式)

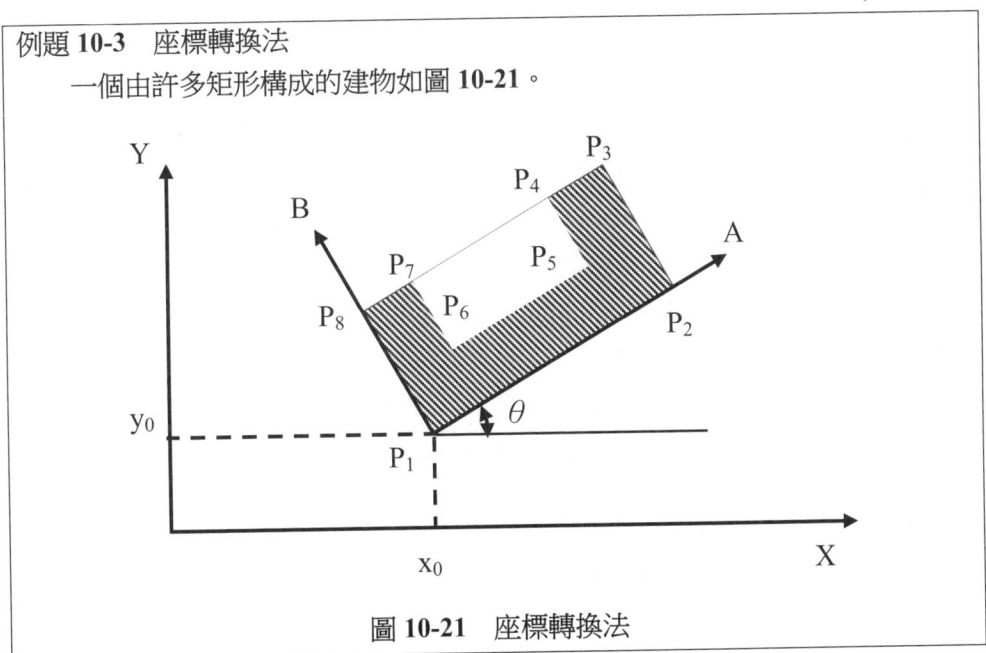

例題 10-3　座標轉換法

一個由許多矩形構成的建物如圖 10-21。

圖 10-21　座標轉換法

以建物的左下角 (西南方) **P1** 為原點 **O**，以一邊為 **A** 軸，另一個垂直邊為 **B** 軸。用尺量出各點間的長度，決定其建築座標系座標 **(A,B)**，得下表：

	A	B		A	B
P1	0.000	0.000	P5	75.000	25.000
P2	100.000	0.000	P6	25.000	25.000
P3	100.000	50.000	P7	25.000	50.000
P4	75.000	50.000	P8	0.000	50.000

用傳統方法測出上述中的任兩點的真實座標系座標 **(X,Y)**，得下表：

	X	Y
P2	186.603	150.000
P8	75.000	143.301

試以座標轉換法計算其它六點的真實座標系座標 **(X,Y)**。

[解]

(1) 計算 P_1P_2 在真實座標系的長度與在建築座標系中的長度比例 **k**。

$$k = \frac{L(X,Y)}{L(A,B)} = \frac{\sqrt{(X_2 - X_1)^2 + (Y_2 - Y_1)^2}}{\sqrt{(A_2 - A_1)^2 + (B_2 - B_1)^2}} = \frac{111.8039}{111.8034} = 1.000004$$

K 的誤差約 **1/235000**，小於容許範圍，可進行下一步。

(2) 計算 P_2P_8 在真實座標系與在建築座標系中的方位角差距

在真實座標系中的方位角 $\phi(X,Y)$=266.5649

在建築座標系中的方位角 $\phi(A,B)$=296.5651

方位角差距 $\alpha = \phi(X,Y) - \phi(A,B)$ =-30.00017

(3) 計算建築座標系的原點在真實座標系中的座標

$x_0 = X_1 - A_1 \cos\alpha - B_1 \sin\alpha$ =100.001

$y_0 = Y_1 + A_1 \sin\alpha - B_1 \cos\alpha$ =100.000

(4) 利用未知點在建築座標系座標計算真實座標系的座標

$X = x_0 + A\cos\alpha + B\sin\alpha$ $Y = y_0 - A\sin\alpha + B\cos\alpha$

	A	B	X	Y		A	B	X	Y
P1	0.000	0.000	100.001	100.000	P5	75.000	25.000	152.452	159.151
P2	100.000	0.000	186.603	150.000	P6	25.000	25.000	109.151	134.150
P3	100.000	50.000	161.603	193.301	P7	25.000	50.000	96.651	155.801
P4	75.000	50.000	139.952	180.801	P8	0.000	50.000	75.000	143.301

10-11 傳統地面數值地形測法(一)：直接法

直接測定法亦稱為追蹤等高線法 (Trace-contour method)，係測定地面上特定高程的等高線的等高點之位置，而以曲線連接之，即得該高程之等高線。直接測定法之作業方法為 (圖 10-22)：

1. 持反射鏡者沿地面之起伏線進行至一適宜之位置，司全站儀者以儀器照準，並指揮持尺者在坡度方向上下移動，待高程讀數恰為所要之等高線高程為止，即得一點座標。
2. 持反射鏡者再沿與前點同高之方向移動，至等高線方向有變化之位置後，同上法測定同高程之點的座標。
3. 如此連續測得許多同高程點，將這些點連線即得一條數值等高線。
4. 測畢此等高線後，再測定下一個高程之等高線。

直接測定法所得之結果，其精度較高，若所定得之點愈多，則所繪製之地形圖愈為逼真。但在地形過於平坦處追蹤等高點不容易，在地形變化過於劇烈處等高線可能錯失重要地形要點，影響精度，因此這種方法適合地勢起伏中等的地形。

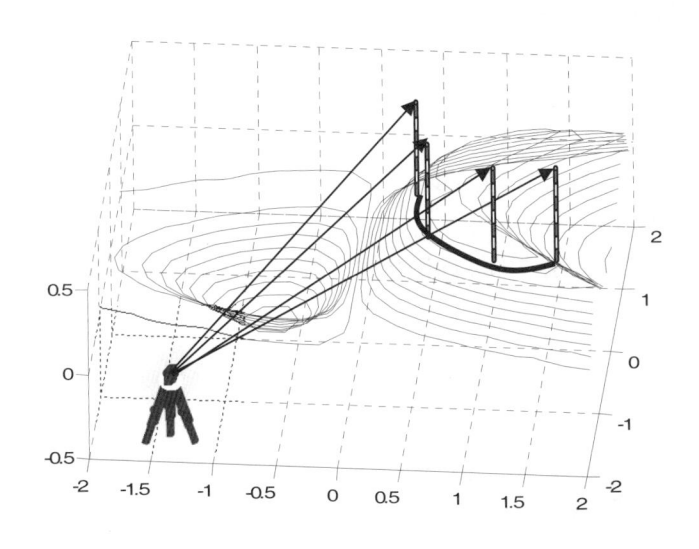

圖 10-22　直接測定法：數值等高線 (反射稜鏡桿沿等高線移動)

10-12 傳統地面數值地形測法(二)：地形要點法
10-12-1 地形要點

地形要點法是一種以不規則的佈點的方式，選擇重要的地形要點測得其三維座標，來代表連續的二度空間資料 (例如地形資料) 的資料結構。地形要點的佈點密度可隨空間資料複雜度之不同而改變，因此，地形上的劇烈變化亦可以有效地加以表示。例如坡度變化處 (山頂、山窪、山崖、山腳)，坡向變化處 (山脊、山谷等地形線)。

在傳統的圖解法地面測量中，等高線的繪製都是以平板測量方法來測繪。由測繪人員於現場測取高程點並標記於圖上，然後利用線性內插的方式繪出等高線與實際地形比較，可立即知道所繪之等高線是否足以確實表示該地形。若不足以表示該地形，則可立即決定何處需增補高程點以修正等高線，但此種圖解法有許多難以克服的缺點，已經被淘汰。而在現代的數值法地面測量中，先在外業以數值法獲得許多地形要點的高程，再於內業用電腦以不規則三角網法內插得到等高線。由於在外業時，所獲得的都是一些點位的觀測資料，故無法在現場檢核高程點之取樣是否具備有代表性，因此在數值法地形測量中，地形要點的選取是確保測量成果品質必須注意之要務，需要經驗豐富的測量人員方能勝任。

地形要點選點原則為：

1. 等高線間距有變化之處，即坡度變化處，例如
   (1) 坡度頂點 (Peak)：如山頂。
   (2) 坡度底點 (Pit)：如山窪。
   (3) 坡度變換點：如山崖、山腳。
   (4) 鞍部點 (Saddle)。
2. 等高線方向有變化之處，即坡向變化處，例如山脊、山谷等地形線。

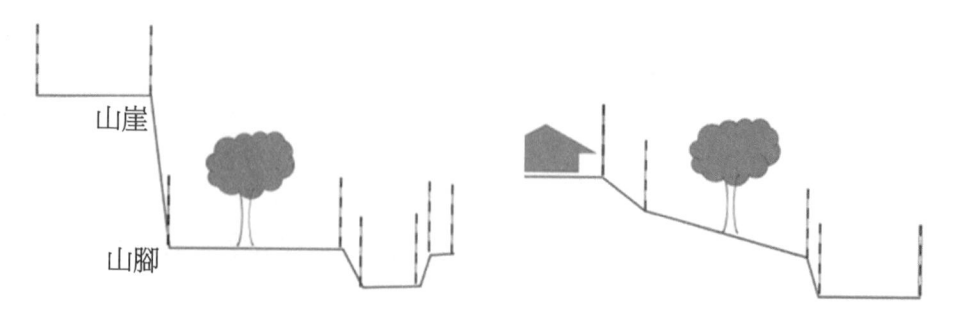

圖 10-23　地形要點法：坡度變化處

10-12-2 內插等高線：人工產生

有了足夠的地形要點數據後，可用電腦將它們編為不規則三角網 (TIN)，再內插得到等高線。事實上，不規則三角網本身就是一個數值地形模型，並不需要產生圖解地形模型使用的等高線來表達地形，不過用數值地形模型產生等高線可視為數值地形模型得一種應用。電腦化的數值地形模型產生等高線方法將在後面的「不規則三角網」一節介紹。本節將介紹以人工方式由地形要點數據產生等高線。

例如圖 10-24 為一組地形要點，旁邊的數據為高程，曲線為河川，屬於地形斷線。人工產生等高線的步驟如下：

Step 1. 將地形要點編成不規則三角網。要注意所有三角形應盡可能接近正三角形，並且不可穿越地形斷線，不可重疊，不可空缺。結果如圖 10-25。

Step 2. 在不規則三角網邊線上內插整數高程點 (圖 10-26)。假設等高距 10m。以左下方高程 60-120 的邊為例，內插出 70, 80, 90, 100, 110 m 的整數高程點。

Step 3. 將不規則三角網邊線上整數高程點連成等高線曲線 (圖 10-27)。

圖 10-28 為以人工完成的等高線圖，圖 10-29 與圖 10-30 為以電腦完成的等高線圖，可見二者的等高線十分相似。

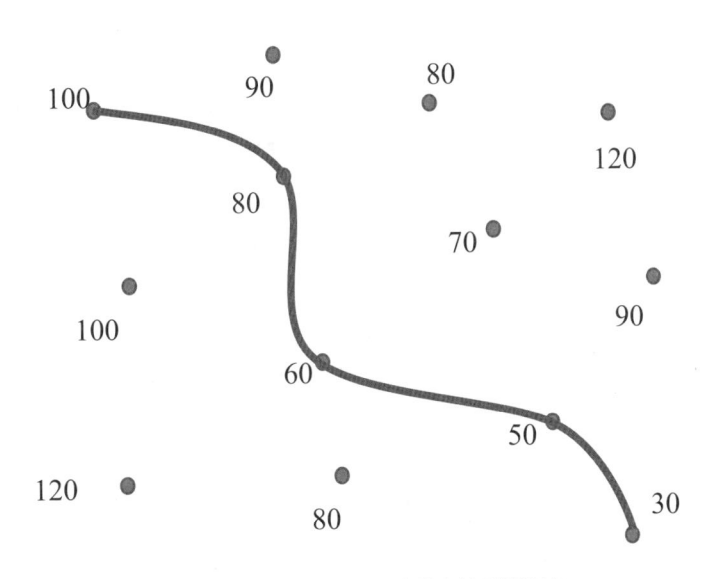

圖 10-24　地形要點的高程 (曲線為河川，屬於地形斷線)

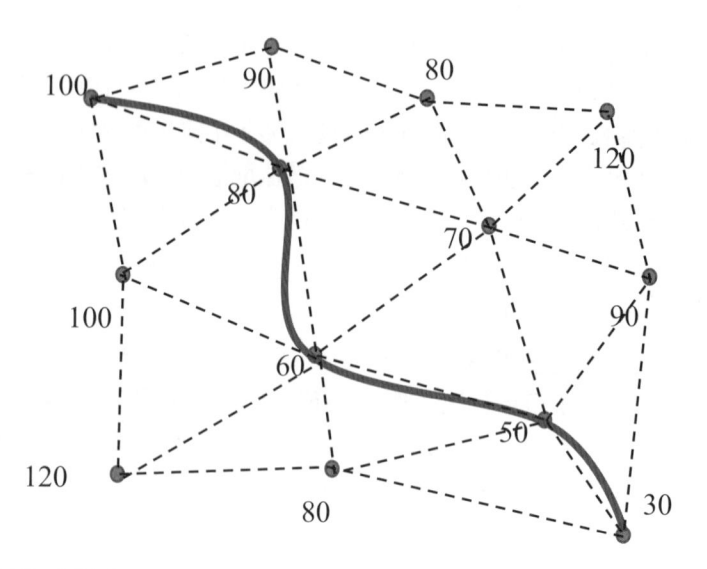

第 10 章 細部測量與數值地形測量

圖 10-25　Step 1. 將地形要點編成不規則三角網 (所有三角形應盡可能接近正三角形，並且不可穿越地形斷線，不可重疊，不可空缺)

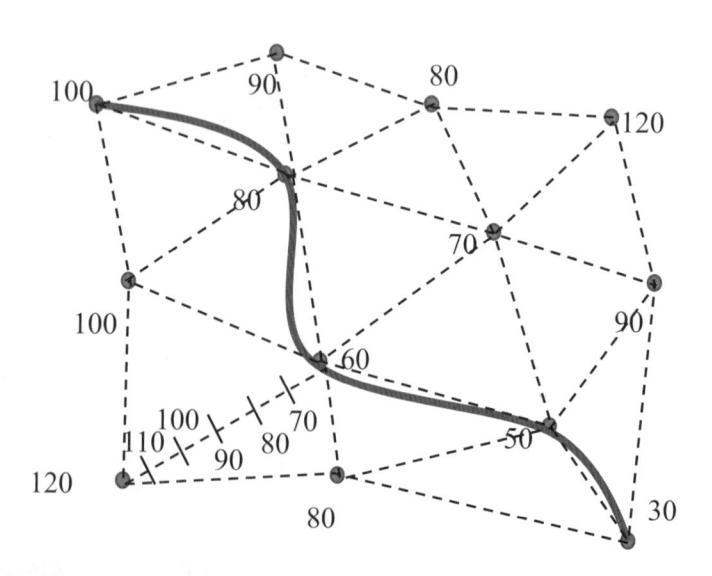

圖 10-26　Step 2. 在不規則三角網邊線上內插整數高程點 (假設等高距 10 m，以左下方高程 60-120 的邊為例，內插出 70, 80, 90, 100, 110 m 的整數高程點。)

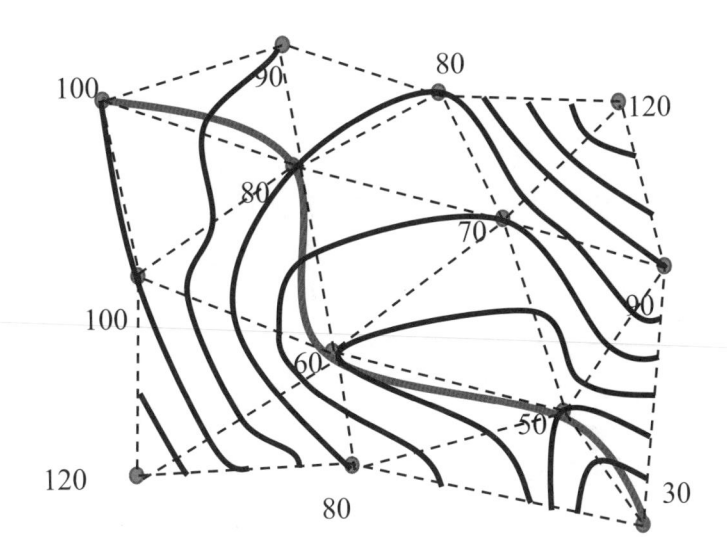

圖 10-27　Step 3. 將三角網邊線上整數高程點連成等高線曲線（等高距 10 m）

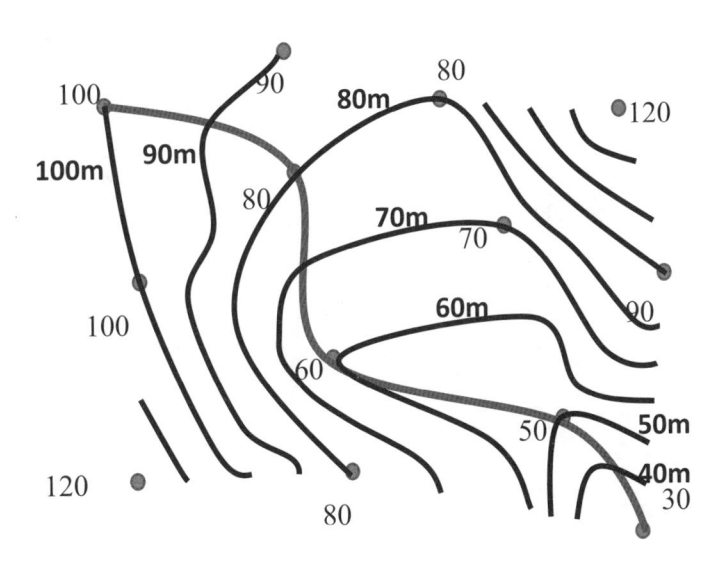

圖 10-28　以人工完成的等高線圖（等高距 10 m）(去除三角網)

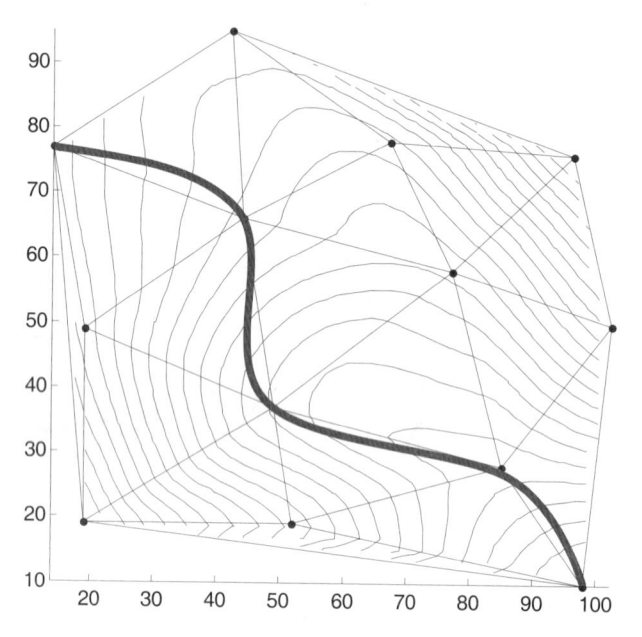

10-36　第 10 章 細部測量與數值地形測量

圖 10-29　以電腦完成的等高線圖 (等高距 5 m) (含三角網)

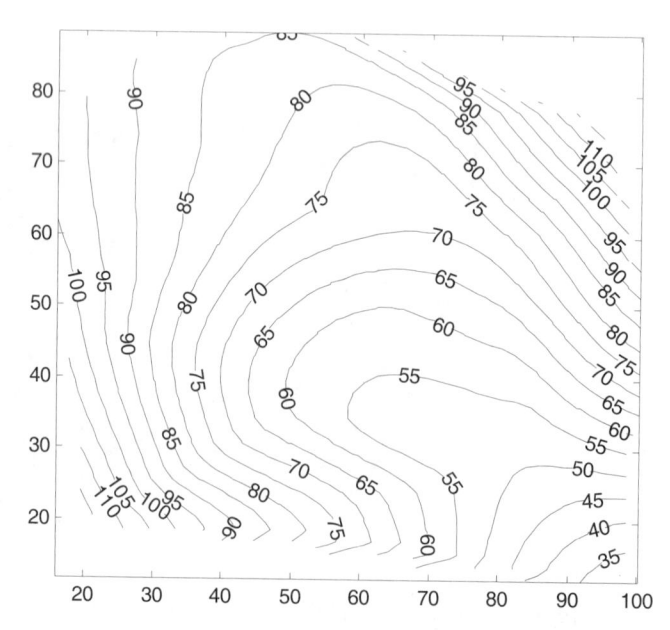

圖 10-30　以電腦完成的等高線圖 (等高距 5 m) (去除三角網)

10-13 傳統地面數值地形測法(三)：方格網法

10-13-1 方格點

在一組正交的網格上，每一個網格點均量取其高度值，這些高度值便組成一個規則矩陣的結構，此即數值高程模型 (Digital Elevation Model, DEM)。這種表示法的最大問題在於格網本身格子的大小。格子太大，對於地形的表現會有所失真；而格子太小時，又將佔用太多記憶體空間。

10-13-2 內插等高線：人工產生

有了方格點高程數據後，可用電腦內插得到等高線。事實上，方格網本身就是一個數值地形模型，並不需要產生圖解地形模型使用的等高線來表達地形，不過用數值地形模型產生等高線可視為數值地形模型得一種應用。電腦化的數值地形模型產生等高線方法將在後面的「規則網格」一節介紹。本節將介紹以人工方式由地形要點數據產生等高線。

例如圖 **10-31** 為一組方格點高程數據，旁邊數據為高程。人工產生等高線的步驟如下：

Step 1. 在方格網邊線上內插整數高程點。
Step 2. 將方格網邊線上整數高程點連成等高線曲線。結果如圖 **10-32**。

事實上，圖 **10-31** 的數據來自與前節相同得地形，但因為缺少地形斷線的輔助，產生的等高線與圖 **10-28** 與 **10-29** 有些差異。

圖 10-31　一組方格點高程數

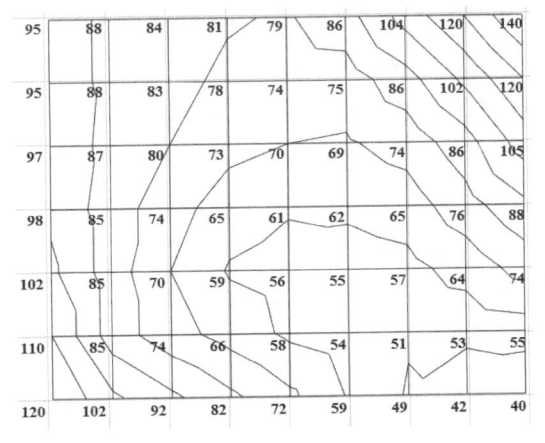

圖 10-32　在方格網內插等高線

10-14 數值地形模型的形式

常用的數值地形模型包括不規則三角網 (TIN)、規則網格 (GRID) 二種。

(1) 不規則三角網 (TIN) (圖 10-33)

以不規則大小之三角形組成數值地型以表示地形。TIN 的三角形之每個頂點有一高程值，由於三點即能定一個平面，故將各高程點視為各三角形之頂點，即可組成一個數值地形模型。

(2) 規則網格 (圖 10-34)

以規則大小之方格組成數值地型以表示地形。每個方格點有一高程值。故將各高程點組成一個方陣，即可組成一個數值地形模型。

不規則三角網與規則網格之比較如表 **10-2** 與圖 **10-35**。

表 10-2　不規則三角網與規則網格之比較

	不規則三角網	規則網格
優點	(1) TIN 數據以不規則的點分佈方式蒐集之，現場測量較為簡便。 (2) TIN 具有表現地形特徵 (如山脊、山谷、山頂、山窪) 之優點。 (3) TIN 可指定地形斷線處，具有表現地形斷線之優點。 (4) TIN 與規則網格模式比較，所需儲存之資料量較少。	(1) 許多空間運算所需之計算時間較 TIN 為短。 (2) 與數位影像結合時不需額外之處理，故易於與遙測數位影像結合。 (3) 資料結構十分簡單。
缺點	(1) 許多空間運算所需之計算時間較規則網格模式為長。 (2) TIN 與數位影像結合時須額外之處理。 (3) 資料結構較為複雜。	(1) 數據以規則的點分佈方式蒐集之，現場測量較為困難。 (2) 地形特徵點之表現能力較差。 (3) 地形斷線之表現能力較差。 (4) 與 TIN 比較，所需儲存之資料量較大 (依網格大小而定)。

第 10 章 細部測量與數值地形測量　　10-39

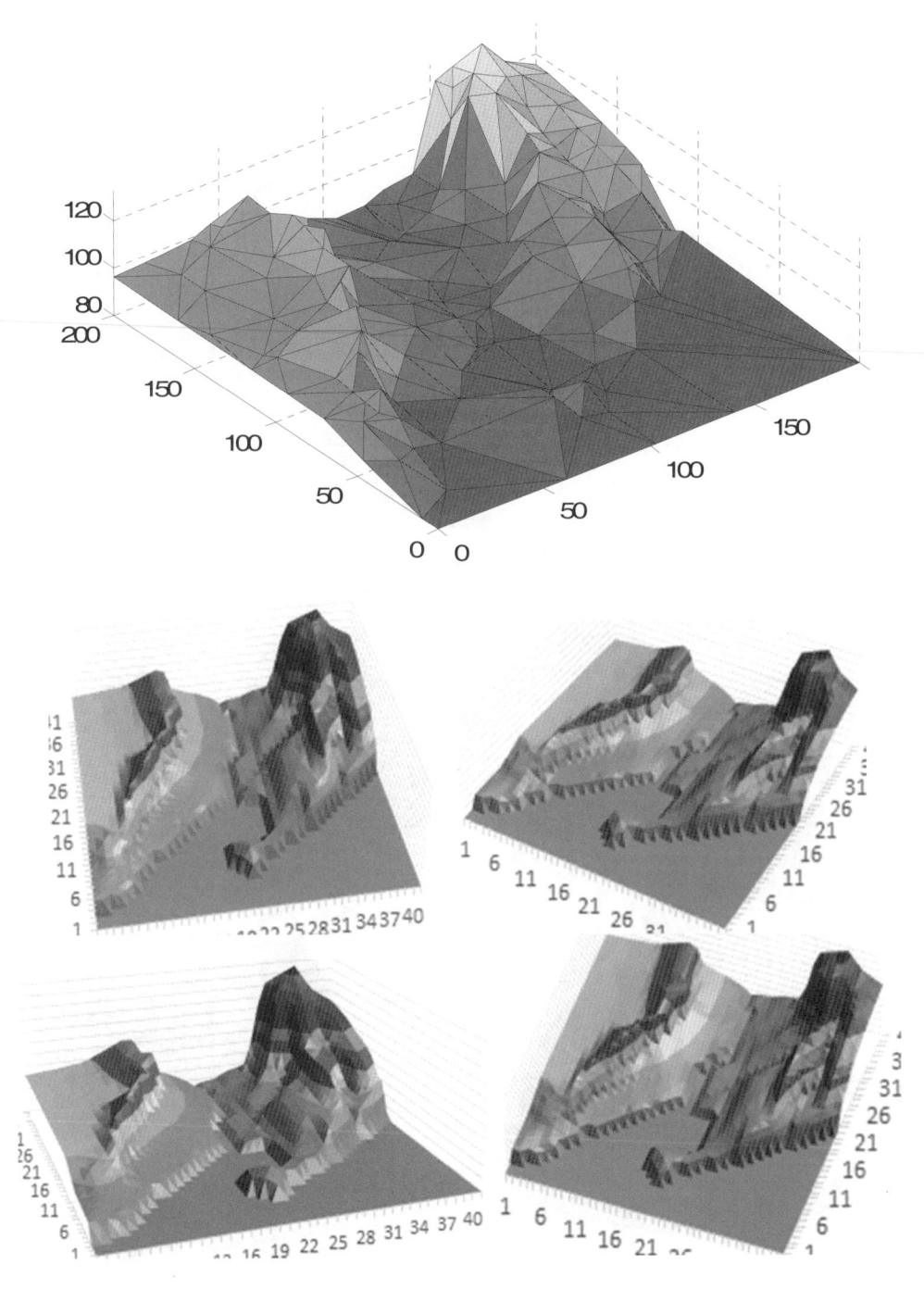

圖 10-33 不規則三角網 (TIN)

10-40　第 10 章　細部測量與數值地形測量

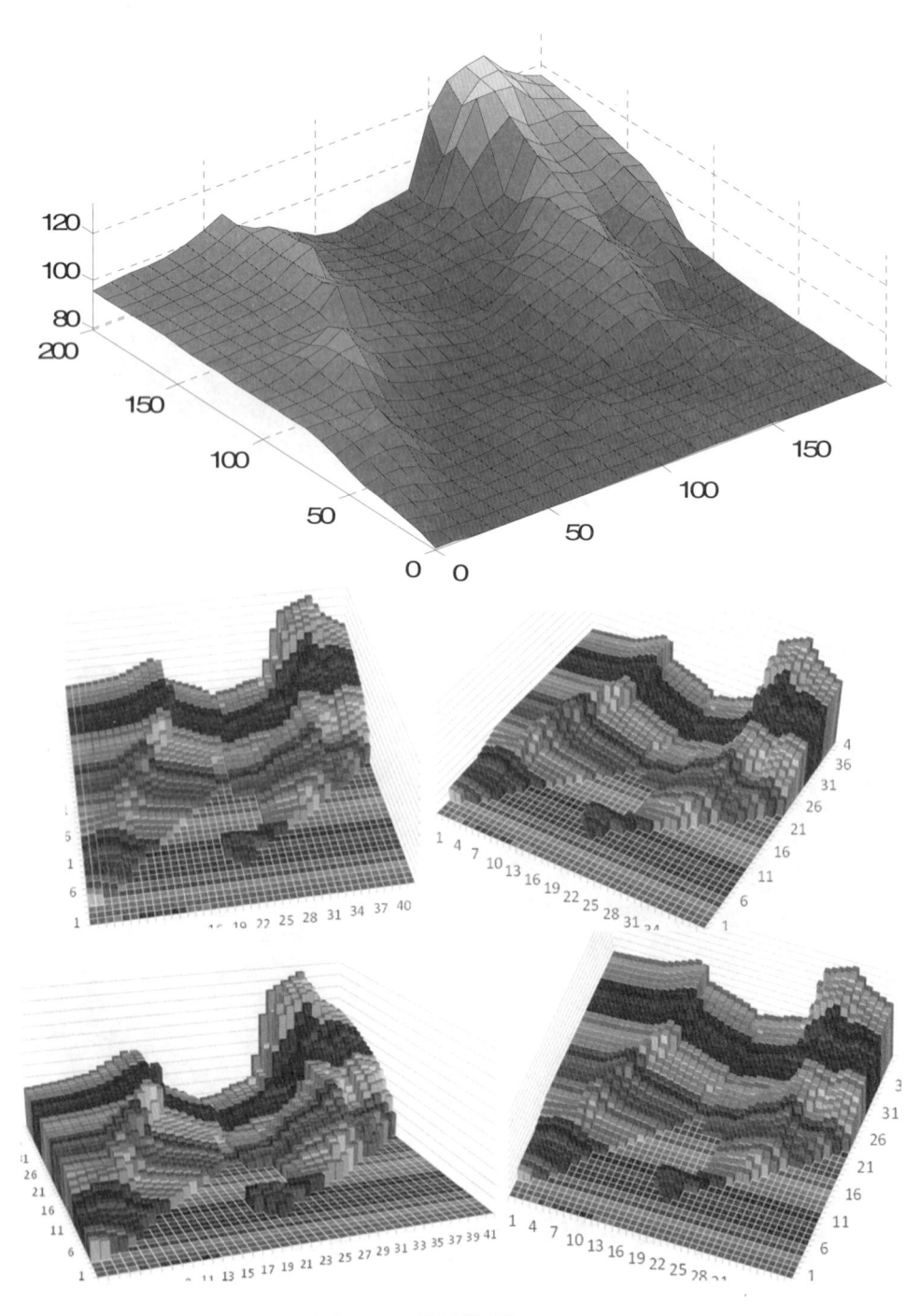

圖 10-34　規則網格 (Grid)

(a) 不規則三角網

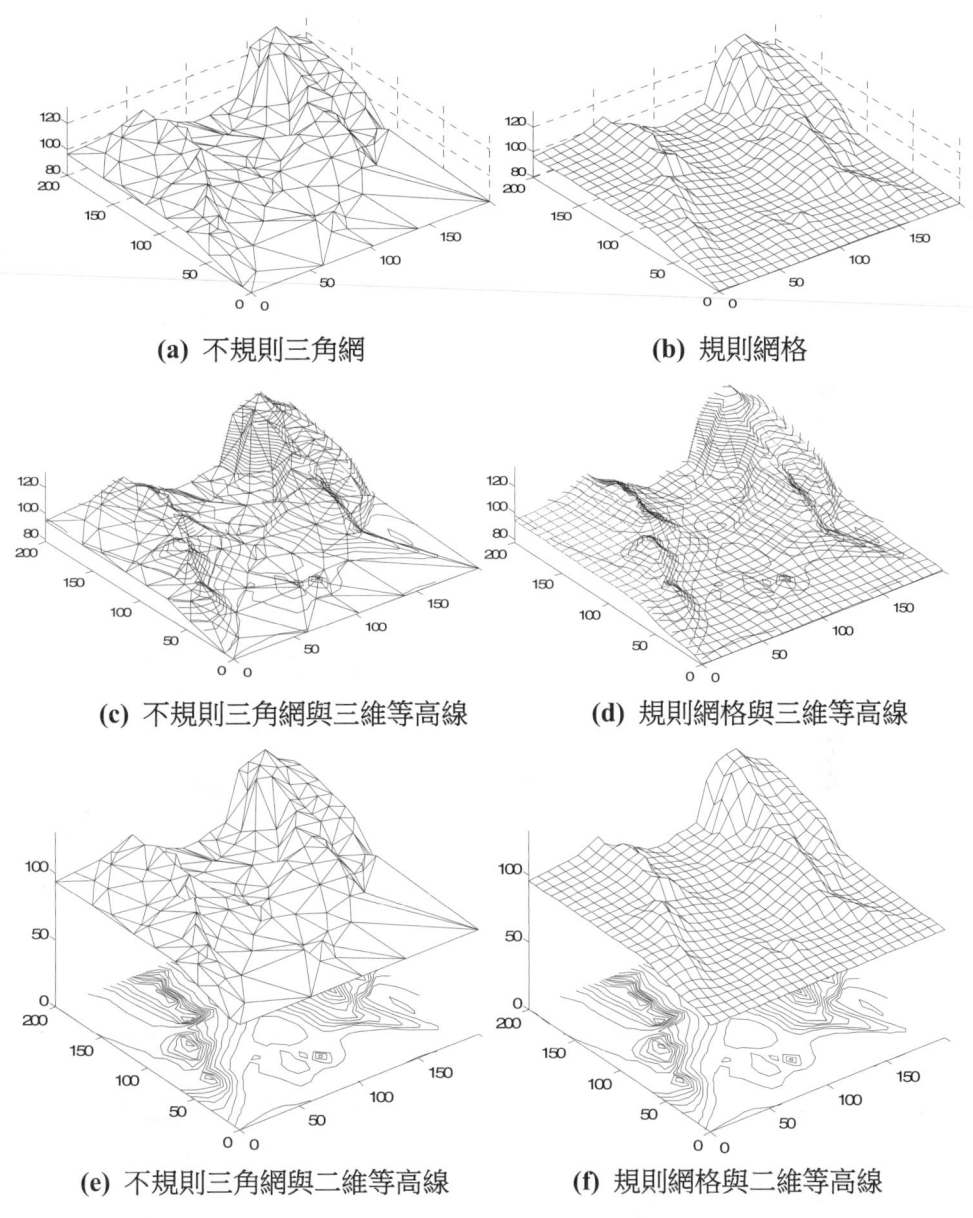

(b) 規則網格

(c) 不規則三角網與三維等高線

(d) 規則網格與三維等高線

(e) 不規則三角網與二維等高線

(f) 規則網格與二維等高線

圖 10-35 不規則三角網與規則網格

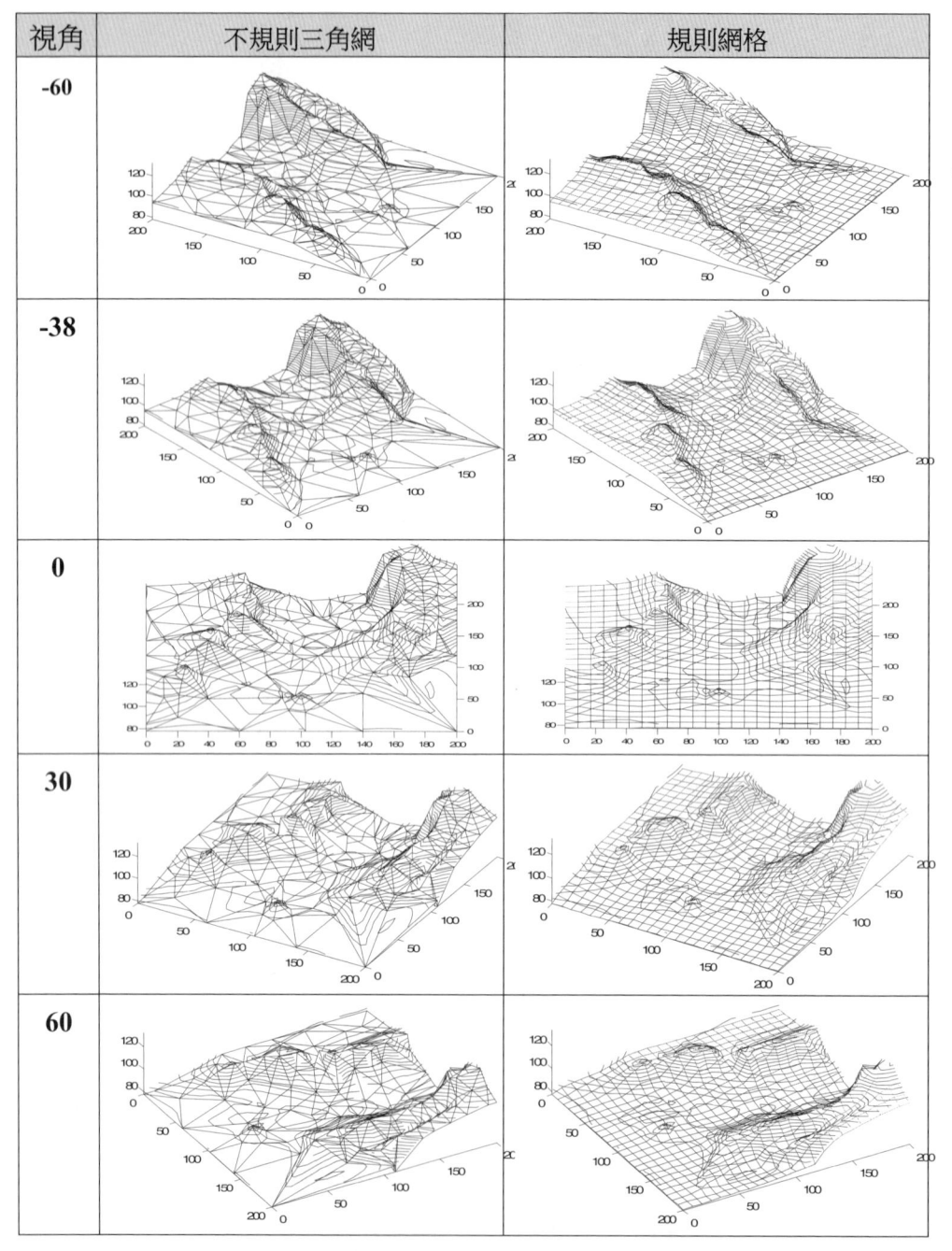

視角	不規則三角網	規則網格
-60		
-38		
0		
30		
60		

圖 10-36 不規則三角網與規則網格之比較

10-15 本章摘要

1. 地形模型之種類：**(1)** 圖解地形模型 **(2)** 數值地形模型。

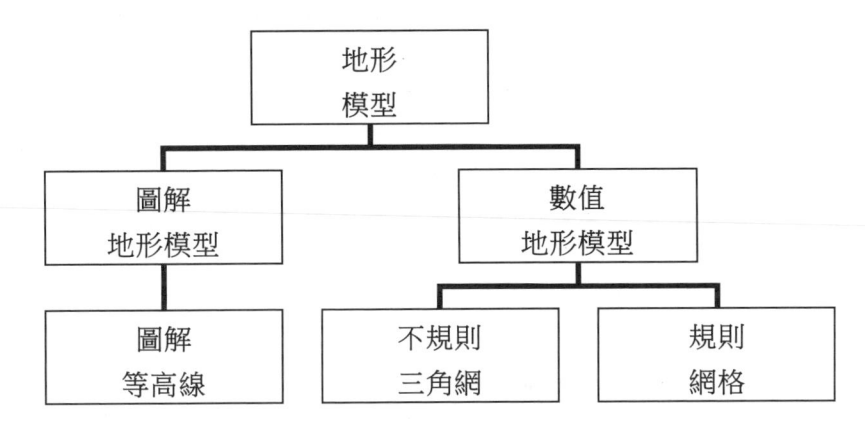

圖 10-37　數值地形模型之分類

2. 等高線之特性：等高性、封閉性、分隔性、反比性。
3. 等高線之解讀：參考第 **10-2** 節。
4. 等高距之因素：**(1)** 地形圖之比例尺 **(2)** 用圖之精度要求 **(3)** 測區之地形狀況。
5. 數值地形模型之意義：以數值表達的地形模型。
6. 數值地形模型 **(Digital Terrain Modeling, DTM)** 之分類：
   (1) 數值高程模型 **(DEM)**：純粹的地表高程。
   (2) 數值建物模型 **(DBM)**：記錄地表高度，再加上建築物的高度。
   (3) 數值表面模型 **(DSM)**：記錄地表高度，再加上建築物與樹木等地上物的高度。
7. 數值地形模型與圖解地形模型之優缺點比較：詳見第 **10-4** 節。
8. 地形圖之精度要求：詳見第 **10-6-2** 節。
9. 地形圖之檢核方法：**(1)** 要點檢核法 **(2)** 斷面檢核法 **(3)** 面積檢核法。
10. 地形模型之應用：**(1)** 斷面圖之繪製 **(2)** 同坡度線之繪製 **(3)** 匯水面積之計算 **(4)** 體積容積之計算。
11. 數值地形資料的取得方法：
    (1) 實地測量：全站儀測量、衛星定位測量、航空攝影測量、空載光達測量。
    (2) 紙圖數化。
12. 傳統地面數值細部測量之作業程序：**(1)** 踏勘與籌劃 **(2)** 設置控制點 **(3)** 控制測量 **(4)** 細部測量 **(5)** 製圖整飾。

10-44　第 10 章 細部測量與數值地形測量

13. 地物的計算定位法：**(1)** 矩形地物補點 **(2)** 座標轉換法。
14. 傳統地面數值地形測法：**(1)** 直接法 **(2)** 地形要點法 **(3)** 方格網法。
15. 數值地形模型的形式：**(1)** 規則網格 **(2)** 不規則三角網。
16. 規則網格與不規則三角網之優缺點比較：詳見第 **10-14** 節。

習題

10-1 本章提示

---
(1) 何謂地物、地貌、平面圖、地形圖?
(2) 地形模型有那幾類?
[解] **(1)** 見 10-1 節。**(2)** 圖解地形模型、數值地形模型。

10-2 地形模型 (一)：圖解地形模型

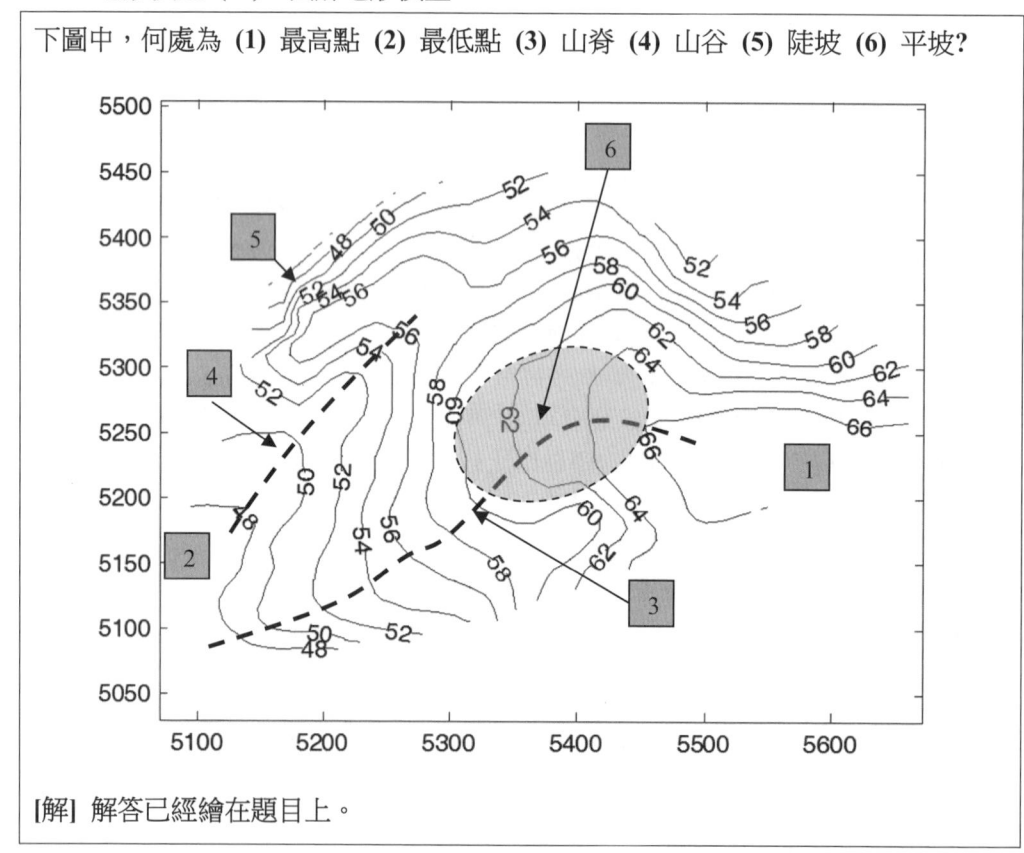

下圖中，何處為 **(1)** 最高點 **(2)** 最低點 **(3)** 山脊 **(4)** 山谷 **(5)** 陡坡 **(6)** 平坡?

[解] 解答已經繪在題目上。

試述下圖(高山湖)中，何處為(1)主峰 (2)小島 (3)鞍點 (4)山脊 (5)山谷 (6)懸壁 (7)平坡

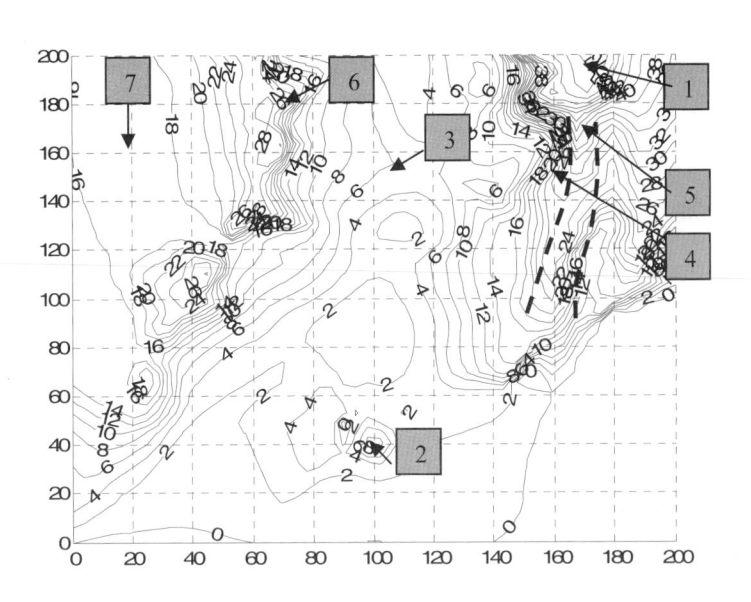

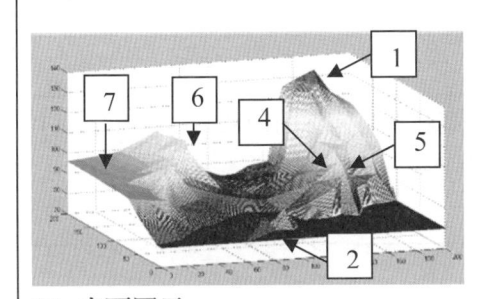

3D 表面展示　　　　　　　　**3D 等高線展示**

[解] 解答已經繪在題目上。

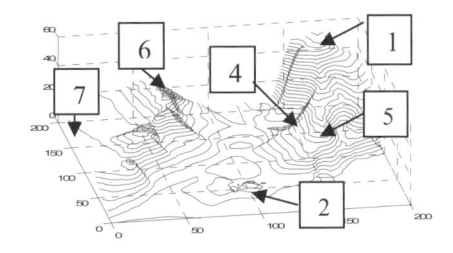

---

(1) 何謂計曲線? 首曲線? 間曲線? 助曲線?
(2) 試述等高線之特性?
(3) 何謂等高距?
(4) 等高距的考慮因素為何? [85 土木技師]
(5) 試說明以等高線表示地貌為最佳方法的原由。

[解]
(1) 見 10-2 節。

(2) 等高性、封閉性、分隔性、反比性。
(3) 與 **(4)** 見 10-2 節。
(5) 等高線不但可顯示地面傾斜之緩急、山脊、山谷等之走向，且由等高線圖可知任一點之高程及兩點間之高程差，由比例尺可知兩點間之水平距離，因此可求得二點間坡度之大小。故等高線具有精密表達地形的能力，適合各種工程應用。

試繪一等高線圖，其中包含 **(a)** 山脊線 **(b)** 山谷線 **(c)** 山腰小台地 **(d)** 鞍部 **(e)** 絕壁等地形。
[解] 見 10-2 節 (參考圖 10-5)。

10-3 地形模型 (二)：數值地形模型

(1) 何謂數值地形模型？
(2) 試說明數值高程模型 (Digital Elevation Modeling, DEM)、數值建物模型 (Digital Building Model, DBM)、數值表面模型 (Digital Surface Modeling, DSM) 的定義。
[解] (1) (2) 見 10-3 節。

10-4 地形模型之比較

(1) 詳述數值地形模型 (DTM) 內涵，其與等高線圖有何不同？[80 土木技師檢覈]
(2) 試比較數值地形模型與圖解地形模型的優缺點。
[解] (1) (2) 見 10-4 節。

10-5 地形模型之比例與圖式 ～ 10-6 地形模型之檢核與精度

(1) 地圖的比例如何決定？
(2) 試述地形圖之誤差界限 (含平面位置與高程) 與檢核方法。[92 年公務員高考]
[解] (1) 見 10-5 節。(2) 見 10-6 節。

10-7 地形模型之應用

(1) 試述地形圖的用途？
(2) 試繪地形示意圖，並說明如何判斷地形圖上兩點是否通視？
[解] (1) 見 10-7 節。(2) 於二點間繪橫斷面圖，即可判斷。

同坡度線之繪製：同例題 10-1，但數據改成等高距 2 公尺，規定坡度 8%。
[解] 25 m。

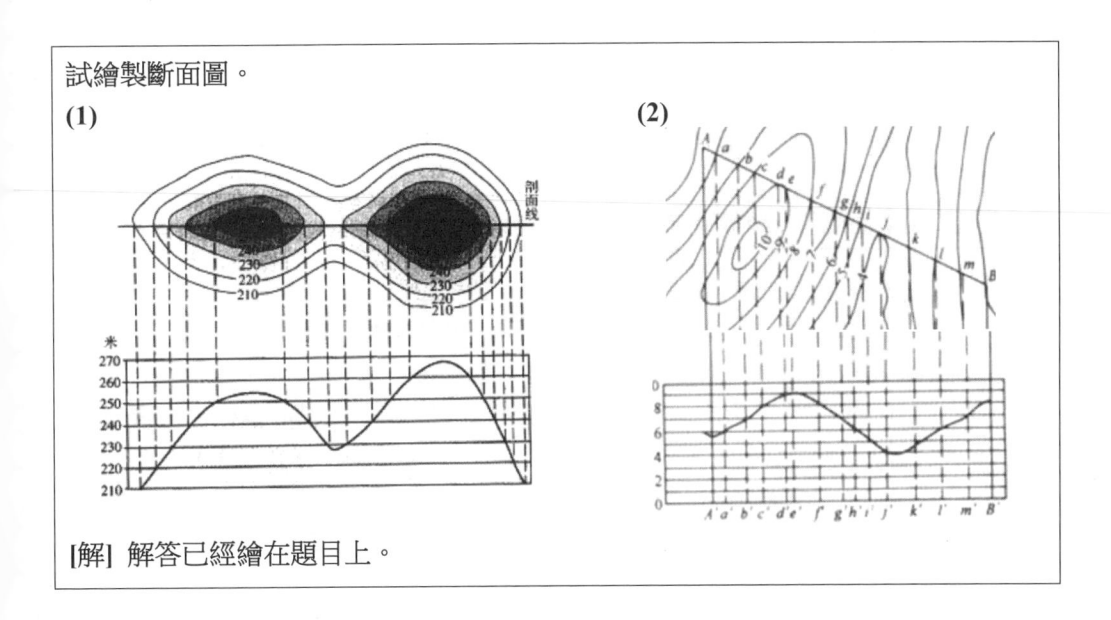

試繪製斷面圖。
(1)   (2)

[解] 解答已經繪在題目上。

(1) 試說明如何根據地形圖之等高線確定匯水面積? [91 年公務員普考]
(2) 繪製下圖出水口 (白色箭頭) 的匯水區。

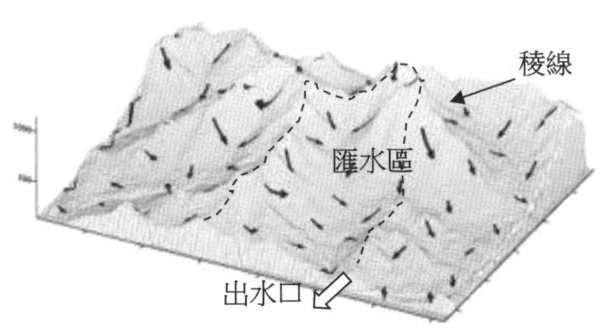

[解] (1) 見 10-7 節。(2) 解答已經繪在題目上。

10-8 數值地形資料的取得方法

(1) 數值地形模型之採集方法有哪些？
(2) 試列舉三種數值高程模型 (Digital Elevation Model, DEM) 資料產製方法及其作業原理，並分別針對所列三種方法進行精度、速度、成本及應用範圍之比較。
[100 年公務員普考]

[解]
(1) (A) 實地測量：(a)全站儀測量 (b)衛星定位 (c)航空攝影 (d)空載光達。(B) 紙圖數化。
(2) 可用 (a)地面測量 (b)衛星定位 (c)航空攝影進行比較，詳見 10-8 節比較表。

---

(1) 何謂細部測量？比例尺 1/500 之地形圖在野外以何種儀器施測為合宜？
(2) 試詳述測區大小與選用地面測量或航空測量的關係？
(3) 比例尺 1/300 平坦地與比例尺 1/10000 丘陵地之地形圖，其等高線之測繪各以何種方式施測為宜，並概述其步驟？

[解]
(1) 此問題須考慮當時工程界之儀器狀況，就現況論，都試或森林以全站儀為佳，但空曠處可使用 GPS 測量 (RTK 或 RTN)。
(2) 小面積通常用地面測量 (全站儀或 GPS)；大面積通常用航空攝影測量。
(3) 大比例尺通常用全站儀地面測量；小比例尺通常用航空攝影測量。故比例尺 1/300 平坦地用全站儀地面測量；比例尺 1/10000 丘陵地用航空攝影測量。

10-9 傳統地面數值細部測量之作業程序

試述數值法地形測量程序？
[解] 見 10-9 節。

10-10 傳統地面數值地物測法

同例題 10-2 矩形地物補點：P4 點的座標無法直接測量，其它三點座標如下：

	X	Y
P1	125.000	143.301
P2	100.000	100.000
P3	186.603	50.000

[解] X=211.603, Y=93.301

同例題 10-3 座標轉換法：一個由許多矩形構成的建物如下

	A	B
P1	0.000	0.000
P2	100.000	0.000
P3	100.000	50.000
P4	75.000	50.000

	A	B
P5	75.000	80.000
P6	25.000	80.000
P7	25.000	50.000
P8	0.000	50.000

實測得

	X	Y
P2	50.000	13.397
P8	-19.500	100.974

[解]
k=0.999999237, α =25.0000 度, x_0=-40.631, y_0=55.659

	A	B	X	Y
P1	0	0	-40.631	55.659
P2	100	0	50.000	13.397
P3	100	50	71.131	58.712
P4	75	50	48.473	69.278
P5	75	80	61.152	96.467
P6	25	80	15.836	117.598
P7	25	50	3.158	90.409
P8	0	50	-19.500	100.974

10-11~10-13 傳統地面數值地形測法(一)(二)(三)

試述數值法之地形圖測法？[81 土木公務高考類似題]
[解] 直接法、地形要點法、方格網法。詳見第 10-11~第 10-13 節。

10-14 數值地形模型的形式

(1) 試述數值地形模型之種類及其優缺點？[96 年公務員高考]
(2) 比較不規則三角網與規則網格之優缺點。
[解] (1) 不規則三角網法、規則網格法 (2) 參考第 10-14 節。

第 11 章　施工放樣

11-1 本章提示
11-2 高程放樣
11-3 角度放樣
11-4 距離放樣
11-5 座標放樣
　　　11-5-1 直接法
　　　11-5-2 間接法
11-6 鉛垂線放樣
11-7 定直線之延長線
11-8 定直線之節點
11-9 二直線之交點放樣
11-10 房屋建築放樣
11-11 隧道測量
11-12 河海測量
11-13 雷射裝置
11-14 本章摘要

11-1　本章提示

　　設計完成後就進入施工階段，施工必須嚴格按照設計進行。把設計的待建物的位置和形狀在實地標定出來，這個工作叫做放樣、測設或定位。

　　假定設計人員已經決定了各建築物主要特徵點的座標以及建築物的形狀和尺寸，測量人員就要在待建的場地上找到與設計座標相對應的位置，並用標樁表示出來。由此可見，放樣是設計與施工之間的橋樑。工地上從事施工放樣的測量員是設計者的幾何意圖的具體實現者，負責工地上的幾何正確性，保證工程整體上按設計要求進行。

　　放樣的結果是實地上的標樁，它們是施工的依據。標樁定在哪裡，施工者就在哪裡進行挖土、澆搗混凝土、吊裝構件等一系列工作。如果放樣出錯沒有及時發現糾正，將會造成極大的損失。當工地上有好幾個工作面同時開工時，正確的放樣是保證它們銜接成整體的重要條件。由此可見測設工作者責任重大，應該採取有效措施杜絕工作中的一切錯誤,並保證施工所需的精度。

一般多數土建工程要求放樣精度如下
- 土石方的施工允許誤差達 l0 cm。
- 混凝土柱、樑、牆的施工允許誤差約為 10～30 mm。
- 鋼結構施工的允許誤差隨施工方法不同,在 1～8 mm 之間。
- 高層建築物軸線的垂直度要求為 1/1000～1/2000。

各種測量儀器精度如表 11-1 所示。

表 11-1 各種測量儀器精度

量測	設備	誤差
高程	水準管	±5 mm,5 m 內
	雷射水平儀	±7 mm,100 m 內
	水準儀 (一般)	±2 mm/每一次,±10 mm/每公里
	水準儀 (精密)	±1 mm/每一次,±5 mm/每公里
角度	20" 經緯度	±20"
	1" 經緯度	±5"
距離	鋼捲尺 (一般)	1/2500
	鋼捲尺 (精密)	1/10000
	電子測距儀 (紅外線標準型)	±3 mm+3 pmm
鉛垂線	鉛垂球	±5 mm,5 m 內
	經緯儀	±5 mm,30 m 內
	光學鉛垂儀	±5 mm,100 m 內
	雷射鉛垂儀	±7 mm,100 m 內

放樣與測量所用的儀器以及計算公式是相同的。但測量的外業成果是記錄下來的數據,內業計算在外業之後進行。放樣的外業成果是實地的標樁,放樣的數據準備要在外業之前做好,內業計算在外業之前進行。由於已知條件和待求對象不同,因而放樣與測量兩者是有區別的:

1. **標誌**:測量時標誌是事先埋設的,可待它們穩定後再開始觀測。放樣時常要求在丈量之後立即埋設標樁,標樁埋設地點也不允許選擇。
2. **儀器**:目前大多數測量儀器和工具主要是為測量工作設計製造的,所以用於測量比用於放樣方便得多。
3. **平差**:測量時常可作多測回重複觀測,控制圖形中常有多餘觀測值,透過平差計算可提高待定未知數的精度。放樣時不便多測回操作，放樣圖形較簡單，很少有多餘觀測值，一般不作平差計算。
4. 改正：測量時可在外業結束後仔細計算各項改正數。放樣時要求在現場計算改正數，這樣既容易出錯，也不能作得仔細。

為了提高放樣的精度，可用「歸化法」放樣：

1. 一般放樣：先概略放樣一個點做為過渡點，埋設臨時樁。
2. 精確測量：接著測量該過渡點與已知點之間的關係 (邊長、夾角、高程差等)。
3. 歸化計算：把測算得的值與設計值比較得差數。
4. 歸化放樣：從過渡點去修正這一差數，把點歸化到更精確的位置上去。在精確的點位處埋設永久性標石。

11-2 高程放樣

各種工程在施工過程中都要求測量人員放樣出設計高程。如挖基坑時要求放樣坑底高程；平整場地需按設計的要求放樣一系列點的高程；為了控制房屋基礎面的水平性及其標高、各層樓板的高度及平整度，須隨著施工的進展作大量高程放樣工作。

在木樁側面劃紅線來表示放樣高程的辦法精度不高，也不方便。當要求精確地放樣高程時，宜在待放樣高程處埋設高度可調的螺桿標誌。放樣時調節螺桿可使頂端精確地升降，一直到頂面高程達到設計標高時為止。然後以焊接、輕度腐蝕螺牙或破壞螺牙等辦法使螺桿不能再升降。高程放樣常配合水平板樁、水平樁、鋼尺等，如圖 11-1(a)~(c)。公路施工經常需要挖填土來建造路基，因此需要放樣挖填土的範圍，可用斜板樁，如圖 11-1(d)。

高程放樣法可分成二種：

1. 一般放樣法

用水準儀後視一置於已知點之水準尺得後視讀數，則放樣點之水準尺的讀數(即前視讀數) 可計算如下：

水準尺上應讀讀數 (即前視讀數) = 已知點高程 + 後視讀數 − 欲放樣高程

2. 歸化放樣法

仔細測量過渡點之高程，則歸化值可計算如下：

高程歸化值 = 欲放樣高程 − 過渡點之高程

如歸化值為正則正確點在過渡點之上，反之在下。

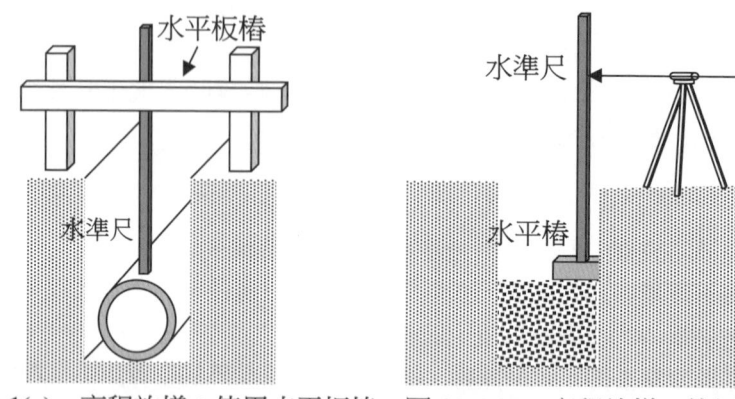

圖 11-1(a)　高程放樣：使用水平板樁　　圖 11-1(b)　高程放樣：使用水平樁

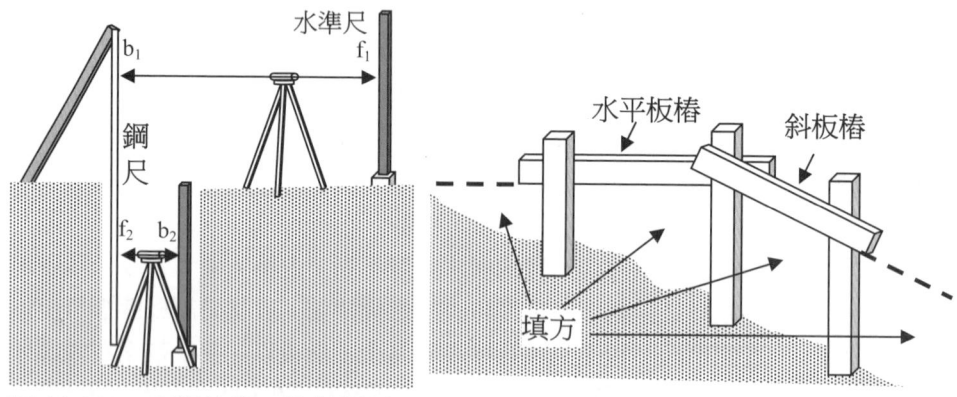

圖 11-1(c)　高程放樣：使用鋼尺　　圖 11-1(d)　高程放樣：使用斜板樁

11-3　角度放樣

　　放樣角度實際上是從一個已知方向出發放樣出另一個方向，使它與已知方向的夾角等於預定角值的工作。它與測量一個角值的不同之點在於：測量是地面上有三個樁標明了兩個方向，未知的是角度值。放樣是已知角度值，但地面上只有兩個樁位，第三個樁點待定。

　　角度放樣法可分成二種：

1.一般放樣法

以使用電子經緯儀放樣 ∠BAC 為例：

(1) 在 A 點安置儀器。

(2) 使度盤讀數歸零。

(3) 以下盤動作後視 B 點，固定下盤。

(4) 以上盤動作使度盤讀數等於欲測設之角度值，固定上盤。
(5) 仰俯望遠鏡，在地面上適當位置放樣一點，即 C 點位置。

2.歸化放樣法 (圖 11-2)

設 A、B 為已知點，待放樣的角為 θ，先用直接放樣方法放樣該角後得過渡點 C'，然後選用適當的儀器和測回數精確測量 ∠BAC'=θ'，計算該值與設計值的差數：

Δθ=θ－θ'

並概量 AC' 的長度設為 S，按下式計算歸化值：

$$L = \frac{\Delta\theta}{\rho} \cdot S \qquad (11\text{-}1 \text{式})$$

其中 Δθ 以秒為單位；ρ=206265"。

從 C' 出發在 AC'的垂直方向上歸化該值，即可得待求的 C 點了。

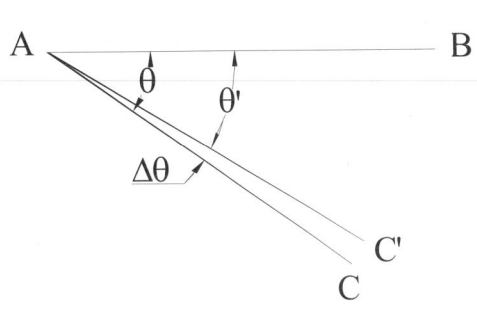

圖 11-2　角度 ∠BAC 放樣(歸化放樣法)

例題 11-1　角度放樣
如圖 11-2，已知 ∠CAB=24°37'25"，放樣時發現 ∠C'AB=24°37'55"，已知 AC'=640.31 m，試計算歸化值？
[解]
$$L = \frac{\Delta\theta}{\rho} \cdot S = [(24°37'55"-24°37'25")/206265"] \times 640.31 = 0.093 \text{ m}$$

11-4　距離放樣

距離放樣法可分成二種：

1.一般放樣法
用電子測距儀或捲尺直接放樣距離為 S。

2.歸化放樣法 (圖 11-3)
設 A 為已知點，待放樣距離為 S。先設置一個過渡點 B'，選用適當的丈量儀器及測回數精確丈量 AB' 的距離，經加上各項改正數後可以求得 AB' 的精確長度 S'。把 S' 與設計距離 S 相比較，則歸化值可計算如下：

$\Delta S = S - S'$

從 B' 點向前或向後修正 ΔS 可得精確之 B 點，AB 即精確地等於要放樣的設計距離 S。有時在放樣過渡點 B' 時，故意留下較大的 ΔS 值，以便在 B 處埋設永久性標石時不影響過渡點樁位，待該永久性標石穩定後，再把點位從 B' 歸化到永久性標石頂部。

3.歸化放樣法精度之討論

歸化法放樣距離 S 的誤差 m_s，由兩部分誤差合成：測量 S' 的誤差 $m_{s'}$ 和歸化 ΔS 的誤差 $m_{\Delta s}$，因

$$S = S' + \Delta S \tag{11-2 式}$$

依誤差傳播定律 (參考第 14 章) 知

$$m_S^2 = m_{S'}^2 + m_{\Delta S}^2 \tag{11-3 式}$$

圖 11-3　距離放樣：歸化放樣法

表面上看起來，似乎歸化法放樣 S 的誤差 m_S 會比直接法放樣的誤差大一些。事實不然，討論如下：

(1) 由於歸化值 ΔS 一般甚小，故歸化值的誤差 $m_{\Delta S}$ 很小，其影響可略而不計。故歸化法放樣的誤差 m_S 主要取決於測量 S' 的誤差 $m_{S'}$。

(2) 對 S' 而言，它是經由精密測量而得的數據，其誤差通常比直接放樣的誤差小很多，因此歸化法放樣的誤差常小於直接放樣的誤差。

11-5　座標放樣

工程建築物的形狀和大小，通常透過其特徵點在實地上的位置表示出來，例如圓形建築物的圓心、正多邊形建築物的中心、矩形建築物的四個角點、線形建築物的轉折點等等，因此點位放樣是建築物放樣的基礎。

放樣點位時必須有至少兩個控制點，其座標是已知的，且實地有標誌。此外，待定點 P 的設計座標也是已知的，但實地無標誌。

放樣點位的常用方法有下述幾種：

1. 直接法

以全站儀直接作座標放樣。

2. 間接法

以經緯儀放樣角度，電子測距儀或捲尺放樣距離。包括：**(1)** 導線法 **(2)** 支距法 **(3)** 前方交會法 **(4)** 距離交會法，分述如下兩小節。

11-5-1　直接法

全站儀之直接座標放樣步驟如下 (圖 11-4)：

1. 架設儀器於測站，進行定心、定平。
2. 輸入儀器高、瞄準高、測站座標、後視座標。
3. 照準後視稜鏡。
4. 按一功能鍵即可輸入方位角 (由於已輸入測站座標、後視座標，儀器可自動依「直角座標換成極座標」方法計算方位角)。
5. 輸入放樣點座標。

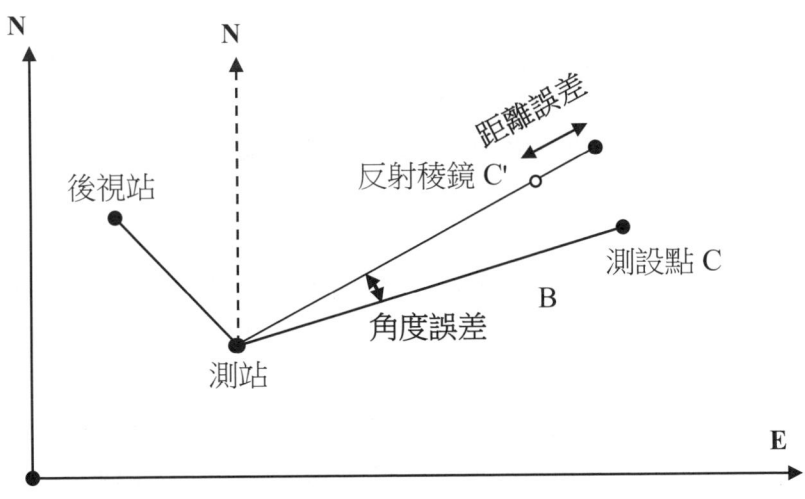

圖 11-4　座標放樣：直接法

6. 將稜鏡置於概估放樣點。

7. 測設角度：瞄準稜鏡，讀水平角誤差值 (由於已輸入測站座標、後視座標及放樣點座標，儀器可自動算出應有的夾角，再與測得夾角比較得水平角誤差值)，如誤差不為零，則在視線左右方向移動稜鏡，使水平角誤差近乎零。
8. 測設距離：瞄準稜鏡，讀距離誤差值 (由於已輸入測站座標、後視座標及放樣點座標，儀器可自動算出應有的距離，再與測得距離比較得距離誤差值)，如誤差不為零，則在視線前後方向移動稜鏡，使距離誤差近乎零。
9. 重復 7~8 直到二者均達要求。
10. 檢核座標：測量放樣點座標，並與測設座標作比較。如不滿足精度要求可回到步驟 9，直到滿足精度要求。

高精度座標放樣須使用「歸化法」，步驟如下：

1. 一般放樣：用前述方法放樣一個近似點。
2. 精確測量：用精密方法測量近似點的精確座標。
3. 歸化計算：計算測站座標與放樣座標之間的距離 L，以及方位角 A；計算測站座標與近似點的精確座標之間的距離 L'，以及方位角 A'。計算歸化元素：

   距離歸化元素　△L=L – L'

   角度歸化元素　△A=A – A'

   角度歸化元素之橫向位移值　△H = △A × L

4. 歸化放樣：

   (1) 沿著測站與近似點的軸線方向，從近似點移動 △L 距離 (如果 △L>0，往距離增大的方向，否則反方向)。

   (2) 再沿著與軸線垂直方向移動 △H 的距離 (如果 △H>0，往方位角增大的方向，否則反方向)，此時位置即精確放樣點的位置。

11-5-2　間接法

間接法係以經緯儀放樣角度，電子測距儀或捲尺放樣距離，來達成放樣座標的測法，包括：(1) 導線法 (2) 支距法 (3) 前方交會法 (4) 距離交會法。分述如下：

1.導線法 (圖 11-5(a))

即極座標法，或稱輻射法、光線法。本法在各種工程建設中都可以應用，但大多用來放樣建築物的少許特徵點。這時放樣元素是一個角度與一段距離，它們可按已知點座標和待定點的設計座標算得。

導線法步驟如下：(1) 在已知點 A 上架經緯儀，放樣相應的角度，在放樣出的方向上標定一個 Q 點。 **(2)** 再從 A 出發沿 AQ 方向放樣距離 AP，即得待定點 P 的位置。

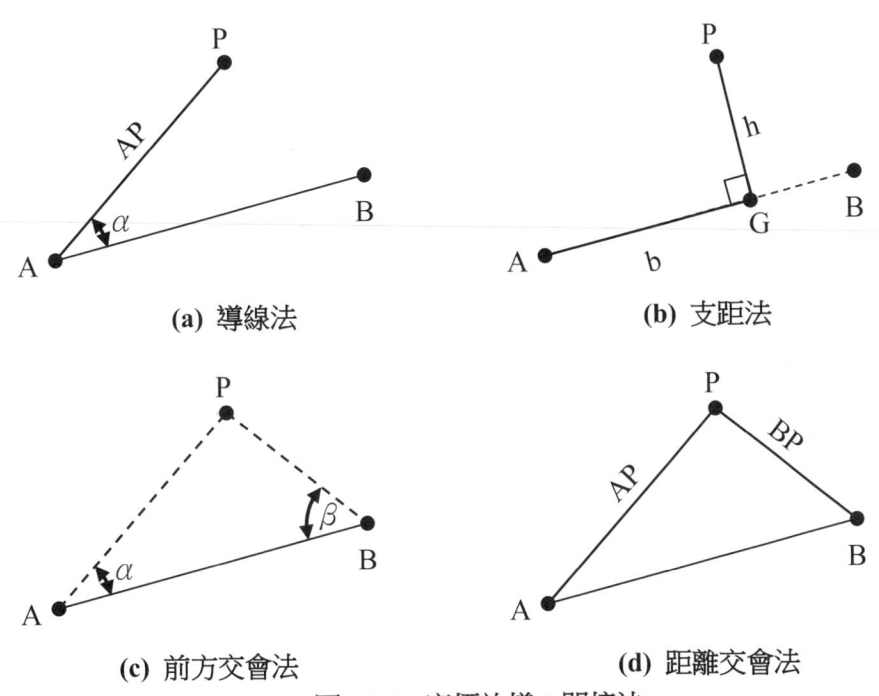

(a) 導線法

(b) 支距法

(c) 前方交會法

(d) 距離交會法

圖 11-5　座標放樣：間接法

2.支距法 (圖 11-5(b))

即直角座標法。本法適用於規則的建築物放樣。這時放樣元素是一對支距，它們可按已知點座標和待定點的設計座標算得：

(1) 如果兩控制點的連線平行於座標軸

這時用直角座標法放樣點位甚為方便，待放樣的 P 點與控制點之間的座標差就是放樣元素：

$b = X_P - X_A$ 　　　　　　　　　　　　　　　　　　　　　　　　　　　(11-4 式)

$h = Y_P - Y_A$ 　　　　　　　　　　　　　　　　　　　　　　　　　　　(11-5 式)

(2) 如果兩控制點的連線不平行於座標軸

這時仍可以用直角座標放樣待定點。放樣元素：

$b = AG = AP \cos \angle A$ 　　　　　　　　　　　　　　　　　　　　　　(11-6 式)

$h = GP = AP \sin \angle A$ (11-7 式)

支距法步驟如下：**(a)** 在 A 點架設經緯儀，後視 B 點定線並放樣距離 b 得垂足點 G。**(b)** 在 G 點架設經緯儀，轉 90°角得 GP 方向，並在此方向同上法放樣距離 h，即得待定點 P。

3.前方交會法 (圖 11-5(c))

即角度交會法。本法適用於量距不方便的場合，例如橋樑、堤壩等工地。這時放樣元素是兩個交會角，它們可按已知點座標和待定點的設計座標算得。

前方交會法步驟如下：**(a)** 在兩已知點上架設兩架經緯儀，分別放樣相應的角度。**(b)** 兩架經緯儀視線的交點即是待定點 P 的平面位置。

4.距離交會法 (圖 11-5(d))

本法適用於量距方便的場合。這時放樣元素是兩段距離，它們可按已知點座標和待定點的設計座標算得。

距離交會法步驟如下：**(a)** 在現場分別以兩已知點為圓心，用鋼尺以相應的距離為半徑作圓弧。**(b)** 兩弧線的交點即為待定點的位置。

間接法的放樣元素可按已知點座標和待定點的設計座標算得：
(1) 由 A，B，P 三點座標計算三邊邊長 AB，AP，BP
(2) 在△ABP 中按餘弦定理求∠A，∠B，∠P

例題 11-2　間接法放樣

如圖 11-5 已知 A 座標 (X, Y)=(100.00, 100.00)，B 座標 (X, Y)=(900.00, 300.00)，欲放樣 P 座標 (X, Y)=(600.00, 500.00)，試用
(1) 導線法 **(2)** 支距法 **(3)** 前方交會法 **(4)** 距離交會法，放樣之。

[解]

(1) 由 A，B，P 三點座標計算三邊邊長 AB，AP，BP

$$AB = \sqrt{(X_B - X_A)^2 + (Y_B - Y_A)^2} = 824.62$$

$$BP = \sqrt{(X_P - X_B)^2 + (Y_P - Y_B)^2} = 360.56$$

$$AP = \sqrt{(X_P - X_A)^2 + (Y_P - Y_A)^2} = 640.31$$

(2) 在 △ABP 中按餘弦定理求∠A，∠B，∠P

$$\angle A = \cos^{-1}\left(\frac{b^2+c^2-a^2}{2bc}\right) = \cos^{-1}[(AP^2+AB^2-BP^2)/2(AP)(AB)] = 24°37'25''$$

$$\angle B = \cos^{-1}\left(\frac{a^2+c^2-b^2}{2ac}\right) = \cos^{-1}[(AB^2+BP^2-AP^2)/2(AB)(BP)] = 47°43'35''$$

$$\angle P = \cos^{-1}\left(\frac{a^2+b^2-c^2}{2ab}\right) = \cos^{-1}[(AP^2+BP^2-AB^2)/2(AP)(BP)] = 107°38'59''$$

(3) 故放樣元素如下：
 (a) 導線法：AP=640.31，∠A=24°37'25'' (或 BP=360.56，∠B=47°43'35'')
 (b) 支距法：b=APcos∠A= 582.08 m，h=APsin∠A= 266.79 m
 (c) 前方交會法：∠A=24°37'25''，∠B=47°43'35''
 (d) 距離交會法：AP=640.31，BP=360.56

11-6　鉛垂線放樣

建築工作除了正確之線段及高度外，尚需確定是否精確地控制垂直的定線工作，尤其是在多層建築工作上，軸線的垂直度要合乎要求。此外，在建築工程中，經常要放樣 (或指示) 鉛垂線，例如煙囪、柱子等高聳建築物的中心線。

鉛垂線放樣法如下：

1.鉛垂球

用掛重物的弦線來定鉛垂線可達到 **10 m 內 ±5 mm** 的精度，但如未採取擋風措施、精度較低，只能達到 **5 m 內 ±5 mm** 的精度。

2.經緯儀

用經緯儀來定鉛垂線可達到 **30 m 內 ±5mm** 的精度。它不受風的影響。經緯儀應滿足三個條件：**(1)** 視準軸垂直於水平軸，**(2)** 直立軸垂直於水準軸，**(3)** 直立軸垂直於水平軸，並應仔細定平。這樣望遠鏡繞橫軸轉動時，視準軸將掃出一個鉛垂面，兩個鉛垂面的交線即鉛垂線。

為了消除儀器視準軸與水平軸不垂直之誤差，可如圖 **11-6**，**(1)** 以正鏡照準 **P** 點，縱轉得 **A** 點，**(2)** 倒鏡後，以倒鏡照準 **P** 點，縱轉得 **B** 點，**(3) Q** 為 **A** 與 **B** 之中點，**PQ** 連線為鉛垂線。

對一或二個樓板，經緯儀可設置在樓板之孔洞中，並以光學對點器定心儀器在地面樓板上的測站上。但光學對點裝置之望遠鏡並不適用更大的高度上。替代的方

11-12　第 11 章　施工放樣

法是將儀器設置於地面樓板控制測站上,並使望遠鏡垂直向上。由於一般望遠鏡之目鏡在望遠鏡垂直向上下無法讀數,故必須加裝一轉角目鏡,在大多數的經緯儀配備上均有此目鏡。如要放樣煙囪、柱子的中心線,一種常用的方法是用兩架經緯儀架設在與中心線連線大致互相垂直的方向上,經緯儀望遠鏡繞橫軸轉動時,視準軸將掃出一個鉛垂面,兩個鉛垂面的交線即鉛垂線。

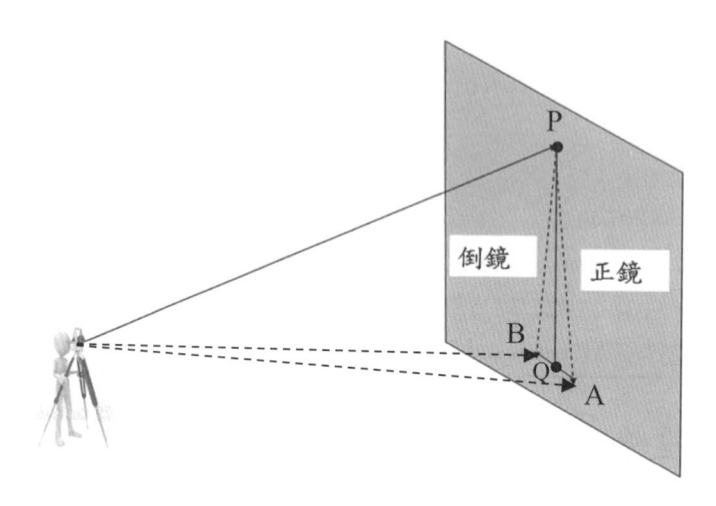

圖 11-6　鉛垂線放樣:經緯儀

圖 11-7　光學鉛垂儀

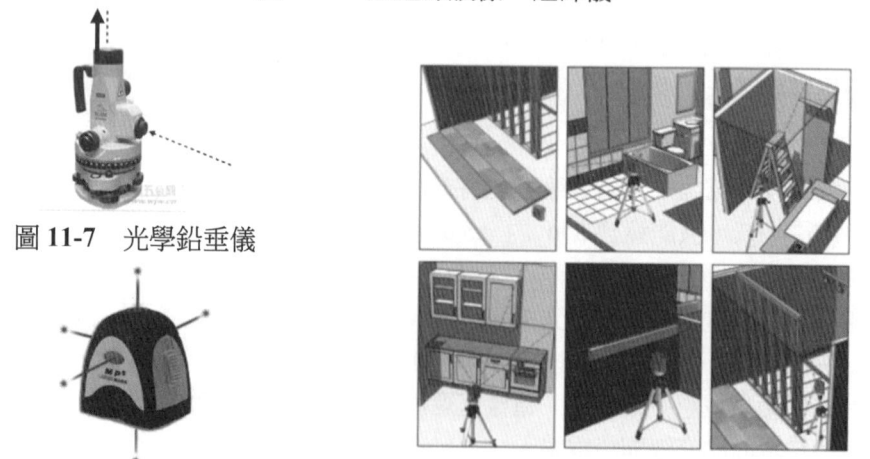

圖 11-8(a)　雷射鉛垂儀

圖 11-8(b)　雷射鉛垂儀

3.光學鉛垂儀 (圖 11-7)

　　光學鉛垂儀之構造與經緯儀類似,被設計成專門用來定鉛垂線。它可同時向下、向上觀測,由向下及向上之視線指出一條鉛垂線。向下觀測時可定心儀器在地面標示處，向上觀看時可以指示目標。用光學鉛垂儀來定鉛垂線可達到 100 m 內 ±5 mm 的精度。

4.雷射鉛垂儀 (圖 11-8)

雷射鉛垂儀可將雷射光束向上投射，指出一條鉛垂線，作定鉛垂線之用。有些旋轉雷射儀器，其旋轉稜鏡可以移走，故可將雷射光束向上投射，亦可定出鉛垂線。用雷射鉛垂儀來定鉛垂線可達到 100 m 內 ±7 mm 的精度。

11-7 定直線之延長線

用經緯儀定直線之延長線，其作業步驟視情況而異，有下列各法：

1.延長線上無障礙物

(1) 簡易法

安置經緯儀於 A，照準 B 後固定上下盤，僅由望遠鏡之仰俯，指揮助手將標桿或測針立於視線之上，即可將 AB 直線延長至適當距離之 C 點。此法適用於平坦之地面。

(2) 雙倒鏡法 (圖 11-9)

如 A、B、C 點距離較遠，或 B 點位置較 A 點為高，在 A 點不能通視前方 C 點時，須用雙倒鏡法 (Double line method)，或稱二次縱轉法。此法可消除儀器視準軸與水平軸不垂直之誤差。其步驟如下：

(a) 將儀器安置於 B 點，照準 A 後 (此時為正鏡)，旋緊上下盤，縱轉望遠鏡，指揮助手所持之標桿或測針立於視線之上，即可定出延長線上之 C′ 點。

(b) 平轉望遠鏡，再瞄準 A (此時為倒鏡)。固定上下盤，又縱轉望遠鏡，指揮助手定出得 C″。

(c) 取 C′C″ 中點 C，乃為正確延長線上之點。

2.延長線上遇障礙物

(1) 支距法

延長直線中途遇房屋之類等障礙物時，可用垂直支距法以定之。如圖 11-10 所示，欲延長 AB，但中有房屋所阻，則 (a) 可於 A、B 二點用經緯儀各作垂線 AC 及 BD，並使 AC=BD，則 CD 平行 AB 且等於 AB，(b) 於 CD 線上作沿延長線至 E 及 F，(c) 由 E 及 F 作垂直支距 EG 及 FH，並使 EG=FH=AC，則 GH 即為延長線。

11-14　第 11 章　施工放樣

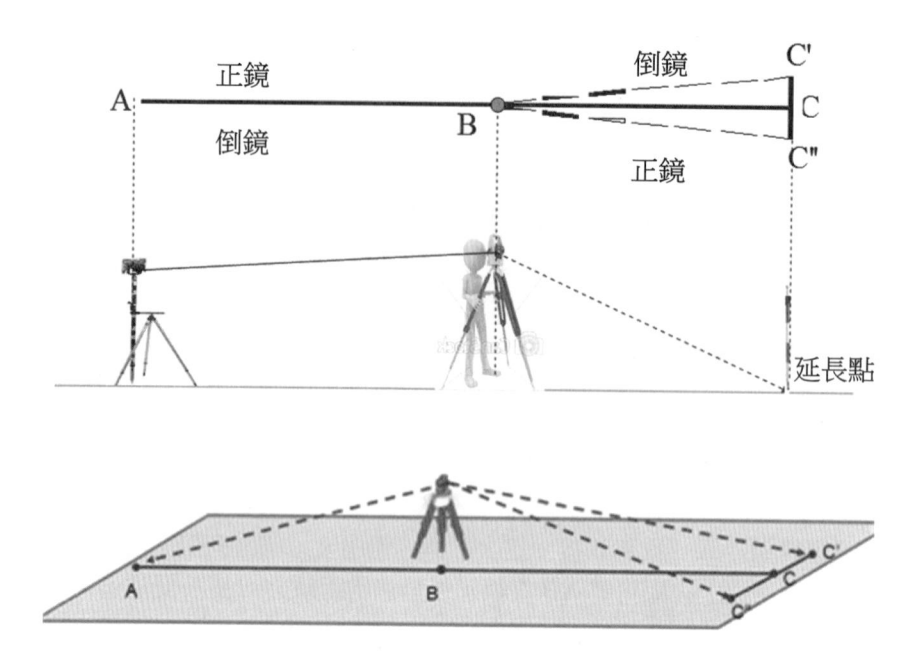

圖 11-9(a)　直線之延長線 (一)：延長線上無障礙物：雙倒鏡法原理

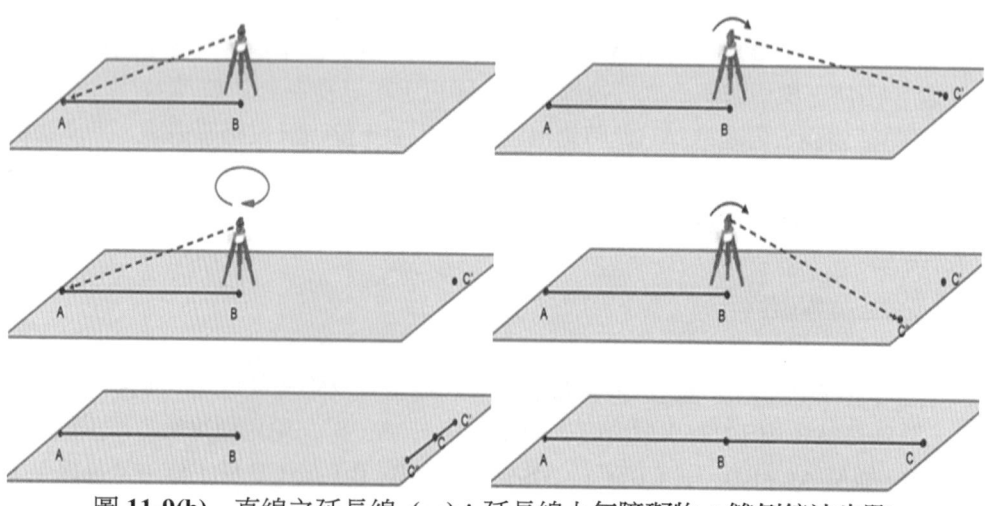

圖 11-9(b)　直線之延長線 (一)：延長線上無障礙物：雙倒鏡法步驟

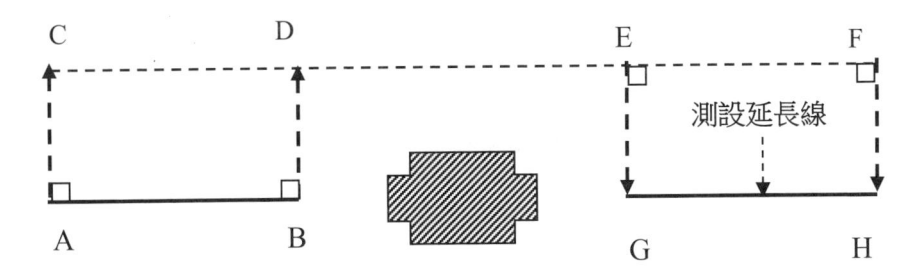

圖 11-10　直線之延長線 (二)：延長線上有障礙物：支距法

(2) 折線法

　　如欲減少量距，亦可用折線法 (圖 11-11)。欲定 AB 直線之延長線，則
(a) 將經緯儀安置於 B 點，測一左偏角 α，定出 C 點，量 BC 距離。
(b) 將經緯儀安置於 C 點，測一右偏角 2α，使 CD=BC，定出 D 點。
(c) 將經緯儀安置於 D 點，測一左偏角 α，則經緯儀視準線所指之方向即在 AB 之延長線上。

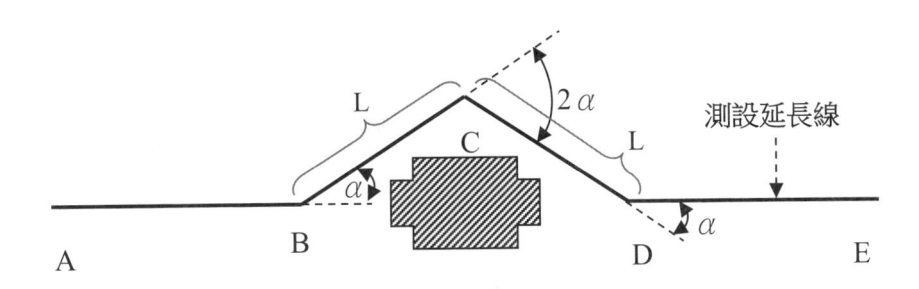

圖 11-11　直線之延長線 (二)：延長線上有障礙物：折線法

11-8　定直線之節點

　　一直線之二端點已知，欲在此二點間設置若干節點，其作業步驟視情況而異，有下列各法：

1. 兩端點間可通視者
(1) 一般放樣法

　　將經緯儀安置於 A 點瞄準 B 點，此時經緯儀之視準線在於 AB 方向線上，固定上下盤，僅由望遠鏡之仰俯，指揮於欲定節點處之助手所持標桿或測針左右移動，直到其成像恰在望遠鏡之十字絲中心為止，釘以木樁或道釘，倘為求正確，在木樁頂需加釘以小釘，以為點位標誌。如需定兩個或兩個以上之節點時，可如法依次進行，以達 B 點。

如 A、B 點高程差大時，為避免經緯儀校正不完善所造成之水平軸未水平，或視準軸不垂直水平軸之誤差，應以「雙倒鏡法」測定，如圖 11-12(a) 定得 C'及 C"點，再取中點位置定為 C 點。

(2) 歸化放樣法 (圖 11-12(b))

先用一般放樣方法設置過渡點 C'。把經緯儀架在 A 點，測量 ∠BAC'，此值理想值為零，不為零時可依角度放樣中的歸化法於實地歸化，求得 C 點。

例題 11-3　直線放樣：歸化放樣法 (圖 11-12(b))

已知欲定 AB 之節點 C，∠BAC'=0°0'25"，已知 AC'=582.09 m，試計算歸化值？

[解]　$L = \dfrac{\Delta\theta}{\rho} \cdot S$ =(25"/206265")(582.09) = 0.070 m

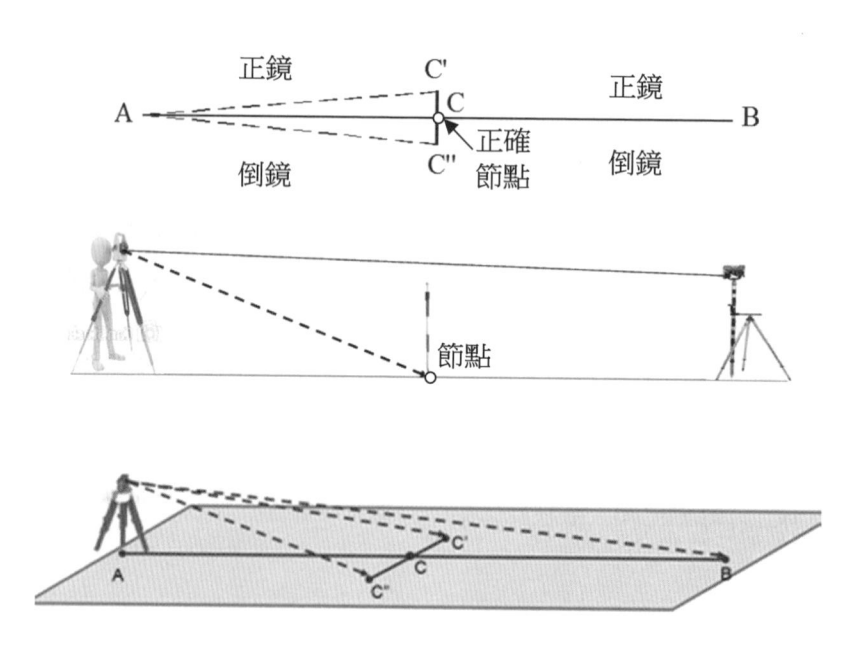

圖 11-12(a)　定直線之節點(一)：兩端點間可通視者 (雙倒鏡法原理)

圖 11-12(b)　定直線之節點(一)：兩端點間可通視者 (雙倒鏡法步驟)

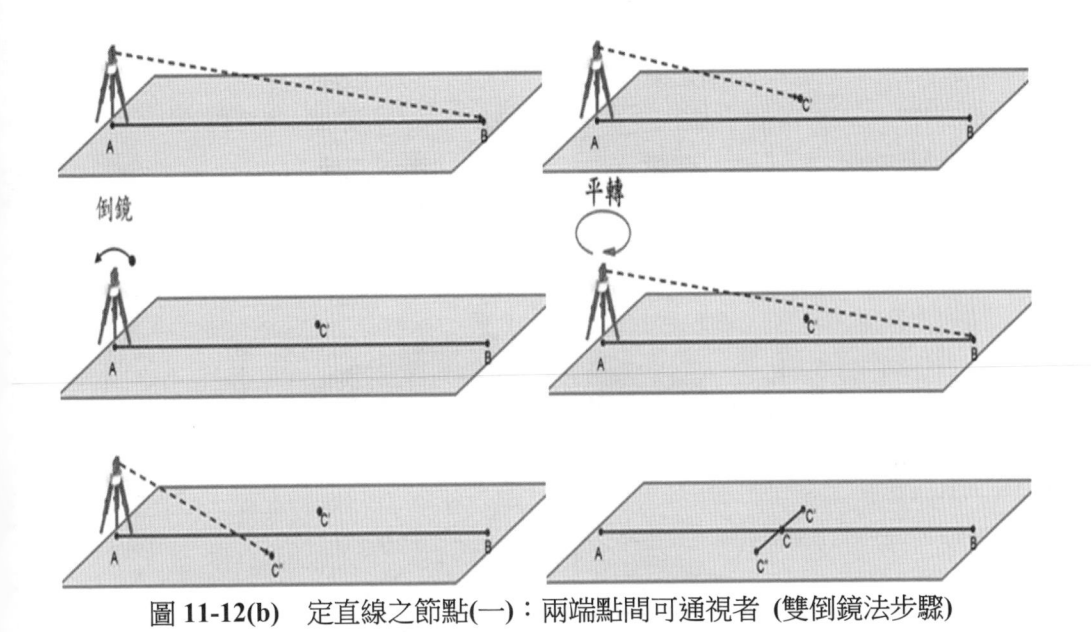

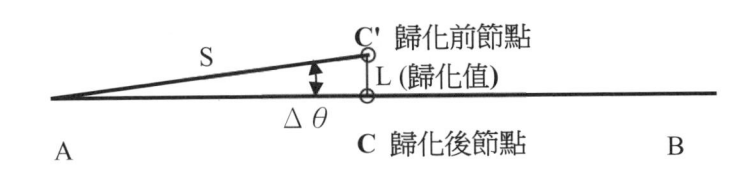

圖 11-12(c)　定直線之節點(一)：兩端點間可通視者 (歸化放樣法)

2.兩端點間不能通視，但其連線上選一節點可通視者

　　如圖 **11-13** 所示，**(1)** 可憑估計將經緯儀安置於估計之 **AB** 線上且通視兩點之處，**(2)** 先瞄準 **A** 點，再縱轉望遠鏡，視 **B** 點目標是否在視線內，否則可估計其差值大小，將儀器向線上移動，**(3)** 重複前述動作，直到先瞄準 **A** 點，再縱轉望遠鏡，而能確實瞄準 **B** 點為止，此時經緯儀已確在 **AB** 直線上，利用經緯儀之光學對點器即可放樣節點。

　　如 **A**、**B** 點高程差大時，仍應以雙倒鏡法為之，以消除經緯儀之誤差：**(1)** 以正鏡瞄準 **A** 點，再縱轉望遠鏡，而能確實瞄準 **B** 點為止得 **C′**，**(2)** 再以倒鏡瞄準 **A** 點，再縱轉望遠鏡，而能確實瞄準 **B** 點為止得 **C″** 點，**(3)** 再取中點位置定為 **C** 點。

11-18　第 11 章　施工放樣

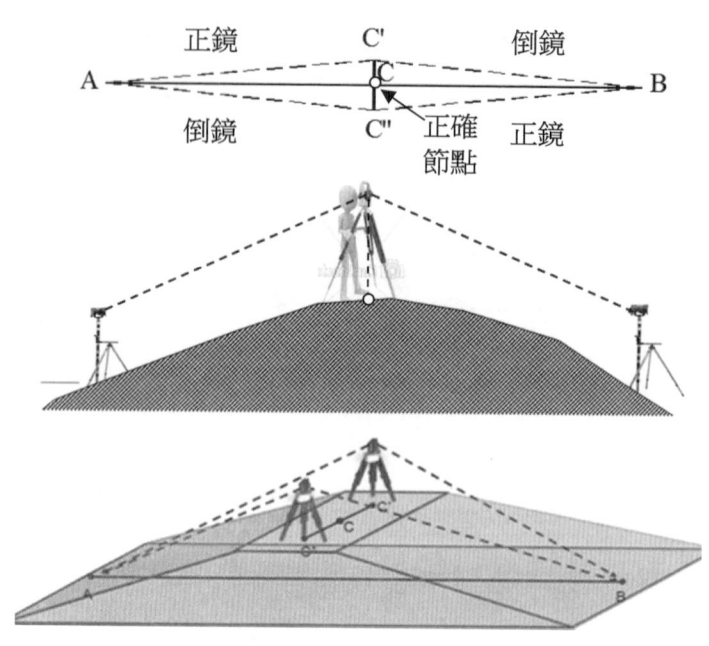

圖 **11-13(a)**　定直線之節點(二)：兩端點間不能通視，但其連線上有一點可通視二端者 (原理)

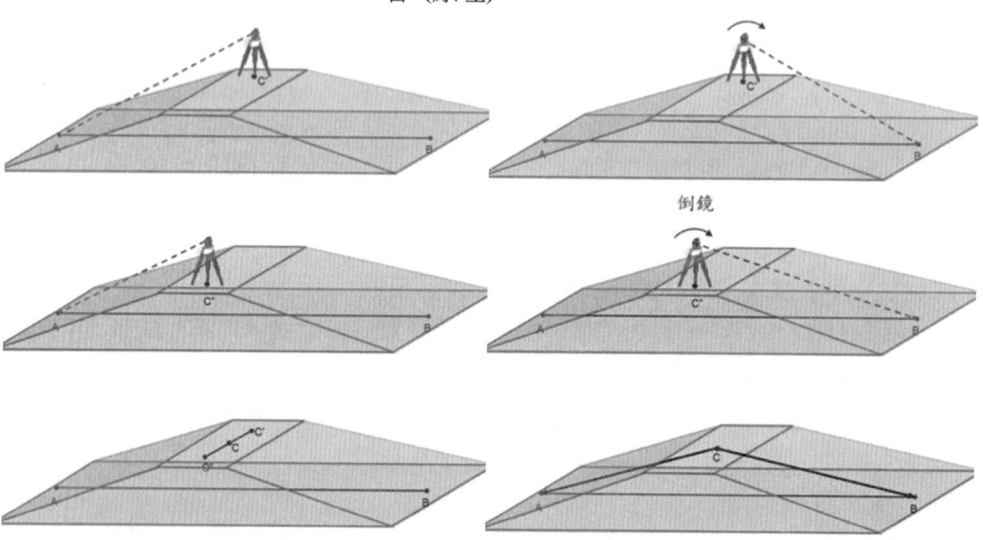

圖 **11-13(b)**　定直線之節點(二)：兩端點間不能通視，但其連線上有一點可通視二端者 (步驟)

3.兩端點互不通視,且其連線上亦無任一點可通視兩端點者

如 A、B 二點間不能通視,亦無法於其間選定能與 A 及 B 通視之點,則可利用隨機線 (random line) 法定之。

1.隨機線偏向法 (圖 11-14(a))
(1) 設一參考線 AX,於 AX 線上先定出 F 節點。
(2) 將經緯儀安置於 F 點,量 ∠F 及 AF 與 BF 距離。
(3) 已知 ∠F 及 AF 與 BF 距離,以餘弦定理解 AB 長。
(4) 已知 AB、AF 與 BF 距離,以餘弦定理解 ∠A。
(5) 將經緯儀安置於 A 點,瞄準 X 點,測設 ∠A,則此時視準線所瞄準之方向即為 AB 直線之方向。

2.隨機線平行法 (圖 11-14(b))
(1) 設一參考線 AX,於 AX 線上先定出 E 及 F 二節點。
(2) 將經緯儀安置於 F 點,量 ∠F。
(3) 量 AF、AE 與 FB 距離。
(4) 令∠AEC = ∠AFB,並使

$$EC = \frac{AE}{AF} \cdot FB$$

則 C 點即 AB 之一節點。實地上可將經緯儀安置於 E 點,瞄準 A 點,測設∠AEC,並量 EC 距離,即得 C 點。

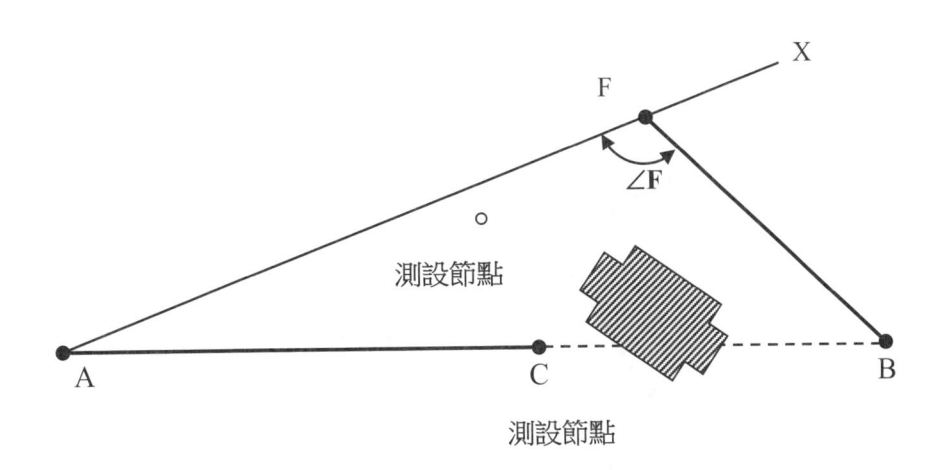

圖 11-14(a) 定直線之節點放樣(三): 兩端點間不能通視,且其連線上無一點可通視二端者:隨機線偏向法

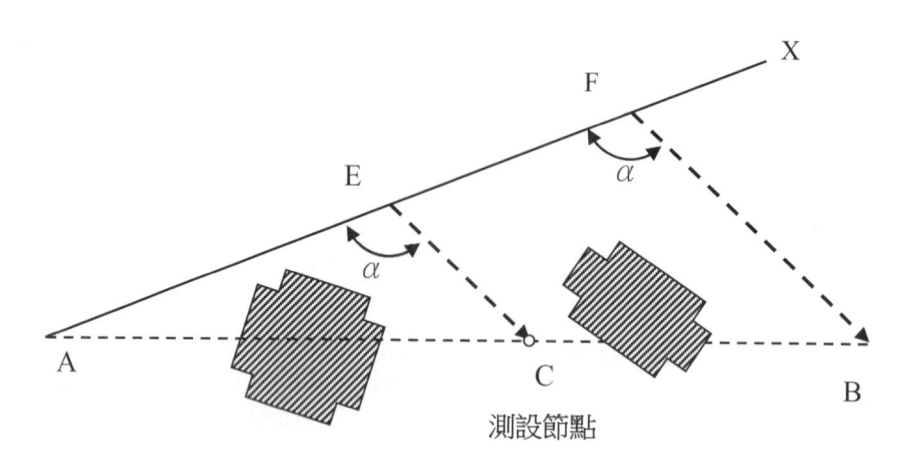

圖 11-14 (b)　定直線之節點放樣(三)：兩端點間不能通視，且其連線上無一點可通視二端者：隨機線平行法

11-9　二直線之交點放樣

欲測定二直線之交點，可依使用經緯儀之架數而異 (圖 11-15)：

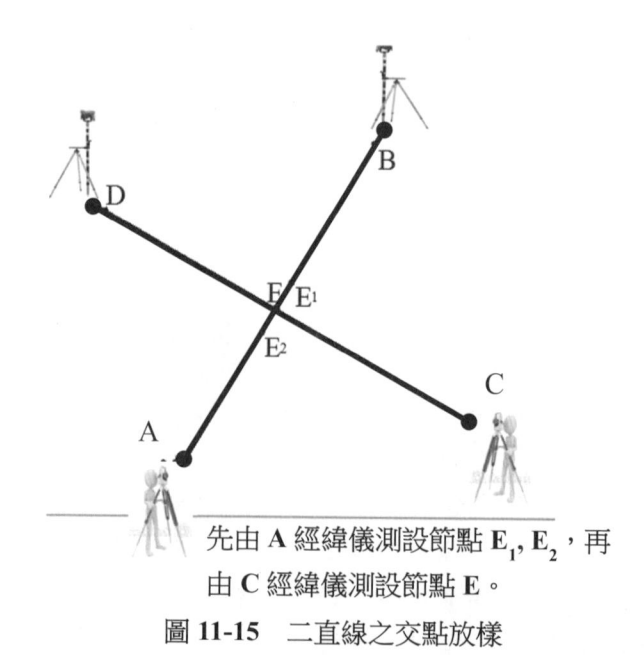

先由 A 經緯儀測設節點 E_1, E_2，再由 C 經緯儀測設節點 E。

圖 11-15　二直線之交點放樣

1.使用單部經緯儀測設

　　(1) 將經緯儀安置於 A 點，後視 B 點後，固定上下盤，以目視估計交點 E 之附近，仰俯望遠鏡，於 AB 線之直線方向上，定得 E_1、E_2 二點，**(2)** 再將儀器安置於 C 點，後視 D 點後固定上下盤，由二人將 E_1、E_2 點間拉細線連接，另一人持標桿或測針，在線上移動，使恰位於望遠鏡之視準線上時即固定，即為 E 點點位。

2.使用雙部經緯儀測設

　　將二經緯儀分別安置於 A、C 點，各後視 B、D 點後，固定上下盤，仰俯望遠鏡，一人持標桿移動，使標桿恰位於二望遠鏡之視準線上時，即為 E 點點位。

11-10　房屋建築放樣

11-10-1　建築座標系

　　建築物常為規則的矩形，但其方向通常不會是正北。為了工作方便，建築方格網常採用獨立的座標系統，稱為施工座標系。施工座標系特點：

(1) 原點設在總平面圖的西南角；

(2) 縱橫軸分別與主要建築軸線平行；

(3) 施工座標系與全域座標系的關係：①座標平移；②座標系旋轉；這些換算資料由設計單位給出。

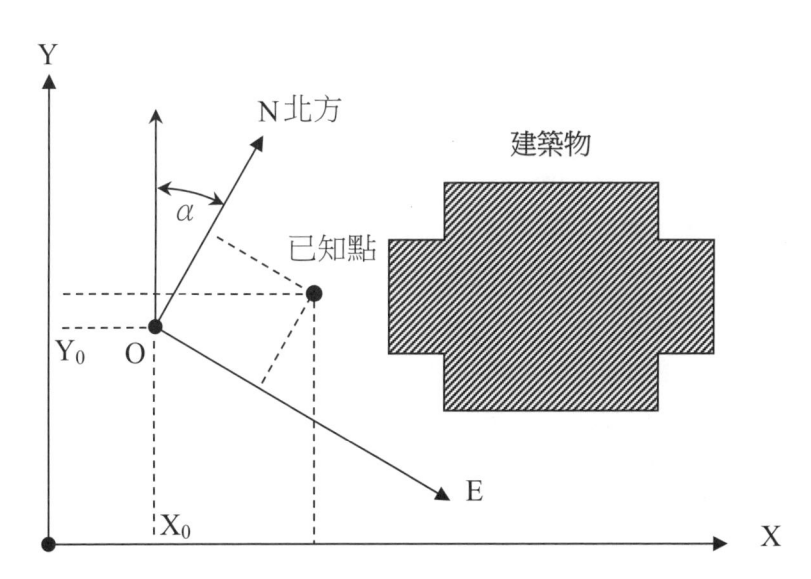

圖 11-19　將全域座標 (E,N) 轉成局部 (建築) 座標 (X,Y)

因此可用座標轉移公式將工地附近的已知點的全域座標 (E,N) 轉成局部 (建築) 座標 (X,Y)，以方便利用這些已知點作為放樣的參考點 (圖 11-19)。

$X = X_0 + N \sin\alpha + E \cos\alpha$ (11-8-1 式)

$Y = Y_0 + N \cos\alpha - E \sin\alpha$ (11-8-2 式)

11-10-1 方向線交會法

建築物常為規則的矩形，因此建築工地上常用方向線交會法放樣，步驟如下 (圖 11-16)：

1. 從施工場地的控制點出發，放樣出四個角點：(1) 軸 (5) 軸與 (A) 軸 (E) 軸之交點。
2. 檢核四點的間距及四個角度是否正確，必要時適當調整點位。
3. 在基礎坑外設置水平板樁，四邊的水平板樁盡量與建築物的軸線平行。
4. 用經緯儀在四個角點上，把四根軸線 (圖 11-16 中的 (1) 軸、(5) 軸、(A) 軸、(E) 軸) 延長投影在水平板樁上。
5. 按設計數據，在水平板樁上量距求得其他軸線在水平板樁上的投影點。用小釘或油漆標定下來。水平板樁上有了這些點後，就可以用方向線交會法放樣了。例如要放樣 (3) 軸與 (B) 軸之交點，只需在 bb′ 間拉細線代表 (B) 軸線 (方向線)，在 33′ 之間拉細線恢復 (3) 軸。兩線相交即得待定點的平面位置了。

方向線交會法有下列一些優點：

1. 把四條邊緣的軸線投影到水平板樁上之後，不管中間軸線有多少，細部有多複雜，只要量線及拉線就可放樣，操作比較方便。
2. 隨著施工的進展，開挖基礎、淺築基礎、砌牆…等需要多次放樣軸線或特徵點，本方法便於多次恢復軸線及特徵點 (圖 11-17)。

圖 11-18 是方向線交會法的放樣實例，方向線交會法是建築工地上常用的放樣方法。但隨著施工機器增加，水平板樁要做成斷斷續續的，以便建築機械的運動。有時為了防止水平板樁被施工機器破壞，或者減少基礎附近土體移動對樁點的影響，把水平板樁設在離基礎較遠的地方，這時用拉線來表示方向線就不方便了，而要用經緯儀視線代替拉線，用兩經緯儀交會得到待放樣的點位。

地面層依基準點引線進行各部分放樣。惟擬將地面層基準墨線垂直移轉至二樓板，務求各定點在同一垂線上，常用簡便的方法乃利用錘球置入預留孔垂直向上層樓板轉移基準墨線。樓板澆築混凝土時，常因澆築高度未作充分標示，導致樓板澆築未能平整劃一。可使用水準儀於樓板上放樣澆築高度,於側向模板上釘以鐵釘為記號,或於鋼筋上纏以膠帶為記號。

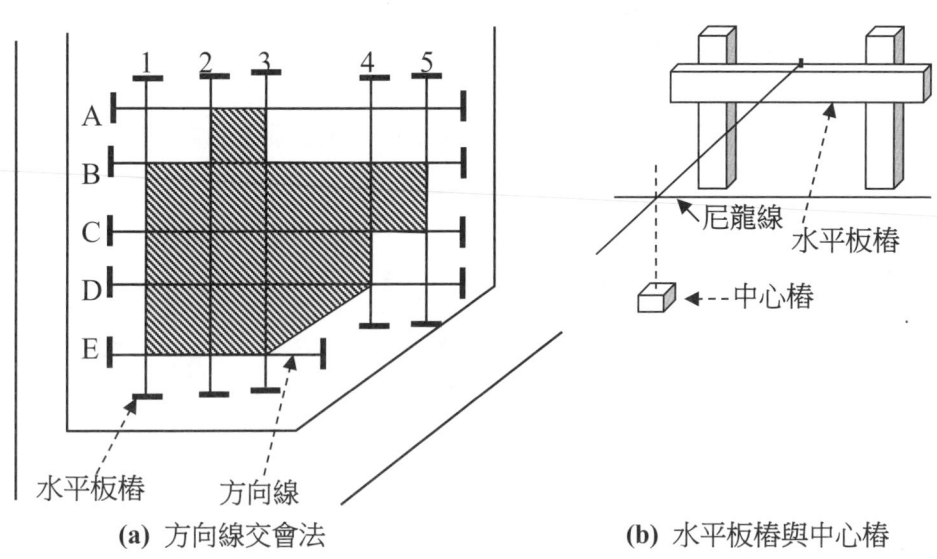

(a) 方向線交會法　　　　　　　**(b)** 水平板椿與中心椿

圖 **11-16**　房屋建築放樣:方向線交會法

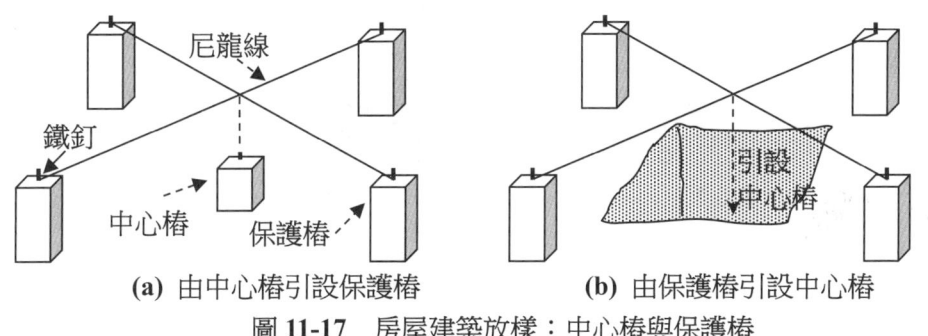

(a) 由中心椿引設保護椿　　　　**(b)** 由保護椿引設中心椿

圖 **11-17**　房屋建築放樣:中心椿與保護椿

11-11　隧道測量

隧道測量的要點:

1. 高程測定 (圖 11-20)

隧道坡度小時，測法與傳統地面測量相同。垂直井時可使用鋼尺掛錘球將地表高程點高程引到垂直井底控制點。

2. 位置定位

隧道坡度小時，測法與傳統地面測量相同。垂直井時可使用鋼線或光學儀器、雷射儀器將地表控制點引入垂直井底。

3. 隧道定線

隧道內施測困難，有時需以橫坑或豎井來聯測，以確保測量品質。此外使用雷射光束也可以幫助指導隧道開挖。

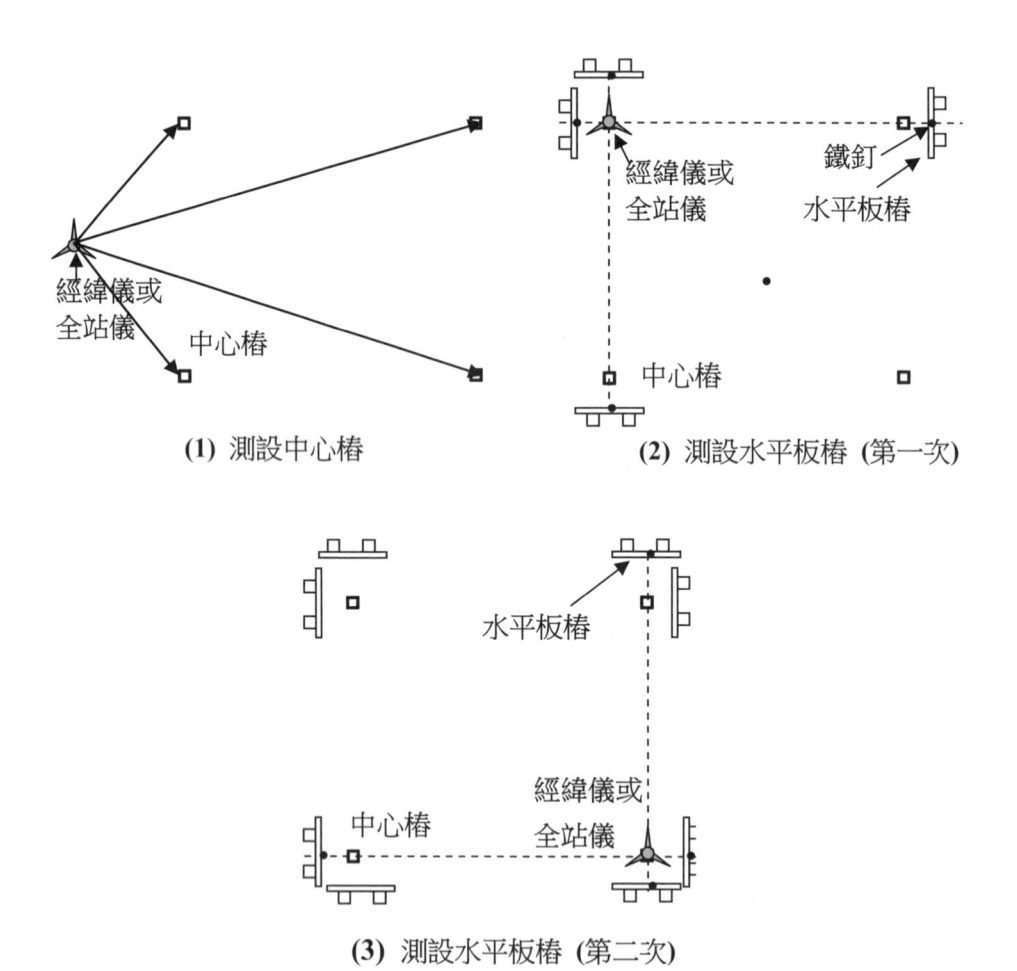

(1) 測設中心樁

(2) 測設水平板樁 (第一次)

(3) 測設水平板樁 (第二次)

圖 11-18　房屋建築放樣：方向線交會法的測設 (以經緯儀或全站儀)

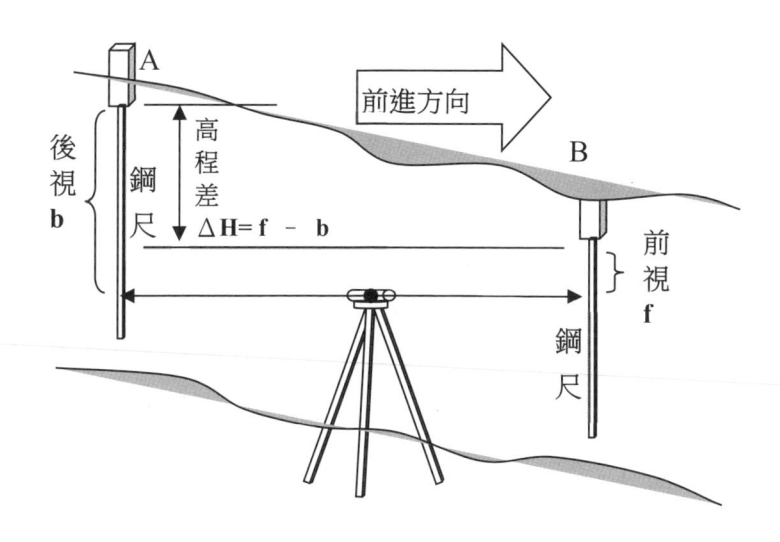

圖 11-20　隧道高程測量 (高程差 $\Delta H = f - b$)

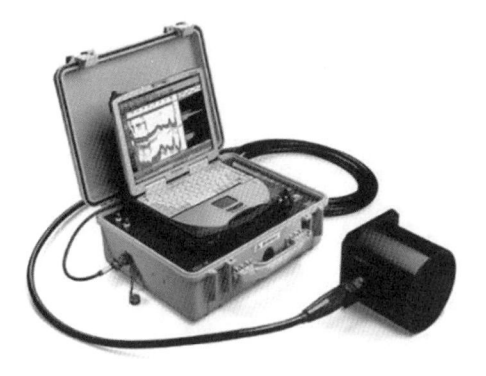

圖 11-21　回聲探測儀

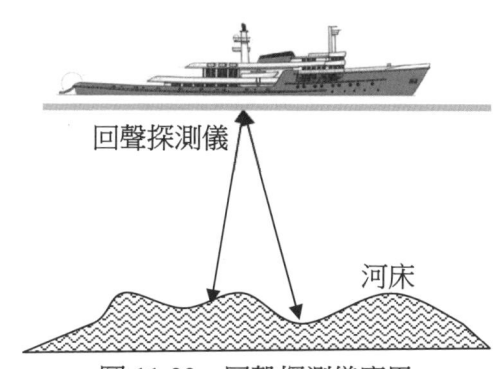

圖 11-22　回聲探測儀應用

11-12　河海測量

河海測量的要點：

1. 水深測定

可使用測深繩、測深桿、回聲探測儀 (圖 11-21)。

2. 水深點 (船隻) 定位

(1) 岸邊導線法 (全站儀法，測角與測距)

(2) 岸邊前方交會法

(3) 船上後方交會法

(4) 等船速等時間定位法：在河岸兩邊設定標誌，船隻沿著標誌連線等速行駛，等時間測定一次水深。

11-13 雷射裝置

1.旋轉雷射儀

旋轉雷射儀以旋轉方式射出雷射光，形成水平面或垂直面，以方便放樣。此類雷射光分為可見光與不可見光兩種，觀測者不可直視其發射口或雷射光。旋轉雷射儀依其功能可分為二種：

(1) 水平雷射儀

水平雷射儀可以測設水平面。它配合雷射偵測器，為測定建築基地挖填土方高之利器，適用於 100 公尺半徑範圍以內的整地測量工作。當水平雷射儀之圓盒水準器居中後，雷射光藉補正器之補助，即保持正確的水平射出。雷射光隨儀器旋轉器掃射成一水平面，雷射光照射至偵測器上的感應器，即有聲音發出，持標尺者視偵測器上指示器出現之號誌，上升或下降偵測器，直至出現訊號，以偵測器畫標示線之缺口為基準，決定填挖土之土方高。

(2) 水平垂直雷射儀 (圖 11-23)

水平垂直雷射儀與水平雷射儀類似，同樣可以測設「水平面」，但多了測設「垂直面」的功能。當它架在三腳架上時，可供測設水平面兼定鉛垂線之用；當平置時，可供測設垂直面及平面直角之用。

2.雷射鉛垂儀

雷射鉛垂儀可用來定鉛垂線，請參考「鉛垂線放樣」一節。

3.管雷射儀 (pipe laser) (圖 11-24)

管雷射儀可用來定直線，例如導引鑽孔機作隧道鑽孔。

4.安裝於經緯儀等一般測量儀器之雷射裝置

為了方便指示放樣，一般測量儀器 (如經緯儀、全站儀) 也可安裝雷射裝置。

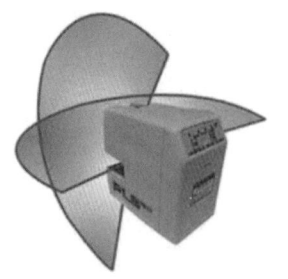

圖 11-23　水平垂直雷射儀 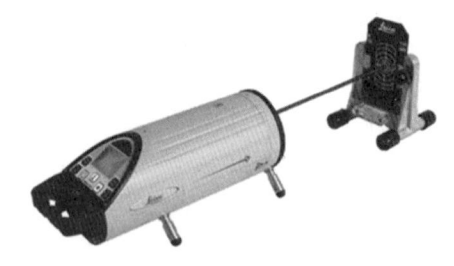　　　　圖 11-24　管雷射儀

11-14 本章摘要

1. 歸化法：參考第 11-1 節。

2. 角度放樣：歸化放樣法歸化值 $L = \dfrac{\Delta \theta}{\rho} \cdot S$

3. 距離放樣：歸化放樣法歸化值 $\Delta S = S - S'$

4. 座標放樣
 (1) 直接法：以全站儀直接作座標放樣。
 (2) 間接法：以經緯儀放樣角度，電子測距儀或捲尺放樣距離。包括：
    (a) 導線法 (b) 支距法 (c) 前方交會法 (d) 距離交會法。

5. 鉛垂線放樣：(1) 鉛垂球 (2) 經緯儀 (3) 光學鉛垂儀 (4) 雷射鉛垂儀。

6. 直線之延長線
 (1) 延長線上無障礙物：(a) 簡易法 (b) 雙倒鏡法。
 (2) 延長線上遇障礙物：(a) 支距法 (b) 折線法。

7. 定直線之節點
 (1) 兩端點間可通視者：(a) 一般放樣法 (b) 歸化放樣法。
 (2) 兩端點間不能通視，但其連線上選一節點可通視者。
 (3) 兩端點互不通視，且其連線上亦無任一點可通視兩端點者：(a) 隨機線偏向法 (b) 隨機線平行法。

8. 二直線之交點放樣：(1) 使用單部經緯儀測設 (2) 使用雙部經緯儀測設。

9. 房屋建築放樣：方向線交會法。

10. 雷射裝置：(1) 旋轉雷射儀 (2) 雷射鉛垂儀 (3) 管雷射儀 (4) 安裝於經緯儀等一般測量儀器之雷射裝置。

習題

11-1 本章提示 ~ 11-4 距離放樣

(1) 測量與放樣有何差別？
(2) 何謂歸化法放樣？
(3) 如何用水準儀放樣高程？
(4) 角度放樣：同例題 11-1，但數據改成：∠CAB=45°0'0"，∠C'AB=45°0'35"，AC'=335.41 m。
(5) 試述以一部工程經緯儀施測一 33°15'18" 之施測方法。
(6) 為何以歸化法放樣距離的精度會較高？

[解] (1) 見 11-1 節。(2) 見 11-1 節。(3) 見 11-2 節。(4) 0.057 m。(5) 見 11-3 節。(6) 見 11-4 節。

某鋼捲尺長 50 公尺，經檢定比較得知其實長為 49.995 公尺 ±0.0005 公尺。以該捲尺放樣一實長為 23.568 公尺之線段，應如何處理？[101 年公務員普考]
[解]
這種高精度放樣必須採用歸化放樣法，(1) 先用鋼捲尺以一般放樣法放樣 (50/49.995)×23.568 =23.570 m，(2) 再用鋼卷尺精確量距離至少三次，計算其平均值與標準差，根據誤差傳播定律(見第 14 章)，此一鋼卷尺在測量 23.568 公尺時的中誤差=(23.568/49.995)×0.0005=0.00024 m，如標準差小於 0.00024 公尺，則已經精確量距，(3) 再計算其平均值與 23.570 公尺的差距。(4) 再放樣此差距。

11-5 座標放樣

同例題 11-2，但數據改成：A 座標 (X, Y)=(200.00, 300.00)，B 座標 (X, Y)= (800.00, 100.00)，欲放樣 P 座標 (X, Y)=(500.00, 450.00)
[解]
導線法：AP=335.41，∠A=45°0′0″ (或 BP=460.98，∠B=30°57′49″)
支距法：b=APcos∠A= 237.17 m，h=APsin∠A= 237.17 m
前方交會法：∠A=45°0′0″，∠B=30°57′49″
距離交會法：AP=335.41，BP=460.98

假設某一區域內有測量控制點 A、B、C 三點，工程期間因施工不慎將 A 點破壞，試問該如何以測距經緯儀於 B 點設站，將 A 點測設回原地？〔註：各點橫、縱 (E,N) 座標如下：A(2950, 4120)、B(3130, 4350)，C(3097, 4465)〕
[93 年公務員普考]
[解]
(1) 由 A，B，C 三點座標計算三邊邊長 AB，AC，BC。
(2) 在△ABC 中按餘弦定理求∠B。
(3) 放樣距離 AB 與∠B，可得 A 點。

已知 I、J、K 三點座標 (E, N) 分別為 (1000, 200)、(1500, 100)、(1300, 500)。於現場踏勘時，發現點 K 已經遺失。今擬重新放樣點 K，於點 J 整置儀器，後視照準點 I，於下列項目中，挑選出需要的儀器設備：全測站、水準儀、稜鏡、腳架、平板儀、水準尺、測針。請說明如何以所挑選儀器設備，計算必要的數據，

來放樣點 K。[102 土木公務普考]
[解] 全測站、稜鏡、腳架。(題目似乎暗示要用間接法放樣,故需參考第 11-5 節計算放樣元素)

右圖中,有兩控制點A、B,及兩個虛樁 (地面上並無此點) D、E,今欲測設一都市計畫界樁 C,該 C 點位於 DE 直線上且距離 D 點 80 m 處,試問如何於 B 點架設儀器放樣測設 C 點? (請計算至 mm 及秒的單位) 各點橫縱 (E,N) 座標如下:
A(2950, 4500)、B(3000, 4400)、D(3050, 4320)、E(5000, 5000) [93年公務員高考]
[解]
(1) 利用 D, E 座標計算 ϕ_{DE} (2) $\phi_{DC} = \phi_{DE}$,CD=80 m,用導線法計算 C 點座標 (3) 由 B、C 座標計算 ϕ_{BC} 與 BC 長度 (4) 利用 A、B 座標計算 ϕ_{BA} (5) ∠ABC = $\phi_{BC} - \phi_{BA}$ (6) 利用∠ABC與BC 長度進行放樣。

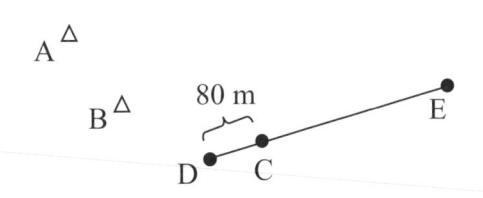

配置如圖,針對甫放樣完成之道路中心樁 C,擬設置參考樁(保護樁)以利施工中當 C 點被破壞時能迅速重建。現有兩方案如下:
(1) 定 P_1,P_2,P_3,P_4,使 CP_1P_2 及 CP_3P_4 共線並量 P_2P_4 間距,如圖 (a) 所示,
(2) 定與 C 共直線之 P_1,P_2,P_3,P_4 並量各點間距,如圖 (b) 所示。
請分析比較何者具較佳之幾何配置? 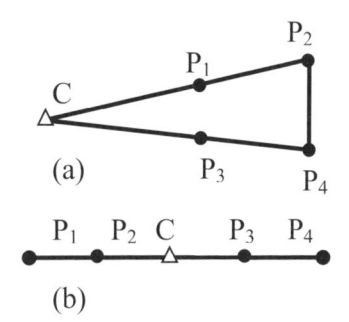
[解]
(1) 較差。因為 P_1,P_2,P_3,P_4 中只要有一點遺失,即無法定出 C 點。此外三角形為銳角,且角 C 甚小,只要 P_1,P_2,P_3,P_4 中只要有一點偏移,即會導致 C 點偏差很大。量 P_2P_4 間距對定 C 點並無直接效益。此外測設時需使用交會法,雖可使用單部經緯儀但不方便,需使用兩部經緯儀才較方便。
(2) 較佳。因為 P_1,P_2,P_3,P_4 中只要保有任意兩點未遺失,即可定出 C 點。此外可用 P_1,P_2 與 P_3,P_4 分兩組分別定出 C 點,檢核 C 點可靠度。此外如果 P_1P_4 距離短,用一捲尺即可測設。如果距離長,測設時需定節點或延長線,也只需一部經緯儀即可。

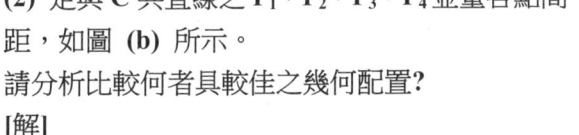

如右圖，A、B 為已知點，擬觀測距離 AC 及 CB，
以求 C 點座標。假設二距離之中誤差相等，請
回答下列問題： 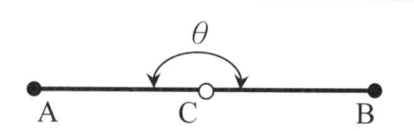
(1) 分析 C 點座標誤差之特性。
(2) 若加測水平角 θ，假設其精度與測距相當，除可提升自由度外，是否可改善 C
    點定位之精度? 試分析之。[100 年公務員高考]
[解]
(1) 假設二距離各約 1/10000 精度，實際 AC=
    BC= 100 m，則距離誤差各 1 cm。在悲觀情
    況下，AC'=BC'=100.01 m 時，C 點座標會偏
    離 AB 線

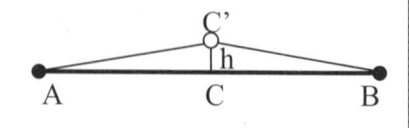

$h = \sqrt{AC'^2 - AC^2} = \sqrt{100.01^2 - 100.00^2}$ =1.414 m，C 點在 AB 垂直方向位置 h 誤
差將會很大。顯示當 C 點靠近 AB 直線，則觀測距離 AC 及 CB 距離，以求 C
點座標，即距離交會法，並非好方法。

(2) 假設角度有 1/10000 精度，即 20″ 精度，當 θ=180°0′20″，AC= BC= 100 m，則
    測角造成的 C 點在 AB 垂直方向位置 h 誤差

$$h = S\sin\left(\frac{\theta - 180}{2}\right) = 100.00 \cdot \sin\left(\frac{20''}{2}\right)$$
$$= 100.00 \cdot \left(\frac{10''}{206265''}\right) = 0.005 \, m$$

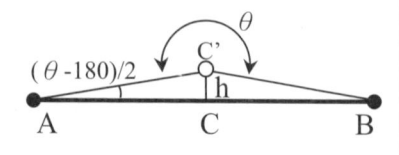

誤差很小。故加測水平角 θ 對確認 C 點的 AB 垂直方向位置 h 幫助很大。

11-6 鉛垂線放樣 ～11-8 定直線之節點

(1) 鉛垂線放樣法有哪些?
(2) 試述如何定直線之延長線：(1) 延長線上無障礙物 (2) 延長線上有障礙物。
(3) 試述雙倒鏡法定延長線之程序與原因?
(4) 直線放樣：同例題 11-3，但數據改成：∠BAG′=0°0′45″，AG′=237.17 m。
[解] (1) 見 11-6 節。(2) 見 11-7 節。(3) 可消除儀器視準軸與水平軸不垂直之誤
    差。(4) 0.052 m。

試述如何定兩點間之節點：
(1) 兩端點間可通視者。

(2) 兩端點間不能通視，但其連線上選一節點可通視者。
(3) 兩端點互不通視，且其連線上亦無任一點可通視兩端點者。
[解] (1)~(3) 見 11-7 節。

(1) 某道路工程需依設計測設道路中心樁，設有兩支中心樁 C_1 與 C_2 之平面位置已於工程現場測設完成，且經檢核通過，應如何測設下一支連續且在同一直線上的中心樁 C_3？
(2) 測設時所需的儀器及測量數據為何？若中心樁附近有兩個可通視的控制點 R_1 與 R_2 (如圖)，如何利用此控制點檢核測設之結果？ [96 年公務員高考]

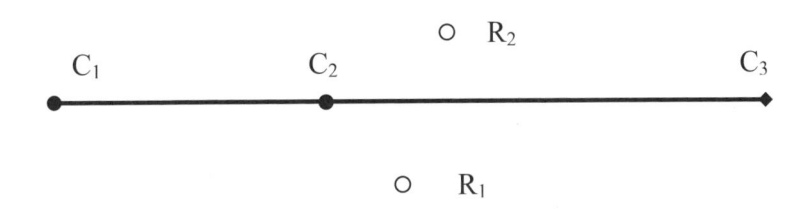

```
                    O  R₂
   C₁          C₂                    C₃
   ●───────────●─────────────────────●
                    O  R₁
```

[解]
(1) 見 11-7 節之雙倒鏡法定延長線。
(2) 由控制點 R_1 與 R_2 與中心樁 C_3 計算放樣元素 C_3R_1 與 C_3R_2，$\angle R_2R_1C_3$ 與 $\angle R_1R_2C_3$，從控制點 R_1 與 R_2 檢核中心樁 C_3 是否合格。

11-9 二直線之交點放樣 ～ 11-13 雷射裝置
(1) 試述如何放樣二直線之交點？
(2) 房屋建築放樣：試述方向線交會法程序？
(3) 雷射裝置可用於哪些放樣工作？ [81-2 土技檢覈類似題]
[解] (1) 見 11-9 節。(2) 見 11-10 節。(3) 見 11-13 節。

有一廠房其面積約 500 平方公尺，因設置精密儀器之故，要求地板面需完全水平，請擬定一測量方式進行此一水平度之驗證。請敘述使用之儀器種類、性能、測量方式及可達到之精度。[94 年公務員高考]
[解] 見 11-13 節。

第 12 章 面積測量與體積測量

12-1 本章提示
第一部分：面積測量
12-2 三角形法
12-3 支距法
12-4 座標法
12-5 求積儀法
12-6 面積測量之精度
第二部分：體積測量
12-7 方格網法
12-8 三角網法
12-9 橫斷面法
12-10 等高線法
12-11 本章摘要

12-1 本章提示

　　面積計算乃依據與面積有關之量而計算土地面積之方法；土地面積則係一宗土地界址所包圍之土地之水平投影面積。例如圖 12-1 是日月潭地圖，如何計算日月潭面積呢？

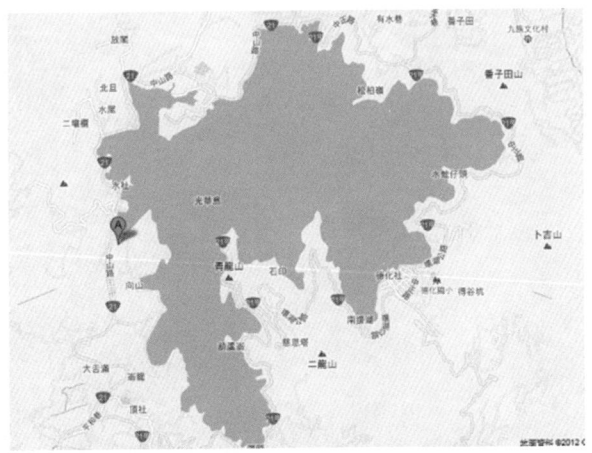

圖 12-1(a)　如何計算日月潭面積呢？

面積計算之方法可分為四類：

1. **三角形法**：三角形法係將全面積劃分成多個三角形，再於圖上或於實地量取相關之量，即可依底高法、三邊法、夾角法等方法計算面積。
2. **支距法**：支距法係將全面積劃分成多個平行長條形，再於圖上或於實地量取長度，即可依梯形公式或辛普森公式計算面積。
3. **座標法**：座標法係將全面積視為一多邊形，再於圖上或於實地量取各邊界點座標，即可代入公式計算面積。
4. **求積儀法**：求積儀法係將全面積依一定比例尺測繪成圖，再於圖上以求積儀直接測算面積。

座標法之精度較三角形法、支距法及求積儀法為高，於地價昂貴之地區，雖毫釐之差，影響所有權人之權益甚大，故面積之計算，以應用座標法為宜。

體積計算之方法甚多，歸納之可分為四類：

1. **方格網法(面積水準測量)**：係將土方區分割成許多方格，如知各方格之面積及其平均土體高，即可計算土方之數量。又稱「面積水準測量」。
2. **三角網法**：係將土方區分割成許多三角形單元，如知各三角形之面積及其平均土體高，即可計算土方之數量。
3. **橫斷面法**：係將道路依一定間距測繪橫斷面，如知各橫斷面所含之面積，即可計算土方之數量。
4. **等高線法**：係將土方區依一定等高距測繪等高線圖，如知各等高線所圍之面積，即可計算土方之數量。

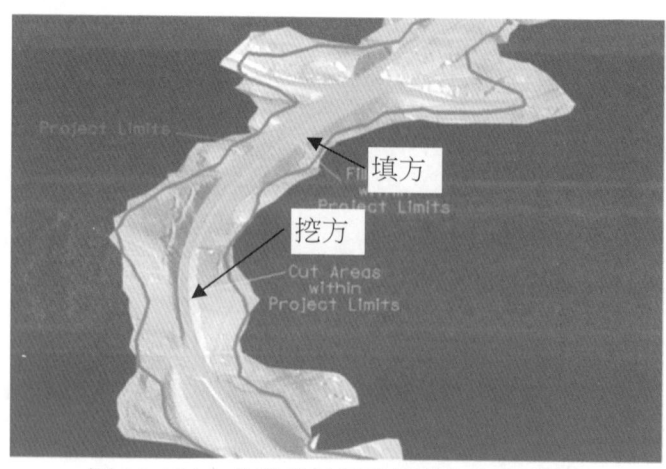

圖 **12-1(b)** 公路的挖填方體積如何計算？

第一部分：面積測量

12-2 三角形法

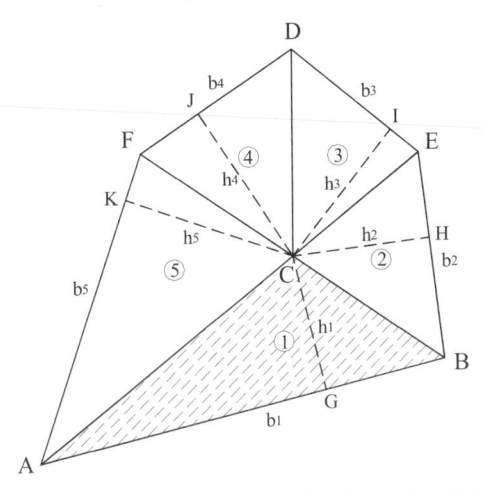

圖 12-2 (a)　面積計算法（一）：三角形法（底高法）

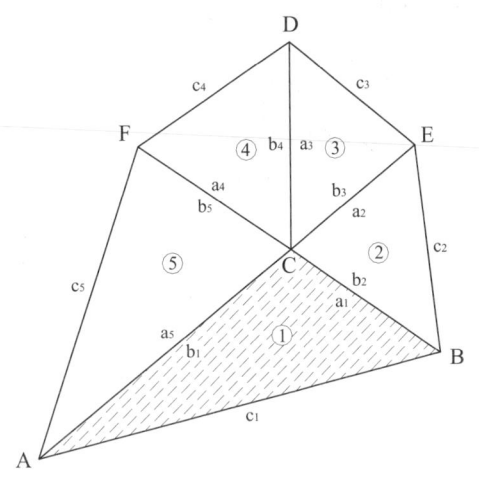

圖 12-2 (b)　面積計算法（一）：三角形法（三邊法）

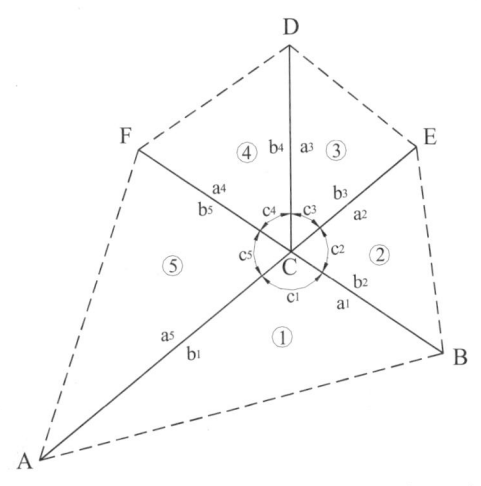

圖 12-2 (c)　面積計算法（一）：三角形法（夾角法）

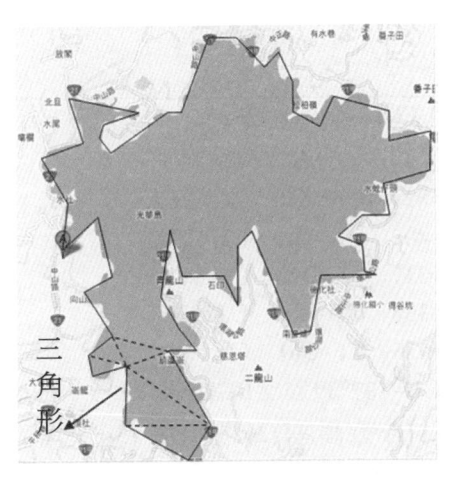

圖 12-2 (d)　將日月潭分割成許多三角形來計算面積

第 12 章 面積測量與體積測量

土地如為界線為規則之折線所構成之多邊形者，可用三角形法計算面積。三角形法係將全面積劃分成多個三角形，再於圖上或於實地量取相關之距離與夾角，即可依底高法、三邊法、夾角法等方法計算面積 (圖 12-2)。

1. 底高法

　　量取各三角形之底邊 b 與高 h，據以計算面積 A：

$$A = \frac{1}{2}(\Sigma b_i h_i) \qquad i=1，2，3，…，n \qquad (12\text{-}1 \text{ 式})$$

2. 三邊法

　　量取各三角形之邊長 a，b，c，據以計算面積 A：

$$A = \sum \sqrt{s_i(s_i - a_i)(s_i - b_i)(s_i - c_i)} \qquad i=1，2，3，…，n \qquad (12\text{-}2 \text{ 式})$$

式中　$s_i = \frac{1}{2}(a_i + b_i + c_i)$

3. 夾角法

　　又稱光線法，或幅射法，乃量取各三角形之某二邊長 a 及 b 及其夾角 C，據以計算面積 A：

$$A = \frac{1}{2}(\Sigma a_i \cdot b_i \cdot \sin C_i) \qquad i=1，2，3，…，n \qquad (12\text{-}3 \text{ 式})$$

例題 12-1　三角形法

如圖 12-2，已知下列資料：

AB=824　CA=640　CG=265
BE=405　CB=361　CH=272
ED=317　CE=320　CI=312
DF=358　CD=400　CJ=330
FA=635　CF=361　CK=346

∠ACB=107°39'，∠BCE=72°21'，∠ECD=51°20'，∠DCF=56°19'，∠FCA=72°21'

試用 (1) 底高法 (2) 三邊法 (3) 夾角法，求 ABEDF 面積。

[解]

(1) 底高法

△ABC=(1/2)(824)(265)=109180，△BEC=(1/2)(405)(272)=55080，

△EDC=(1/2)(317)(312)=49452，△DFC=(1/2)(358)(330)=59070，

ΔFAC=(1/2)(635)(346)=109855

面積=382637 m^2

(2) 三邊法

ΔABC=110165m^2，ΔBEC= 55148m^2，ΔEDC= 49574m^2，ΔDFC= 59745m^2，

ΔFAC=110349m^2

面積=384981 m^2

(3) 夾角法

ΔABC=(1/2)(640)(361)(sin107°39′)=110082 m^2

ΔBEC=(1/2)(361)(320)(sin72°21′)=55041 m^2

ΔEDC=(1/2)(320)(400)(sin51°20′)=49971 m^2

ΔDFC=(1/2)(400)(361)(sin56°19′)=60079 m^2

ΔFAC=(1/2)(361)(640)(sin72°21′)=110082 m^2

面積=385255 m^2

12-3 支距法

　　土地如其界線為不規則之折線或曲線者，可用支距法計算面積。支距法係將全面積劃分成多個平行長條形，再於圖上或於實地量取長度，即可依梯形公式或辛普森公式計算面積 (圖 12-3)。如果直線通過要測的面積邊緣兩次以上，例如 **a, b, c, d** 點，則因為 **bc** 段並非在面積的範圍內，故長條形長度為 **ab+cd**。

1.梯形公式

　　設各長條形之高分別為 h_1、h_2、h_3、h_4...h_n，長條形之寬為 d，則

h_1 與 h_2 間之面積為 $A_1=d(h_1+h_2)/2$

h_2 與 h_3 間之面積為 $A_2=d(h_2+h_3)/2$

h_3 與 h_4 間之面積為 $A_3=d(h_3+4h_4)/2$

　　故得 h_1 至 h_n 間之總面積為

$$A=\frac{d}{2}(h_1+2h_2+2h_3+2h_4+2h_5+\ldots\ldots+2h_{n-4}+2h_{n-3}+2h_{n-2}+2h_{n-1}+h_n) \qquad (12\text{-}4 \text{ 式})$$

2.辛普森公式

　　係以長條形之高 h_1, h_2, h_3 之加權平均值視為平均高，其權值為 1/6，4/6，1/6，再以平均高乘以長條形之寬為 2d，即為其面積，故得

　　h_1 與 h_3 間之面積為 $A_1=2d[(1/6)h_1+(4/6)h_2+(1/6)h_3]= (d/3)(h_1+4h_2+h_3)$

同理，h_3 與 h_5 間之面積為 $A_2=(d/3)(h_3+4h_4+h_5)$

同理，h_5 與 h_7 間之面積為 $A_3=(d/3)(h_5+4h_6+h_7)$

$A = A_1+A_2+A_3 = (d/3)(h_1+4h_2+2h_3+4h_4+2h_5+4h_6+h_7)$

同理，當有 n 個高時，h_1 至 h_n 間之總面積為

$$A = \frac{d}{3}(h_1+4h_2+2h_3+4h_4+2h_5+\ldots\ldots+2h_{n-4}+4h_{n-3}+2h_{n-2}+4h_{n-1}+h_n) \qquad (12\text{-}5\ \text{式})$$

上式 n 須為奇數，若 n 為偶數時，則由 h_1 到 h_{n-1} 以上法計算，而 h_{n-1} 與 h_n 間所夾之面積另行以梯形公式計算後再相加。

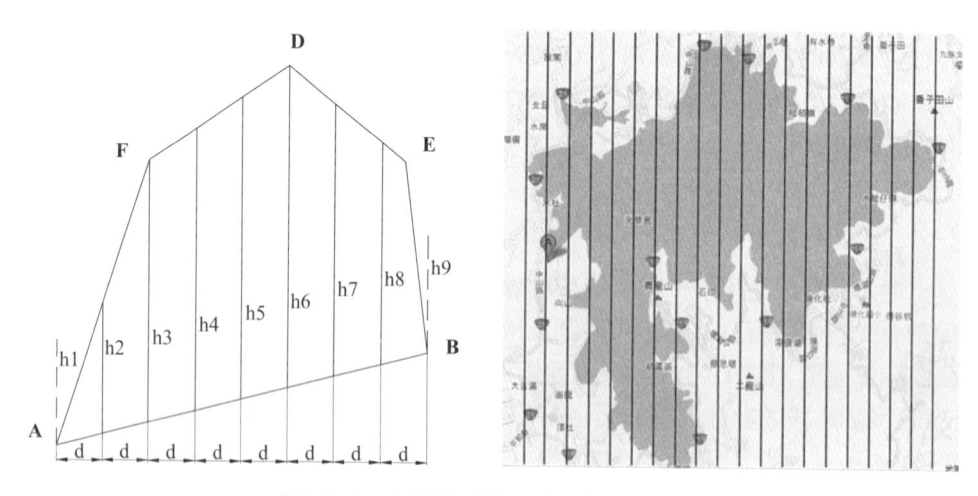

圖 12-3　面積計算法（二）：支距法

例題 12-2　支距法
如圖 12-3，已知下列資料：$h_1=0$ m, $h_2=280$ m, $h_3=550$ m, $h_4=580$ m, $h_5=628$ m, $h_6=673$ m, $h_7=569$ m, $h_8=468$ m, $h_9=0$ m, $d=100.00$ m。試用 (1) 梯形公式 (2) 辛普森公式，求 ABEDF 面積。
[解]
(1) 梯形公式面積$=(d/2)(h_1+2h_2+2h_3+2h_4+2h_5+2h_6+2h_7+2h_8+h_9)=374800$ m^2
(2) 辛普森公式面積$=(d/3)(h_1+4h_2+2h_3+4h_4+2h_5+4h_6+2h_7+4h_8+h_9)=383267$ m^2

12-4　座標法

土地如為界線為規則之折線所構成之多邊形者，可用座標法計算面積。座標法係

將全面積視為一多邊形，再於圖上或於實地量取各邊界點座標，即可代入公式計算面積。如界址點座標精度可靠，則其結果甚為準確。

公式推導：
如圖 12-4(a)，三角形 ABC 面積可視為：

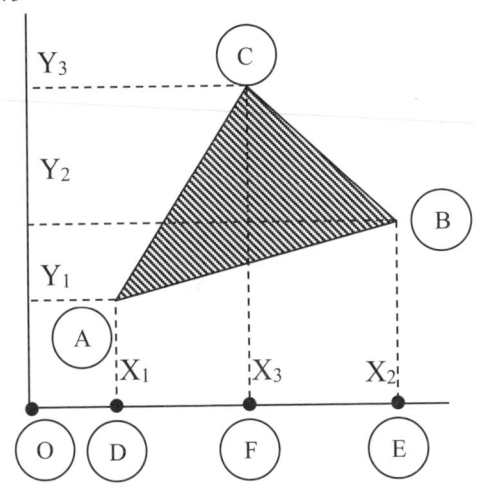

圖 12-4(a)　座標法公式推導

三角形 ABC = 梯形 ADFC + 梯形 CFEB − 梯形 ADEB
故
$$A = \frac{(Y_3 + Y_1)}{2}(X_3 - X_1) + \frac{(Y_2 + Y_3)}{2}(X_2 - X_3) - \frac{(Y_2 + Y_1)}{2}(X_2 - X_1)$$

第三項為減項，對調 $(X_2 - X_1)$ 的位置可改成加項
$$A = \frac{(Y_3 + Y_1)}{2}(X_3 - X_1) + \frac{(Y_2 + Y_3)}{2}(X_2 - X_3) + \frac{(Y_1 + Y_2)}{2}(X_1 - X_2)$$

展開得
$$A = \frac{1}{2}(X_3 Y_3 - X_1 Y_3 + X_3 Y_1 - X_1 Y_1 + X_2 Y_2 - X_3 Y_2 + X_2 Y_3 - X_3 Y_3$$
$$+ X_1 Y_1 - X_2 Y_1 + X_1 Y_2 - X_2 Y_2)$$

有六項可抵消，簡化得
$$A = \frac{1}{2}((X_1 Y_2 + X_2 Y_3 + X_3 Y_1) - (X_1 Y_3 + X_2 Y_1 + X_3 Y_2))$$

可改寫成

12-8　第12章　面積測量與體積測量

$$A = \frac{1}{2}\left(X_1(Y_2 - Y_3) + X_2(Y_3 - Y_1) + X_3(Y_1 - Y_2)\right)$$

可寫成

$$A = \frac{1}{2}\sum_i X_i(Y_{i+1} - Y_{i-1}) = \frac{1}{2}\sum_i (X_i Y_{i+1} - X_i Y_{i-1}) \tag{12-6 式}$$

為方便記憶，上式可排列成

$$A = \frac{1}{2}\begin{bmatrix} X_1 & X_2 & X_3 & X_1 \\ Y_1 & Y_2 & Y_3 & Y_1 \end{bmatrix} \tag{12-7 式}$$

其中實線相乘後相加得 P，虛線相乘後相加得 Q，三角形面積為 P － Q。

上式雖以三角形為例來證明，但證明過程不限三角形，可推廣至任意多邊形。例如圖 12-4(b) 所示，已知多邊形 ABEDF 各點之座標分別為 A(X_1，Y_1)，B(X_2，Y_2)，E(X_3，Y_3)，D(X_4，Y_4)，F(X_5，Y_5)，則

$$A = \frac{1}{2}\begin{bmatrix} X_1 & X_2 & X_3 & X_4 & X_5 & X_1 \\ Y_1 & Y_2 & Y_3 & Y_4 & Y_5 & Y_1 \end{bmatrix} \tag{12-8 式}$$

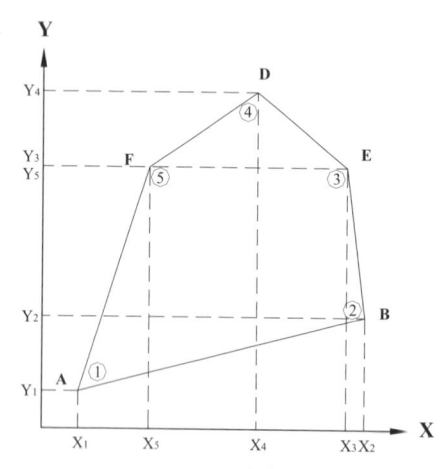

圖 12-4(b)　面積計算法（三）：座標法

即將各點之橫座標及縱座標順序排列之，並由左上至右下作虛線，由右上至左下作實線，則所求之面積等於實線間兩座標乘積之和減去虛線間兩座標乘積之和之後之一半。上述證明與公式是假設各點依逆時針方向排列，如改依順時針方向排列則計

算結果為負值。但面積必為正值，因此無論各點依逆時針或順時針方向排列，都可用上述公式，但面積應取其絕對值。

座標法非常適合電子計算機處理，應用相當方便。以數值法戶地測量之每宗土地，皆以座標法計算面積；而以圖解法戶地測量者，若能以座標讀取儀讀取地籍原圖上每宗土地界址點座標，也可藉座標法計算出每宗土地之面積。

例題 12-3　座標法
如圖 12-4(b) 的 **AFDEB**，已知各點座標如右：
試用座標法求面積？
[解]
將 (X, Y) 座標依順時針順序排列：

	A	F	D	E	B	A
X：	100	300	600	850	900	100
Y：	100	700	900	700	300	100

面積= 1/2(1875000−1105000) = 385000 m²

	X	Y
A	100.00	100.00
F	300.00	700.00
D	600.00	900.00
E	850.00	700.00
B	900.00	300.00

12-5　求積儀法

　　土地如其界線為不規則之折線或曲線者，可用求積儀法計算面積。求積儀法係將全面積依一定比例尺測繪成圖，再於圖上以求積儀 (Planimeter) 直接測算面積(圖 12-5)。由於其使用簡便、迅速，且其精度亦因儀器不斷之改良而達相當之程度，故在地籍測量及土木、建築工程應用極廣，尤其計算境界線不規則之圖形極為簡便。

　　茲就求積儀之種類、構造、原理、使用方法、誤差來源分述如下：

1.求積儀之種類及其構造

　　求積儀又稱為面積儀，它用一描針沿面積邊界線移動一圈來測定其面積。按其構造形式之不同，有極式、補正式、滾動式、電子式求積儀等。

2.求積儀之原理

　　求積儀量算面積，係按積分原理設計而成。將極點固定在面積的圖形外，描針自一點循圖形界線移動至另一點，由於測輪面與描臂垂直，故測輪隨之轉動一相當之讀數。當描針沿面積邊界線移動一圈時，即可利用測輪讀數計算其面積：

$$A = \left(\frac{m_k}{m_t}\right)^2 \cdot K \cdot n \qquad\qquad\qquad (12\text{-}9\ \text{式})$$

上式中 K=常數，n=測輪讀數，m_k=地圖比例尺分母數，m_t=描臂比例尺分母數。

3. 求積儀之使用方法

　　將極點固定於圖形外，描針在界線上一起點，記錄起點處測輪之讀數 n_1，然後循沿面積邊界線移動一圈，直到回到原起點，再記錄測輪讀數 n_2，則 n 值為$(n_2 - n_1)$。

4. 求積儀之誤差來源

(1) 儀器誤差
　　(a) 測輪輪面與描臂未垂直。
　　(b) 描臂長度誤差。
　　(c) 測輪刻度刻劃誤差。

(2) 人為誤差
　　(a) 描針回歸原起點不符之誤差。
　　(b) 循界線移動時，描針未能完全符合界線移動之誤差。
　　(c) 描針移動速度過速，導致測輪空轉之誤差。
　　(d) 讀數誤差。

(3) 自然誤差
　　(a) 圖紙之伸縮誤差。
　　(b) 圖面不平整，導致測輪空轉之誤差。

圖 12-5　求積儀

例題 12-4　求積儀法

如圖 12-4(b) 的 AFDEB，試用求積儀法求面積? 已知 K=常數=10，n=測輪讀數=9606，m_K=地圖比例尺分母數=2000，m_t=描臂比例尺分母數=1000。

[解]
$$A = \left(\frac{m_k}{m_t}\right)^2 \cdot K \cdot n = (2000/1000)^2 \cdot 10 \cdot 9606 = 384240 \text{ m}^2$$

12-6 面積測量之精度

　　面積測量之精度，係依照量距與測角，或座標之精度而定。距離、角度、座標等之精度，端視其儀器、方法、測量員之經驗等而定，已於本書有關章節，分別敘及，此等量度誤差對於面積誤差之影響可用誤差傳播定律來估計，請參考「誤差理論」一章，本節僅述及以邊長計算面積之精度。

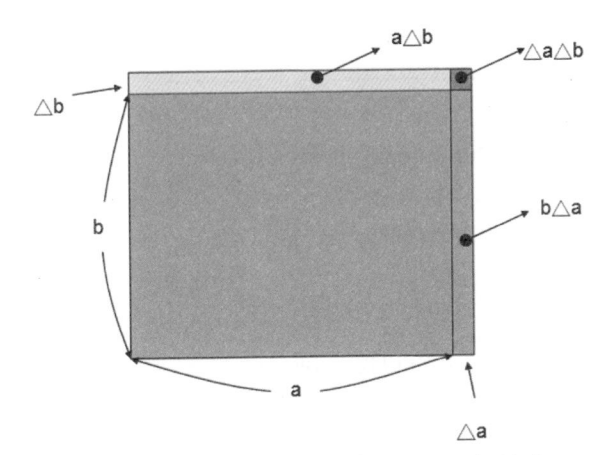

圖 12-6(a)　矩形土地面積測量之精度

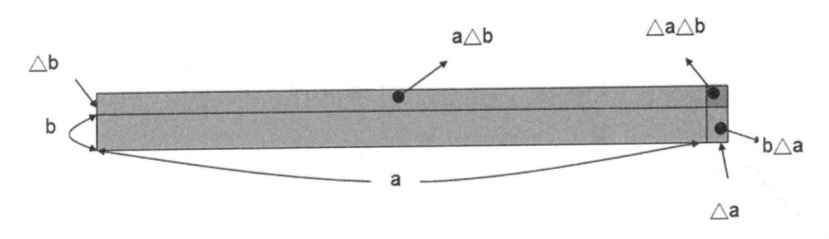

圖 12-6(b)　細長形土地面積測量之精度

　　一矩形之二邊設為 a 及 b，設若 a 所量之距離有 Δa 之誤差，b 所量之距離有 Δb 之誤差，因 Δa 及 Δb 所引起之面積誤差為 ΔA，

則 $\Delta A = (a+\Delta a)(b+\Delta b) - ab = a\Delta b + b\Delta a + \Delta a \Delta b$

因 $\Delta a \Delta b$ 甚小，可忽略，

得 $\Delta A = a\Delta b + b\Delta a$ (12-10 式)

故面積之誤差比率為

$$\frac{\Delta A}{A} = \frac{b\Delta a + a\Delta b}{ab} = \frac{\Delta a}{a} + \frac{\Delta b}{b}$$ (12-11 式)

由上可知，若 a 甚小，則 Δa 必須控制在甚小之值，否則會有甚大的面積誤差比率。故於長方形土地測量時，二邊長 a 與 b 宜有相近之量距精度，即

$$\frac{\Delta a}{a} \approx \frac{\Delta b}{b}$$ (12-12 式)

例題 12-5 面積測量之精度

如邊長實地量距之精度為 1/2000，試求面積精度？

[解]

因 $\Delta b/b = \Delta a/a = 1/2000$，代入 (12-11 式) 得

$$\frac{\Delta A}{A} = \frac{\Delta a}{a} + \frac{\Delta b}{b} = (1/2000)+(1/2000)=1/1000$$

依計算結果，表示量距精度達 1/2000 時，則面積精度只及 1/1000。

若面積計算係於圖上量距者，則誤差為圖上量取時所生之誤差，如視覺誤差與圖紙伸縮及量尺分劃不準等誤差。後兩項誤差因其值較微，可不計算。但視覺誤差，無論線之長短，在其起點及終點，通常均有圖上長 0.1 mm 之視覺誤差，合為 0.2 mm。由於視覺誤差為常數，故邊長小則相對誤差大，量距精度低；反之，則量距精度高。故由圖上量距其精度含有與邊長大小成正比之性質存在。故於圖上量距以計算面積時，不宜將面積劃分為狹長之圖形，以避免邊長過小，導致量距精度低，造成面積精度低。依規定，圖上量距時，應量至 0.1 mm，並應量距二次，二次之較差不得超過圖上 0.2 mm，且每一宗土地計算其面積，至少應實施兩次，其較差若不大於下列之界限，則取其平均值，為該宗土地之面積：

$\Delta A = 0.0003 M \sqrt{A}$ (12-13 式)

式中 M 為圖比例尺之分母，A 為以平方公尺為單位之面積。

第二部分：體積測量

12-7 方格網法

又稱或方格法，或「面積水準測量」 (Area leveling)。它將土方區分割成許多方格，如知各方格之面積及其平均土體高，即可計算土方之數量。土體高是指該點高程減去挖填後之目標高程，正值表挖方，負值表填方。各單元平均土體高即該單元各角點的土體高之平均值。其作業步驟如下(圖 12-7)：

1. 將全測區以縱橫等間距 **5** 公尺、**10** 公尺或 **20** 公尺劃分為等面積之正方形，其角隅均釘定木樁並編以號碼。
2. 將水準儀安置於測區適當地點，瞄準豎立於已知高程點之水準標尺，讀得後視讀數，然後瞄準豎立於各角隅點之水準標尺，讀得前視讀數，則高程為

    角隅點高程 = 已知點高程 + 後視讀數 − 前視讀數

3. 土方公式為

$$V = A\sum_{i} \overline{h_i} \qquad i=1，2，3，…，n \qquad (12\text{-}14 式)$$

其中 A = 一個方格單元之面積

$\overline{h_i}$ = 第 i 個單元之平均土體高，即方格四角點的土體高之平均值

$$\overline{h} = (h_1 + h_2 + h_3 + h_4)/4$$

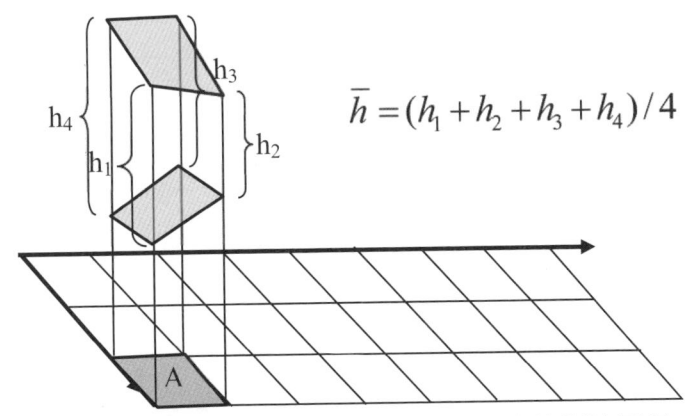

圖 12-7　體積計算法（一）：方格網法原理

此外，也可採用速算法 (圖 **12-8** 中數字 **1**、**2**、**4** 表示被 **1**、**2**、**4** 個矩形用到的角點)：

$$V = \frac{A}{4}\left(1 \cdot \sum_i h_i^1 + 2 \cdot \sum_j h_j^2 + 3 \cdot \sum_k h_k^3 + 4\sum_l h_l^4\right) \qquad \text{(12-15 式)}$$

其中

A = 一個方格單元之面積

h_i^1=第 *i* 個被 1 個矩形用到的角點挖填高程差

h_j^2=第 *j* 個被 2 個矩形用到的角點挖填高程差

h_k^3=第 *k* 個被 3 個矩形用到的角點挖填高程差

h_l^4=第 *l* 個被 4 個矩形用到的角點挖填高程差

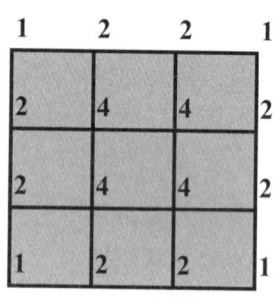

1	2	2	1
2	4	4	2
2	4	4	2
1	2	2	1

圖 12-8　速算法

例題 12-6　方格網法

如右圖所示，已知方格邊長 200 m，設要挖到高程 100.00 m 為止，試求方格範圍內之土方。

[解]

在左下角編號(1)的方塊之土體高之平均值

$\bar{h}_1$
=[(101-100)+(110-100)+(110-100)+(120-100)]/4=10.25

其餘 2~9 依此類推。體積 V 為

$V = A\sum_i \bar{h}_i$

=200²(10.25+20.0+30.0+32.5+15.75
+22.75+30.0+15.25+11.0)=7500000 m³

註：本題也可用速算法，答案會一樣。

		102(9)	102	
	101(6)	120(7)	120(8)	100
	130(3)	140(4)	140(5)	101
110(1)	120(2)	130	120	102
101	110	120		

12-8 三角網法

將土方區分割成許多三角形單元，測量各三角形之面積及各三角形三頂點的高程，即可計算土方之數量(圖 12-9)。公式為

$$V = \sum_i A_i \bar{h}_i \qquad i=1，2，3，…，n \qquad \text{(12-16 式)}$$

其中　A_i=第 i 個單元之面積

$\bar{h}_i$=第 i 個單元之平均土體高，即三角形三頂點的土體高之平均值

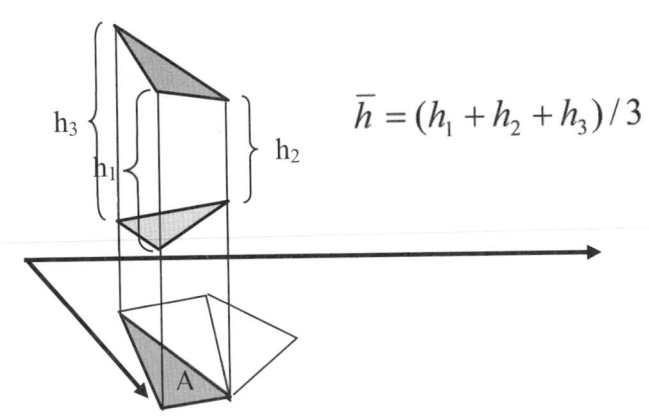

$$\bar{h} = (h_1 + h_2 + h_3)/3$$

圖 12-9　體積計算法（二）：三角網法原理

例題 12-7 三角網法

如右圖所示，已知：$\Delta ABC=110000$，
$\Delta BCE=55000$，$\Delta ECD=50000$，
$\Delta DCF=60000$，$\Delta FCA=110000$ (m²)。
$H_A=101.00$，$H_B=102.00$，$H_E=103.00$，
$H_D=102.00$，$H_F=101.00$，$H_C=150.00$。
設要挖到高程 100.00 m 為止，試求
ABEDF 範圍內之土方。

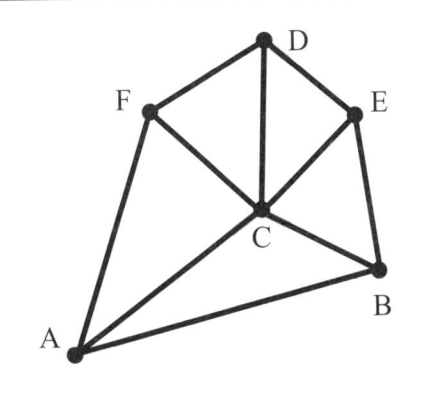

[解]
$$V = \sum_i A_i \bar{h}_i = 110000(1+2+50)/3 + 55000(2+3+50)/3 + 50000(3+2+50)/3$$
$$+ 60000(2+1+50)/3 + 110000(1+1+50)/3 = 6835000 \text{ m}^3$$

12-9 橫斷面法

　　橫斷面法係將道路依一定間距（通常為 20 m）測繪現地橫斷面，現地橫斷面與道路設計橫斷面相較得橫斷面之挖填面積，即可計算土方之挖填體積，但注意「挖、填體積要分開計算」(圖 12-10)。此法一般應用於道路工程挖填方之計算。橫斷面的

求法可參考本章第一部分之面積求法中的任一種。

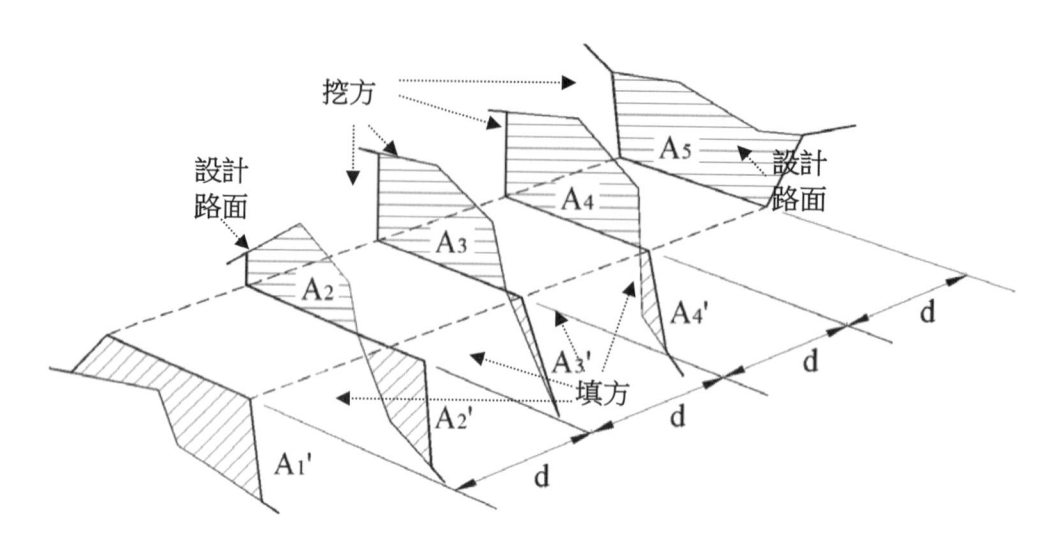

圖 12-10 體積計算法（三）：橫斷面法

體積計算可依梯形公式，或辛普森公式計算之。將道路橫斷面之間距以 d 表之，每一橫斷面之面積，依次為 A_1，A_2...，則體積 V 公式如下：

1.梯形公式

又稱平均斷面法，係以兩斷面積之平均值視為平均斷面，以其值乘以斷面間之垂直距離 d，即為兩斷面間之土方，故得

A_1 與 A_2 間之土方為　$V_1 = d \cdot (A_1+A_2)/2$
A_2 與 A_3 間之土方為　$V_2 = d \cdot (A_2+A_3)/2$
A_3 與 A_4 間之土方為　$V_3 = d \cdot (A_3+A_4)/2$

故得 A_1 至 A_n 間之總土方數量為

$$V = \frac{d}{2}(A_1+2A_2+2A_3+2A_4+\ldots\ldots+A_n)$$ (12-17 式)

2.辛普森公式

又稱稜柱體法 (Prismoical formula)，係以三斷面積 A_1、A_2、A_3 之加權平均值視為平均斷面，其權值為 1/6、4/6、1/6，再以平均斷面乘以斷面間之垂直距離 2d，即為三斷面間之土方，故得

A_1 與 A_3 間之土方為　$V_1 = 2d[(1/6)A_1+(4/6)A_2+(1/6)A_3] = (d/3)(A_1+4A_2+A_3)$
同理，A_3 與 A_5 間之土方為　$V_2 = (d/3)(A_3+4A_4+A_5)$

同理，A_5 與 A_7 間之土方為　$V_3=(d/3)(A_5+4A_6+A_7)$

$V= V_1+V_2+V_3=(d/3)(A_1+4A_2+2A_3+4A_4+2A_5+4A_6+A_7)$

同理，當有 n 個斷面時，A_1 至 A_n 間之總土方數量為

$$V=\frac{d}{3}(A_1+4A_2+2A_3+4A_4+2A_5+\ldots\ldots+2A_{n-4}+4A_{n-3}+2A_{n-2}+4A_{n-1}+A_n)　　　　(12\text{-}18 式)$$

上式 n 為奇數，若 n 為偶數時，則由 A_1 到 A_{n-1} 以上法計算，而 A_{n-1} 與 A_n 間所夾之土方另行依梯形公式計算後再相加。

例題 12-8　橫斷面法

如圖 12-10 所示，已知橫斷面間隔 20 m。

(1) 挖方　$A_1=0\ m^2$，$A_2=105\ m^2$，$A_3=187\ m^2$，$A_4=163\ m^2$，$A_5=238\ m^2$
(2) 填方　$A_1=245\ m^2$，$A_2=22\ m^2$，$A_3=3\ m^2$，$A_4=0\ m^2$，$A_5=0\ m^2$

試求其土方。

[解]

(1) 挖方

依梯形公式求得

$$V =\frac{d}{2}(A_1+2A_2+2A_3+2A_4+A_5)=(20/2)[0+2(105)+2(187)+2(163)+238] = 11480\ m^3$$

依辛普森公式求得

$$V=\frac{d}{3}(A_1+4A_2+2A_3+4A_4+A_5) = (20/3)[0+4(105)+2(187)+4(163)+238] = 11227\ m^3$$

(2) 填方

依梯形公式求得

$$V =\frac{d}{2}(A_1+2A_2+2A_3+2A_4+A_5) = (20/2)[245+2(22)+2(3)+2(0)+0]=2950\ m^3$$

依辛普森公式求得

$$V=\frac{d}{3}(A_1+4A_2+2A_3+4A_4+A_5) = (20/3)[245+4(22)+2(3)+4(0)+0]=2260\ m^3$$

12-10 等高線法

等高線法係將土方區依一定等高距測繪等高線圖，如知各等高線所圍之面積，

即可計算土方之體積。至於等高距所圍繞之水平面積的求法，可參考前述之面積求法中的任一種。等高線法也可用於估計水體容積(圖 12-11)。

計算體積可依梯形公式，或辛普森公式計算之。將等高線間之等高距以 d 表之，每一等高距所圍繞之水平面積，由最低者以上，依次為 A_1，A_2...，則體積 V 公式如下：

1. 梯形公式

$$V=\frac{d}{2}(A_1+2A_2+2A_3+2A_4+\ldots\ldots+A_n) \tag{12-19 式}$$

2. 辛普森公式

$$V=\frac{d}{3}(A_1+4A_2+2A_3+4A_4+2A_5+\ldots\ldots+2A_{n-4}+4A_{n-3}+2A_{n-2}+4A_{n-1}+A_n) \tag{12-20 式}$$

上式 n 為奇數，若 n 為偶數時，則由 A_1 到 A_{n-1} 以上法計算，而 A_{n-1} 與 A_n 間所夾之土方另行依梯形公式計算後再相加。此外，應再加其最頂部之錐形土方。等高線法本質上與橫斷面法並無差異，只不過前者的體積計算原理為等高距所圍繞之水平面積乘以等高距，而後者的原理為橫斷面之面積乘以橫斷面之間距而已。

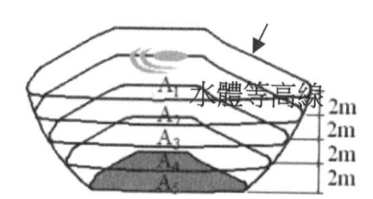

圖 12-11 等高線法 (水體)

例題 12-9 等高線法

如圖 12-12，已知等高距 5 m，A_1=1755 m^2，A_2=1190 m^2，A_3=672 m^2，A_4=320 m^2，試求其土方。

[解]

(1) 依梯形公式求得

$$V = \frac{d}{2}(A_1+2A_2+2A_3+A_4)$$

$$= (5/2)[1755+2(1190)+2(672)+320]$$

$$= 14497.5 \text{ m}^3$$

(2) 依辛普森公式求得

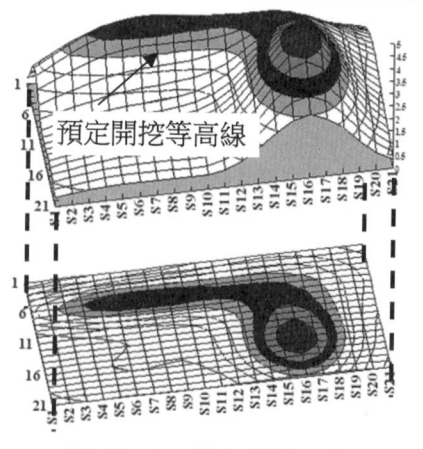

圖 12-12 等高線法 (土方)

$$V = \frac{d}{3}(A_1+4A_2+A_3)+\frac{d}{2}(A_3+A_4)$$
$$= (5/3)[1755+4(1190)+672] +(5/2)(672+320) = 14458.3 \text{ m}^3$$

12-11 本章摘要

第一部分：面積測量

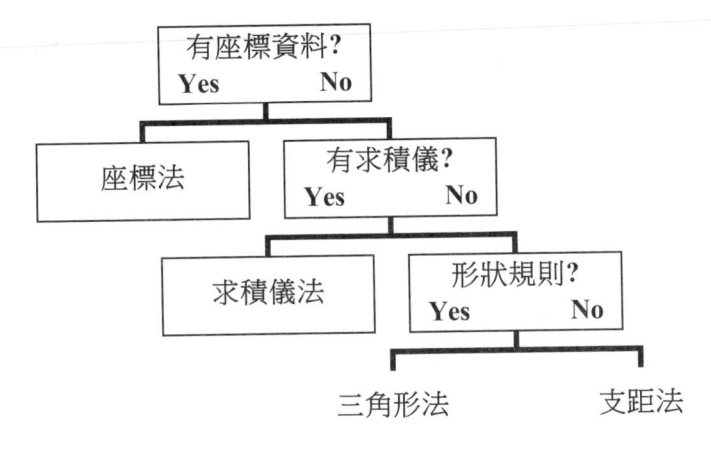

圖 12-13　面積計算法的選擇

1. 面積計算之方法：(1) 三角形法 (2) 支距法 (3) 座標法 (4) 求積儀法。
2. 三角形法

    (1) 底高法 $A=\frac{1}{2}(\Sigma b_i h_i)$　　　　　　　　　　i=1，2，3，…，n

    (2) 三邊法 $A = \sum \sqrt{s_i(s_i - a_i)(s_i - b_i)(s_i - c_i)}$　　i=1，2，3，…，n

    (3) 夾角法 $A=\frac{1}{2}(\Sigma a_i \cdot b_i \cdot \sin\alpha_i)$　　　　　　i=1，2，3，…，n

3. 支距法

    (1) 梯形公式　$A=\frac{d}{2}(h_1+2h_2+2h_3+2h_4+2h_5+…+2h_{n-4}+2h_{n-3}+2h_{n-2}+2h_{n-1}+h_n)$

    (2) 辛普森公式　$A=\frac{d}{3}(h_1+4h_2+2h_3+4h_4+2h_5+…+2h_{n-4}+4h_{n-3}+2h_{n-2}+4h_{n-1}+h_n)$

4. 座標法　$A = \dfrac{1}{2}\sum_{i} X_i(Y_{i+1} - Y_{i-1})$　　　　　　i=1，2，3，…，n

5. 求積儀法　$A = \left(\dfrac{m_k}{m_t}\right)^2 \cdot K \cdot n$

6. 面積之誤差比率　$\dfrac{\Delta A}{A} = \dfrac{b\Delta a + a\Delta b}{ab} = \dfrac{\Delta a}{a} + \dfrac{\Delta b}{b}$

7. 面積計算法的選擇：參見圖 **12-13**。

第二部分：體積測量

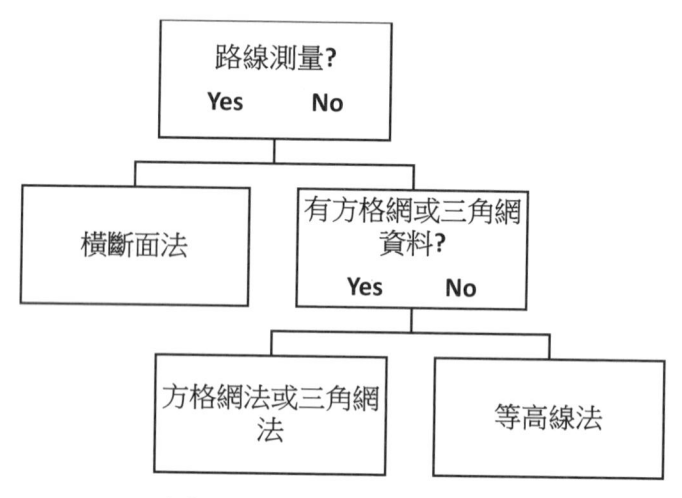

圖 **12-14**　體積計算法的選擇

8. 體積計算方法：(1) 方格網法 (2) 三角網法 (3) 橫斷面法 (4) 等高線法。
9. 方格網法　$V = A\sum_{i}\overline{h_i}$　　i=1，2，3，…，n
10. 三角網法　$V = \sum_{i} A_i \overline{h_i}$　　i=1，2，3，…，n
11. 橫斷面法

　(1) 梯形公式　$V = \dfrac{d}{2}(A_1 + 2A_2 + 2A_3 + 2A_4 + \cdots\cdots + A_n)$

(2) 辛普森公式　$V=\dfrac{d}{3}(A_1+4A_2+2A_3+4A_4+2A_5+...+2A_{n-4}+4A_{n-3}+2A_{n-2}+4A_{n-1}+A_n)$

12. 等高線法

(1) 梯形公式　$V=\dfrac{d}{2}(A_1+2A_2+2A_3+2A_4+……+A_n)$

(2) 辛普森公式　$V=\dfrac{d}{3}(A_1+4A_2+2A_3+4A_4+2A_5+...+2A_{n-4}+4A_{n-3}+2A_{n-2}+4A_{n-1}+A_n)$

13. 體積計算法的選擇：參見圖 12-14。

習 題

12-1　本章提示

面積測算之方法可分為那幾類？[解] 見 12-1 節。

12-2　三角形法

同例題 **12-1**，但數據改成：
AB=632　CA=335　CG=237　BE=559　CB=461　CH=358
ED=391　CE=447　CI=409　DF=412　CD=461　CJ=413
FA=500　CF=461　CK=300　∠ACB=104°2'，∠BCE=75°58'，∠ECD=50°54'，
∠DCF=53°8'，∠FCA=75°58'　[99 年公務員高考]
[解](1) 底高法 A=414991 m² 　(2) 三邊法 A=414825 m² 　(3) 夾角法 A=414755 m²

何謂光線法 (亦稱輻射法) (method of radiation)？如何使用經緯儀施行光線法測算多邊形土地面積?並請繪圖輔助說明之。
[解] 即夾角法，$A=\dfrac{1}{2}(\Sigma a_i \cdot b_i \cdot \sin\alpha_i)$，見 12-2 節。

12-3　支距法

同例題 **12-2**，但數據改成：h_1=500 m，h_2=550 m，h_3=612 m，h_4=670 m，h_5=730 m，h_6=685 m，h_7=632 m，h_8=0 m。
[解] (1)(d/2)(h_1+2h_2+2h_3+2h_4+2h_5+2h_6+2h_7+1h_8)=412900 m²
　　(2)(d/3)(h_1+4h_2+2h_3+4h_4+2h_5+4h_6+h_7)+(d/2)(h_7+h_8)=381200+31600=412800 m²

12-4 座標法

	X	Y
A	200.00	300.00
B	800.00	100.00
D	600.00	900.00
E	900.00	650.00
F	200.00	800.00

同例題 12-3，但數據改成：

[90年公務員普考][95年公務員普考]

[解] 將 (X, Y) 座標依順時針順序(AFDEB)排列，依 12-4 節得 415000 m^2。

---

(1) 請敘述並推導座標法面積計算公式。[95 年公務員普考]
(2) 以圖解法進行多邊形面積計算時，常將多邊形簡化成一個相同面積的三角形，而後量測底與高。請繪圖舉例並配合文字說明此一作業方式之作業程序，分析估算如此作業之誤差因子與影響，並與在圖解作業時，不簡化圖形，而以倍橫距法（Double Meridian Distance Method）計算面積之作業方式比較。[103 年公務員高考]
(3) 使用座標法計算面積時，有時會發生計算所得面積為負值之情況。請具體說明座標法之計算方式及公式，並進而推論面積為負值之原因。[103 年公務員普考]

[解]
(1) 見 12-4 節。
(2) 「底高法」見 12-2 節。倍橫距法即「座標法」見 12-4 節。座標法非常適合電子計算機處理，應用相當方便。以圖解法戶地測量者，若能以座標讀取儀讀取地籍原圖上每宗土地界址點座標，也可藉座標法計算出每宗土地之面積。
(3) 因為點的順序逆時針安排之故。如圖 12-4(a)，三角形 ABC 面積可視為三角形 ABC = 梯形 ADFC + 梯形 CFEB － 梯形 ADEB，導出公式

$$A = \frac{1}{2}\sum_i (X_i Y_{i+1} - X_i Y_{i-1})$$

但如果 A, B, C 三點改成的順序逆時針安排，三角形 ABC 面積可視為
三角形 ABC = 梯形 ADEB － 梯形 ADFC － 梯形 CFEB
　　　　　＝ －(梯形 ADFC + 梯形 CFEB － 梯形 ADEB)
故導出公式正好與上式成反號。

12-5 求積儀法

同例題 12-4，但數據改成：K=常數=10，n=測輪讀數=6642，m_k=地圖比例尺分母數=2500，m_t=描臂比例尺分母數=1000。
[解] $A=(m_k/m_t)^2 \cdot K \cdot n$=415125 m²

求積儀之指臂取為定長，用之量 1/500 比例尺之圖形面時，求積儀常數為 4m²，若指臂長不變，再用其量 1/1000 比例尺之圖形面積，此時之求積儀常數為？
[解] 由 $A=(m_k/m_t)^2 \cdot K \cdot n$ 知面積與地圖比例尺分母數的平方成正比，故為 16m²

12-6 面積測量之精度

(1) 如邊長實地量距之精度為 1/5000，試求面積精度？
(2) 假設面積精度要求 1/10000，試問邊長實地量距之精度要達多少？
[解] (1) 1/2500 (2) 1/20000

12-7 方格網法

同例題 12-6，設要挖到高程 90.00 m 為止，試求方格範圍內之土方。[93 年公務員普考][96 年公務員普考][99 年公務員高考]
[解] $V = A\sum_i \overline{h}_i$ = 11100000 m³

簡述面積水準測量之用途、測量方法及計算公式。[81 土木公務高考] [90 土木公務員普考]
[解] 見 12-2 節。

12-8 三角網法

同例題 12-7，已知△ABC=75000，△BCE=100000，△ECD=80000，△DCF=85000，△FCA=75000 m²，H_A=101.00，H_B=102.00，H_E=103.00，H_D=102.00，H_F=101.00，H_C=125.00，設要挖到高程 100.00 m 為止，試求 ABEDF 範圍內之土方。
[解] $V = \sum_i A_i \overline{h}_i$ =7426667 m³

12-9　橫斷面法

同例題 12-8，已知橫斷面間隔 10 m。
(1) 挖方 $A_1=28\ m^2$，$A_2=43\ m^2$，$A_3=44\ m^2$，$A_4=55\ m^2$，$A_5=36\ m^2$，
(2) 填方 $A_1=18\ m^2$，$A_2=26\ m^2$，$A_3=38\ m^2$，$A_4=52\ m^2$，$A_5=25\ m^2$，
試求其土方。
[解]
(1) 挖方　依梯形公式求得　　$V= (d/2)(A_1+2A_2+2A_3+2A_4+A_5)= 1740\ m^3$
　　　　　依辛普森公式求得　$V=(d/3)(A_1+4A_2+2A_3+4A_4+A_5) = 1813\ m^3$
(2) 填方　依梯形公式求得　　$V= (d/2)(A_1+2A_2+2A_3+2A_4+A_5) = 1375\ m^3$
　　　　　依辛普森公式求得　$V=(d/3)(A_1+4A_2+2A_3+4A_4+A_5) = 1437\ m^3$

12-10　等高線法

同例題 12-9，已知等高距 5 m，$A_5=17000\ m^2$，$A_4=67000\ m^2$，$A_3=150000\ m^2$，$A_2=270000\ m^2$，$A_1=420000\ m^2$，試求其土方。
[解]
(1) 依梯形公式求得　　$V = (d/2)(A_1+2A_2+2A_3+2A_4+A_5) = 3527500\ m^3$
(2) 依辛普森公式求得　$V = (d/3)(A_1+4A_2+2A_3+4A_4+A_5) = 3416667\ m^3$

第 13 章　路線測量

13-1　本章提示
13-2　路線測量之程序
13-3　道路曲線之分類
第一部分：平曲線
13-4　圓曲線表示法
13-5　圓曲線公式
13-6　圓曲線測設法(一)：偏角法
13-7　圓曲線測設法(二)：切線支距法
13-8　圓曲線測設法(三)：座標法
13-9　圓曲線遇障礙時之測設法
13-10　複曲線
13-11　緩和曲線
第二部分：豎曲線
13-12　豎曲線長度：由最小視線長決定最小豎曲線長度
13-13　豎曲線公式：拋物線公式
13-14　斷面測量
13-15　本章摘要

13-1　本章提示

　　路線測量為路工定線之一部分，乃新造公路或鐵路時，包含測定路線之方位，遇彎曲處之曲線測設，以及土方計算等工作，使路線為建築工程費最合理，而路線完成後，所得經濟價值最高為原則。路工定線除應用前述之各種測量方法外，對於曲線 (平曲線、豎曲線) 設計與測設以及土方計算，為其主要問題。本章內重點則以曲線設計與測設為主，土方計算已於前面章節敘述。例如圖 13-1 的高速公路地圖中，可發現高速公路是由直線段與圓曲線構成 (圖 13-2)，事實上，兩者之間還會有一段緩和曲線。

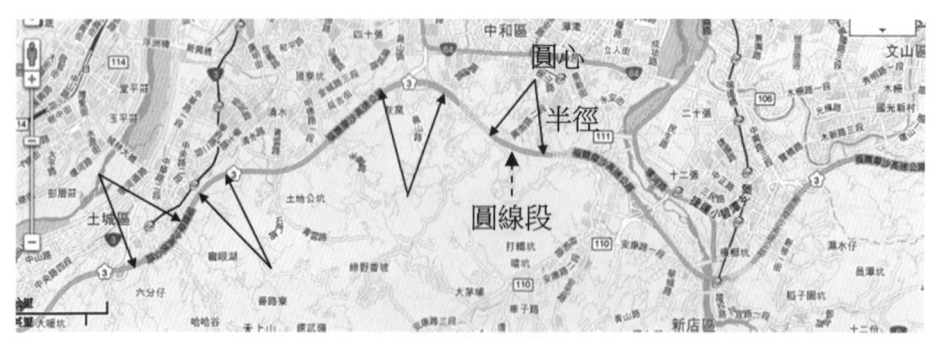

圖 13-1　高速公路：由直線段與圓曲線構成 (中間會有一段緩和曲線)

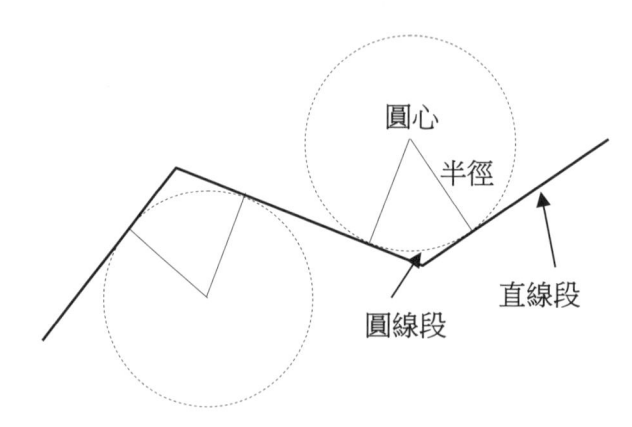

圖 13-2　高速公路：由直線段與圓曲線構成 (中間會有一段緩和曲線)

13-2　路線測量之程序

路線測量之步驟分為初測、草測、定 f 測三階段：

1. 初測

初測係選出之幾條可能線路，施以簡速之測量，以供取捨之參考。其目的使明瞭實地情形，能選出距離短、坡度小、地質優良、建築及維持費用較小，經濟價值較高之路線。其作業含實地以迅速簡單之測量方法，勘察實地上與地圖上之地形是否完全符合，路線之地質及附近之懸崖、河岸、高山等情形，且特別注意道路施工時之建築工程，如橋樑、涵洞、隧道等之土石方及施工時間、費用等。

2. 草測

草測乃根據初測結果，選出一適當之路線，再施行較詳細之測量，定路線之中心樁及坡度、曲線等，為最後定測及概算工程費用之依據。其作業含路線之中線測量，縱、橫斷面測量，地形圖之測繪等。
3. 定測
　　定測乃根據草測之地形圖及斷面圖，選出最終之路線。再將定線之中心樁施之於實地，以作施工時之標準線。同時測量路線之縱斷面及路線兩旁之橫斷面，匯水面積及地籍圖等，以便作計算土方、橋樑涵洞之設計及徵收路地之依據。

13-3 道路曲線之分類

　　道路曲線可分兩種：平曲線 (Horizontal curve) 及豎曲線 (Vertical curve)：

1.平曲線
　　平曲線又分為兩大類：
(1) 圓曲線 (Circular) (圖 13-3)
　　圓曲線乃由圓弧組成之曲線，但依圓弧之組合不同，又可分為三種：
　　(a) 單曲線 (Simple curve)　為有一定長度之半徑之圓弧形成之圓曲線，圓弧之始、終點各有一切線相交於一點。
　　(b) 複曲線 (Compound curve)　為兩個或兩個以上同向，但不同半徑之單曲線連接而成者。此種曲線，除始、終點依其曲線形狀而有其切線外，於相接處有一共同切線。
　　(c) 反向曲線 (Reverse curve)　由兩個或兩個以上，圓心分居於路線兩側之單曲線接連而成者。除始、終點有其切線外，相接處之切線，則分別與其始、終點切線相交。

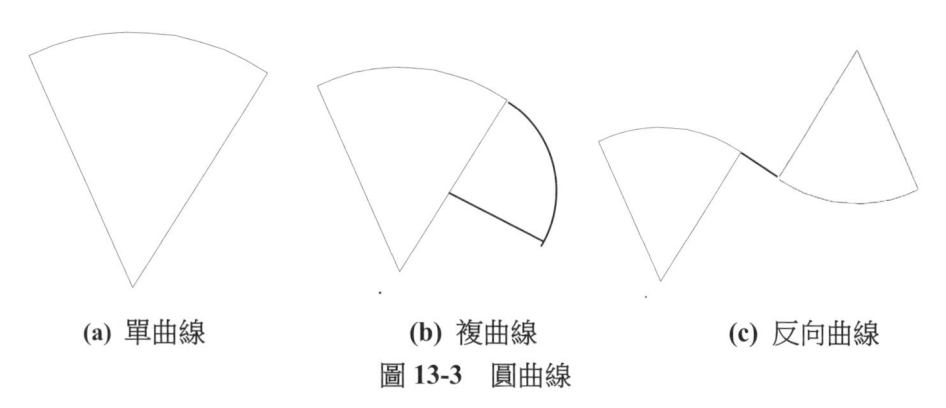

　　　　(a) 單曲線　　　　　(b) 複曲線　　　　　(c) 反向曲線
　　　　　　　　　　圖 13-3　圓曲線

(2) 緩和曲線 (Transition curve)(圖 13-4)
　　緩和曲線為特種曲線，非為純圓弧，乃曲線之半徑漸次變化而成者。路線上設置緩和曲線之目的，為緩和彎道，使車輛不因向心力及離心力之作用，在彎道處行駛時發生危險，且亦為乘客之舒適著想，不致有不舒適之感受。

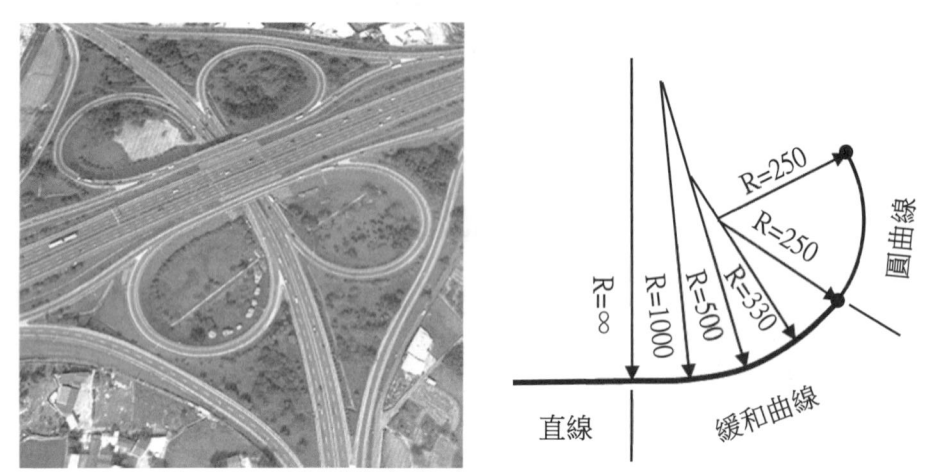

圖 13-4　高速公路：由直線段與圓曲線構成 (中間會有一段緩和曲線)

二. 豎曲線

使車輛在兩個不同坡度的路段間平穩行駛，必須介入豎曲線。豎曲線的線形以能使曲線坡度之變化率為常數，及有均勻之向心力及離心力增加率為原則，通常採用拋物線。

第一部分：平曲線

13-4　圓曲線表示法

圓曲線形狀有二種表示法 (圖 13-5)：

1.半徑表示法

以半徑大小表示，半徑小，則曲線彎度急；半徑大者，曲線之彎度緩。我國公路曲線及鐵路曲線均以半徑表之。

2.以曲度表示法

以曲線上特定長度之弦長或弧長所對應之圓心角 (曲度) 大小表示，曲度小，則曲線彎度緩；曲度大者，曲線之彎度急。以曲度表示法有二：弦線表示法 (Chord

definition) 及弧線表示法 (Arc definition)。
(1) 弦線表示法　以弦線所對之圓心角表示線形。弦線之長為 **20 m**，名為整弦，如弦長不足 **20 m** 時，則名為零弦。
(2) 弧線表示法　以弧線所對之圓心角表示線形。弧線之長為 **20 m**，名為整弧，如弧長不足 **20 m** 時，則名為零弧。

半徑表示法與曲度表示法之關係如下：

$$C = 2R\sin\frac{D_c}{2} \tag{13-1 式}$$

$$S = RD_S(\pi/180°) \tag{13-2 式}$$

式中 **D$_C$** = 弦線表示法曲度，**D$_S$** = 弧線表示法曲度，**R**＝半徑。

由 **(13-1)** 及 **(13-2)** 兩式為曲度與半徑之關係式，如知曲度可求半徑，如知半徑可求曲度。愈高級的道路其行車速度愈高，故其曲線半徑要大，即曲度要小。

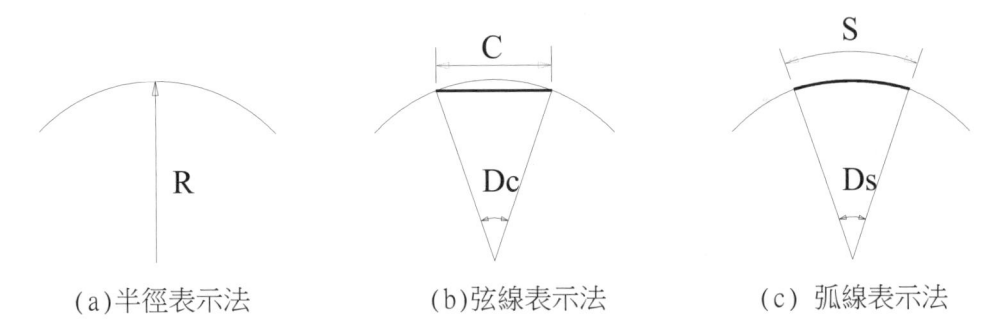

(a) 半徑表示法　　(b) 弦線表示法　　(c) 弧線表示法

圖 13-5　圓曲線形狀表示法

例題 13-1　半徑與曲度互換
(1) 已知半徑 **R=180.00 m**，試求
　　(a) 弦長 (20 m) 表示法之曲度，(b) 弧長 (20 m) 表示法之曲度。
(2) 弦長 (20 m) 表示法之曲度 6°22'10"，試求半徑 **R=?**
(3) 弧長 (20 m) 表示法之曲度 6°21'58"，試求半徑 **R=?**
[解]
(1) 已知半徑 **R=180.00 m**

> (a) $C = 2R\sin\dfrac{D_c}{2}$　　=> D_c=6°22'10"
>
> (b) $S = RD_S(\pi/180°)$　　=> D_S=6°21'58"
>
> (2) $C = 2R\sin\dfrac{D_c}{2}$　　=> R=180.00 m
>
> (3) $S = RD_S(\pi/180°)$　　=> R=180.00 m

13-5　圓曲線公式

　　圓曲線測設於地面上時，常須知其間之各元素。茲先將圓曲線各部名稱及定義敘述如下 (圖 13-6)：

1. 交點 (Point of Intersection) P.I.：兩切線相交之點，亦稱頂點 (Vertex) V。
2. 起點 (Begin of curve) B.C.：由直線轉換為曲線之處。
3. 中點 (Middle of curve) M.C.：曲線中間點。
4. 終點 (End of curve) E.C.：由曲線轉換為直線之處。
5. 半徑 R：曲線圓弧之半徑。
6. 外偏角 (Deflection angle) I：前後切線間之交角，等於兩切點半徑間所張之圓心角。
7. 切線長 T：曲線起點或終點至交點 P.I. 間之切線距離。

$$T = R \cdot \tan\left(\dfrac{I}{2}\right) \tag{13-3 式}$$

8. 曲線長 L：從曲線起點 B.C. 至終點 E.C. 間之曲線長度。

$$L = R \cdot I \tag{13-4 式}$$

9. 弦線長 C：從曲線起點 B.C. 至終點 E.C. 間之直線距離。

$$C = 2 \cdot R \cdot \sin\left(\dfrac{I}{2}\right) \tag{13-5 式}$$

10. 矢距 E：從交點 P.I.至曲線中點間之距離，亦稱外距。

$$E = R \cdot \sec\left(\dfrac{I}{2}\right) - R \tag{13-6 式}$$

11. 中長 M：從曲線中點至弦線間之垂距。

$$M = R - R \cdot \cos\left(\dfrac{I}{2}\right) \tag{13-7 式}$$

12. 各樁樁號間的關係如下：

B.C.樁樁號 ＝ P.I.樁樁號 – T　　　　　　　　　　　　　　　　　　(13-8 式)

E.C.樁樁號 ＝ B.C.樁樁號 ＋ L　　　　　　　　　　　　　　　　　(13-9 式)

M.C.樁樁號 ＝ B.C.樁樁號 ＋ L/2　　　　　　　　　　　　　　　　(13-10 式)

　　圓曲線 BC 點測設步驟如圖 13-7。圓曲線各中心樁的測設方法有三種：(1) 偏角法 (2) 切線支距法 (3) 座標法，分述如下三節。

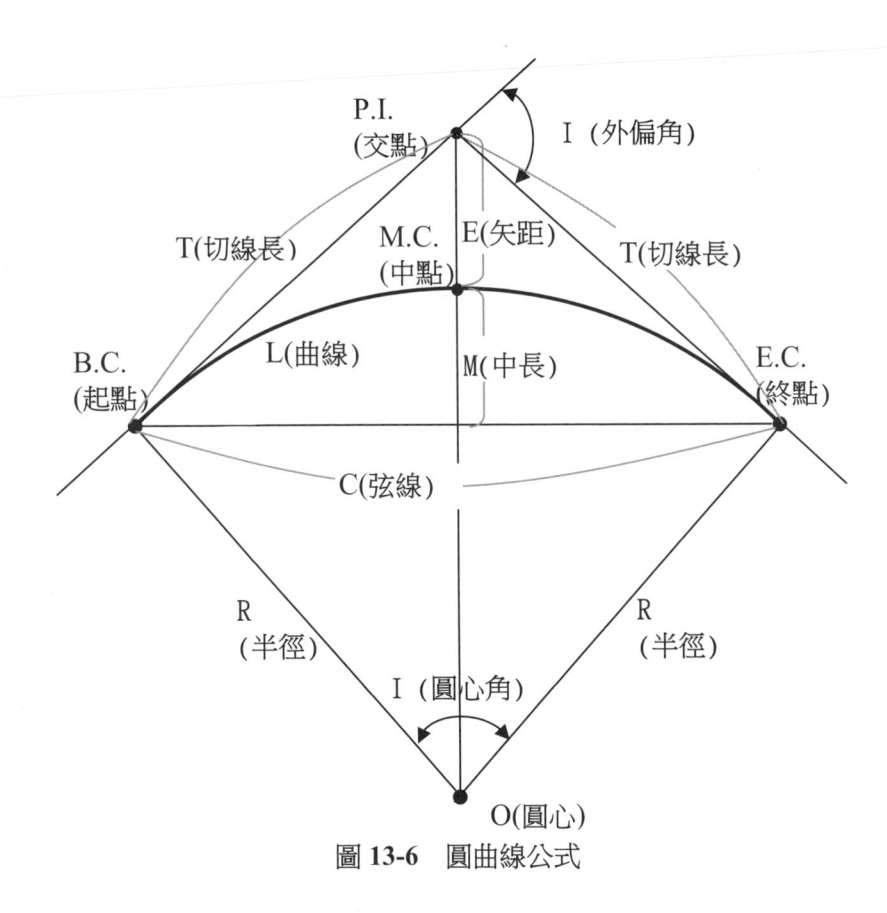

圖 13-6　圓曲線公式

例題 13-2　平曲線公式

已知半徑 R=180 m，外偏角 I=122°28'16"，P.I. 樁樁號 10k+250，試求
(1) 切線長 T (2) 曲線長 L (3) 弦線長 C (4) 矢距 E (5) 中長 M
(6) B.C. 樁樁號 (7) E.C. 樁樁號 (8) M.C. 樁樁號

[解]

$T = R \cdot \tan\left(\dfrac{I}{2}\right) = 327.90$

$L = R \cdot I = 384.75 \text{ m}$

$C = 2 \cdot R \cdot \sin\left(\dfrac{I}{2}\right) = 315.58 \text{ m}$

$E = R \cdot \sec\left(\dfrac{I}{2}\right) - R = 194.06 \text{ m}$

$M = R - R \cdot \cos\left(\dfrac{I}{2}\right) = 93.38 \text{ m}$

B.C.=P.I.-T=10k+250-327.90=9k+922.10
E.C.=B.C.+L=10k+306.85
M.C.=B.C.+L/2=10k+114.48

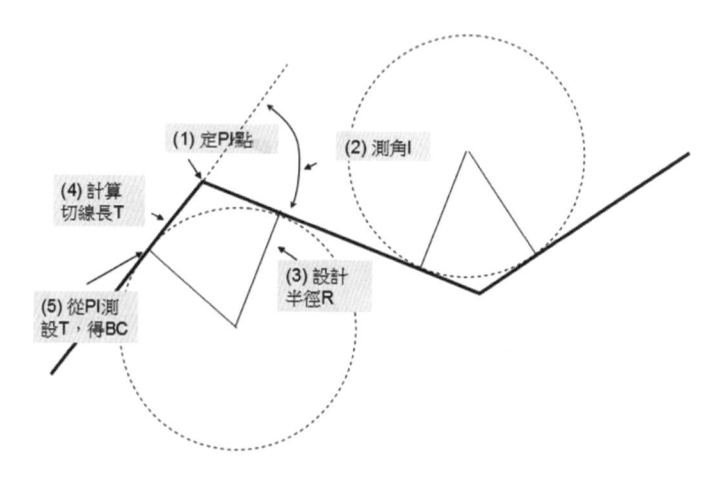

圖 13-7　圓曲線 BC 點測設步驟

13-6 圓曲線測設法(一)：偏角法

偏角法是利用偏角與弦長來測設圓曲線。所謂偏角是指曲線上任意一點至切點(起點 B.C.) 之連線與切線間之夾角。所謂弦長是指「二相鄰樁號間之直線距離」。須測設之樁除 B.C.、M.C.、E.C. 外，尚包括整樁，通常每 20 m 設一整樁。公式如下 (圖 13-8 與 13-9)：

1. 偏角

各樁之偏角為圓心角之半，故

$$\text{偏角 } \delta = \dfrac{1}{2} \cdot \dfrac{\text{樁號 - B.C.樁號}}{\text{半徑}} \qquad (13\text{-}11 \text{ 式})$$

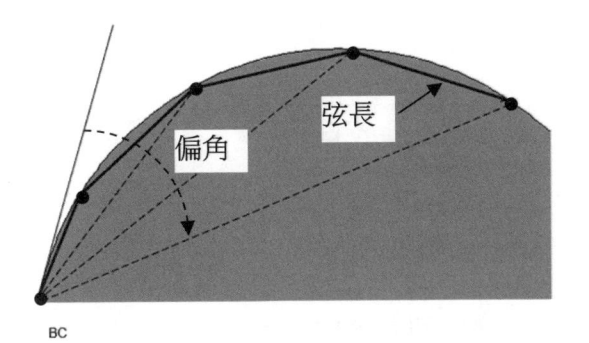

圖 13-8　偏角法 (偏角與弦長)

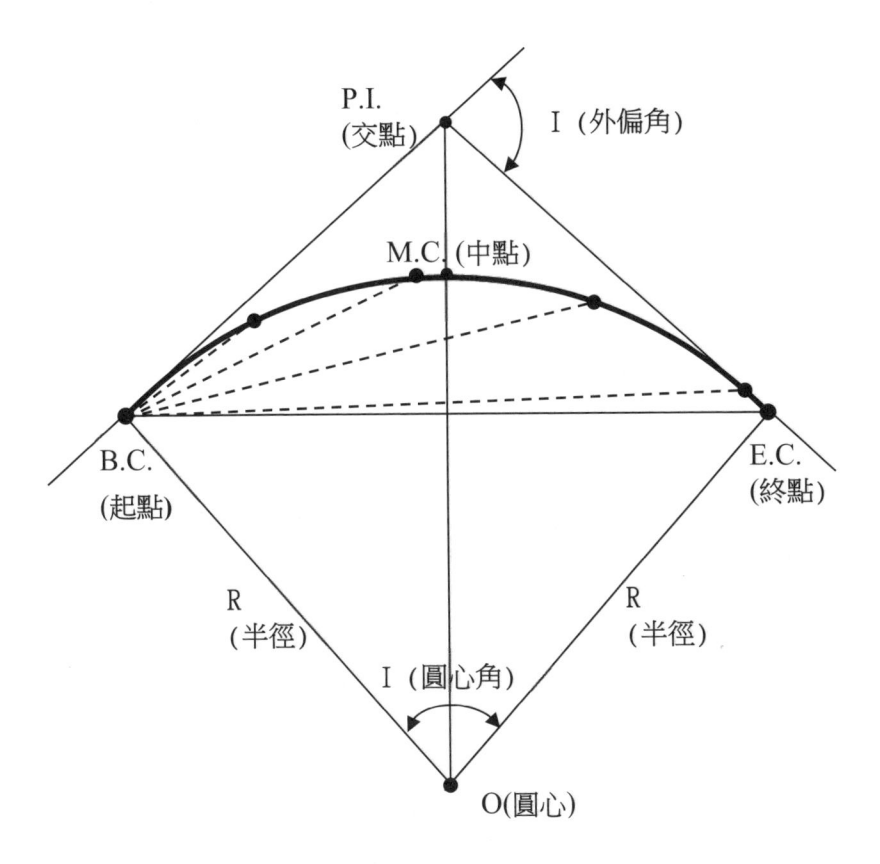

圖 13-9　偏角法

2. 弦長

相鄰二樁之圓心角 $D = \dfrac{\text{相鄰二樁樁號差值}}{\text{半徑}}$ （13-12 式）

相鄰二樁之弦長 $C = 2R \cdot \sin \dfrac{D}{2}$ （13-13 式）

偏角法實地測設曲線程序如下 (以電子經緯儀為例)：
1. 將經緯儀整置於 B.C. 點，照準 P.I.點，而後將水平度盤設定為 0°0'0"，然後平轉望遠鏡，使水平度盤指向第一樁號的偏角。
2. 以捲尺量出 B.C. 至第一樁號之距離 (即弦線長)，依操作經緯儀者之指揮，使中心樁在於視準軸方向上，而後將中心樁釘於地上。
3. 平轉望遠鏡，使水平度盤指向第二樁號的偏角。
4. 以捲尺量出第一樁至第二樁號之距離 (即弦線長)，依操作經緯儀者之指揮，使中心樁在於視準軸方向上，而後將中心樁釘於地上。
5. 重複第 3 與第 4 步，逐次進行，以達 E.C.。

例題 13-3　平曲線測設法(一)：偏角法

接上題，試用偏角法計算 E.C.，M.C. 及各整樁之偏角 δ 與弦長 C。
(由前題知 B.C.=9k+922.10，M.C.=10k+114.48，E.C.=10k+306.85)
[解]
(1) 各整樁之偏角 δ 與弦長 C

9k+940：　δ=(1/2)(樁號-B.C.樁號)/半徑=(1/2)(9940 － 9922.10)/180=2°50'56"
　　　　　D= 相鄰二樁樁號差值 / 半徑 = (9940 － 9922.10)/180=5°41'52"
　　　　　C= 2Rsin(D/2) = 2(180)sin(5°41'52"/2)=17.89 m

9k+960：　δ=(1/2)(樁號-B.C.樁號)/半徑=(1/2)(9960 － 9922.10)/180=6°1'55"
　　　　　D= 相鄰二樁樁號差值 / 半徑 = (9960 － 9940.00)/180=6°21'58"
　　　　　C= 2Rsin(D/2) = 2(180)sin(6°21'58"/2)=19.99 m

9k+980：　δ=(1/2)(樁號-B.C.樁號)/半徑=(1/2)(9980 － 9922.10)/180=9°12'54"
　　　　　D= 相鄰二樁樁號差值 / 半徑 = (9980 － 9960.00)/180=6°21'58"
　　　　　C= 2Rsin(D/2) = 2(180)sin(6°21'58"/2)=19.99 m

(其餘整樁可自行計算)

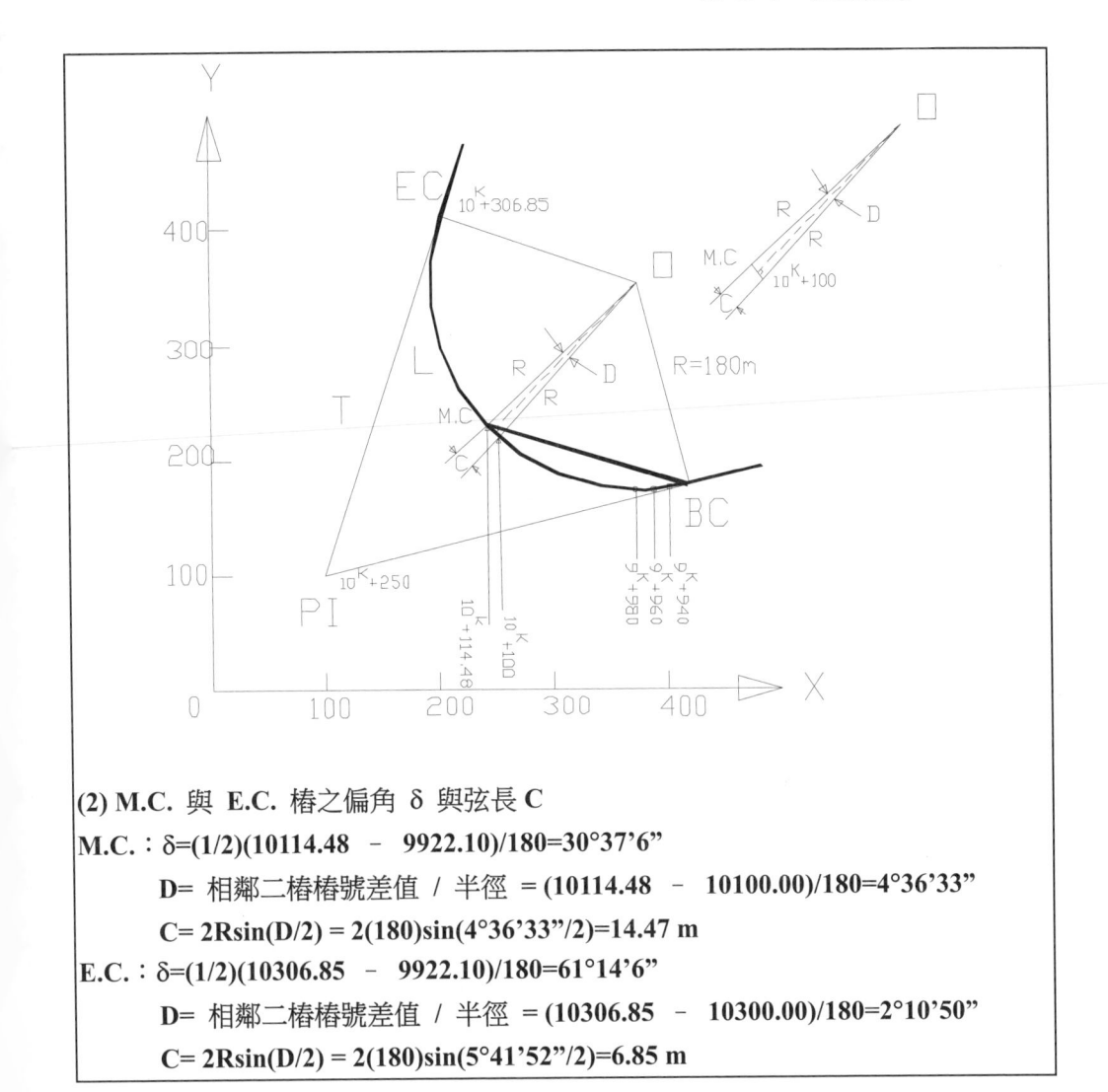

(2) M.C. 與 E.C. 樁之偏角 δ 與弦長 C

M.C.：δ=(1/2)(10114.48 － 9922.10)/180=30°37'6"

　　　D= 相鄰二樁樁號差值 / 半徑 = (10114.48 － 10100.00)/180=4°36'33"

　　　C= 2Rsin(D/2) = 2(180)sin(4°36'33"/2)=14.47 m

E.C.：δ=(1/2)(10306.85 － 9922.10)/180=61°14'6"

　　　D= 相鄰二樁樁號差值 / 半徑 = (10306.85 － 10300.00)/180=2°10'50"

　　　C= 2Rsin(D/2) = 2(180)sin(5°41'52"/2)=6.85 m

13-7 圓曲線測設法(二)：切線支距法

　　切線支距法是利用切線上的支距來測設圓曲線。所謂支距是指曲線上一點與其在切線上的垂足間之距離，以及垂足與 B.C. 間之距離 (圖 13-10)。本法適用於平坦地且切線方向上無障礙的地方。

　　由圖 13-10 可知，公式如下：

1. 樁與 B.C. 間的直線距離 c

13-12　第 13 章　路線測量

$$c = 2R \cdot \sin \delta \qquad \text{(13-14 式)}$$

其中 δ 為偏角，見(13-11 式)。

2. 垂足距 B.C. 之距離 x

$$x = c \cdot \cos \delta \qquad \text{(13-15 式)}$$

3. 樁與垂足間之距離 y

$$y = c \cdot \sin \delta \qquad \text{(13-16 式)}$$

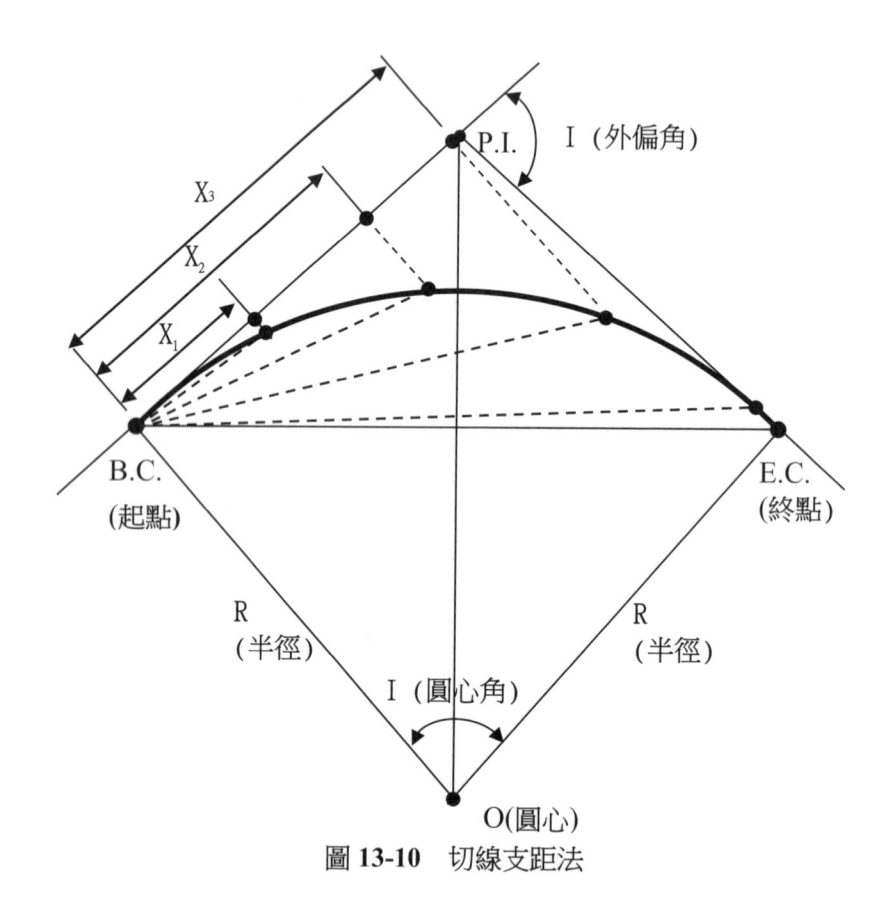

圖 13-10　切線支距法

切線支距法實地測設曲線程序如下：

1. 將經緯儀整置於 B.C. 點，照準 P.I. 點，延此方向前進 x (垂足距 B.C. 之距離)，得垂足點。

第 13 章　路線測量　　13-13

2. 自垂足點作垂直方向,並延此方向前進 **y (椿與垂足間之距離)**,將中心椿釘於地上。

3. 重複第 1 與第 2 步,逐次進行,以達 **E.C.**。

例題 13-4　平曲線測設法(二)：切線支距法
同上題,試用切線支距法計算 **E.C.**、**M.C.** 及各整椿之支距?

（圖：平曲線切線支距法示意圖，標示 EC K10+306.85、MC K10+114.48、BC K9+922.10、PI K10+250、R=180m、整椿 9K+940、9K+960、9K+980 等）

[解]
(1) 整椿之支距
9k+940：$c=2R\sin(\delta)=2(180)\sin(2°50'56'') = 17.89$ m
　　　　　$x=c \cdot \cos(\delta)=17.89 \cdot \cos(2°50'56'') = 17.87$ m
　　　　　$y=c \cdot \sin(\delta)=17.89 \cdot \sin(2°50'56'') = 0.89$ m
9k+960：$c=2R\sin(\delta)=2(180)\sin(6°1'55'') = 37.83$ m

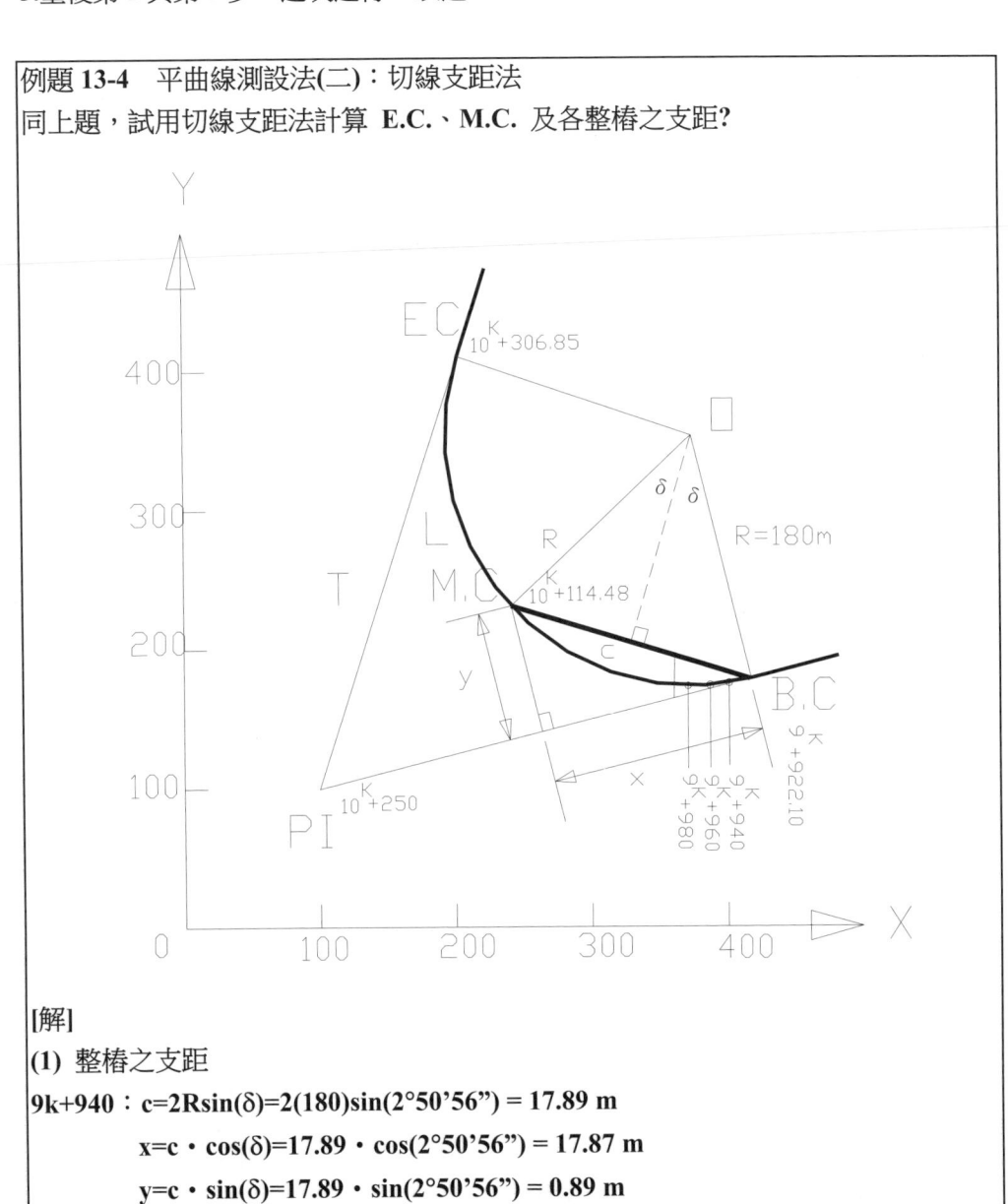

$x=c \cdot \cos(\delta)=37.83 \cdot \cos(6°1'55") = 37.62$ m

$y=c \cdot \sin(\delta)=37.83 \cdot \sin(6°1'55") = 3.98$ m

9k+980：$c=2R\sin(\delta)=2(180)\sin(9°12'54") = 57.65$ m

$x=c \cdot \cos(\delta)=57.65 \cdot \cos(9°12'54") = 56.90$ m

$y=c \cdot \sin(\delta)=57.65 \cdot \sin(9°12'54") = 9.23$ m

(其餘整樁可自行計算)

(2) M.C. 與 E.C. 樁之支距

M.C.：$c=2R\sin(\delta)=2(180)\sin(30°37'6") = 183.35$ m

$x=c \cdot \cos(\delta)=183.35 \cdot \cos(30°37'6") = 157.79$ m

$y=c \cdot \sin(\delta)=183.35 \cdot \sin(30°37'6") = 93.38$ m

E.C.：$c=2R\sin(\delta)=2(180)\sin(61°14'6") = 315.58$ m

$x=c \cdot \cos(\delta)=315.58 \cdot \cos(61°14'6") = 151.86$ m

$y=c \cdot \sin(\delta)=315.58 \cdot \sin(61°14'6") = 276.64$ m

13-8 圓曲線測設法(三)：座標法

座標法是利用座標來測設圓曲線。當已知 P.I. 座標 $(X_{P.I.}, Y_{P.I.})$，P.I. 至 B.C. 之方位角 $\varphi_{P.I.-B.C.}$ 後，可用下列程序計算各樁座標 (圖 13-11)：

1. B.C. 樁之座標

$X_{B.C.}=X_{P.I.}+T\sin\varphi_{P.I.-B.C.}$ (13-17 式)

$Y_{B.C.}=Y_{P.I.}+T\cos\varphi_{P.I.-B.C.}$ (13-18 式)

其中 T 為切線長。

2. B.C. 至 P.I. 之方位角 $\varphi_{B.C.-P.I.} = \varphi_{P.I.-B.C.}+180°$ (13-19 式)

3. 各樁座標

$X=X_{B.C.}+c \cdot \sin(\varphi_{B.C.-P.I.}+\delta)$ (13-20 式)

$Y=Y_{B.C.}+c \cdot \cos(\varphi_{B.C.-P.I.}+\delta)$ (13-21 式)

其中 c = 樁與 B.C. 間的直線距離，見 (13-14 式)；δ = 偏角，見 (13-11 式)。

座標法實地測設曲線時，可於任何點設測站，以直接座標測設法或間接座標測設法進行測設，因此比前述二法更易測設。

N

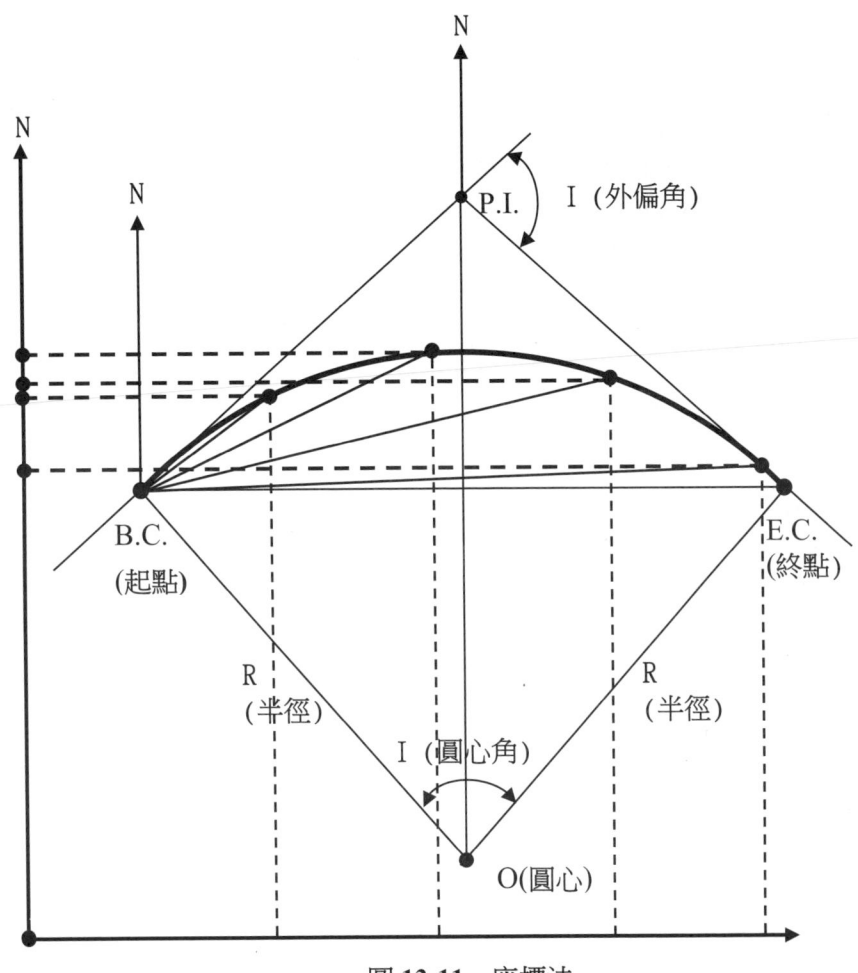

N

N

P.I.   I (外偏角)

B.C.
(起點)

E.C.
(終點)

R
(半徑)

R
(半徑)

I (圓心角)

O(圓心)

圖 13-11 　座標法

例題 13-5 　平曲線測設法(三)：座標法

同上題，試用座標法計算 **B.C.**，**E.C.**，**M.C.** 及各整樁之座標?

已知：**P.I. 座標 (X, Y)= (100.00, 100.00)**，**P.I. 至 B.C. 之方位角=75°57'50"**，**T=327.90 m**。

[解]

(1) B.C.樁之座標

$X_{B.C.}=X_{P.I.}+T \sin (75°57'50")=418.11$

$Y_{B.C.}=Y_{P.I.}+T \cos (75°57'50")=179.53$

(2) B.C. 至 P.I. 之方位角 $\varphi_{B.C.-P.I.}$

$\varphi_{B.C.-P.I.} = \varphi_{P.I.-B.C.} + 180° = 75°57'50" + 180° = 255°57'50"$

(3) 整樁之座標

9k+940：$X = X_{B.C.} + c \cdot \sin(255°57'50" + 2°50'56") = 400.56$
$\qquad Y = Y_{B.C.} + c \cdot \cos(255°57'50" + 2°50'56") = 176.06$

9k+960：$X = X_{B.C.} + c \cdot \sin(255°57'50" + 6°1'55") = 380.65$
$\qquad Y = Y_{B.C.} + c \cdot \cos(255°57'50" + 6°1'55") = 174.26$

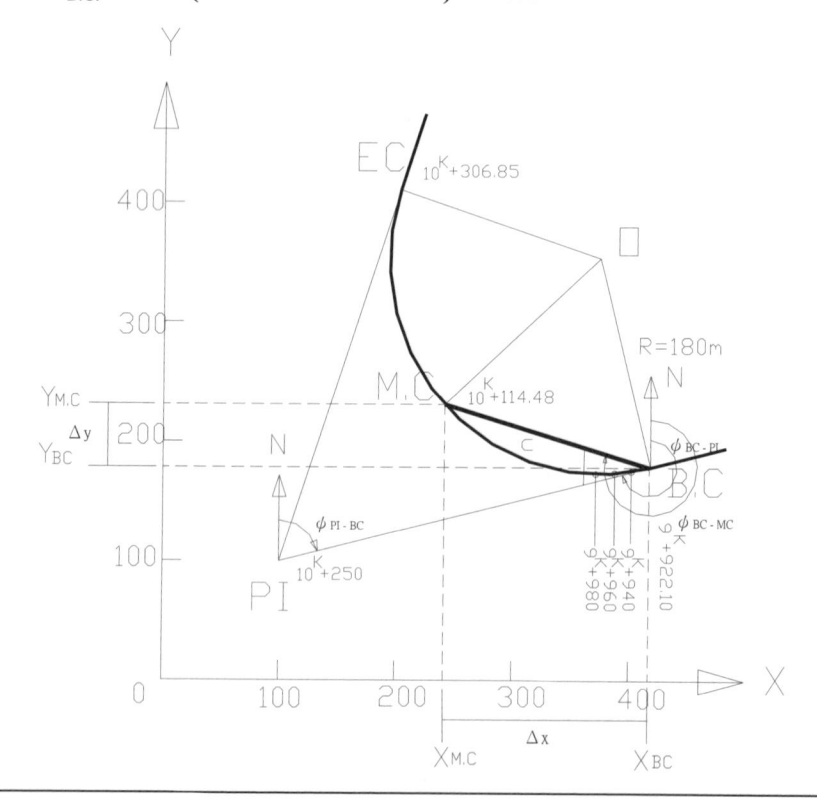

9k+980：$X = X_{B.C.} + c \cdot \sin(255°57'50" + 9°12'54") = 360.66$
$\qquad Y = Y_{B.C.} + c \cdot \cos(255°57'50" + 9°12'54") = 174.68$

(其餘整樁可自行計算)

(4) M.C. 與 E.C. 樁之座標

M.C.：$X = X_{B.C.} + c \cdot \sin(255°57'50" + 30°37'6") = 242.39$
$\qquad Y = Y_{B.C.} + c \cdot \cos(255°57'50" + 30°37'6") = 231.86$

E.C.：$X = X_{B.C.} + c \cdot \sin(255°57'50" + 61°14'6") = 203.69$
$\qquad Y = Y_{B.C.} + c \cdot \cos(255°57'50" + 61°14'6") = 411.08$

13-9 圓曲線遇障礙時之測設法

交點 P.I. 在障礙物中之測設法如圖 13-12，因交點 P.I. (即 V 點) 處無法設站，外偏角 I 不能直接測得。可於二切線上選擇適宜之 A、B 二點，測出 α、β 二角及 AB 之長，則由三角形外角等於兩內角和得到

外偏角 $I = α + β$ (13-22 式)

由三角形正弦定理得到

$$\overline{AV} = \frac{\overline{AB} \cdot \sin β}{\sin I}$$

$$\overline{BV} = \frac{\overline{AB} \cdot \sin α}{\sin I}$$

(13-23 式)

從 A 點沿後切線量 T-AV 之距離，可定出 B.C. 點。從 B 點沿前切線量 T-BV 之距離，可定出 E.C. 點 (圖 13-13)。

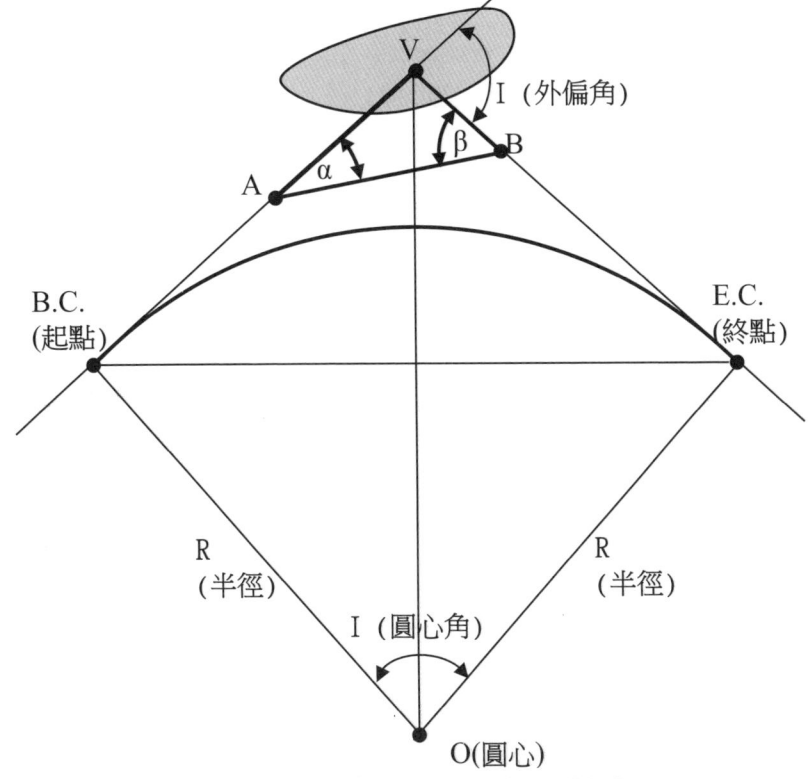

圖 13-12　圓曲線遇障礙時之測設法

13-18　第13章　路線測量

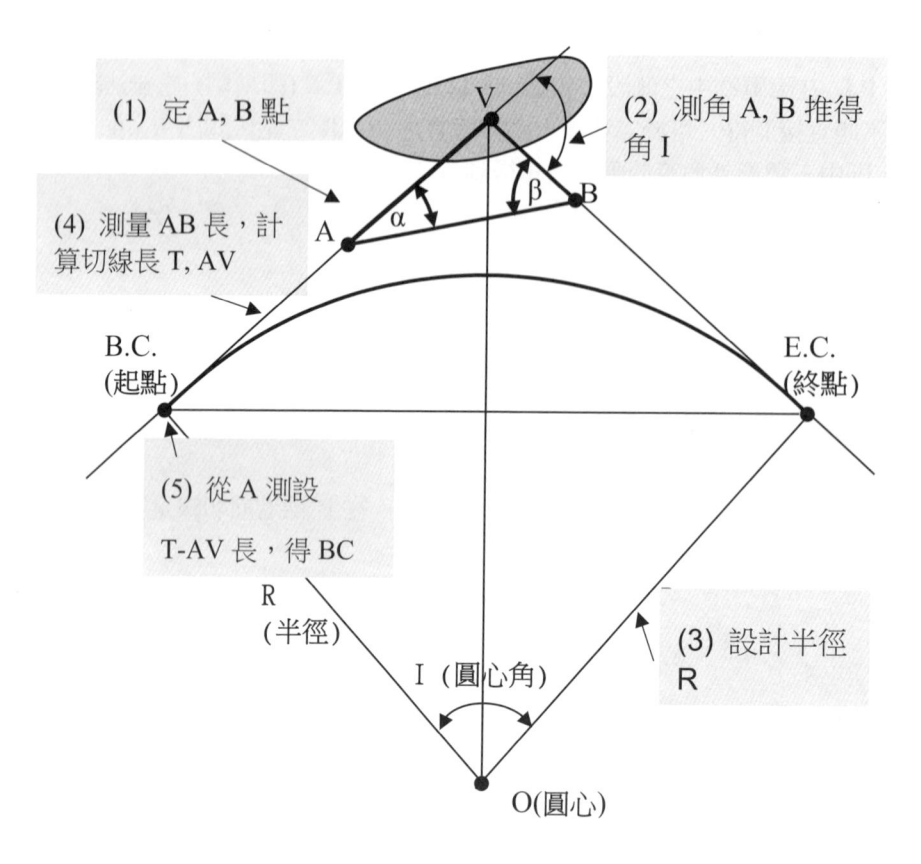

圖 13-13　圓曲線遇障礙時之測設步驟

例題 **13-6**　圓曲線遇障礙時之測設法
已知半徑 R=180 m，交點 P.I. 落於水池內，外偏角無法求得，但測得 α = 62°28′6″，β=60°0′10″，AB=220.25 m，試問如何定出 B.C. 點?
[解]
外偏角 I = α + β =122°28′16″
AV=AB sinβ/sinI = 226.09 m
T=R tan(I/2)=327.90 m
T−AV=101.81 m
從 A 點沿後切線量 101.81 m 之距離，可定出 B.C. 點。

13-10 複曲線

複曲線係由二個以上半徑不同之單曲線接合而成。複曲線各部之名稱如圖 13-14 所示，凡與單曲線之名稱相同者，不另贅述，僅列出單曲線所無者：
1. P.C.C.=相鄰兩單曲線之啣接點。
2. D_1、R_1、L_L、I_1、T_L=半徑較大之單曲線之曲度、半徑、曲線長、圓心角及切線長。
3. D_2、R_2、L_S、I_2、T_S=半徑較小之單曲線之曲度、半徑、曲線長、圓心角及切線長。
4. T_1=半徑為 R_1 之單曲線曲切線長。
5. T_2=半徑為 R_2 之單曲線曲切線長。
6. T_0= P.C.C.點之公切線 AB 之切線長=T_1+T_2。

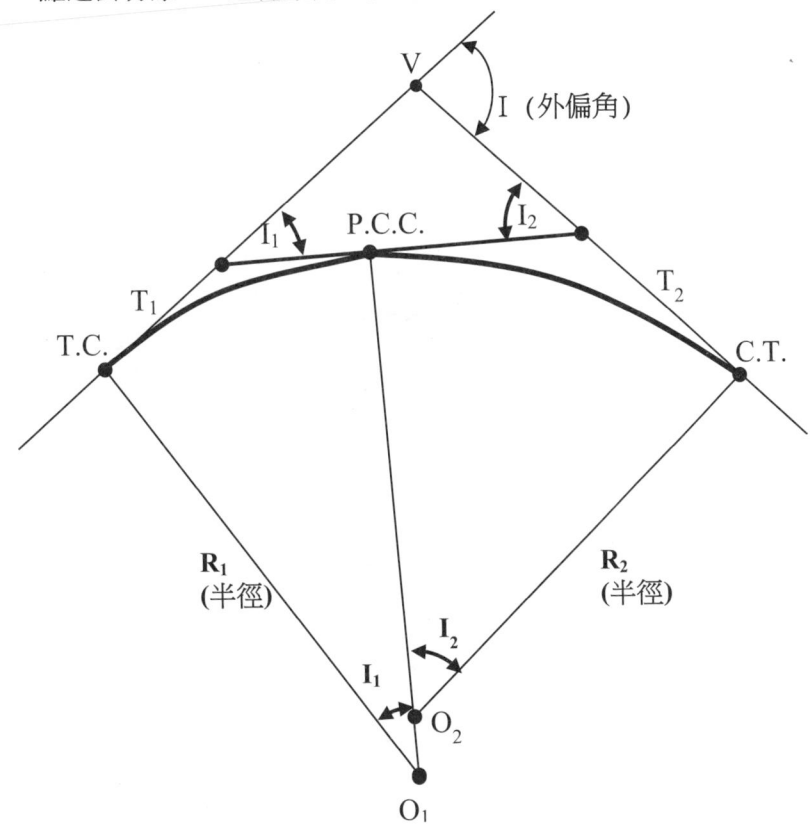

圖 13-14　複曲線

13-20　第 13 章　路線測量

複曲線基本公式如下(圖 13-15)：

1. 偏角公式

$$I = I_1 + I_2 \tag{13-24 式}$$

2. 切線公式

由圖 **13-15(a)** 得

$$T_1 = R_1 \tan(I_1/2) \tag{13-25 式}$$

$$T_2 = R_2 \tan(I_2/2) \tag{13-26 式}$$

$$\overline{AB} = T_0 = T_1 + T_2 \tag{13-27 式}$$

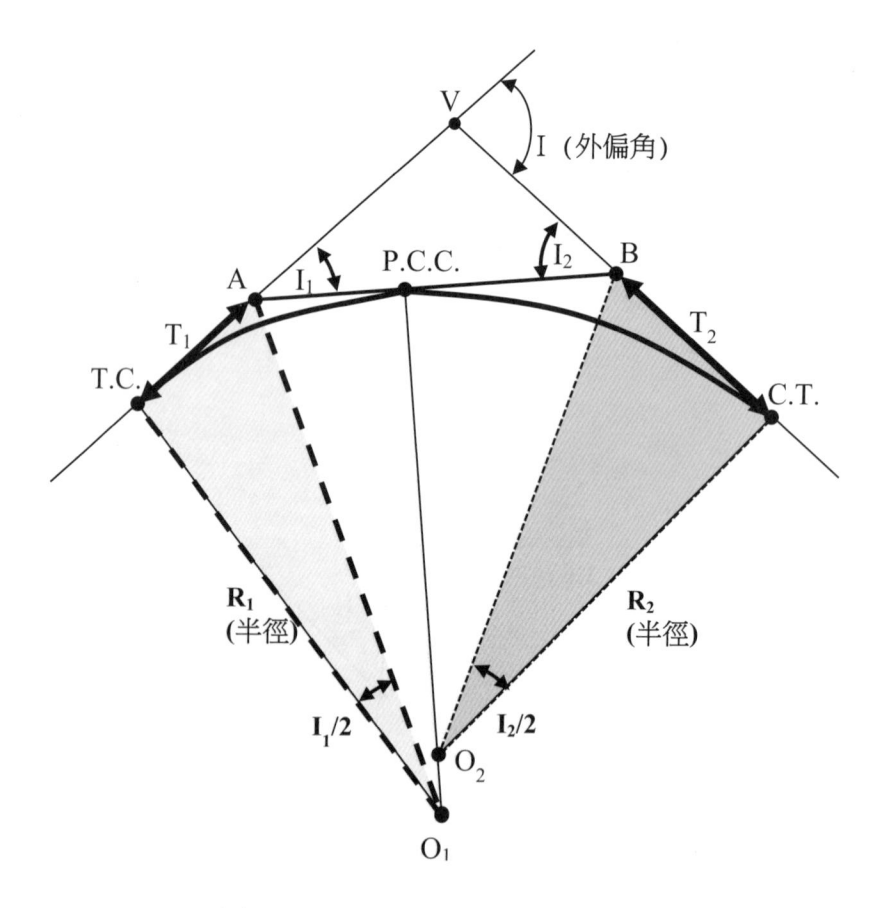

圖 13-15(a)　複曲線：計算切線 T_1、T_2

由圖 **13-15(b)** 得

$$\overline{AV} = T_0 \frac{\sin I_2}{\sin(180° - I)} \qquad \text{(13-28 式)}$$

$$\overline{BV} = T_0 \frac{\sin I_1}{\sin(180° - I)} \qquad \text{(13-29 式)}$$

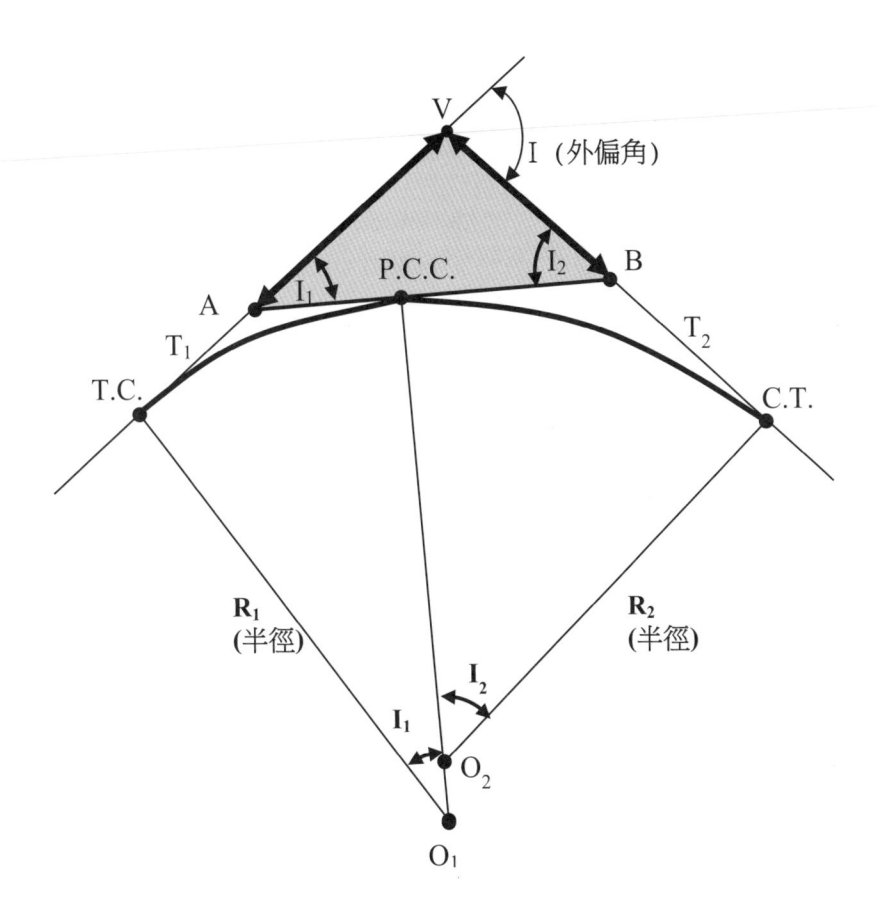

圖 **13-15(b)**　複曲線：計算 **AV**、**BV**

由圖 **13-15(c)** 得

$$\begin{aligned} T_L &= \overline{AV} + T_1 \\ T_S &= \overline{BV} + T_2 \end{aligned} \qquad \text{(13-30 式)}$$

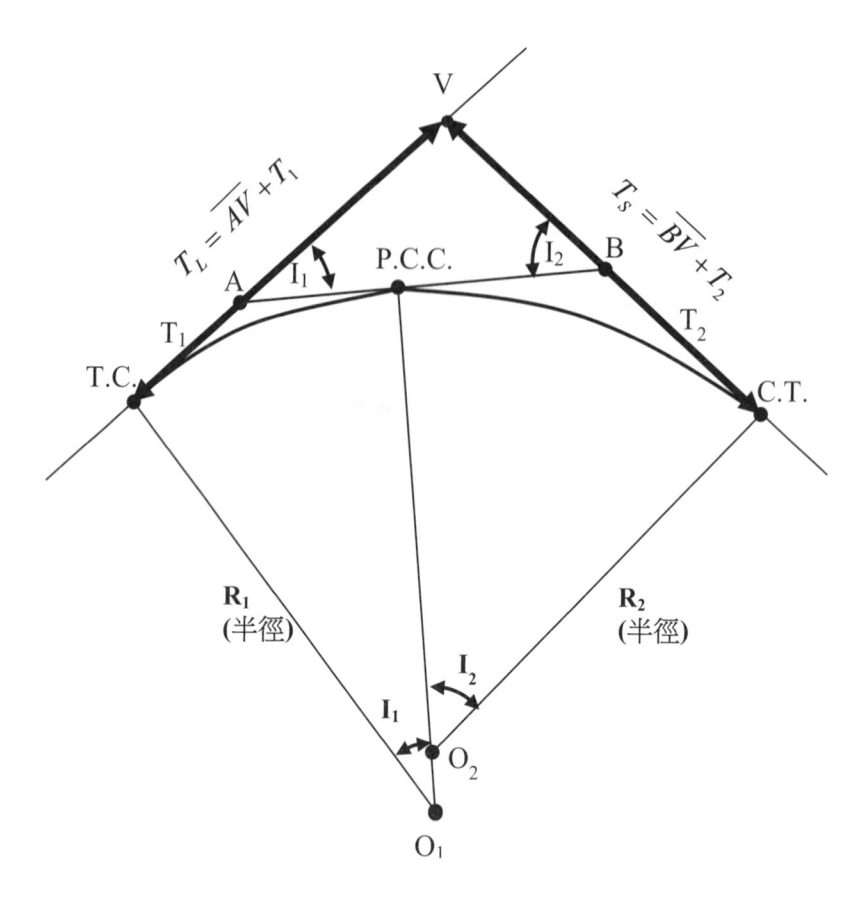

圖 13-15(c) 　 複曲線：計算 T_L、T_S

3. 曲線長公式

　　由圖 13-15(d) 得

　　　$L_L = R_1 I_1$ 　　　　　　　　　　　　　　　　　　　　　　　(13-31 式)

　　　$L_S = R_2 I_2$ 　　　　　　　　　　　　　　　　　　　　　　　(13-32 式)

4. 樁號公式

　　　T.C. 之樁號 = P.I. − T_L 　　　　　　　　　　　　　　　　　　(13-33 式)

　　　P.C.C. 之樁號 = T.C. + L_L 　　　　　　　　　　　　　　　　　(13-34 式)

　　　C.T. 之樁號 = P.C.C. + L_S 　　　　　　　　　　　　　　　　　(13-35 式)

　　利用上述公式，可由 R_1，R_2，T_L，T_S，I_1，I_2，I 等七個中的四個 (其中須有一個為 I_1，I_2，I 之一) 求得其餘三個。

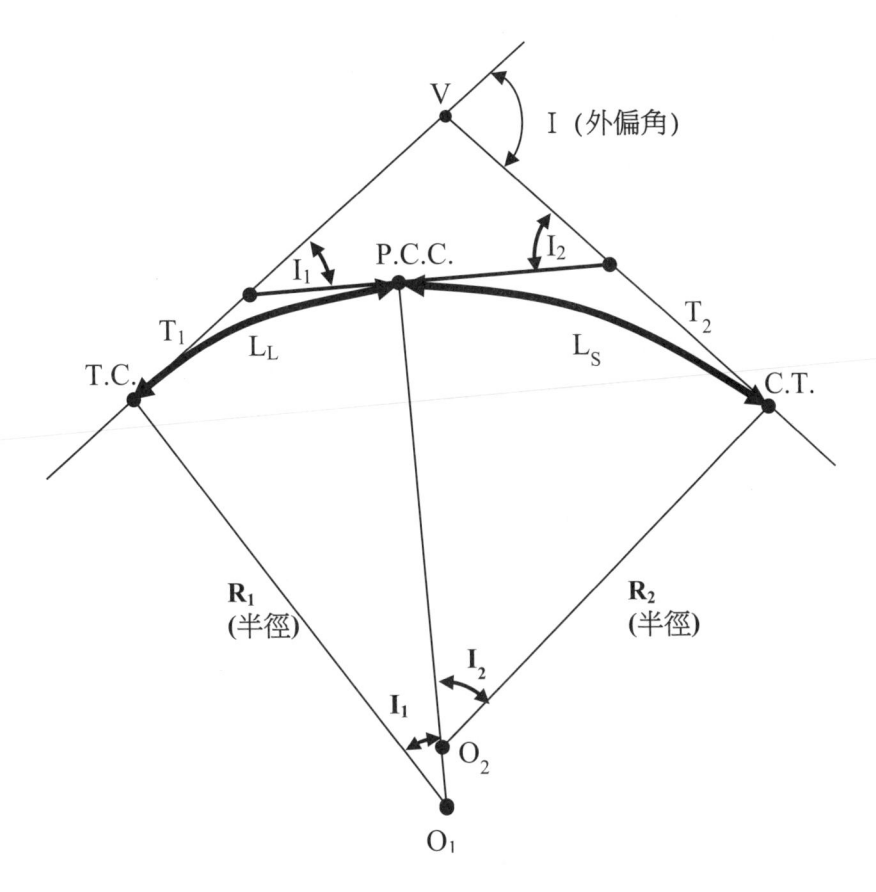

圖 13-15(d)　複曲線：計算 L_L、L_S

例題 13-7　複曲線
　　已知 I = 13°30'00"，I_1 = 7°20'00"，R_L = 763.97m (D_L = 1°30')，R_S = 572.99m (D_S = 2°)，P.I.樁號 = 1k + 456.47，求 T.C.、P.C.C.、C.T.之樁號。
[81 土木技師高考]
[解]
(1) 偏角公式
　　$I_2 = I - I_1 = 13°13' - 7°20' = 6°10'$
(2) 切線公式
　　$T_1 = R_1 \tan(I_1/2)$ =**48.96 m**　　　　$T_2 = R_2 \tan(I_2/2)$ =**30.86 m**

$T_0 = 48.96 + 30.86 = 79.82m$

$\overline{AV} = 79.82 \dfrac{\sin 6°10'}{\sin(180° - 13°30')} = 36.73m$

$\overline{BV} = 79.82 \dfrac{\sin 7°20'}{\sin(180° - 13°30')} = 43.64m$

$T_L = 36.73 + 48.96 = 85.69m$ $\qquad T_S = 43.64 + 30.86 = 74.50m$

(3)曲線長公式

$L_L = R_1 I_1 = (763.97)(7°20'00'')(\pi/180°) = 97.78$ m

$L_S = R_2 I_2 = (572.99)(6°10'00'')(\pi/180°) = 61.67$ m

(4)椿號公式

T.C. 之椿號 = P.I. – T_L = 1k+370.78 　　P.C.C.之椿號 = T.C. + L_L = 1k+468.56

C.T. 之椿號 = P.C.C. + L_S = 1k+530.23

13-11 緩和曲線

　　直線之道路其橫斷面應為水平，但曲線之道路因須抵抗車輛之離心力，常將外側加高，稱為超高度(圖 **13-16**)。若直線與曲線之相接點突加入超高度，勢將形成階梯狀而無法通行 (圖 **13-17**)。故常在直線與曲線間加一條曲度由零漸變至所需曲度之曲線，一面將外側超高度由零漸加至超高度之全量，以維行車之安全與舒適。此種曲線稱為緩和曲線 (圖 **13-18**)。緩和曲線在鐵路上常採用三次螺形線，在高速公路上則常採用克羅梭曲線，詳見專門書籍。

　　在此僅簡介克羅梭曲線基本公式 (圖 **13-18**)：

$RL = R_C L_C = A^2$ 　　　　　　　　　　　　　　　　　(13-36-1 式)

其中 R = 克羅梭曲線上距離起點 L 處的曲率半徑；L = 克羅梭曲線上某點距起點曲線長度；R_C = 克羅梭曲線終點所接圓曲線的曲率半徑；L_C = 克羅梭曲線總長度；A = 克羅梭曲線參數，其值愈大，曲線愈緩和。

　　由上式知克羅梭曲線的曲率半徑在起點處為無限大，直到與圓曲線相接時達最小，且恰等於圓曲線之半徑。

　　由於克羅梭曲線高次項影響不大，實用上對於緩和曲線線長較短者亦有捨去高次項以簡化計算而成為三次螺旋曲線，其基本公式為

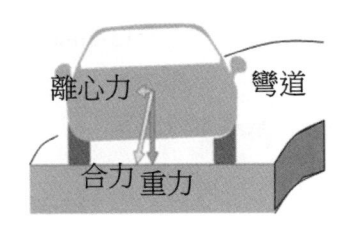

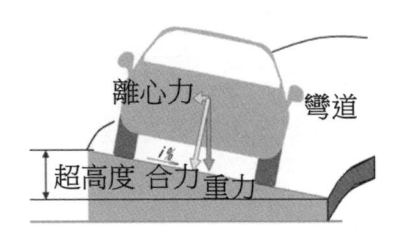

圖 **13-16** 曲線之道路因須抵抗車輛之離心力，常將外側加高，稱為超高度。

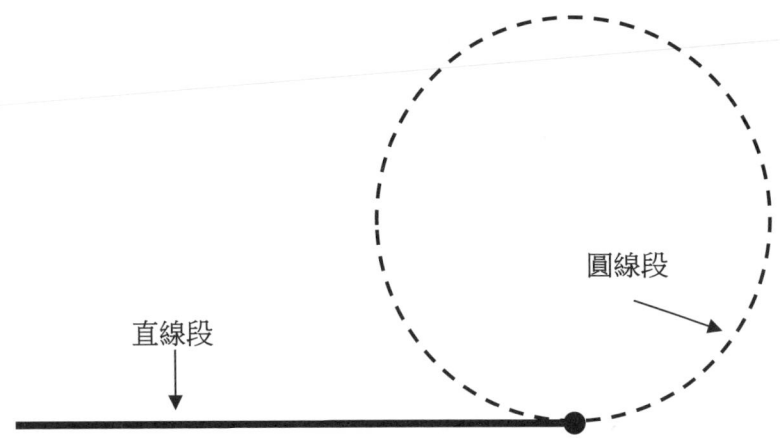

圖 **13-17** 無緩和曲線情況

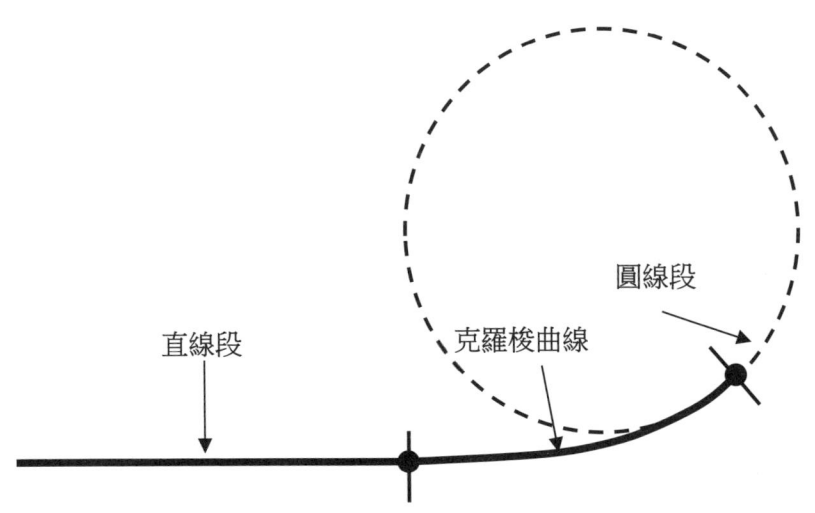

圖 **13-18** 無緩和曲線情況

$$Y = \frac{L^3}{6R_C L_C} \qquad \text{(13-36-2 式)}$$

若不計斜邊與側邊之誤差,則成為三次拋物線,其基本公式為

$$Y = \frac{X^3}{6R_C L_C} \qquad \text{(13-36-3 式)}$$

其中 X =克羅梭曲線上某點距起點切線長度;Y =克羅梭曲線上某點距切線支距。

證明

由幾何學得知曲率為曲率半徑的倒數 $k = \dfrac{1}{R}$

而曲率的微分公式 $k = \dfrac{y''}{\left(1+(y')^2\right)^{3/2}}$

故 $\dfrac{1}{R} = \dfrac{y''}{\left(1+(y')^2\right)^{3/2}}$

假設 $y'' \approx 0$,則 $\dfrac{1}{R} = y''$

由 $RL = R_C L_C = A^2$ 得 $\dfrac{1}{R} = \dfrac{L}{R_C L_C}$

代入上式得 $y'' = \dfrac{L}{R_C L_C}$

沿曲線 L 積分得 $y' = \dfrac{1}{2}\dfrac{L^2}{R_C L_C} + C$

將邊界條件 $L = 0, y' = 0$ 代入上式得 **C=0**

沿曲線 L 再積分得 $y = \dfrac{1}{6}\dfrac{L^3}{R_C L_C} + D$

將邊界條件 $L = 0, y = 0$ 代入上式得 **D=0**

故 $y = \dfrac{1}{6}\dfrac{L^3}{R_C L_C}$ 得證

第二部分：豎曲線

13-12 由最小視線長決定最小豎曲線長度

豎曲線以其坡度之漸升或漸降，分成二種 (圖 13-19)：坡度漸增而後減者，則形成凸形曲線 (Summit)，漸減而後增者形成凹形曲線 (Valley)。

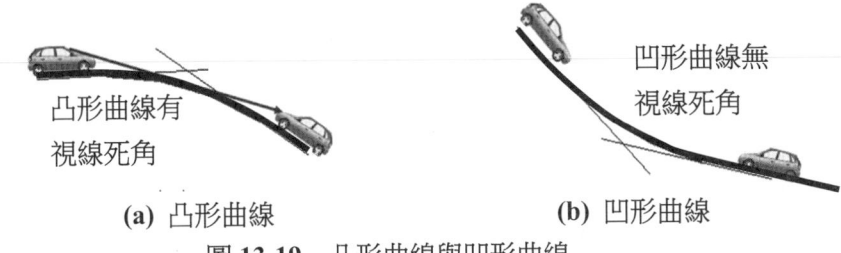

凸形曲線有
視線死角

凹形曲線無
視線死角

(a) 凸形曲線　　　　　　　(b) 凹形曲線

圖 13-19　凸形曲線與凹形曲線

視線距離 (Sight distance) 為車輛駕駛者之視線高度能見及對方來車時兩車間之距離，此段距離關係到行車安全 (圖 13-20)。我國公路上採駕駛人員之眼高為 **1.35 m**，所見對方之最低高度為 **0.1 m**。視線距離為豎曲線長及二端坡度之函數。為了有足夠之視線距離，必須有足夠之豎曲線長。因此，在公路上豎曲線長通常由視線距離定之，其公式有如下二式，並應取大值 (原理詳見專門書籍)：

$$L = \frac{S^2(g_1 - g_2)}{442} \qquad \text{(13-37(a)式)}$$

$$L = 2S - \frac{442}{g_1 - g_2} \qquad \text{(13-37(b)式)}$$

其中 S=視線距離(m)；L=豎曲線長(m)；g_1，g_2=左側坡度(%)，右側坡度(%)。

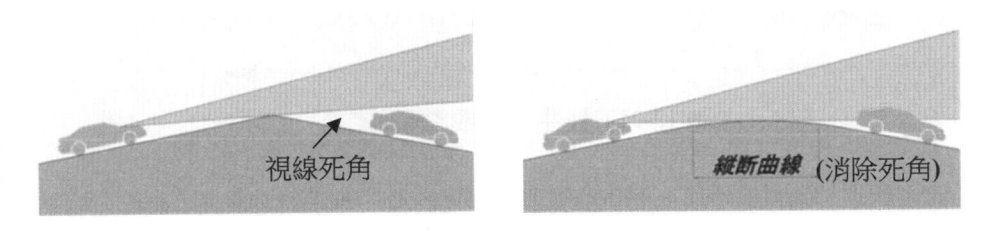

視線死角　　　　　　　　縱斷曲線 (消除死角)

圖 13-20　視線距離 (有曲線段可改善視線距離)

例題 13-8　最小視線長決定最小豎曲線長度

已知左側坡度 +5%，右側坡度 -3%，最小視線長=100 m，試求最小豎曲線長度?

[解]

由 (13-37(a)式) 得　$L = \dfrac{S^2(g_1 - g_2)}{442} = 100^2(5-(-3))/442 = 181.00$ m

由 (13-37(b)式) 得　$L = 2S - \dfrac{442}{g_1 - g_2} = 2(100)-442/(5-(-3)) = 144.75$ m

取大值 L=181.00 m。

13-13　豎曲線公式：拋物線公式

豎曲線各部名稱及定義如下(圖 13-21)：

1. 交點 P.V.I.：兩切線相交之點，亦稱頂點 (Vertex) V。
2. 起點 (Begin of vertical curve) B.V.C.：由直線轉換為曲線之處。
3. 終點 (End of vertical curve) E.V.C.：由曲線轉換為直線之處。
4. 豎曲線長 L：從豎曲線起點 B.V.C. 至終點 E.V.C. 間之水平距離。

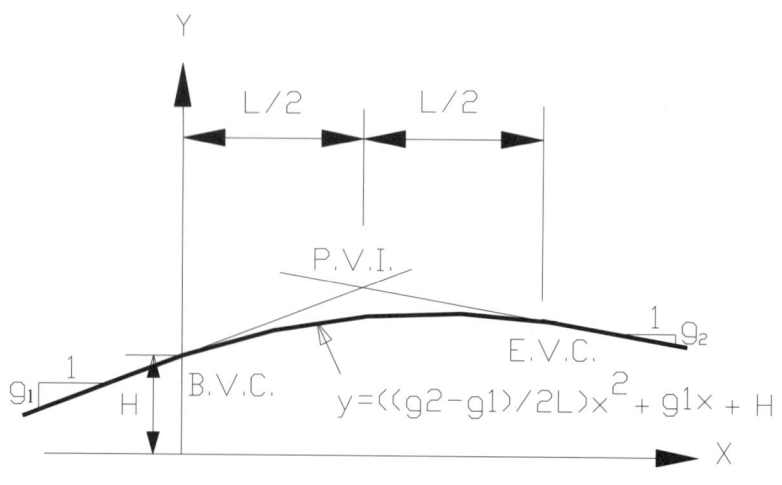

圖 13-21　豎曲線各部名稱及定義

因道路坡度通常甚小，為簡化計算豎曲線之計算，有下列之假設：曲線之切點距兩切線之交點之水平距離相等，即成等切線拋物線豎曲線 (Equal tangent parabola vertical curve)。故豎曲線基本公式如下：

起點樁號 B.V.C. = P.V.I. 樁號 － L/2　　　　　　　　　　　　　　　(13-38 式)

起點高程= $H_V - \frac{1}{2} L g_1$　　　　　　　　　　　　　　　　　　　(13-39 式)

終點樁號 E.V.C. =P.V.I. 樁號 ＋L/2　　　　　　　　　　　　　　　(13-40 式)

終點高程= $H_V + \frac{1}{2} L g_2$　　　　　　　　　　　　　　　　　　(13-41 式)

其中 g_1、g_2 = 分別表曲線兩端之坡度百分比。

豎曲線之拋物線方程式推導

如圖 13-21，以水平方向之橫軸為 x 軸，垂直方向之縱軸為 y 軸之直角座標，推導拋物線豎曲線公式如下：

1. 曲線之基本要求為坡度之變化率應為常數

$$\frac{d^2 y}{dx^2} = k \qquad (13\text{-}42a \text{ 式})$$

由積分解得

$$y' = kx + c \qquad (13\text{-}42b \text{ 式})$$

$$y = \frac{1}{2} k x^2 + cx + d \qquad (13\text{-}42c \text{ 式})$$

2. 邊界條件

將邊界條件 $y'(0) = g_1$, $y'(L) = g_2$, $y(0) = H$

代入 **(13-42 式)** 得 $c = g_1$, $k = \dfrac{g_2 - g_1}{L}$, $d = H$

其中 g_1, g_2 = 分別表曲線兩端之坡度百分比；H = 豎曲線起點高程。

　　基於以上二項要求，以積分方式得拋物線方程式：

$$y = \frac{(g_2 - g_1)}{2L} x^2 + g_1 x + H \qquad (13\text{-}43 \text{ 式})$$

在曲線上任一點之高程可由上式求得。

　　如需求曲線上之最高點或最低點，則將 **(13-43 式)** 微分之，使之等於零，以求最大值或最小值，則得此最高點或最低點自切點起算之距離：

$$X_m = \frac{g_1 L}{g_1 - g_2} \qquad (13\text{-}44 \text{ 式})$$

將此距離代入(13-43 式)得此最高點或最低點之高程：

$$Y_m = H + \frac{g_1^2 L}{2(g_1 - g_2)} \qquad (13\text{-}45 \text{ 式})$$

例題 13-9　豎曲線測設

已知 V 樁樁號 = 9k+667.92，V 樁高程 H_v = 116.00，左側坡度 g_1=+5%，右側坡度 g_2=-3%，豎曲線長 L=181 m，試計算相關測設參數。

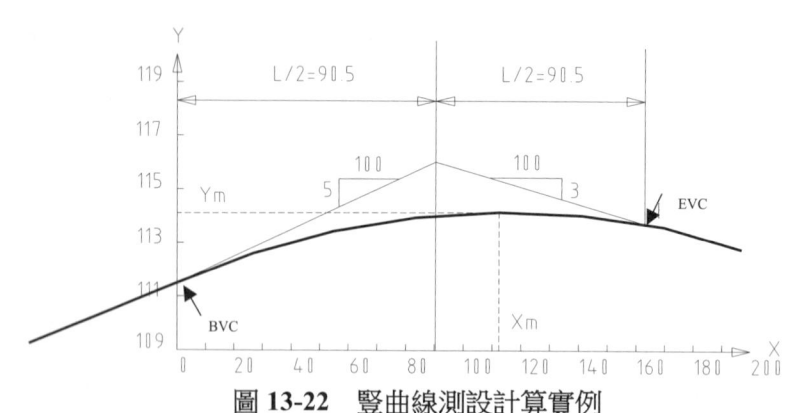

圖 13-22　豎曲線測設計算實例

[解]

(1) 豎曲線起點樁號與高程

起點樁號 B.V.C. = P.V.I. 樁號 − L/2 = 9k+667.92 − 181/2=9k+577.42

起點高程= $H_v - \frac{1}{2} L g_1$ =116 − (1/2)(181)(0.05)=111.48

(2) 豎曲線終點樁號與高程

終點樁號 E.V.C. = P.V.I. 樁號 + L/2 = 9k+667.92+181/2=9k+758.42

終點高程= $H_v + \frac{1}{2} L g_2$ =116 + (1/2)(181)(-0.03)=113.29

(3) 豎曲線拋物線公式

$$y = \frac{(g_2 - g_1)}{2L} x^2 + g_1 x + H$$

將 g_1=0.05，g_2= -0.03，豎曲線起點高程 H=111.48。

代入上式得

$$y = \frac{(g_2 - g_1)}{2L} x^2 + g_1 x + H = (-0.03-0.05) x^2/2(181) + (0.05)x +111.48$$

$$= -0.0002210x^2 + 0.05x + 111.48$$

(4) 豎曲線交點樁號與高程

　　交點樁號 = 9k+667.92

　　將 X=L/2=181/2=90.5 代入拋物線公式得高程 Y=114.19

(5) 豎曲線最高點樁號與高程

　　最高點距起點距離 $X_m = \dfrac{g_1 L}{g_1 - g_2}$ = (0.05)(181)/(0.05 − (−0.03))=113.125

　　最高點樁號 = 起點樁號 + 113.125 = 9k+577.42 + 113.125 = 9k+690.55

　　最高點高程 $Y_m = H + \dfrac{g_1^2 L}{2(g_1 - g_2)}$ =111.48+ (0.05)²(181)/2(0.05 − (−0.03))=114.31

　　(驗算：將 X_m 代入拋物線公式得 114.31 (OK))

(6) 各整樁高程

　　9k+580 樁：將 X=9580 − 9577.42=2.58，代入拋物線公式得高程 Y=111.61

　　9k+600 樁：將 X=9600 − 9577.42=22.58，代入拋物線公式得高程 Y=112.50

　　(其餘整樁可自行計算)

13-14 斷面測量

　　為求鐵路、公路、渠道等施工地帶地勢起伏之形狀，以便設計及施工之用，需於該地帶施行斷面水準測量；斷面測量又可分為縱斷面水準測量及橫斷面水準測量。

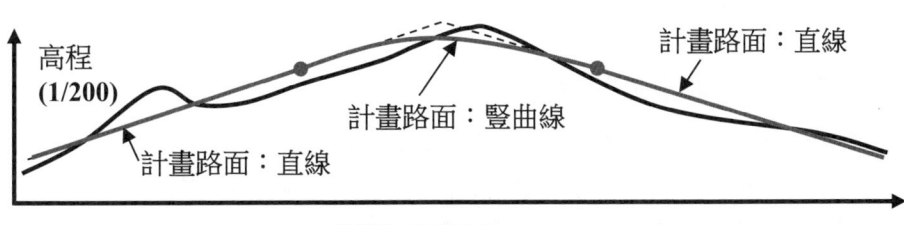

圖 13-23　縱斷面水準測量 (注意縱向比例常較橫向比例為大)

1. 縱斷面水準測量 (圖 13-23)

縱斷面水準測量 (Profile leveling) 係循公路、鐵路、渠道等路線工程之中心線前進，由水準儀測定各中間樁或中心樁之高程。若地形變化急劇之處，除測量原有中間樁或中心樁之地面高程外，宜加測變化點之高程。縱斷面圖 (Profile) 係根據各中間樁或中心樁之高程為縱座標，路線樁號為橫座標繪製而成。為突出路線地形高低起伏起見，縱向比例常較橫向比例為大。一般橫座標比例尺為 1：1000~1：5000，而縱座標比例尺為 1：100~1：500。縱斷面圖可供路面坡度設計，決定施工基面高程，填土成挖土高度。

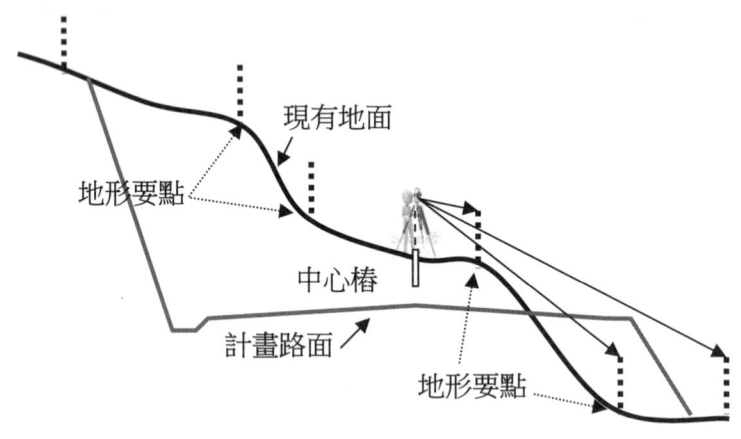

圖 13-24　全站儀橫斷面水準測量

2. 橫斷面水準測量 (圖 13-24)

橫斷面水準測量 (Cross section leveling) 係垂直路線工程中心線的左右兩側進行的測量。其施測範圍，須按路線工程預定用地標準，自中心樁起左右各測至用地界線外約 5 至 20 公尺，如兩側為峻壁或深溝，可略微減少，但若必須建設其它設施，須酌增其範圍。橫斷面測量的用途為便於路線工程瞭解路線中心左右之地貌、地物情況，使易於擬定理想之路線高度、計算土方、設計邊坡防護工程及購地範圍之應用。

水準儀橫斷面水準測量程序如下：

(1) 安置水準儀於附近，後視立於中心樁之水準標尺，測得後視讀數。
(2) 於欲測橫斷面之中心樁上，以直角儀器定出垂直於中心線之方向。
(3) 沿定出之方向，自中心樁向左右選定地形變化之點量得至中心樁之距離，同時立以水準標尺，測得前視讀數。

(4) 依直接高程測量方法計算得各點之高程。
(5) 由距離與高程繪製橫斷面圖。

　　全站儀橫斷面水準測量程序如下：

(1) 安置全站儀於中心樁，後視前一個中心樁，轉直角後視線即為欲測橫斷面方向。
(2) 沿定出之方向，自中心樁向前選定地形變化之點量得距中心樁之距離與高程；倒鏡後向前選定另一側的地形變化之點量得距中心樁之距離與高程。
(3) 由距離與高程繪製橫斷面圖。

　　橫斷面測量之記錄多採分格式，橫線之上格為測點之高程，下格為測點至中心樁之距離。

13-15 本章摘要

第一部分：平曲線

1.路線測量之程序：**(1)** 初測 **(2)** 草測 **(3)** 定測。

2.道路平曲線之分類
  (1) 圓曲線：**(a)** 單曲線 **(b)** 複曲線 **(c)** 反向曲線。
  (2) 緩和曲線 **(Transition curve)**。

3.圓曲線表示法：
  (1) 半徑表示法
  (2) 以曲度表示法：**(a)** 弦線表示法 $C = 2R\sin\dfrac{D_c}{2}$
  　　　　　　　　　(b) 弧線表示法 $S = RD_s(\pi / 180°)$

4.圓曲線公式

切線長　$T = R \cdot \tan\left(\dfrac{I}{2}\right)$　　　　矢距（外距）$E = R \cdot \sec\left(\dfrac{I}{2}\right) - R$

曲線長　$L = R \cdot I$　　　　　　　　　中長　$M = R - R \cdot \cos\left(\dfrac{I}{2}\right)$

弦線長　$C = 2 \cdot R \cdot \sin\left(\dfrac{I}{2}\right)$

B.C. = P.I. - T
E.C. = B.C. + L
M.C. = B.C. + L/2

5.平曲線測設方法：**(1)** 偏角法 **(2)** 切線支距法 **(3)** 座標法。

6.圓曲線測設法(一)：偏角法

(1) 偏角 $\delta = \dfrac{1}{2} \dfrac{\text{樁號} - \text{B.C.樁號}}{\text{半徑}}$

(2) 相鄰二樁之圓心角 $D = \dfrac{\text{相鄰二樁樁號差值}}{\text{半徑}}$

(3) 相鄰二樁之弦長 $C = 2R \cdot \sin \dfrac{D}{2}$

7.圓曲線測設法(二)：切線支距法

(1) 樁與 B.C. 間的直線距離 $c = 2R \cdot \sin \delta$

(2) 垂足距 B.C. 之距離 $x = c \cdot \cos \delta$

(3) 樁與垂足間之距離 $y = c \cdot \sin \delta$

8.圓曲線測設法(三)：座標法

(1) B.C. 樁之座標：$X_{B.C.} = X_{P.I.} + T \sin \varphi_{P.I.-B.C.}$ $Y_{B.C.} = Y_{P.I.} + T \cos \varphi_{P.I.-B.C.}$

(2) B.C. 至 P.I. 之方位角：$\varphi_{B.C.-P.I.} = \varphi_{P.I.-B.C.} + 180°$

(3) 各樁座標：$X = X_{B.C.} + c \bullet \sin(\varphi_{B.C.-P.I.} + \delta)$ $Y = Y_{P.I.} + c \bullet \cos(\varphi_{B.C.-P.I.} + \delta)$

9.圓曲線遇障礙時之測設法：

外偏角 $I = \alpha + \beta$

$\overline{AV} = \dfrac{\overline{AB} \cdot \sin \beta}{\sin I}$ $\overline{BV} = \dfrac{\overline{AB} \cdot \sin \alpha}{\sin I}$

10.複曲線基本公式：

(1) 偏角公式 $I = I_1 + I_2$

(2) 切線公式 $T_1 = R_1 \tan(I_1/2)$ $T_2 = R_2 \tan(I_2/2)$ $T_0 = T_1 + T_2$

$\overline{AV} = T_0 \dfrac{\sin I_2}{\sin(180° - I)}$ $\overline{BV} = T_0 \dfrac{\sin I_1}{\sin(180° - I)}$

$T_L = \overline{AV} + T_1$ $T_S = \overline{BV} + T_2$

(3) 曲線長公式：$L_L = R_1 I_1$ $L_S = R_2 I_2$

(4) 樁號公式：T.C. 之樁號 = P.I. $-$ T_L

　　　　　　P.C.C. 之樁號 = T.C. + L_L

　　　　　　C.T. 之樁號 = P.C.C. + L_S

第二部分：豎曲線

11. 由最小視線長決定最小豎曲線長度：

(1) $L = \dfrac{S^2(g_1 - g_2)}{442}$ (2) $L = 2S - \dfrac{442}{g_1 - g_2}$

12. 豎曲線公式

起點樁號 B.V.C. = P.V.I.樁號 $-L/2$　　起點高程 = $H_V - \dfrac{1}{2}Lg_1$

終點樁號 E.V.C. = P.V.I.樁號 $+L/2$　　終點高程 = $H_V + \dfrac{1}{2}Lg_2$

豎曲線公式　$y = \dfrac{(g_2 - g_1)}{2L}x^2 + g_1 x + H$

極點位置：$X_m = \dfrac{g_1 L}{g_1 - g_2}$　　極點高程：$Y_m = H + \dfrac{g_1^2 L}{2(g_1 - g_2)}$

13. 斷面測量：(1) 縱斷面水準測量 (2) 橫斷面水準測量。

習 題

13-2 路線測量之程序 ～ 13-3 道路曲線之分類

(1) 路線測量之程序為何? [102 土木技師]
(2) 試述道路曲線之分類?
[解] (1) 見 13-2 節 (2) 見 13-3 節。

13-4 圓曲線表示法

半徑與曲度互換
(1) 已知半徑 R=150.00 m，試求
　　(a) 弦長 (20m) 表示法之曲度
　　(b) 弧長 (20m) 表示法之曲度
(2) 弦長 (20m) 表示法之曲度 7°38'42"，試求半徑 R=?
(3) 弧長 (20m) 表示法之曲度 7°38'22"，試求半徑 R=?
[解] (1) (a) 7°38'42" (b) 7°38'22" (2) 150.00 m (3) 150.00 m

13-5 圓曲線公式

某單圓曲線半徑為 R，兩切線之交角為 I 試推導圓曲線弧長、弦長、切線長公式。

[101 年公務員普考]
[解] 見第 13-5 節。

有一道路設計圖已遺失，試問如何求曲率半徑? (重要觀念題)
[解]
(1) 測量切線長 T，與外偏角 I，用切線長 $T = R \cdot \tan\left(\dfrac{I}{2}\right)$ 反算 R

(2) 測量中長 M，與外偏角 I，用中長 $M = R - R \cdot \cos\left(\dfrac{I}{2}\right)$ 反算 R

(3) 測量弦線長 C，與外偏角 I，用弦線長 $C = 2 \cdot R \cdot \sin\left(\dfrac{I}{2}\right)$ 反算 R

圓曲線公式
同例題 13-2，但數據改成：半徑 R=150 m，外偏角 I=71°33'52"，P.I. 樁樁號 5k+125。[81 土木技師高考類似題] [91 年公務員高考] [95 土木技師]
[解]
切線長 $T = R \cdot \tan\left(\dfrac{I}{2}\right)$ =108.11 m

曲線長 $L = R \cdot I$ =187.36 m

弦線長 $C = 2 \cdot R \cdot \sin\left(\dfrac{I}{2}\right)$ =175.41 m

矢距(外距) $E = R \cdot \sec\left(\dfrac{I}{2}\right) - R$ =34.90 m

中長 $M = R - R \cdot \cos\left(\dfrac{I}{2}\right)$ =28.31 m

B.C. = P.I. − T = 5k+16.89
E.C. = B.C. + L = 5k+204.25
M.C. = B.C. + L/2 = 5k+110.57

13-6 圓曲線測設法 (一)：偏角法

接上題(圓曲線公式)，試用偏角法計算 E.C.，M.C. 及各整樁之總偏角。
[80 土木技師高考][85 土木技師高考][83 土木技師][82 土木技師][99 年公務員普考]

[解] 見 13-6 節。

13-7 圓曲線測設法 (二)：切線支距法

同上題，試用切線支距法計算 E.C.，M.C. 及各整樁之切線長及支距長？
[解] 見 13-7 節。

13-8 圓曲線測設法 (三)：座標法

同上題，試用座標法計算 B.C.，E.C.，M.C. 及各整樁之座標？
已知：P.I. 座標 (X, Y)= (200.00, 300.00)，B.C. 至 P.I. 之方位角=288°26′6″
[90 年公務員高考]
[解] 見 13-8 節。

13-9 圓曲線遇障礙時之測設法

同例題 13-6，但數據改成：半徑 R=200 m，α=60°0′0″，β=50°0′10″，AB=180 m
[解] 從 A 點沿後切線量 138.89 m 之距離，可定出 B.C. 點。

13-10 複曲線

同例題 13-7，但數據改成：I=12°30′00″，I_1=8°20′00″，R_L = 700 m，R_S = 500 m，
P.I. 樁號 = 1 + 310.25。[81 土木技師高考]
[解] T.C. = 1k+236.02   P.C.C. = 1k+337.83   C.T. = 1k+374.19

13-11 緩和曲線

何謂緩和曲線？其基本公式為何？
[解] 見 13-11 節。

13-12 豎曲線長度：由最小視線長決定最小豎曲線長度

同例題 13-8，但數據改成：左側坡度 -2%，右側坡度 +5%，最小視線長=120 m
[解] 303.14 m

13-13 豎曲線公式：拋物線公式

同例題 13-9，但數據改成：V 樁樁號= 4k+600，V 樁高程= 112.00，左側坡度 -2%，
右側坡度 +5%，豎曲線長=200 m [81 土木技師高考][80 土木技師高考]
[解]

(1) 豎曲線起點樁號與高程：起點樁號 B.V.C. = 4k+500.00, 起點高程= 114.00
(2) 豎曲線終點樁號與高程：終點樁號 E.V.C. = 4k+700.00, 終點高程=117.00
(3) 豎曲線拋物線公式：$Y= 0.000175X^2 – 0.02X +114.00$
(4) 豎曲線交點樁號與高程：交點樁號 = 4k+600.00, 交點高程=113.75
(5) 豎曲線最低點樁號與高程：最高點距起點距離 X_m=57.14，最高點樁號= 4k+557.14，最高點高程 Y_m =113.43
(6) 各整樁高程：

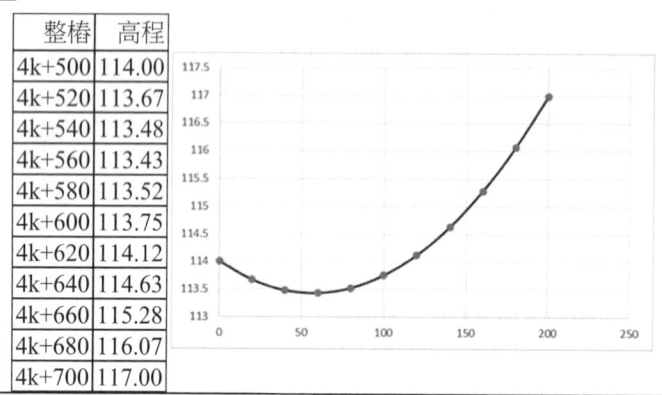

整樁	高程
4k+500	114.00
4k+520	113.67
4k+540	113.48
4k+560	113.43
4k+580	113.52
4k+600	113.75
4k+620	114.12
4k+640	114.63
4k+660	115.28
4k+680	116.07
4k+700	117.00

設某一段道路工程需設立豎曲線，使用的線型為二次拋物線 $y = Ax^2 + Bx + C$，其中 y 為高程值，x 為豎曲線任一點至其起點之水平長度，如下圖所示。若豎曲線的總水平長度為 L，其起點為 D，起點高程為 H_D 且坡度為 G_1；終點為 E，終點高程為 H_E 且坡度為 G_2，請推導出以 L、H_D、G_1、H_E 及 G_2 之值表示 A、B 及 C 參數之豎曲線放樣公式。[97 年公務員高考]
[解] 見 13-13 節。

13-14 斷面測量

試述在路工定線中，如何實施縱斷面及橫斷面測量？[81-1 土技檢覈] [91 年公務員普考] [102 土木技師]
[解] 見 13-14 節。

在一圓弧單曲線設計道路上之兩點 A 與 B 之設計高程分別為 H_A = 101.000 m 及 H_B = 104.000 m。已知圓弧半徑 R = 1000 m，AB 弧之圓心角 θ = 38.250°，A 之里程（樁號）為 28 k + 000 且向 B 增加。請繪製 AB 間之設計縱斷面圖，並計算該道路於 AB 間之坡度。 [100 年公務員高考]

[解]

曲線長　$L = R \cdot I = (1000)(38.250°)(\dfrac{\pi}{180°}) = 667.59$ m

B 點樁號 ＝ **A** 樁號 ＋ 曲線長 ＝ **28 k + 000 + 667.59 = 28k +667.59**

AB 間之坡度 ＝ **AB** 間之高程差 ／ 曲線長 ＝ **(104-101)/667.59 = 0.45%**

第 14 章　誤差理論

14-1 本章提示
14-2 觀測值之機率
14-3 觀測值之統計：觀測值之最或是值與最或是值標準差
　　14-3-1 點間推定法
　　14-3-2 區間推定法
　　14-3-3 協方差矩陣 (共變異數矩陣)
14-4 誤差傳播定律：函數之最或是值的期望值與標準差
　　14-4-1 誤差傳播定律
　　14-4-2 線性函數之誤差傳播定律
　　14-4-3 非線性函數之誤差傳播定律
　　14-4-4 線性函數之廣義誤差傳播定律
　　14-4-5 非線性函數之廣義誤差傳播定律
14-5 誤差傳播定律：應用特例
14-6 誤差傳播定律：應用實例簡介
14-7 誤差傳播定律：應用實例(一) 高程
14-8 誤差傳播定律：應用實例(二) 角度
14-9 誤差傳播定律：應用實例(三) 距離
14-10 誤差傳播定律：應用實例(四) 座標
14-11 誤差傳播定律：應用實例(五) 面積
14-12 本章摘要

14-1　本章提示

　　在測量工作中，無論如何小心從事，謹慎操作，其所測得之結果，總會多少有一點誤差。例如以捲尺量距離時，往返測量兩次，未能得相同之值。因此，絕無任何測量，係屬完全正確無誤差者。測量之觀測值與真值之差，即為測量之誤差 (Error)。為使誤差不超過規定之界限，必須瞭解誤差發生之原因及其對成果之影響。

　　誤差之種類可歸納為三大類：

(1) 錯誤 (Mistakes)
(2) 系統誤差 (Systematic errors)
(3) 偶然誤差 (Accidental errors)

　　錯誤必須排除，系統誤差必須改正，但偶然誤差係由於儀器精密度之極限，人類感官敏銳度之極限，與自然環境之微小變化等所引起之誤差。此種誤差其出現為偶然，無法立即查出，並具有下列特性：

(1) 正負誤差出現的機率相當。
(2) 較小值出現的機率較大。
(3) 極端值出現的機率甚小。
(4) 常成常態分佈。

　　在統計學上，由於變數含有誤差，而使函數受其影響也含有誤差，稱之為「誤差傳播」。例如圖 **14-1** 是模擬全站儀測量時，因測距與測角誤差導致座標產生誤差，此時這些座標點位的散佈情況。闡述這種關係的定律稱為「誤差傳播定律」。估計誤差的範圍是成熟的測量人員必備的知識，因此本章將討論「誤差傳播定律」以及其應用。

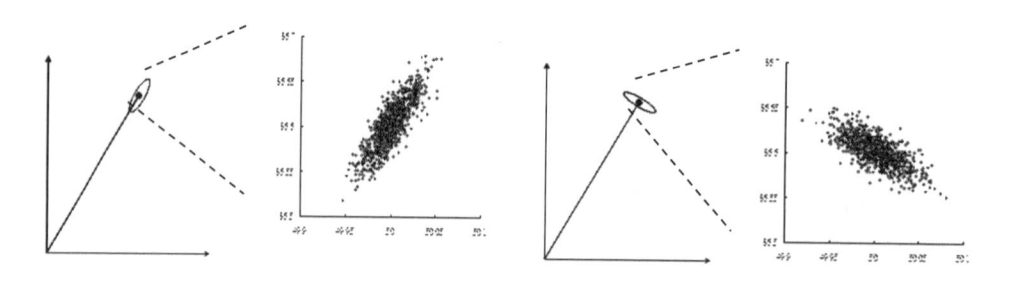

(a) 距離誤差大　　　　　　　　**(b)** 角度誤差大

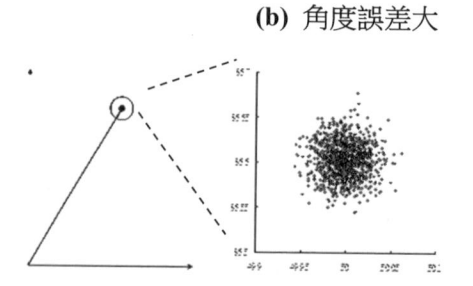

(c) 距離、角度誤差相當

圖 **14-1**　全站儀誤差傳播模擬

14-2 觀測值之機率

觀測值常成常態分佈，每一常態分佈均可用二個參數來表示：平均值 μ 與標準差 σ。

$$y = \frac{1}{\sqrt{2\pi}\sigma} e^{-\frac{(x-\mu)^2}{2\sigma^2}} \tag{14-1-1 式}$$

例如圖 14-2 是身高的分佈圖，假設平均值為 **170 cm**，標準差為 **10 cm**。如 X 為常態分佈之隨機變數，則

$$\beta = \frac{X-\mu}{\sigma} \tag{14-1-2 式}$$

為標準常態分佈 (圖 14-3)。

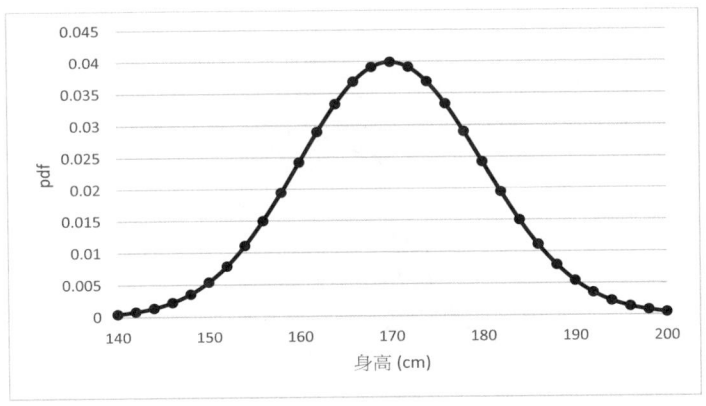

圖 14-2　常態分佈

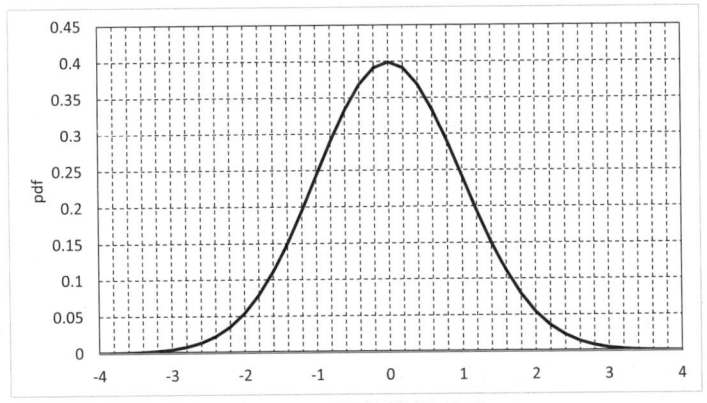

圖 14-3　標準常態分佈

常態分佈累積機率：當 μ-1σ<X<μ+1σ，P=0.683；當 μ-2σ<X<μ+2σ，P=0.954；當 μ-3σ<X<μ+3σ，P=0.997。因此當測量誤差值超過儀器的標準差三倍時，因機率甚低，很可能不是偶然誤差，通常應捨棄此測量值。

常態分佈的理論請參考機率統計專書，在此僅提出幾個測量上常見的問題及其解法。

問題 1. 求觀測值小於某值之機率 (圖 14-4(a))

已知 μ，σ，a，求 P(X<a)=?

(1) 計算 β=(a-μ)/σ。

(2) 如果 β>0，以 β 查附錄 B 即可得 P；如果 β<0，可用 1.0 減去以 |β| 查表所得之值即可得 P。

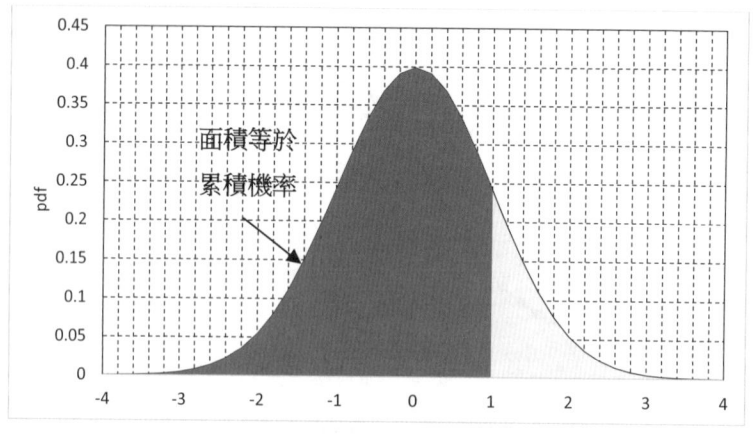

圖 14-4 (a)　求觀測值小於某值之機率

例題 14-1　觀測值之機率分佈

已知 AB 平均值 824.62 m，標準差 0.12 m，試求 AB<824.90，824.80，824.70，824.60，824.50，824.40，824.30 的機率為何？

[解]

(824.90-824.62)/0.12=2.33 查表得 0.99　　(824.80-824.62)/0.12=1.50 查表得 0.93

(824.70-824.62)/0.12=0.67 查表得 0.75　　(824.60-824.62)/0.12=-0.17 查表得 0.43

(824.50-824.62)/0.12=-1.00 查表得 0.16　　(824.40-824.62)/0.12=-1.83 查表得 0.03

(824.30-824.62)/0.12=-2.67 查表得 0.004

第 14 章　誤差理論　　14-5

問題 2. 求觀測值大於某值之機率(圖 14-4(b))

已知 μ，σ，a，求 P(X>a)=?

因 P(X>a) = 1 − P(X<a)，故

(1) 先依問題 1 求 P(X<a)。
(2) 計算 P(X>a)=1- P(X<a)。

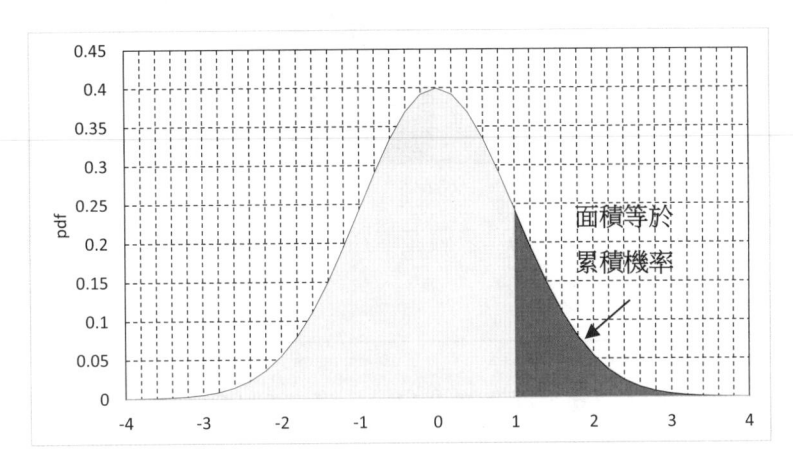

圖 14-4 (b)　求觀測值大於某值之機率

例題 14-2　觀測值之機率分佈

同上題，但改為 AB>824.90，824.80，824.70，824.60，824.50，824.40，824.30 的機率為何?

[解]

由 P(X>a)=1- P(X<a) 及上題可知

P(AB>824.90)=1-0.99=0.01　　P(AB>824.80)=1-0.93=0.07
P(AB>824.70)=1-0.75=0.25　　P(AB>824.60)=1-0.43=0.57
P(AB>824.50)=1-0.16=0.84　　P(AB>824.40)=1-0.03=0.97
P(AB>824.30)=1-0.004=0.996

問題 3. 求觀測值在某範圍內之機率(圖 14-4(c))

已知 μ，σ，a，求 P(b<X<a)=?

因 P(b<X<a)=1- P(X<b)- P(X>a)，故

(1) 先依問題 1 求 P(X<b)。
(2) 先依問題 2 求 P(X>a)。
(3) 計算 P(b<X<a) = 1 − P(X<b) − P(X>a)

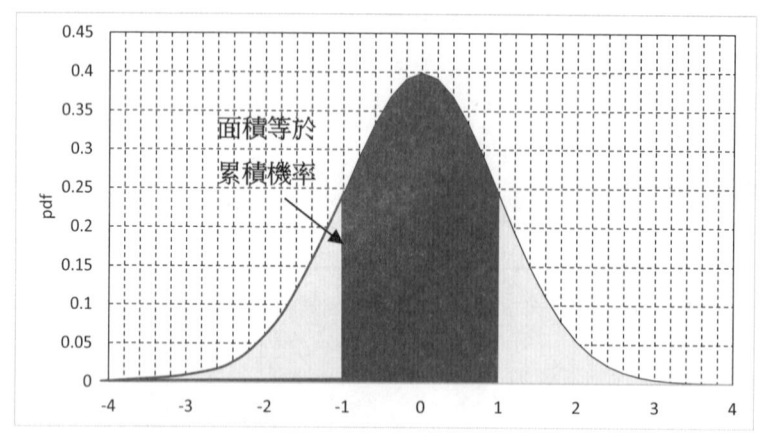

圖 14-4 (c)　求觀測值在某範圍內之機率

例題 14-3　觀測值之機率分佈
已知 AB 平均值 824.62 m，標準差 0.12 m，試求 824.50<AB<824.70 機率?
[解]
AB<824.50 的機率為 P(AB<824.50)=0.16
AB>824.70 的機率為 P(AB>824.70)= 1 − 0.75 = 0.25
824.50<AB<824.70 的機率為 P(824.50<AB<824.70) = 1 − 0.16 − 0.25 = 0.59

問題 4. 已知 μ，σ，P(X<a)，求 a=？(圖 14-4(d))
(1) 如果 P>0.5，以 P 查表即可得 β；如果 P<0.5，以 1-P 查附錄 B 之值取負值即可得 β；
(2) 由 $\beta=(a-\mu)/\sigma$ 反算 a 值。

例題 14-4　觀測值之機率分佈
已知 AB 平均值 824.62 m，標準差 0.12 m，試求 AB 小於某距離的機率為 99.9%, 99%, 90%, 10 % 1% 與 0.1 %，試求此三個距離？
[解]
查附錄 B 得 99.9%, 99%, 90%, 10%，1%，0.1% 所對應之 β 分別為 3.10, 2.33, 1.28, -1.28，-2.33，-3.10，故
P(AB<X)=99.9%　　=> (X-824.62)/0.12=3.10　　=> X=824.99 m
P(AB<X)=99%　　=> (X-824.62)/0.12=2.33　　=> X=824.90 m

P(AB<X)=90%	=> (X-824.62)/0.12=1.28	=> X=824.77 m
P(AB<X)=10%	=> (X-824.62)/0.12=-1.28	=> X=824.47 m
P(AB<X)=1%	=> (X-824.62)/0.12=-2.33	=> X=824.34 m
P(AB<X)=0.1%	=> (X-824.62)/0.12=-3.10	=> X=824.25 m

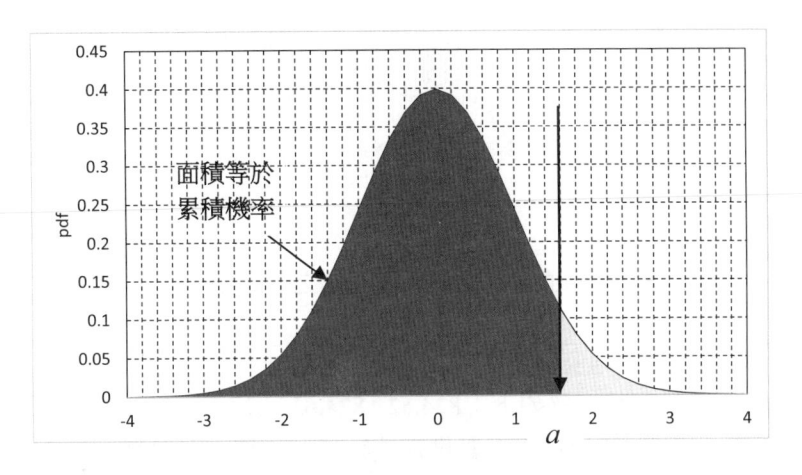

圖 14-4 (d)　已知 μ，σ，P(X<*a*)，求 *a*

14-3 觀測值之統計：觀測值之最或是值與最或是值標準差

14-3-1　點推定法 (圖 14-5)

1. 樣本平均值的期望值 (最或是值)

$$\overline{X} = \Sigma X_i / n \tag{14-2 式}$$

2. 樣本標準差的期望值 (觀測值中誤差)

$$M = \pm \sqrt{\frac{(v_1^2 + v_2^2 + \ldots + v_n^2)}{n-1}} = \pm \sqrt{\frac{[vv]}{n-1}} \tag{14-3-1 式}$$

其中　$v_i = \overline{X} - X_i$

3. 樣本平均值的標準差 (最或是值中誤差)

$$m = \frac{M}{\sqrt{n}} = \pm \sqrt{\frac{[vv]}{n(n-1)}} \tag{14-3-2 式}$$

14-8　第14章　誤差理論

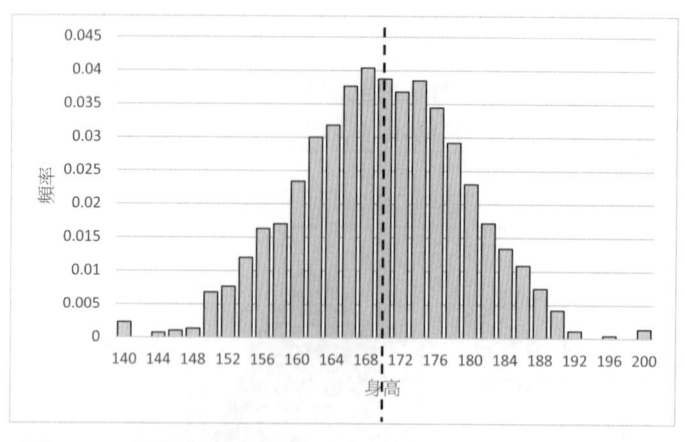

圖 14-5　觀測值之平均值與標準差之估計(一) 點推定法

> **例題 14-5**　觀測值之平均值與標準差之估計：點估計
> 已知有 10 個 AB 距離記錄如下：824.62, 824.63, 824.64, 824.63, 824.65, 824.60, 824.61, 824.60, 824.61, 824.60 試以點推定法計算 (1) 樣本平均值的期望值 (2) 樣本標準差的期望值 (3) 樣本平均值的標準差。
> [解]
> (1) $\overline{X} = \Sigma X_i/n = 824.619$　(2) $M = \pm\sqrt{\dfrac{(v_1^2 + v_2^2 + \ldots + v_n^2)}{n-1}} = \pm\sqrt{\dfrac{[vv]}{n-1}} = 0.018$
>
> (3) $m = \dfrac{M}{\sqrt{n}} = \dfrac{0.018}{\sqrt{10}} = 0.006$

14-3-2　區間推定法

　　已知樣本平均值的期望值 $\overline{X}$，樣本平均值的標準差 m 及信賴水準 α，求樣本平均值的區間推定值：

1. 以 1-α/2 查表即可得 β。
2. 樣本平均值的區間推定值。
　　(下限，上限) = $(\overline{X} - \beta \cdot m, \overline{X} + \beta \cdot m)$　　　　　　　　　　　　　　(14-4 式)

> **例題 14-6**　觀測值之平均值與標準差之估計：區間估計
> 同例題 14-5，試以區間推定法計算樣本平均值的區間推定值，設信賴水準 5%。
> [解]

由上題知 $\overline{X}$ =824.619，m=0.006。

以 1－α/2 =1－5%/2=97.5% 查表知界限為 β=1.96

下限= $\overline{X}$ － βm = 824.619 – 1.96(0.006) =824.607 (m)

上限= $\overline{X}$ +βm = 824.619 + 1.96(0.006)=824.631 (m)

14-3-3 協方差矩陣 (共變異數矩陣)

標準差只能描述一個觀測變數的離散情況，要描述二個觀測變數的離散情況還需要協方差矩陣(又稱共變異數矩陣)。

$$Q = \begin{bmatrix} \sigma_a^2 & \sigma_{ab} \\ \sigma_{ab} & \sigma_b^2 \end{bmatrix}$$

其中　協方差 $\sigma_a^2 = \dfrac{[\Delta a \Delta a]}{n-1}$　協方差 $\sigma_b^2 = \dfrac{[\Delta b \Delta b]}{n-1}$　協方差 $\sigma_{ab} = \dfrac{[\Delta a \Delta b]}{n-1}$

相關係數 $\rho_{ab} = \dfrac{[\Delta a \Delta b]}{\sqrt{[\Delta a \Delta a]}\sqrt{[\Delta b \Delta b]}}$

相關係數必在 -1 與 +1 之間，當相關係數為 0 時，代表兩個變數不相關。

協方差也可由下式得到　　$\sigma_{ab} = \rho_{ab}\sigma_a\sigma_b$

相關係數也可由下式得到　　$\rho_{ab} = \dfrac{\sigma_{ab}}{\sigma_a\sigma_b}$

例題 14-7　協方差矩陣 (共變異數矩陣)

矩形邊長 a、b 經測量得下表，試求 a、b 的協方差矩陣。

	邊長 a	邊長 b
1	100.1	50.15
2	99.8	49.9
3	100.2	50.1
4	99.9	49.85
5	100	50

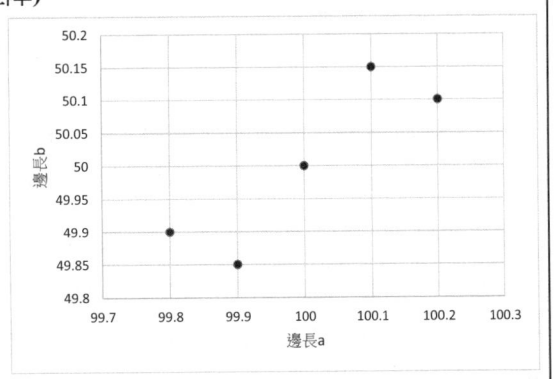

[解]

為了計算方便，列表如下：

	邊長 a	邊長 b	△a	△b	△a△a	△b△b	△a△b
1	100.1	50.15	0.1	0.15	0.01	0.0225	0.015
2	99.8	49.9	-0.2	-0.1	0.04	0.01	0.02
3	100.2	50.1	0.2	0.1	0.04	0.01	0.02
4	99.9	49.85	-0.1	-0.15	0.01	0.0225	0.015
5	100	50	0	0	0	0	0
總合	500	250	0	0	0.1	0.065	0.07

最或是值 $\bar{a} = \frac{[a]}{n} = 100.00$，最或是值 $\bar{b} = \frac{[b]}{n} = 50.00$

協方差 $\sigma_a^2 = \frac{[\Delta a \Delta a]}{n-1}$ =0.1/(5-1)=0.025 故中誤差 $m_a = 0.158$

協方差 $\sigma_b^2 = \frac{[\Delta b \Delta b]}{n-1}$ =0.065/(5-1)=0.01625 故中誤差 $m_b = 0.127$

協方差 $\sigma_{ab} = \frac{[\Delta a \Delta b]}{n-1}$ =0.07/(5-1)=0.0175

相關係數 $\rho_{ab} = \frac{[\Delta a \Delta b]}{\sqrt{[\Delta a^2]}\sqrt{[\Delta b^2]}} = \frac{0.07}{\sqrt{0.1}\sqrt{[0.065]}} = 0.87$

協方差也可由下式得到 $\sigma_{ab} = \rho_{ab}\sigma_a\sigma_b$ =(0.87)(0.158)(0.127)=0.0175

相關係數也可由下式得到 $\rho_{ab} = \frac{\sigma_{ab}}{\sigma_a\sigma_b} = \frac{0.0175}{(0.158)(0.127)} = 0.87$

協方差矩陣 $Q = \begin{bmatrix} \sigma_a^2 & \sigma_{ab} \\ \sigma_{ab} & \sigma_b^2 \end{bmatrix} = \begin{bmatrix} 0.025 & 0.0175 \\ 0.0175 & 0.01625 \end{bmatrix}$

14-4 誤差傳播定律：函數之最或是值的期望值與標準

14-4-1 誤差傳播定律

在實際工作中，有許多未知量不能直接測得，需要由一個或幾個直接觀測值所確定的函數關係間接計算出來。例如，矩形可按 A=ab 求面積，如邊長 a，b 經測量得其最或是值 $\bar{a}, \bar{b}$，及中誤差 m_a，m_b，因 a，b 二值既有誤差，故按上式計算之 A 值自必受其影響，也有誤差，此現象稱為「誤差傳播」。當未知量是數個獨立的直接觀測值的函數，如何根據觀測值中的誤差推求觀測值函數中的誤差，就是誤差傳播定律要處理的問題。

在測量上用以推估獨立觀測值中誤差和函數中誤差之間關係的定律，稱為誤差傳播定律。誤差傳播定律有二點假設：
1. 偶然誤差假設：各觀測值無錯誤與系統誤差存在，只有偶然誤差存在。
2. 獨立誤差假設：各觀測值必須為統計上獨立 (statistical independent)。
當第 2 個假設不成立時，可用廣義誤差傳播定律處理。本章除特別說明外，都假設第 2 個假設成立。

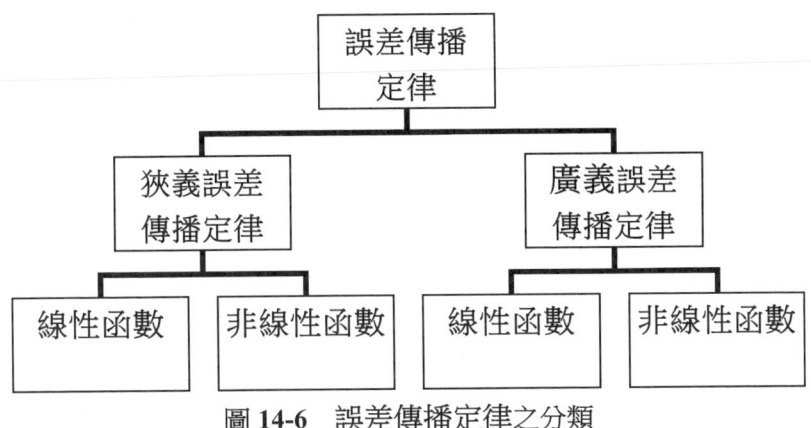

```
                    誤差傳播
                      定律
            ┌───────────┴───────────┐
        狹義誤差                 廣義誤差
        傳播定律                 傳播定律
        ┌───┴───┐              ┌───┴───┐
     線性函數  非線性函數      線性函數  非線性函數
```

圖 14-6　誤差傳播定律之分類

14-4-2 線性函數之誤差傳播定律

設有 Y 為 n 個獨立觀測值 $X_1, X_2, \ldots, X_n$ 之線性函數

$$Y = k_1 X_1 \pm k_2 X_2 \pm \cdots \pm k_n X_n$$

式中 $k_1, k_2, \ldots, k_n$ 為常數係數。各觀測值 X_i 相對應之最或是值為 $\overline{X}_i$，最或是值中誤差 (標準差) m_i，設 Y 之最或是值為 $\overline{Y}$，最或是值中誤差(標準差) m_Y。

函數之最或是值期望值公式為

$$\overline{Y} = k_1 \overline{X}_1 + k_2 \overline{X}_2 + \cdots + k_2 \overline{X}_2 \qquad \text{(14-5(a)式)}$$

函數之最或是值標準差的平方之公式為

$$m_Y^2 = k_1^2 m_1^2 + k_2^2 m_2^2 + \cdots + k_n^2 m_n^2 \qquad \text{(14-5(b)式)}$$

此即 n 個觀測值之線性函數之誤差傳播定律。

證明

為了推導簡便，先以兩個觀測值來討論，此時上式成為(只取+號)

$Y = k_1 X_1 + k_2 X_2$

設 X_1，X_2 分別含有真誤差ΔX_1、ΔX_2，則函數必有真誤差 ΔY 即

$(Y + \Delta Y) = k_1(X_1 + \Delta X_1) + k_2(X_2 + \Delta X_2)$

$Y + \Delta Y = k_1 X_1 + k_1 \Delta X_1 + k_2 X_2 + k_2 \Delta X_2$

左側第一項與右側第一項與第三項抵消，可得真誤差關係為

$\Delta Y = k_1 \Delta X_1 + k_2 \Delta X_2$

若觀測 n 次，可得

$$\left.\begin{aligned} \Delta Y_1 &= k_1 \Delta X_{11} + k_2 \Delta X_{21} \\ \Delta Y_2 &= k_1 \Delta X_{12} + k_2 \Delta X_{22} \\ &\cdots \\ \Delta Y_n &= k_1 \Delta X_{1n} + k_2 \Delta X_{2n} \end{aligned}\right\}$$

將上式兩側取平方後求和，再除以n，測得

$$\frac{[\Delta Y^2]}{n} = \frac{k_1^2 [\Delta X_1^2]}{n} + \frac{k_2^2 [\Delta X_2^2]}{n} + 2\frac{k_1 k_2 [\Delta X_1 \Delta X_2]}{n}$$

根據上述誤差傳播定律的二點假設 (1)偶然誤差假設 (2)獨立誤差假設，可假設 ΔX_1、ΔX_2 均為獨立觀測值的偶然誤差，所以乘積$\Delta X_1 \Delta X_2$也必然呈現偶然性，根據偶然誤差的平均值為 **0** 的特性，上式右側第三項在$n \to \infty$時，極限為 **0**。

此外根據中誤差的定義，可得上式的另外幾項可改寫為

$\frac{[\Delta Y^2]}{n} = m_Y^2$　　　$\frac{[\Delta X_1^2]}{n} = m_1^2$　　　$\frac{[\Delta X_2^2]}{n} = m_2^2$

故上式可改寫為 $m_Y^2 = k_1^2 m_1^2 + k_2^2 m_2^2$

此即二個觀測值之線性函數之誤差傳播定律。此定律可推廣到 n 個觀測值

$m_Y^2 = k_1^2 m_1^2 + k_2^2 m_2^2 + \cdots + k_n^2 m_n^2$　　得證

　　但在實際應用時，因為 **n** 並非無限大，因此觀測的中誤差的計算要改用下式，其中分母取 **n-1** 而非 **n**。

$$m_i = \sqrt{\frac{[\Delta X_i^2]}{n-1}}$$

14-4-3 非線性函數之誤差傳播定律

非線性函數的一般表達式為 $Y = f(X_1, X_2, \ldots, X_n)$

函數之最或是值期望值公式為 $\overline{Y} = f(\overline{X}_1, \overline{X}_2, \ldots, \overline{X}_n)$ **(14-6(a)式)**

函數之最或是值標準差的平方之公式為

$$m_Y^2 = \left(\frac{\partial f}{\partial X_1}\right)^2 m_1^2 + \left(\frac{\partial f}{\partial X_2}\right)^2 m_2^2 + \cdots + \left(\frac{\partial f}{\partial X_n}\right)^2 m_n^2 \quad \textbf{(14-6(b)式)}$$

此即 **n** 個觀測值之非線性函數之誤差傳播定律。

證明

對於非線性函數，可按泰勒級數在 $X_1 = \overline{X}_1, X_2 = \overline{X}_2, \ldots, X_n = \overline{X}_n$ 處展開成線性形式，得

$$Y \approx f(\overline{X}_1, \overline{X}_2, \ldots, \overline{X}_n) + \frac{\partial f}{\partial X_1}dX_1 + \frac{\partial f}{\partial X_2}dX_2 + \ldots + \frac{\partial f}{\partial X_n}dX_n$$

故 **Y** 的微分為

$$dY = \frac{\partial f}{\partial X_1}dX_1 + \frac{\partial f}{\partial X_2}dX_2 + \ldots + \frac{\partial f}{\partial X_n}dX_n$$

上式在微分 $dX_1, dX_2, \ldots, dX_n$ 很小下成立。因為真誤差 $\Delta X_1, \Delta X_2, \ldots, \Delta X_n$ 及 ΔY 均很小，因此用它們替代上式中微分 $dX_1, dX_2, \ldots, dX_n$，及 dY，即得真誤差關係式為

$$\Delta Y = \frac{\partial f}{\partial X_1}\Delta X_1 + \frac{\partial f}{\partial X_2}\Delta X_2 + \cdots + \frac{\partial f}{\partial X_n}\Delta X_n$$

式中，$\frac{\partial f}{\partial X_i}$ 是函數對各個變量所取的偏導數，以觀測值代入所算出的數值，它們均是常數。因上式是線性函數，由前節之線性函數之誤差傳播定律可得中誤差

$$m_Y^2 = \left(\frac{\partial f}{\partial X_1}\right)^2 m_1^2 + \left(\frac{\partial f}{\partial X_2}\right)^2 m_2^2 + \cdots + \left(\frac{\partial f}{\partial X_n}\right)^2 m_n^2 \quad \text{(得證)}$$

14-4-4 線性函數廣義誤差傳播定律

當「各觀測值必須為統計上獨立」假設不成立時，可用廣義誤差傳播定律處理。

函數之最或是值標準差的平方之公式為

$$m_Y^2 = \sum_{i=1}^n k_i^2 m_i^2 + 2\sum_{j>i}^n k_i k_j m_{ij} = \sum_{i=1}^n k_i^2 m_i^2 + 2\sum_{j>i}^n k_i k_j \rho_{ij} m_i m_j$$

此即線性函數之「廣義誤差傳播定律」。

證明

前面提到線性函數

$Y = k_1 X_1 + k_2 X_2$

設 X_1, X_2 分別含有真誤差 ΔX_1、ΔX_2，則函數必有真誤差 ΔY，公式為

$$\frac{[\Delta Y^2]}{n} = \frac{k_1^2 [\Delta X_1^2]}{n} + \frac{k_2^2 [\Delta X_2^2]}{n} + 2\frac{k_1 k_2 [\Delta X_1 \Delta X_2]}{n}$$

並假設誤差傳播定律假設誤差隨機變數 ΔX_1、ΔX_2 之間互相獨立，故乘積 $\Delta X_1 \Delta X_2$ 也必然呈現偶然性，根據偶然誤差的平均值為 0 的特性，在 $n \to \infty$ 時，乘積 $\Delta X_1 \Delta X_2$ 的平均值必為 0，故上式最後一項必為 0。因此導出二個觀測值之線性函數之誤差傳播定律

$$m_Y^2 = k_1^2 m_1^2 + k_2^2 m_2^2$$

然而當誤差隨機變數 ΔX_1、ΔX_2 之並非獨立時，而是相依時，乘積 $\Delta X_1 \Delta X_2$ 的平均值不為 0。根據協方差(或稱共變異數)(covariance) 的定義

$$\frac{[\Delta X_1 \Delta X_2]}{n} = m_{12}$$

其中協方差也可寫成 $m_{12} = \rho_{12} m_1 m_2$，而 ρ_{12} 為隨機變數 ΔX_1、ΔX_2 之相關係數。

$$\rho_{12} = \frac{m_{12}}{m_1 m_2} = \frac{\frac{[\Delta X_1 \Delta X_2]}{n}}{\sqrt{\frac{[\Delta X_1^2]}{n}} \sqrt{\frac{[\Delta X_2^2]}{n}}} = \frac{[\Delta X_1 \Delta X_2]}{\sqrt{[\Delta X_1^2]} \sqrt{[\Delta X_2^2]}}$$

因此導出二個觀測值之線性函數之誤差傳播定律

$$m_Y^2 = k_1^2 m_1^2 + k_2^2 m_2^2 + 2 k_1 k_2 m_{12} = k_1^2 m_1^2 + k_2^2 m_2^2 + 2 k_1 k_2 \rho_{12} m_1 m_2$$

此定律可推廣到 **n** 個觀測值

$$m_Y^2 = \sum_{i=1}^{n} k_i^2 m_i^2 + 2\sum_{j>i}^{n} k_i k_j m_{ij} = \sum_{i=1}^{n} k_i^2 m_i^2 + 2\sum_{j>i}^{n} k_i k_j \rho_{ij} m_i m_j \quad \text{(得證)}$$

14-4-5 非線性函數廣義誤差傳播定律

同理，非線性函數之「廣義誤差傳播定律」如下

$$m_Y^2 = \sum_{i=1}^{n} \left(\frac{\partial f}{\partial X_i}\right)^2 m_i^2 + 2\sum_{j>i}^{n} \left(\frac{\partial f}{\partial X_i}\right)\left(\frac{\partial f}{\partial X_j}\right) m_{ij}$$

$$= \sum_{i=1}^{n} \left(\frac{\partial f}{\partial X_i}\right)^2 m_i^2 + 2\sum_{j>i}^{n} \left(\frac{\partial f}{\partial X_i}\right)\left(\frac{\partial f}{\partial X_j}\right) \rho_{ij} m_i m_j$$

例題 14-8 非線性函數廣義誤差傳播定律

矩形可按 **A=ab** 求面積，如邊長 **a**，**b** 經測量得最或是值 $\bar{a} = 100.00$，最或是值 $\bar{b} = 50.00$

協方差矩陣 $Q = \begin{bmatrix} \sigma_a^2 & \sigma_{ab} \\ \sigma_{ab} & \sigma_b^2 \end{bmatrix} = \begin{bmatrix} 0.025 & 0.0175 \\ 0.0175 & 0.01625 \end{bmatrix}$

試求矩形面積的最或是值及中誤差。

[解]

(1) 矩形面積的最或是值

矩形面積的最或是值 $\bar{A} = \bar{a} \cdot \bar{b}$ =(100.00)(50.00)=**5000.0**

(2) 矩形面積的中誤差

利用非線性函數之「廣義誤差傳播定律」得

$$m_A^2 = \sum_{i=1}^{n} \left(\frac{\partial f}{\partial X_i}\right)^2 m_i^2 + 2\sum_{j>i}^{n} \left(\frac{\partial f}{\partial X_i}\right)\left(\frac{\partial f}{\partial X_j}\right) m_{ij} = \bar{b}^2 m_a^2 + \bar{a}^2 m_b^2 + 2\bar{b}\bar{a} m_{ab}$$

$$m_A^2 = \bar{b}^2 m_a^2 + \bar{a}^2 m_b^2 + 2\bar{b}\bar{a} m_{ab}$$
$$= (50)^2 (0.158)^2 + (100)^2 (0.127)^2 + 2(50)(100)(0.0175) = 400.00$$

矩形面積的中誤差 $m_A = 20.0$

(3) 討論

如果忽略邊長 a 與 b 的相依性，而採用獨立的假設，則

$$m_A^2 = \bar{b}^2 m_a^2 + \bar{a}^2 m_b^2 = (50)^2(0.158)^2 + (100)^2(0.127)^2 = 225.00$$

矩形面積的中誤差 $m_A = 15.0$
因此低估了面積的中誤差。

但要注意，忽略觀測變數之間的相依性，並不一定會低估因變數的中誤差，有時反而會高估，這與觀測變數的相關係數有關。當只有兩個觀測變數時，相關係數>0 時，忽略觀測變數之間的相依性，會低估因變數的中誤差；反之，當相關係數<0 時，反而會高估中誤差。

例題 14-9 非線性函數廣義誤差傳播定律

假設邊長 a，b 經測量得下表，試求矩形面積的最或是值及中誤差。

	邊長 a	邊長 b
1	100.1	49.85
2	99.8	50.1
3	100.2	49.9
4	99.9	50.15
5	100	50

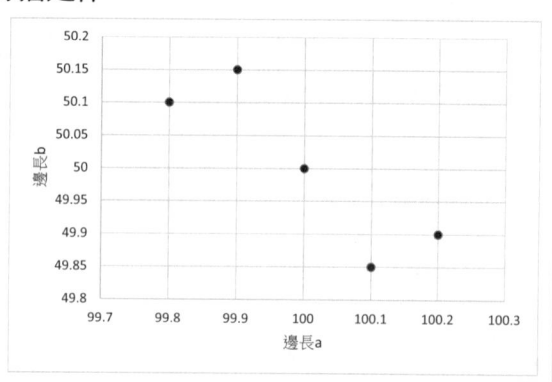

[解]

(1) 矩形面積的最或是值：$\bar{A} = \bar{a} \cdot \bar{b} = (100.00)(50.00) = 5000.0$

(2) 矩形面積的中誤差

相關係數 $\rho_{ab} = \dfrac{[\Delta a \Delta b]}{\sqrt{[\Delta a^2]}\sqrt{[\Delta b^2]}} = \dfrac{-0.07}{\sqrt{0.1}\sqrt{0.065}} = -0.868$

$m_{ab} = \rho_{ab} m_a m_b = -0.868 \times 0.158 \times 0.127 = -0.0175$

故 $m_A^2 = \bar{b}^2 m_a^2 + \bar{a}^2 m_b^2 + 2\bar{b}\bar{a}m_{ab}$

$\quad = (50)^2(0.158)^2 + (100)^2(0.127)^2 + 2(50)(100)(-0.0175) = 50.00$

矩形面積的中誤差 $m_A = 7.07$

不過在實務上，相關係數>0 的可能性通常比相關係數<0 高，例如在上面例子中，如果分別由五組人員以捲尺量邊長 a 與 b，每組人員的量測習慣不同，有些組拉力偏大，同時低估了邊長 a 與 b；有些組拉力偏小，同時高估了邊長 a 與 b，造成了邊長 a 與 b 的觀測值不是獨立，而具有正相關性，相關係數>0。此時如果忽略邊長 a 與 b 的相依性，而採用獨立的假設，會低估面積的中誤差。

14-5 誤差傳播定律：應用特例

本章除特別說明外，都假設「獨立誤差假設」成立。因此下列非線性函數之誤差傳播定律成立 (線性函數是非線性函數的特例)

$$m_Y^2 = \left(\frac{\partial f}{\partial X_1}\right)^2 m_1^2 + \left(\frac{\partial f}{\partial X_2}\right)^2 m_2^2 + \cdots + \left(\frac{\partial f}{\partial X_n}\right)^2 m_n^2$$

利用此一誤差傳播定律可推得下列特例之公式 (以下公式中 C 為常數)

1. 加常數：$Y = C + X$

$$m_y = m_X \qquad \qquad \text{(14-7 式)}$$

證明：$m_y^2 = \left(\frac{\partial Y}{\partial X}\right)^2 m_X^2 = (1)^2 m_X^2 = m_X^2$　故 $m_y = m_X$　得證

2. 乘常數：$Y = C \cdot X$

$$m_y = C \cdot m_X \qquad \qquad \text{(14-8 式)}$$

證明：$m_y^2 = \left(\frac{\partial Y}{\partial X}\right)^2 m_X^2 = (C)^2 m_X^2 = C^2 m_X^2$　故 $m_y = C \cdot m_X$　得證

例題 14-10 誤差傳播定律：乘常數
一面積之標準差為 100 m^2，試求以 km^2 表達之標準差？
[解]
$1 \text{ m}^2 = 0.000001 \text{ km}^2$

利用 $Y = C \cdot X$ 時，$m_y = Cm_X$ 之公式，$C=0.000001$

$m_y = Cm_X = 0.000001(100) = 0.0001 \text{ km}^2$

3. 加函數：$Y = X_1 + X_2$

$$m_y^2 = m_1^2 + m_2^2 \tag{14-9 式}$$

證明：$m_y^2 = \left(\dfrac{\partial Y}{\partial X_1}\right)^2 m_1^2 + \left(\dfrac{\partial Y}{\partial X_2}\right)^2 m_2^2 = (1)^2 m_1^2 + (1)^2 m_2^2 = m_1^2 + m_2^2$ 得證

同理可證，

$Y = X_1 + X_2 + X_3$

$$m_y^2 = m_1^2 + m_2^2 + m_3^2 \tag{14-10 式}$$

4. 減函數：$Y = X_1 - X_2$

$$m_y^2 = m_1^2 + m_2^2 \tag{14-11 式}$$

證明：$m_y^2 = \left(\dfrac{\partial Y}{\partial X_1}\right)^2 m_1^2 + \left(\dfrac{\partial Y}{\partial X_2}\right)^2 m_2^2 = (1)^2 m_1^2 + (-1)^2 m_2^2 = m_1^2 + m_2^2$ 得證

例題 14-11 誤差傳播定律：加函數

(1) 一距離分二段量，每段的標準差分別為 **0.3，0.4 cm**，試求該距離之標準差？

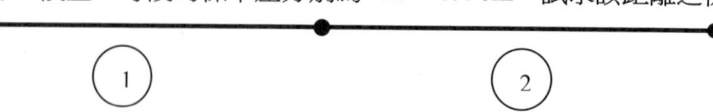

圖 14-7　一距離分二段量

(2) 一距離分三段量，每段標準差分別為 **0.3，0.4，0.5 cm**，試求該距離標準差？

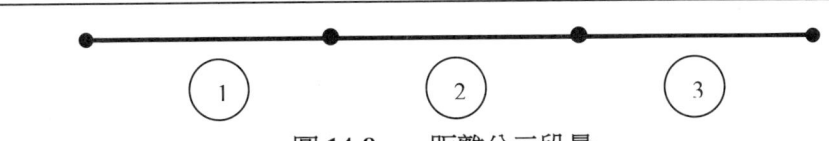

図 14-8 一距離分三段量

[解]
(1) $m_Y = \sqrt{m_1^2 + m_2^2} = \sqrt{0.3^2 + 0.4^2} = 0.5$
(2) $m_Y = \sqrt{m_1^2 + m_2^2 + m_3^2} = \sqrt{0.3^2 + 0.4^2 + 0.5^2} = 0.707$

例題 14-12　誤差傳播定律：減函數
　　水準測量前視標準差 **0.3 cm**，後視 **0.2 cm**，試求高程差之標準差？

[解]
$m_Y = \sqrt{m_1^2 + m_2^2} = \sqrt{0.3^2 + 0.2^2} = 0.36$

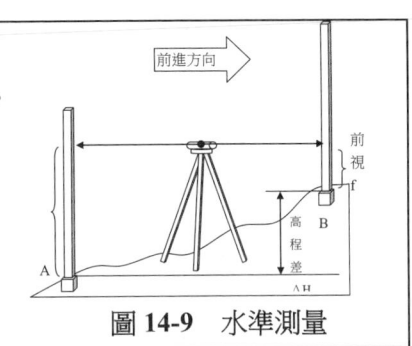

圖 14-9　水準測量

例題 14-13　誤差傳播定律：加函數減函數混合
一距離分三段量，**AB**=100.00 ± 0.06，**BD**=200.00 ± 0.08，**CD**=100.00 ± 0.05
AC=AB+BD-CD，試求 AC 距離之標準差？

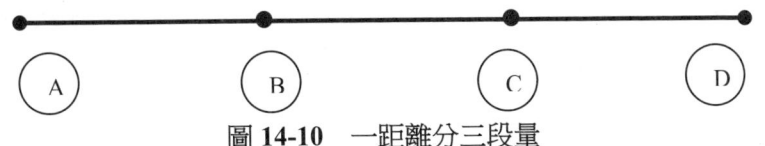

圖 14-10　一距離分三段量

[解]
AC 距離之最或是值=100.00+200.00-100.00=200.00
AC 距離之標準差 $m_{AC} = \sqrt{m_1^2 + m_2^2 + m_3^2} = \sqrt{0.06^2 + 0.08^2 + 0.05^2} = 0.11$

5. 乘函數：$Y = X_1 \cdot X_2$
$$m_y^2 = X_2^2 m_1^2 + X_1^2 m_2^2 \qquad \text{(14-12(a)式)}$$

證明：
$$m_y^2 = \left(\frac{\partial Y}{\partial X_1}\right)^2 m_1^2 + \left(\frac{\partial Y}{\partial X_2}\right)^2 m_2^2 = (X_2)^2 m_1^2 + (X_1)^2 m_2^2 = X_2^2 m_1^2 + X_1^2 m_2^2 \quad 得證$$

同理可證，
$$Y = X_1 \cdot X_2 \cdot X_3$$
$$m_y^2 = (X_2 X_3)^2 m_1^2 + (X_1 X_3)^2 m_2^2 + (X_1 X_2)^2 m_3^2 \qquad \text{(14-12(b)式)}$$

6. 除函數：$Y = \dfrac{X_1}{X_2}$

$$m_y^2 = \left(\frac{1}{X_2}\right)^2 m_1^2 + \left(\frac{X_1}{X_2^2}\right)^2 m_2^2 \qquad \text{(14-13 式)}$$

證明：$m_y^2 = \left(\dfrac{\partial Y}{\partial X_1}\right)^2 m_1^2 + \left(\dfrac{\partial Y}{\partial X_2}\right)^2 m_2^2 = \left(\dfrac{1}{X_2}\right)^2 m_1^2 + \left(-\dfrac{X_1}{X_2^2}\right)^2 m_2^2$

$= \left(\dfrac{1}{X_2}\right)^2 m_1^2 + \left(\dfrac{X_1}{X_2^2}\right)^2 m_2^2 \quad 得證$

例題 14-14 誤差傳播定律：乘函數

三角形面積$=\dfrac{1}{2} \cdot b \cdot h$，已知 b，h 的平均值分別為 250.00 m，100.00 m，標準差分別為 2.5 cm，2 cm，試求面積之標準差? [95 土木技師]

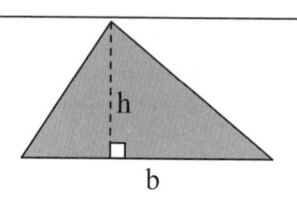

圖 14-11 三角形面積

[解]
先考慮 $b \cdot h$ 的部份 $m_y^2 = X_2^2 m_1^2 + X_1^2 m_2^2 = 100^2(0.025)^2 + 250^2(0.02)^2 = 31.25$
故 $m_Y = (31.25)^{1/2} = 5.59$
再考慮 1/2 之乘係數，故面積之標準差$=(1/2)(5.59)=2.80 \text{ m}^2$

例題 14-15 誤差傳播定律：乘函數
H=1000±0.1, B=100±0.01, D=10±0.005 m，試求體積之標準差?

第 14 章　誤差理論　　14-21

[解]
$V = H \cdot B \cdot D = 1000 \cdot 100 \cdot 10 = 1,000,000$
$m_V^2 = (B \cdot D)^2 m_H^2 + (H \cdot D)^2 m_B^2 + (H \cdot B)^2 m_D^2$
$m_V^2 = (1000 \cdot 100)^2 0.1^2 + (1000 \cdot 10)^2 0.01^2 + (1000 \cdot 100)^2 0.005^2$
$m_V = \sqrt{270000} = 519.6$

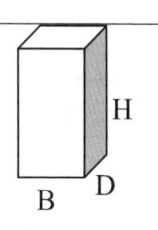

圖 14-12 體積

例題 14-16 誤差傳播定律：除函數
坡度=H/D，其中水平距離 D，高差 H 的平均值分別為 **100.00 m**，**10.00 m**，標準差分別為 **0.10 m**，**0.01 m**，試求坡度之標準差？

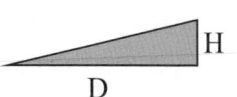

圖 14-13　坡度

[解]
坡度 $= \dfrac{H}{D} = \dfrac{X_1}{X_2}$

$m_y^2 = \left(\dfrac{1}{X_2}\right)^2 m_1^2 + \left(\dfrac{X_1}{X_2^2}\right)^2 m_2^2 = (1/100)^2(0.01)^2 + (10/100^2)^2(0.10)^2 = 2 \bullet 10^{-8}$

$m_Y = 1.4 \times 10^{-4} = 0.014\%$

7. 總合函數：$Y = X_1 + X_2 + \cdots + X_n = \sum X_i$

$$m_y^2 = m_1^2 + \ldots + m_n^2 \qquad \text{(14-14 式)}$$

證明：
$m_y^2 = \left(\dfrac{\partial Y}{\partial X_1}\right)^2 m_1^2 + \ldots + \left(\dfrac{\partial Y}{\partial X_n}\right)^2 m_n^2 = (1)^2 m_1^2 + \ldots + (1)^2 m_n^2 = m_1^2 + \ldots + m_n^2$　　得證

如果 $m_1 = m_2 = m_3 = \ldots = m_n = m$，則可簡化為 $m_Y^2 = n \bullet m^2$，故

$$m_Y = \sqrt{n} \cdot m \qquad \text{(14-15 式)}$$

上式表明觀測 n 倍值，其中誤差放大 $\sqrt{n}$ 倍。

例題 14-17 誤差傳播定律：總合函數 (距離)
用一 **50 m** 鋼捲尺測長 **450 m** 之距離，已知鋼捲尺的標準差為 **1.5 cm**，試求該距離之標準差？

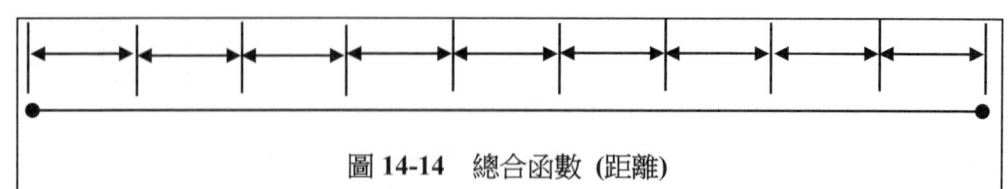

圖 14-14　總合函數 (距離)

[解]

需分 450/50=9 段，故為 $\sqrt{9} \cdot 1.5 = 4.5$ **cm**

例題 14-18 誤差傳播定律：總合函數 (高程)

P, Q 兩點距離約 800 公尺，直接水準測量時，前後視距離各約 50 公尺，前後視的觀測中誤差各約 0.5mm，P 點高程之誤差 m_{H_P} =3 mm，試問

(1) P, Q 兩點高程差之誤差 $m_{\Delta H_{PQ}}$ =?

(2) Q 點高程之誤差 m_{H_Q} =?

[解]

(1) P, Q 兩點高程差之誤差 $m_{\Delta H_{PQ}}$

分段數=800/(50+50)=8　(8 個前視，8 個後視)

P, Q 兩點高程差之誤差 $m_{\Delta H_{PQ}} = \sqrt{n} \times m = \sqrt{8+8} \times m = 2.0$ **mm**

(2) Q 點高程之誤差 m_{H_Q}

$H_Q = H_P + \Delta H_{PQ}$

$m_{H_Q}^2 = m_{H_P}^2 + m_{\Delta H_{PQ}}^2 = 3^2 + 2^2$　故 $m_{H_Q} = \sqrt{3^2 + 2^2} = 3.6$ **mm**

8. 平均函數：$Y = \dfrac{X_1 + X_2 + \cdots + X_n}{n} = \dfrac{\sum X_i}{n}$

$$m_y^2 = \left(\dfrac{1}{n}\right)^2 \left(m_1^2 + \ldots + m_n^2\right) \qquad \text{(14-16 式)}$$

證明：$m_y^2 = \left(\dfrac{\partial Y}{\partial X_1}\right)^2 m_1^2 + \ldots + \left(\dfrac{\partial Y}{\partial X_n}\right)^2 m_n^2 = \left(\dfrac{1}{n}\right)^2 m_1^2 + \ldots + \left(\dfrac{1}{n}\right)^2 m_n^2$

$= \left(\dfrac{1}{n}\right)^2 \left(m_1^2 + \ldots + m_n^2\right)$　得證

如果 $m_1 = m_2 = m_3 = ... = m_n = m$，則可簡化為

$m_Y^2 = n \bullet m^2/n^2 = m^2/n$

$m_Y = m/\sqrt{n}$ **(14-17 式)**

上式表明觀測 n 次取平均值，其中誤差縮小 $\sqrt{n}$ 倍。

例題 14-19 誤差傳播定律：平均函數 (高程)

設用一水準儀測量，每 km 中誤差 **0.6 mm**，PQ 相距約 **9 km**，要求中誤差需小於 **1.0 mm**，則需複測幾次才能達到要求？

[解]

每測 9 km 一次的誤差為 $M = \sqrt{n} \times m = \sqrt{9} \times 0.6 = 1.8$ mm

複測 n 次取平均值之中誤差 $m_{\overline{X}} = \dfrac{M}{\sqrt{n}}$

已知 $m_{\overline{X}} \leq 1.0$，$M = 1.8$，代入上式得 $\dfrac{1.8}{\sqrt{n}} \leq 1.0$

得 n=3.2，故至少要複測 **4** 次。

例題 14-20 誤差傳播定律：平均函數 (角度)

用一經緯儀量一角五次得到 65°18'42", 65°18'50", 65°18'40", 65°18'48", 65°18'46"，試求該角之觀測值中誤差、最或是值中誤差?

[解]

最或是值=(65°18'42"+65°18'50"+65°18'40"+65°18'48"+65°18'46")/5=65°18'45.2"

誤差 $v_1 \sim v_5$ = 3.2, -4.8, 5.2, -2.8, -0.8"

觀測值中誤差 $M = \sqrt{\dfrac{[vv]}{n-1}} = 4.2"$，最或是值中誤差 $m = \dfrac{M}{\sqrt{n}} = \dfrac{4.2}{\sqrt{5}} = 1.9"$

例題 14-21 誤差傳播定律：平均函數

(1) 用一鋼捲尺測長約 **450 m** 之距離,已知該距離測量的標準差為 **4.5 cm**，試求該距離如重複測 **9** 次，其平均值之標準差?

(2) 用一經緯儀量一角，已知該儀器量角標準差為 **10"**，如果測 **9** 次取平均，試求該角之標準差?

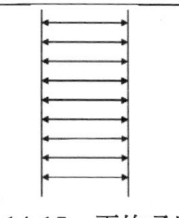

圖 14-15 平均函數

[解]

(1) 重複量9次，故為 $4.5/\sqrt{9} = 1.5 cm$
(2) 重複量9次，故為 $10''/\sqrt{9} = 3.3''$

9. 線性函數：$Y = C_0 + C_1X_1 + C_2X_2 + \cdots + C_nX_n$

$$m_y^2 = C_1^2 m_1^2 + \ldots + C_n^2 m_n^2 \qquad \text{(14-18 式)}$$

證明：$m_y^2 = \left(\dfrac{\partial Y}{\partial X_1}\right)^2 m_1^2 + \ldots + \left(\dfrac{\partial Y}{\partial X_n}\right)^2 m_n^2 = (C_1)^2 m_1^2 + \ldots + (C_n)^2 m_n^2$

$= C_1^2 m_1^2 + \ldots + C_n^2 m_n^2$ 　得證

當此公式的常數項等於 **1** 時，同特例 **7** 之總合函數；常數項等於 **1/n** 時，同特例 **8** 之平均函數。事實上，前述特例 **1~4** 也是線性函數的特例。

例題 14-22　誤差傳播定律：線性函數 (角度)
已知有 3 個測量小組各自測一角度得數據如下：

組別	平均值	標準差
1	150°15'51".5	$\sqrt{0.4}$
2	150°15'48".8	$\sqrt{0.2}$
3	150°15'50".7	$\sqrt{0.2}$

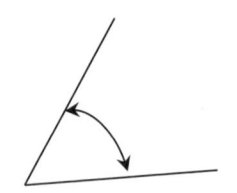

圖 14-16　線性函數 (角度)

試求最或是值中誤差=？
[解]
最或是值為三個值的加權平均

$$Y = \frac{P_1 X_1 + P_2 X_2 + P_3 X_3}{P_1 + P_2 + P_3} = \frac{P_1}{P_1 + P_2 + P_3} X_1 + \frac{P_2}{P_1 + P_2 + P_3} X_2 + \frac{P_3}{P_1 + P_2 + P_3} X_3$$

權重 $P \propto \dfrac{1}{m^2}$　(「權與中誤差之平方成反比」是平差理論重要的一環，可參見相關書籍)

故 $P_1 : P_2 : P_3 = \dfrac{1}{m_1^2} : \dfrac{1}{m_2^2} : \dfrac{1}{m_3^2} = \dfrac{1}{0.4} : \dfrac{1}{0.2} : \dfrac{1}{0.2} = 1 : 2 : 2$

$Y = 0.2 X_1 + 0.4 X_2 + 0.4 X_3$

最或是值 $\overline{Y} = 0.2\overline{X}_1 + 0.4\overline{X}_2 + 0.4\overline{X}_3$ =**150°15'50.1"**

因為 Y 為線性函數 $C_1X_1+C_2X_2+...+C_nX_n$
故 $m_y^2 = C_1^2 m_1^2 + ... + C_n^2 m_n^2$
$m^2 = 0.2^2 m_1^2 + 0.4^2 m_2^2 + 0.4^2 m_3^2 = 0.04(0.4) + 0.16(0.2) + 0.16(0.2) =$ **0.08**
最或是值中誤差 $m = \sqrt{0.08} = 0.28$

14-6 誤差傳播定律：應用實例簡介

應用誤差傳播定律的解題步驟如下：

1. 列出函數：$Y=f(X_1，X_2，...，X_n)$
2. 將各觀測值的最或是值代入函數，得其最或是值：$\overline{Y} = f(\overline{X_1}, \overline{X_2}, ..., \overline{X_n})$
3. 將函數對各觀測變數進行偏微分，並將各觀測值的最或是值代入得其值。
4. 將偏微分值與各觀測值的最或是值中誤差代入誤差傳播公式，得其中誤差：

$$m_Y^2 = \left(\frac{\partial f}{\partial X_1}\right)^2 m_1^2 + \left(\frac{\partial f}{\partial X_2}\right)^2 m_2^2 + ... + \left(\frac{\partial f}{\partial X_n}\right)^2 m_n^2$$

(14-19 式)

$$m_Y = \sqrt{m_Y^2}$$

應用誤差傳播定律時要注意二點：
1. 角度之中誤差要化為以弳度為單位，即將其秒數除以 206265"。
2. 公式中之中誤差是指「最或是值中誤差」，如果題目未給其值，而是給一組觀測值時，可自行用 (14-3 式) 計算。

誤差傳播定律的應用甚廣，只要能列出函數，即可透過微分方法計算中誤差。但讀者須熟悉微分方法，故附錄 C 列出常用微分公式。實務上，不可用數學方法微分的函數，也可採用數值分析的微分方法求解：

$$\frac{\partial f}{\partial x} = \frac{f(x + \Delta x) - f(x)}{\Delta x}$$

(14-20 式)

以下五節分別介紹誤差傳播定律在 (1) 高程 (2) 角度 (3) 距離 (4) 座標 (5) 面積等五類應用的實例。

14-7 誤差傳播定律應用實例(一) 高程

本節介紹幾種常見的高程計算的誤差傳播問題：

(1) 逐差水準測量
(2) 三角高程測量

例題 14-23　逐差水準測量
(1) 逐差水準測量的容許誤差公式為何？
(2) 試用誤差傳播推導之？
[83 土木技師] [92 年公務員普考] [95 年公務員普考]
[解]

(1) 一般水準測量之誤差界限以下式表示之：$C\sqrt{K}$
　　式中　K：水準測量路線總長，以公里為單位。
　　　　　C：常數，以 mm 為單位，C 值大小，按水準測量精度等級而定。
(2) 逐差水準測量之總高程差如下：$\Delta h = \Sigma \Delta h_i$　其中 Δh_i 為各段之高程差。
　　依誤差傳播定律知：$m_{\Delta h}^2 = m_1^2 + m_2^2 + m_3^2 + ... + m_n^2$　（n 為逐差水準測量分段數）
　　如果　$m_1 = m_2 = m_3 = ... = m_n = m$，
　　則可簡化為：$m_{\Delta h}^2 = n \cdot m^2$　故　$m_{\Delta h} = \sqrt{n} \cdot m$
上式表明觀測 n 段逐差水準測量，其中誤差放大 $\sqrt{n}$ 倍。由於逐差水準測量之分段數 n 與距離 K 大約成正比，故容許誤差公式為 $C\sqrt{K}$ 。

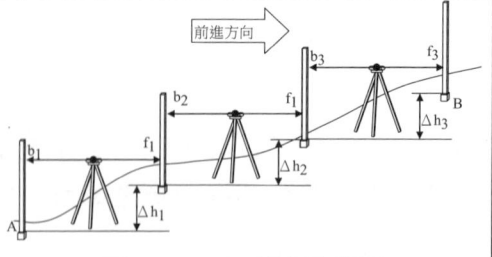

圖 14-17　逐差水準測量

例題 14-24　三角高程測量
(1) $V = S \cdot \sin\alpha$
(2) $V = D \cdot \tan\alpha$
試求 V 的中誤差。[100 年公務員普考]
[解]

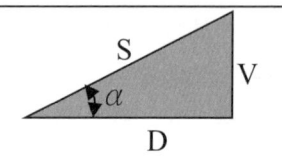

圖 14-18　三角高程測量

(1) $m_V^2 = \left(\dfrac{\partial V}{\partial S}\right)^2 m_S^2 + \left(\dfrac{\partial V}{\partial \alpha}\right)^2 m_\alpha^2 = (\sin\alpha)^2 m_S^2 + (S \cdot \cos\alpha)^2 m_\alpha^2$

(2) $m_V^2 = \left(\dfrac{\partial V}{\partial D}\right)^2 m_D^2 + \left(\dfrac{\partial V}{\partial \alpha}\right)^2 m_\alpha^2 = (\tan\alpha)^2 m_D^2 + (D \cdot \sec^2\alpha)^2 m_\alpha^2$

例題 14-25 三角高程測量

三角高程測量中，A 點高程 H_A= 148.32 m ± 0.15 m，天頂距 Z=89°43'13" ±20"，AB 間距離 D=1000m ±0.10m，若不計折光差及地球曲率，則 B 點之高程為何？其標準偏差又為何？假設儀器高等於瞄準高，且標準偏差為 0。

[80-2 土木技師檢覈] [98 年公務員高考]

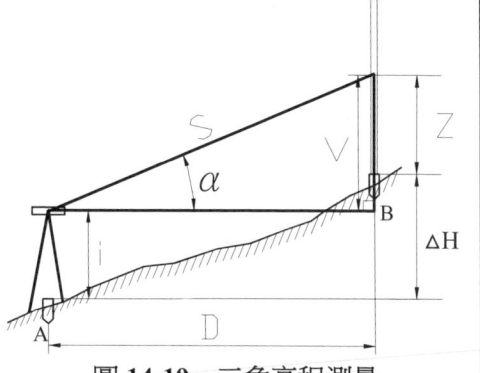

圖 14-19 三角高程測量

[解]

(1) 列出函數：

$H_B = H_A + D\tan\alpha = H_A + D\tan(90-Z) = H_A + D\cot Z$

(2) 將各觀測值的最或是值代入函數，得其最或是值：

$H_B = H_A + D\cot Z = 148.32 + 1000 \times \cot 89°43'13" = 153.20$

(3) 將函數對各觀測變數進行偏微分，並將各觀測值的最或是值代入得其值：

$\dfrac{\partial H_B}{\partial H_A} = 1 \qquad \dfrac{\partial H_B}{\partial D} = \cot Z = 0.004882 \qquad \dfrac{\partial H_B}{\partial Z} = D\csc^2 Z = 1000.024$

(4) 將偏微分值與各觀測值的中誤差代入誤差傳播公式，得其中誤差：

$m^2_{HB} = (1)^2 m^2_{HA} + (\cot Z)^2 m^2_D + (D\csc^2 Z)^2 (m_Z/\rho)^2$

$= (1)^2 (0.15)^2 + (0.00482)^2 (0.10)^2 + (1000.024)^2 (20"/206265")^2 = 0.0319$

∴ $m_{HB} = ±0.18$ m

14-8 誤差傳播定律應用實例(二) 角度

本節介紹幾種常見的角度的誤差傳播問題

(1) 直角三角形角度：由水平距離 D，高差 V 求垂直角

$\tan\alpha = \dfrac{V}{D}$，$\alpha = \tan^{-1}\left(\dfrac{V}{D}\right)$

(2) 三角形三內角和：求第三角角度

$\alpha + \beta + \gamma = 180$，$\alpha = 180 - (\beta + \gamma)$

(3) 正弦定理應用：視準點歸心計算

$\sin\alpha = \dfrac{e \cdot \sin\phi}{S}$，$\alpha = \sin^{-1}\left(\dfrac{e \cdot \sin\phi}{S}\right)$

(4) 餘弦定理應用：由三邊長求角度

14-28　第14章　誤差理論

$$\cos\alpha = \frac{b^2+c^2-a^2}{2bc}, \quad \alpha = \cos^{-1}\left(\frac{b^2+c^2-a^2}{2bc}\right)$$

例題 14-26　直角三角形角度：由水平距離 D，高差 V 求垂直角
已知兩點之水平距離 D 為 173.205±0.020 m，高差 V 為 100.000±0.020，請問
(1) 垂直角為若干？
(2) 垂直角中誤差為若干？

[解]
(1) 垂直角最或是值
$\alpha = \tan^{-1}(V/D) = \tan^{-1}(100.000/173.205) = 30°0'0''$
(2) 垂直角中誤差

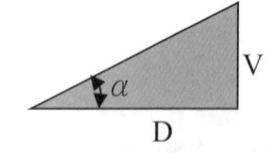

圖 14-20　直角三角形

令 $u = V/D$，已知微分公式 $\frac{\partial}{\partial u}(\tan^{-1} u) = \frac{1}{1+u^2}$，故由偏微分連鎖律得

$$\frac{\partial \alpha}{\partial V} = \frac{\partial}{\partial V}\left(\tan^{-1}(V/D)\right) = \frac{1}{1+(V/D)^2} \cdot \frac{1}{D} = \frac{D}{D^2+V^2} = 0.00433$$

$$\frac{\partial \alpha}{\partial D} = \frac{\partial}{\partial D}\left(\tan^{-1}(V/D)\right) = \frac{1}{1+(V/D)^2} \cdot \frac{-V}{D^2} = \frac{-V}{D^2+V^2} = -0.00250$$

代入上式得

$$m_\alpha^2 = \left(\frac{\partial \alpha}{\partial V}\right)^2 m_V^2 + \left(\frac{\partial \alpha}{\partial D}\right)^2 m_D^2$$

$$= (0.00433)^2(0.02)^2 + (-0.00250)^2(0.02)^2 = 1.0 \times 10^{-8}$$

$m_\alpha = 1.0 \times 10^{-4}$ (弧度單位)　　$m_\alpha = (1.0 \times 10^{-4})206265'' = 20.6''$ (秒單位)

例題 14-27　三角形三內角和：求第三角角度
已知三角形二內角為 $60° \pm 3''$，$70° \pm 4''$，請問第三角 A 中誤差為若干？

[解]
$\overline{A} = 180 - (\overline{B} + \overline{C}) = 180 - (60 + 70) = 50$

$$m_A^2 = \left(\frac{\partial A}{\partial B}\right)^2 m_B^2 + \left(\frac{\partial A}{\partial C}\right)^2 m_C^2$$

$$= (-1)^2 m_B^2 + (-1)^2 m_C^2 = m_B^2 + m_C^2$$

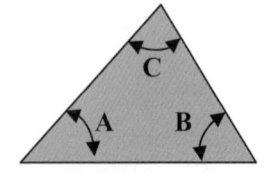

圖 14-21　三角形求第三角角度

$$= 3^2 + 4^2 = 25$$
$$m_A = \sqrt{m_A^2} = \sqrt{25} = 5"$$

例題 14-28 正弦定理應用：視準點歸心計算

$x = \sin^{-1}\left(\dfrac{e \cdot \sin\phi}{S}\right)$，則中誤差為若干？

[解]

$$m_x^2 = \left(\dfrac{\partial x}{\partial e}\right)^2 m_e^2 + \left(\dfrac{\partial x}{\partial \phi}\right)^2 m_\phi^2 + \left(\dfrac{\partial x}{\partial S}\right)^2 m_S^2$$

令 $u = \dfrac{e \cdot \sin\phi}{S}$ ，

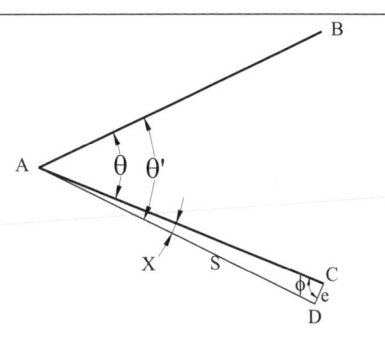

圖 14-22　視準點歸心計算

已知微分公式 $\dfrac{\partial}{\partial u}\left(\sin^{-1} u\right) = \dfrac{1}{\sqrt{1-u^2}}$ ，

故由偏微分連鎖律得

$$\dfrac{\partial x}{\partial e} = \dfrac{\partial}{\partial e}\left(\sin^{-1}\left(\dfrac{e \cdot \sin\phi}{S}\right)\right) = \dfrac{\partial}{\partial u}\sin^{-1}(u) \dfrac{\partial}{\partial e}\left(\dfrac{e \cdot \sin\phi}{S}\right) = \dfrac{1}{\sqrt{1-\left(\dfrac{e \cdot \sin\phi}{S}\right)^2}} \cdot \dfrac{\sin\phi}{S}$$

$$\dfrac{\partial x}{\partial \phi} = \dfrac{\partial}{\partial \phi}\left(\sin^{-1}\left(\dfrac{e \cdot \sin\phi}{S}\right)\right) = \dfrac{\partial}{\partial u}\sin^{-1}(u) \dfrac{\partial}{\partial \phi}\left(\dfrac{e \cdot \sin\phi}{S}\right) = \dfrac{1}{\sqrt{1-\left(\dfrac{e \cdot \sin\phi}{S}\right)^2}} \cdot \dfrac{e \cdot \cos\phi}{S}$$

$$\dfrac{\partial x}{\partial S} = \dfrac{\partial}{\partial S}\left(\sin^{-1}\left(\dfrac{e \cdot \sin\phi}{S}\right)\right) = \dfrac{\partial}{\partial u}\sin^{-1}(u) \dfrac{\partial}{\partial S}\left(\dfrac{e \cdot \sin\phi}{S}\right) = \dfrac{1}{\sqrt{1-\left(\dfrac{e \cdot \sin\phi}{S}\right)^2}} \cdot \dfrac{-e \cdot \sin\phi}{S^2}$$

代入上式可得中誤差。

14-9 誤差傳播定律應用實例(三) 距離

本節介紹幾種常見的距離的誤差傳播問題

(1) 全站儀直角三角形邊長計算

$$D = S \cdot \cos\alpha \quad V = S \cdot \sin\alpha$$

(2) 畢氏定理直角三角形邊長計算

$$S = \sqrt{D^2 + V^2}$$

(3) 正弦定理三角測量邊長計算

$$\frac{a}{\sin A} = \frac{b}{\sin B} = \frac{c}{\sin C}$$

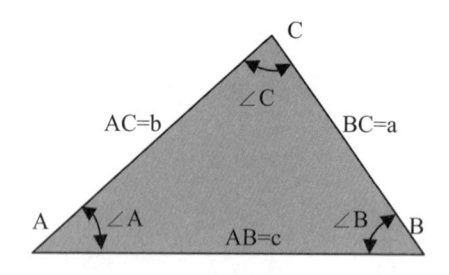

圖 14-23　正弦定理及餘弦定理

(4) 餘弦定理三角測量邊長計算　　$a = \sqrt{b^2 + c^2 - 2bc \cdot \cos A}$

例題 14-29　全站儀直角三角形邊長計
(1) $D = S \cdot \cos\alpha$，試求 **D** 的中誤差。
(2) $V = S \cdot \sin\alpha$，試求 **V** 的中誤差。[100 年公務員普考]
[解]

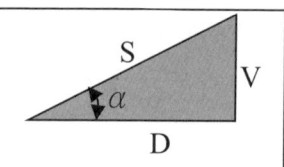

圖 14-24　全站儀測量

(1) $m_D^2 = \left(\dfrac{\partial D}{\partial S}\right)^2 m_S^2 + \left(\dfrac{\partial D}{\partial \alpha}\right)^2 m_\alpha^2 = (\cos\alpha)^2 m_S^2 + (-S \cdot \sin\alpha)^2 m_\alpha^2$

(2) $m_V^2 = \left(\dfrac{\partial V}{\partial S}\right)^2 m_S^2 + \left(\dfrac{\partial V}{\partial \alpha}\right)^2 m_\alpha^2 = (\sin\alpha)^2 m_S^2 + (S \cdot \cos\alpha)^2 m_\alpha^2$

例題 14-30　畢氏定理直角三角形邊長計
有一土地，其形狀為直角三角形，今量得其底邊 **AB**=30.12 公尺±0.20 公尺；其高 **BC**=50.20 公尺±0.30 公尺；試計算：
(1) 斜邊長 **AC** 長度之最或是值？
(2) 斜邊長 **AC** 長度最或是值之標準差？
[解]

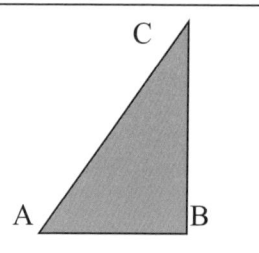

圖 14-25　畢氏定理

(1) AC 最或是值：$\overline{AC} = \sqrt{\overline{AB}^2 + \overline{BC}^2} = 58.54m$

(2) AC 最或是值之中誤差

$$m_{AC}^2 = \left(\frac{\partial \overline{AC}}{\partial \overline{AB}}\right)^2 m_{AB}^2 + \left(\frac{\partial \overline{AC}}{\partial \overline{BC}}\right)^2 m_{BC}^2$$

由偏微分得

$$\frac{\partial \overline{AC}}{\partial \overline{AB}} = \frac{1}{2}\frac{2\overline{AB}}{\sqrt{\overline{AB}^2 + \overline{BC}^2}} = \frac{\overline{AB}}{\overline{AC}} \qquad \frac{\partial \overline{AC}}{\partial \overline{BC}} = \frac{1}{2}\frac{2\overline{BC}}{\sqrt{\overline{AB}^2 + \overline{BC}^2}} = \frac{\overline{BC}}{\overline{AC}}$$

代入上式得

$$m_{AC}^2 = \left(\frac{\overline{AB}}{\overline{AC}}\right)^2 m_{AB}^2 + \left(\frac{\overline{BC}}{\overline{AC}}\right)^2 m_{BC}^2 = \left(\frac{30.12}{58.54}\right)^2 0.2^2 + \left(\frac{50.20}{58.54}\right)^2 0.3^2 = 0.07677$$

故 $m_{AC} = 0.28$

例題 14-31 正弦定理三角測量邊長計算

平面三角形 ABC 中，已測得角、邊之最或是值及其標準差為∠BAC=α，∠BCA=γ，BC=a，其中邊長 BC 標準差近乎 **0**，試計算

(1) c 邊(AB)之最或是值?

(2) 證得 α 趨近於 **0** 時，m_c 趨近於 ∞。

[解]

(1) AB 邊之最或是值　　$\overline{c} = \dfrac{\overline{a}\sin\overline{\gamma}}{\sin\overline{\alpha}}$

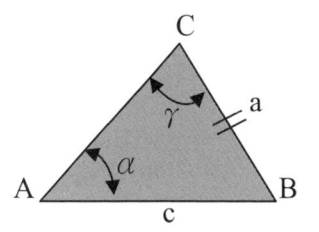

圖 14-26 正弦定理

(2) AB 邊之最或是值之標準差

$$m_c^2 = \left(\frac{\partial c}{\partial \gamma}\right)^2 m_\gamma^2 + \left(\frac{\partial c}{\partial \alpha}\right)^2 m_\alpha^2 = \left(\frac{a\cos\gamma}{\sin\alpha}\right)^2 m_\gamma^2 + \left(\frac{-a\sin\gamma\cos\alpha}{\sin^2\alpha}\right)^2 m_\alpha^2$$

由上式可證得 α 趨近於 **0** 時，m_c 趨近於 ∞。

例題 14-32 正弦定理三角測量邊長計算

平面三角形 ABC 中，已測得角、邊之最或是值及其標準差為 ∠BAC=α=43°20'20"±20", ∠BCA=γ=56°04'00"±20", BC=a=600.25 m±0.15 m，試計算 (1) AB 邊之最或是值？(2) AB 邊之標準差？
[100 年公務員高考]

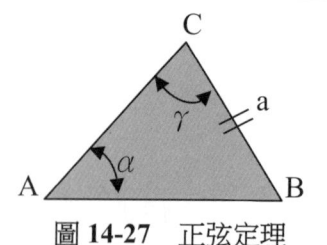

[解]

(1) AB 邊之最或是值 $\bar{c} = \dfrac{\bar{a} \sin \bar{\gamma}}{\sin \bar{\alpha}} = 725.65$ m

(2) AB 邊之最或是值之標準差

$$m_C^2 = \left(\dfrac{\partial c}{\partial a}\right)^2 m_a^2 + \left(\dfrac{\partial c}{\partial \gamma}\right)^2 m_\gamma^2 + \left(\dfrac{\partial c}{\partial \alpha}\right)^2 m_\alpha^2$$

$$= \left(\dfrac{\sin \gamma}{\sin \alpha}\right)^2 m_a^2 + \left(\dfrac{a \cos \gamma}{\sin \alpha}\right)^2 m_\gamma^2 + \left(\dfrac{-a \sin \gamma \cos \alpha}{\sin^2 \alpha}\right)^2 m_\alpha^2$$

$$= \left(\dfrac{\sin 56°4'0"}{\sin 43°20'20"}\right)^2 0.15^2 + \left(\dfrac{600.25 \cos 56°4'0"}{\sin 43°20'20"}\right)^2 \left(\dfrac{20"}{206265"}\right)^2$$

$$+ \left(\dfrac{-600.25 \sin 56°4'0" \cos 43°20'20"}{\sin^2 43°20'20"}\right)^2 \left(\dfrac{20}{206265}\right)^2 = 0.041$$

得 $m_c = \pm 0.20 m$

圖 14-27　正弦定理

例題 14-33 餘弦定理三角測量邊長計算

$BC = a = \sqrt{b^2 + c^2 - 2bc \cdot \cos \alpha}$

BC 邊之最或是值標準差？

[解]

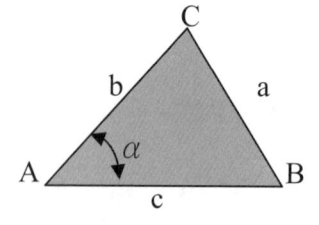

$$m_a^2 = \left(\dfrac{\partial a}{\partial b}\right)^2 m_b^2 + \left(\dfrac{\partial a}{\partial c}\right)^2 m_c^2 + \left(\dfrac{\partial a}{\partial \alpha}\right)^2 m_\alpha^2$$

由偏微分得 $\dfrac{\partial a}{\partial b} = \dfrac{b - c \cdot \cos \alpha}{a}$, $\dfrac{\partial a}{\partial c} = \dfrac{c - b \cdot \cos \alpha}{a}$, $\dfrac{\partial a}{\partial \alpha} = \dfrac{bc \cdot \sin \alpha}{a}$

圖 14-28　餘弦定理

代入上式得 $m_a^2 = \left(\dfrac{b-c\cdot\cos\alpha}{a}\right)^2 m_b^2 + \left(\dfrac{c-b\cdot\cos\alpha}{a}\right)^2 m_c^2 + \left(\dfrac{bc\cdot\sin\alpha}{a}\right)^2 m_\alpha^2$

14-10 誤差傳播定律應用實例(四) 座標

本節介紹幾種常見的座標計算的誤差傳播問題：

(1) 直角座標轉極座標

當以衛星定位儀測量座標時可直接得到三維座標，再用下式求距離與方向角。

$AB = \sqrt{(X_B - X_A)^2 + (Y_B - Y_A)^2}$

AB 方向角 $\theta_{AB} = \tan^{-1}\dfrac{|X_B - X_A|}{|Y_B - Y_A|}$

如果已知座標的誤差，如何估計距離與方向角的誤差？

(2) 極座標轉直角座標

當以全站儀測量座標時，實際上是先測得距離與方位角，再用下式求座標。

$X_B = X_A + AB\sin\phi_{AB}$

$Y_B = Y_A + AB\cos\phi_{AB}$

如果已知距離與方位角的誤差，如何估計平面座標的誤差？

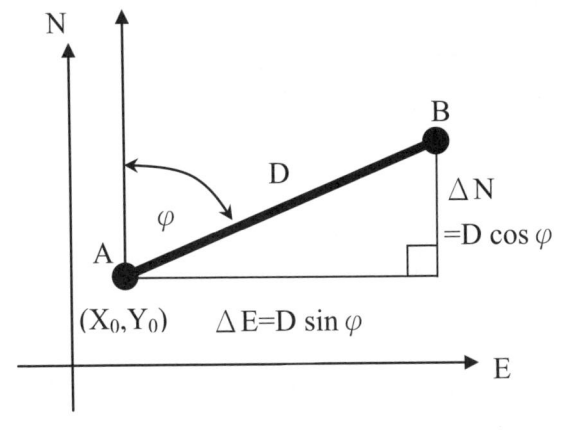

圖 14-29　座標計算

以上兩個問題的特例如下，讀者可參考以下例題證得，在此不加以證明。

特例 1. 直角座標轉極座標

當兩端點的縱橫座標之中誤差相等時，即 $m_X = m_Y = m$ 則

兩端點的距離之中誤差 $m_S = \sqrt{2}m$ ，方位角之中誤差 $m_\phi = \dfrac{\sqrt{2}m}{S}$

解釋：因為 $m_X = m_Y = m$ 故其誤差分佈是圓形，每個方向的誤差都相同，包括兩端點的連線方向誤差也是 m，但因為兩端都有誤差，根據加法函數的誤差傳播定律，兩端點的連線方向都有誤差 m，則連線方向的距離誤差 $m_S = \sqrt{2}m$ 。

特例 2. 極座標轉直角座標

當距離與方位角誤差造成之位移中誤差相等時，即 $m_S = m_\phi \cdot S = m$
且已知點的座標無誤差，則

未知點的橫座標之中誤差 m_X =未知點的縱座標之中誤差 $m_Y = m$

解釋：因為 $m_S = m_\phi \cdot S = m$ 故其誤差分佈是圓形，每個方向的誤差都相同，包括 X 方向、Y 方向誤差也是 m，且因一端的已知點的座標無誤差，故未知點的橫座標之中誤差 m_X =未知點的縱座標之中誤差 $m_Y = m$ 。

例題 14-34 直角座標轉極座標：距離與角度計算

已知 A、B 兩點之平面座標 (X, Y) 及其中誤差 (標準差) 如下：

A(X, Y)=(100.000±0.010，200.000±0.010)

B(X, Y)=(273.205±0.010，300.000±0.010)

請問 (1) AB 之方位角為若干？ (2) AB 之方位角中誤差為若干？ (3) AB 間距離為若干？ (4) AB 間距離之中誤差為若干？ [乙等特考] [96 年公務員普考] [101 年鐵路特考] [103 土木技師]

[解]

(1) AB 之方位角 $\phi_{AB} = \tan^{-1}\dfrac{\Delta X_{AB}}{\Delta Y_{AB}} = \tan^{-1}\left(\dfrac{X_B - X_A}{Y_B - Y_A}\right) = 60°00'00''$

(2) AB 之方位角之中誤差

$m_{\phi_{AB}}^2 = (\dfrac{\partial \phi_{AB}}{\partial Y_B})^2 m_{YB}^2 + (\dfrac{\partial \phi_{AB}}{\partial Y_A})^2 m_{YA}^2 + (\dfrac{\partial \phi_{AB}}{\partial X_B})^2 m_{XB}^2 + (\dfrac{\partial \phi_{AB}}{\partial X_A})^2 m_{XA}^2$

令 $u = \dfrac{X_B - X_A}{Y_B - Y_A}$，已知微分公式 $\dfrac{\partial}{\partial u}(\tan^{-1} u) = \dfrac{1}{1+u^2}$，故由偏微分連鎖律得

$$\dfrac{\partial \phi_{AB}}{\partial Y_B} = \dfrac{1}{1 + \left(\dfrac{X_B - X_A}{Y_B - Y_A}\right)^2} \cdot \dfrac{-(X_B - X_A)}{(Y_B - Y_A)^2}$$

$$= \dfrac{(Y_B - Y_A)^2}{(Y_B - Y_A)^2 + (X_B - X_A)^2} \cdot \dfrac{-(X_B - X_A)}{(Y_B - Y_A)^2} = \dfrac{-(X_B - X_A)}{S^2}$$

同理 $\dfrac{\partial \phi_{AB}}{\partial Y_A} = \dfrac{1}{1 + \left(\dfrac{X_B - X_A}{Y_B - Y_A}\right)^2} \cdot \dfrac{(X_B - X_A)}{(Y_B - Y_A)^2} = \dfrac{(X_B - X_A)}{S^2}$

$$\dfrac{\partial \phi_{AB}}{\partial X_B} = \dfrac{1}{1 + \left(\dfrac{X_B - X_A}{Y_B - Y_A}\right)^2} \cdot \dfrac{1}{(Y_B - Y_A)} = \dfrac{(Y_B - Y_A)}{S^2}$$

$$\dfrac{\partial \phi_{AB}}{\partial X_A} = \dfrac{1}{1 + \left(\dfrac{X_B - X_A}{Y_B - Y_A}\right)^2} \cdot \dfrac{-1}{(Y_B - Y_A)} = \dfrac{-(Y_B - Y_A)}{S^2}$$

將 $S = 200.000$，$(X_B - X_A) = 173.205$，$(Y_B - Y_A) = 100.000$ 代入，得

$$m_{\Phi AB}^2 = (\dfrac{\partial_{\Phi AB}}{\partial Y_B})^2 m_{YB}^2 + (\dfrac{\partial_{\Phi AB}}{\partial Y_A})^2 m_{YA}^2 + (\dfrac{\partial_{\Phi AB}}{\partial X_B})^2 m_{XB}^2 + (\dfrac{\partial_{\Phi AB}}{\partial X_A})^2 m_{XA}^2$$

$$= \left[\dfrac{-173.205}{200.00^2}\right]^2 0.01^2 + \left[\dfrac{173.205}{200.00^2}\right]^2 0.01^2 + \left[\dfrac{100.00}{200.00^2}\right]^2 0.01^2 + \left[\dfrac{-100.00}{200.00^2}\right]^2 0.01^2$$

$$= [-0.00433]^2 0.01^2 + [0.00433]^2 0.01^2 + [0.0025]^2 0.01^2 + [-0.0025]^2 0.01^2$$

$$= 5.000 \times 10^{-9}$$

$m_{\Phi AB} = \pm 7.07 \times 10^{-5}$ (弧度單位)，$m_{\Phi AB} = \pm 7.07 \times 10^{-5} \times 206265 = \pm 14.6''$ (秒單位)

(3) AB 之距離 $AB = \sqrt{(X_B - X_A)^2 + (Y_B - Y_A)^2} = \mathbf{200\ m}$

(4) AB 之距離之中誤差

$$m_{SAB}^2 = (\dfrac{\partial_{SAB}}{\partial X_A})^2 m_{XA}^2 + (\dfrac{\partial_{SAB}}{\partial X_B})^2 m_{XB}^2 + (\dfrac{\partial_{SAB}}{\partial Y_A})^2 m_{YA}^2 + (\dfrac{\partial_{SAB}}{\partial Y_B})^2 m_{YB}^2$$

由偏微分得

$$\frac{\partial_{SAB}}{\partial X_A} = -\frac{1}{2}\left((X_B-X_A)^2+(Y_B-Y_A)^2\right)^{-\frac{1}{2}} \cdot 2(X_B-X_A) = -\frac{X_B-X_A}{S}$$

$$\frac{\partial_{SAB}}{\partial X_B} = \frac{1}{2}\left((X_B-X_A)^2+(Y_B-Y_A)^2\right)^{-\frac{1}{2}} \cdot 2(X_B-X_A) = \frac{X_B-X_A}{S}$$

$$\frac{\partial_{SAB}}{\partial Y_A} = -\frac{1}{2}\left((X_B-X_A)^2+(Y_B-Y_A)^2\right)^{-\frac{1}{2}} \cdot 2(Y_B-Y_A) = -\frac{Y_B-Y_A}{S}$$

$$\frac{\partial_{SAB}}{\partial Y_B} = \frac{1}{2}\left((X_B-X_A)^2+(Y_B-Y_A)^2\right)^{-\frac{1}{2}} \cdot 2(Y_B-Y_A) = \frac{Y_B-Y_A}{S}$$

將 $S = 200.000$，$(X_B-X_A) = 173.205$，$(Y_B-Y_A) = 100.000$ 代入，得

$$m_{SAB}^2 = \left[\frac{-173.205}{200}\right]^2 \times 0.01^2 + \left[\frac{173.205}{200}\right]^2 \times 0.01^2 + \left[\frac{-100}{200}\right]^2 \times 0.01^2$$

$$+\left[\frac{100}{200}\right]^2 \times 0.01^2 = 2.0 \times 10^{-4} \quad 故 \quad m_{SAB} = \pm 0.014m$$

例題 14-35 直角座標轉極座標：距離計算

已知 **A, B** 兩點之平面坐標分別為 **(100.000 m, 100.000 m)** 及 **(200.000 m, 250.000 m)** 且各坐標中誤差 $\sigma_{XA} = \sigma_{XB} = \sigma_{YA} = \sigma_{YB} = \sigma$。若擬控制 **AB** 距離之中誤差 m_{SAB} 小於 **0.010 m**，則 σ 之值應小於多少？[100 年土木技師]

[解]

$$S_{AB} = \sqrt{(X_B-X_A)^2+(Y_B-Y_A)^2}$$

$$m_{SAB}^2 = (\frac{\partial_{SAB}}{\partial X_A})^2 m_{XA}^2 + (\frac{\partial_{SAB}}{\partial X_B})^2 m_{XB}^2 + (\frac{\partial_{SAB}}{\partial Y_A})^2 m_{YA}^2 + (\frac{\partial_{SAB}}{\partial Y_B})^2 m_{YB}^2$$

由偏微分得

$$\frac{\partial_{SAB}}{\partial X_A} = -\frac{1}{2}\left((X_B-X_A)^2+(Y_B-Y_A)^2\right)^{-\frac{1}{2}} \cdot 2(X_B-X_A) = -\frac{X_B-X_A}{S}$$

$$\frac{\partial_{SAB}}{\partial X_B} = \frac{1}{2}\left((X_B-X_A)^2+(Y_B-Y_A)^2\right)^{-\frac{1}{2}} \cdot 2(X_B-X_A) = \frac{X_B-X_A}{S}$$

$$\frac{\partial_{SAB}}{\partial Y_A} = -\frac{1}{2}\left((X_B-X_A)^2+(Y_B-Y_A)^2\right)^{-\frac{1}{2}} \cdot 2(Y_B-Y_A) = -\frac{Y_B-Y_A}{S}$$

$$\frac{\partial_{SAB}}{\partial Y_B} = \frac{1}{2}\left((X_B - X_A)^2 + (Y_B - Y_A)^2\right)^{-\frac{1}{2}} \cdot 2(Y_B - Y_A) = \frac{Y_B - Y_A}{S}$$

代入上式得

$$m_{SAB}^2 = \left(-\frac{X_B - X_A}{S}\right)^2 \sigma^2 + \left(\frac{X_B - X_A}{S}\right)^2 \sigma^2 + \left(-\frac{Y_B - Y_A}{S}\right)^2 \sigma^2 + \left(-\frac{Y_B - Y_A}{S}\right)^2 \sigma^2$$

$$= \frac{(X_B - X_A)^2 + (X_B - X_A)^2 + (Y_B - Y_A)^2 + (Y_B - Y_A)^2}{S^2}\sigma^2 = \frac{2S^2}{S^2}\sigma^2 = 2\sigma^2$$

$m_{SAB} = \sqrt{2}\sigma$，將 $m_{SAB} = 0.010$ 代入，得 $\sigma = \dfrac{0.010}{\sqrt{2}}$

例題 14-36　極座標轉直角座標

假設 A 點座標無誤差，AB 方位角 ϕ 與距離 S 有中誤差 m_ϕ, m_S，試求 B 點座標

[解]

$X_B = X_A + S \cdot \sin\phi$

$$m_{XB}^2 = \left(\frac{\partial X_B}{\partial S}\right)^2 m_S^2 + \left(\frac{\partial X_B}{\partial \phi}\right)^2 m_\phi^2 = (\sin\phi)^2 m_S^2 + (S \cdot \cos\phi)^2 m_\phi^2$$

$Y_B = Y_A + S \cdot \cos\phi$

$$m_{YB}^2 = \left(\frac{\partial Y_B}{\partial S}\right)^2 m_S^2 + \left(\frac{\partial Y_B}{\partial \phi}\right)^2 m_\phi^2 = (\cos\phi)^2 m_S^2 + (-S \cdot \sin\phi)^2 m_\phi^2$$

例題 14-37　極座標轉直角座標

已知 D=152.34 ± 0.02 m，φ=62°14'25" ± 10"，求 ΔE 及 ΔN [土木普考類]

[解]

(1) 最或是值

$\Delta N = D\cos\varphi = 70.948$

$\Delta E = D\sin\varphi = 134.807$

(2) 最或是值之標準差

$$m_{\Delta N}^2 = \left(\frac{\partial \Delta N}{\partial D}\right)^2 m_D^2 + \left(\frac{\partial \Delta N}{\partial \varphi}\right)^2 \left(\frac{m_\varphi}{\rho}\right)^2$$

由偏微分得　$\dfrac{\partial \Delta N}{\partial D} = \cos\varphi$，$\dfrac{\partial \Delta N}{\partial \varphi} = -D\sin\varphi$，代入上式得

$$m_{\Delta N}^2 = (\cos\varphi)^2 m_D^2 + (-D\sin\varphi)^2 \left(\frac{m_\varphi}{\rho}\right)^2$$

$= (\cos 62°14'25")^2 (0.02)^2 + (-152.34\sin 62°14'25")^2 (10"/206265")^2$

得 $m_{\Delta N} = \pm 0.011$

$$m_{\Delta E}^2 = \left(\frac{\partial \Delta N}{\partial D}\right) m_D^2 + \left(\frac{\partial \Delta N}{\partial \varphi}\right)^2 \left(\frac{m_\varphi}{\rho}\right)^2$$

由偏微分得 $\dfrac{\partial \Delta E}{\partial D} = \sin\varphi$, $\dfrac{\partial \Delta E}{\partial \varphi} = D\cos\varphi$,代入上式得

$$m_{\Delta E}^2 = (\sin\varphi)^2 m_D^2 + (D\cos\varphi)^2 \left(\frac{m_\varphi}{\rho}\right)^2$$

$=(\sin 62°14'25")^2 (0.02)^2 + (152.34\cos 62°14'25")^2 (10"/206265")^2$

得 $m_{\Delta E} = \pm 0.018m$

(3) 座標位移長度 L 的中誤差

$L = \sqrt{\Delta N^2 + \Delta E^2}$

$$m_L^2 = \left(\frac{\partial L}{\partial \Delta N}\right)^2 m_{\Delta N}^2 + \left(\frac{\partial L}{\partial \Delta E}\right)^2 m_{\Delta E}^2 = \left(\frac{\Delta N}{L}\right)^2 m_{\Delta N}^2 + \left(\frac{\Delta E}{L}\right)^2 m_{\Delta E}^2$$

例題 14-38　極座標轉直角座標

已知 A 點之平面座標 (X_A, Y_A) 及其標準差為 (150 m±0.02 m, 150 m±0.02 m),AB 之方位角 ϕ_{AB} 及其標準差為 45°30'00"±20",AB 之距離 AB 及其標準差為 100 m±0.01 m,試計算 B 點之座標?及其標準差？[83 土木技師]

[解]

(1) 最或是值

$X_B = X_A + \overline{AB} \times \sin\phi_{AB} = 221.33$

$Y_B = Y_A + \overline{AB} \times \cos\phi_{AB} = 220.09$

(2) 最或是值之標準差

$$m_{XB}^2 = \left(\frac{\partial X_B}{\partial X_A}\right)^2 m_{XA}^2 + \left(\frac{\partial X_B}{\partial S_{AB}}\right)^2 m_{SAB}^2 + \left(\frac{\partial X_B}{\partial \phi_{AB}}\right)^2 \left(\frac{m_{\phi AB}}{\rho}\right)^2$$

$$= (1)^2 0.02^2 + (\sin 45°30')^2 0.01^2 + (100\cos 45°30')^2 \times (20''/206265'')^2 = 4.97 \times 10^{-4}$$

得 $m_{YB} = 0.0200$ m

$$m_{YB}^2 = (\frac{\partial Y_B}{\partial Y_A})^2 m_{YA}^2 + (\frac{\partial Y_B}{\partial S_{AB}})^2 m_{SAB}^2 + (\frac{\partial Y_B}{\partial \phi_{AB}})^2 (\frac{m_{\phi AB}}{\rho})^2$$

$$= (1)^2 0.02^2 + (\cos 45°30')^2 0.01^2 + (-100\sin 45°30')^2 \times (20''/206265'')^2 = 4.97 \times 10^{-4}$$

得 $m_{YB} = 0.0223$ m

14-11 誤差傳播定律應用實例(五) 面積

本節介紹幾種常見的面積計算的誤差傳播問題：

(1) 矩形面積計算
(2) 三角形面積計算
(3) 座標法面積計算

例題 14-39 矩形面積計算
若有一長方形土地面積，用一布捲尺量測甲邊距離四次，值為 120.38 公尺，119.82 公尺，117.20 公尺，119.80 公尺，而乙邊距離量得五次，值為 70.03 公尺，70.12 公尺，70.12 公尺，70.05 公尺，69.80 公尺。
(1) 試問觀測值中有無錯誤?若有的話應如何處理?
(2) 試甲乙兩邊長之最或是值?
(3) 試求甲乙兩邊長最或是值之中誤差?
(4) 試求該土地的面積之最或是值?
(5) 試求該土地的面積最或是值之中誤差？

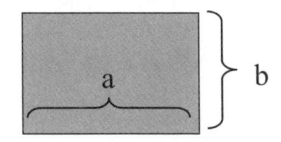

圖 14-30 矩形面積

[102 年公務員高考]
[解]
(1) 觀測值 120.38，117.20，69.80 m 與其他觀測值相差甚多，為錯誤，應剔除。
(2) 邊長最或是值：甲邊 $\bar{a} = \Sigma X_i/n = (119.82+119.80)/2 = 119.81$ m

乙邊 $\bar{b} = \Sigma X_i/n = (70.03+70.12+70.12+70.05)/4 = 70.08$ m

(3) 邊長最或是值之中誤差

甲邊 $m_a = \pm\sqrt{\dfrac{[vv]}{n(n-1)}} = \pm\sqrt{\dfrac{0.01^2+0.01^2}{2(2-1)}} = \pm 0.01$ m

乙邊 $m_b = \pm\sqrt{\dfrac{[vv]}{n(n-1)}} = \pm\sqrt{\dfrac{0.05^2+0.04^2+0.04^2+0.03^2}{4(4-1)}} = \pm\mathbf{0.023\ m}$

(4) 面積最或是值：$\overline{A} = \overline{(a)}\,\overline{(b)} = (119.81)(70.08) = 8396.28\text{m}^2$

(5) 面積最或是值之中誤差

$$m_A = \pm\sqrt{\left(\dfrac{\partial A}{\partial a}\right)^2 m_a^2 + \left(\dfrac{\partial A}{\partial b}\right)^2 m_b^2} = \pm(70.08^2\times 0.01^2 + 119.81^2\times 0.23^2)^{1/2} = \pm 2.84\text{m}^2$$

例題 14-40　三角形面積計算

三角形面積 $=(1/2)\cdot a\cdot b\cdot \sin C$，已知 a 平均值 100.00 m，標準差 0.03 m，b 平均值 50.00 m，標準差 0.01 m，C 平均值 43°52'46"，標準差 30"，試求面積之標準差？[84 土木技師]

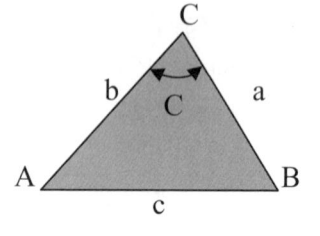

圖 14-31　三角形面積

[解]

(1) 列出函數：$A = \dfrac{1}{2}ab\sin C$

(2) 將各觀測值的最或是值代入函數，得其最或是值：$A = \dfrac{1}{2}ab\sin C = 1732.9$

(3) 將函數對各觀測變數進行偏微分，並將各觀測值的最或是值代入得其值：

$\dfrac{\partial A}{\partial a} = \dfrac{1}{2}b\sin C = \dfrac{1}{2}(50.00)\sin(43°52'46") = 17.3$

$\dfrac{\partial A}{\partial b} = \dfrac{1}{2}a\sin C = \dfrac{1}{2}(100.00)\sin(43°52'46") = 34.7$

$\dfrac{\partial A}{\partial C} = \dfrac{1}{2}ab\cos C = \dfrac{1}{2}(100.00)(50.00)\cos(43°52'46") = 1802.0$

(4) 將偏微分值與各觀測值的中誤差代入誤差傳播公式，得其中誤差：

$$m_A = \sqrt{\left(\dfrac{\partial A}{\partial a}\right)^2 m_a^2 + \left(\dfrac{\partial A}{\partial b}\right)^2 m_b^2 + \left(\dfrac{\partial A}{\partial C}\right)^2 m_C^2}$$

$$= \sqrt{(17.3)^2(0.03)^2 + (34.7)^2(0.01)^2 + (1802.0)^2\left(\dfrac{30"}{206265"}\right)^2} = 0.677$$

例題 14-41　座標法面積計算

已知 A、B、C、D 四點之平面坐標分別為：

	X(m)	Y(m)
A	100.000	100.000
B	130.000	120.000
C	160.000	110.000
D	150.000	70.000

且各坐標分量之誤差為±0.010 m。請回答下列子題並詳列計算過程：(1) ABCD 四邊形之周長為若干?(2) 該周長之誤差為若干?(3) ABCD 四邊形內部之面積為若干?(4) 該面積之誤差為若干?
註：以上所稱誤差為中誤差或稱標準差 [83 土木技師]

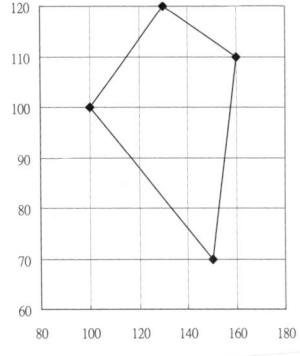

圖 14-32　座標法面積

[解]

(1) 周長最或是 $L = \sqrt{(X_A - X_B)^2 + (Y_A - Y_B)^2} + \sqrt{(X_B - X_C)^2 + (Y_B - Y_C)^2} + \sqrt{(X_C - X_D)^2 + (Y_C - Y_D)^2} + \sqrt{(X_D - X_A)^2 + (Y_D - Y_A)^2} = 167.22$ m

(2) 周長最或是值之中誤差

$$m_L^2 = (\frac{\partial L}{\partial X_A})^2 m_{XA}^2 + (\frac{\partial L}{\partial X_B})^2 m_{XB}^2 + (\frac{\partial L}{\partial X_c})^2 m_{XC}^2 + (\frac{\partial L}{\partial X_D})^2 m_{XD}^2 + (\frac{\partial L}{\partial Y_A})^2 m_{YA}^2$$
$$+ (\frac{\partial L}{\partial Y_B})^2 m_{YB}^2 + (\frac{\partial L}{\partial Y_c})^2 m_{YC}^2 + (\frac{\partial L}{\partial Y_D})^2 m_{YD}^2$$

由偏微分得

$$\frac{\partial L}{\partial X_A} = (\frac{1}{2})(\frac{2(X_A - X_B) \cdot (1)}{\sqrt{(X_A - X_B)^2 + (Y_A - Y_B)^2}}) + (\frac{1}{2})(\frac{2(X_D - X_A) \cdot (-1)}{\sqrt{(X_D - X_A)^2 + (Y_D - Y_A)^2}})$$

$$= \frac{X_A - X_B}{\overline{AB}} + \frac{X_A - X_D}{\overline{AD}} = -1.806$$

$$\frac{\partial L}{\partial Y_A} = (\frac{1}{2})(\frac{2(Y_A - Y_B) \cdot (1)}{\sqrt{(X_A - X_B)^2 + (Y_A - Y_B)^2}}) + (\frac{1}{2})(\frac{2(Y_D - Y_A) \cdot (-1)}{\sqrt{(X_D - X_A)^2 + (Y_D - Y_A)^2}})$$

$$= \frac{Y_A - Y_B}{\overline{AB}} + \frac{Y_A - Y_D}{\overline{AD}} = -0.118$$

其餘偏微分依此類推

已知 $m_{XA} = m_{XB} = m_{XC} = m_{XD} = m_{YA} = m_{YB} = m_{YC} = m_{YD} = 0.010$ m

代入得 m_L^2=**0.0008605 m**，故 $m_L = \pm 0.029m$

(3) 面積最或是值

由「面積測量」一章得

$$A = \frac{1}{2}\sum_i X_i(Y_{i+1} - Y_{i-1}) = \frac{1}{2}\sum_i (X_i Y_{i+1} - X_i Y_{i-1})$$

故

$$A = \frac{1}{2}[(X_A Y_B - X_A Y_D) + (X_B Y_C - X_B Y_A) + (X_C Y_D - X_C Y_B) + (X_D Y_A - X_D Y_C)]$$

$$= 1600 m^2$$

(4) 面積最或是值之中誤差

$$m_A^2 = (\frac{\partial A}{\partial X_A})^2 m_{XA}^2 + (\frac{\partial A}{\partial X_B})^2 m_{XB}^2 + (\frac{\partial A}{\partial X_c})^2 m_{XC}^2 + (\frac{\partial A}{\partial X_D})^2 m_{XD}^2 + (\frac{\partial A}{\partial Y_A})^2 m_{YA}^2$$

$$+ (\frac{\partial A}{\partial Y_B})^2 m_{YB}^2 + (\frac{\partial A}{\partial Y_c})^2 m_{YC}^2 + (\frac{\partial A}{\partial Y_D})^2 m_{YD}^2$$

由偏微分得

$$\frac{\partial A}{\partial X_A} = \frac{Y_B - Y_D}{2} = \frac{50}{2} = 25$$

$$\frac{\partial A}{\partial Y_A} = \frac{X_D - X_B}{2} = \frac{20}{2} = 10$$

其餘偏微分依此類推

已知 $m_{XA} = m_{XB} = m_{XC} = m_{XD} = m_{YA} = m_{YB} = m_{YC} = m_{YD} = 0.010\ m$

帶入得 m_A^2=**3300(0.010)²=0.330**，故 $m_A = \sqrt{0.330} = \pm 0.574 m^2$

14-13 本章摘要

1.觀測值之平均值與標準差之估計

　A.點推定法

　　(1) 樣本平均值的期望值 (最或是值) $\overline{X} = \frac{\sum X_i}{n} = \frac{[X]}{n}$

(2) 樣本標準差的期望值 **(觀測值中誤差)**　　$M = \pm\sqrt{\dfrac{[vv]}{n-1}}$

(3) 樣本平均值的標準差 **(最或是值中誤差)**　　$m = \dfrac{M}{\sqrt{n}} = \pm\sqrt{\dfrac{[vv]}{n(n-1)}}$

B.區間推定法：

樣本平均值的區間推定值(下限，上限) = ($\overline{X}$ - βm = $\overline{X}$ +βm)

2.協方差矩陣 (共變異數矩陣)：參考 **14-3-3** 節。

3.誤差傳播定律假設：

　(1) 各觀測值無錯誤與系統誤差存在，只有偶然誤差存在。

　(2) 各觀測值必須為統計上獨立。

4.誤差傳播定律公式：

　(1) 線性函數　　$m_Y^2 = \sum\limits_{i=1}^{n} k_i^2 m_i^2$

　(2) 非線性函數　　$m_Y^2 = \sum\limits_{i=1}^{n} \left(\dfrac{\partial f}{\partial X_i}\right)^2 m_i^2$

　(3) 線性函數廣義　　$m_Y^2 = \sum\limits_{i=1}^{n} k_i^2 m_i^2 + 2\sum\limits_{j>i}^{n} k_i k_j \rho_{ij} m_i m_j$

　(4) 非線性函數廣義　　$m_Y^2 = \sum\limits_{i=1}^{n} \left(\dfrac{\partial f}{\partial X_i}\right)^2 m_i^2 + 2\sum\limits_{j>i}^{n} \dfrac{\partial f}{\partial X_i}\dfrac{\partial f}{\partial X_j} \rho_{ij} m_i m_j$

5.誤差傳播定律：應用特例

　　　整理如表 **14-1**。注意 **(1)~(4)** 與 **(7)~(8)** 都是 **(9)** 的特例。

6.誤差傳播定律：應用實例

　　　解題步驟 **(以非線性狹義誤差傳播定律為例)：**

　(1) 列出函數：$Y = f(X_1, X_2, \ldots, X_n)$

　(2) 將各觀測值的最或是值代入函數，得其最或是值：$\overline{Y} = f(\overline{X_1}, \overline{X_2}, \ldots, \overline{X_n})$

　(3) 將函數對各觀測變數偏微分，並將各觀測值的最或是值代入得其值 $\dfrac{\partial f}{\partial X_i}$

　(4) 將偏微分值與各觀測值的中誤差代入誤差傳播公式，得其中誤差：

$$m_Y^2 = \left(\dfrac{\partial f}{\partial X_1}\right)^2 m_1^2 + \left(\dfrac{\partial f}{\partial X_2}\right)^2 m_2^2 + \ldots + \left(\dfrac{\partial f}{\partial X_n}\right)^2 m_n^2$$

7.應用誤差傳播定律時注意事項：

(1)角度之中誤差要化為以強度為單位，即將其秒數除以 **206265"**。

(2)公式中之中誤差是指最或是值中誤差，如果題目未給其值，而是給一組觀測值時，可自行用 **(14-3 式)** 計算。

表 14-1 誤差傳播定律：應用特例

函數名稱	函數	誤差傳播定律
(1) 加常數	$C + X$	$m_y^2 = m_X^2$ （即 $m_y = m_X$）
(2) 乘常數	$C \cdot X$	$m_y^2 = C^2 m_X^2$ （即 $m_y = Cm_X$）
(3) 加函數	$X_1 + X_2$	$m_y^2 = m_1^2 + m_2^2$
(4) 減函數	$X_1 - X_2$	$m_y^2 = m_1^2 + m_2^2$
(5) 乘函數	$X_1 \cdot X_2$	$m_y^2 = X_2^2 m_1^2 + X_1^2 m_2^2$
(6) 除函數	$\dfrac{X_1}{X_2}$	$m_y^2 = \left(\dfrac{1}{X_2}\right)^2 m_1^2 + \left(\dfrac{X_1}{X_2^2}\right)^2 m_2^2$
(7) 總合函數	$\sum X_i$	$m_y^2 = m_1^2 + \ldots + m_n^2$ 當 $m_1 = \ldots = m_n = m$ 時，$m_y = \sqrt{n} \cdot m$
(8) 平均函數	$\dfrac{\sum X_i}{n}$	$m_y^2 = \left(\dfrac{1}{n}\right)^2 (m_1^2 + \ldots + m_n^2)$ 當 $m_1 = \ldots = m_n = m$ 時，$m_y = \dfrac{m}{\sqrt{n}}$
(9) 線性函數	$C_1 X_1 + \cdots + C_n X_n$	$m_y^2 = C_1^2 m_1^2 + \ldots + C_n^2 m_n^2$

習 題

14-2 觀測值之機率

觀測值之機率
(1) 同例題 14-1，但數據改成：AB 平均值 **824.61 m**，標準差 **0.06 m**
(2) 同例題 14-2，但數據改成：AB 平均值 **824.61 m**，標準差 **0.06 m**
(3) 同例題 14-3，但數據改成：AB 平均值 **824.61 m**，標準差 **0.06 m**

(4) 同例題 14-4，但數據改成：AB 平均值 **824.61 m**，標準差 **0.06 m**
[解]
(1) 0.9999, 0.9992, 0.9332, 0.4337, 0.0336, 0.0002, 0.0001
(2) 0.0001, 0.0008, 0.0668, 0.5663, 0.9664, 0.9998, 0.9999
(3) 0.899
(4) 824.80, 824.75, 824.69, 824.53, 824.47, 824.42

14-3 觀測值之統計：觀測值之平均值與標準差

(1) 何謂「觀測值中誤差」？ (2) 何謂「最或是值中誤差」？
[解] 見 14-3 節。

觀測值之平均值與標準差之估計：點估計
同例題 14-5，但 AB 量距數據改成：
824.61　　824.65　　824.60　　824.66　　824.64
824.63　　824.66　　874.60　　824.62　　824.62
(注意數據中有一個為錯誤，應剔除) [102 年公務員普考]
[解] 剔除錯誤數據 874.60，故 n=9

(1) $\overline{X} = \Sigma X_i/n = 824.632$　(2) $M = \pm\sqrt{\dfrac{v_1^2+v_2^2+\ldots+v_n^2}{n-1}} = \pm\sqrt{\dfrac{[vv]}{n-1}} = 0.022$

(3) $m = \dfrac{M}{\sqrt{n}} = \dfrac{0.022}{\sqrt{9}} = 0.007$

觀測值之平均值與標準差之估計：區間估計
同例題 14-6，但 AB 量距數據改成如上題。
[解] [824.620，824.644]

同例題 14-7 協方差矩陣 (共變異數矩陣)，但數據改為

	邊長 a	邊長 b
1	100.2	50.2
2	99.7	49.6
3	100.1	50.2
4	99.9	49.8
5	100	50

[解] 協方差矩陣

$$Q = \begin{bmatrix} \sigma_a^2 & \sigma_{ab} \\ \sigma_{ab} & \sigma_b^2 \end{bmatrix} = \begin{bmatrix} 0.0296 & 0.0392 \\ 0.0392 & 0.0544 \end{bmatrix}$$

14-4 誤差傳播定律：函數之最或是值的期望值與標準差

(1) 何謂「誤差傳播」？[97 年公務員高考]
(2) 線性函數的「誤差傳播」公式為何？
(3) 非線性函數的「誤差傳播」公式為何？
(4) 線性函數的「廣義誤差傳播」公式為何？
(5) 非線性函數的「廣義誤差傳播」公式為何？
[解] 見 14-4 節。

測量偏差參數間，從 (u, v) 到 (x, y) 線性變換之定義：x=u+v, y=u-v。試求解 (x, y) 線性變換到 (u, v) 的關係式，並證明此變換關係式是無誤的。
[101 年公務員高考]
[解]
本題是加法線性函數與減法線性函數的誤差傳播公式之推導，關係為

$m_x^2 = m_u^2 + m_v^2$ 與 $m_y^2 = m_u^2 + m_v^2$

推導上式最好從證明線性函數的誤差傳播定律開始證明，不要直接引用線性函數的誤差傳播定律來證明。證明方法見第 14-5 節。

同例題 14-8 非線性函數廣義誤差傳播定律，但數據改為

最或是值 $\bar{a}$ = 101.00，最或是值 $\bar{b}$ = 51.00

協方差矩陣 $Q = \begin{bmatrix} \sigma_a^2 & \sigma_{ab} \\ \sigma_{ab} & \sigma_b^2 \end{bmatrix} = \begin{bmatrix} 0.035 & 0.020 \\ 0.020 & 0.025 \end{bmatrix}$

試求矩形面積的最或是值及中誤差。
[解]
矩形面積的最或是值 $\bar{A} = \bar{a} \cdot \bar{b}$ =(100.00)(50.00)=5151.0
$m_A^2 = \bar{b}^2 m_a^2 + \bar{a}^2 m_b^2 + 2\bar{b}\bar{a} m_{ab} = 552.1$，矩形面積的中誤差 $m_A = 23.5$

14-5 誤差傳播定律：應用特例

(1) 一面積之標準差為 0.001 km^2，試以 m^2 表達之標準差？
(2) 一距離分二段量，每段的標準差分別為 0.4, 0.5 cm，試求該距離之標準差？
(3) 一距離分三段量，每段的標準差分別為 0.4, 0.5, 0.6 cm，試求標準差？
(4) 水準測量前視標準差 0.5 cm，後視 0.4 cm，試求高程差之標準差？
(5) 三角形面積=$(1/2) \cdot b \cdot h$，已知 b, h 的平均值分別為 150.00 m, 80.00 m，標

準差分別為 2.0 cm，1.2 cm ，試求面積之標準差?
(6) 用一 50 m 鋼捲尺測長 350 m 之距離，已知鋼捲尺的標準差為 1.2 cm，試求該距離之標準差?
(7) 用一鋼捲尺測長約 350 m 之距離，已知該距離測量的標準差為 3.2 cm，試求該距離如重複測 7 次，其平均值之標準差?
(8) 用一經緯儀量一角，已知該儀器量角標準差為 5"，如果測 5 次取平均，試求該角之標準差?
[解] (1) 1000 m² (2) 0.64 cm (3) 0.88 cm (4) 0.64 cm (5) 1.20 m² (6) 3.2 cm (7) 1.2 cm (8) 2.2"

已知某圓的半徑 R=25.400 m ，測量半徑的中誤差=± 0.020 m， 試求
(1) 圓周長的中誤差 (2)圓面積的中誤差。[91 年公務員普考]
[解]

(1) $L = 2\pi R$ 故 $m_L^2 = \left(\dfrac{\partial L}{\partial R}\right)^2 m_R^2 = (2\pi)^2 m_R^2$ ，得 $m_L = 2\pi m_R$ =**0.126 m**

(2) $A = \pi R^2$ 故 $m_A^2 = \left(\dfrac{\partial A}{\partial R}\right)^2 m_R^2 = (2\pi R)^2 m_R^2$ ，得 $m_A = 2\pi R m_R$ =**3.19** m²

同例題 14-22，但數據改成
已知有 3 個測量小組各自測一角度得數據如下：

組別	平均值	標準差
1	150°15'51".5	$\sqrt{0.3}$
2	150°15'48".8	$\sqrt{0.2}$
3	150°15'50".7	$\sqrt{0.1}$

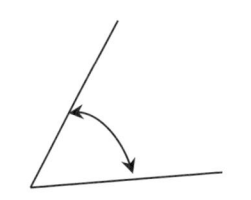

圖 14-38　線性函數 (角度)

試求最或是值中誤差=?
[解] 最或是值中誤差=**0.234**

一個三角形的兩個角分別為 $60°0'0'' \pm 10''$ 與 $50°0'0'' \pm 20''$，試求第三角標準差?
[解] 22.4"

14-6　誤差傳播定律：應用實例

一直角三角形的高與底分別為 49.50 ± 0.60 m 與 50.40 ± 0.92 m，試求　(1) 斜邊

14-48　第 14 章　誤差理論

之標準差? (2) 面積之標準差?
[解] (1) 0.78 (2) 27.33

誤差傳播定律：視距測量
已知下列公式：
(1) $S = Ka\cos^2 \alpha$
(2) $V = \dfrac{1}{2} Ka\sin 2\alpha$

設 K 平均值=100.00，標準差=0.00； a 平均值=130.2 cm，標準差=0.2 cm； α平均值= -7°52'46"，標準差=0°0'30"；試求 S 與 V 之標準差？

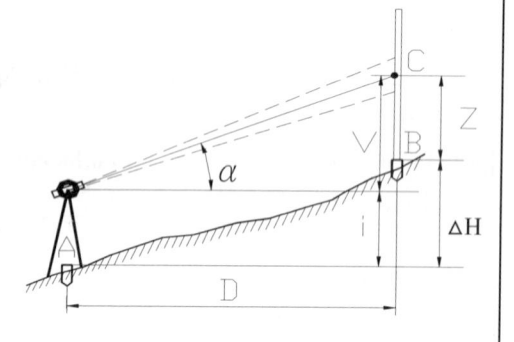

圖 14-39　視距測量

[解]

(1) $m_s^2 = \left(K\cos^2 \alpha\right)^2 m_a^2 + (2Ka\sin\alpha\cos\alpha)^2 \left(\dfrac{m_\alpha}{\rho}\right)^2$ 　　$m_S=\pm 19.6$ cm

(2) $m_v^2 = \left(\dfrac{1}{2} K\sin 2\alpha\right)^2 m_a^2 + (Ka\cos 2\alpha)^2 \left(\dfrac{m_\alpha}{\rho}\right)^2$ 　　$m_V=\pm 3.3$ cm

附錄 A. 高普考測量學試題下載與統計

■ 考選部網站 (http://www.exam.gov.tw/welcome.html)

先進入「考銓報導」，再進入「測驗題答」，可查詢高普考、技師考的測量學歷屆考題。

近二十年 (民國 84-103) 來高普考測量學試題出處百分比統計分析如右表，最重要的前七章是

- 第 2 章　高程測量
- 第 9 章　控制測量
- 第 14 章　誤差理論
- 第 7 章　衛星定位測量概論
- 第 13 章　路線測量
- 第 8 章　測量基準與座標系統
- 第 3 章　角度測量

合計佔了近 67%，務必精讀。

近二十年 (民國 84-103) 來高普考測量學試題出處百分比統計 (其他佔 6%)

本書章節	比例
第 1 章　測量概論	5%
第 2 章　高程測量	16%
第 3 章　角度測量	6%
第 4 章　距離測量	2%
第 5 章　座標測量 (一) 座標幾何	5%
第 6 章　座標測量 (二) 全站儀	3%
第 7 章　衛星定位測量概論	9%
第 8 章　測量基準與座標系統	7%
第 9 章　控制測量	10%
第 10 章　細部測量與數值地形測量	2%
第 11 章　施工放樣	4%
第 12 章　面積測量與體積測量	6%
第 13 章　路線測量	9%
第 14 章　誤差理論	10%
合計	94%

附錄 B. 標準常態分佈累積機率表

	0.00	0.01	0.02	0.03	0.04	0.05	0.06	0.07	0.08	0.09
0.0	0.5000	0.5040	0.5080	0.5120	0.5160	0.5199	0.5239	0.5279	0.5319	0.5359
0.1	0.5398	0.5438	0.5478	0.5517	0.5557	0.5596	0.5636	0.5675	0.5714	0.5754
0.2	0.5793	0.5832	0.5871	0.5910	0.5948	0.5987	0.6026	0.6064	0.6103	0.6141
0.3	0.6179	0.6217	0.6255	0.6293	0.6331	0.6368	0.6406	0.6443	0.6480	0.6517
0.4	0.6554	0.6591	0.6627	0.6664	0.6700	0.6736	0.6772	0.6808	0.6844	0.6879
0.5	0.6915	0.6950	0.6985	0.7019	0.7054	0.7088	0.7122	0.7156	0.7190	0.7224
0.6	0.7257	0.7291	0.7324	0.7356	0.7389	0.7421	0.7454	0.7486	0.7517	0.7549
0.7	0.7580	0.7611	0.7642	0.7673	0.7703	0.7734	0.7764	0.7793	0.7823	0.7852
0.8	0.7881	0.7910	0.7939	0.7967	0.7995	0.8023	0.8051	0.8079	0.8106	0.8133
0.9	0.8159	0.8186	0.8212	0.8238	0.8264	0.8289	0.8315	0.8340	0.8365	0.8389
1.0	0.8414	0.8438	0.8461	0.8485	0.8508	0.8531	0.8554	0.8577	0.8599	0.8622
1.1	0.8643	0.8665	0.8687	0.8708	0.8729	0.8749	0.8770	0.8790	0.8810	0.8830
1.2	0.8849	0.8869	0.8888	0.8907	0.8925	0.8944	0.8962	0.8980	0.8997	0.9015
1.3	0.9032	0.9049	0.9066	0.9083	0.9099	0.9115	0.9131	0.9147	0.9162	0.9177
1.4	0.9193	0.9207	0.9222	0.9236	0.9251	0.9265	0.9279	0.9292	0.9306	0.9319
1.5	0.9332	0.9345	0.9357	0.9370	0.9382	0.9394	0.9406	0.9418	0.9429	0.9441
1.6	0.9452	0.9463	0.9474	0.9485	0.9495	0.9505	0.9515	0.9525	0.9535	0.9545
1.7	0.9554	0.9564	0.9573	0.9582	0.9591	0.9599	0.9608	0.9616	0.9625	0.9633
1.8	0.9641	0.9648	0.9656	0.9664	0.9671	0.9678	0.9686	0.9693	0.9699	0.9706
1.9	0.9713	0.9719	0.9726	0.9732	0.9738	0.9744	0.9750	0.9756	0.9761	0.9767
2.0	0.9772	0.9778	0.9783	0.9788	0.9793	0.9798	0.9803	0.9808	0.9812	0.9817
2.1	0.9821	0.9826	0.9830	0.9834	0.9838	0.9842	0.9846	0.9850	0.9854	0.9857
2.2	0.9861	0.9864	0.9868	0.9871	0.9874	0.9878	0.9881	0.9884	0.9887	0.9890
2.3	0.9893	0.9895	0.9898	0.9901	0.9903	0.9906	0.9909	0.9911	0.9913	0.9916
2.4	0.9918	0.9920	0.9922	0.9924	0.9926	0.9928	0.9930	0.9932	0.9934	0.9936
2.5	0.9938	0.9940	0.9941	0.9943	0.9944	0.9946	0.9948	0.9949	0.9951	0.9952
2.6	0.9953	0.9955	0.9956	0.9957	0.9958	0.9960	0.9961	0.9962	0.9963	0.9964
2.7	0.9965	0.9966	0.9967	0.9968	0.9969	0.9970	0.9971	0.9972	0.9973	0.9974
2.8	0.9974	0.9975	0.9976	0.9977	0.9977	0.9978	0.9979	0.9979	0.9980	0.9981
2.9	0.9981	0.9982	0.9982	0.9983	0.9984	0.9984	0.9985	0.9985	0.9986	0.9986
3.0	0.9986	0.9987	0.9987	0.9988	0.9988	0.9989	0.9989	0.9989	0.9990	0.9990
3.1	0.9990	0.9991	0.9991	0.9991	0.9992	0.9992	0.9992	0.9992	0.9993	0.9993
3.2	0.9993	0.9993	0.9994	0.9994	0.9994	0.9994	0.9994	0.9995	0.9995	0.9995
3.3	0.9995	0.9995	0.9995	0.9996	0.9996	0.9996	0.9996	0.9996	0.9996	0.9996
3.4	0.9997	0.9997	0.9997	0.9997	0.9997	0.9997	0.9997	0.9997	0.9997	0.9998
3.5	0.9998	0.9998	0.9998	0.9998	0.9998	0.9998	0.9998	0.9998	0.9998	0.9998

附錄 C. 微分公式

基礎

$$\frac{d}{dx}(u+C) = \frac{du}{dx}$$

$$\frac{d}{dx}(u \times C) = C\frac{du}{dx}$$

$$\frac{d}{dx}(u+v) = \frac{du}{dx} + \frac{dv}{dx}$$

$$\frac{d}{dx}(u-v) = \frac{du}{dx} - \frac{dv}{dx}$$

$$\frac{d}{dx}(uv) = v\frac{du}{dx} + u\frac{dv}{dx}$$

$$\frac{d}{dx}\left(\frac{u}{v}\right) = \frac{vdu - udv}{v^2}$$

多項式與連鎖律

$$\frac{d}{dx}(x^n) = nx^{n-1}$$

範例

$$\frac{d}{dx}\left(\frac{1}{x}\right) = -\frac{1}{x^2}$$

連鎖律

$$\frac{d}{dx}f(u(x)) = \frac{df(u)}{du}\frac{du(x)}{dx}$$

範例

$$\frac{d}{dx}\left((1+x^2)^3\right)$$

令 $u = (1+x)^2$

$$\frac{d}{dx}\left((1+x^2)^3\right) = \frac{d}{du}(u^3)\frac{d}{dx}(1+x^2) = 3u^2 \cdot 2x = 3(1+x^2)^2 \cdot 2x$$

三角函數微分公式

$$\frac{d}{dx}\sin x = \cos x$$

$$\frac{d}{dx}\cos x = -\sin x$$

$$\frac{d}{dx}\tan x = \sec^2 x$$

$$\frac{d}{dx}\cot x = -\csc^2 x$$

$$\frac{d}{dx}\sec x = \sec x \tan x$$

$$\frac{d}{dx}\csc x = -\csc x \cot x$$

反三角函數微分公式

$$\frac{d}{dx}\sin^{-1} x = \frac{1}{\sqrt{1-x^2}}$$

$$\frac{d}{dx}\cos^{-1} x = -\frac{1}{\sqrt{1-x^2}}$$

$$\frac{d}{dx}\tan^{-1} x = \frac{1}{1+x^2}$$

$$\frac{d}{dx}\cot^{-1} x = -\frac{1}{1+x^2}$$

$$\frac{d}{dx}\sec^{-1} x = \frac{1}{x\sqrt{x^2-1}}$$

$$\frac{d}{dx}\csc^{-1} x = -\frac{1}{x\sqrt{x^2-1}}$$

附錄 D. 電腦輔助測量試算表簡介

本書提供學生自我練習配合的試算表檔案，放置於網站：www.tunghua.com.tw

使用說明：黃色儲存格是輸入，綠色儲存格是計算過程的結果，藍色儲存格是輸出。

資料匣	檔名
平面測量篇	CH1 概論：度轉度分秒 CH2 高程測量 CH3 角度測量 CH5 座標幾何：直角座標極座標轉換 CH5 座標幾何：餘弦定理 CH5 座標幾何：導線法等方法 CH6 全站儀：自由測站法 CH6 全站儀：遇障礙物計算 CH08 例題8-1 四參數平面座標轉換 (二點) CH09 控制測量：導線測量法
工程測量篇	CH10 例題10-2 直角補點 CH10 例題10-3 座標轉換法 CH11 放樣 CH12 面積測量 CH12 體積測量 CH13 路線測量 CH14 例題14-7 14-9 矩形面積之廣義誤差傳播